中国科学院科学出版基金资助出版

互联网计算的原理与实践

——探索网格、云和 Web X.0 背后的本质问题和关键技术

韩燕波　王桂玲　刘　晨　王　菁　赵卓峰　著

科　学　出　版　社

北　京

内 容 简 介

本书在自编研究生教材的基础上，结合中国科学院计算技术研究所服务计算研究团队的VINCA互联网服务集成套件的设计、实现和应用相关的具体实践，归纳各类互联网计算模式，总结互联网计算的特点和原理，澄清和探索网格、云和Web X.0背后的本质问题、发展规律、基础理论和核心技术。

本书读者对象包括：分布系统、软件工程、网络计算、互联网服务、互联网应用、中间件与软件集成等相关方向的研究生和教师；想更新知识和跟上IT进步，透过网格计算、云系统、Web X.0、SaaS和SOA等热点概念深入了解本质问题和基本原理的业界专业人士；从事与互联网计算和互联网应用集成的行业信息化专业相关的人员和管理者。

图书在版编目(CIP)数据

互联网计算的原理与实践：探索网格、云和Web X.0背后的本质问题和关键技术/韩燕波等著. —北京：科学出版社，2010

ISBN 978-7-03-028031-2

Ⅰ.互… Ⅱ.韩… Ⅲ.互联网络-研究 Ⅳ.TP393.4

中国版本图书馆CIP数据核字(2010)第114530号

责任编辑：王志欣 张艳芬 / 责任校对：李奕萱
责任印制：赵 博 / 封面设计：嘉华永盛

科学出版社 出版
北京东黄城根北街16号
邮政编码：100717
http://www.sciencep.com

丽源印刷厂 印刷

科学出版社发行 各地新华书店经销

*

2010年7月第 一 版 开本：B5(720×1000)
2010年7月第一次印刷 印张：28 3/4
印数：1—3 500 字数：600 000

定价：68.00元(含光盘)

(如有印装质量问题，我社负责调换)

序

互联网可能是人类在 20 世纪做出的对 21 世纪影响最大的发明。开放、自治、动态变化是互联网的主要特征，这些特征使得互联网计算与传统的分布式计算有着本质的不同。互联网软件与传统软件也有明显区别，互联网软件既要像桌面软件一样方便易用，满足多样化的个性需求和适应动态负载与可扩展性的要求，还要有效利用分散、自治、异构的网络资源，支持跨管理域的系统集成。

历史上并没有人设计今天的互联网，互联网是自己演化涌现形成的。近 20 年来，互联网的新技术和新应用层出不穷，令人眼花缭乱。每年都会出现一些与互联网有关的新概念，如 Web X.0、SOA、SaaS、网格和云计算等，知识的总结赶不上技术的进步。技术工作者疲于接纳不断冒出的新名词，往往知其然而不知其所以然。一个成熟的网络应用技术人员应该对网络有深刻的理解，不仅要理解当前的网络，而且要理解网络的演化规律。

市面上关于互联网的书籍很多，但多数是介绍产品工具的具体技术。目前，研究生采用的有关互联网计算的参考书大多是跨国大公司产品白皮书的汇集，缺少对科学问题与基本原理的归纳，很难找到一本从原理和共性规律的角度阐述互联网计算核心技术的参考书。中国科学院计算技术研究所韩燕波研究员以及其他几位作者结合多年科研与互联网应用实践的体会，在自编研究生教材的基础上，撰写了这本《互联网计算的原理与实践——探索网格、云和 Web X.0 背后的本质问题和关键技术》，在一定程度上弥补了这一缺陷，对澄清和阐述网格、云服务等互联网计算背后的本质问题和关键技术是一次有价值的探索。

该书没有讨论互联网的基础设施和协议，而是关注互联网软件的构建、运营、应用的理论与方法，重点包括互联网分布资源的存储与管理、服务资源的虚拟化、XaaS 模式的第三方运营与优化、互联网分布式系统的安全与信任等内容。在归纳网格、云计算等各种互联网应用的基础上，提出了统一的互联网 CSI 体系结构，试图体现互联网计算的整体性和系统性，对于读者在宏观上把握复杂缤纷的互联网计算颇有裨益。

该书的一个特点是试图兼顾讲解理论知识的严谨性和培养实践能力的应用性，对每一个概念都尽可能确切地给出较严格的定义。例如，该书从互联网计算的角度，将常识下服务作为人们的价值体验活动与在软件层面服务作为一种定义良好的软件组件很好地关联起来，对读者理解互联网服务的本质可能有所启发。该书的实践篇用两章的篇幅叙述了基于 VINCA 的服务集成方法和软件应用，

VINCA 是中国科学院计算技术研究所历经 8 年努力发展起来的一套互联网计算环境下以最终用户编程和第三方运营为特征的服务集成方法与软件工具集合。通过学习 VINCA 的应用，读者可以将前几章学到的理论知识具体化，避免头脑中堆积似懂非懂的教条。

互联网计算是发展很快的技术，一本参考书既不可能讲述互联网已有的全部技术，更不可能保证书中的所有内容都符合未来的主流技术。但愿该书能帮助读者理清一些思路，使读者能从更高一些的角度认识互联网计算，少一点面对层出不穷的网络新术语的迷惘。

是为序。

李国杰

2010 年 4 月 28 日

前　言

1. 背景、定位和主要内容

今天，每当人们谈及互联网，想到的都不止是物理上的网，而是一个巨大的信息系统。物联网的发展又进一步丰富了该信息系统的触角和神经。广域、开放和聚众的互联网已成为一种不可或缺的社会基础设施和迄今为止最大的协同计算平台。一方面，互联网上数据资源呈指数级增长，其经典使用环境——万维网（world wide Web，WWW）朝着提供更加强大和更加丰富的用户交互能力的方向发展；另一方面，互联网上的计算资源和服务资源日益丰富，连接在网络上的计算设备和存储设备能力有了大幅提升。在很多担心和质疑声中，由传统的基于单个计算机或客户端-服务器的计算模式向基于互联网的计算模式迈进的步伐不但没有停止反而越来越明显。当前，不论规模大小，一个应用系统或多或少都会依赖于互联网和互联网上的资源。互联网和 Web 的发展使互联网计算成为可能。更重要的是，以下两项重大需求促进了互联网计算：一个是 IT（information technology）资源的优化利用，另一个是跨管理域的资源共享和应用集成。

当前 IT 行业有一种普遍的现象：硬件性能快速提升且成本不断下降；软件发展速度较为缓慢，但其占用的硬件资源却越来越多；用户体验没有得到合理的提升。几十年来，硬件系统的发展始终遵循着摩尔定律预测的速度，每十八个月，CPU、存储和网络带宽等 IT 产品的性能会翻一番。这些提升的硬件性能被越来越复杂的软件占用。以个人计算机（personal computer，PC）为例，主流操作系统占用内存、CPU 和硬盘越来越多，但是用户发现，在自己所购买的 PC 中，软件的功能通常并没有本质的提升。据统计，人们在 PC 上的花费超过 IT 总预算的 66%，但 PC 的 CPU 利用率却不足 1%。在行业应用领域，平台软件庞大且复杂，重复投资现象严重，企业在 IT 上的全部投资仅用到了其中很小部分的功能；用户购买的新系统中往往很多功能模块用户在其他系统中已经付过费。软件从业人员众多，系统换代频繁且版本众多，IT 系统已经成为浪费严重的“烧钱机”。

IT 工业界将上述现象戏称为安迪-比尔定律（Andy and Bill’s law）：硬件的进步被以微软公司为首的软件开发商消耗掉，他们从中牟取利益；膨胀的软件又迫使用户升级机器，以英特尔公司为首的各硬件厂商不断提升性能以获取利润；而硬件提升带来的好处又被新膨胀的软件消耗掉。在这个循环过程中，最终对用户造成了极大的浪费。这种现象的背后其实是一种以经济利益为导向的“资源消耗型”产业发展模式。

针对“资源消耗型”发展模式，人们不禁会思考：我们何时才能够走出这个怪圈？硬件的性能会无限制地得到提升吗？摩尔定律会永远有效吗？假如硬件性能提升的空间是有限的，20 年之后 IT 行业会不会面临资源枯竭的危机？从整个 IT 产业可持续发展的角度来看，另外的一种思路是：可否摆脱以经济利益为导向的“资源消耗型”发展模式，而是以用户为中心审视当今软件业进步的瓶颈，思考如何恰当并充分地利用硬件和网络基础设施发展带来的好处，提高 IT 行业的资源利用率。针对上述优化利用 IT 资源的需求，近年来，以网格、云、Web X.0 和 SaaS 模式等为代表的互联网计算新形态逐渐形成，这些变化为突破困惑了人们多年的软件生态链条不够优化、成本高昂以及效率低下等问题带来机会。

跨域集成问题是一个困扰人们多年的难题，经历了从点到点集成到基于软总线的集成平台的发展历程。像人类社会许多其他领域一样，规模的壮大促进了标准化和基础设施建设的发展。在这一背景下，互联网上的资源越来越多地以服务形式对外提供，通过对网络上封装各类资源的服务的共享和集成来构造和支撑应用软件正逐渐成为一种新兴、主流的方式，在互联网之上正逐渐形成一个以聚合和协同为核心的计算环境和互联网软件新形态。互联网计算还可让行业用户的信息化服务部门甚至最终用户能够直接利用各类网络资源以及本地资源，灵活地编排业务逻辑来构建个性化的且能满足其即时需求的网络化虚拟应用。这种计算模式尤其适合支持在未来 10 年大有可为的互联网增值服务和第三方运营，促进 ICT 产业的良性循环。

互联网软件在互联网这一开放、动态和难控的协同计算平台上进行开发和运行，以 SaaS 作为其应用部署、运营和使用的基本模式，具有泛在、开放、异构、自治、多样化、不确定性、动态变化以及“强调使用而非强调拥有”等特征，与传统软件相比，在软件构成、系统边界、运营方式、管控原理和使用模式等方面有了质的变化，也注定了互联网计算与传统分布式计算的本质不同。人们对互联网内在规律、机理及其可利用的价值等方面的探索方兴未艾。技术的进步以及应用的激增和普及暴露出很多新的现象和矛盾。例如，人们已观察到，当相关联的互联网资源集合达到一定规模后，会带来聚众效应。也即能够产生新的增值能力，吸附更多相关资源的能力会随之得到加强。反过来，有效地利用这些规律又会进一步推动技术创新、应用创新和社会进步。总之，对互联网计算背后本质问题和学科基础的探究有重要的意义。

本书并不讨论互联网本身及相关的协议和技术，而是从以下几个方面重点关注基于互联网开展协同计算的基本原理和关键技术、新型互联网中间件和基础设施形态以及基于互联网的新型应用的构造和运维：

（1）中间件技术与分布系统工程、构件技术与软件工程、信息检索技术与互联网信息服务等领域的发展也极大地促进了互联网应用发展。特别是，SOA风格和面向服务的计算（service oriented computing，SOC）的发展标识了分布式系统和软件集成领域技术一个里程碑式的进步。服务呼应了人们从使用角度对具有自治、开放、与平台无关等特征的网络化构件抽象的期待，而面向服务计算方式倡导关注分离、多方参与和松耦合的系统设计思想，可使分布式应用具有更好的复用性、灵活性和可扩展性。本书将服务计算视为重要基础加以讨论，着重强调对互联网计算的支撑作用。

（2）如将互联网看做是一个巨大的虚拟计算机，那么它的“操作系统”等系统软件该是什么样子呢？针对互联网上众多的节点，能否指定和建立一些像局域网中的数据库服务器一样的专用节点呢？还有，已有的很多计算中心在互联网环境下该如何生存和发展呢？这些问题都可归结为互联网计算基础设施相关问题。实际上，早在20世纪60年代，图灵奖获得者McCarthy就提出了效用计算(utility computing)的愿景，即像用水、电一样获得“按需计算”的能力。这种愿景一直是IT领域的一大追求，随着网络和信息处理技术的快速发展，该愿景会离我们越来越近。无论是早期的ASP（application service provider）还是近年来流行的网格计算（grid computing）和云计算（cloud computing），其实质追求都无出其右。总结和归纳互联网计算基础设施相关的原理和方法具有很大意义，比单独讨论某一类特定模式更有助于理解和把握关键问题。

（3）在以互联、开放、共享和协作为主旋律的互联网计算环境下，软件呈现出网络化、服务化、虚拟化和集成化的发展趋势，应用系统的形态也在发生质的变化，不再以固化、独有的形式出现，会包含越来越多的“不为所有、但为所用”的服务构件。我们将依托互联网平台、可共享互联网软件基础设施及互联网资源的软件新形态统称为互联网软件。互联网软件和传统软件的最大不同就在于公用服务和服务运营，出现了以“软件即服务”（software as a service，SaaS）、“平台即服务”（platform as a service，PaaS）及“基础设施即服务”（infrastructure as a service，IaaS）为代表的新兴服务供给模式。当前，如何利用互联网平台来计算和构造软件仍是一个具有巨大意义的挑战性问题。本书所关注的有关互联网软件的构建、运营、保障和有效利用的相关理论和方法对于互联网的发展具有重要意义。

作者长期以来一直致力于分布式系统应用集成、基于互联网的智能信息服务、环境敏感的个性化信息服务、服务组合、信息融合、业务流程管理与协同、最终用户可用的网络应用“编程”方法与语言以及服务网格中间件等方面的研究及其行业应用（电子政务、企业应用集成、网络化科研、城市应急以及全国科技信息资源共享服务等）。我们认识到，互联网软件一方面要为用户提供具有像桌面软件一样的易用性和丰富用户体验的一体化服务，以及要应对多样化和个性化的用户需求和具有不确定性的负载及扩展性要求；另一方面还要面对广域、分散、异构的各类资源（存储资源、计算资源、遗留应用资源、各种新兴的服务资源以及大量的非结构化的数据资源）的集成问题。如何利用这些分散、自治、动态和边界模糊的网络资源来满足大规模用户群个性化的业务需求，又如何将领域相关的业务抽象和复杂多变的企业级业务流程与实现层面的互联网资源有机关联起来，都需要对基础理论、体系结构、保障策略和优化方法等展开深入研究。针对网络化、开放、动态和协同等软件发展趋势，结合领域实践，以支持跨管理域业务集成和大众用户“编程”为重点，我们自 2000 年起展开了对分布式系统动态应用集成与协同问题的研究，形成了一组基于资源动态汇聚、虚拟化和领域建模的服务集成技术，打造了一套互联网计算方法和软件环境——VINCA，旨在改造现行软件生产方式和使用模式，促进软件服务业发展。VINCA 方法学及具体实践是本书的一个重要组成部分。

2. 特色和适用范围

虽然市面上已有很多有关互联网技术、Web 应用开发、Web 2.0、Web 服务技术、SaaS、云系统和云计算的书籍，但大多在探讨解决方案、产品、工具或具体技术，缺少对背后的科学问题和基本原理的归纳。在一定程度上也助长了互联网相关领域存在的以下现象：名词概念繁多，应用开发方法比较随意，厂商和产品主导走向，用户和开发人员盲从。本书试图填补空白，对互联网计算的本质问题和基本原理进行总结和归纳。我们力求透过现象看本质，在不失实用性的前提下，从理论、原理和共性规律视角总结和归纳科学问题和核心技术，使读者不仅对互联网计算领域建立整体的认识和理解，也能掌握互联网软件构造和运维的方法、原理和准则。

进入 21 世纪以来，围绕网络环境下的应用集成问题，网格和云计算等新理念和新技术层出不穷。首先，源自应用集成的 SOA 带来了一种以服务为核心的开放集成架构和灵活集成方式，很快就被业界和用户所接纳；其次，SaaS 作为软件服务化发展与互联网结合的产物，体现了一种新型软件系统交付模式，也很快得到了普遍关注；最后，Web 2.0 代表了群众参与的互联网文化，体现了互联网上的聚众效应，带来了冲击和变革。本书试图搭建起互联网计算的概念体系，将相关基础和技术串在一起，体现整体性和系统性，避免盲人摸象似的只从某一个特定的视角分析问题或者零散地罗列概念和技术。本书的另一大特点是探索网格、云和 Web X.0 背后的本质问题和关键技术，总结和归纳集成模式的演化，强调建立虚拟资源中心，对分散、自治、动态和边界模糊的资源实现“逻辑集中、物理自治”的集成方法，强调对资源的优化和管控，并允许用户随时随地地使用资源。网格和云计算等都是这种新模式的具体落实。

互联网计算囊括了IT领域所涉及的诸多内容和方法，虽然我们在本书1.5节特别指出了以互联网计算的几个重要特征作为本书阐述的重点，但是，要想将互联网计算所涉及的问题全部在一本书的篇幅中讨论清楚，仍然是不可能的。考虑到互联网计算的有些问题已经在《面向服务的计算——原理和应用》以及国内外与网格计算有关的著述中得到了充分的阐述，因此本书尽可能从互联网计算这个问题域内选择我们认为比较重要并且在相关著述中还未被深入讨论的那些问题。本书共分三篇九章。第一章和第二章为本书基础篇。其中，第一章主要从概况的角度介绍互联网的基本概念和发展概况，提出互联网计算和互联网分布式系统的基本概念，并总结归纳互联网分布式系统的主要特征；第二章主要从学科关联的角度，介绍了互联网计算的学科基础——软件工程、分布式系统、应用集成以及万维网工程等几个方面的基础知识，作为本书原理篇的铺垫。第三章～第七章为本书原理篇。其中，第三章探讨互联网分布式系统的体系结构；第四章探讨互联网分布式系统的数据资源存储与管理原理；第五章探讨服务资源的建模、虚拟化、组合和管控原理；第六章探讨“软件即服务”模式下的第三方运营和优化问题（也涉及多租户环境下的特定问题）；第七章则讨论贯穿互联网分布式系统各个层次的互联网计算安全和信任问题。第八章和第九章为本书实践篇。作为本书介绍的互联网计算原理的软件实践，实践篇主要介绍了VINCA软件的实现原理及其应用实例。

通过阅读本书，读者不仅可以对互联网应用领域建立整体的认识和理解，更主要的是有助于弄清云系统、SaaS系统和各类新兴互联网应用的基本原理并掌握互联网软件的架构设计准则。本书原本用于研究生课程，帮助相关领域的研究生了解互联网计算领域的前沿知识，启发新的研究选题。作者在此特意进行了拓展，使其可以用作相关领域的参考书，同时也可作为计算机软件和计算机应用等相关专业高年级本科的专业教科书。

本书要求读者对操作系统、软件工程和软件体系结构、分布系统基本原理、计算机网络基础和Web以及XML有基本的了解，最好对中间件技术，如应用服务器技术有一定的使用经验。

从Web站点（http://sigsit.ict.ac.cn）的本书专栏链接可以获取关于本书的最新信息。

3. 致谢

本书是中国科学院计算技术研究所软件集成与服务计算实验室和中德软件集成技术联合实验室全体人员集体努力的结晶。本书的写作得益于团队在打造VINCA互联网服务集成套件和探索其应用过程中的领悟和提高。VINCA得到了国家自然科学基金面上项目和青年基金项目（No：60903048，60970132，60903137，60970131）、北京市自然科学基金项目（No：4092046）和 973 计划项目（No：2007CB310805）的资助。事实上，写作该书（将网格归纳为一类互联网计算）的想法最早源于 2005 年的山东省泰山学者计划支持。在此，一并表示感谢！

在本书的撰写过程中，我们得到了许多师友的帮助和鼓励，在这里我们无法一一列举，谨向他们表示真挚的感谢。作者尤其要感谢中国科学院计算技术研究所李国杰院士和高庆狮院士、清华大学计算机系史美林教授、澳大利亚 Swinburne 大学韩军教授的关怀和帮助。实验室博士研究生张鹏、丁维龙、季光、亓开元、孙君意、赵栓、温彦以及硕士研究生林海伦、师春晓等同学为本书的绘图、校对、试验系统整理（光盘）花费了大量心血。张鹏、丁维龙、季光和亓开元还对本书的实例分析做了再次验证。

书中不妥之处在所难免，欢迎各位专家、读者批评指正。

韩燕波　王桂玲　刘　晨　王　菁　赵卓峰

2010 年 3 月于北京中关村

目　　录

第二篇 原 理 篇

第三篇 实 践 篇

第一篇　基　础　篇

第一章　互联网计算概述

1.1 引　　言

互联网是人类技术发展史上的一项创举。互联网从诞生到现在虽然仅有40多年的历史，但其足迹已遍布世界各地，全球互联网用户的数量也呈现惊人的增长趋势。根据IDC的互联网与新媒体市场模型和预测，预计2012年全球将有19亿单独用户或30%的世界人口定期使用互联网（IDC，2008）。互联网的经典使用环境——万维网（world wide Web，WWW）是最成功的互联网应用。互联网的应用领域在不断扩大，目前大部分新建应用都与互联网资源和Web有关。互联网无疑对计算机和信息技术的发展起到了革命性的影响。同时，互联网的大规模、动态性、开放性和不确定性等特性为互联网环境下的IT技术带来了诸多挑战。未来IT技术的发展方向如何？怎样把握IT技术发展的命脉？对学术界和工业界来说，探究和掌握互联网环境下对IT发展具有决定作用的本质问题和关键技术，仍旧是探索之中的问题。近年来涌现出了多种分布式计算新模式或新技术，如普适计算（pervasive computing）、对等计算（peer-to-peer computing，P2P computing）、网格计算（grid computing）、云计算（cloud computing）、SaaS以及Web X.0等。不仅名词概念繁多，而且应用开发方法比较随意，通常是厂商和产品主导技术的走向，而用户和开发人员盲目跟从。这更导致了IT领域一种普遍的困惑：在IT领域每隔一段时间都会出现新的概念和词汇，而实质性进展和实际效果却不尽如人意。这些新概念哪些成分是炒作，哪些成分值得学习和采纳，哪些内容蕴藏陷阱，哪些内容蕴藏突破？人们普遍期望透过现象看本质，在不失实用性的前提下从理论、原理和共性规律视角总结和归纳互联网环境下的IT领域的科学问题和核心技术。

针对以上存在的问题，下面首先对互联网环境下IT技术发展的总体趋势、背后的宏观科学问题进行分析：

（1）IT的发展在不断效仿人类社会的发展模式，互联网已成为人类史上最大的计算平台，并将成为人类社会历史上最重要的社会基础设施之一。

互联网上数据资源呈指数级增长，计算资源和服务（关于什么是服务，本书第五章将给出详细解释）资源日益丰富，连接在网络上的计算设备、存储设备能力有了大幅提升，互联网的经典使用环境——万维网早已超越其初衷，朝着提供更加强大和更加丰富的用户交互能力的方向发展。如今，人们进行各种计算任务、文档等的处理都是通过互联网进行，互联网就像一台用之不竭的“计算机”和一个在不断丰富和扩展的信息系统。

实际上，IT 的发展在不断效仿人类社会的发展模式。计算机领域的很多思想和方法都直接受到人类社会的影响，典型案例包括面向对象的编程思想、客户/服务器的体系结构等。近年来，社会基础设施的运作模式得到了学术界和工业界的广泛关注。在人类社会中，与基础设施相关的社会分工专业化、生产经营集约化有利于降低成本、提高效益，是各行各业的发展规律。例如，随着社会化分工的发展，人类社会的电力基础设施经历了从作坊式发电到发电厂统一供电，最后到遍布整个社会的电网全面形成的发展历程。与此模式类似，对互联网基础设施来说，也将有越来越多原本属于应用系统的共性功能下沉至基础设施，软件的实现将与应用的运维和服务的提供相剥离，越来越多的应用服务器将交给第三方运营者统一进行运营维护，并将纳入互联网基础设施中。这已是大势所趋。

（2）21 世纪科学发展主旋律是从简约到集成，在 IT 领域，集成与协同已成为一个核心问题。

历史上，很多技术的发展是一个从简约到集成的发展历程。例如，1870 年左右的铁路系统有几种不同的轨道规格，但 20 年之后，形成了统一的轨道标准和互相兼容的信号等，最终出现了集成的铁路网。历史总是惊人的相似，IT 技术的发展也是一个从简约到集成螺旋上升的发展历程。例如，1910 年的电话系统事实上有两套互相竞争的技术。20 年后，电话行业被 AT&T 公司垄断，进而制订了电话标准，形成了集成的电话网。

事实上，在 IT 行业，新技术通常会率先出现在某些行业、某些组织机构中的某些典型应用中，用于追求局部问题求解和局部利益最大化。随着这些新技术的普及，自然会有越来越多的行业和组织机构开始实践这些新技术，产生出越来越多的新应用。不同行业、不同组织结构的应用之间，由于区域的划分、利益的分割、技术的壁垒以及历史变革导致的技术体系的差异等不同因素，将不可避免地带来一些信息孤岛、应用孤岛和平台孤岛等。因此，接下来面临的就是不同行业、不同组织机构的不同应用如何进行通信、互操作、集成和协同的问题。只有重视并成功地解决这些集成与协同的问题，新的技术才能在更大范围内得以发挥其社会价值和经济价值。

（3）互联网资源的虚拟化技术扮演重要角色。

虚拟化技术所带来的主要好处是提高资源配置的灵活性，进而提高资源的利用率。20 世纪 60 年代开始出现的分时系统（time-sharing system）是虚拟化的早期雏形，它使用一台主机连接若干终端，由用户交互式地向系统提出请求，系统则采用时间片轮转法进行处理，并通过交互方式在终端上显示结果，使多个用户分享同一台计算机、多个程序共享硬件和软件资源成为可能。

针对计算机和操作系统、存储、网络资源以及应用程序和应用程序组件等各种层次、各种类别的资源抽象，虚拟化都有不同的含义。例如，针对 CPU 的虚拟化可以用单 CPU 模拟多 CPU 并行，允许一个平台同时运行多个操作系统。虚拟机则可以在一台设备上模拟多个主机，每个主机上都可以有独立的操作系统和网络服务。对物理内存的抽象则产生了虚拟内存技术，应用程序认为其自身拥有连续可用的地址空间，而实际上，应用程序的代码和数据可能使用的是磁盘、闪存等外部存储器上的空间。因此，采用虚拟内存技术，在物理内存不足的情况下，应用程序也能顺利执行。此外，虚拟局域网、虚拟专用网以及存储虚拟化等各自也具有不同的含义。

虚拟化也可以走向客户端，“桌面虚拟化”就是这样的一种虚拟化技术。它借用传统瘦客户端模型，将所有桌面虚拟机在服务器端进行托管并统一管理，用户可以通过瘦客户端或类似的设备在局域网或远程访问获得与传统 PC 相同的用户体验。

虚拟化也可以针对非物理的资源，如服务虚拟化（第五章将对此进行详细介绍），它代表了一种对 IT 服务的业务级抽象。业务人员所使用的服务并非技术层面的具体 IT 服务，而是更接近业务需求的业务级服务。业务人员并不关心业务级服务和具体 IT 服务之间的转换和关联。

网格也是一种虚拟化形式，它实际上类似于一个系统虚拟机。用户认为自己拥有一定的有质量保障的计算资源，而实际上用户的请求是由网格根据一定的策略和机制调度到具体机器上进行处理的。网格中的虚拟组织（virtual organization）也是一种虚拟化的形式，每个虚拟组织拥有各自独立和分离的管理政策，用户可通过虚拟组织范围内统一的协议和规范方便地共享虚拟组织内部的资源。但实际上，虚拟组织内部的各种资源并不一定在用户的本地管理域内，网格任务执行所需要的资源实际上是根据该任务执行时的需求动态进行组织的。

虚拟化事实上也是云计算的基础之一。云计算所提供的计算、存储、平台和服务等各种资源也都是经过了虚拟化处理的。很多云计算数据中心采用了服务器虚拟化技术。此外，云计算对多租户的支持也是一种虚拟化的形式，每个租户都认为自己独享软硬件资源，但其实他们是与其他租户共享了同一软硬件平台。

实际上，从方法论的角度来看，资源虚拟化的思想及其应用是在构造（软件）系统时一些基本方法的综合体现。这些基本方法包括：分而治之的方法；消除复杂性（复杂性又分为固有复杂性和附加复杂性，其中后者是求解手段带来的、非问题域固有的复杂性，消除附加复杂性是人们的一大追求）、屏蔽细节的方法；代理（包括间接寻址）的方法；变无序、无结构为有序、有结构的方法；抽象与建模的方法等。

（4）对学科基本问题的认识和理论体系的建立已有迫切需求。

任何一门学科都有其基本的科学问题。它是指在一段较长的时期内，在这个学科的研究领域中所涉及的不断重复的共性基础问题，其他一些问题都是从这些基本问题衍生而来的。在互联网领域，其基本的科学问题是资源有序化、一体化和优化利用，而衍生智能、化简复杂度和质量保障等是基本手段。当前，如何将互联网中各种无序的、分散的资源转换为非平凡的、确定的、可靠的、具有服务质量（quality of service，QoS）保障的可利用的服务是一个核心问题。由此可衍生出其他一系列的问题，例如：①如何利用分散、自治、动态、边界模糊的网络资源满足大规模用户群个性化的业务需求。②如何将领域相关的业务抽象和复杂多变的企业级业务流程与实现层面的互联网资源有机关联起来。③通过怎样的方法和机制保障互联网应用的质量。④如何为业务用户提供大粒度、具备业务语义、可存储、可搜索、可利用的互联网资源抽象。⑤定义何种编程模型以及提供何种手段和环境供用户利用这些服务资源自行开发（DIY）互联网应用。⑥何种运行时管控机制能够保障可靠性、效率以及可动态优化等指标。

在对互联网环境下 IT 技术发展的总体趋势、背后的宏观科学问题进行上述简略分析之后，下面先简单回顾一下互联网发展的历史以及互联网的基本概念；之后，讨论本书的主题——互联网计算和互联网分布式系统，对互联网分布式系统核心要素的特征进行分析，并介绍互联网分布式系统的分类；为了帮助读者理解和认识互联网分布式系统，接下来对网格计算系统、面向服务的企业应用集成（enterprise application integration，EAI）系统以及云计算系统等几种典型的互联网分布式系统进行介绍；最后，总结归纳互联网分布式系统区别于传统分布式系统的七大主要特征，并分析互联网分布式系统的发展路线。

1.2 互联网发展梗概

通过网络将计算机互联起来的构想最早是由美国国防高级研究计划局（defense advanced research projects agency，DARPA）计算机研究计划的首位负责人 Licklider 于 1962 年 8 月给其研究团队所写的备忘录中提出的。在这些备忘录中，Licklider 提出了“Galactic Network”的概念（Licklider，Clark，1962）。所谓 Galactic Network 是指全球的计算机都将互联起来，每个人从任何一台计算机上都可以访问整个网络的数据和程序。Licklider 说服他的 DARPA 同事认同网络互联的重要性，这使得 Galactic Network 思想成为日后互联网的萌芽。

麻省理工学院的 Kleinrock 于 1961 年 7 月第一次在一篇文章中发表了分组交换（packet switching）的理论（Kleinrock，1961）。分组交换网络也称存储转发网络，区别于电路交换，它并不是通过建立或取消连接来构造电路，而只是将数据包从它的源地址转发到目标地址，在每个交换节点上有一台计算机，这台计算机负责存储经过它的数据包，然后将它们转发到离目的地址更近的其他节点。分组交换理论的提出标志着人们已经向计算机网络迈了一大步。来自麻省理工学院的科学家 Roberts 于 1965 年将两台分别位于美国两个州的计算机通过拨号电话线运用分组交换技术互联起来，验证了互联设想和分组交换理论。

1966 年，Roberts 加入 DARPA，开始在 DARPA 指导 ARPANET 的开发。ARPANET 是互联网的前身。1969 年，斯坦福大学和加州大学洛杉矶分校的计算机首次连接起来，这事实上标志着互联网的诞生。1972 年，ARPANET 已经可以对公众展示，同一年诞生了 Email，成为日后最为普及的互联网应用之一。

ARPANET 最初使用的互联协议是网络控制协议（network control protocol，NCP）。NCP 只是一台主机对另一台主机的通信协议，并未给网络中的每台计算机设置唯一的地址。因此，在庞大的网络中 NCP 难以准确定位需要传输数据的对象。此外，NCP 缺乏纠错功能，网络可靠性不高。随着 ARPANET 网络规模的扩大，NCP 的缺陷也越来越明显，迫切需要一种新的协议来代替 NCP。另外，随着 ARPANET 的发展，不仅出现了基于分组交换的网络，还出现了卫星数据包网络和地面无线数据包网络等。在上述背景下，如何将这些不同的网络互联起来，便成为新的问题。

正是在这种契机下 ARPANET 开始进一步发展为今天的互联网。互联网被定义为广域网（wide area network，WAN）、局域网（local area network，LAN）及单机按照一定的通信协议组成的逻辑上单一的遍布世界各地的计算机网络。其中，局域网在由单一通信介质连接的计算机之间以相对高的速度进行传输，其通信介质包括光纤、双绞线或同轴电缆等。局域网由一个或多个网段构成，网段之间通过交换机或集线器互连，以太网是当今有线局域网的主导技术。广域网则在属于不同组织以及可能被远距离分开的节点之间以较低的速度传递消息，这些节点可能分布在不同的城市和国家，其通信介质是连接多个路由器的通信电路，路由器负责将消息或数据包路由到指定地点。

事实上，互联网隐含了一个关键的技术思想，即开放体系结构的网络互联（open-architecture networking）。各种独立设计的网络不必遵循某一特殊的网络体系结构，而是通过一个更具一般意义的开放网络互联体系结构与其他网络互联。开放体系结构的网络互联必须遵循以下四条原则（Leiner，Cerf，Clark，et al.，1997）：

(1) 每一个连接到开放网络上的网络都是独立的，连接到互联网上不需要其内部的任何变动。

(2) 网络通信是基于“尽力而为”（best effort）模式的，若数据包传送失败，它将被重传。

(3) 网关或路由器对经过它的数据流来说是一个黑盒，这样有利于保障路由器的效率和可靠性。

(4) 在运营层面不存在全局控制。

1973年，BBN公司的Kahn联合NCP的开发者Cerf正式启动了设计开发互联网协议的计划，并很快提出了TCP协议（Cerf，Kahn，1974）。在TCP协议提出之初，Kahn和Cerf倾向于使得TCP协议既能够支持完全可靠的数据传输（虚拟链路模型），也能够支持将可靠性留给底层网络服务而允许丢包的数据包传输。后来人们发现，对一些应用来说（如语音传输），数据包的丢失问题可以留给应用自身来解决，而无需由TCP协议来解决。这种发现直接导致了IP协议和UDP协议的提出。IP协议只负责寻址和数据包的转发，而由TCP协议负责流量控制和错误控制。对于无需在传输层保障可靠性的应用，还可以选择使用UDP协议直接在IP层提供的服务之上进行数据包的传输。

TCP/IP协议很快成长为互联网的标准协议，它首先在斯坦福大学和伦敦大学之间进行了测试。1983年，ARPANET完全转换到TCP/IP协议上来。1984年，美国国家科学基金会（national science foundation，NSF）决定组建NSFNET。1985年，NSFNET将TCP/IP协议作为唯一的网络协议，并开始鼓励发展商使用TCP/IP网络。1995年，NSFNET已经从6个节点56Kb带宽走向21个节点45Mb带宽，与全球共50000个网络互联。至此，互联网已经初具规模。

现在，互联网已经离不开基本的IP协议、TCP协议或UDP协议。从技术角度来看，互联网具有下述特点：

(1) 计算机通过全球唯一的网络逻辑地址链接在一起，这个地址是建立在IP协议基础之上的。

(2) 可以通过TCP/IP协议来进行通信。

(3) 建立在上述通信及相关的基础设施之上，使公共用户或私人用户享受现代计算机信息技术带来的全方位服务（FNC，2009）。

互联网的通信任务可以划分成不同的功能区块，即所谓的“层”。每一层都为上面的层提供相应的接口，并扩展下层通信系统的性质。在发送方，每一层（除了最顶层）按照指定的格式从上一层接收数据项，并在将其传送到下一层进一步处理之前，进行数据转换，按下一层的格式封装数据。一套完整的协议层被称为协议栈或协议组。开放系统互连（OSI）七层参考模型是国际标准化组织

(ISO) 为促进开放体系结构的网络互联而提出的模型，如图 1.1 所示。

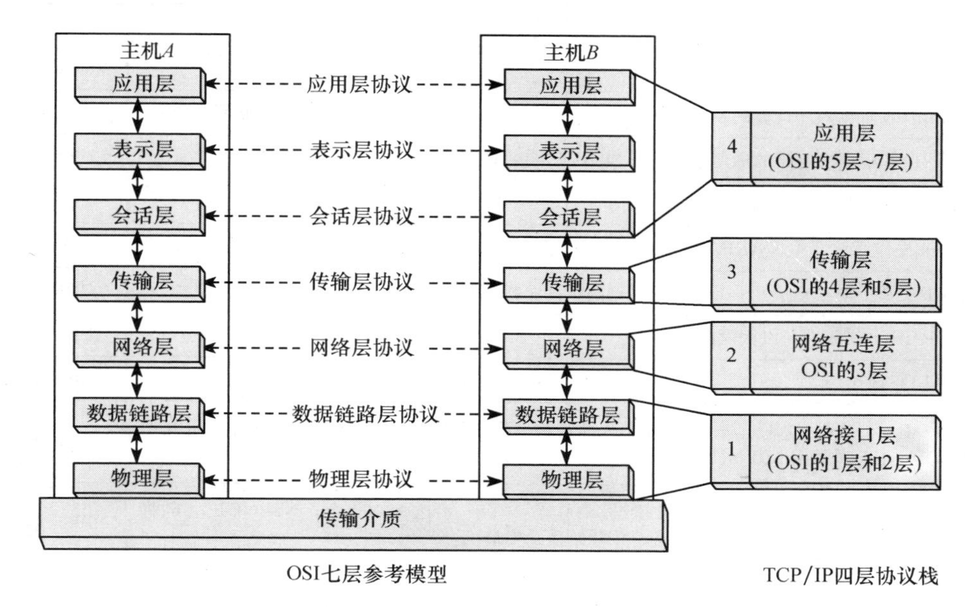

图 1.1　OSI 七层参考模型和 TCP/IP 四层协议栈

OSI 的七层参考模型层次较多，虽然完善，但在实际中并没有得到广泛的使用。在互联网中得到广泛使用的是如图 1.1 右侧所示的 TCP/IP 四层协议栈。在 TCP/IP 四层协议栈中，最上面的应用层是网络应用程序为了通过网络与其他程序通信所使用的层，数据从网络应用程序出发以内部格式发送，然后被编码成标准协议的格式。传输层保障数据传输的可靠性，并保证数据按照正确的顺序到达。网络互连层负责将数据从源网络传输到目的网络，主要涉及数据包传输过程中的寻址和路由。网络接口层负责将数据包从一个设备的网络层传输到另外一个设备的网络层：在发送端，它完成如添加报头准备发送、通过物理媒介实际发送等数据链路功能；而在接收端，网络接口层将完成数据帧接收、去除报头并且将接收到的包传输到网络层的功能。

可以通过表 1.1 来对互联网发展的重要历史事件以及与互联网发展密切相关的计算机发展重要历史事件按照年代顺序进行一个简明扼要的回顾。本书将迄今为止互联网的发展划分为三个阶段：

(1) 计算机互联阶段（20 世纪 60 年代～20 世纪 80 年代末）。第一台主机连接到 ARPANET 上，标志着互联网的诞生和网络互联发展阶段的开始。在这一阶段，伴随着第一台基于集成电路的通用电子计算机 IBM 360 的问世、第一台个人电子计算机的问世、Unix 操作系统和高级程序设计语言的诞生，计算机逐

表 1.1　互联网发展重要历史事件年代顺序表

事　件	年　代
Kleinrock 发表分组交换论文	1961 年
McCarthy 提出效用计算的发展愿景；Licklider 提出“Galactic Network”，成为互联网的萌芽	1962 年
第一台基于集成电路的通用电子计算机 IBM 360 问世	1964 年
第一台主机联网到 ARPANET 上	1969 年
Unix 操作系统诞生；ARPANET 用于计算机联网的 NCP 协议诞生	1970 年
ARPANET 对公众展示；Email 诞生；高级计算机编程语言 SmallTalk、C 语言诞生	1972 年
TCP/IP 协议诞生；以太网诞生	1974 年
IBM PC 诞生	1981 年
DNS 诞生；ARPANET 从 NCP 协议全部转为 TCP/IP 协议；ARPANET 分裂为研究型 ARPANET 和军用 MILNET	1983 年
通过 TCP/IP 协议联网的计算机超过 2000 个，1987 年达 30000 个；NSFNET 决定将 TCP/IP 协议作为唯一的网络协议，并开始鼓励发展商使用网络	1985 年
Berners-Lee 提出 WWW 的概念	1989 年
中国连入互联网	1994 年
NSFNET 从 6 个节点 56Kb 带宽走向 21 个节点 45Mb 带宽，全球共 50000 个网络互联；WWW 服务成为互联网上流量最多的服务	1995 年
Foster 关于网格的第一本书出版；Google 公司成立，后来成为全球公认的最大搜索引擎公司，搜索引擎实际上是推动互联网发展的重要事物	1998 年
2004 年 O'Reilly Media 的 Web 2.0 会议上，“Web 2.0”这个词被正式认可	2004 年
IBM、Google 公司联合几所大学发起云计算研究项目，云计算成为工业界和学术界热门话题	2007 年

渐得到了普及，形成了相对统一的计算机操作系统，有了方便的计算机软件编程语言和工具。人们尝试将分布在异地的计算机通过通信链路和协议连接起来，创造了互联网，形成了网络互联和传输协议的通用标准 TCP/IP 协议，在网络地址分配、域名解析等方面也形成了全球通用的、统一的标准。基于互联网，人们可以在其上开发各种应用。例如，这一阶段出现了远程登录、文件传输以及电子邮件等简单、有效且影响深远的互联网应用。

（2）网页互联阶段（20 世纪 80 年代末～20 世纪 90 年代末）。万维网的诞生标志着互联网进入了内容（网页）互联阶段。全球范围内的网页通过文本传输协议连接起来，成为这一阶段互联网发展的显著特征。通过这一阶段的发展，形成了统一资源定位符（uniform resource locator，URL）、超文本标记语言（hypertext mark-up language，HTML）以及超文本传输协议（hypertext transfer protocol，HTTP）等通用的资源定位方法、文档格式和传输标准，WWW 服务成为互联网上流量最多的服务。这一阶段，人们开发了各种各样的 Web 应用。与此同时，还出现了提升服务器端计算能力和存储能力的技术。网页中除了文本之外，还出现了网页脚本、小应用等各种可通过 HTTP 协议访问的可执行元素，通过 Web 进行非文档类资源的互联已经初见端倪。

（3）应用互联阶段（20 世纪 90 年代末～至今）。随着计算机、互联网的发展，连接在互联网上的计算设备、存储设备能力有了大幅提升。同时，随着第二阶段万维网的发展，可通过 Web 访问的应用程序不断增多，万维网上的数据资源也呈指数级增长，此时万维网已经不再是单纯的内容提供平台，而是朝着提供更加强大和更加丰富的用户交互能力的方向发展。这一阶段无论是民用领域还是科学研究领域，都出现了一批大规模的应用，如搜索引擎、大型粒子对撞机等。这些应用所产生的数据量是单台计算机（即使是高性能计算机）无法处理的，必须通过网络将多台计算机连接起来协同处理这些数据。但是，现有的互联网技术无法完成这些功能，因此，这一阶段出现了网格、云计算等概念和技术体系。与第二阶段的网页互联不同，该阶段以各类资源的全面互联尤其以应用程序的互联为主要特征，任何应用系统都会或多或少地依赖互联网和互联网上的各类资源，应用系统逐渐转移到互联网和万维网上进行开发和运行。

1.3　互联网计算和互联网分布式系统

1.3.1　互联网计算和互联网分布式系统的概念

美国计算机学会（Association for Computing Machinery，ACM）使用计算（computing）来定义那些使用/开发计算机硬件/软件的活动（ACM，2005），它涉及有关设计、构建、运维计算机软硬件系统的各种技术。在使用其指代学科概念时，它特指信息技术这个大的学科分类中与计算机学科相关的部分。计算可以有各种各样的目的，如进行信息的结构化处理、使用计算机进行科学研究、使计算机系统更智能、进行信息的发现和聚集等。本书中出现在网格计算、P2P 计算、云计算等术语中的计算都属于这种涵义，它们特指设计、构建、部署和运维一类计算机系统的计算机学科相关理论和技术体系。实际上，计算在英语中有三个词与之对应，除了 computing 之外，还包括 compute 和 computation。但 compute 通常是指用数学的方法得出结论或算出结果；而 comuptation 是指数学计算或计算机使用与操作的统称（王同亿，1992），它们与 computing

具有不同的含义。

互联网计算将使得互联网上分散、无序的资源变成为有序的、逻辑一体化的虚拟共享资源，并且所有的资源共享能力都将采用社会基础设施的商业模式（类似水、电的商业模式）被人类使用。互联网计算的一个重要目标是构建一种社会公用的基础设施，而非满足特定的应用需求。这种社会公用基础设施具有下列属性：

（1）广泛性：社会公用基础设施并不是只针对某少数用户，而是为广泛人群提供服务。

（2）通用性：社会公用基础设施往往基于某种标准或共识的规范，而不是仅在某个区域或范围内适用。

（3）可用性：社会公用基础设施须始终可用或在协议保障下可用。

（4）公平性：社会公用基础设施须在管理和控制角度保持公平，遵循非歧视性的互联互通原则。打一个形象的比喻，在高速公路上，只要遵守一定的交通规则，无论是奔驰还是夏利，都可以在这个高速公路上畅通无阻地行驶；我们每个人都付费上网，但是谁也不会为了孤立的排他性网络付费。

早在互联网萌芽阶段，一些计算机科学家就对互联网的发展方向和愿景提出了自己的观点。图灵奖获得者 McCarthy 于 1961 年提出了效用计算（utility computing）的思想，他指出“……计算在某一天将会被组织为公共设施，就像电话一样……计算设施将变为一种新的和重要的工业基础”。根据这种思想，计算能力、计算机程序等将采用公用基础设施的商业模式（类似水、电的商业模式）被人类使用。事实上，互联网计算将成为新兴的、基于互联网的 IT 产业的学科依托，而上述社会公用基础设施是这种新兴产业的基础。

互联网分布式系统由多个广域范围内分布的互联网基础设施为依托，各地的用户通过各种客户端设备，在广域网范围内以服务的方式访问和获取互联网分布式系统提供的功能。互联网基础设施软件又由各数据中心中对资源进行逻辑一体化的分布式文件系统、分布式计算环境、分布式存储等网络化基础软件，以及应用软件的托管开发、部署和托管运营环境和在其上托管运营的应用系统（含第三方应用）等构成。

定义 1.1　互联网分布式系统（Internet-based distributed systems）：依托互联网资源，通过互联网为互联网范围内的用户按需提供服务的分布式系统。

定义 1.2　互联网计算（Internet computing）：互联网分布式系统依托互联网实现资源的按需逻辑一体化以及各类互联网资源（包括网络资源和本地资源）的按需集成与广泛共享，而构建互联网分布式系统的相关方法、原理和理论体系统称为互联网计算。

1.3.2　互联网分布式系统的核心要素

在前面的叙述中，多次提到互联网资源的概念。例如，我们说互联网上数据资源、计算资源和服务资源日益丰富，在互联网分布式系统的定义中，也提到互联网分布式系统依托互联网实现资源的按需逻辑一体化以及各类互联网资源（包括网络资源及本地资源）的按需集成与广泛共享。可以说，资源是互联网计算的基石，是互联网计算的第一核心要素。那么，什么是资源？什么是互联网资源？

自然资源、社会经济资源和技术资源被称为人类社会的三大类资源。其中，自然资源一般是指一切物质资源和自然过程，通常是指在一定技术经济环境条件下对人类有益的资源。社会经济资源是直接或间接对生产发生作用的社会经济因素。技术资源是自然科学知识在生产过程中的应用，是直接的生产力，是改造客观世界的方法和手段。那么，在互联网背景下，资源首先对应互联网上可联网的计算机、存储和带宽通信渠道等；其次，随着 WWW 的出现，资源对应着大量的静态网页信息；后来，Web 中可访问的在线数据库数量增加，这些资源是以动态生成网页的形式提供出来的；随着 Web 2.0、社会性网络服务（social network sites，SNS）等的出现，由用户贡献的信息和应用成为一类重要的互联网资源；此外，随着 Web 服务、开放 API 等的出现，越来越多的 Web 应用内容和业务功能通过服务的形式提供出来，成为一类重要的服务资源。近年来，还出现了将应用的计算、存储、开发能力、性质保障能力等以服务的形式提供出来的基础设施服务资源。

下面从硬件、软件、基础设施、人机交互、应用形态以及商业模式等互联网分布式系统的六个方面，通过分析其在互联网环境下的主要特点来进一步了解互联网分布式系统。

1. 硬件

硬件包括计算机及计算机网络中所有的物理零件，以此来区分计算机数据以及为硬件提供指令以完成任务的计算机软件。常见的硬件包括 CPU、内存、磁盘、电源、总线、网卡、路由器以及键盘、显示器等各种输入、输出装置。

计算机从诞生起发展至今，其核心硬件设备的处理能力无论是处理器的速度、网络带宽还是磁盘存储量，都始终以指数级增长。现在的一台 PC 处理器的速度要比 20 世纪 80 年代世界上最快的超级计算机的处理器速度还要快。

互联网计算为计算机硬件的发展带来巨大影响。从互联网诞生开始，TCP/IP 协议便内置到操作系统中，随着互联网从 ARPANET 向世界各地延伸，计算机的联网成本已经非常低廉，通过互联网访问各类资源的用户需求日益旺盛。图 1.2给出了从 20 世纪 90 年代开始互联网上主机数量的发展速度。从图中可以看出，近几年每年联网主机的增长量超过 5000 万台。

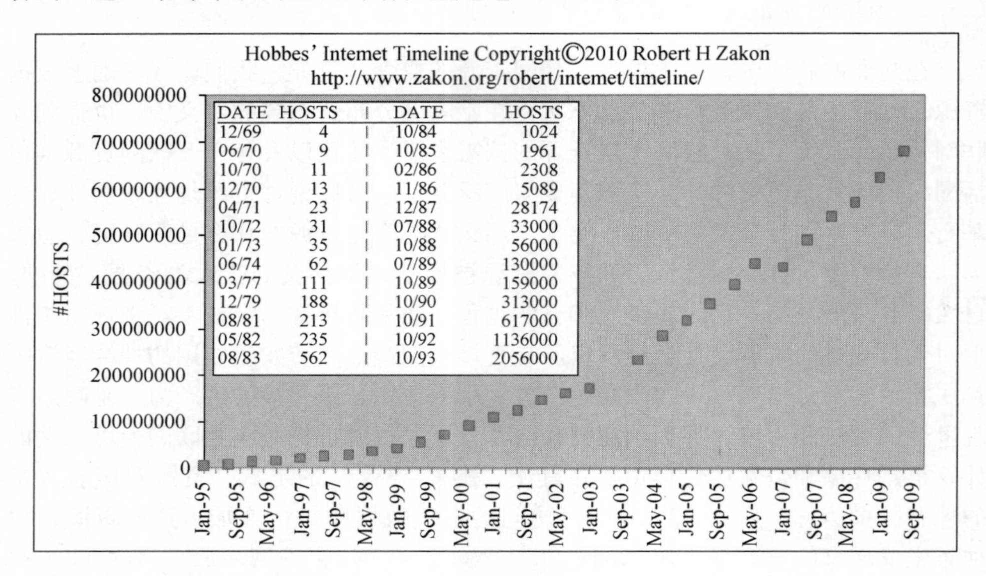

图 1.2　互联网上主机数量的增长速度

互联网计算对硬件的发展具有很大的影响。随着互联网的迅速发展和普及，以及客户机性价比的提升，一些有研发实力的机构或组织开始使用大量廉价的 PC 或者普通服务器（而非昂贵的单个高性能计算机），在电力、能源等较为廉价的地区集中起来，基于 PC 集群（PC cluster）来构建大规模的数据中心。

由 PC 服务器构成的集群面临的最为突出的挑战就是可用性和可靠性的保障问题。目前，一台 PC 服务器平均无故障运行时间一般是几年，而用几千台 PC 服务器构成的集群平均几个小时就会有一个节点出现故障。这些问题的存在对集群体系结构、硬件和系统软件设计等都提出了新的挑战。

2. 软件

计算机程序是指一系列按照特定顺序组织的计算机数据和指令的集合。计算机软件包括计算机程序以及与程序相关的文档。ISO 9001：2000 指出，一个好的软件应实现客户需要的功能和性能、可维护、可让用户在指定环境和条件下信赖和使用（Standard，2001）。中国计算机科学技术发展报告指出，软件是信息的载体并且提供了对信息的处理能力，如对信息的收集、归纳、计算和传播等（中国计算机学会学术工作委员会，2005）。

虽然计算机硬件设备提供了物理上的数据存储、传播以及计算能力，但是对于用户来讲，仍然需要软件系统来反映用户特定的信息处理逻辑，从而由对信息的增值来取得用户自身效益的增值。因而从本质上讲，软件可以被理解为一种逻辑上的信息处理设备，该设备具有用户所需的信息处理能力。一个好的软件应该能够为用户提供有价值的信息输出，从而为用户带来效益。

图 1.3 给出了互联网环境下计算机软件的发展变化。在图的最左侧，早期的网络软件具有如下特点：

(1) 用户端通常为客户端应用程序，用于处理一些复杂的应用处理逻辑。

(2) 应用开发人员直接基于操作系统软件进行开发，应用开发人员需要基于操作系统软件实现网络通信、数据传输、进程间通信等复杂的基础功能。

(3) 操作系统软件为各种应用程序提供基础服务，操作系统软件的运行和维护是由专门人员负责，在这里称其为基础设施运维人员。

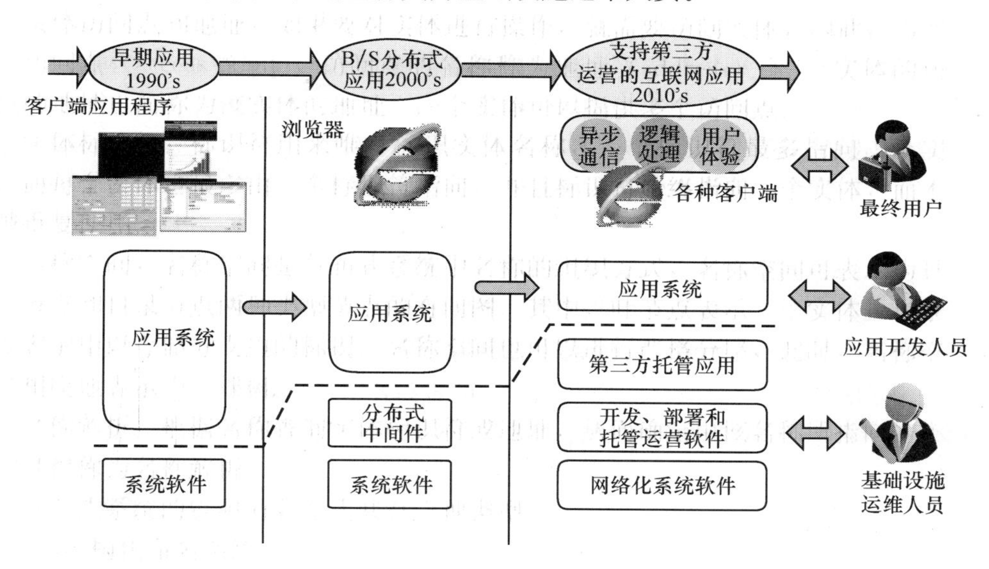

图 1.3　互联网环境下软件的变迁

在图的中部，随着网络应用的普及，具有浏览器-服务器（browser-server）体系结构风格的网络应用逐渐成为主流，用户端通常为简单的、易用的浏览器，在用户端一般不处理复杂的应用逻辑。在原有的操作系统软件之上，出现了专门的分布式中间件，如数据库、Web 服务器等。中间件屏蔽了网络通信、数据传输、进程间通信等复杂的分布式系统基础实现，大大减轻了应用开发人员的负担，成为沟通应用软件和系统软件之间的桥梁。操作系统软件和中间件的运行和维护由基础设施运维人员负责。

随着互联网成为最大的协同计算平台，用户对网络应用的需求越来越广泛，分布式应用需要处理的数据呈指数级增长，要处理的应用逻辑也越来越复杂，这些促使软件的社会化分工发生了变化，出现了专门由第三方来进行托管运营的互联网应用。从图的右侧可以看出这种互联网应用具有以下特点：

（1）用户端呈现出“按需使用、泛在应用、最终用户编程”的趋势，终端设备大大丰富，用户通过各种终端设备之上的瘦客户端、胖客户端、富客户端等来按需使用后端资源，一些应用处理逻辑可在用户端由不掌握专业编程知识的最终用户通过定制或配置等最终用户编程的手段来完成，从而构造满足自己需求的个性化应用。

（2）应用开发人员在构造应用时，使用的基本构造元素是“不为所有、但为所用”的服务，通过服务的按需聚合、组合、编排和定制化开发来进行。

（3）对资源进行逻辑一体化的分布式文件系统、分布式计算环境、分布式存储、中间件等构成了网络化系统软件，应用软件的开发、部署和托管运营环境用来支撑第三方托管应用的运行和维护。网络化系统软件和应用软件开发、部署以及托管运营软件作为支撑其他各种应用系统的基础，在这里被视为基础设施软件。第三方托管应用的运行和维护不再需要应用系统开发者和所有者的参与，而是由基础设施运维人员负责。

从图 1.3 中可以看出，随着互联网的发展，互联网环境下的软件有两个显著的变化。首先，软件的社会化分工更加细致，应用软件开始支持以托管的方式运行和维护，软件的定制、开发与软件的运行维护逐渐分离，由不同的角色来承担。基础设施软件所包含的功能越发复杂和强大，对程序员来说，越来越多的复杂底层细节对程序员隐藏，应用系统的定制、开发越来越方便。其次，基础设施层出现的另一个变化是应用软件的开发、部署和托管运行环境的出现。这些变化在体系结构、构造方法和资源优化利用机制等方面都对计算机系统提出了新的挑战性问题。

3. 基础设施

从上面对互联网软件发展的讨论可以看出，由于社会化分工的逐步完善，基础设施软件在互联网软件发展过程中所包含的功能越发复杂和强大，将起着越来越重要的作用。因此，下面将单独讨论互联网基础设施的概念、变迁和发展趋势。

基础设施原本是指社会或企业团体正常运转所需要的物理设施和基本服务，典型的基础设施有道路、供水系统、电力网、电信设施、学校和医院等。互联网作为一种为社会提供各种通信和信息服务的基础设施，在它的发展历程中，其内涵也经历了一个发展变化的过程。给出基础设施基本概念之后，此处重点总结和分析互联网基础设施的发展历程和趋势。

基础设施为产品和服务提供共性基础支撑。例如，道路使得原材料可以运送到工厂中，使得最终产品可以分发到市场中。结合维基百科的解释，本书总结出基础设施具有如下基本属性：

（1）基础设施是用于提供服务的固定资产。负责基础设施维护、监控和运营的工作人员并不直接为基础设施的用户提供服务，工作人员和用户之间的交互仅仅局限于服务的请求、调度和计费等方面。

（2）基础设施的发展倾向于自然垄断。由于规模经济效应的原因，只有大规模的基础设施方可获利，基础设施开始的投资非常大，并且一旦建成，其边际成本几乎可以忽略不计。这些不利于竞争的客观因素决定了它倾向于自然垄断。

（3）基础设施是随着时间的进展而不断演变的，它的各个部分之间往往具有很高的相互依赖性。

（4）基础设施具有集成系统的特征，它是通过将各个独立的组成部分互相连接在一起建立的，由于各个组成部分可能并不互相兼容，因此，标准规范对于基础设施的建立往往具有重要的意义。

互联网的产生和发展历程，也是作为整个社会的信息基础设施而不断演进的过程。互联网发展早期，在网络互联阶段，它是作为通信的基础设施而存在的，全球范围内的计算机通过基于TCP/IP协议的通信链路连接起来，形成了全球统一的网络地址分配、域名解析标准。人们收发电子邮件、进行文件传输等各种活动都依赖上述基础设施。

在互联网发展的网页互联阶段，HTML、HTTP等成为通用的互联网文档格式和传输标准，WWW服务成为互联网上流量最多的服务。通过Web进行访问已成为人们对开发各种应用的基本要求，互联网及其使用环境Web逐渐成为一种通信和文档共享的基础设施。

在当前和未来相当长的应用互联阶段，任何应用系统都将或多或少地依赖于互联网和互联网上的各类资源，应用系统逐渐转移到互联网和万维网上进行开发和运行。互联网将不再仅仅作为通信和文档共享的基础设施，而是会包含越来越复杂的跨管理域、大规模分布式系统的共性支撑功能，将作为支撑全社会各种应用软件运营的基础设施而存在，而且人们可以采用社会基础设施的商业模式（类似水、电的商业模式）来使用它。

互联网基础设施除包含1.3.2节所讨论的互联网基础设施软件之外，还包括支撑基础设施软件以及应用软件运行的硬件及其物理环境。当前，数据中心已成为一种重要的互联网基础设施构成形式，互联网基础设施往往由可扩展的、靠高速网络互联的多个数据中心构成。所谓数据中心是指多个服务器和通信设备为了便于维护，在物理上放在同一个位置，它们具有相同的物理环境，这些设备连同其物理环境一起称为数据中心。数据中心提供专门的计算机房间，有基本计算机系统设备和关联组件，包括电源、通信、存储系统、环境控制（如空调、灭火器）和安全设备等，它一般还包含冗余和备份电源、冗余数据通信连接等。

图1.4给出了2008年Google公司三十多个数据中心在全球的分布情况

(Dean，Ghemawat，2008)。互联网环境下的数据中心与传统数据中心的区别主要体现在以下三个方面：

(1) 传统的数据中心往往托管运行大量的、中小规模的应用，每个应用都运行在特定的硬件基础设施之上。而这种互联网级数据中心则运行着少量的（与传统数据中心的应用相比）、大型的应用，为互联网范围内的用户提供服务。

(2) 传统数据中心的应用一般属于多个不同的组织或公司，数据中心内部不同的计算系统之间是松耦合和彼此隔离的，不同的计算系统在硬件、软件、维护基础设施上共同点很少，并且相互之间一般不通信。而在互联网级数据中心上运行的软件属于同一个组织，它们使用相对同构的硬件、系统软件平台，共享一个公共的系统管理层。这种公共的系统管理层为应用的部署带来了很大的灵活性。

(3) 区别于传统数据中心，在互联网级数据中心中，应用、中间件和系统软件通常都是内部联合设计的，而不直接使用第三方软件。

图 1.4 Google 公司 2008 年位于全球的数据中心

由于互联网数据中心不再需要依赖昂贵的高性能设备，数据中心的构建成本越来越低，加上经济上产生的规模效应，互联网上具备一定规模的数据中心越来越多，从而进一步繁荣互联网上可用的资源。但互联网级数据中心的上述同构、单一组织控制以及对成本优化等特征也为互联网环境下的计算机系统体系结构、硬件和系统软件的设计提出了一些新的问题。不同组织互联网级数据中心的互联、互操作和集成问题也是将来互联网基础设施发展必然要面临的问题。

4. 人机交互

传统意义上的人机交互（human computer interaction，HCI）泛指系统与用户之间的互动关系。互联网环境下则演化为人机契合问题，人和系统合二为一。这里将探讨互联网环境下人机交互的变迁及其发展趋势。

人机交互界面通常是指用户可见的部分，用户通过人机交互界面与系统交流，并进行操作。任何一个完整的计算机应用程序都是给人来使用的，在软件内部功能和非功能属性相同的情况下，人机交互设计的好坏决定着一个计算机应用程序的易用性，人机交互的重要性由此可见一斑。人机交互和互联网的发展是互相影响的。一个明显的例子就是万维网，如果不是鼠标和浏览器等与超文本等人机交互技术的结合，从而使得人们能够通过浏览器以鼠标点击的简便方式触发链接的跳转来浏览网页信息，那么，万维网就不可能取得今天的发展成就。视窗(如 Windows)、鼠标以及"所见即所得"的交互界面是人机交互发展历史上最基本的人机交互形态，在互联网环境下，它们也成为人们使用互联网资源或进行远程协作的最基本的人机交互方式。文本编辑程序、电子表格、超文本系统、计算机绘图程序、计算机辅助设计、计算机游戏、多媒体、虚拟现实、语音识别、图像识别和自然语言识别等是人机交互发展历史上最主要的应用类型（Myers，1998），而在互联网环境下，这些应用借助于网络焕发出新的生命力。例如，可以使这些应用跨越地域的限制，支持人们进行远程文档的编辑（包括协作编辑）、访问远程的文档、与远程的计算机进行实时的协作绘图、设计多人游戏、识别语音输入作为关键字进行搜索等。

今天，人机交互领域产生了越来越丰富的输入和输出形式，如触摸屏、各种类型的数字输入设备（如数码相机等）、各种类型的传感器设备（如数字手套等）、多媒体和各种移动终端等，这些输入输出形式与互联网结合后，都可以为用户带来一些新的、有实用价值的全新体验。

早在 20 世纪 60 年代，互联网发展愿景的提出者、DARPA 计算机研究计划的首席负责人 Licklider 就在其发表的论文中明确提出了"人机共生"（man-computer symbiosis）的问题，指出人和计算机的关系应该耦合得更加紧密，计算机并不是简单地为人提供处理数据和计算任务的能力，也不是机械性地对人的能力进行扩展，而是参与到人的实时决策过程中来，从而产生仅靠计算机的机械扩展无法得到的结果（Licklider，1960）。自然语言理解和语音识别等技术将对"人机共生"的人机交互关系的实现具有重要作用。

人机交互的另外一个重要发展趋势与普适计算的提出有关。普适计算是指计算和环境融为一体，计算设备并不会强加给人任何限制（最浅显的一个例子是为了进行文本编辑而去寻找一台装有相应程序的计算机），人和计算机的交互更加自然，人们可以在任何时间、任何地点、以任何方式进行信息的获取和处理。与 PC 相比，移动设备、嵌入式设备等是更容易融入人们日常工作生活环境中的计算实体。普适计算发展到现在，在如何利用移动设备、嵌入式设备等来构造网络应用方面已经取得了不少成绩。此外，普适计算还强调计算机设备可以感知周围环境的变化，并且可以根据环境的变化自动做出一些满足用户需求或用户预设的行为。近年来，更是出现了“物联网”，即“Internet of things”（Gershenfeld，Krikorian，Cohen，2004）或“Web of things”（Wilde，2007）的概念及应用系统，它多被看做是互联网通过各种信息感应、探测、识别、定位、跟踪和监控等手段和设备向物理世界的延伸。随着 RFID（radio frequency identification）技术、传感器网络技术、各种短距离无线通信技术（如蓝牙和 WiFi 等）以及实时定位技术等的普及，物联网应用系统已经开始投入商用，并受到了人们的广泛关注。

5. 应用形态

所谓应用形态是指应用具有哪些用户可见的特征，应用是以什么形式交付给用户使用，即用户如何获取、部署和维护应用。例如，一个典型的浏览器-服务器（browser-server）模式的应用系统，对于最终使用者来说，其应用形态是只需要通过浏览器就可以使用的系统。对于软件购买者来说，往往是从软件开发者那里获取一个打包的 Web 应用程序，然后安装相应的软件运行环境（如 Java 运行环境 JDK、数据库系统 MySQL 等）和 Web 应用服务器（如 tomcat 等），之后将打包程序部署到指定目录下，这些是该应用系统对软件购买者来说的外部形态。

本章后面介绍的可伸缩性、可靠性等不能用来刻画一个应用形态，因为这些特征对用户透明，是用户不可见的。而开放性以及本章后面介绍的在线演化等特征可以用来刻画应用形态，因为它是用户可见的应用特征。同样的道理，应用的内部体系结构特征也不属于应用形态的特征，因为它们对用户来说是透明的。

除了互联网应用的在线演化趋势之外，互联网环境下应用形态变迁的另外一个趋势是服务化，即“使用而不拥有”、“按需使用”的特征。在计算机和互联网发展之初，应用软件没有独立的形态，它是与硬件捆绑在一起交付给用户使用的。随着计算机和互联网的普及，应用软件开始与硬件分离开来，单独交付给用户使用，用户需要自行负责软件的安装、部署和维护。随着软件规模的扩大及日益复杂，出现了以服务方式交付用户使用的软件形态，软件不仅与硬件分离开来，而且软件的使用、定制和开发还与软件的运行和维护分离开来，最终用户使用但不拥有软件，软件及其数据托管或部分托管给专业的软件运营者，用户不再需要关心软件的部署、运行和维护。

互联网环境下应用形态变迁的第三个趋势是泛在化。互联网发展初期，最终用户往往需要在用户操作系统的桌面安装客户端程序；随着 Web 的发展，越来越多的应用可以通过浏览器访问，而最终用户无需在自己的桌面安装任何程序即可使用；随着 Web 和移动设备的进一步发展，出现了 Widget 等新的应用形式，用户通过简单的下载和自动安装步骤，就可通过各种设备随时随地访问互联网内容和服务。

6. 商业模式

早期，用户通常是以预付费的形式一次性购买应用软件的版权。在这种商业模式下，用户在购买软件后，还必须对软件的维护和升级继续付费，因此，用户购买软件时，还有较大的隐性消费隐藏在日后的升级维护中。

同其他行业的发展规律一样，软件产品也具有生产社会化的趋势，软件产品也将朝着社会分工越来越细的方向发展。这就不难理解为何在互联网环境下出现了第三方软件运营商的角色。软件运营商是一种专门负责软件运营和维护的角色，它的出现标志着软件的运营和维护开始作为社会化分工的角色独立出来，标志着软件产业发展的进一步成熟。软件运营商以“现收现付”（pay-as-you-go）的形式根据用户所使用的资源和获得的服务质量向用户收取费用，这种商业模式的好处在于：

（1）降低了客户的软件运维代价。由于软件被集中部署到运营商的硬件设备上，并得到专业人员的统一维护，因此降低了租户在使用软件过程中的运行维护代价。

（2）降低了软件的使用成本。运营商使用同一个软件平台服务了大量的租户，利用规模经济降低了平均成本，提高了营业利润。租户也会因为软件成本的降低节省开支。

（3）促进软件产业的良性循环。运营商可以按租户软件的使用时间以及耗费的网络、存储和计算资源的开销计费。这样一方面给运营商提供了更平稳的收入来源，另一方面使得租户可以根据自己的实际需要更为经济地租用软件。从长远来看，它对改造整个软件业生态链和促进软件产业的良性循环都具有关键性的作用。

1.3.3　互联网分布式系统的分类

对计算和计算机系统分类是计算机科学的一项基本内容，分类有利于我们把握计算机系统的概貌和实质，也有助于我们针对某类计算机系统进行设计、开发等。

可以根据用户和应用的数量，按拥有者个数和在系统之上运行的应用软件个数两个维度，将网络环境下的计算系统分为单拥有者单应用、单拥有者多应用、多拥有者单应用和多拥有者多应用四类（Maheshwaran，Ali，2004）。例如，传统的Web服务器集群、面向服务的EAI系统、搜索引擎等内容服务系统以及一般的SNS网站属于单拥有者单应用类别；应用托管中心、企业内部的网格系统以及企业内部的私有云属于单拥有者多应用类别；P2P文件共享系统属于多拥有者单应用类别；而跨组织的网格系统、公有云属于多拥有者多应用类别。

也可以从执行、控制和层次三个维度对网络环境下的计算机系统进行分类(徐志伟，廖华明，余海燕，等，2008)。从执行的角度，一个计算机系统可以分为单点执行和多点执行两类，这里的“点”(site) 主要是指数据中心。在单点系统中，开发者所使用的资源包括硬件（服务器、网络和存储)、软件、数据和用户信息等四类资源，都在一个数据中心内；而在多点系统中，资源分布在多个数据中心。对等系统虽然只有一个数据中心，但多个用户的客户端设备与数据中心一起共同执行一个应用程序，也看做是多点系统。从控制的角度来看，集中式系统的控制权集中在管理计算系统的某个组织上，应用的开发必须受组织的统一规定、统一标准、统一管理、统一维护所约束；分散式系统的控制权分散在各个开发者手里。从层次的角度来看，对于硬件层的系统，用户可以在硬件层上开发并部署系统应用和服务；对于平台层的系统，用户可以利用平台环境降低应用开发、部署和维护的工作量；对于应用层的系统，用户可以通过客户端使用应用或服务，也可以利用已有的应用或服务开发新的应用功能。表 1.2（徐志伟，廖华明，余海燕，等，2008）是按照以上三个维度对当前一些典型的互联网分布式系统进行分类的结果。针对这些系统，本书在后续章节将会陆续给出介绍，此处不再一一解释。

表 1.2　互联网环境下的计算机系统分类及实例

系统类别		举　例
硬件类	单点集中硬件系统	超级计算中心
	单点分散硬件系统	虚拟主机托管
	多点集中硬件系统	TeraGrid
	多点分散硬件系统	Amazon S3/EC2
平台类	单点集中平台系统	一些 Intranet 平台
	单点分散平台系统	Heroku
	多点集中平台系统	Google 平台
	多点分散平台系统	Google App Engine
应用类	单点集中应用系统	Salesforce
	单点分散应用系统	一些博客服务
	多点集中应用系统	Google Search
	多点分散应用系统	一些 Mashup

另外，还可以将互联网分布式系统分为三大类，即以计算为中心的互联网分布式系统、以数据为中心的互联网分布式系统和以人为中心的互联网分布式系统。根据网格计算系统的起源，可将它归类为以计算为中心的互联网分布式系

统；而那些以提供数据和存储服务为主的云计算系统可归类为以数据为中心的互联网分布式系统；以提供计算服务为主的云计算系统可归类为以计算为中心的互联网分布式系统。此外，社会计算系统是典型的以人为中心的互联网分布式系统；而内容服务系统是典型的以数据为中心的互联网分布式系统；面向服务的EAI系统以实现企业应用集成为特征，面向服务的计算技术既有可能应用在以计算为中心的互联网分布式系统中，也可能应用在以数据为中心或以人为中心的互联网分布式系统中。

1.4 典型互联网分布式系统

近几年来出现了各种各样基于互联网的计算系统，如对等计算系统、网格计算系统、面向服务的EAI系统、Web 2.0系统、云计算系统、数据密集型可扩展超级计算（data intensive scalable/super computing，DISC）系统、内容服务系统等，虽然它们的做法和侧重有所不同，但它们都是在互联网这种特定的计算环境下出现的。通过对其特征进行分析，可以认识到在互联网环境下，互联网分布式系统的哪些特征是重要的。本节试图对网格计算系统、面向服务的EAI系统、内容服务系统等五个典型的互联网分布式系统从定义、发展目标、关键技术、主要适用面等几个方面进行概括，并对它们的区别和共性问题进行分析总结，从而为后面章节总结互联网分布式系统的主要特征进行铺垫。

1.4.1 网格计算系统

网格是为了满足对地理位置分散的资源进行集成、共享而发展起来的。网格的概念起源于元计算（即将分布的资源作为一个整体来使用），网格从连接超级计算中心开始，发展到连接互联网上的各类资源，包括各种计算设备、实验设备、存储器、数据和应用程序等。网格中的资源在物理上往往是分布的，但在逻辑上是共享的。网格资源具有明显的动态性和多样性，会动态增加或动态减少，资源的种类是异构且多样的。

人们将按照一定的目标需求，以信息技术为支撑，由相对独立的个体及其拥有的资源而组成的动态集合称为虚拟组织。网格中的资源共享是在多个机构组成的动态虚拟组织间进行的。在网格中，通过定义和实现多个机构之间灵活、多样、受控的共享关系，来实现虚拟组织中的协作式资源共享和问题求解。

但是，网格的远期发展目标并非仅仅如此，事实上，它期望发展为互联网之上的一种新的基础设施。人们通过全球范围内标准、开放的通用协议和接口可以在其上访问各类资源，并构建丰富的网格应用。网格的远期发展目标与前面提到的Licklider和McCarthy当初提出的互联网发展愿景是吻合的。今天，当我们在互联网上搜索“网格”这个词时，会发现其关注程度在降低（Google，2010），但网格发展的目标不会过时。事实上，网格等若干新技术将不断融合，共同来实现互联网发展的长远目标。

网格体系结构是关于如何构建网格的技术，它包括两个层次的内涵。一是要标识出网格系统由哪些部分组成，清晰地描述出各个部分的功能、目的和特点；二是要描述网格各个组成部分之间的关系，如何将各个部分有机地结合在一起，形成完整的网格系统，从而保证网格有效地运转，也就是将各个部分进行集成的方式或方法。到目前为止，主流的网格体系结构主要有三个。第一个是Foster等在早期提出的五层沙漏结构（Foster，2001）；第二个是在以IBM为代表的工业界的影响下，考虑到Web技术的发展与影响后，Foster等结合五层沙漏结构和Web服务提出的开放网格服务体系结构（open grid services architecture，OGSA）；第三个是由Globus联盟、IBM和惠普于2004年初共同提出的Web服务资源框架（Web service resource framework，WSRF），WSRF v1.2规范已于2006年4月3日被批准为结构化信息标准促进组织（Organization for the Advancement of Structured Information Standards，OASIS）标准。下面对这三种体系结构进行简单介绍。

1. *五层沙漏结构*

五层沙漏结构是由Foster等提出的一种具有代表性的网格体系结构，其影响十分广泛。它的特点就是简单，主要侧重于定性地描述而不是具体的协议定义，容易从整体上进行理解。在五层沙漏体系结构中，最基本的思想就是以协议为中心，强调服务与API和服务软件开发工具包（software development kit，SDK）的重要性。

五层沙漏结构的设计原则就是要保持参与的开销最小，即作为基础的核心协议较少，类似于操作系统内核，以方便移植。另外，沙漏结构管辖多种资源，允许局部控制，可用来构建高层的、特定领域的应用服务，支持广泛的适应性。

五层沙漏结构根据该内部各组成部分与共享资源的距离，将对共享资源进行操作、管理和使用的功能分散在五个不同的层次，由下至上分别为构造层（fabric layer）、连接层（connectivity layer）、资源层（resource layer）、汇聚层（collective layer）和应用层（application layer），如图1.5所示。

在五层沙漏结构中，资源层和连接层共同形成了瓶颈部分，使得该结构呈沙漏形状。沙漏结构内在的含义就是各部分协议的数量是不同的，对于其最核心的部分，要能够实现上层各种协议向核心协议的映射，同时实现核心协议向下层各种协议的映射，核心协议在所有支持网格计算的地点都应该得到支持，因此核心协议的数量不应该太多，这样核心协议就形成了协议层次结构中的一个瓶颈。

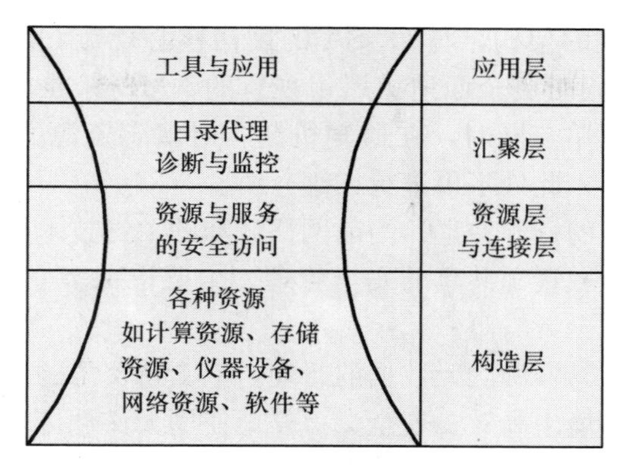

图 1.5　五层沙漏结构

2. OGSA

OGSA 包括两大关键技术，即网格技术和 Web 服务技术，它是在五层沙漏结构的基础上，结合 Web 服务技术提出来的，它解决了两个重要问题——标准服务接口的定义和协议的识别。以服务为中心是 OGSA 的基本思想，在 OGSA 中一切都是服务。通过提供一组相对统一的核心接口，所有的网格服务都基于这些接口实现，可以很容易构造出具有层次结构的、更高级别的服务，这些服务可以跨越不同的抽象层次，以一种统一的方式来看待。

虚拟化也使得将多个逻辑资源实例映射到相同的物理资源上成为可能，在对服务进行组合时不必考虑具体的实现，可以以底层资源组成为基础，在虚拟组织中进行资源管理。通过网格服务的虚拟化，可以将通用的服务语义和行为无缝地映射到本地平台的基础设施之上。

3. WSRF

在 OGSA 提出后，全球网格论坛（Global Grid Forum，GGF）推出了开放网格服务基础架构（open grid services infrastructure，OGSI）规范。OGSI 规范通过扩展 Web 服务描述语言（Web services description language，WSDL）和 XML 模式的使用，来解决具有状态属性的 Web 服务问题。OGSI 通过封装资源的状态，将具有状态的资源建模为 Web 服务。但是，OGSI 过分强调网格服务和 Web 服务的差别，导致了两者之间不能更好地融合在一起。另外，它过多地采用了 XML 模式，使得目前的 Web 服务和 XML 工具不能良好工作，带来一些移植性差的问题。OGSI 的上述缺陷促使了 WSRF 的出现。

WSRF 区分了资源和服务，资源是有状态的，服务是无状态的。WSRF 使用 WSDL1.1 定义 OGSI 中的各项能力，力求与现有的 Web 服务充分兼容。WSRF 定义了一个通用且开放的架构，与 OGSA 的最初核心规范 OGSI 相比，WSRF 融入 Web 服务标准，同时更全面地扩展了现有的 XML 标准，在目前的开发环境下，使其实现更为简单。同时，在通知机制、对状态资源的管理等方面 WSRF 也有不少实质性改进，此处不再进行详细介绍。

围绕虚拟组织中的资源共享，当前网格计算的关键技术包括以下四部分：

(1) 对多个管理域资源共享的安全管理，主要指跨多个管理域的访问控制、授权、本地和全局安全策略等。

(2) 对网格中各类资源的元数据的管理，以支持资源的发现和透明访问。

(3) 在分布式环境中高效、安全、可靠地使用大文件传输的技术。

(4) 跨多个管理域的数据副本管理和联邦数据访问与管理机制。

此外，还包括虚拟组织范围内资源共享的服务质量保障、资源调度、协作与计费等技术。

在网格发展的 10 多年里，产生了一些具有代表性的网格工具以及标准规范。Globus 就是普遍公认的网格工具集，它在天气预报和高能物理实验等领域都已经得到了应用。但是，网格的相关工具集远没有达到如当初互联网协议 TCP/IP 的普及程度，目前为止也只是在有限的范围内被采纳。这说明网格目前的技术发展与其作为互联网之上的一种新的基础设施的目标还有一定的距离。

网格技术的发展（特别是前期的发展）主要是在政府机构投资的一些科研项目的支持下推动的，国内外都有一些国家级别的网格研究项目。在国外，如美国的 TeraGrid、OPENScienceGrid、欧洲的 EGEE、Condor 和 VGrADS 项目等。在国内，如中国国家网格 CNGrid、教育科研网格 ChinaGrid 等，这些已成为国家级高性能计算的基础设施。其中，TeraGrid 已经对公众提供每秒 250 Teraflops 的运算能力，公众可以访问其计算资源，并可以访问超过 100 多个科学标本、可视化软件和服务。VGrADS 项目的成果目前已成功应用在天气预报中。当前，在 VGrADS 的延续中，还出现了一个名为 Eucalyptus 的项目，该项目的目标是探索 NSF 的一些超级计算机如何与商业的公用云计算设施一起，联合起来支持气象观察和预测领域当中的一些大规模科学工作流的执行。

当前，网格计算的主要应用领域是科学计算和企业计算，主要适用于资源在跨组织共享时的场景，以资源的跨管理域共享为主要特征，且共享时间、权限、资源数量动态变化。例如，在科学计算中需要将多个超级计算中心的计算能力进行组合来处理一个任务的应用，如核爆炸模拟；科学计算中需要将多个设备和多个物理位置的海量数据进行合成来完成数据分析或生成数据视图的应用，如天文观测。企业计算也是网格的一个应用领域，网格可用于满足跨多个部门的业务系统之间共享业务逻辑与数据、按需进行扩展的需求。近两年，随着网格项目投入的实际应用，政府对网格项目的投资力度开始放缓，各种技术融合的趋势明显。

1.4.2　面向服务的 EAI 系统

随着企事业单位网络化的普及，企业应用集成系统已成为一类典型的互联网分布式系统。以企业和银行之间的交互为例，它们彼此间可能存在如下的业务关系：顾客将货款发到银行，企业需要查询货款是否到账。而企业和银行之间的应用集成系统能够使得企业向银行发出“查询货款是否到达”的消息，银行一旦确认货款已经到达，就以消息方式通知企业，这是一个自动过程，无需人工干预。这样的系统基于广域的互联网，以面向服务的方式集成不同组织、不同服务器上的应用程序，用户可通过互联网访问所需服务。

EAI 系统的发展并不是一帆风顺的。系统间耦合过紧带来了较差的可扩展能力、应变能力和对第三方运营等新模式的适应能力。面向服务计算极大地推动了 EAI 的发展。

面向服务计算是开放、异构环境下构造集成化应用软件的主流技术之一。在 2.4 节会对服务计算技术进行详细介绍。其基础架构形式面向服务架构 SOA 是 Gartner 于 1996 年在一篇报告中正式提出的（Schulte，Yefim，1996）。2000 年前后服务计算兴起，2003～2005 年间出现第一波高潮。在这一阶段，面向服务范型所强调的松耦合、基于开放标准互操作、大粒度重用、支持动态扩展等好处开始深入人心，人们尝试基于 SOA 来搭建或重构 EAI 等综合集成类应用系统，追求重用效果、灵活性、低成本和快速开发能力。Web 服务是这阶段最有代表性的 SOA 实现技术体系。

SOA 的关键技术主要包括三个方面：

（1）与 SOA 系统的基本构造元素——Web 服务相关的一组技术：具体包括 Web 服务建模、Web 服务的描述、发布与发现技术、Web 服务通信技术、Web 服务交互技术、Web 服务组合技术、Web 服务安全与 QoS 保障技术、Web 服务的事务管理技术等。

（2）与 SOA 工程相关的一组技术：具体包括 SOA 方法学、领域建模、需求分析、服务编程与开发技术，以及基于服务的信息集成、应用集成等服务集成技术等。

（3）与分布式系统共性问题相关的一组基础技术：具体包括 SOA 系统的体系结构、可伸缩性、可靠性及可用性保障技术等。

当前，与 SOA 技术相关的标准化或业界协作组织有：万维网联盟（World Wide Web Consortium，W3C）、结构化信息标准促进组织（Organization for the Advancement of Structured Information Standards，OASIS）、Web 服务互操作组织（Web Services Interoperability，WS-I）、对象管理组织（Object Management Group，OMG）和开放面向服务架构协作组织（Open Service Oriented Architecture，OSOA）等。在所有的 SOA 标准规范中，与 Web 服务相关的 WS-* 标准规范以及 OSOA 发起制订的服务组件体系结构（service component architecture，SCA）/服务数据对象（service data object，SDO）规范受到了人们更多的重视。

事实上，面向服务计算在进行体系结构决策时，可以在两种方式中进行选择，这两种方式为基于表述性状态转移（representational state transfer，REST）服务的体系结构与基于 WS-* 协议栈的体系结构。在进行面向服务体系结构决策时，由于基于 REST 服务的体系结构在服务的部署、使用等方面较之基于 WS-* 协议栈的体系结构更简单，属于一种轻量级的面向服务体系结构，因此，基于 REST 服务的体系结构比较适用于短生命周期、面向最终用户、专有的（ad-hoc）的 Web 信息资源集成场景，而基于 WS-* 的体系结构更适用于长生命周期、对 QoS 要求较高的企业应用集成场景。

随着万维网的发展，RSS、Atom 以及开放 API 等新型互联网服务已成为互联网环境下不可忽视的服务提供形式。常见于博客、新闻等全文或摘要的 RSS 和 Atom 服务则有着惊人的增长速度，据统计，2008 年仅中国的博客数量就已经突破 1 亿。互联网应用开放 API 正在大量出现，其中有的开放 API 以简单对象访问协议（simple object access protocol，SOAP）服务形式实现，有的则基于 REST 服务风格实现。据 Programmable Web 统计，截止 2010 年 5 月已经有 1900 多个（http://www.programmableweb.com），各大互联网站点均提供开放 API 服务，开放 API 正在成为互联网应用提供在线服务的主流形式。

面向服务计算经过十年多的发展历程，其核心理念已经引起了社会各界的普遍认可和重视。然而，现阶段还面临着概念混杂、难以落实的尴尬局面。造成这种局面的原因是多方面的，其中一个重要原因就是以往过于重视面向服务计算技术本身，而轻视了软件的部署、运营和交付使用等问题。在这种背景下，面向服务计算技术与 SaaS、云计算等各种互联网计算新模式的结合为其最终“落地”提供了很好的契机，是面向服务计算进一步发展的大趋势。

面向服务的 EAI 系统堪称一类典型的互联网分布式系统，它将 SOA 的思想和方法与企业应用集成结合，能够帮助实现一种松耦合的企业应用集成系统，提升企业应用集成系统的灵活性、重用性等特性。企业服务总线（enterprise service bus，ESB）是最为典型的一种面向服务的 EAI 技术，它在大粒度服务级别通过事件驱动和基于 XML 的消息引擎，在原有的 EAI 技术中融合 SOA 和 Web 服务技术，以标准、开放、灵活和经济的方式为分布应用的集成提供基础设施。

图 1.6 为 IBM 公司给出的某航空公司面向服务的 EAI 架构（娄丽军，2009）。在航空公司内部，分布着众多已建和在建的用以支撑业务运行的 IT 系统，这些系统之间缺乏对信息共享、系统兼容性和接口标准规范的统一考虑，造

成了系统之间的连接比较困难，应用和数据无法得到全面共享，为航空公司的整体发展战略带来制约。面向服务的EAI架构就是为了支持某航空公司多个IT系统的应用和数据全面共享、支持随需应变的航空业务而提出的。该系统总体架构通过门户实现统一用户接入，企业服务总线将航空公司内部的各种系统（包括电子商务系统、呼叫中心系统、常旅客系统和大客户系统等）接入航空总体商务体系中，通过采用统一服务接口使得各种服务或应用与服务之间可以相互方便访问。

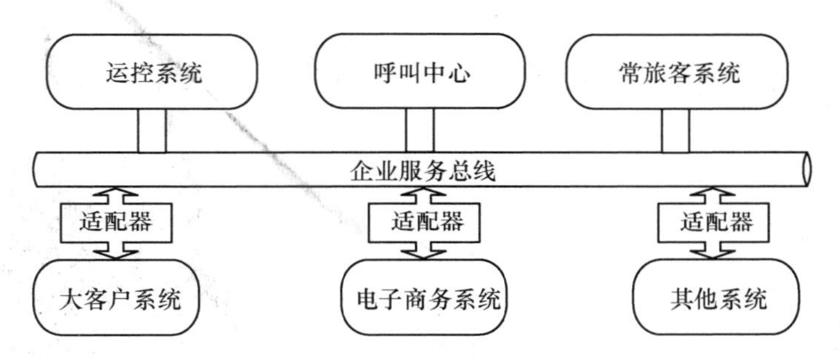

图1.6　某航空商务体系面向服务的EAI系统架构

1.4.3　云计算系统

云计算是近几年才出现的概念，它源于互联网公司的商业实践。亚马逊公司2006年8月发布EC2产品的Beta版，其中，EC2是“elastic compute cloud”的缩写，它是第一个以“云”来命名的云计算服务。使用EC2服务，用户创建一个亚马逊机器镜像（Amazon machine image，AMI），它包含操作系统、应用程序和配置。AMI可以使得用户根据自己所需来使用虚拟机，用户不需要安装、部署和维护自己的服务器，而是按使用镜像的小时数、网络带宽等付费。用户还可以根据CPU和带宽的使用率来动态启动或关闭AMI实例，从而更加经济地使用资源。亚马逊还提供了名为S3（simple storage service）的数据存储服务，它实际上是一个分布式文件系统，提供不受限的在线存储。用户可以将数据存放在S3中，而不需要安装、部署和维护自己的数据库服务器。亚马逊推出的这些服务是真正的云计算服务，但它当时并没有明确提出云计算的概念。

2007年10月初，Google公司和IBM公司联合与6所大学签署协议，提供在大型分布式计算系统上开发软件的课程和支持服务，帮助学生和研究人员获得开发网络级应用软件的经验。这个项目的主要内容是讲授Google系统的MapReduce算法和GFS文件系统等核心技术。在该合作中，云计算作为一个新概念被明确提出。此后，由于IBM公司和Google公司在IT领域的影响力，越来越多的媒体、公司、技术人员和研究人员开始关注云计算，很多与互联网分布式系统有关的最新技术都被纳入云计算概念之中。

云计算系统往往是由单一组织掌控的一个或多个数据中心的软硬件系统构成，在多个用户或应用程序之间分摊数据中心的资源。它事实上是指一种由规模经济驱动的大规模分布式计算范型。在用户看来，云计算提供了一种大规模的资源池，资源池管理的资源包括计算、存储、平台和服务等各种资源，资源池中的资源经过了抽象和虚拟化处理，并且是动态可扩展的（Foster，Zhao，Raicu，et al.，2008）。

定义 1.3 云计算（cloud computing）：云计算是分布式计算的一种形式，它强调在互联网上建立大规模数据中心等 IT 基础设施，通过面向服务的商业模式为各类用户提供基础设施能力，是建造和运维互联网分布式系统相关技术的总称。

云计算具有下面四个显著的典型特征：

（1）面向服务的商业模式。云计算系统通常通过“软件即服务”（software as a service，SaaS）（对应不同层面，也有“平台即服务”（platform as a service，PaaS）和“基础设施即服务”（infrastructure as a service，IaaS）等）的模式来将这些资源提供给用户使用。事实上，SaaS 概念的出现早于云计算，只不过云计算出现之后，人们对 SaaS 的关注更加广泛了。SaaS 是一种软件部署、运营和使用模式。在 SaaS 模式下，应用软件统一部署在服务器端（往往由多个数据中心构成），用户通过网络使用应用软件，服务器端根据和用户之间可达成细粒度的服务质量保障协议提供服务。服务器端统一对多个租户的应用软件需要的计算、存储、带宽资源进行资源共享和优化，并且能够根据实际负载进行性能扩展。

（2）规模经济驱动的资源集中共享。云计算系统中的资源在多个租户之间共享，通过对资源的集中管控实现成本和能耗的降低。云计算是典型的规模经济驱动的产物。规模经济是指由于扩大生产规模而使得成本降低、经济效益得到提高。在云计算系统中，通过将同一个物理平台或应用服务于尽可能多的租户，从而达到降低成本和提高利润的目的。为了做到将同样的物理资源服务于尽可能多的租户，就必须将资源集中起来进行调度和优化，减少资源的空闲率，提高资源的整体使用率。

（3）资源虚拟化。为了追求规模经济效应，云计算系统使用了虚拟化的方法，从而打破了数据中心、服务器、存储、网络等资源在物理设备中的划分，对物理资源进行抽象，以虚拟资源为单位进行调度和动态优化。

（4）系统动态可扩展。云计算系统的一个重要特征便是可动态扩展。在广域互联网环境下，为互联网范围内的用户提供服务的云计算系统面临的最常见问题就是用户请求的不可预测性，用户请求的高峰期及高峰达到的规模常常具有突发性。云计算系统的一大优点便是可以支持用户对资源使用数量的动态调整，而无需用户预先安装、部署并运行峰值用户请求所需的资源。

当前，云计算的关键技术主要涉及虚拟化技术、可扩展的数据存储技术、数据库虚拟共享技术（多租户数据库技术）、保障分布式系统可伸缩性的技术以及根据细粒度的服务水平协议（service level agreement，SLA）（关于 SLA 的具体介绍，请参见本书 5.6.3 节）在多个租户之间进行资源的负载均衡和优化调度的技术等（本书原理篇将结合互联网分布式系统的本质问题对这些技术进一步加以归纳和整理）。

与网格相比，云计算并不是政府投资驱动的，而是商业经济效益驱动并迅速发展的。如今，云计算正在得到工业界和学术界的广泛关注。各大 IT 巨头都已经从不同角度推出自己的云计算设施或发展计划，其中包括 Google 公司的基础设施（包括基于廉价 PC 的集群系统 Google Cluster（Barroso，Dean，Holzle，2003）、文件系统 GFS（Ghemawat，Gobioff，Leung，2003）、数据的分布存储系统 BigTable（Chang，Dean，Ghemawat，等，2006）、编程模型 MapReduce（Dean，Ghemawat，2008））、微软公司面向大规模 Web 数据管理和处理的基础设施及集成开发环境 WebStudio（Wen，Ma，2007）、雅虎的基础设施 Sherpa（Baeza-Yates，Ramakrishnan，2008）和基于 Hadoop（http://hadoop.apache.org/core）的编程环境、IBM 公司基于 Linux 和开源软件的虚拟基础设施（IBM，2003；Virt，2008）、亚马逊的基础设施服务（包括存储服务 S3、计算服务 EC2 和数据库服务 SimpleDB）（Murty，2008）等。在学术界，与虚拟化技术相关的研究项目一直很受重视，也有一些网格项目的延续与云计算有关，如 Eucalyptus 等。本书第三章将对 Google 公司和微软公司的云计算平台以及开源云计算平台 Eucalyptus 的体系结构进行分析和总结。

云计算具有一定的战略意义和垄断特征，也引起了各国政府的高度重视。例如，美国政府多个部门都十分关注云计算（Govern，2010），其中，美国防御信息系统部（Defense Information Systems Agency）开发了数个云计算解决方案以为美国军队、美国国防部服务。具体包括：Forge.mil，用于支持协同开发、开源软件以及国防部软件使用的系统；GCDS，广域分布的计算平台，用来提供可靠、安全的内容和应用服务；RACE，使用云计算来交付快速、低廉和安全的计算平台。美国能源部则比较重视云计算在效率和节约能源方面的潜力，目前安装了中等规模的云计算硬件设施，并将构建一个云试验床，供科学家们在执行计算任务时使用，其目的是测试和验证云计算的效率。美国内务部国家商务中心（the Department of the Interior's National Business Center，NBC）则提供了 NBCGrid（IaaS），NBCFiles（cloud storage）、NBCStage（PaaS）、NBC Hybrid Cloud、NBCApps（SaaS Marketplace）& NBCAuth 等多项云服务。此外，美国国家航空航天局（National Aeronautics and Space Administration，NASA）启动了名为“Nubula”的云计算项目来将一系列的开源组件集成到一个无缝的、自助式服务的平台中，基于虚拟化和可伸缩的基础设施，提供高容量的计算、存储和网络连接服务。美国国家标准技术研究院（National Institute of Standards and Technology，NIST）则主要开展技术指导和标准推进工作，以促进云计算技术在政府和工业界中高效、安全地使用。美国政府还于 2009 年 9 月启动了 Apps.gov 网站，该网站为各级政府部门提供在线的 IT 资源仓库，各级部门都可以通过它来浏览和购买各项基于云计算的 IT 服务。美国政府也高度重视对当前云计算厂商研发成果的合理利用。

英国政府则公布了 G-Cloud（government cloud）计划，G-Cloud 包括从 IaaS、PaaS 到 SaaS 等各种服务，其中 SaaS 服务将建立一个政府应用仓储库，为英国政府部门提供 ICT 服务、应用和资产的单一访问点，预计每年将为英国政府节约 32 亿英镑（Brit，2010）。欧盟第七框架计划也投资了多项云计算项目（Govern，2010）。

日本计划建立一个名为“Kasumigaseki Cloud”的云计算项目，这是一个大规模的云计算基础设施，用于支持政府部门运作所需的信息科技系统（Govern，2010）。

目前，云计算的主要厂商也积极与政府合作，将云计算应用到政府、教育等公共服务领域。其中，Google 公司正在安全和私有保护等方面加强改善，以通过美国政府联邦信息安全管理法（Federal Information Security Management Act，FISMA）的审核，从而为政府提供各项云服务。此外，据报道，Google 公司正在开发一个政府云（government cloud），政府云与当前的 Google Apps 服务类似，但主要是针对美国政府部门的特点进行定制（Albanesius，2009）。另一个云计算主要厂商——微软公司也正在完善其为政府、教育机构等提供的云服务，未来加强的部分主要集中在安全和私有保护等方面（Redmond，2010）。

当前，云计算的典型应用包括大规模信息处理、计算资源与存储资源按需租赁、应用服务器按需租赁、多终端数据存储和同步服务等，通常对等网络、志愿者计算也列入云计算的应用。Google 搜索引擎、Skype、Windows Live Mesh 等应用都是典型的云计算应用。云计算的应用领域十分广泛，从电子商务、金融、电信、石油、科研到政府、教育、卫生等领域，几乎无所不包。

目前的云计算也存在一些局限。首先，当前云计算技术还主要适用于将一个管理域范围内的资源集中起来服务于一个大的应用程序，或者在多个用户或应用程序之间共享，还没有拓展到在多个管理域之间进行虚拟组织范围内的资源共享。其次，由于当前云计算基础设施主要由商业公司主导开发，出于商业因素和盈利模式的考虑，不同的云计算提供商提供的服务大多异构且难以共享，这导致用户被绑定到某一具体的云计算平台下，造成了云计算应用跨平台的灵活性和集成能力有限。

1.4.4 社会计算系统

社会计算（social computing）是指社会行为和计算系统交叉的计算机学科分支。广义地说，社会计算系统一般指那些用来支持任何类型社会行为的计算机软硬件系统，如博客系统、Email 系统、即时消息系统、社会网络服务系统、Wiki、eMule 社区系统、Mashup 社区等；狭义地说，社会计算系统也特指那些在一组社会群体的社会行为支持下进行计算的系统，如协同过滤、在线竞拍、名誉管理系统等。

以 iGoogle、Facebook 社区或 Yahoo Widget 社区这一类典型的社会计算系统为例，Facebook 上的小应用、iGoogle Gadget 以及 Yahoo Widget 等都可以统称为 Widget。Widget 是能够处理用户交互、呈现或更新本地数据以及 Web 数据的独立应用，这些应用可被打包并单独下载、安装到用户的 PC 或移动设备上，Widget 可以脱离 Web 浏览器而独立运行，也可以嵌入 Web 文档中在浏览器环境下运行。在实现技术上，Widget 实际上是一些 HTML、CSS 以及 Java Script 或 Adobe Flash 片段，它们通常以 XML 或 PHP 等格式描述，并上传到服务器上，当需要时则转换成 HTML、CSS、Java Script 等格式供客户端使用。iGoogle、Facebook 社区或 Yahoo Widget 社区等社区型网站是负责大量 Widget 托管、运行和管理的系统，虽然每个单独的 Widget 占用系统资源通常很少，但对于一个社区型网站来说，大量的 Widget 所占用的系统计算、存储资源则通常会达到一定规模。这些 Widget 社区网站通过互联网为世界范围内的用户提供 Widget 服务，因此它可以看做是一个互联网级的分布式系统。

1.4.5 互联网内容服务系统

互联网内容服务系统是指在互联网环境下，对信息进行有效的组织和管理，为互联网范围内的用户提供内容服务的大规模分布式系统。互联网上积累了惊人的数据，随着互联网上大量数据的产生，信息过载的现象越来越严重，越来越多的公司或组织产生了对这些大规模的 Web 数据进行分析的业务需求，于是，以数据为中心的互联网内容服务系统也在突飞猛进地发展。万维网本身就是基于文档以提供文档服务为目的的大规模互联网内容服务系统，百度、Google 等搜索引擎也是非常典型的一种互联网内容服务系统。

像 Google 这样的大规模搜索系统实际上是由多个数据中心（实际上与传统的数据中心还有一定区别，被 Google 研究者称为仓库规模计算机（warehouse-scale computer，WSC）(Barroso，Holzle，2009)）构成，它通过互联网为世界范围内的用户提供服务，因此它可以看做是一个互联网级的分布式系统。和一般的内容服务系统不同，互联网内容服务系统由于要处理大规模的互联网数据，并为世界范围内的用户提供内容服务，因此，它往往要并行使用成百上千台机器进行数据的处理。下面通过对 Google 搜索引擎工作原理的简单介绍来说明这个问题。

如今的 Web 上有着上百亿的网页或其他格式的文档，如果每个文档压缩后的平均大小为 4KB，那么所有文档的容量将超过 40TB。用于支撑 Web 搜索的数据库实际是这些文档的倒排索引，对于 Google 搜索引擎这样的超大规模索引库来说，搜索算法需要跨上千台机器运行。算法需要将索引库较为平均地划分为一些子文件，并且将它们分布在索引库所在集群的所有机器上。前端 Web 服务器接收一个用户查询请求后，就将它们分布到索引库所在集群的所有机器上。但出于对吞吐量和容错的考虑，索引子文件通常被复制到不同的机器上，因此实际上一个用户请求只会涉及集群中的部分机器。这些被涉及的机器负责先计算出本地的文档搜索结果，并对该结果进行排序，然后将排序靠前的结果发送给前端系统。前端系统负责从所有机器返回的结果中再进行选择。这时前端系统所得到的还只是搜索结果文档的 ID，系统还需要将这些 ID 发送到文档（或文档副本）所在的机器上，才能得到文档真正的 URL、文档片段等需要向用户呈现的搜索结果信息。由于搜索文档结果的数据量仍然很大，同样需要将它们划分并分布到不同的服务器上处理。由于不同的用户请求之间没有逻辑上的关联关系，因此可以并行地处理用户的请求。

1.4.6　分析和比较

以上介绍了网格计算系统、面向服务的 EAI 系统、云计算系统、社会计算系统以及内容服务系统，下面来探讨它们之间的关系。

首先从用户使用的角度来分析网格系统和云计算系统分别适用于用户的何种需求。网格主要解决的是用户需要跨组织共享资源的需求，这些资源来自于不同的物理机构和组织，它们可能分别具有自己的安全策略和机制。而当前的云计算系统，如 Amazon EC2、Google AppEngine 等，它们均属于一个单独的物理机构或组织，这些系统往往支撑着多个不同程序的运行，同时为多个用户提供服务。在云计算系统中，不同的程序很可能运行在不同的虚拟机之上，在安全性能方面互不干扰，即保持互相隔离。虽然在与云计算系统供应商签订的服务水平协议约束下，用户自己掌握着程序在命名、安全等方面的控制权，但是，目前用户的程序在不同的云计算系统之间还很难进行资源共享，即使在不同的云计算系统之间进行数据、文件和程序的集成、迁移等都还没有既安全又便捷的方法。

通常，如果一组物理联网的主机、路由器及其软件由同一个管理部门管理，其中的程序共享同样的安全策略和安全机制，那么它们便可称为一个“管理域”

或“域”。根据上面的分析可知，当前的云计算系统还主要局限在单个的管理域之内，由不同的程序或用户按照 SLA 定义的约束条件分摊同一个管理域内的资源；而网格则支持跨管理域即虚拟组织范围内的资源共享，单个的程序或用户可以根据虚拟组织中的安全策略消费整个虚拟组织提供的服务。

任何一个分布式环境中的计算机系统都有一些需要考虑的基本问题，这些问题包括：

（1）分布的数据以何种方式何种格式存放、数据如何访问等，即数据模型方面的问题。

（2）支持哪类计算任务，计算任务如何在分布的环境下执行，即计算模型方面的问题。

（3）为应用编程人员提供何种编程模型支持其进行分布应用的开发，即编程模型方面的问题。

（4）支持哪类应用程序的运行，这些应用程序具有哪些共同的特点等，即应用模型方面的问题。

（5）安全、监控等方面的问题也是分布式环境下计算机系统必须考虑的基本问题之一。

可以对网格计算系统和云计算系统在解决这些基本问题方面的关键技术进行一个对比，如表 1.3 所示，这里结合了 Foster 等论文中的讨论（Foster，Zhao，Raicu，et al.，2008），读者如果感兴趣可以查阅原文。

表 1.3　网格与云计算的对比

基本问题	网格计算	云计算
计算模型	支持批处理方式的计算，一般不支持交互性操作密集的计算	所有资源对所有用户同时可用，允许延迟敏感的应用在系统中运行
数据模型	强调数据访问的透明性，数据存储通常采用共享文件系统的方法；没有分块机制，数据的位置不能被很好地利用	数据分块存放和复制，最大限度地利用数据的位置信息，使得数据处理和数据存储在同一位置
编程模型	出现了一些并行的、面向服务的典型编程模型，如 MPICH-G2、Linda、GridRPC、并行工作流和 WSRF 等	出现了一些更加简化的编程模型，如 MapReduce、Mashup 等
应用模型	通常支持两类应用：HTC（high throughput computing）和 HPC（high performance computing）	支持松耦合、面向事务处理和交互性（而非网格中的批处理型）的应用
安全模型	以虚拟组织为核心的安全策略和安全机制	大多利用 Web 上现有的安全机制
虚拟化	网格中的虚拟化主要用于资源抽象和动态部署、配置等	虚拟化是云计算系统的基础
监控	在网格中，对分布资源的监控处于重要地位	由于云计算系统的自我管理和自我演化能力增强，用户端监控的重要性将降低

面向服务计算本质上是关于应用构建和集成的技术，它是构建和集成网格、云、社会计算以及内容服务等系统的基础。无论是网格、云还是其他计算系统，服务都是一种普遍被使用的资源抽象形式。当前，Web 服务、REST 服务等为用户通过万维网进行各种资源（包括虚拟机、应用程序、流程和数据等）管理和共享提供了统一的接口，形成了一系列事实上的标准。面向服务计算有利于实现软件功能的大粒度、大规模重用以及提升软件构造的灵活性，它可作为网格、云、社会计算以及内容服务系统等互联网系统的基础和技术手段，与网格、云都可以有机地融为一体。

1.5　互联网分布式系统的主要特征

通过对网格计算系统、面向服务的 EAI 系统、云计算系统、社会计算系统以及内容服务系统等几种典型互联网分布式系统的分析，可以看出，互联网分布式系统和传统分布式系统所处的环境还是有着一些本质的区别：

（1）在系统规模上，大多数互联网分布式系统的规模远远大于传统的分布式系统，构成一个互联网分布式系统往往涉及来自更多组织的资源，且其分布范围更广。构建一个互联网分布式系统所需的资源数量更大、类型更丰富。

（2）在用户的需求方面，互联网分布式系统所需要面向的用户群体的需求更为丰富、复杂和多变。

（3）在依托的环境方面，互联网分布式系统依托的是广域的、开放的互联网环境，系统的范围和用户的需求都没有边界，无法预先估计。

（4）在商业和运维模式方面，互联网环境下软件产品生产也朝着社会分工越来越细的方向发展，出现了软件运营商的角色，用户以“现收现付”的形式使用资源和获得相应的服务质量已成为一种普遍的需求。

因此，互联网分布式系统的主要特征有以下七个方面：

（1）支持资源的跨域共享与集成。互联网分布式系统强调跨域组织边界，各管理域的资源可以共享，必须允许用户可以跨域组织边界进行资源的使用。

（2）满足大规模多样性的用户需求。随着互联网上服务的逐渐丰富，用户使用互联网服务构造应用的需求将越来越丰富，众多单个的个性化需求本身虽然只有很小的数量或经济规模（如个性化信息服务、面向中小企业的 B2B 电子商务服务），但由于众多个性化需求叠加起来的需求总量大，其整体规模也很大，因此使得这一类需求越来越受到重视。

（3）以面向服务为基本范型。采用服务的抽象形式、松耦合的关联准则，基于开放标准、大粒度重用、可动态优化和扩展的分布式应用构造方法来构建应用系统，有助于提高 IT 系统松耦合和互操作的特性，并由此带来了大粒度重用、大规模重用、灵活性提升等诸多优点。面向服务将成为构建和集成互联网分布式系统的基本范型。

（4）支持开放环境下的可伸缩性。开放互联网环境下的分布式系统还应该具有良好的可伸缩性，以应对无边界的、动态变化的用户请求。

（5）采用“软件即服务”的部署、运营和使用模式。由于社会化分工的要求，在应用的交付和服务提供方式上，互联网分布式系统应能够支持“软件即服务”的软件部署、运营和使用模式。

（6）支持开放环境下的可用性和可靠性保障。在开放的互联网环境下，尤其对“软件即服务”模式下的互联网分布式系统来说，租户程序的运行环境几乎完全依赖于系统，因此要求互联网分布式系统具有较高的可用性和可靠性保障。

（7）可在线演化和动态优化。为互联网范围的用户提供服务还意味着系统能够在非停机的状态下进行扩展、升级和维护，也就是说，它应具有在线演化的能力。

下面分别阐述互联网分布式系统的上述七个主要特征。

1.5.1　支持资源的跨域共享与集成

在互联网环境下，任何一个简单的企业或组织都存在分属不同管理域的多个应用，这些应用需要协同运行、共享资源，为互联网范围内的用户提供统一的服务。因此，互联网分布式系统不可避免地成为对互联网范围内的资源进行跨域共享和集成的系统，在本书实践篇中，我们也将那些综合了各种跨域集成技术和手段的系统称为综合集成系统。

集成泛指连接、管理和组合各种组织内部和组织之间的应用，使其能以统一的方式互联互操作以支持资源共享和业务流程自动化的技术。工业界有人使用EAI、企业间的应用集成技术（business to business integration，B2BI）、业务流程管理技术（business process management，BPM）等来指代集成技术。

事实上，集成问题是一个困扰人们多年的难题。集成面临的最大限制在于，集成开发人员对不同管理域中的应用只有有限的控制权，很难对一些遗留系统或封装好的应用进行内部修改；此外，集成系统本身具有的分布特性使得系统的部署、监控、可用性和可靠性以及可伸缩性的保障等都面临巨大的挑战。

一种集成技术的好坏可以依据以下七条标准进行评价（Hohpe，Woolf，2003）：

（1）应用间的松耦合性。好的集成技术不会要求应用之间进行过多的假设，应用之间具有较少的依赖，一个应用的变化不会对其他应用产生太大影响。

（2）对原有应用的干扰性。好的集成技术应尽可能减少对应用的修改，同时尽量减少集成代码的数量。

(3) 异构数据格式的演化性和可扩展性。跨域集成技术往往采用数据中间转换来统一应用之间异构的数据格式，好的集成技术应该支持应用的数据格式随时间改变，且这些改变应尽可能少地对应用造成影响。

(4) 数据的共用时间。当某个应用共用一些数据，而其他应用拥有这些数据时，集成要尽可能缩短共用的时间，这样才能减少应用之间共享数据不同步情况的发生。

(5) 支持对数据和功能的共享。好的跨域集成技术不仅支持对数据的共享，还支持对功能的共享，并提供对不同应用共享功能更高层次的抽象，以满足集成开发者的需要。

(6) 应用间通信的异步性。异步的通信机制可以使得消息的发送者不必等待接收者完成接收后再进行其他处理，这可以提高集成的效率。

(7) 集成系统的可靠性。与本地独立的应用系统相比，分布式的集成系统必然涉及多个应用之间的通信，由于各种异常因素的存在，如网络临时故障、应用突然失效等因素，使得集成系统的可靠性保障成为一个挑战。好的集成技术能够保证在出现网络临时故障或应用故障时，仍然能够继续处理其他工作，受到故障影响的任务也能够在应用恢复后正常运行。

集成技术经历了从点到点的集成、基于消息代理的集成、到基于服务软总线的集成的发展历程（关于这几种集成技术的详细解释，请参见 2.4 节）。这几种集成技术在应用间的松耦合性、应用间通信的异步性、集成系统的可靠性、共享功能的抽象层次等方面依次逐步提高。

随着互联网技术的发展以及应用的深化，应用软件逐渐转移到互联网这一开放、动态、难控的网络计算平台上进行开发和运行。如同人类社会许多其他领域一样，规模的壮大促进了标准化和基础设施建设的发展。随着 SOA、网络化构件、SaaS、Web 2.0 等新兴互联网应用架构、模式与技术的发展，互联网上的资源越来越多地以服务的形式对外提供，通过对网络上封装各类资源的服务的共享和集成来构造和支撑应用软件正逐渐成为一种新兴的、主要的方式。此外，在开放、动态、难控的互联网环境下，集成必然是跨越多个管理域的，应用的差异性、资源的异构性更加明显，网络延迟更加明显，故障的发生更加频繁，这些都使得互联网环境下的跨域集成面临着更大的挑战。

1.5.2 满足大规模多样化的用户需求

在广域、开放、无边界的互联网环境下，用户的需求正在发生很大的变化，“长尾”理论（Anderson，2008）可以用来解释这种变化的规律。“长尾”理论是由安德森提出的一种经济模型，它原本用来解释发生在亚马逊、Google 等新型互联网企业中的经济现象。例如，亚马逊书店的营业额有一半是由非畅销书贡献的，而Google目前一半的生意来自成千上万使用AdSense业务的小网站而不是搜索结果中放置的广告。事实上，我们也可以借用“长尾”理论或“长尾”经济模型来对网络环境下的软件需求进行分类。如图1.7所示，根据用户需求的不同，网络环境下的软件需求可细分为“规模”型需求（如科学计算和大规模集成制造等）的应用和“长尾”型需求（如面向大众的即时性应用和中小企业托管应用等）的应用。图中坐标横轴代表用户需求的多样性，坐标纵轴代表用户需求的数量或经济规模。一般来说，与“二八法则”（又称为帕累托法则（pareto principle））相符合，只有少数种类的需求单个规模巨大（如科学计算、大规模集成制造领域的一些需求），而众多单个的个性化需求本身虽然只有很小的数量或经济规模（如个性化信息服务、面向中小企业的B2B电子商务服务），但由于众多个性化需求叠加起来的需求总量大，因此其整体规模也很大。如图中箭头所示，我们将前一类应用称为“规模”型需求的应用，将后一类称为“长尾”型需求的应用。

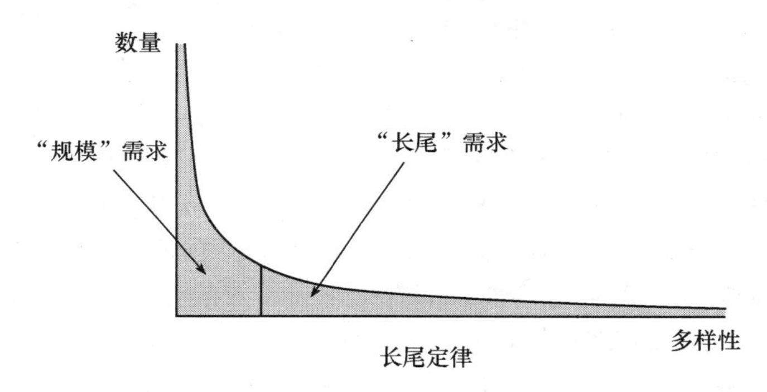

图1.7　广域开放的互联网环境下应用软件领域的“长尾”效应示意图

传统软件产业是以满足“规模”需求为主的，但广域互联网环境的无边界特性使得众多的个性化需求得以聚集，个性化需求在总量上具备了相当的规模，从而“长尾”型需求也越来越受到人们的重视。

“长尾”理论有以下三条重要的规则，只有遵循这些规则，才可能使得“长尾”型需求得到满足（Anderson，2008）：

（1）应有尽有，即使是非主流的、个性化的需求，也能得到满足。

（2）廉价、低成本。

（3）用户参与。

实现这几条规则需借助近年来出现的网络计算新模式的特点。

例如，为了满足各种用户的个性化需求，需要整合、聚集各类资源，同时提供个性化的、定制化的服务；为降低成本，需要服务于大量的用户，这正是虚拟化技术、SaaS软件系统、云计算系统等实现的目标之一；为鼓励用户参与，当前的Wiki技术、Mashup技术、Web 2.0社区、最终用户编程等各种技术可以帮助我们来搭建用户参与的平台。

总之，广域开放的互联网环境下，传统规模化生产已经开始向个性化产品的大规模定制生产以及传统规模化和个性化大规模定制生产二者兼顾进行转移。

1.5.3 以面向服务为基本范型

软件开发技术的发展表现为一个不断提升抽象层次、追求更符合人类思维模式的开发方法的过程，面向服务已经成为构造应用的基本范型。如前所述，面向服务基本范型采用服务的抽象形式、松耦合的关联准则，基于开放标准、大粒度重用、可动态优化和扩展的分布式应用构造方法来构建应用系统，带来了IT系统松耦合、互操作的特性，由此也带来了大粒度重用、大规模重用、灵活性提升等诸多优点。面向服务计算已经成为在开放、异构环境下构造集成化应用软件的主流技术之一。

与其他的软件开发技术不同，面向服务的计算范型是一种帮助弥合IT领域与业务领域鸿沟的有效途径。它通过构建以解决业务问题为中心的IT系统，全面帮助企业充分利用现有IT资产，提高效率、降低成本并实现业务灵活性。面向服务的具体优势取决于它在帮助企业使用现有IT基础设施来满足业务目标上发挥多大的作用。面向服务的业务流程管理能够帮助企业持续收获IT及业务价值。在IT层面，面向服务的高效、灵活的业务流程是帮助企业实现持续不断的IT进步的可靠动力；在业务层面，拥有优化、高效的业务流程，能够随时响应市场需求变化，从而实现整个企业的敏捷性。

在软件的构造方式上，面向服务计算将打破传统分布式组件容器的界限，以服务作为基本计算单元，通过服务的组合和组装完成应用的构建。IT人员通过了解一系列服务的技术细节，可以将Web服务等当做网络软构件，并以标准的方式使用，通过服务的组合和组装来构造分布式、集成化的应用。

面向服务基本范型的含义不仅体现在软件的构造方式上，也体现在软件使用模式的深刻变革上。面向服务的软件构造技术所带来的松耦合和软件可组合等特性，都有助于软件的使用方式逐渐演化为使用而不拥有、定制化使用、托管部署和运维的服务化使用方式。

在软件的基础架构上，面向服务计算保障了服务部署环境和服务实现之间的松耦合性，以及不同功能的服务实现之间的松耦合性，有利于提高分布式系统的可伸缩性，有利于实现对资源的动态优化配置，最大限度地共享资源，提高资源的使用率。

软件产业链发展方面，在以服务为中心的软件构造方法、软件的服务化使用模式、可动态优化和扩展的软件基础架构技术的支撑下，现有平台软件厂商在标准化、专业化、规模化发展中，将逐步完成向面向服务基础技术设施提供商或软件服务平台运营商的演化；现有应用软件厂商将更多地关注服务提供、增值服务开发、集成与业务咨询等，增强服务能力，逐步向高端行业/业务咨询转型。因此，面向服务基本范型有利于软件生态系统中服务成分的增加，有助于软件产业向服务业的转型、优化软件产业链，有利于IT服务于社会，走可持续发展的模式。

1.5.4 采用软件即服务的部署、运营和使用模式

在传统的分布式系统中，软件的交付方式通常是由用户一次性付费，获得软件的拥有权和使用权。用户购买软件后，还需要从头至尾建设支撑软件运行所需要的IT基础设施（包括基础设施软件、硬件及其物理环境等），并自行进行软件的运维管理。对于软件的购买者来说，这种软件交付和运营方式的不足之处在于：

（1）用户的实际支出除了软件费用之外，还需要在IT基础设施上进行一次性的大量投入。互联网分布式系统往往具有较大的规模，其对IT基础设施资源的需求几乎没有上限。然而现代企业，特别是中小型企业，在创业阶段往往没有足够的资金购买IT基础设施资源。

（2）用户购买的IT基础设施资源无法得到充分利用。企业用户为了保障系统的服务质量，必须按照其业务在峰值时的要求购买相应的计算和存储设备。而在非峰值阶段，企业IT基础设施往往得不到充分利用。

（3）用户在系统运行维护方面需进行高昂投入，且很难达到良好的效果。这是因为，分布式系统，特别是互联网环境下的分布式系统具有较高的复杂性，系统的部署、监控、可用性、可靠性和可伸缩性等保障都面临很大的挑战。一般的企业用户限于自己的经济和技术实力，在系统运行维护方面很难达到专业水准。

（4）传统的软件交付方式很难适应用户动态变化的业务需求。在传统的软件交付方式下，企业用户在一次性投入之后，其所能够支持的业务功能和支撑的峰值业务量就已经固定下来。在企业的业务变化或扩张时，必须重新购买新的软件（或对原有软件进行二次开发）或（和）临时购买新的IT基础设施资源，很难进行快速升级。对于互联网环境下的分布式系统来说，用户类型更加多样，用户请求数量无法事先预测，企业业务的动态性更为明显，因此，这个问题对于互联网分布式系统来说尤其突出。

（5）传统的软件交付方式缺乏灵活性，导致了用户在软件投资上的浪费。传统的软件系统往往只支持由用户一次性付费，然后获得软件系统的无限期使用权。首先，对于大多数企业用户来说，他需要的可能仅仅是在某一个时间段内使用软件系统某一部分的功能，但是按传统的软件交付方式，他不得不为软件系统的所有功能付费。其次，软件系统的更新换代往往是在旧版本的软件模块上进行

二次开发完成的。对于购买了新版本软件系统的企业用户而言，他实质上是对旧的软件模块进行了重复付费。

综上可见，传统的软件交付和运营方式虽然延续多年，但从长远角度来看，它并不是最经济、最合理的方式。正是在这种背景下，出现了 SaaS 软件部署、运营和使用模式。

目前，SaaS 模式正在得到越来越广泛的关注和认同，它的运营方式也在不断得到厂商和客户的认可。现在，SaaS 软件已经覆盖了客户关系管理（customer relationship management，CRM）、人力资源管理、记账、Web 流量分析、电子邮件、Web 内容管理以及网络视频会议等诸多领域，并向其他各种应用领域延伸。

1.5.5 支持开放环境下的可伸缩性

可伸缩性是互联网分布式系统的一个典型特征。互联网分布式系统的可伸缩性既指其在物理范围内的可伸缩，也指其支撑的用户请求和服务数量（常常称之为问题规模）的可伸缩以及其在管理域方面的可伸缩。对于互联网分布式系统而言，其可伸缩性是指规模、地理范围或管理域的扩大或缩小。一个可伸缩的互联网分布式系统不仅意味着规模、地理范围或管理域扩大或缩小后系统还能够继续运转，还意味着发生上述变化后系统仍然能够在保障一定服务质量的前提下高效运转。

在对系统可伸缩性进行设计时，要考虑以下多方面的问题：

首先，在问题规模扩张时，集中式数据、集中式服务和集中式算法会带来系统瓶颈。例如，对于一个域名系统（domain name system，DNS）而言，假如我们将所有的域名解析信息都存放到一个数据库中，由一台服务器来处理，那么，当我们打开一个网址进行访问时，所有的查询请求就都会发送给该数据库，即使这个数据库与其所在的服务器性能很强大，由于它要负责处理全世界所有用户的域名解析请求，再加上通信网络的延迟，用户所得到的域名解析服务也无法都令人满意。集中式算法也会带来同样的问题，例如，在早期 P2P 系统 Gnutella 的实现中，每个节点对的查询请求都采用泛洪的方式被广播到所有节点对上，随着整个 P2P 系统节点对数量的增多，系统对每个节点对的处理能力都提出了很高的要求，个别性能较差的节点可能会导致 Gnutella 网络被分片，从而导致整个网络的可用性变差。此外，控制信息的泛滥将消耗大量带宽并很快造成网络拥塞，甚至网络的不稳定。

其次，在应对地域扩展时，保障系统可伸缩的主要难点在于通信的可靠性和延迟难以把握。广域网中的通信较局域网不可靠、且延迟较长，这使得在设计能够扩展到广域网的分布式系统时，必须将通信的不可靠以及其他性能方面的问题考虑在内。

最后，在应对管理域扩展时，保障系统可伸缩的主要难点则在于跨管理域的安全、管理和运营方面的策略冲突问题。

1.5.6　支持开放环境下的可用性与可靠性

具有高可用性和可靠性是所有计算机系统所追求的目标，而对于软件即服务模式下的互联网分布式系统而言，由于租户程序的运行环境几乎完全依赖于系统，一旦发生系统停机等不可访问的意外情况，对租户造成的经济损失往往是巨大的，甚至是无法估计的，因此，互联网分布式系统对可用性的要求更为迫切。

我们对可用性的度量和评价同样可以沿用计算机系统对可用性的经典定义。在介绍该定义之前，先对故障（fault）、错误（error）、失效（failure）等几个常见术语进行解释。故障是指硬件或软件中出现的缺陷。错误是指系统发生了对正确性的偏离。如果系统出现了错误，即可说明系统存在着故障。如果系统错误导致系统功能不能正确运行，丧失了部分或全部功能，或者偏离正常状态，则称系统失效。

可靠性指标用来测量一个系统在没有故障和失效的情况下，能工作多长时间。而可用性是一个比值，是指一个系统正常运行时间的百分比。对于互联网级的分布式系统而言，错误恢复比错误避免更为重要。这是因为：

首先，互联网分布式系统软硬件出错概率日益增加且不可忽视，为了节约硬件成本，现在人们更倾向于采用大量的普通服务器来构造数据中心，而非采用高性能高可靠的设备，对于这样的系统，对系统硬件出错的假定必须事先考虑在内。

其次，分布式系统不能完全根据可靠性的分析结果来进行系统建模，即使系统可靠性模型及相应措施再完美，也无法完全准确地对系统故障进行提前预测。

最后，随着系统规模和复杂程度的加深，运维过程中人为因素也是导致分布式系统出错的重要来源。

这种强调系统恢复而非错误避免的系统可靠性和可用性保障方法和技术又被有些研究人员称为面向恢复的计算（recovery oriented computing，ROC）。

1.5.7　可在线演化与动态优化

传统的系统一旦建好便很少变化，但是对于互联网级的分布式系统而言，开放性和动态性是其固有的特性，服务的规模、用户的需求都难免不断变化。因此，在系统设计之初，特别是对那些对可用性要求较高的互联网分布式系统来说，就必须将这些变化的因素考虑在内，以免系统因自身升级原因而造成重大损失。事实上，我们可以将系统维护和升级等看做是一种可控范围内的系统失效，而在线演化（online evolution）就可定义为在不停机或在尽可能短的停机时间内使得系统完成升级过程。大多数工程问题和科学问题都可归结为优化问题，即存在一个目标或多个彼此冲突的目标，如何获取这些问题的最优解。从系统整体的角度来看，动态优化是指系统在运行过程中动态进行资源调度，以满足用户请求的动态变化。

在线演化既包括软件系统组成部分的更新、增加和删除，也包括各种硬件的更新、增加和删除，还包括系统结构重配置。对于互联网分布式系统来说，软件的升级较常发生，一般可以使用一个中间配置区域在很短时间内完成（在该配置区域中，软件的新旧版本同时共存）升级过程，在最坏情况下，系统管理员还可以通过快速重启来完成软件升级。相对而言，硬件、操作系统、数据库模式、数据划分策略等的升级则需要更长的时间。

在线演化一般有如下三种途径（Brewer，2001）：

（1）快速重启：将所有节点上的软件更新为最新版本并重启是实现在线演化最简单的方法，但是它需要一定的停机时间来保障。既然停机不可避免，那么计算快速重启带来的损失要比计算其停机时间更为有用。在实践中，往往选择系统业务非高峰时段内进行升级。

（2）滚动升级（rolling upgrade）：指分布式系统环境中一个或几个节点先安装升级版本，由其他的节点提供服务，然后升级后的节点启动提供服务，接下来其他的节点再安装升级。这样使得整个升级过程系统中只有一个或几个节点停止对外服务，而整体不停止对外提供服务。滚动升级要求系统升级前后的版本可以兼容，因为它们在系统升级过程中是共存的。因此，对涉及数据模式、命名空间、集群内协议的系统升级很可能会存在不兼容的情况，而无法使用滚动升级技术。

（3）大翻转（big flip）升级：每次对集群中一半的节点进行停机升级。在翻转期间，使用第四层交换机将所有的应用负载切换到升级后的这一半节点上。然后，系统等待未升级的那一半节点的所有用户连接消失后（此时，新的用户连接都由升级后的节点处理），再对其进行升级。与快速重启一样，在这种方案中，系统始终只有一个运行版本（而非新旧混合的版本），因此无需考虑升级前后版本的不一致性问题。大翻转升级方法适用于从应用软件、硬件、操作系统、数据模式到网络等所有种类的升级。

在这三种途径中，滚动升级的使用最为普遍，大翻转升级虽然更为通用，但由于其代价较大，因此仅用于必要的场合。

上面所讨论的是以系统整体为单元的在线演化机制。从软件体系结构的角度来看，系统可看做是由一些架构元素（组件、连接器和数据）构成，并可通过对元素之间的约束关系的调整来进行配置。因此，从软件体系结构的角度来看，所谓的在线演化问题强调的是如何在运行时响应开放环境和需求的动态变化，进而对架构元素及其之间的关系进行动态调整。而动态优化强调的是如何对架构元素及其之间的关系进行动态调整，即针对一个目标或多个彼此冲突的目标，来获取最优解。

在线演化和动态优化时进行的调整包括以下四种情形（Brewer，2001）：

（1）组件属性的变化。

（2）现有组件之间约束关系的变化。

（3）增加或删除一个组件，并带来相关约束关系的变化。

（4）将一个组件从一个节点迁移到另外一个节点上，而保持其与其他相关组件之间的关系。

（5）用一个不同的版本或其他组件来替换当前的组件。

对于互联网分布式系统来说，还要求这些在线演化的方案是可扩展的，也就是说，方案同样适用于不同规模的系统。

从软件体系结构的角度来看，系统在线演化涉及的关键技术包括以下三部分：

（1）如何定义体系结构描述模型，如何基于该模型定义演化操作。

（2）如何准确地描述目标系统在运行时的真实状态和行为，系统运行时状态和行为的变化又如何驱动自身的动态调整。

（3）如何为上述动态演化提供运行环境和平台支持。

1.6　互联网分布式系统的发展路线

结合我们在引言中对社会基础设施的运作模式和 21 世纪“从简约到集成”科学发展“主旋律”的理解，从当今云计算的概念出发，互联网分布式系统的发展大体可分为三个阶段，如图 1.8 所示。

第一阶段，即 20 世纪 90 年代中后期～21 世纪初，网格从科学计算领域的需求出发，云计算从互联网特定的大规模数据处理需求出发，Web 2.0 从用户参与的角度出发，各自的应用领域不同，视角和侧重不同，但都取得了明显进步，出现了一些有代表性的典型应用。

第二阶段，在未来 5～10 年内，上述几种技术体系将互相渗透。开始出现统一运营的行业云、第三方运营中心等，传统的 EAI 系统适应互联网环境下用户的需求，提供云服务。不同企业与组织的系统可以在一定条件下和范围内，在业务的驱动下进行自动互联。在这一阶段，互联网计算的社会价值也将得到初步体现。

第三阶段，客户将通过基于标准的服务交互方式以极低的成本按需从基础设施获取高质量的计算、存储、数据、平台和应用等服务，客户不需要关心服务是由哪朵云提供的。

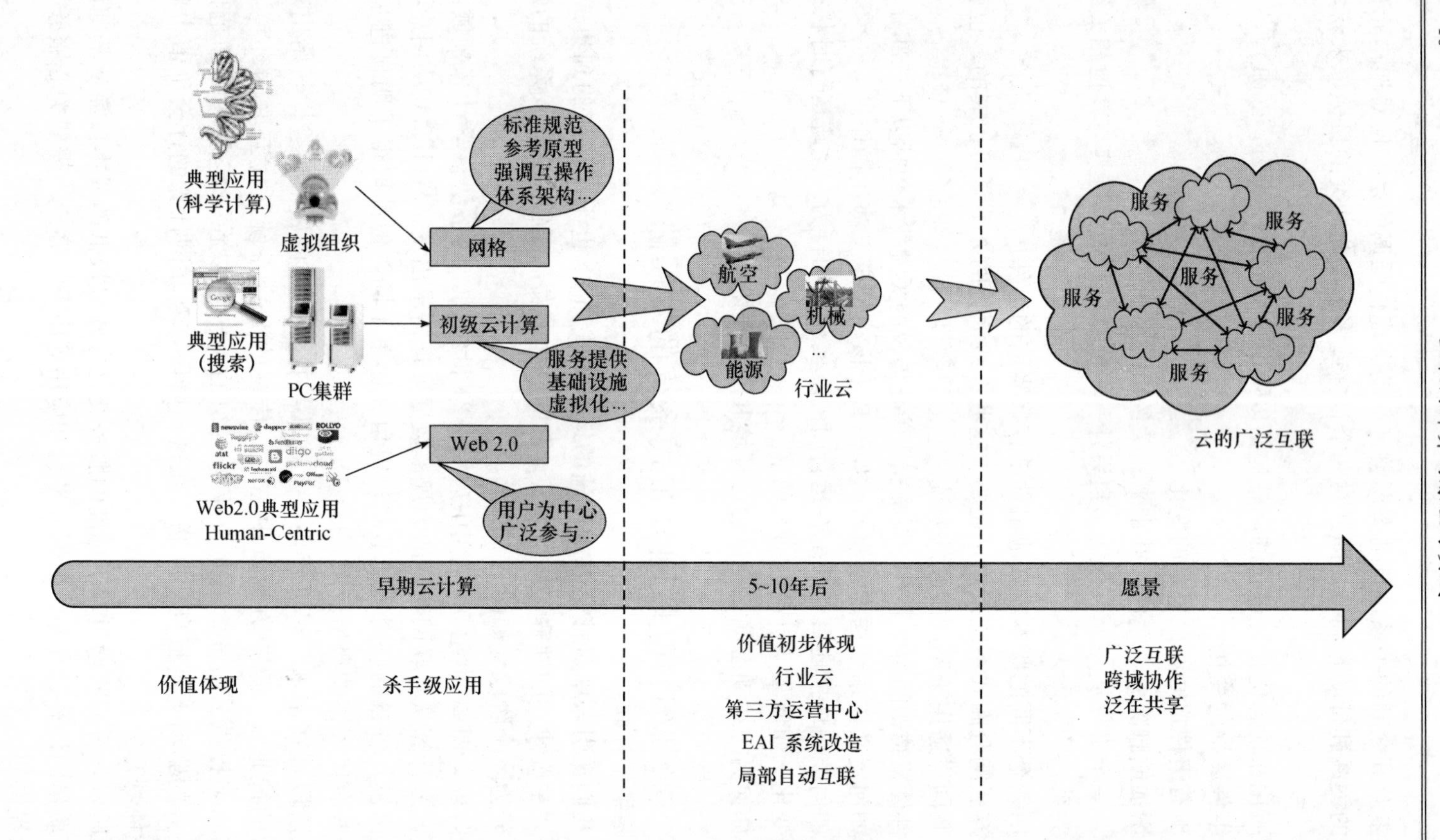

图1.8　互联网分布式系统的发展阶段

人类社会和科学技术都在快速发展，各种新概念层出不穷，随着时间的推移，概念的内涵和外延都会发生变化。在 IT 领域，很多新概念往往是标识一组目标、做法或思路以及相关技术的整体概念。这类概念难以精确定义，会随人们的认识、环境和边界条件以及技术的发展而演变。以云计算和网格为例，两者的愿景没有本质区别。即使没有云计算的发展，网格也迟早需要考虑服务提供、托管运营和支持多租户等问题。同样，如果工业界同行广泛沿用网格概念，先锁定在更接近于人们日常生活（而非科学计算）的特定问题域并在其基础上拓展 SaaS 能力，那么如今我们可能正在面对商业网格、数据网格、服务网格和个人网格等。因此，重要的是能够透过纷繁的表面现象，把握事物的本质。互联网计算既是网格计算、云计算、SaaS 和 SOA 等各种计算模式的“超集”，也是它们的共性支撑。互联网计算是网格计算、云计算的根基和学科基础，相对于各种昙花一现的概念“噱头”，发展互联网计算的技术体系和学科基础可为相关领域的发展提供共性支撑。

1.7　本章小结

本章对互联网环境下 IT 技术发展的总体趋势、背后的宏观科学问题进行了分析；对互联网的发展历史进行了简要回顾；给出了互联网和互联网分布式系统的基本概念；介绍和分析了几种典型的互联网分布式系统，并对其进行了分类；最后总结归纳了互联网分布式系统的主要特征，为后面的章节进行了铺垫。

如同人类社会许多其他领域一样，规模的壮大促进了标准化和基础设施建设的发展，我们相信，随着互联网的进一步发展、随着用户和应用规模的进一步壮大，图灵奖获得者 McCarthy 提出的效用计算的愿景将会离我们越来越近。

第二章　互联网计算相关基础

2.1　引　　言

随着互联网技术的发展以及应用的深化，应用软件逐渐转移到互联网这一开放、动态、难控的协同计算平台上进行开发和运行，并体现出动态、开放、可共享、强调使用而非强调拥有等特征，在软件构成、系统边界、运营方式、管控原理和使用模式等方面均有了质的变化，注定了互联网计算与传统分布式计算的本质不同。人们对互联网内在规律、机理及其可利用的价值等方面的探索正在兴起。

本书认为，互联网计算旨在探讨如何依托互联网实现资源的按需逻辑一体化以及各类互联网资源（包括网络资源及本地资源）的按需集成与广泛共享，即构建互联网分布式系统的相关方法、原理和理论体系，并达到形成以下三方面科学基础的目的：

（1）互联网分布式系统的构造、演化、应用交付与服务提供、运营、维护、品质保障和优化利用相关的科学基础（也是本书探讨的重点）。

（2）互联网服务中内容处理（特别是大规模数据检索、过滤、融合和挖掘）涉及的科学基础。

（3）支持互联网服务的智能协同科学基础。

随着计算机相关学科体系和基础研究的不断进展，对于互联网计算来说，有关软件工程、分布式系统、应用集成、面向服务计算以及万维网工程等方面都形成了良好的学科基础，积累了探讨互联网计算基本原理的必要基础知识和技术。下面，我们就从这几个方面简明扼要地对互联网计算相关学科基础的基本概念、原理和技术进行介绍。

2.2　软件工程与互联网计算

当前，IT 产业已成为经济增长的重要推动引擎，有力地促进了经济的可持续发展，深刻地改变着人类的生产和生活方式。软件作为 IT 产业的灵魂，是 IT 产业发展的战略重点。纵观计算机技术的发展历史，可以发现计算机技术的发展趋势呈现为硬件价格降低、人力费用增加、应用复杂度增加、社会对软件的依赖程度增加（中国计算机学会学术工作委员会，2005）。随着互联网的快速发展，软件的应用范围、复杂度和规模也随之急剧增大。

软件的定义表明，软件与计算机平台、用户需求、环境等因素密切相关，是对现实世界中问题空间与解空间的具体描述，是对客观事物的一种反映。与硬件相比，软件具有如下特点：

（1）它是一种逻辑实体，具有抽象性，虽然可以记录在介质上，但无法看到软件本身的形态。

（2）它是在研发过程中被创造出来的，具有可复制性，研发成本远大于生产（拷贝）成本。

（3）软件在长期运行和使用过程中没有磨损、老化等问题。

（4）软件的开发和运行常常受硬件的限制。

（5）软件研发费用越来越高。据统计，目前软件开销要占计算机系统费用的90%以上。

软件危机（software crisis）是一种现象，是指由于软件的规模越来越大，复杂度越来越高，在软件开发和维护时所遇到的一系列问题。软件开发过程是一种高密集度的脑力劳动。现有软件开发的模式及技术往往不能适应硬件的发展和用户的需求，这使得软件开发成本不易控制、研制周期长、质量难以保证、维护费用过高，出现了大量质量低劣的软件，甚至有的软件花费了大量人力、财力，却在开发过程中夭折，造成了大量的资源浪费。IT界存在一个被戏称为“安迪-比尔定律”的现象：硬件的进步被以微软公司为首的软件开发商消耗掉，他们从中牟取利益；膨胀的软件又迫使用户升级机器，以英特尔为首的各硬件厂商只有不断提升性能，才能获取利润；硬件提升带来的好处又进一步被新的软件消耗掉。这个循环过程最终对用户造成了极大的浪费。这种现象的背后其实是一种以经济利益为导向的资源消耗型产业发展模式。从整个IT产业可持续发展的角度来看，另外一种思路是：可否摆脱这种消耗型发展模式，以用户为中心审视当今软件业进步的瓶颈，思考如何恰当、充分地利用硬件和网络基础设施发展带来的好处，提高IT行业的资源利用率。

从软件构造方法的角度来看，现有的软件构造方法僵硬、复用性低、过度依赖开发人员、灵活性差，这些问题已成为制约软件业进步的主要瓶颈之一。例如，面向构件的开发方式由于构件粒度太小、构件容器难以统一，为开发人员进行大粒度的软件组装和重用带来了困难。与通用性强的硬件相比，软件更加接近人类的社会活动，具有多样性的特点。相对于硬件，软件的需求难以精确表达、质量难以精确评价和控制、产品难以维护。因此，软件的开发严重受制于软件开发人员的知识水平和经验，用户难以得到高效、低成本的软件服务。随着硬件成本的不断下降，用户的需求也在不断增长，因此，人成为制约软件业进步的主要瓶颈之一，如图 2.1 所示。为此，有必要提高软件开发构件的抽象程度，提高软件的可组合性和可定制性；同时，需要提高业务人员和普通用户参与软件构造的程度，弥补业务需求和软件开发之间的鸿沟。

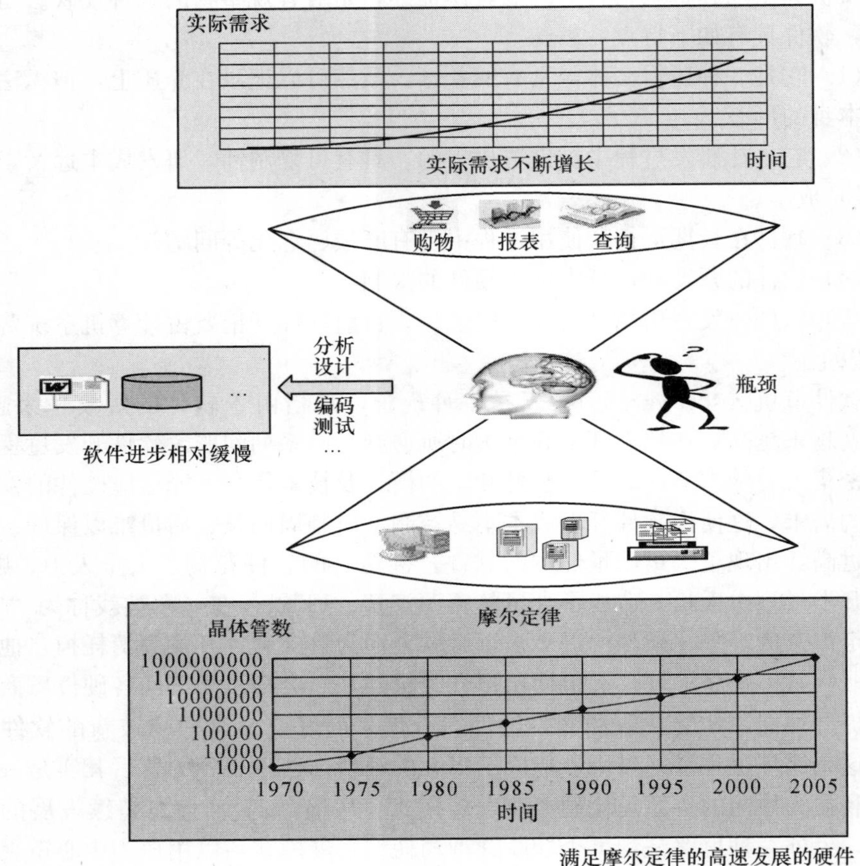

图 2.1　软件开发上的瓶颈

从软件使用的角度来看，一方面，PC 端过于臃肿、利用率低，用户的个性化需求难以快速得到满足；另一方面，在网络环境下，软件的部署运维越来越复杂。这些不仅导致资源的浪费，还制约了用户体验的提升。为此，有必要探索新形式的客户机软件形式，充分利用网络服务资源，探索使用而不拥有、托管部署和运维的软件服务化使用方式，提高用户的参与程度，促进软件的定制化使用。

从软件基础架构的角度来看，服务器软件共享底层资源（如计算资源、存储资源和数据资源等）的程度较低，造成了资源的浪费。为此，有必要促进网络服务的集成化管控，平衡优化资源的配置，从而最大限度地共享资源。

2.2.1 软件编程范型

计算机软件包括计算机程序以及与程序相关的文档。程序是一个指令序列。计算机程序是用计算机指令为计算机编排的工作顺序或工作步骤。为计算机编排程序的过程称为编程，也称为程序设计。编程语言是指用于编写、描述计算机程序的语言。

范型（paradigm）又被称为学科基质（disciplinary matrix），代表科学共同体成员所共有的信念、价值、技术手段等的总体。简单地说，范型是某一学科在一定时期内开展研究活动的共有的基础和准则。范型是美国哲学家库恩提出的用以说明科学发展的一个核心概念（Ferraiolo，Kuhn，Chandramouli，2003）。编程范型（programming paradigm）是指导和制约编程活动的范型，通常在编程语言中体现。编程范型反映了（同时决定了）程序员对程序执行的看法。例如，在面向对象编程中，程序员认为程序是一系列相互作用的对象，而在函数式编程中一个程序被看做是一个无状态的函数计算的序列。不同的编程语言可能会支持不同的编程范型，同时，有一些语言是专门为某个特定的范型设计的（如 Smalltalk 和 Java 支持面向对象编程，而 Haskell 和 Scheme 则支持函数式编程），还有另外一些语言支持多种范型（如 Python 同时支持面向对象编程、面向过程编程和函数式编程）。

如今，软件开发面临的硬件环境已经与传统软件开发面临的硬件环境有了很大不同。如图 2.2 所示，在过去的四十年中，摩尔定律一直引导着计算机设计人员的思维和计算机产业的发展，很多人认为提高单个 CPU 的处理效率是提高程序设计生产率的主要手段，但是计算机体系结构设计师仍然可以通过其他一些途径来利用数量不断增长的晶体管。其中，发展多核 CPU 来提高计算机的处理能力是一种主要途径。随着数据量的几何增长，传统单机版的文件系统、基于关系数据模型的数据库系统越来越多地被非关系数据模型的分布式数据库、分布式文件系统所取代。另一方面，传统单指令单数据流（single instruction stream single data stream，SISD）的计算机系统体系结构也不再是唯一的选择，对于多指令多数据流（multiple instruction stream multiple data stream，MIMD）体系结构的多处理机系统，由于其具有强大的编程能力，已经在很多领域中使用。

如图 2.2 所示，这些变化也为现有的软件开发带来了很多挑战。首先，传统单指令单数据流到多指令多数据流的转变，导致技术人员的思考习惯和编程习惯面临挑战，人们适应了顺序、串行思考问题的习惯，还一时难以适应并行的思考习惯。此外，与传统单机版的数据库和计算系统相比，分布式数据库、分布式文件系统和分布式计算环境在通信、处理异构性与分布性、监控、提高容错性与可扩展等方面都面临更大的挑战。

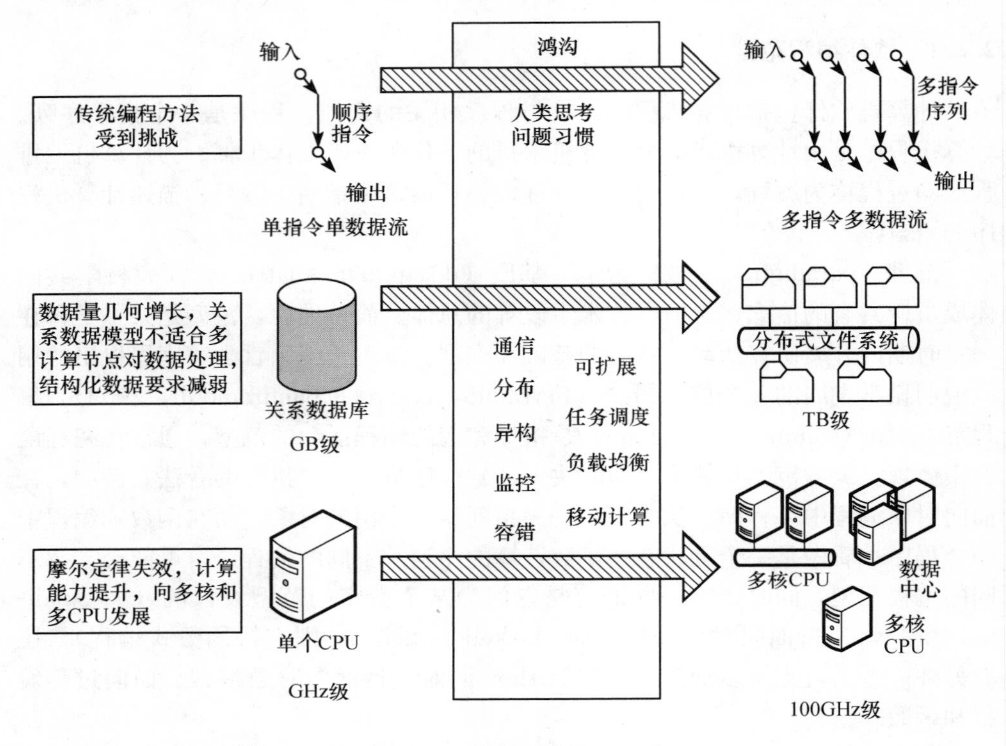

图 2.2　软件开发面临的环境变化

随着硬件环境的变化，编程语言的发展也经历了机器语言、汇编语言、高级语言等阶段。每一个阶段都使程序设计的生产率得到了很大的提高。

机器语言由能被计算机直接执行的机器指令组成，每条机器指令是一串二进制代码。用机器语言编写的程序是一串二进制代码序列。机器语言是计算机的功能体现。其特点是结构简单、功能强大，计算机可以直接识别和执行。但是，这种语言非常难以记忆和识别，编写过程困难而且繁琐，生产率很低。特别是它随着计算机技术的发展而发展，不断更新，令人学习和使用应接不暇。基于上述原因，出现了第二代编程语言——汇编语言。

汇编语言的实质和机器语言是相同的，都是直接对硬件操作，都被称为面向机器的语言，只不过指令采用了英文缩写的标识符，更容易识别和记忆。使用汇编语言，程序的生产效率和质量都有所提高。但是，计算机不能直接识别、理解和执行，用它编写的程序必须先翻译成机器语言后才能进行执行。它同样需要编程者熟悉机器的内部结构，而且需要手工进行存储器分配，程序员的劳动强度仍然很大，因此出现了第三代编程语言——高级语言。

高级语言主要是相对于汇编语言而言的，它并不是特指某一种具体的语言，而是包括了很多编程语言。这些语言的语法、命令格式都各不相同，但其共同点在于和前两种面向机器的语言不同，是一种面向用户的语言。它采用一种接近人类语言的形式，或用类似自然语言（如类似英语的语言），或用数学语言，或用两者结合的语言形式。高级语言可读性好，独立于机器。和汇编语言相比，它不但将许多相关的机器指令合成为单条指令，并且去掉了与具体硬件操作有关但与完成工作无关的细节，如使用堆栈、寄存器等。这样一方面大大简化了程序中的指令，省略了很多细节，使得编程者不需要有太多的专业知识；另一方面高级语言具有更好的可移植性，这些程序可以经过较小的修改或者无需改动，就可以运行在不同类型的计算机之上。但是，高级语言所编写的程序不能直接被计算机识别，必须经过转换才能被执行，这种转换不可避免会消耗时间。按转换方式可将它们分为解释类和编译类两类。前者执行方式类似于人们日常生活中的同声翻译，应用程序源代码一边由相应语言的解释器翻译成目标代码（机器语言），一边执行；后者在应用源程序执行之前，就将程序源代码翻译成目标代码（机器语言）。现在大多数的编程语言都是编译型的，如 Visual C＋＋、Visual Foxpro、Delphi 等。

最后，软件编程范型经历结构化/模块化编程、面向对象编程、基于构件的编程、面向服务编程的发展历程，它们所产生的单元称为模块、对象、构件或服务。下面对上述编程范型进行介绍和分析。

1. 结构化编程范型

定义 2.1　结构化编程范型（structured programming paradigm）：指用程序状态和改变程序状态的语句描述计算的编程范型。

定义 2.2　模块：是软件的组成部分。软件可被划分为一组可单独命名和编址的元素，这些元素是一个或多个程序语句的集合，用于完成某种特定的功能，可被系统中其他部分调用，它们被称为模块。

定义 2.3　模块化：按一定原则将软件划分成若干个模块，使每个模块完成一个子功能，然后将这些模块组装起来就可以完成系统要求的功能，这个过程就是模块化。

结构化编程范型是对冯·诺依曼式计算机顺序执行机制的直接抽象。基于结构化范型的程序包括一系列步骤，这些步骤就是所谓的命令。每一个步骤会执行一次计算，该计算接收一些输入并产生一些输出，有些计算具有副作用，会使程序状态发生改变。步骤的次序是命令式语言的关键，具有相同语句但不同次序的两个程序的语义会完全不同。结构化范型的典型命令包括赋值、输入输出和过程调用等。计算步骤的执行次序由控制结构（如顺序、分支和循环等）决定。结构化范型的典型语言包括 COBOL、Fortran、Pascal 和 C 等。

结构化编程范型中的基本原理之一是模块化。模块化的目的是降低系统复杂性，其效果可以用内聚和耦合两个指标来度量。

内聚（块内联系）是指模块内部各组成成分之间相互联系的强度。内聚包括下述几种类型：

（1）偶然内聚：模块的各成分之间毫无联系，即模块内无任何联系的语句合成一个模块。

（2）逻辑内聚：将逻辑上相关的功能合成一个模块。

（3）时间内聚：一个模块完成的功能必须在同一时间内执行。

（4）过程内聚：一个模块内部的处理成分是相关的且必须以特定的次序执行。

（5）通信内聚：一个模块内的所有处理成分都集中在同一数据结构上。

（6）顺序内聚：一个模块内的各个成分与同一功能紧密相关，而且必须顺序执行。

（7）功能内聚：一个模块内所有成分只完成单一功能。

耦合（块间联系）是指模块之间的依赖程度的度量，是模块独立性的直接衡量。耦合包括下述几种类型：

（1）无耦合：两个模块之间彼此独立地工作，没有直接的关系。

（2）数据耦合：模块之间通过传递数据参数来交换信息。

（3）标志耦合：模块之间通过传递公共参数指针或地址（数据的标记）相互作用而产生的耦合。

（4）控制耦合：模块之间通过传递控制信息相互作用而产生的耦合。

（5）公共耦合：两个以上模块通过共同引用一个全局数据（公共数据）而产生的耦合。

（6）内容耦合：一个模块直接访问、修改或操作另一个模块的内部数据，或不通过正常入口直接转入另一个模块而产生的耦合，这种耦合应该消除。

结构化编程范型是首个支持抽象的编程范型，它提供了一种通过过程抽象控制复杂性的方法，从而支持更大规模软件的开发，同时该过程也提供了一种基本的代码复用机制。但结构化范型的主要缺点在于：过程是对功能的抽象，而功能只能片面反映问题空间事物的性质（根据大英百科全书“分类学理论”，区分对象及其属性是人类在认识和理解现实世界的主要构造法则），这使得单纯用结构化范型开发大型程序时，产生的代码往往不易理解和维护。

2. 面向对象的编程范型

定义 2.4 面向对象的编程范型（object-oriented programming paradigm）：是指用通过封装数据和对数据的操作而得到的对象以及对象之间的消息传递来描述计算的编程范型。

面向对象编程范型的理念源于概念理论以及人们在现实世界的交互模式。对象（object）是客观世界中实体在问题域中的抽象。对象是由数据（属性）及其上的操作（行为）组成的封装体。基于面向对象范型的程序包括一组对象的定义，对象是对数据以及施加在数据上的操作的封装，对象之间通过互相传递消息进行通信。信息隐藏被用于保护对象的内部属性。具有相同属性和操作的对象被组织成类，类代表概念，而对象代表概念的具体实例。类之间可以有继承关系，因此特殊类可以在一般类的基础上通过加入新的属性和/或操作获得。典型的面向对象语言包括 C++、Smalltalk、Eiffel，以及当前流行的网络编程语言 Java 和 C# 等。

对象的概念是抽象数据类型概念的发展。传统的结构化设计中，客观世界中的实体在计算机世界中的抽象是各种基本类型变量（如整型，实型，布尔等）、数组、记录、文件等。在程序中，通过对这些数据对象施加外部操作来模拟实体行为以及实体之间的相互作用，即数据和对数据的操作是相对独立的。面向对象方法的基本出发点是将描述实体对象静态属性的数据与描述实体动态行为的操作统一为一个不可分割的整体。具体地说，对象与传统数据类型的区别在于：

（1）对象不是被动地等待外部对其施加操作。对象是进行操作的主体，通过消息发送请求对象主动地执行某些操作，处理其私有数据。

（2）传统程序系统是工作在数据集上的一组函数、过程集合。面向对象方法提出的对象概念，要求将软件系统看做是一组离散的对象集合，对象之间通过消息发送相互作用来实现问题求解。对象的任何私有成分，外部不得访问。

面向对象编程范型的三个基本特征是封装性、继承性和多态性。如果对象之间不允许出现继承，则被称为是基于对象的。

（1）封装性：封装是信息隐藏的一种形式。对象的属性和方法被放在一起，外部可见的方法接口形成对象的对外接口，只有通过这些方法接口，才能改变对象的属性，并对其进行操作。因此，对象的属性被封装在对象内部，而外部是不可访问的。

（2）继承性：继承是一种复用机制，是指子类可以复用父类的数据和方法。继承通常指一种“is-a”关系：如果类 A 继承类 B，则通常可以说“A is-a B”。从单个父类继承被称为单继承；从多个父类继承被称为多继承。继承共有两种形式：一种是子类复用父类的一切，包括数据和方法，并加入自己新的成分，这被称为附加继承；第二种是重载继承，新的子类能响应的消息集合与父类是一致的，但其却重写了父类一些方法的实现。因此，对同一个消息父类和子类有不同的行为。这种继承在面向对象语言中是通过滞后绑定来实现的。

（3）多态性：多态性是指在单一接口下隐藏多种实现的能力。具有相同接口的不同对象对同一个消息有不同的解释和行为，从而产生不同的结果。

面向对象范型相对于结构化范型来说在和问题域的耦合程度、用其构造的软件的可复用性和易维护性上都有所改进。面向对象编程范型主要具有以下优点：

(1) 对象直接对应于现实世界的事物，从而可以采用相似的方式进行操纵。有利于开发人员和用户之间的交流，同时也有利于其以一种自然的方式去编写程序。

(2) 由封装所提供的模块化和对象之间的低耦合可以显著降低软件的维护开销。每个对象仅有公共接口是外部可见的，其内部的工作是隐藏的，从而内部的修改不会波及其他对象，而且也避免了外界对对象的误操作。

(3) 根据对象之间的“一般-特殊”关系和“整体-部分”关系可以从已有的对象出发来构造出新的对象，而不是从零开始设计，有利于复用已有的代码。

(4) 多态性可以形成一种更正规、更一致的对象接口。

面向对象现在依然是一种非常有效的编程范型，目前流行的网络计算编程语言中Java、C#都是面向对象的。如果是从零开始编码，那么采用某种面向对象编程语言是一种不错的选择，但如果要进一步构造或购买可复用的软件模块，并在这些模块基础上搭建应用，那么基于构件的编程范型可以提供更好的方法和指导。

3. 基于构件的编程范型

定义 2.5　构件（component）：是模块化的、可部署、可替换的软件系统组成部分，它封装了内部的具体实现并对外提供一组接口（OMGUML，2005）。

定义 2.6　基于构件的编程范型（component-based programming paradigm）：是指以构件的创建、构件的管理、基于构件复用的应用的构造为基本活动的编程范型。

构件是软件向产业化发展的必然产物。传统产业的发展规律一般都是从最初的手工作坊式生产开始，逐渐发展成以生产符合标准的零部件并组装标准零部件以形成完整产品为基本生产模式的规模化生产，这点对软件产业也不例外。典型的面向构件技术有 Enterprise Java Beans 等。

构件技术是对象技术的延伸和发展，可以说构件和对象都是对现实世界的抽象，都具有封装性，都以接口的方式访问。构件和对象的区别主要有以下三点：

(1) 抽象视角不同。对象是对客观世界基本实体的抽象，强调与实体的对应和对实体的建模。构件是对客观世界的实体或者实体联合能提供的功能和服务的建模。因此对象会涉及实体的静态属性特征，而构件则仅仅关注实体的功能和服务。

(2) 可复用程度和复用机制不同。和对象相比，构件更强调可复用性，可以说复用是构件的生命线。为了达到较高的复用性，构件具有较强的独立性，以便其作为一个零部件能随时被单独使用。类似将小零件组装成大零件，构件采用组合（composition）的方式实现复用。面向对象实现复用的基本策略之一是继承(inheritance)，因为通过继承可以很自然地表达现实世界的“一般-特殊”关系，所以在面向对象编程中继承被广泛使用。但是继承不是一种实现软件复用的好方法，因为继承关系使得子类对父类产生很大的依赖性，父类的任何改动都会影响子类，两者之间以一种紧耦合的方式存在，影响了它们的可复用性，所以构件不采用继承实现复用，而是通过组合实现复用。

（3）粒度不同。为了实现良好的复用性，构件常常要包含完整的功能。例如，某个提供民航旅行服务的构件可能包含航班查询、价格查询、机票预订、机票退订等功能，如果要用面向对象编程范型来实现这个构件，则需要多个对象的协作来完成这个构件的功能。因此，一般构件的粒度会大于对象的粒度。

4. 面向服务的编程范型

定义 2.7　服务：是自治、开放、自描述、与实现无关的网络构件。

定义 2.8　面向服务的编程范型（service-oriented programming paradigm）：是指以服务的创建、服务的管理、复用已有的服务组装形成应用为基本活动的编程范型。

服务是构件在网络特别是互联网环境下的自然延伸和发展，服务可以提供标准的访问、描述以及发布和发现规范，因此对服务的组装也可以基于规范来描述。例如，Web 服务业务流程执行语言（Web services business process execution language，WS-BPEL）已经成为业界组合 Web 服务的事实标准。新的环境赋予服务不同于传统构件的新特点：

（1）开放性：服务的价值体现在共享和复用方面，因此，遵循开放标准是服务的基本特性。

（2）自治性：服务的消费者存在广泛和多样的特点，因此服务只有保持自治性才能确保其满足不同需要的灵活性。这种自治性体现在服务消费者发出服务请求后，服务何时开始、在何地执行、如何执行都不受请求方控制。服务消费者虽然不能直接控制服务的执行，但可以和服务建立服务合同，也就是通常所说的服务水平协议，以约束服务执行的质量。

（3）自描述性：在开放环境下，服务消费者通过服务描述来认识服务、了解服务、使用服务。服务可以公布多样的服务描述，包括自己的能力、访问方式、协作方式等。

（4）实现无关性：服务本身提供的能力以及服务消费者获得服务的方式是和服务的实现无关的，也就是说，服务消费者无需知道服务的实现语言和实现平台就可以获得服务提供的功能。实现无关性降低了服务对服务消费者的要求，也就是放松了两者间的耦合。

5. 软件开发的发展规律总结

从编程语言的演化历程以及上述模块、对象、构件、服务的发展历程来看，我们可以总结出软件开发的发展规律和基本原则：

（1）计算机语言越来越接近人类的自然语言，越来越符合软件开发人员的思维活动模型。软件是人类问题求解逻辑思维的体现，编程语言从机器可直接识别和执行、但人类较难记忆和识别的机器语言，逐渐发展到人类可读、独立于机器的高级语言，有利于软件开发人员对问题的分析和求解，有利于提高软件的生产效率，降低开发成本。

（2）高内聚、低耦合。软件开发活动已经逐渐从小规模的编译、连接演变为网络环境下服务的组合与协同。软件中逻辑上相对自主的成分逐渐演变为独立的编程单元，通过良好定义的接口与外部交互，将内部信息进行隐蔽，以实现信息封装（即使用与实现分离）。通过局部化原则，在一个物理模块内集中逻辑上相关联的计算机资源，从而保证模块之间松耦合，模块内部较强内聚，有助于控制问题求解的复杂性。

（3）并行编程成为提高程序设计生产率的主要途径之一。传统的单指令单数据流的顺序执行方式虽然符合人类的思考习惯，却难以支持大规模并发要求，因此，计算机程序从支持顺序执行逐渐发展到对并行执行的支持。

（4）代码复用的级别不断提升。软件复用是在软件开发中避免重复劳动的解决方案，应用系统的开发可利用已有的工作，不再一切从零开始，即充分利用过去应用系统开发中积累的知识和经验。通过软件复用，消除了包括分析、设计、编码、测试等在内的许多重复劳动，可提高软件开发的效率。同时，通过复用高质量的已有开发成果，可避免重新开发可能引入的错误，从而提高软件的质量。

2.2.2　软件生命周期

软件从形成概念开始，经过开发、使用和维护，直至最后被淘汰的全过程称为软件生命周期/软件生存周期。软件工程采用的生命周期方法学就是从时间角度对软件开发和维护的复杂问题进行分解，将软件从提出到淘汰的全周期依次划分为若干阶段，每个阶段有相对独立的任务，然后逐步完成各个阶段的任务。研究软件生命周期的目的是为了更科学、更有效地组织和管理软件的生产维护活动，增强软件的可靠性和经济性。

根据软件所处的状态、特征以及软件开发活动的目的、任务可以将生命周期划分为若干阶段。一般来说，软件生命周期包括软件定义、软件开发、软件使用与维护三个部分，并可进一步细分，如《信息技术软件生存周期过程》

(GB/T 8566—2007)(国标，2007)中将软件生命周期划分为基本过程(包括获取、供应、开发、运作和维护)、支持过程(包括文档编制、配置管理、质量保证、验证、确认、联合评审、审核、问题解决和易用性)和组织过程(包括管理、基础设施、改进、人力资源、资产管理、重用大纲管理和领域工程管理)。

在有限的投资规模和有限的时间范围内，开发出符合用户需求的高质量软件是软件开发的目标。根据软件开发的特点，人们提出了多种软件生命周期模型，从不同角度对软件开发工作过程进行阶段性任务分解，并规定每一个阶段的目标、任务和工作结果的表达形式。常见的软件生命周期模型有瀑布模型(waterfall model)、渐进模型(incremental model)、演化模型(evolutionary model)、螺旋模型(spiral model)、喷泉模型(fountain model)和智能模型(intelligent model)等，以上模型的具体概念此处不再累述，读者可自行查阅其他参考用书。

随着信息技术的进步和社会化分工的发展，软件生命周期不断演进，原有的软件工程各阶段的目标、任务和承担角色也将发生一些变化，本书第六章将以XaaS软件生命周期为例，将其与传统软件生命周期进行比较。

2.2.3　软件体系结构

定义 2.9　体系结构：是系统最基本的组织结构，体现为构件与构件之间的关系和构件与环境之间的关系以及一些关于它们的设计和演化的指导原则(Hilliard，2000)。

定义 2.10　体系结构风格(architectural style)：是对一组潜在体系结构的关键方面的抽象，封装了对体系结构元素的重要决策，强调对体系结构元素及其相互关系的约束(Perry，Wolf，1992)。

定义 2.11　软件体系结构(software architecture)：是一种系统结构，该结构包括软件元素、元素的外部可视属性以及元素之间的关系(Bass，Clements，Kazman，2003)。

定义 2.12　系统体系结构(system architecture)：是软件体系结构的最终实例化。它关注的是软件组件怎样被实现并怎样被部署到真实的机器上(Van，Tanenbaum，2007)。

“体系结构”一词原本被用在建筑领域，用来描述建筑学、建筑术和建筑样式等。维基百科将体系结构描述为“设计建筑的艺术和科学”。体系结构对于建筑师和用户而言都具有重要意义。对于建筑师来说，体系结构可以帮助他们来分析并验证建筑的可行性和成本。对于用户来说，体系结构则可以展现建筑的审美和功能。建筑领域和IT领域具有共同的特征，它们都致力于构建一个复杂的大型系统，并为用户提供服务。为此，体系结构这一概念对于IT领域而言同样重要。

在20世纪60年代，"体系结构"一词被IBM公司引入计算机领域。1964年，Amdahl等在介绍IBM 360系统时，使用"体系结构"一词来描述IBM 360系统中对程序员可见的指令集部分（Hennessy，Patterson，Goldberg，et al.，2003）。自Amdahl等将体系结构引入计算机领域以来，人们便从整体上对计算机系统形成了清晰统一的认识，为计算机系统的设计和开发打下了良好基础。近40年来，体系结构研究得到了长足的发展，其内涵和外延也获得了极大的丰富，逐渐成为计算机科学的一个重要分支，它强调从总体结构、系统分析这一角度来研究计算机系统。软件体系结构作为软件工程的一个重要研究领域，是随着描述大型、复杂系统结构的需要和软件开发人员在大型软件系统的研制过程中对软件系统的理解的逐步深入而发展起来的。它与软件工程技术的发展和计算机发展的需要有着密切的关系。在10多年的发展中，软件体系结构的思想和设计方法在很多大型软件系统的开发中已经开始发挥出极为重要的作用，软件体系结构的成功应用增强了软件的稳定性、可靠性和易理解性，极大地提高了软件开发的质量和效率。

软件体系结构的研究和实践旨在将一个软件系统的体系结构显式化，使软件开发者能从更高抽象层次来处理诸如控制结构、计算元素的分配、计算元素间的高层交互等设计问题。另外，它使软件开发者从系统的总体结构入手，将系统分解为构件和构件之间的交互关系，可以在较高的抽象层次上指导和验证构件组装过程，提供一种自顶向下、基于构件的软件开发方法，从而为构件组装提供有力的支持，并使软件的构造性和演化性得到了进一步提高。

在软件设计的实践中，如同最初软件抽象所产生控制流结构和数据结构一样，随着某些特殊组织结构的频繁出现和应用价值的提高，人们提出并发展了一些相对固定的设计结构，称为软件体系结构风格。一个软件体系结构风格定义了一个软件系统的家族。它描述了某一特定领域中系统组织方式的惯用模式，包括由部件和连接类型描述的一个词汇集合，以及如何将这些部件和连接类型结合的一个约束集合。

我们这里只是给出了软件体系结构及软件体系结构风格的基本概念，作为后续章节必备的基础知识。关于软件体系结构风格的分类和具体的软件体系结构风格的介绍，读者可自行参考其他相关教材和书籍。

2.3 分布式系统与互联网计算

分布式系统可以定义为一个硬件或软件组件分布在联网的计算机上，组件之间通过传递消息进行通信和动作协调的系统（Coulouris，Dollimore，Kindberg，

2005)。

下面列出了分布式系统的三个重要设计目标：

(1) 透明性。对用户来说，分布式系统的一个重要特征是联网的各计算机之间的通信方式以及各计算机之间的差别对用户是透明的，分布式系统的内部结构对用户也是透明的。严格来说，透明性包括访问透明性、位置透明性、迁移透明性、重定位透明性、复制透明性、并发透明性和故障透明性等各个方面。

(2) 开放性。分布式系统的一个设计目标是根据一系列的准则来提供服务，并且能够方便地将由不同开发者开发的不同组件组合成一个完整的系统，同时，还必须能够方便地添加新组件、替换现有的组件而不会对系统的其他现有组件造成影响。

(3) 可伸缩性。分布式系统的一个设计目标是在规模、管理和地域上可伸缩。

为了使得种类各异的计算机呈现为单个的系统，同时具有分布式系统的透明性、可伸缩性和开放性，大部分的分布式系统都是通过一个软件层将各台计算机上的操作系统组织起来，该软件层在逻辑上位于应用程序和各机器的操作系统之间，这样的软件层通常称为中间件。而上述基于中间件的分布式系统体系结构就是最常见的分布式系统体系结构。

从进程的组织方式角度来看，分布式系统有两种典型的体系结构模型。一种是客户-服务器体系结构模型，另外一种是对等体系结构模型。在客户-服务器体系结构模型中，分布式系统内的进程分为服务器进程和客户进程两类，服务器进程负责实现某个特定的服务，客户进程向服务器进程发送请求，然后等待服务器应答。这是一类迄今为止使用最广泛的分布式系统体系结构模型。在对等体系结构模型中，所有进程具有同样的作用和功能，不区分客户和服务器。由于没有集中化的服务器进程，相对于客户-服务器体系结构模型而言，对等体系结构模型具有良好的可伸缩性。

开放、异构、自治、多样化、不确定性和动态变化等是互联网环境固有的特征，这些注定了互联网环境下分布式系统与传统分布式系统具有本质的不同。互联网环境下，分布式系统领域暴露出很多新的现象和矛盾。此外，中间件技术和分布式系统工程、软件工程、信息检索技术和互联网信息服务等相关领域的发展，也极大地促进了互联网环境下分布式计算的发展。特别是，面向服务计算的发展标识了分布式系统和软件集成领域技术一个里程碑式的进步。从设计、技术实现和性质保障角度来看，互联网环境下的分布式系统必然需要寻找更适合的工程方法和技术。尽管如此，作为互联网分布式系统的基础，我们仍需先对传统分布式系统的基本原理和要点进行回顾，Tanenbaum 等的《分布式系统原理与范型》是这方面的经典教材，下面我们将结合此书，从远程对象与远程调用、资源命名、消息与通信、同步与分布式事务、复制与一致性以及安全等五个方面分别对传统分布式系统的基本原理和要点进行介绍。

2.3.1　分布式系统体系结构

分布式系统体系结构可以从分层和分布两个角度进行解释。在逻辑上，应用系统的体系结构可以用一种分层的模型来表示，如图 2.3 所示。系统中负责界面展示和接收用户输入的部分被称为表示层；系统中负责应用逻辑的部分被称为应用逻辑层；而系统中负责资源接入的部分被称为资源管理层。之所以将它们称为层是因为它们彼此间存在和分层模型一致的依赖关系，其中表示层依赖于应用逻辑层，应用逻辑层依赖于资源管理层，因此，一般在图形表示时表示层位于最上层，应用逻辑层居中，而资源管理层位于最下层。

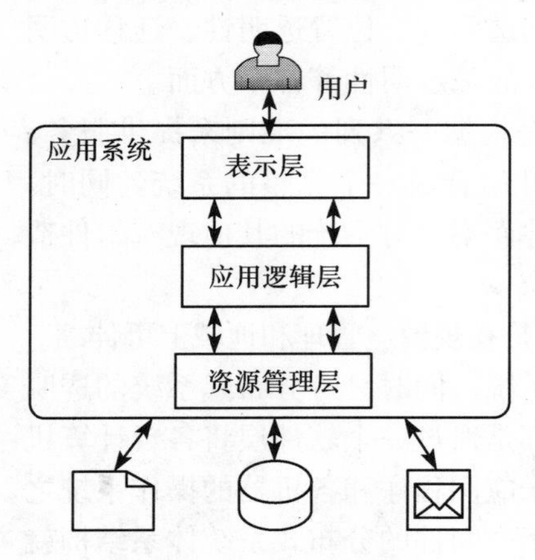

图 2.3　应用系统的分层逻辑体系结构

分布式系统最重要的特征是组成系统的软硬件设施在地理上是分布的，从软件的角度来说，这意味着组成软件的各个部分可以有自己独立的硬件宿主，而硬件宿主之间需要通过网络互联。传统分布式系统的核心元素是客户端（client）和服务器（server），由于这两个词既可用于表示硬件，也可用于表示软件，为了避免混淆，在本书中特别说明它们统一指的是软件。从分布的角度来看，传统分布式系统的体系结构大致分为以下四个发展阶段：

（1）以字符哑终端-主机为代表的分布式系统。哑终端上没有任何软件，而所有的软件都集中在主机上，我们将这种硬件在部署上分布、软件在部署上没有分布的体系结构称为单列（1-tier[①]）分布式体系结构。

（2）客户-服务器（client-server，C/S）风格的分布式系统。在此，软件被一分为二，既有客户端，也有服务器，因此，这种体系结构被称为两列（2-tier）分布式体系结构。这类系统的典型例子是前端用 Visual Basic 或 Delphi 等可视编程语言开发并在个人计算机上运行，而后端连接到在硬件服务器上运行的中央数据库系统。

在分布式系统体系结构的发展历程中，客户-服务器体系结构扮演了重要角色。20 世纪 80 年代，随着个人计算机的兴起，客户端处理能力不断增强，促进

① 本书为了避免与“层”（layer）出现歧义，把“tier”一词叫做“列”。层指功能的逻辑划分，而列指各层功能在多个分布节点上的部署策略。

了这类体系结构的发展。如图 2.4(a) 所示，客户-服务器体系结构初期表现为两列的分布式体系结构，即由客户端负责应用的呈现，由服务器处理应用的逻辑和承担资源管理的任务。这种体系结构的好处是可以利用客户机的处理能力，降低了服务器的运算负担，同时也使得针对不同用户呈现不同的界面内容成为可能。然而，两列分布式体系结构造成客户端和服务器之间耦合紧密，可伸缩性差。单一服务器所能支持的客户机数量有限，服务器往往成为处理瓶颈。此外，一旦应用环境发生变化，需要改变业务逻辑时，一般每个客户端的程序都要进行更新，给系统的维护和管理造成了一定的困难。

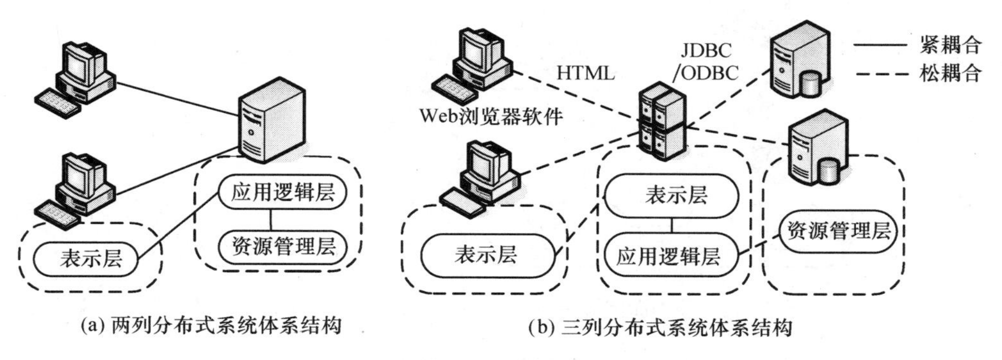

(a) 两列分布式系统体系结构　　(b) 三列分布式系统体系结构

图 2.4　客户-服务器体系结构示意图

(3) 客户-应用服务器-资源服务器风格的分布式系统。这是目前比较流行的分布式应用系统形式，也被称为三列（3-tier）分布式体系结构。

针对两列分布式体系结构存在的上述问题，客户-应用服务器-资源服务器风格的三列分布式体系结构进一步将服务器端的应用逻辑层和资源管理层分离，将应用逻辑交给单独的应用服务器处理。典型的三列分布式体系结构如图 2.4(b) 所示。三列分布式体系结构的优点是显而易见的：

首先，浏览器和应用服务器之间是松耦合关系，两者之间通过标准的 HTML 交互，这样浏览器可以在任意平台上用任意编程语言实现。如果标准的 HTML 可以满足用户对界面的要求，那么客户端的维护代价几乎为零。

其次，应用服务器和资源服务器之间是松耦合关系，应用服务器可以通过标准的数据访问接口（如 JDBC 和 ODBC）灵活访问不同厂商、不同平台的数据库。

最后，应用逻辑层可以部署在由多个服务器节点组成的集群上，集群可以提供复制、负载平衡、故障切换等功能，保障了应用的可伸缩性、性能和可靠性。

三列分布式体系结构存在一个问题，即表示层和应用逻辑层是紧耦合的，特别是两者之间在技术平台上耦合紧密。这使得应用逻辑不易被复用，当表示层想同时访问不同平台（如 J2EE 和 DCOM）的应用逻辑时，不得不加入额外的接口适配代码。从某种意义上说，基于不同平台的应用服务器依然是一个个信息孤岛。

（4）SOA 和 Web 服务的出现缓解了紧耦合问题。图 2.5 是一种面向服务的四列体系结构，其中将应用逻辑层封装为 Web 服务，表示层通过 XML/SOAP 协议与其实现松耦合交互。此时，表示层可以方便地访问任何以服务形式存在的应用逻辑，表示层和应用逻辑层是松耦合的。

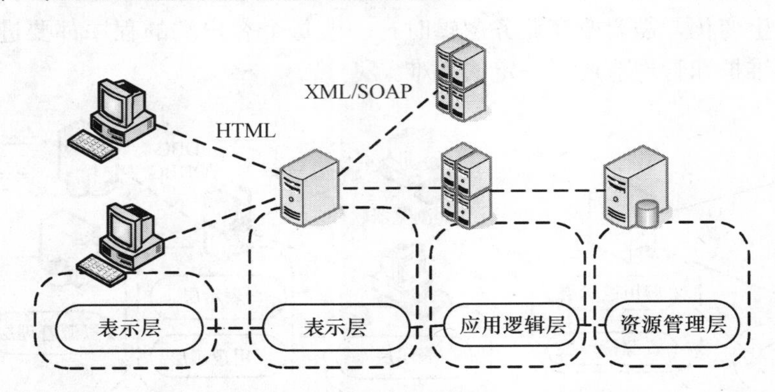

图 2.5　面向服务的 N 列分布式体系结构举例

事实上，SOA 的引入使应用逻辑层可以被松耦合访问，应用逻辑层可以被封装划分为多个服务，运行部署在 N 个节点上，形成一种更易复用、更灵活、基于服务的 N 列体系结构。

2.3.2　远程对象和远程调用

远程过程调用（remote procedure call，RPC）是 20 世纪 80 年代由 Birell 和 Nelson 首次提出的（Birrell，Nelson，1984），它是一种在分布式系统中实现远程机器进程透明调用的技术，远程过程调用是很多分布式系统的实现基础。

下面我们首先介绍远程过程调用和远程对象调用的几个基本概念，然后介绍其基本工作原理。

（1）客户端程序：是指调用远程机器上进程的程序。

（2）服务器程序：是指与客户端程序相对应，接收上述调用并执行的远程机器上的程序。

（3）客户端存根（client stub）：客户端程序进行远程过程调用时，实际上是先调用本地的客户端存根，由客户端存根负责与服务器程序建立通信，并进行参数和结果传递。因此，客户端存根可以看做是服务器程序的代理，从而使得程序员调用远程进程如同本地进程一样。

（4）服务器存根（server stub）：服务器存根的原理与客户端存根一致，不同的是，服务器存根实现服务端程序的过程调用，而客户端存根实现客户端程序的过程调用。服务器存根负责接收客户端存根的调用请求，并将返回结果发送给客户端存根。

（5）编组（marshaling）：是指在通过消息通道发送数据之前，将数据打包成消息中的过程，编组的目的是将数据转换为远程接收方可以理解的统一格式。

（6）序列化（serialization）：是指在通过消息通道发送消息之前，将消息转换为字节序列的过程。

（7）接口定义语言（interface definition languages，IDL）：接口由一组由服务器实现的可供客户调用的过程组成，接口通常使用接口定义语言来说明，用接口定义语言说明的接口与特定的编程语言和运行环境无关，因此，可以显著地简化远程过程调用客户-服务器应用程序的开发。

（8）绑定：是指远程过程调用客户端程序与服务器程序之间建立通信的过程，绑定将产生一个位于该进程地址空间内的代理，它实现了包含此进程所能调用的方法的接口。静态绑定（static binding）是指将服务器程序的绑定信息（如IP地址和端口等）硬编码进客户端程序中。与静态绑定相对应，动态绑定（dynamic binding）是指客户端程序在运行时通过名字和目录服务来决定调用哪个服务器程序。

远程过程调用的基本思想在于使得远程过程调用具有与本地调用同样的形式。客户端程序无需知道自己所调用的程序是否在一台远程机器上，客户所涉及的远程过程调用操作是通过执行普通的本地过程调用来完成的，消息通过网络传递的所有细节隐藏在双方的存根程序中。如图 2.6 所示，远程过程调用包括以下步骤：

（1）客户端程序调用本地的客户端存根。

（2）客户端存根与一个服务器建立绑定关系。

（3）客户端存根将客户端程序发送的数据进行编组和序列化。

（4）客户端存根调用本地操作系统的通信模块，将消息发送给远程操作系统的通信模块。

（5）远程操作系统的通信模块接收到消息后，将消息交给服务器存根。

（6）服务器存根接收到消息后，将消息进行反序列化和解编，生成服务器程序可以理解的数据。

（7）服务器存根根据接收到的数据调用服务器程序。

（8）服务器程序执行要求的操作，操作完成后将结果返回给服务器存根。服务器存根再将结果打包为一个消息，发送回客户端存根，最后由客户端存根返回给调用它的客户端程序。

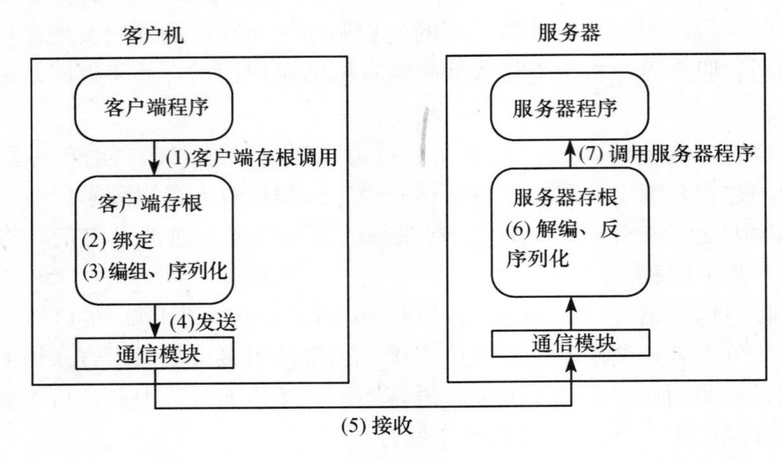

图 2.6　远程过程调用的基本原理

前面已经介绍过，对象是一种重要的软件编程抽象技术，对象具有封装性、继承性、多态性等特点。使用面向对象技术能够通过良好的接口隐藏内部实现，只要保持接口不变，就可方便地替换或修改对象；使用面向对象技术还有利于提高软件的可复用性。于是，人们很自然地将对象的概念引入分布式系统的实现中，将那些接口和对象实现可分离在不同机器上的对象称为分布式对象，并且将远程过程调用的原理应用于分布式对象，称为远程对象调用。

远程对象调用的原理和远程过程调用类似，一个客户首先绑定到一个分布式对象，并在客户端加载一个称为“代理”（proxy）的对象接口实现，此代理与客户端存根的作用类似，它负责处理客户端程序的远程对象调用请求，将对远程对象方法的调用进行编组、序列化使其成为消息，并对应答消息进行解编、反序列化，然后返回给客户端程序。而对象的实现则驻留在服务器上，来自客户端程序的请求首先传递给服务器存根（有时也称为骨架（skeleton））来处理。远程对象调用具有与本地对象调用同样的形式，客户端程序无需知道自己所调用的对象是分布式对象还是本地对象，消息通过网络传递的所有细节隐藏在客户端代理和服务器存根程序中。

对象的封装性、继承性和多态性等优点以及面向对象编程泛型的广泛使用，使得远程对象调用技术较之远程过程调用更为普遍。DCOM 和 CORBA 等是典型的基于远程对象调用技术的分布式系统。这些系统一般都提供完整的对象引用机制，提供系统范围内的对象引用。对象引用可以在不同机器上的进程之间自由传递。对象的封装性增强了远程调用的分布透明性，还使得远程对象调用具有更大的灵活性。对象引用中不仅包含服务器的地址以及端点（或者定位服务器的地址），而且可包含用来绑定到一个对象的协议标识（如服务器可以支持通过 TCP 或 UDP 协议连接发送的调用请求），还可以包含指向客户端代理的地址。客户端不需要关心它是否拥有针对某种特定协议的实现，因为客户可以在对象绑定时通过对象引用中的代理地址动态加载代理。因此，对象开发者还可以自主开发针对特定对象的代理。

2.3.3 资源命名

名称发挥着共享资源、唯一标识实体、指向位置的重要作用，同传统的计算机系统相比，分布式系统名称解析的实现分布在不同的计算机上，分布式系统中命名解析的实现方式对于名称解析的效率、扩展性等有重要影响。在本节中，首先介绍与资源命名相关的基本概念，再介绍三种基本的分布式系统名称解析实现方式。

实体访问点和地址：如果要对实体进行操作，就需要访问实体，因此，需要一个访问点（access point)，访问点的名称称为地址（address)。一个实体的访问点的地址也简称为该实体的地址。一个实体可以提供多个访问点。

实体标识符：标识符用来唯一标识实体名称，一个标识符最多指向一个实体，而每个实体也最多由一个标识符指向，并且标识符始终指向一个实体，而不会被重复使用。

名称空间：名称空间是分布式系统中名称的组织方式，名称空间可表示为具有叶节点和目录节点两种类型节点的有向图。其中，叶节点表示一个实体，目录节点表示用以存储分支边的标识。名称空间也可以进行严格分层，此时，名称空间可相应地表示为一棵树。

名称解析：根据名称查询实体标识符或地址，从而确定由该名称所指向的实体的过程称为名称解析。

分布式系统的资源命名方式共有三种类型。

1）结构化命名系统

在结构化命名系统中，实体的名字是由简单的、人可读的名字构成，称这种名字为结构化的（而将那些机器可读而人不可读的名字称为非结构化的)。

在结构化命名系统中，名称空间分层组织。通常，名称空间有一个根节点，然后分为逻辑上的几个层次。由根节点的直接子节点组成的层次处于最高级别，其余节点按照离根节点的距离分为不同级别的层次。通常，将那些较稳定、改变较少的节点组织在较高的层次上，而将那些易于变化的节点组织在较低层次上。

负责不同层次节点名称解析的名称服务器应满足不同的性能要求。处于较高层次的名称服务器需要具有较高的可用性，因为如果这些服务器发生故障，则很大一部分较低层次的节点将无法抵达。由于其负责名称解析的节点较为稳定，客户端可以将名称解析结果缓存在客户端，因此，对其响应速率要求并不是很高。但是，对于拥有上百万用户的大型系统，则需要名称服务器具有较高的吞吐量。同样的道理，对于较低层次的名称服务器，对其可用性的要求不是很严格，但是，对响应速率的要求显然变得突出了。

层次命名系统最典型的实例就是DNS系统。DNS名称空间包括了从互联网上可访问的文件，共划分为全局层、行政层和管理层三个层次。全局层代表了属于.com、.edu、.jp和.us等组织群的节点，它们几乎不会改变。行政层代表了属于同一行政单位或组织的实体，如.ieee、.acm等，它们也较为稳定，但是，相对于全局层来说，它们还是会改变。管理层则代表了本地网络主机的节点、用户定义目录和文件的节点等，这些节点经常改变。在DNS系统中，名称空间划分为不重叠的区域，不同的区域由不同的名称服务器负责名称解析。

2）扁平命名系统

扁平（flat）命名系统中，实体的名字由随机的字符构成，将其称为非结构化的、扁平的名字。

广播、多播以及转发指针的方法是在扁平命名系统中对实体进行定位的简单方法。在广播方法中，包含某实体所用标识符的消息会广播到每台机器上，并且请求每台机器查看其是否拥有该实体。能够为该实体提供访问点的机器会发送回复消息，回复消息中包含访问点的地址。多播方法为减轻网络负担，规定只有符合一定条件的主机才可以收到请求。

转发指针方法经常用于移动实体的定位，当实体A移动到B时，它将在后面留下一个指针，这个指针指向它在B中的新位置。一旦找到实体后（如使用传统的命名服务），客户就可以顺着转发指针形成的链查找实体的当前地址。

广播、多播以及转发指针的方法都带来了扩展性的问题，这是因为在大型网络中，广播和多播会带来巨大的网络负载，从而极大地影响这种方法的效率，而在大型网络中，过长的转发指针链也同样会导致性能问题。基于起始位置的方法以及分布式哈希方法都是一种具有良好扩展性、适合在大型网络中使用的实体定位方法。

在基于起始位置的方法中，每个移动主机都使用固定的网络地址（可以是IP地址），所有与该固定地址进行的通信一开始都被转发到移动主机的起始位置代理中。当一台移动主机转移到另一个网络中时，它会请求一个可以用来通信的临时地址，这种转交地址在起始位置代理中注册。当起始位置代理收到发给移动主机的数据包时，它会查找主机的当前位置，如果主机是在当前的本地网络中，就简单地转发数据包。否则，它会建立一条通往主机当前位置的通道，同时，将主机的当前位置告诉数据包的发送者。图2.7说明了这个过程。

分层方法也是在扁平命名系统中的常用方法之一，往往针对个人通信系统。在分层设计中，网络被划分为一种域，十分类似于DNS命名空间的分层组织。域从覆盖整个网络的顶级域开始，进一步划分为更小的子域，最底层的域称为叶域。与DNS命名空间类似，每个域都拥有关联的目录节点。

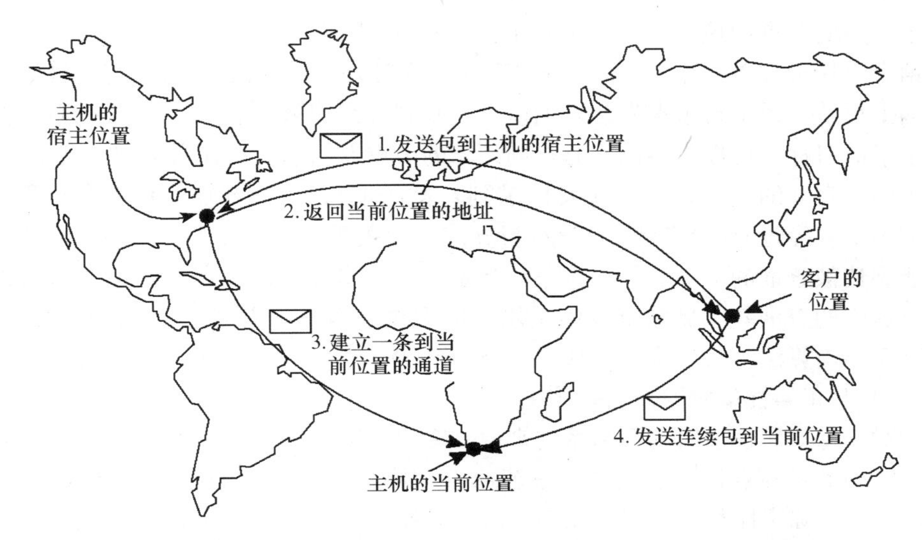

图 2.7　基于起始位置的实体定位方法原理（Tanenbaum，Van，2007）

当客户希望定位某实体时，首先向它所在的域 D 的目录节点发送一个查找请求，若这个目录节点没有存储该实体的位置记录，则说明该实体现在不在 D 中。这个节点就会将请求转发给它的父节点，如果父节点也没有该实体的位置记录，则将查找请求转发给更高一层的域，以此类推。

分布式哈希方法的核心思想如下：在 P2P 网络中，通过将存储对象的特征（关键字）进行哈希运算，得到哈希键值（hash key），对象的分布存储依据哈希键值来进行。可以采用简单的哈希算法，例如根据哈希值的结果除以连接数得到的余数决定存储到哪个节点，也就是（hash key）% sessions. size()，这个算法简单快速，表现良好。然而，当节点加入或者退出时，原有的存储对象将定位到不同的节点上，如果节点数多，存储对象迁移的代价就会很高。而一致性哈希算法（consistent hashing）避免了上述动态 P2P 网络拓扑中节点加入和退出的问题。一致性哈希算法的基本思想如下：将一致性哈希算法中哈希函数的输出范围看做是一个固定的环，首先求出节点的哈希值，并将其配置到环中；然后用同样的方法求出存储对象的哈希值，得到其在环中的位置 position＝hash(key)，接下来从存储对象映射到环中的位置开始顺时针查找，沿着环找到哈希值大于 position 的第一个节点，这个节点就是该存储对象的存储节点。在一致性哈希算法中，每个节点都负责存储环中该节点与其后继节点之间区域对应的存储对象，也称为区间负责制。区间负责制使得节点的加入和退出只需要其邻居节点进行存储对象的迁移，而不影响其他节点。

为了定位存储对象，一致性哈希算法要求每个节点存储其上行节点（ID 值大于自身的节点中最小的）和下行节点（ID 值小于自身的节点中最大的）的位置信息（IP 地址）。当节点需要查找存储对象时，就可以根据存储对象的键值决定向上行节点或下行节点发起查询请求。收到查询请求的节点如果发现自己拥有被请求的目标，可以直接向发起查询请求的节点返回确认；如果发现被请求的目标不属于自身的范围，可以转发请求到自己的上行/下行节点。在查询过程中，查询消息要经过 $O(n)$ 步（$O(n)$ 表示与 n 成正比关系，n 代表系统内的节点总数）才能到达被查询的节点。不难想象，当系统规模非常大时，节点数量可能超过百万，这样的查询效率显然难以满足用户的需要。因此，很多 P2P 系统都对一致性哈希路由算法进行了优化，如 Chord 算法等。

3）基于属性值对的命名系统

对于基于属性值对的命名系统来说，客户可以基于属性来查找实体，而不是基于完整的名称查找。这类命名系统通常和层次命名系统的原理结合在一起使用。每个资源实体都由一组（属性，值）对标识，有些属性只可取一个值，称为单值属性，有些属性可取多个值，称为多值属性。这样，一个实体全局唯一的名称就可表示为其命名属性组成的序列。例如，一个实体的属性 country、organization 和 organizationalUnit 分别取值为 CN、Peking University 和 Math. & Comp. Sc.，那么，该实体的全局唯一名称就可以表示为

/C = CN/O = Peking University/OU = Math. & Comp. Sc.

属性也可以进行分层，例如，可以将 country 属性划分为 organization 的父节点，从而使得基于属性值的名称空间也可以表示为树的形式。

X.500、轻量目录访问协议（lightweight directory access protocol，LDAP）以及通用描述、发现与集成规范（universal description discovery and integration，UDDI）系统都是典型的基于属性值对的命名系统实例，它们又被称为目录服务。在 X.500 目录服务中，目录由许多记录构成，这些记录称为目录项。每条记录由一组（属性，值）对组成。所有目录项的集合称为目录信息库（directory information base，DIB），DIB 的一个重要特征就是每条记录都被唯一地命名，以便能够查找它。目录项集合的分层称为目录信息树（directory information tree，DIT），DIT 形成了 X.500 目录服务的命名图，其中，每个节点表示一个目录项，同时节点可以作为目录指向其子节点。

同 DNS 中的区域一样，DIT 也通常被分割为几个部分，由不同的服务器负责实现。与 DNS 名称服务相比，X.500 的优越性在于，客户可以通过指定一组被搜索目录项的属性条件表达式来查找相应的目录项。例如，通过以下搜索表达式就可以查找所有位于 Peking University 的主服务器列表

Answer = search("&(C = CN)(O = Peking University)
(OU = *)(CN = Main server)")

2.3.4　消息和通信

在分布式系统中，不同机器上的进程需要通信的支持来进行消息交互。客户-服务器通信是最基本的分布式系统通信形式。客户服务器通信通常采用的协议有请求协议、请求-应答协议和请求-应答-确认协议。在请求协议中，单个请求协议由客户发送到服务器，不需要接收方向客户返回值或对执行方法进行确认。请求-应答协议用于大多数的客户-服务器通信，服务器的应答消息被认为是对客户请求消息的确认。请求-应答-确认协议则需要专门的确认消息。HTTP 协议采用的是典型的请求-应答通信协议。

组通信是指一个进程发送消息给一组进程。在分布式系统中，为了提高可靠性和可用性，通常需要将一个服务在多台机器上的多个进程上进行复制，这时组通信就是不可缺少的。IP 组播是组通信的基本实现形式，但最简单的组播并不提供消息传递和排序的任何保证。为了针对不同的需求和场景设计合适的组通信机制，我们需要了解组通信具备的如下性质：

（1）组通信的完整性：是指一个正确的进程传递一个消息至多一次，即消息总可以通过一个与发送者相关的序号来区别。

（2）组通信的有效性：是指如果一个正确的进程组播某消息，那么它终将传递该消息。有效性保证了发送进程的灵活性。

（3）组通信的原子性：是指如果一个组播消息的进程在传递消息之前就崩溃了，那么这个消息有可能不被传递到组中的任何进程，如果消息被传递到某个正确的进程，那么其他所有正确的进程都会传递它。

（4）组通信的排序性质：是指组通信始终按照相应的顺序为进程传递消息，这种排序方式可能是先进先出（first in first out，FIFO）排序、因果排序和全排序。其中，全排序是指如果一个正确的进程在传递 m' 之前传递消息 m，那么其他传递 m' 的正确进程将在 m' 前传递 m。既能够保证原子性又能够保证全排序的组通信协议称为原子广播（atomic broadcast）。

2.3.5　同步和分布式事务

与传统的计算机系统不同，在分布式系统中，不同的机器上有不同的时间，没有全局共享时钟。不同机器上时钟的不一致将使得一个发生在另一个事件之后的事件可能会被标记上较早的时间，在很多情况下，这会对程序的先后执行顺序造成错乱，从而影响分布式程序的正常运转。

对不同机器上的绝对物理时间进行同步的方法有多种。这些方法本质上是通过交换时钟值，并将发送和接收消息时所采用的时间考虑在内。但是，由于分布式系统通信延迟是有变化的，因此，如何处理通信延迟的变化就决定了这些方法的准确性。然而，在很多情况下，分布式系统并不需要知道绝对时间，而只需知道不同进程中相关事件正确的执行顺序，通常称之为逻辑时钟的同步。Lamport 算法是一个著名的逻辑时钟同步算法，其基本原理是为每个事件分配一个全局唯一的逻辑时间戳，使得当事件 a 发生在事件 b 之前时，总有逻辑时间戳$C(a)<C(b)$。Lamport 算法提供了一种对系统中的所有事件进行完全排序的方法。逻辑时间戳还可被扩展为向量时间戳，用来表示两个事件在逻辑上的因果关系。

由于分布式系统中没有全局共享时钟和全局共享存储器，这导致人们很难准确地判断系统当前的全局状态是什么。例如，当本地计算已经停止并且没有消息传输时，如何判断系统是处于死锁状态还是正常结束状态？这里，全局状态包括每个进程的本地状态和当前正在传输中（已被发送但没有被送达）的消息。可以通过同步所有的进程来确定一个分布式系统的全局状态，分布式快照（distributed snapshot）是一种基本的记录分布式系统全局状态的方法。分布式快照之所以能够反映分布式系统的全局状态，是因为它具有这样的性质：如果分布式快照已经记录了一个进程 P 收到了来自进程 Q 的一条消息，那么也应该记录了进程 Q 确实已经发送了那条消息。

当一个进程访问共享资源时，需要采取相应的机制来保障没有其他进程使用共享资源，这就是互斥。事务同样也保护一个共享资源不会被几个并发进程同时访问，但是它还包含了更丰富和更有用的含义，即它允许进程将访问和修改数据项作为一项单独的原子操作来完成，如果进程在事务处理期间中途退出，那么所有数据都恢复到事务开始之前的状态。

在分布式系统中实现互斥通常有如下三种不同的方法：

（1）集中式互斥算法：选举一个进程作为协调者，对于每个临界区，由协调者来保障某一个时刻只允许一个进程进入。使用此方法，进程每次进出临界区只需要涉及请求、允许、释放三条消息，因此易于实现。但是，协调者的引入使得系统存在单点故障，如果协调者崩溃，将导致整个系统瘫痪，另外协调者也可能成为整个系统的瓶颈。

（2）分布式互斥算法：当一个进程要进入临界区时，它构造一个包含该临界区名称、进程号和当前时间的消息，发送给所有其他进程。当一个进程收到来自其他进程的临界区进入请求消息时，它根据自己与消息中的临界区相关的状态来决定采取何种动作。如果接收者不在临界区，也不想进入临界区，则它向发送者发送一个 OK 消息；如果接收者已经在临界区中，则它不进行应答，而是将该请求放入队列中；如果接收者想进入临界区但尚未进入，它将收到的消息内时间戳和自己的时间戳进行比较，时间戳最早的那个进程获胜进入临界区。只有请求进程收到来自所有其他进程的 OK 消息后，才可以进入临界区。当退出临界区时，它向其队列中所有进程发送 OK 消息，并将它们从队列中删除。使用此方法时，每次进出临界区都需要 $2(n-1)$ 个消息，这种算法虽然不存在单个故障点，但是 n 个进程中只要有一个进程崩溃，它就不能回答请求，从而阻塞了所有请求进入临界区。分布式互斥算法的前提是要求所有进程的时间戳能够逻辑同步。

（3）令牌环算法：将进程构造为一个逻辑环，环中的每个进程都被分配一个位置，每个进程都知道谁在它的下一个位置上。当环初始化时，进程 0 得到一个令牌，令牌绕着环从进程 k 传到进程 $k+1$。进程从它相邻的进程得到令牌后，检查自己是否要进入临界区，如是，则进入临界区，当退出后，令牌可沿着环继续传递。该算法每次进出临界区所需要的消息是不确定的，其最大问题是如果令牌丢失，则进程崩溃，必须重新生成令牌。

通常，事务可以分为单层事务、嵌套事务和分布式事务三类。原子性、一致性、独立性及持久性（atomic、consistent、isolated、durable，ACID）是单层事务概念所必须具有的四个特性。原子性保证了事务要么全部发生，要么全部不发生，当一个事务处在执行中时，其他进程看不到任何中间状态。一致性是指如果事务开始之前保持某种性质，则事务结束后该性质还应该存在。独立性是指如果两个或多个事务同时执行，对于它们中的每个事务和其他进程来说，最后的结果看起来好像是所有的事务都以某种依赖于系统的次序顺序执行一样。持久性是指一旦事务提交，无论发生什么，这个事务都会向前执行，其结果都会变成永久性的，任何故障都不可能使得结果取消或丢失。但单层事务不允许提交或撤销部分结果，因此对于某些复杂事务来说，不太灵活。

嵌套事务可以解决单层事务带来的局限性。一个嵌套事务由许多子事务构成，这些子事务的任何一个都可以单独进行管理，并且独立于其他两个子事务。事务的提交可以以子事务为单位，如果一个子事务失败，其他子事务的提交也不会受到影响。顶层事务可以分解为在不同机器上并行运行的子事务，从而提高性能。

嵌套事务提供了一种将事务分布到多个机器上执行的方法，它通常是对事务进行逻辑划分，从而将事务分解为一层层的子事务。而分布式事务则是指一个单层子事务需要处理分布在多台机器上的数据。这是两个不同的概念。分布式事务在本质上是一个单层的、不可分割的事务，只不过它的操作对象是分布式的数据。

私有工作空间和写前日志（writeahead log）是保障事务原子性的两种常用方法。前者在进程开始一个事务时，为进程分配一个私有工作空间，在工作空间中包含其所有有权访问的资源。在事务提交和中止前，所有的读写操作都在私有工作空间内进行。后者的基本原理是：在任何更改发生前，往日志中写一条记录来记录事务的基本信息，只有当日志被成功写入后，才可以将改动真正作用在数据上。日志是事务中止时，系统回退和恢复到原来状态的依据。

并发控制是用来解决事务一致性和独立性保障问题的方法。并发控制要解决的问题是使得多个并发事务的最终执行结果和这些事务以某种特定顺序串行执行得到的结果相同。要想达到此目的，就需要妥善处理多个并发事务中互相冲突的操作。

我们知道，两个读操作之间不会产生冲突，但是，如果两个操作都是针对同一个数据项进行的，并且其中至少有一个写操作，那么这两个操作就是互相冲突的。

从对读写操作采用的同步方式的角度来看，并发控制算法可采用基于锁的共享数据互斥机制实现，也可通过使用显式时间戳进行排序来实现。

根据对冲突发生的假定以及解决冲突的时机不同，并发控制算法又有两种思路，一种是悲观方法，一种是乐观方法。悲观方法的基本原则是只要事务有出错的可能，那么就假定它一定会发生。因此，在悲观方法中，所有的冲突都需要在其被允许发生之前进行解决。与之相反，乐观方法是在事务结束时才解决那些已经发生的冲突。

两阶段锁定（或两阶段封锁）（2 phase locking，2PL）是一种最常见的并发控制算法，它保证系统在增长阶段（设置锁的阶段）获得它所需要的所有锁，然后在收缩阶段（释放锁的阶段）释放它们。对于每个事务，在第一个释放锁操作之后不再有加锁操作出现，换句话说，其加锁阶段严格区别于紧挨着的释放锁阶段，即该封锁协议是两阶段的。

两阶段锁定还有一些变体，例如，如果收缩阶段只允许在事务结束运行之后出现，则这种两阶段锁定即为严格两阶段锁定；如果每个事务在开始时设置它需要的所有锁，则称之为保守两阶段锁定。

两阶段锁定及其变体具有各自不同的特点。在死锁问题上，两阶段锁定和严格两阶段锁定都可能导致死锁，而保守两阶段锁定则避免了死锁的发生。试想两个事务都想获得同一对锁，但是它们是以相反的顺序请求，那么会导致死锁发生。而保守两阶段锁定要求事务开始时设置所有的锁，如果不能获取，则此事务必须等待，而不会与其他事务发生冲突，因此它避免了死锁的发生。但是，保守两阶段锁定要求每个事务必须先声明所有的读集合和写集合，这只能在有限的应用场景下才能做到。在这三种锁定协议中，严格两阶段锁定事实上是最常用的协议，它基于这样一个现实假设：只要产生的加锁和释放锁操作是不完全的，就不能确定一个事务不再需要更多的锁，因此直到该事务结束前都不能释放其持有的锁。

在分布式系统中实现两阶段锁定时，可以将加锁和释放锁的操作在一台机器上集中完成，对于那些数据分布在多台机器上的系统，也可以由各个机器上的锁管理器进行加锁和释放锁的操作。

时间戳排序（timestamp ordering，TO）是一种不需要锁的并发控制算法，它在每个事务 t_i 开始时为其分配一个时间戳，记为 $ts(t_i)$，并且保证在同一个数据项上两个事务 t_i 和 t_j 的两个冲突的操作 $p_i(x)$ 和 $q_j(x)$ 遵循以下规则：$p_i(x)$ 在 $q_j(x)$ 之前执行，当且仅当 $ts(t_i) < ts(t_j)$。这意味着如果两个操作冲突，则系统先处理时间戳早的操作。

分布式事务的提交通常引入协调者，在假定协调者不会出现故障的情况下，通常采用两阶段提交协议（2 phase commit，2PC）。两阶段提交协议由表决和决定两个阶段构成。

表决阶段分为以下两个步骤：

（1）协调者向每个参与者发送一个“表决请求”消息。

（2）当参与者收到表决请求消息后，就向协调者返回“表决确认”消息，通知协调者它已经准备好本地提交事务中属于它的部分，否则就返回一个“表决取消”消息。

决定阶段由以下两个步骤构成：

（1）协调者收集来自参与者的所有选票。如果所有的参与者都表决要提交事务，则协调者就进行提交，并向所有参与者发送一个“全局提交”消息，否则，如果一个参与者表决要取消事务，则协调者就决定取消事务，并多播一个“全局取消”消息。

（2）每个提交表决的参与者都等待协调者的最后反应，如果参与者接收到一个“全局提交”消息，那么它就在本地提交事务，否则，当接收到一个“全局取消”消息时，就在本地取消事务。

2.3.6　复制和一致性

数据复制和对象复制是分布式系统中常用的技术，它有利于提高分布式系统的可靠性和性能。但是，复制却带来多个副本的一致性问题，当修改了其中的一个副本后，不同副本之间就出现了差异，而系统必须及时将修改作用到其他副本上，才能保障系统的正常运转。

首先来探讨如何准确地理解一致性的定义。在理想的情况下，我们希望操作是以单个的原子操作或事务的形式在所有副本上执行的，并且一个进程在一个数据项上执行读操作时，它期待返回的是该数据在其最近一次写操作之后的结果。这是关于一致性的最严格的限制，称为严格一致性。显然，在分布式系统的实际情况中，“最近一次”是相对于“全局时间”而言的，从本质上说，为分布式系统中的每个操作分配一个准确的全局时间戳是不可能的，因此严格一致性几乎是不可能实现的。幸运的是，我们并不一定要求读操作一定返回“最近一次”写操作之后的结果。试想，如果能保证所有进程对数据项的操作都是按照某种序列顺序执行的，而每一次读操作可能并不一定返回最近一次写操作之后的结果，这对大多数程序来说都是可以接受的。因此，对一致性的定义可以有多种，区别在于每种定义对在一个数据项上的读操作应该返回的值有何限制，根据限制的多少和强弱，我们可以对一致性的概念进行细分，而我们在实现副本一致性保障时，也应明确每种一致性协议究竟能够实现哪一种一致性。

Van 和 Tanenbaum 对不同的一致性定义（也称为一致性模型）给出了分类描述。我们在此基础上进一步总结和归纳，得到表 2.1。

表 2.1　不同的一致性定义

一致性模型分类	举　例	描　述	优缺点
基于同步时钟的一致性模型	严格一致性	所有共享访问按照绝对时间排序	限制性最强，在分布式系统中不可能实现
	线性化	所有进程以相同顺序看到所有的共享访问，而且访问时根据（非唯一的）全局时间戳排序	弱于严格一致性，但强于顺序一致性
基于顺序的一致性模型	顺序一致性	所有进程以相同的顺序看到所有的共享访问	对进程看到的共享访问的时间顺序没有限制，对程序员友好，但存在严重的性能问题
	因果一致性	所有进程以相同的顺序看到那些存在因果关系的共享访问	进一步放宽了进程看到的操作顺序的限制
基于同步操作的一致性模型	弱一致性	只有在执行一次同步后，共享数据才被认为是一致的	允许一个进程在临界区内执行多个读写操作，而不进行任何数据更新传播，因此性能较好，但需要附加的程序设计结构
不考虑并发更新的一致性模型	最终一致性	只要求保证更新操作被传播到所有副本上	实现开销很小，适用于可以容忍较高不一致性的大规模分布式复制数据库，但当客户访问不同副本时可能得到不同结果
	单调读	一个进程读取的数据项值始终是以前读取的该数据项值或更新的值	一个进程一旦读取到数据项的值，就不会再看到该数据项以前版本的值
	单调写	一个进程对某数据项的写操作必须在该进程对该数据项执行任何后续的写操作之前完成	限制了执行后续写操作的拷贝都能反映出同一进程先前执行的写操作结果
	写后读	一个进程对数据项执行一次写操作的结果总能被该进程对该数据项的后续读操作看到	限制了一个写操作总是在同一进程的后续读操作之前完成
	读后写	一个进程对数据项执行读操作之后的写操作，保证发生在与其读取值相同或更新的值上	限制了数据更新是作为前一个读操作的结果传播的

实现复制和一致性保障有多种方法，Gray、Helland 和 Shasha 等从数据库的角度对复制技术进行了分类，而 Wiesmann、Pedone 和 Schiper 等分别从数据库和分布式系统的角度对实现复制的技术进行了分类，并对二者在同一概念框架下进行了对比。

复制协议通常分为五个阶段（Wiesmann，Pedone，Schiper，et al.，2000），可以根据这五个阶段采取方法的不同来探讨复制的实现技术：

（1）客户请求阶段（request）。客户提交一个操作请求到一个或多个副本上。

（2）服务器协调阶段（server coordination）。服务器的多个副本之间经过协调，对并发操作进行排序，使得客户请求的操作可以在多个副本上同步执行。

（3）执行阶段（execution）。客户请求的操作在多个副本服务器上执行。

（4）结果协调阶段（agreement coordination）。副本服务器对请求执行的结果达成一致（例如，为了保证执行结果的原子性，就需要多个副本对执行结果达成一致）。

（5）客户响应阶段（response）。客户请求操作执行后，操作输出返回给客户。

我们先不引入包含多个操作的事务，而只是讨论一个事务只有一个操作构成时的复制情况。决定这五个阶段采取不同方法的因素在于以下三个方面：

（1）用户请求是否以同样的顺序到达各个副本，以及采取何种技术来保证用户请求以同样的顺序到达各个副本。如果用户请求不是以同样的顺序到达各个副本，而是先到达主副本，则需要在结果协调阶段由主副本将更新传播到其他各个副本。

（2）各个副本的请求执行是否是确定的，如果请求的顺序相同，而各个副本的执行结果也一定相同，则表明各个副本的请求执行是确定的，反之，则是不确定的。如果用户请求可以保证以同样的顺序到达副本，则只要各个副本的请求执行是确定的，就不需要再进行结果协调，反之，则需要进行结果协调来保证各个副本对执行结果达成一致。

（3）所有副本保持同步后才对客户请求进行响应，还是执行后无需副本之间同步，而异步地对用户请求进行响应。前者称为懒惰复制，后者称为即时复制。

数据库系统和分布式系统中的复制与一致性保障实现技术在以上五个步骤和基本原理上是相似的，但也有一些差异（Wiesmann，Pedone，Schiper，et al.，2000）。影响其采取的复制和一致性保障技术的差异主要在于：

首先，数据库系统中各个副本的请求执行是不确定的，因为与分布式系统相比，决定数据库中请求是否正确执行的因素更加复杂，例如，它还与请求数据的内容等相关。

其次，对于往往以提高可靠性为目的的复制方案来说，异步的即时复制是无意义的，而对于那些为了提高性能而采取的复制方案来说，异步的即时复制具有更高的价值。

客户请求阶段分为两种情况：一种情况是客户可以只向一个主副本提交操作请求，由此主副本负责将客户请求操作同步到其他副本上；另外一种情况是客户可以向任何一个副本提交操作请求。前一种情况通常称为主备份，后一种情况通常称为随地更新（update everywhere）。

对于随地更新的客户请求，我们需要通过后续的服务器协调来保证这些请求以相同的顺序被各个副本接收。在分布式系统中，保证用户请求以同样的顺序到达各个副本的机制主要是原子广播协议（atomic broadcast）。对于主备份情况下的客户请求，由于只需要主副本接收到用户请求，因此无需服务器协调这一阶段。

在结果协调阶段，根据用户请求是否保证以同样的顺序到达副本，以及各个副本的请求执行是否是确定的这两个条件来决定是否需要进行结果的协调。前面也已经交代，如果用户请求以同样的顺序到达副本，并且各个副本的请求执行是确定的，那么就不需要进入结果协调阶段。相反，对于更新是从一个主副本传播到其他副本的情况，或者是对于请求执行非确定的情况，则都需要进行结果协调。在分布式系统中，结果协调常用的方法是视图一致性广播协议（view synchronous broadcast）。而在分布式数据库系统中，两阶段提交协议与视图一致性广播协议发挥的作用是相同的（Wiesmann，Pedone，Schiper，et al.，2000）。

值得注意的是，对于懒惰复制的情况，客户响应阶段在结果协调阶段之前，即在客户响应阶段之后再进行结果协调。事实上，在大多数以保障可靠性为复制目的的分布式系统中，懒惰复制是较少见的情况。懒惰复制更多的见于分布式数据库的应用场景中。

2.3.7 安全

安全是计算机系统中一个非常重要的概念，关于什么是安全性，也存在不同的定义和说法。通常，计算机系统安全是保护系统所提供的服务和数据免受安全威胁。分布式系统具有用户、资源等物理分布和跨多个安全管理域等特点，更容易遭受各种各样的威胁。设计一个安全的分布式系统首先需要考虑面临的所有威胁。通常，分布式系统中主要存在以下四类安全威胁：

（1）窃听（interception）：是指未授权的实体访问了存储在计算机系统中的服务或数据。例如，两个不同主机上的用户或者进程，通过网络交换数据时，有可能遭到第三方的窃听，使其获取到了不应该获得的数据。

（2）干扰（interruption）：是指计算机中的服务和数据不可用，或者被破坏掉等。如数据和文件的丢失、损坏等，拒绝服务攻击都属于干扰威胁。

（3）篡改（modification）：是指数据受到未授权的修改，或者服务被篡改导致不符合当初的规范等，如修改窃听到的网络传输数据、篡改数据库表中的元组等。

（4）伪造（fabrication）：是指系统中加入了不应该有的数据或出现了不应该有的行为，如系统入侵者在口令文件中加入口令。

Van 和 Tanenbaum 将安全策略和安全机制进行了区分。事实上，不存在绝对的安全，一个计算机系统的安全性如何，取决于系统对安全需求的一种描述及其所采取的相应机制，系统对安全需求的描述称为安全策略，安全策略描述了系统中的实体能够采取以及禁止采取的行为。而用来实现安全策略的机制称为安全机制，安全机制通常可以分为以下四种：

（1）加密（encryption）：加密是分布式系统安全中非常重要的基础机制。攻击者很难理解加密后的密文，从而保护了数据的机密性，也有助于数据完整性的检验。

（2）认证（authentication）：用于确定一个用户的身份是该用户所声明的。最常见的认证机制是密码口令，每个用户都有一个口令，只有输入正确的口令才能登录系统。但是在分布式系统中，只有口令机制是不够的，因为口令在网络中传输会被窃听到。因此，还需要利用共享密钥、密钥分发中心和公钥加密等认证机制来建立安全的通信（Van，Tanenbaum，2007）。

（3）访问控制（access control）：用户被认证后，系统需要检验用户是否被授予了执行请求操作的权力。有的研究文献中也用授权（authorization）来表示这一机制，访问控制通常指验证访问权力，而授权是赋予访问权力。在验证一个用户的访问权力时，通常要从一个授权数据库中（如访问控制列表、属性证书库等）获取授予该用户访问权力的声明，由于权力的赋予和验证如此紧密相关，在没有明确说明的情况下，二者通常表达相同的含义。

（4）审计（auditing）：审计用于追踪记录哪些用户访问了系统，访问了哪些资源，通过什么方式访问的。审计虽然不能直接保护系统的安全，但审计日志对于分析系统安全漏洞非常重要，可以帮助系统采取措施防范入侵。

对于一个分布式系统而言，通常从以下三个方面来评价其抵御安全威胁的能力：

（1）机密性（confidentiality）：用于保证信息资源是安全的和秘密的。维护系统的机密性实际是确保信息资源对未授权的实体是不可见的。

（2）完整性（integrity）：用于防止信息被未授权人修改，或者防止授权人进行不正确的修改。如果系统的完整性存在漏洞，通常会带来机密性的漏洞。

（3）可用性（availability）：用于确保系统中授权用户在任何时候想要使用被保护资源时，资源都是可访问的。

由上述分析可见，访问控制和应用系统的机密性、完整性直接相关。虽然与可用性不是直接相关的，但其也扮演着重要角色。例如，获得访问权限的攻击者可能会有意或无意地破坏系统的正常运转，那么系统的可用性也间接受到破坏。

设计和实现一个访问控制系统通常需要根据所要控制的访问来定义规则，并且要将这些规则实现为可执行的计算机系统（Ferraiolo，Kuhn，Chandramouli，2003；Samarati，de，2001）。这个过程通常要分成几个阶段来完成，并且需要考虑以下三个不同层次的概念或者抽象：

（1）访问控制策略：访问控制策略是一组规则集合，定义请求访问的实体在什么环境或条件下可以访问被保护的资源（Ferraiolo，Kuhn，Chandramouli，2003）。访问控制策略通常和具体的应用相关。访问控制策略本质上是动态的，因为策略会随着时间不断变化，以体现商业因素、政府行为和环境条件等方面的演变。

如果将计算机系统看成一个有限状态自动机和一组可以改变自动机状态的函数，则访问控制策略就是将系统分为两组状态的声明。一组是授权或安全的状态，另外一组是非授权或不安全的状态（Keen，Acharya，Bishop，et al.，2004）。一个安全系统的访问控制策略必须是自洽的、无冲突的。

（2）访问控制机制：访问控制机制定义底层功能（如软件或硬件方面），来实现策略要求的和形式化模型中所声明的控制需求。访问控制机制可以有各种各样的形式，如能力表和访问控制列表（access control list）等。所有的访问控制机制都需要保存系统中用户和资源的安全属性信息（Ferraiolo，Kuhn，Chandramouli，2003）。

（3）访问控制模型：访问控制模型提供访问控制策略的形式化表达方式，描述访问控制系统的安全属性。访问控制模型是访问控制策略和访问控制机制之间的桥梁。

几乎任何访问控制模型都能用五个概念及其关系来形式化地描述，即用户（users）、主体（subjects）、客体（objects）、操作（operations）和权限（permissions）（Ferraiolo，Kuhn，Chandramouli，2003）。用户是指与计算机系统进行交互的人。主体是一个计算机进程，代表用户来访问计算机系统中的资源。在没有明确说明时，主体和用户表达相同的含义。客体是一个承载操作的系统实体，通俗地说，就是计算机系统中任何可以被访问的资源，如文件、外设、数据库和业务流程等。有些文献中，操作也称为活动（actions），是主体调用的一个进程。权限是在系统中执行活动的授权，也就是实体和操作的组合。

访问控制主要分为如下三种类型：自主访问控制（discretionary access control）、强制访问控制（mandatory access control）和基于角色的访问控制（role-based access control）（Ferraiolo，Kuhn，Chandramouli，2003；Samarati，de，2001）。

自主访问控制是基于请求者的身份（identity）和访问规则来控制对资源的

访问，访问规则声明请求者能做什么，不能做什么。自主访问控制机制灵活、实现简单，一直被商业和政府方面的应用系统所采用。自主访问控制用访问矩阵模型来描述，通常用下面的三种方式实现访问矩阵模型：

（1）授权表：访问矩阵中的非空项用一个有三列的表来记录，每列分别对应着主体、操作和客体。表中的每一行相当于一个授权。授权表方式主要用在数据库管理系统中，因为可以很方便地用关系表来存储。

（2）访问控制列表：每个客体和一个列表关联，列表中记录哪些主体可以对这个客体执行操作。访问控制列表实现起来简单，并且节省存储空间，因此被现有的大多数操作系统所采用。

（3）能力表：每个用户和一个列表关联，列表记录每个用户可以对哪些主体执行什么操作。在 20 世纪 70 年代，很多计算机系统都是基于能力表的，但在随后的商业应用中并没有取得成功。

自主访问控制没有对信息流施加任何控制，并且授予的读访问权力具有传递性，因此易于被特洛伊木马程序攻击，导致非授权用户可以读取系统信息。

强制访问控制最早应用于军事方面。它基于一个权威的强制规则，系统中的所有主体和客体都被分配在不同的安全级别中，系统强制规定安全级别间的写入和读取规则，保证系统中的信息按照强制规则流动。

基于角色的访问控制是近十几年来被广泛关注和研究的访问控制策略，由于基于角色的访问控制有着诸多优点，因此正逐渐地替代自主访问控制和强制访问控制，并成为主流（Samarati，De，2001）。在基于角色的访问控制系统进行授权时，不再将权限直接分配给用户，而是通过角色将二者解耦。先将访问客体的权限授予角色，再将角色分配给用户。用户请求访问资源时，访问控制系统根据用户所拥有的角色来判定是否允许访问。

2.4　应用集成与互联网计算

与传统应用系统的封闭式构造环境不同，互联网分布式系统所需要的资源往往分布在开放的互联网上，由不同组织、不同企业提供。因此，跨域集成是构建互联网分布式系统所必须面对的挑战。

传统的应用集成技术发展至今已有近 30 年的历史。在其发展过程中，伴随着分布式系统体系结构的发展，中间件技术应运而生，这对应用集成技术的发展起到了极大的促进作用。然而，面对动态开放的互联网环境，这些传统技术的固有缺陷日益凸显，难以直接承担起互联网分布式系统的构建重任。在这种背景下，作为一种强调可重用、松耦合、可互操作的分布式应用构造和运维模式——面向服务体系结构 SOA 被提出，它是软件体系结构、组件、中间件以及分布式计算技术在互联网等开放环境下的进化和延伸，能够弥补传统技术的固有缺陷，因而获得了工业界和学术界的广泛认可。

本节首先从数据集成、过程集成和界面集成三个方面简要阐述应用集成的核心技术，使读者先对集成技术有一个总体上的认识；然后对 SOA 技术的提出背景、要点与基本原理进行简要介绍；最后回顾一下中间件技术的发展过程和基本原理，澄清它和应用集成、SOA 技术之间的关系。

2.4.1 数据集成、流程集成与界面集成

应用集成包含的内容非常丰富，但从集成的对象来看，一般可分为对数据、流程、界面等不同内容的集成。下面将逐一介绍这些不同类型应用集成的核心问题和关键技术。

1. 数据集成

数据集成是应用集成的基础和关键。对于实际应用系统来说，它们的构建往往是针对特定的业务需求，并没有考虑不同应用系统之间的数据共享，从而慢慢形成了一个个彼此隔离的信息孤岛。随着应用系统越来越多，采用的信息技术也逐步进化，信息孤岛间的互联互通也变得越来越困难。信息孤岛的弊端是显然的，它导致数据的冗余现象严重，不同系统间数据的一致性和正确性难以保障，实现不同系统间的信息共享和业务合作非常困难。

为了解决上述问题，数据集成技术开始出现在人们的视野中，并逐渐得到关注。它的目的是将分布在多个自治、异构的数据源中的数据集成起来，提供统一的数据视图，保障用户以透明、一致的方式来访问这些数据。这里的透明是指用户可以不必考虑数据的位置、存储方式等与访问数据无关的信息，能够以统一的方式访问不同来源的数据；一致是指用户访问到的数据即使物理上是分布在不同的数据源中，但这些数据在逻辑上应该是一体的、无矛盾的。数据集成的定义如下：

定义 2.13 数据集成：是组合不同来源的异构数据，为用户提供一个统一数据视图的方法和技术（Lenzerini，2002）。

数据集成的基本方法通常可分为模式集成法和数据复制法两类。下面，将对这两类方法逐一进行简单介绍。

1）模式集成法

模式集成法是一种最常见的数据集成方法。它的基本思想是构建分布数据源的全局模式。模式的概念已在数据库领域被广泛应用，模式定义了数据的元数据信息。例如，定义员工这个数据对象的模式时，可能会描述它具有姓名、年龄、身高等多个不同的属性，以及这些属性的数据类型和取值范围等。

图 2.8 给出了模式集成法的基本原理。采用模式集成法，真实的数据仍然分布于各个异构数据源中。数据源将通过建立包装器（wrapper）来实现全局模式和数据源模式之间的转换：

首先，用户根据全局模式定义并提交自己的查询。

其次，中介器（mediator）负责将根据全局模式建立的查询转换为基于数据源模式的查询，交给查询引擎进行优化和执行。

最后，汇总不同数据源的查询结果并返回给用户，用户无需了解返回的数据是来自于哪个数据源的。

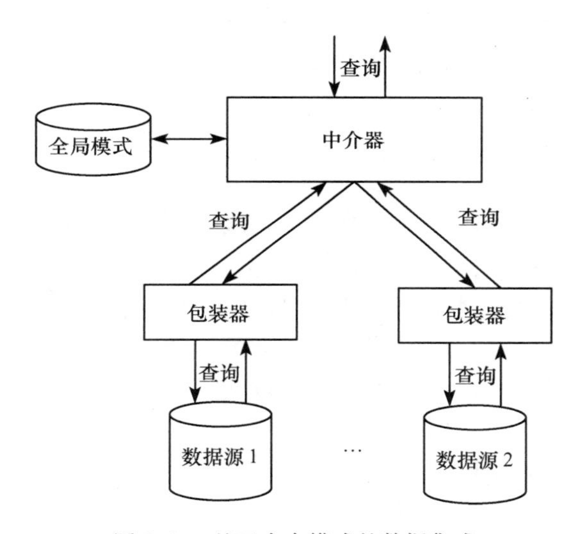

图 2.8　基于中介模式的数据集成

模式集成法的关键在于构建全局模式与数据源数据之间的映射关系。常见的映射建立方法有两种：

（1）局部视图（local-as-view，LAV）法：在这种方法中，全局模式将首先被构建出来。数据源模式将在全局模式的基础上通过一定的规则推理并定义出来。这种方法的优点是建立的映射关系可扩展性较好，适应数据源动态变化的情况；缺点是可能会造成信息遗失，信息查询效率低。

（2）全局视图（global-as-view，GAV）法：在这种方法中，全局模式是在数据源模式的基础上集成而来的。这种方法的优点是查询效率较高；缺点是利用这种方法构建出来的映射关系可扩展性较差，一旦有任何一个局部数据源发生改变，全局视图都必须进行修改，因此不适合数据源动态变化的情况。

2）数据复制法

模式集成的方法可被看成是一种从逻辑上对数据进行集中的方法，它并不会移动真实数据的物理存储位置。然而，现实中仍然存在着从物理上对数据进行集中的集成方法，这与集成的实际需要密切相关。这种集成方法通常是通过复制数据的多个副本来实现的，因此可被称为数据复制法。

数据复制法的基本思想是根据需要将分布数据源的数据复制到某一个或某几个数据源上，对这些数据从整体上进行统一管理，并维护数据源中的数据与复制出来的数据的一致性。数据复制法可以有效减少用户对分布、异构的数据源的数据访问量，提高整个集成系统的性能。

数据复制法的典型代表就是数据仓库。构建数据仓库时，需要预先将分布数据源中所有需要的数据都预先复制到一个数据服务器中。并且，当某个数据源发生改变后，这种复制过程必须被重新执行。用户通过数据仓库访问数据时，可以像使用普通数据库那样直接进行访问。

2. 流程集成

在全球化的市场环境下，面对激烈的市场竞争，不同的部门和企业需要联合起来协同工作，实现全局业务流程的自动化，以减少实现业务需求耗费的时间和费用，降低存在的风险。数据集成技术为实现全局业务流程的自动化打下了基础，而流程集成技术则致力于将一个个孤立的、隶属于不同部门和企业的局部业务流程集成起来形成全局业务流程，并能够实现全局业务流程的自动化。流程集成的定义如下：

定义 2.14 流程集成：是一种能够跨越技术和组织边界的、将不同组织的步骤与阶段相互关联起来的方法和技术（Klischewski，2004）。

流程集成的首要问题是如何让不同应用系统的软件模块能够通过接口相互传递消息、相互使用彼此的功能，这也是人们通常所说的接口集成。接口集成是流程集成的基础，它的实现要考虑很多技术细节，包括怎样设计消息格式和传递方式，怎样封装软件功能并对外暴露接口等。此外，当需要同时集成多个应用系统时，还需要从体系结构的视角来考虑集成的实现方式等。下面先简单回顾一下已有的接口集成技术。

1）点对点集成技术

当应用系统的数量不多时，可以考虑采用点对点的方式来集成它们。如图2.9(a) 所示，在点对点的集成方式中，不同应用系统接口的集成是通过硬编码的方式加以实现的，这使得最后形成的集成系统看上去类似一张蜘蛛网。这种集成方式的优点是逻辑简单、实现快。但是，如果需要集成的应用系统数量较多，这种集成方法得到的集成系统的维护代价就比较高，并且难以响应应用系统的变化。某个应用系统的变化可能会导致该系统与其他所有系统编写的集成代码全部失效，需要根据变化后的新系统重新开发和部署相应的集成代码。

2）消息中间件技术

为了弥补点对点集成技术的缺陷，人们提出了如图 2.9(b) 所示的基于消息中间件的集成技术。这种技术要求应用系统间的所有通信都是通过消息中间件实现的。与点对点集成技术相比，这种技术大大减轻了集成系统的维护代价，提升了集成系统响应变更的能力。当某个应用系统发生变更后，可以仅修改该系统与消息中间件之间的接口连接即可，不会影响到其他应用系统。但是，消息中间件技术仍然存在一些缺点。例如，消息中间件和应用系统之间一般采用紧耦合的连接方式，应用系统的内部实现方式常常需要对外暴露。不同应用系统的实现语言、数据格式等细节不同，导致集成系统的开发困难。开发人员编写的集成代码受限于特定的应用系统的数据源，难以重用。

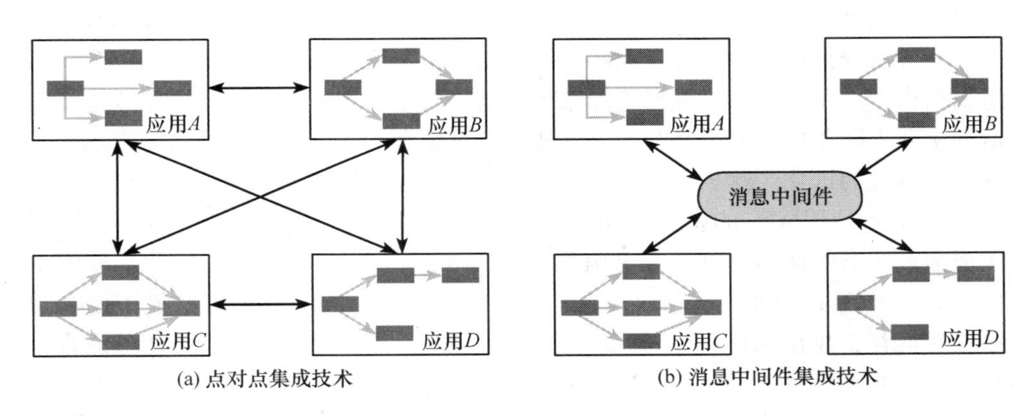

(a) 点对点集成技术 (b) 消息中间件集成技术

图 2.9 流程集成的几种实现方式

接口集成为不同应用系统软件模块间的互联互通和相互协作打下了重要基础。然而，过程集成不仅仅满足于只从接口层面连接不同的应用系统，它还致力于连接不同应用系统的局部业务流程，实现业务流程的全局自动化。工作流技术是实现上述目标的一项重要技术。工作流的概念起源于 20 世纪 70 年代的企业生产和办公自动化领域。作为一种面向过程的应用集成技术，工作流技术的主要目标是为集成并自动化执行企业业务流程提供一个从建模、管理、运行到监控的完整解决方案，同时提供相应的软件工具来加以支持。它通过将业务流程分解成定义良好的活动、角色、规则和过程来执行和监控，旨在全面整合企业资源，提高运转效率。

工作流的实际应用促使了企业向着以过程为中心的应用集成模式转型。人们使用工作流系统来整合局部业务流程，实现全局流程的自动化执行，大大提高了企业的运转效率。然而，随着工作流应用的日益普及，工作流系统也暴露出了自己的缺陷，人们对过程集成也有了新的认识和追求。首先，随着企业在运营规模、项目内容、组织机构的变化，已有的业务流程很可能不再适应于实际需求。然而，许多工作流系统却难以动态调整已经构建的流程，从而应对实际需求的快速变化。此外，工作流系统还面临着实现复杂、缺乏统一标准、不同厂商的工作流系统兼容性差、难以协同工作等缺点。

为了优化业务流程，提高业务效率，20 世纪 80 年代末～20 世纪 90 年代初人们提出了业务流程再造（business process reengineering，BPR）的思想。业务流程再造是指对已有业务流程进行重新设计和构建，从而提升产品品质和服务质量，降低企业的开发和运维成本。然而，可惜的是，业务流程再造并没有在实践中获得成功。全球 500 强企业投入的大多数业务流程再造都以失败告终。业务流程再造专家 Hammer 将原因归咎于企业本身对改变的抵抗、缺乏对业务模型和底层过程的理解，以及客户对企业改革的信心不足（喻坚，韩燕波，2006）。

业务流程再造倡导针对企业的激烈变化进行深度变革，甚至是创造一个新的组织结构，这正是业务流程再造思想难以落实的根本原因。因此，在业务流程再造的实践失败之后，人们又开始尝试通过一种温和的、持续的、渐进的方式来实现业务流程的进化，这就是当前被广泛关注的业务流程管理（business process management，BPM）的思想。Smith 和 Fingar 在 2003 年出版的《BPM：第三次浪潮》一书中详细讨论了业务流程管理技术的核心内容及其美好的发展前景（Smith，Fingar，2003）。和业务流程再造相比较，业务流程管理要显得温和得多，它推荐企业在现有 IT 基础设施之上以一种增量和渐进的方式对业务流程进行优化。业务流程管理这一概念定义如下：

定义 2.15　业务流程管理：是指公司或组织在业务流程分析、改进、管理以及自动化方面所采取的措施（Palmer，2007）。

业务流程管理的实现通常被称为业务流程管理系统（business process management system，BPMS）。需要强调的是，业务流程管理系统并不等同于工作流系统，前者是对后者的发展和进化。传统的工作流系统更注重于实现业务流程的自动化执行，而对整个企业业务流程的正常运转的支持不够。业务流程管理系统多以工作流系统为基础，包括支持业务流程自动执行的过程引擎、支持业务流程开发的集成开发环境、支持企业机构集成的组织和用户目录以及实现对业务流程进行监控、管理、优化的监控与管理工具等几个主要部件（喻坚，韩燕波，2006）。业务流程管理系统对企业有着巨大优势，《面向服务的计算——原理和应用》一书中对这些优势进行了总结：

（1）以图形的方式开发业务流程，方便了业务流程的编制、维护和更新。

（2）提供业务流程的自动执行机制，缩短了业务流程的完成时间，提高了企业的效率，并且可以促进企业内和企业间的协作。

（3）可以自动处理业务流程异常现象，提高了企业的应急能力。

（4）可以提供对业务流程的每个步骤的可视化管理和监控，可以细化管理粒度，为决策管理提供更精确的数据。

（5）通过在合适的时间让合适的人完成合适的工作优化了员工的工作，提高了员工的工作效率。

业务流程管理是一种很有发展前景的技术，近年来受到人们的普遍关注，得到了长足的发展。特别是 SOA 和 Web 服务技术的提出，对业务流程管理技术的发展起到了很大的推动作用。基于 Web 服务，业务流程管理系统能够通过组合标准 Web 服务的方式来建立业务流程，WS-BPEL 规范也为业务流程的表示和执行提供了标准化的语言。这些都使得业务流程管理系统的实现更加经济，使用也更为灵活。

3. 界面集成

界面往往是应用系统开发过程中最为复杂、最为耗时的部分。实现界面的集成和重用具有非常重要的意义。界面集成（UI integration）可定义如下：

定义 2.16　界面集成：是指通过组合各个组件的显示前端而不是数据和逻辑来集成组件。组件的粒度可以是独立的模块或者应用。界面集成的目的是在多个独立组件界面的基础上创建更为丰富的复合应用界面（Daniel，Matera，Yu，et al.，2007）。

从上述定义可以看出，界面集成的目的是重用不同应用系统的界面来组合生成更加丰富、更加复杂的界面。界面集成通常适用于两种情况：第一种情况是其他集成方式（如数据集成、过程集成等）难以实施。在这种情况下，应用系统通常没有对外暴露接口，只能考虑从界面这个层次对其进行集成。第二种情况是重新开发界面过于复杂，可以考虑组合其他已有系统的界面来生成复合界面。

由于界面集成具有重要意义，因此当前的界面集成技术呈现出百家争鸣的态势。但是，由于缺乏统一标准，采用不同技术实现的界面组件间的互联互通非常困难。Daniel 曾经指出，现有的界面集成技术还不够成熟，还需要解决以下五个方面的问题（Daniel，Matera，Yu，et al.，2007）：

（1）缺乏统一的界面组件模型和标准的外部描述规范。

（2）缺乏实现界面集成的通用组合语言。

（3）难以根据组合语言的描述来呈现组合应用的界面。

（4）组合应用和组件之间难以实现通信。

（5）组合应用难以发现和绑定需要的组件。

当前的界面集成工作主要可分为以下三类：

1）客户端界面组件的集成

客户端界面的开发通常依赖于通用的编程语言（如 Java、C＋＋等）。可组合的界面组件通常来自于编程语言的图形用户接口（graphical user interface，GUI）库，组合语言通常也是编程语言本身。来自于不同编程语言的界面组件在功能、使用方法以及实现机理上有很大不同，跨编程语言的界面组件组合也十分困难。Java Swing 和 Eclipse RCP 是这类集成的典型代表。它们都提供了丰富的界面组件，如菜单、工具条等。开发人员通过灵活地组合这些界面组件，能够极大简化 Java 客户端应用的开发过程。

2）浏览器界面组件的集成

浏览器负责可视化地呈现网页文件的内容，并可以使用户和这些内容进行交互。浏览器本身提供了非常丰富的界面组件，此外，还可以通过嵌入各种形形色色的界面组件（如 ActiveX、Flash、JavaApplets 等）来进一步加强界面的呈现能力。通常来说，浏览器自身提供的界面组件是与编程语言无关的，用户可以使用各种标记语言（如 HTML、JavaScript 等）来使用并组合它们。但需要注意的是，不同公司的浏览器所提供的界面组件可能会有所不同。

3）Web 应用的界面集成

如何重用并集成不同 Web 应用的界面和内容一直是热门的研究话题。但是，Web 应用界面集成的困难在于，不同的 Web 应用可能会采用不同的实现技术，本身并没有一个统一的规范标准。而且很多 Web 应用在设计之初可能根本未曾考虑过需要重用的问题。这意味着 Web 应用中希望重用的内容可能根本就不是一个可直接复用的组件形式，或者是完全异构的组件形式。针对这一问题，当前出现了两个不同的研究分支。

一个研究分支聚焦于定义可被重用的界面组件规范。这样，基于相同规范实现的界面组件在集成时就可以回避实现技术异构的问题，大大减轻了集成的复杂度和工作量。这一分支的代表性技术是 Web Portal 和 Portlet。它们是当今最为先进的一种界面组合方式。Portlet 是一种成熟的、可插拔的 Web 应用组件。Portal 则是通过集成 Portlet 而形成的组合型应用。Portlet 的一个典型实现是 Sun 公司于 2003 年年底制订的 JSR168 标准以及实现接口。

另一个研究分支聚焦于规范异构组件提供的集成接口，支持基于不同实现技术的组件间通信。这一分支的典型代表技术是 Mashup。这是一种非常新的网络应用开发方式。通常，第三方组织将已发布的网站和服务的功能与界面进行包装，并以 API 或服务的形式提供出来，以供其他开发者重用已有网站的内容。Mashup 目前还没有通用的实现方式，常常取决于网站所采用的具体实现技术。在 Mashup 开发过程中，不同界面组件之间的交互是困难的，而且由于界面组件来自于不同的 Web 应用，这意味着组件的接口很可能是不稳定的、存在冲突的，因此 Mashup 应用的开发和测试工作是繁重、耗时且困难的。

2.4.2　服务集成及面向服务体系结构（SOA）基础

应用集成技术已发展多年，在不同应用系统间互联互通、解决信息孤岛等问题上做出了重要贡献。但是，随着 IT 技术和互联网的高速发展，全球经济一体化趋势越演越烈，应用集成技术的发展遇到了很大的瓶颈和挑战，亟待技术突破。

首先，由于业务发展需要和市场竞争压力，许多企业需要构建新的应用系统。然而，已有的应用系统并不能被简单抛弃，很多重要的业务功能依然需要由已有系统加以提供。只是由于技术上的落后，已有系统已不能很好地满足业务需求。已有系统构建时间通常过长，构建时选用的技术已经过时，与之相关的技术文档很少能够保持完整，造成已有系统很难理解，升级改造成本很高。这些已有系统也就是人们常说的遗留系统（legacy system）。如何改造遗留系统是应用集成技术面临的一大挑战。

其次，应用集成技术发展到今天，其固有的技术缺陷也越来越凸显。例如，它的紧耦合集成模式缺乏可扩展性和灵活性，难以快速响应业务需求和应用系统的变化；与某一公司产品绑定过死，缺乏兼容性和通用性等。

为了解决上述问题，企业和部门需要对传统的应用集成技术进行升级，寻求一种灵活的、敏捷的、并独立于具体实现平台的新的应用集成技术。自从 1996 年 Gartner 正式提出 SOA 这一理念（Schulte，Yefim，1996）以来，传统应用集成技术和 SOA 技术逐步走向融合，出现了基于 SOA 技术的应用集成方法和工具。采用 SOA 技术，可以有效缓解传统应用集成技术的固有缺陷，能够带来以下诸多好处：

（1）依赖 SOA 技术，企业应用系统所提供的业务功能将会被抽象封装成服务，这使得业务功能的重用变得更为容易，这一点在重用并改造遗留系统所提供的业务功能时尤为有效。

（2）SOA 技术带来了真正的平台无关性，这使得在应用 SOA 技术进行异构应用系统的集成时，可以无需考虑这些应用系统的具体实现技术，极大缓解了集成的困难和复杂程度。

（3）SOA 具有开放标准、易重用等优点，这使得企业应用系统间的集成具有松耦合的特性，这能有效降低企业应用系统变更对应用集成平台所带来的影响，使得采用 SOA 技术构建的应用集成平台维护成本更低，也更易于扩展。

本节将首先介绍 SOA 的基本概念和核心技术，力争使读者先对 SOA 的基本原理形成一个整体上的认识。随后，本节将对基于 SOA 的应用集成技术进行简单介绍。

1. 服务与服务体系结构

服务是 SOA 理念中最为核心的一个概念，是进行跨平台、跨组织集成不同应用系统的基本元素。《新牛津英语字典》将“服务”定义为为他人提供帮助或者做事情的活动，将“服务提供者”定义为一个提供服务的人或物。使用服务的对象则是“服务消费者”。

Web服务及其协议栈是对SOA理念的一种最初尝试。它将服务实现为一种可以自包含、自描述以及模块化的Web组件，并可以通过Web进行发布、查找和调用。WSDL、SOAP和UDDI是对Web服务最重要的三个协议。WSDL协议定义了如何描述一个Web服务，SOAP协议定义了怎样调用并触发一个Web服务，UDDI则定义了如何发布、管理即查找Web服务的描述信息。为了和后面所要讲述的REST服务加以区分，本书将使用SOAP协议的Web服务统称为SOAP服务。

SOAP服务推动了服务集成技术的快速发展，但是它在实际使用过程中也出现了协议栈过于复杂、效率低、忽视服务的部署、运营和交付等问题。为了降低Web应用开发的复杂性，提高系统的可伸缩性，人们开始尝试使用REST风格（将在2.5.2节对REST风格进行简要介绍）来设计并实现SOA和Web服务。采用REST风格实现的Web服务被称为REST服务。本书将在第五章从分布式系统构建的视角给出服务的基本定义，并详细介绍REST服务的基本原理，对比SOAP服务和REST服务的异同。

SOA是一种基于服务的、强调可重用、松耦合、高互操作性的分布式应用构造和运维模式，是软件体系结构、组件、中间件以及分布式计算等技术在互联网等开放环境下的演化和延伸。SOA从出现到现在已经有十几年的历史，关于它的理解，不同行业、不同的人都持有不同的观点，一些常见的SOA定义包括如下几种：

定义2.17 SOA是一种客户端-服务器的软件设计方法，采用该方法构建的应用由软件服务和软件服务使用者组成。SOA与大多数通用的客户端-服务器模型的不同之处在于它着重强调软件组件的松耦合，并使用独立的标准接口（Schulte，Yefim，1996）。

定义2.18 SOA是一种软件体系结构风格，它以服务为基本要素来组织计算资源，具有松耦合和间接寻址等特征。

到目前为止，SOA还没有一个统一的、被广泛认可的定义。主要原因是不同层面群体对其价值的理解和期待有所不同。但是无论从何种角度诠释SOA，它的核心思想都是不变的。本书延用定义2.18。总的来说，SOA能够有效跨越业务领域和IT技术领域的鸿沟，支持业务资源的动态优化和配置，提供了一种可重用、松耦合以及高互操作性的分布式应用构造和运维模式，已经成为在开放、异构的互联网环境下构造集成化分布式应用系统（如电子政务/商务、虚拟企业等）的主流做法。

2. SOA 概念模型

SOA 是未来具有分布、协作、共享特征的软件应用系统的首选体系结构，松耦合是该体系结构的本质特征，SOA 所标榜的灵活性、复用性等重要优势均是在松耦合的基础上实现的。下面将从松耦合这一概念出发，详细讨论 SOA 的概念模型。W3C 曾对耦合以及松耦合这一概念进行了如下定义：

定义 2.19　耦合：是指互相交互的系统彼此间的依赖。这种依赖又分为真依赖（real dependency）和假依赖（artificial dependency）。真依赖是系统服从其他系统消费的要素（feature）或服务的集合。真依赖总是存在，无法简化。假依赖是系统为获得其他系统提供的要素或服务而不得不服从的因素。典型的假依赖包括语言依赖、平台依赖、API 依赖等。假依赖总是存在，但可被减少或者降低其代价。

定义 2.20　松耦合：理想状态的松耦合体现在系统间仅存在真依赖关系。真实情况的松耦合是一个相对的概念，体现在某依赖关系具有的假耦合比另一个依赖关系具有的假耦合要少。

从以上定义可以发现，实现松耦合的关键在于减少系统间的假依赖关系。下面将从 SOA 著名的“三角架构”这一概念模型出发，分析 SOA 是如何减少假依赖，实现松耦合的。

图 2.10 给出了广为引用的 SOA“三角架构”概念模型。该模型由服务提供者、服务注册中心和服务消费者三类角色组成。服务提供者负责将服务的描述信息和其他元信息（如提供者自身的描述信息、服务质量信息等）注册到服务注册中心。服务注册中心对这些信息进行统一管理，并提供检索的功能，帮助服务消费者发现和定位合适的服务。服务消费者发现服务后，可根据服务描述中的接口和访问地址等信息对服务进行调用。

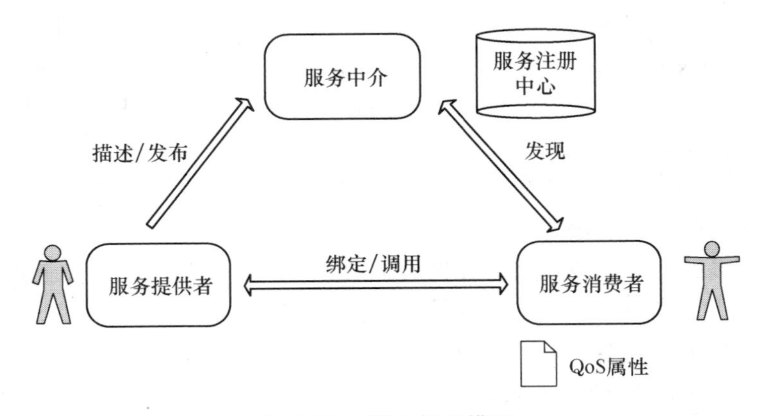

图 2.10　SOA 概念模型

借助于“三角架构”，SOA实现了很多假依赖的消除策略，提供了强大的松耦合能力。在《面向服务的计算——原理和应用》一书中，作者对这一问题进行了分析总结，归纳了几种常见的假依赖消除策略。

1）消除语言、平台和厂商依赖

服务描述是消除语言、平台和厂商假依赖关系的关键所在。服务描述为消费者提供了使用服务需要的所有信息，消费者对服务的使用完全依赖于服务描述。服务描述通常以文本方式加以声明，与服务的实现技术和部署平台无关。服务描述对消费者隐藏了服务的实现细节，消除了传统构件所具有的语言、平台和厂商相关性等假依赖关系。

2）消除时间依赖

对服务异步交互方式的支持是消除时间依赖的关键所在。对很多基于远程调用的传统分布式系统而言，客户端在提交请求后，需要同步等待请求的返回。但是，在SOA的实现过程中，可以结合事件驱动的原理通过单向消息实现客户端和服务的异步交互，从而消除时间依赖。

3）消除访问地址依赖

间接寻址是消除访问地址依赖的重要手段。一般而言，消费者只有得到服务的访问地址后才能够访问服务。但是，SOA所引入的服务中介这一角色，有助于间接寻址策略的实施，从而消除了访问地址依赖。通过将服务访问地址的相关信息注册到服务注册中心，消费者可以通过检索来发现需要的服务。这使得消费者在使用服务前不再需要一定知道服务的访问地址，从而消除了对访问地址的依赖。

4）消除访问协议依赖

当前，类型多样的服务具有不同的访问方式，依赖于不同的访问协议，如EJB服务、JMS异步服务、FTP服务、甚至普通的Java类提供的服务等。但是，SOA在实施过程中所定义的、与实现技术无关的、规范的通信协议有助于消除对访问协议的依赖，如W3C发布的Web服务间通信专用协议SOAP等。在这些协议的帮助下，消费者可以不用关心服务的具体实现细节，并以统一的方式和服务进行交互。

SOA的松耦合特征将软件复用推到了一个新的高度。语言、平台和厂商依赖的消除使得服务的使用与客户端的具体实现语言和平台无关。这意味着一个服务可以被更多的、实现技术彼此异构的不同客户端所复用。此外，服务中介这一角色的引入，为来源不同、功能各异的服务提供了一个统一管理和共享的场所，方便了服务被更多的客户端所使用。

SOA的松耦合特征还极大提升了应用系统的灵活性。松耦合特征使得服务的描述信息和实现细节相互剥离。只要服务的描述信息不发生改变，服务提供者就可以任意改变服务的实现方式。这种变化对应用系统不会造成任何影响，从而极大提升了应用系统的灵活性。

3. SOA 核心技术概述

为了让 SOA 真正在实际应用中发挥优势，还需要如图 2.11 所示的一系列核心技术的支撑。下面将结合学术界和工业界的最新成果，对这些核心技术进行一个简要介绍。

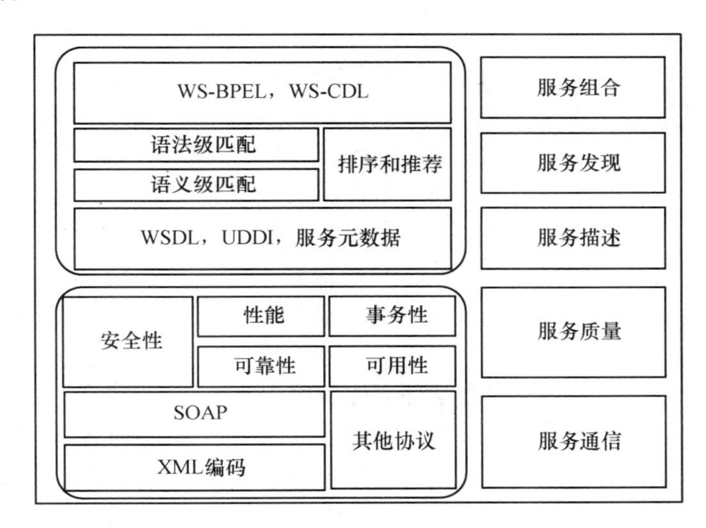

图 2.11　SOA 核心技术栈

1）服务通信

通信原指发送者通过某种媒介以某种格式将信息传递给收信者以达到某个目的。在分布式系统的构建和运维过程中，通信可以被具体描述为分布在不同地理位置的应用系统间通过网络来进行消息交换。当前，被广泛使用的 TCP/IP、HTTP 和 FTP 等协议共同构成了互联网环境下应用系统间进行通信的基础。但是，实现服务间的通信还需要更高级别的通信协议。这是因为服务在通信中需要清晰地定义出消息格式和控制信息，以便服务间能够互相理解。以 W3C 设计发布的 Web 服务间通信的专用协议 SOAP 为例，它对服务间结构化消息的传递格式和控制信息进行了规范。SOAP 的消息格式均采用 XML 表示，并依赖其他的应用层协议（如 HTTP、RPC 等）来进行消息传输。有关 SOAP 协议技术细节的描述，读者可参考《面向服务的计算——原理和应用》一书的第四章。

2）服务描述

服务描述的目的是以与编程语言无关的方式对外公布服务的接口、质量、提供者以及其他相关的元数据信息。服务描述是服务松耦合特征实现的关键技术手段之一。通过服务描述，剥离了编程语言、平台和厂商间的依赖关系。服务消费者对服务的使用完全依赖于服务的描述信息。对服务的接口进行描述是最重要的，也是最基本的。当前，最常见的服务接口描述语言是 WSDL，它描述了一个 Web 服务的抽象接口以及绑定信息。抽象接口描述了服务的功能、操作、输入输出参数以及出错消息等信息。绑定信息则描述了访问服务所采用的通信协议以及网络访问地址等信息。感兴趣的读者可以参考《面向服务的计算——原理和应用》一书的第五章。

3）服务质量

随着 SOA 技术的广泛应用，不同服务提供者提供的功能相似的服务将会大量涌现。在满足消费者需求时，服务不仅要提供所标榜的功能，还需要提供与质量相关的非功能性保障。这种非功能性保障往往成为了衡量服务执行效果和消费者满意程度的重要指标。例如，同样是提供机票信息查询服务的网站，有的网站的查询速度很快，但有的网站的查询速度就很慢。这种服务的非功能性保障常被称为服务质量（QoS）。当前，对 QoS 的保障大多在服务消息的可靠性、可用性、安全性、性能等方面开展，这些内容将在第五章进行详细讨论。

4）服务组合

服务组合是以特定的方式按某种应用逻辑将若干服务组织成为一个逻辑整体的方法、过程和技术。服务组合技术是服务复用思想的一种具体体现。通过将跨越不同组织的服务组合成粒度更大的、具有业务语义的复合服务，不但可以产生增值效应，消除组织间的信息孤岛，还可以对业务用户屏蔽业务流程的实现细节，降低他们使用应用系统的复杂性。服务组合一直是服务计算领域的研究热点，近年来涌现出了众多的研究成果。其中，WS-BPEL（BPEL，2007）服务组合语言是最具代表性的。该语言是由 IBM、微软和 BEA 公司于 2002 年 7 月联合提出的。它可用于编写可执行的服务组合过程。感兴趣的读者可以参考《面向服务的计算——原理和应用》一书的第七章来详细了解 BPEL 的细节。服务组合虽然是 SOA 领域的研究热点，但是在实现服务组合的自动、高效、可靠等目标上，还有很长的路要走。本书将在第五章介绍一些服务组合技术的新的研究成果，明确它在互联网分布式系统构建过程中所扮演的重要角色。

5）服务发现

随着可用服务数量的增多，帮助用户在规模较大的备选服务集合中快速发现能满足自身需求的服务就变得越来越重要。这一问题通常被称为服务发现问题。在大多数已经实现的系统中，服务发现的过程通常是首先对提供者提供的服务和用户请求进行描述，然后对这两者进行匹配，找出能够满足用户需求的服务。此外，有的系统还会对发现的结果进行排序，并将最优的结果推荐给用户。服务发现技术还不够成熟，在用户请求和服务信息的描述、匹配算法、排序和推荐机制以及服务发现系统体系结构等方面还有待深入研究。本书将在第五章对服务发现的现有技术进行简要讨论。

6）服务管理

随着服务的应用范围越来越广，服务间关系越来越复杂，如何对服务信息进行管理并监控服务执行状态就变得越来越重要。UDDI 是这方面工作的最初尝试。UDDI 最初被 IBM、微软等公司用来建立全球统一的服务目录，虽然其实际应用以失败而告终，但是它为服务管理的研究做出了重要的探索，提供了很多有用的经验。本书将在第五章从服务元数据管理、服务监控以及服务质量保障三个方面详细介绍一些最新的研究成果。

7）服务集成与服务总线

SOA 能够有效应对传统应用集成技术所具有的不灵活、厂商绑定、难以应对变化等缺点。本书将融合 SOA 最新理念和技术的应用集成技术统称为服务集成技术。近年来，人们普遍关注一种被称为企业服务总线的服务集成技术，该技术是传统中间件、应用集成技术与 XML、SOA、Web 服务等新技术相结合的产物，为跨组织应用系统的大规模集成提供了标准、开放的基础设施。本书将在 2.4.3 节对 ESB 的基本原理进行简要介绍。

2.4.3　应用集成中间件

中间件是位于系统软件（如操作系统、网络、数据库等）之上、应用软件之下的一类软件的统称。中间件技术的出现对于应用集成的实施具有重要意义。随着互联网的发展，需要集成的应用系统分布范围越来越广，异构现象也越来越突出。这些待集成的应用系统往往运行在不同的硬件平台上，依赖于不同的系统软件，系统间还可能采用不同的网络通信协议和拓扑结构。这些都对应用系统的集成造成了巨大障碍。中间件技术的出现有助于缓解系统集成时的困难和复杂性。它对下屏蔽了系统软件的实现细节，对上提供了良好的应用系统开发和运行环境，为上层的应用能够方便、安全地使用硬件平台和系统软件的资源与功能提供保障，实现跨硬件平台和系统软件的资源共享。当前，中间件还没有一个统一的定义，不同组织和机构从不同视角给出了中间件的不同定义。下面介绍一些常见的中间件定义。

IEEE 专家组认为中间件可定义如下：

定义 2.21　中间件屏蔽了底层系统软件（网络、主机、操作系统、编程语言）的复杂性和异构性，为上层应用提供了简单、一致的编程环境，简化了应用系统的设计、开发和管理。

CMU 软件工程研究所认为中间件可定义如下：

定义 2.22 中间件是一组支持软件连接的服务的集合，允许在一个或多个主机上运行的多个程序通过网络进行交互。中间件是将大型机应用移植到客户-服务器应用、跨异构平台通信的基础机制，最初用于解决客户-服务器体系的互操作问题（Bray，2009）。

从上述定义中不难总结出一些关于中间件的共同特征：

中间件位于系统软件和应用软件之间，起到屏蔽底层硬件平台和系统软件实现细节（并发控制、事务管理和网络通信等）的作用，并为上层应用提供各类资源和服务。中间件的规模可大可小：规模较小的中间件可能仅仅实现为一个软件模块，它通过提供 API 接口以供上层应用使用；规模较大的中间件可能会被实现为一个独立的软件层，对外提供各类服务。有的研究人员又将这两种中间件分别称为狭义中间件和广义中间件（梅宏，2009）。

中间件追求的目标是解决分布式系统开发和运维过程中的共性问题，包括通信问题、互操作问题、事务问题等。中间件为这些问题的解决提供通用的支撑机制，这些机制通常被实现为独立可部署的软件模块或系统。基于中间件技术，能够有效降低解决这些问题的复杂性和代价，并获得高效、可靠、安全等诸多方面的性质保障。

近年来，中间件技术得到了蓬勃发展，针对不同的应用需求涌现出了多种各具特色的中间件产品。很多经典的文献已对这些常见的中间件类型进行了介绍（梅宏，2009）。在这些介绍的基础上，这里将重点关注几种与应用集成关系密切的中间件。

1）消息中间件

消息中间件提供了与平台无关的、高效可靠的消息传递机制，支持分布式系统间的通信。当前，大多数消息中间件可以提供同步和异步两种消息传递方式。异步消息传递意味着用户在发送消息后，继续处理其他业务，仅在适当时刻再查询返回结果。这种方式能够有效解耦客户端和服务器间的依赖关系，提升分布式系统的可伸缩性。典型的消息中间件产品有微软公司的 MSMQ、IBM 公司的消息排队系统 MQ Series 以及开源的 Java 消息服务（Java messaging service，JMS）和消息中间件 Open JMS 等。

2）远程过程调用中间件

使用远程过程调用的目的是允许编程人员像调用本地过程那样调用服务器上部署的远程过程。在远程过程的调用过程中，客户端首先对调用请求和相关参数进行编码，并发送到服务器端。服务器对消息进行解码，调用相应的过程，并将调用结果返回给客户端。远程过程调用的优点是提供了服务器的位置透明性，对开发人员屏蔽了网络协议和远程过程的实现细节。远程过程调用中间件的典型代表包括开放软件基金会的分布式计算环境（distributed computing environment，

DCE)、微软公司的 RPC Facility 等。

3）SOA 中间件

SOA 对于互联网环境下异构应用系统的跨域集成具有重要意义。当前，对 SOA 理念的一种重要落实是 W3C 提出的 Web 服务及其相关的规范标准。当前，一种常见的 SOA 中间件就是为了支持现有的 Web 服务标准规范（WSDL、SOAP 和 UDDI 等），保障 Web 服务技术体系的正常运转。随着 SOA 理念的逐渐深入人心，各大软件公司都开始尝试提供这类基于 Web 服务标准规范的中间件，如微软公司的 .NET 平台，Sun 公司的 SunOne、Oracle 公司的 Oracle9i 等。企业服务总线是另一种常见的 SOA 中间件。它致力于实现服务集成的核心技术，多采用中间件的形式加以实现和部署。下面，我们将对企业服务总线的概念和原理进行简要介绍。

企业服务总线（enterprise service bus，ESB）的概念是由 Sonic 公司在 2002 年最先提出的，提出企业服务总线的目的是提供一种集成了消息机制、Web 服务、消息转换和智能路由的基于标准的集成主干。近年来，企业服务总线这一概念已得到了人们的广泛关注。Gartner 将企业服务总线视为一种轻量级的使用 JMS、XML 和有关 Web 服务标准的互联基础设施。IBM 公司更是将其视为 SOA 的核心和基础（Keen，Acharya，Bishop，et al.，2004）。在 *Enterprise Service Bus* 一书中，作者将 ESB 定义为如下形式：

定义 2.23　企业服务总线：是一个基于标准的组合了消息、Web 服务、数据转换以及智能路由的集成平台，它在保证事务完整性的前提下，实现了大规模、跨企业的不同应用之间的可靠连接和协同交互（Chappell，2004）。

从上述对企业服务总线概念的定义和不同厂商对企业服务总线概念的理解中，不难看出企业服务总线是服务集成技术的一种具体落实，它的根本目标是通过服务间的交互来实现应用系统间的互联互通和智能协作。如图 2.12 所示，企业服务总线通常采用总线结构，应用系统的各类硬件设备、软件模块以及数据资源都可以以标准服务的形式松耦合地连接到企业服务总线上。同时，企业服务总线提供了消息机制、智能路由、数据转换、服务管理等基础设施服务来帮助挂接到企业服务总线上的不同服务实现互操作。这几个基础设施服务的主要功能如下：

（1）消息机制：提供对异构消息交互的支持，包括支持同步/异步、发布/订阅等多种消息模型，以及 XML、SOAP、JMS 和原始数据等多种消息格式。

（2）智能路由：支持自动路由配置和多种传输协议，实现服务间灵活、基于内容、位置透明的可靠消息传送。

（3）数据转换：在不改变数据本身语义的前提下，将数据从一种格式转换为另一种格式，这本身也是一种灵活的数据集成解决方案。

（4）服务管理：对服务元数据信息提供集中或分布式管理，提供服务发现的能力，并管理服务的版本信息。

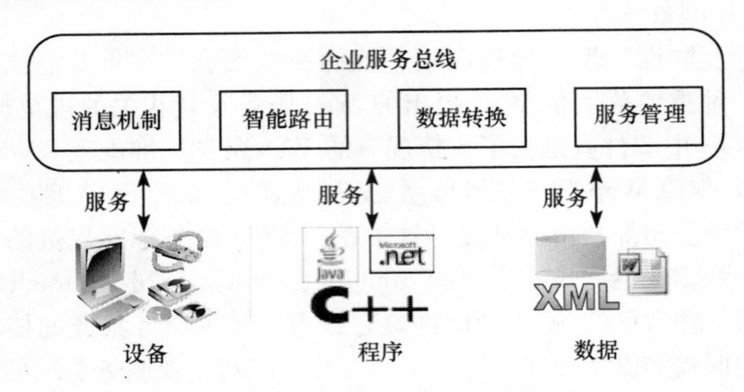

图 2.12　企业服务总线原理示意图

企业服务总线是传统中间件、应用集成技术与 XML、SOA、Web 服务等新技术相结合的产物，为跨组织应用系统的大规模集成提供了标准、开放的基础设施。当前，各大公司和研究机构都投入了很大力量进行企业服务总线软件的研发。其中，具有代表性的软件产品有 IBM 公司的 WebSphere 企业服务总线和 BEA 公司的 Aqualogic Service Bus 等。不过需要指出的是，企业服务总线虽然在技术上具有诸多优势，但是它的前期投入大，用户认同企业服务总线的理念和集成方式还需要一段时间，企业服务总线的大规模应用还需要一段时期的推广和探索。

2.5　万维网工程与互联网计算

万维网原本是为了满足高能物理领域研究文档共享的实际需求而提出的(Berners，Hall，Hendler，et al.，2006)。它为用户提供了一种通过图形浏览器，基于简单的超文本系统，快捷、方便地访问网络共享文档的机制，使得全世界的用户能够以前所未有的方式方便地相互交流，从而产生了巨大的社会影响。目前，互联网上约有 1.09 亿个独立的 Web 站点，约 297 亿个网页，平均每人约拥有 5 个网页，每个月约有 72 亿次 Web 搜索发生，这个数字超过了世界人口的数量，越来越多的应用都支持用户通过万维网进行访问和使用（Brodie，2007）。如今，万维网也早已超越了其发展的初衷，不仅仅是作为文档交换的系统，而是朝着提供更加强大和丰富的用户交互能力的方向发展。对于本书要讨论的互联网计算和互联网分布式系统来说，万维网是其基础使用环境，最终用户已经习惯使用万维网。基于万维网的协议也早已普及，互联网分布式系统的交付和服务提供都离不开万维网，万维网已影响了互联网分布式系统的使用模式。因此，有必要首先了解万维网的主要工作原理和最新发展。下面将从万维网的起源开始，对其基本概念、体系结构以及最新发展等进行简要介绍。

2.5.1　万维网的起源

万维网是由英国科学家伯纳斯（Berners）于20世纪80年代发明的。它的最初构想最早可以追溯到1980年由伯纳斯建立的ENQUIRE项目。ENQUIRE项目类似于现在的Wiki，允许对服务器信息进行在线编辑。接着，1989年伯纳斯撰写了“关于信息化管理的建议”报告，正式提出了后来万维网使用的信息管理模型和运行方案，这一报告被人们称为“万维网的蓝图”。随后，1990年11月，伯纳斯在欧洲量子物理实验中心开发出了第一个浏览器和服务器，并编写了第一个网页。从此，万维网开始走上历史舞台，一跃成为当今世界最流行的资源共享和传播媒介。

万维网的诞生是互联网发展史上的一个重大历史事件。创建万维网的根本目的是为全世界的人们提供一个方便的信息交流和资源共享平台，将人们更好地联系在一起。万维网对互联网发展所作出的贡献是毋庸置疑的。它为互联网引入了直观的图形界面和便利的超文本链接方式，改变了早期互联网抽象难懂的命令输入方式，使得各类非IT人员也可以方便地访问网络资源，极大地推动了互联网的迅速普及。

2.5.2　万维网基本原理

万维网是指将互联网上高度分布的文档通过链接联系起来，形成一个类似于蜘蛛网的结构，因此万维网在英文中又多被称为“Web”。文档是万维网最核心的概念之一。它的外延非常广泛，除了包含文本信息外，还包含了音频、视频、图片、文件等网络资源。

万维网组织文档的方式被称为超文本（hypertext）泛型，连接文档之间的链接被称为超链接（hyperlink）。超文本这一思想起源于Vannevar于1945年在“大西洋月刊”所发表的As We May Think一文（Vannevar，1945），它倡导建立知识间的新关系。从本质上来说，超文本仍然是一种文本，但与传统文本相区别的是对文本的组织方式不同。传统文本采取的是一种线性的文本组织方式，而超文本的组织方式则是非线性的。超文本将文本中的相关内容通过链接组织在一起，这很贴近人类的思维模式，从而方便用户快速浏览文本中的相关内容。

下面分析一下万维网是如何采用超文本范型将网络中的文档联系在一起的，它本身又是如何运作的。图2.13展示了万维网的基本运作原理。从图2.13中可以看出，万维网的基本架构可以分为客户端、服务器以及相关网络协议三个部分。服务器承担了很多繁琐的工作，包括对数据的加工和管理、应用程序的执行、动态网页的生成等。客户端主要通过浏览器来向服务器发出请求，服务器在对请求进行处理后，向浏览器返回处理结果和相关信息。浏览器负责解析服务器返回的信息，并以可视化的方式呈现给用户。万维网的正常运转还离不开一系列相关协议的支持。下面简要介绍一下与万维网关系最为紧密的三个常见协议：

（1）编址机制：URL是万维网上用于描述网页和其他资源地址的一种常见标识方法。URL描述了文档的位置以及传输文档所采用的应用级协议（如HTTP、FTP等）。

（2）通信协议：HTTP是万维网中最常用的文档传输协议。HTTP是一种基于请求-响应范式的、无状态的传输协议。它能将服务器中存储的超文本信息高效地传输到客户端的浏览器中去。

（3）超文本标记语言：万维网中的绝大部分文档都是采用HTML编写的。HTML是一种简单、功能强大的标记语言，具有良好的可扩展性，并且与运行的平台无关。HTML通常由浏览器负责解析，根据HTML描述的内容，浏览器可以将信息可视化地呈现给用户。此外，HTML中还内嵌了对超链接的支持，在浏览器的支持下，用户可以快速地从一个文档跳转到另一个文档上。

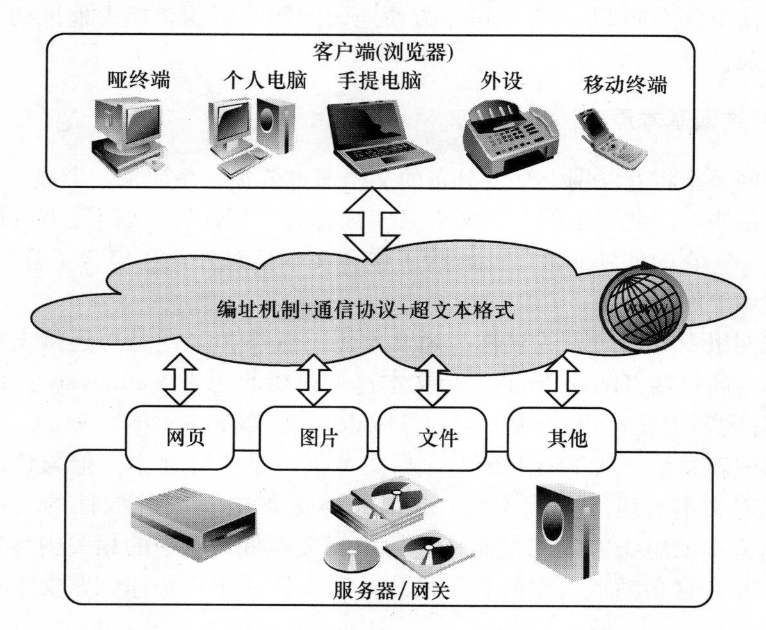

图 2.13　万维网的运作原理

伯纳斯曾经指出万维网的发展目标是“成为一种共享的信息空间，人们和机器都可以通过它来进行沟通”（Berners，1996）。通过近30年的高速发展，万维网这一规模巨大的信息共享空间呈现出了很多新的特点：

（1）万维网中的信息类型变得日益丰富多彩，除了文本内容外，常见的信息还包括视频、音频、图片等媒体类型。这些分布的媒体信息仍然通过超链接组织在一起，这种组织方式又被称为超媒体。超媒体之间的链接往往涉及了大规模的数据传输，这对万维网提出了很高的要求，它必须要能够支持大规模数据转移，并尽可能地减小用户可察觉的性能延迟。

（2）万维网正在成为一个互联网规模的超媒体分布式系统（Fielding，2000）。互联网的开放性和跨组织边界特性，使得万维网正面临着高可伸缩性和软件组件的独立部署等方面的需求。高可伸缩性是指软件系统可能会和在它们控制范围之外的其他系统进行通信，这就要求软件系统在面对无法预测的负载量、特殊的不良格式或恶意构造的数据以及跨信任域边界时仍然可以正常工作，并保障系统的安全性。独立部署则是考虑对遗留系统的封装、新旧软件组件的共存等问题，旧的软件组件不应该影响新软件组件的功能扩展。

（3）为参与信息构建的创作人员提供“低门槛”策略也是同样必要的。万维网需要为创作人员提供简单、通用的接口来帮助他们方便地使用网上的信息资源，建立资源之间的复杂联系，同时又不用考虑资源的来源和实现细节。另外，万维网还需要重点保障可用性，保障创作过程不会受到资源不可用的影响。此外，用户的使用方式也在经历着变化。万维网越来越具有社会性，很多纯粹的信息资源使用者也在向着创作信息、提供信息的方向转型。

万维网的变化使得人们开始重新审视万维网的体系结构风格和相关实现技术。其中，影响最为深远的一个代表性工作是 2000 年由 Fielding 博士在其博士论文“Architectural Styles and the Design of Network-based Software Architectures”中针对互联网超媒体分布式系统提出的 REST 体系结构风格。

REST 是一种在传统万维网体系结构的基础上，添加各类新的约束而得到的一种架构风格，而不是必须遵守的规范标准。它在传统万维网体系结构的客户-服务器、无状态性和缓存等三个基本约束的基础上，又添加了统一接口、分层系统以及按需代码等几个约束来实现互联网超媒体分布式系统的构建（Fielding，2000），并保障系统的简单性、易用性、可靠性以及可伸缩性等重要特点。下面将对这些约束进行简要介绍。

（1）客户-服务器：这一约束强调客户端和服务器之间通过接口进行剥离。客户端不必考虑数据在服务器中如何存储，它仅需要知道访问数据的接口即可，这可以有效提升客户端的可移植性；同一个服务器的数据可以为不同的客户端提供服务，也有效改善了系统的可伸缩性。

（2）无状态性：这一约束是指服务器不保存客户端的任何状态信息，客户端向服务器提交的每个请求中都必须包含理解该请求需要的全部信息。这个约束改善了系统的可见性、可靠性和可伸缩性。但这种约束的缺点也是显而易见的，它可能会导致客户端重复发送状态信息，从而降低了系统的效率。

(3) 缓存：这一约束是指客户端可以对服务器返回的数据进行缓存，从而减少客户端和服务器间的交互次数，提升整个系统的效率。但是，缓存在设计过程中应该重点考虑怎样消除已经过时的数据，避免客户端和服务器间数据不一致情况的发生。

(4) 统一接口：REST 体系结构风格将网络上的所有可辨识的事物都视为资源。统一接口约束则强调资源间应该有一个统一的接口，从而方便对资源进行操作。这个约束的好处是能够解耦和简化分布式系统的体系结构，改善系统的交互性和可重用性。

(5) 分层系统：这一约束要求按照层次的方式来组织整个系统，每一层负责为上层提供服务，并且只能使用下层提供的服务，跨层间的服务调用是被禁止的。分层系统能够降低系统中位于不同层次的组件之间的耦合程度，提升系统的可伸缩性和可演化性。分层系统的主要缺点是增加了数据在不同层次间传递和解析时所花费的开销和延迟，降低了系统的性能。

(6) 按需代码：这一约束允许客户端通过下载并执行 applet 代码或其他脚本的方式来扩展客户端的功能。系统在部署后还被允许下载新的功能代码，能够有效提升系统的可扩展性。但是，这一做法可能会损害系统的可见性，因此这一约束被作为一个可选的约束。

基于 REST 体系结构风格构建 Web 应用具有简单、可伸缩、易于实现等诸多优点。REST 体系结构风格已被人们广泛接受，并逐步应用于 Web 应用的开发实践中。本书将在第五章详细介绍 REST 体系结构风格的基本原理以及基于 REST 体系结构风格实现的 Web 服务。

2.5.3 Web 2.0：利用群体智能的万维网

当在群体中间开展协作或竞争时，会涌现出一些新的智能和行为，这些智能和行为是单个个体在非协作或竞争的状态下无法出现的，这种智能或行为一般称为群体智能或集体智慧。互联网建立了一种这样的计算环境，利用用户参与群体智能等计算模式来解决计算机难以处理的问题（李德毅，2009）。目前的搜索引擎虽然可以搜索图片，但要判断图片的内容是一件很难的事情，公司不得不雇用一些人来整理图片，为其贴上标签。于是，有人开发了这样一个游戏：游戏玩家在互联网上共同看一张图，玩家必须给出一个关键字，另一个玩家要与之配对，一旦两边输入的关键字相同，就可以得分并进入下一关。这样，游戏运行一段时间之后，就会产生大量基本图片标签。如果网络游戏者都能为这样的图片标签系统作贡献，那么可以逐渐将整个图片的资料库建立起来。在这个例子中，通过用户参与的方式，利用群体智能，可以解决计算机难以处理的问题。

群体智能事实上体现了一种软件理念，即大众既是软件的使用者，也是软件的开发者；既是服务的消费者，也是服务的提供者。这种理念对软件的影响可能是十分深远的。Wiki 就是一种典型的利用群体智能的 Web 应用，在 Wiki 站点上，每个人都可以发表自己的意见，或者对共同的主题进行扩展和探讨，Wiki 站点上的内容是由用户贡献的，它调动了普通用户参与网络协作和互动的积极性。Wiki 网站就是依靠群体的智慧形成的知识库。Google 等搜索引擎的广告系统也是一类典型的利用群体智能的 Web 应用，Google 广告系统从不同的用户那里搜集广告点击的信息，根据对这些信息的分析，帮助系统将广告更精准地放在合适的网站上。亚马逊等电子商务网站的推荐系统也是一类利用群体智能的 Web 应用，它根据用户购物的历史记录，分析出相似用户的购物偏好，从而为用户推荐其可能购买的产品。

这些利用群体智能的 Web 应用同时还有另外一个名称，那就是 Web 2.0。Web 2.0 是近几年互联网的热门概念之一。该词被正式认可是在 2004 年 O'Reilly Media 的 Web 2.0 会议上，它是指那些通过 Web 实现交互式信息共享、互操作、以用户为中心的设计和协作的 Web 应用。除了以上提到的几种 Web 应用之外，社会网络站点、视频分享站点、博客、Mashup 等也属于典型的 Web 2.0 应用。

虽然 Web 2.0 赢得了人们的普遍关注甚至追捧，但从技术角度来看，Web 2.0 与原有的 Web 技术并没有本质区别，而仅仅是软件开发者和最终用户使用 Web 的方式发生了变化。对于传统的 Web 应用（或 Web 1.0）来说，用户和 Web 之间的交互方式仅限于内容的发布和获取。而对于 Web 2.0 应用来说，用户和 Web 之间的交互方式从内容的发布和获取，已经扩展到对 Web 内容的参与创造、贡献以及丰富的交互。在 Web 2.0 中，用户的作用将越来越大，他们提供内容，并建立起不同内容之间的相互关系，还利用各种网络工具和服务来创造新的价值。下面将从以下几个层面分析 Web 2.0 的特色，明确它和 Web 1.0 之间的主要区别。

1）用户广泛参与

Web 2.0 改变了过去用户只能从网站获取信息的模式，鼓励用户向网站提供新内容，对网站的建设和维护作出直接贡献。当前，很多 Web 2.0 应用都支持用户直接向网站中发布新的内容，如博客、Podcast、Wiki 等。

2）新的应用开发模式

Web 2.0 倡导了一种新的应用开发模式的出现，即由用户通过重用并组合 Web 上的不同组件来创建新的应用。当前流行的 Mashup 就是这样一类技术，它可以让用户利用网站提供的 API 和服务进行二次开发。

3）利用群体智慧

Web 应用的创建和内容的丰富将不再仅依赖于开发人员的智慧，用户的知识也会对应用构建产生直接影响，群体智慧将扮演越来越重要的角色。Wiki 是这类应用的典型代表，它的目的是依赖大众的智慧来完善 Wiki 网站的内容建设。因此，它又被看做是一种人类知识的网络系统。

4）具有社会性特点

社会性是人类的根本属性。人存在各种各样的社会性需求，如交友、聊天、互动等。当前，Web 2.0 应用也越来越具有社会性特点。例如，Facebook 这类社交网站的主要功能就是提供向好友推荐、邀请好友加入服务等。社会性为网站带来了更丰富的内容，对用户产生了巨大的吸引力。

2.5.4 语义网：智能化的万维网

语义网是万维网的未来发展目标。Berners 曾这样描述语义网：语义网并不是一个孤立的万维网，而是对当前万维网的扩展，语义网上的信息具有定义良好的含义，使得计算机之间以及人类能够更好地彼此合作（Berners，Hendler，Lassila，2001）。语义网的目标是为互联网上的信息提供计算机可理解的语义，从而满足智能主体（agent）对 Web 上异构、分布信息的有序检索和访问，实现网上信息资源在语义层的全方位互联，并在此基础上实现更高层次的基于知识的智能应用（喻坚，韩燕波，2006）。

Berners 在 XML2000 大会上给出了语义网的体系结构，如图 2.14 所示。该体系结构自下而上共分为编码定位层（Unicode＋URI）、XML 结构层（XML＋NS＋XMLS 模式）、资源描述层（RDF＋RDFS 模式）、本体层、逻辑层、证明层、信任层以及数字签名。

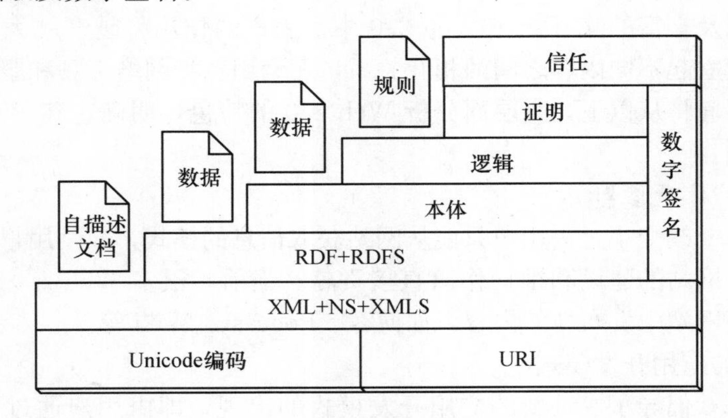

图 2.14 语义网体系架构图

1）编码定位层

该层是整个语义网的基础，它解决了语义网中的字符编码和资源定位问题。该层采用国际通用的字符集 Unicode 来提供一种通用的字符编码机制，同时采用 URI 来为网络资源提供唯一标识。Unicode 是国际通用的字符集合。在该集合中所有字符都采用两个字节表示，一共可以表示65536个字符，基本上囊括了世界上所有的语言。而URI则被用来标识资源及其属性，每个资源都具有一个唯一的URI标识。

2）XML结构层

该层为语义网的资源提供了结构化的数据表示方法和交换格式。XML具有自描述的特点，它允许用户根据需要自行定义标签来对数据的内容进行标记。XML模式则被用来定义一个合法的XML文件，即描述了XML文件结构和内容所需遵守的各项约束。命名空间机制则被用来区分名称相同但是含义不同的XML标签，这些标签通常是由不同用户制订的。XML＋NS＋XMLS模式一起为语义网提供了一个可行的底层数据交换机制，为实现分布式系统间语法层面的互操作打下基础。

3）资源描述层

该层为语义网的资源提供了一种通用的元数据表示机制，为实现数据层面的集成打下了基础。RDF（Beckett，McBride，2004）提供了一种通用的元数据描述语言，可以描述资源的元数据信息以及元数据之间的语义关系。RDFS（Brickley，Guha，McBride，2004）是RDF的类型系统，定义了RDF语言的词汇表。与XML层相比，RDF解决的是如何为资源的数据表示提供机器可理解的、无歧义的语义描述信息，实现分布式系统间语义层面的互操作。然而，RDF和RDFS的语义描述能力还不够强，需要下面的本体语言提供进一步的扩展和描述能力。

4）本体层

RDF和RDFS语言能够对概念、属性以及一些简单的约束进行描述，但这还不够。语义网采用本体技术来为资源提供更强大的语义描述能力，以实现机器自动推理。一个被广泛接受的本体定义是“本体是概念化（conceptualization）的显式的规格说明”（Gruber，1993），它提供了一种抽象的、简化的、无二义性的方式来表示领域知识，并且这种表示是机器可读取、可理解以及可处理的。它能建立可被领域共享的词汇表和概念体系，作为达成人和机器之间语义共识的依据，而这恰恰是构建语义网最为需要的。Web本体语言（ontology Web language，OWL）（Bechhofer，Van，Hendler，et al.，2004）是W3C推荐的适用于万维网环境下的本体描述语言，它比RDFS具有更强的语义描述能力，更适用于机器自动推理。

5）逻辑、证明和信任层

使用本体技术可以对领域知识进行建模，建立起可被整个领域所共享的词汇表。但是，要实现机器自动推理，还需要在这些领域知识基础上定义推理规则，而这正是逻辑层的目标所在。证明层则提供了认证机制，用于证明逻辑层产生的规则。此外，推理得出的结论也应该是可信任的。这包含两方面的内容：首先，用户要信任推理的依据，即用户能够看到推理所依据的数据。其次，用户需要信任整个推理过程和相关步骤。认证和信任的研究目前还不够成熟，但是大部分研究者都普遍认可这两个主题的重要意义。

语义网的提出引发了一场新的信息革命。它为机器赋予了智能，使得机器能够像人类那样理解信息的含义，并自动采取合适的处理措施。随着对语义网研究的日益深入，它所倡导的核心思想和关键技术将被应用于如智能信息检索、企业间数据交换及知识管理、万维网服务等诸多领域，解决它们在信息共享、业务协同、人机交互等多个方面的难点问题。以本章前面谈到的 SOA 和应用集成领域为例，语义网的核心技术对于这些领域的难点问题同样具有重要意义。通过对服务添加语义描述，可以使机器也能像人一样理解和使用服务，并实现服务的自动发现、组合和监控。本书将在第五章简要介绍一下语义 Web 服务领域的一些最新研究成果。

2.6　本章小结

互联网计算旨在探讨构建互联网分布式系统的相关方法、原理和理论体系，它将形成互联网分布式系统、互联网服务的内容处理以及互联网服务的智能协同的科学基础。本书重点探讨互联网分布式系统的构造、演化、应用交付，以及与服务提供、运营、维护、品质保障和优化利用相关的科学问题。实际上，计算机科学在软件工程、分布式系统、应用集成、面向服务计算以及万维网工程等方面都为互联网计算提供了良好的学科铺垫，积累了探讨互联网计算基本原理的必要基础知识和技术。本章从这几个方面简明扼要地介绍了与本书相关的基本概念、基本原理和技术。在此基础上，第三章～第七章将对互联网计算的原理展开讨论。

第二篇　原　理　篇

第三章　互联网分布式系统的体系结构

3.1 引　　言

互联网分布式系统是一个复杂的软硬件结合体，它通常由部署在不同网络设备上的软件模块和数据资源按复杂的规则有机组合而成。由于其构成的复杂性，对其体系结构的探索就显得尤为重要。Tanenbaum 等曾在《分布式系统：原理和范型（第二版）》一书中指出，观察分布式系统体系结构的一种重要方法是从系统软件组件的逻辑组织结构和真实物理部署的组织结构这两种视角来进行观察(Van，Tanenbaum，2007)。本书将沿用这种观察视角，从软件体系结构和系统体系结构两个视角分别探讨互联网分布式系统的体系结构。

从逻辑视角看来，软件组件是互联网分布式系统的基本组成元素。从本质上说，这种观察视角研究的是如何将一个分布式系统从逻辑上分解成相关的组件，并且定义这些软件组件之间所具有的各种关系，探索如何以最佳的方式划分一个系统、如何标识组件、组件之间如何通信、信息如何沟通，怎么能够有序地进化，以及上述的所有过程如何能够使用形式化的和非形式化的符号加以描述。在实际应用过程中，一些经过实践验证的解决方案可以可靠地解决软件设计过程中出现的各种复杂问题。人们通常将这些解决方案抽象成体系结构风格，并在不同的软件系统中复用这些风格来解决重复出现的复杂问题。体系结构风格是对体系结构关键方面的抽象，封装了对体系结构组件的重要决策，强调对体系结构组件及其相互关系的约束。体系结构风格同时促进了对软件设计的复用，并使得不同的设计人员能够容易理解系统的体系结构。

需要注意的是，软件体系结构和体系结构风格并不相同。体系结构风格是人们在设计软件体系结构时，对经常出现的问题（如性能问题、安全问题等）进行描述并给出的成熟可靠的解决方案，是人们经验和知识的总结。例如，常见的分层体系结构风格就有助于不同组件之间实现信息隐藏。不同的软件体系结构风格是可以进行组合的，从而实现更为复杂的设计目标。本书 2.5.2 节所介绍的 REST 体系结构风格就是组合了客户端-服务器、无状态和缓存等多种体系结构风格而形成的一种更为复杂的体系结构风格。它致力于为互联网上分布式超媒体系统的构建提供解决方案。

从物理部署的视角来看，人们需要把在逻辑层面定义的软件组件加以实现，并将它们部署到真实的物理设备上。即使针对相同的软件体系结构，也会有不同的物理实现和部署方式。例如，人们可以选择将软件体系结构中定义的所有软件组件部署在一台服务器上，也可以选择将其分散部署在多台服务器上。系统体系结构是对软件体系结构的具体落实。它可以被视为软件体系结构的实例，反映了软件组件的具体实现和物理部署上的整体结构和组织方式。

近年来，随着互联网计算理念的深入人心，核心技术的不断发展，出现了网格、云等各种新型的互联网分布式系统。那么，从体系结构的角度来看，如何解读包括早期分布式系统以及当今的网格、云等互联网分布式系统的发展演化？能否通过这种解读进一步分析并总结互联网分布式系统体系结构发展演化的趋势？这些都是本章重点关注的问题。本章 3.2 节将首先分析一下网格和云计算系统这两种有代表性的体系结构，并总结这些体系结构的新特征。3.3 节将探讨人类社会基础设施和互联网分布式系统之间的关系，揭示体系结构的演化趋势。3.4 节从客户端-服务-基础设施（client-service-infrastructure，CSI）的视角解读各种分布式系统软件体系结构的演化规律和发展趋势，提出 CSI 体系结构模型。3.5 节将给出 CSI 体系结构模型一个可行的参考体系结构，并将其作为贯穿原理篇后续章节的主线。3.6 节将从 CSI 体系结构模型的视角解读 Google AppEngine、Eucalyptus 和 Windows Azure 等云计算环境下几个典型的互联网分布式系统的体系结构。

3.2　网格和云计算系统的体系结构分析

为了对比网格和云计算系统的不同，Foster 曾经提出了如图 3.1 所示的一种颇具代表性的网格体系结构和云计算系统体系结构（Foster，Zhao，Raicu，et al.，

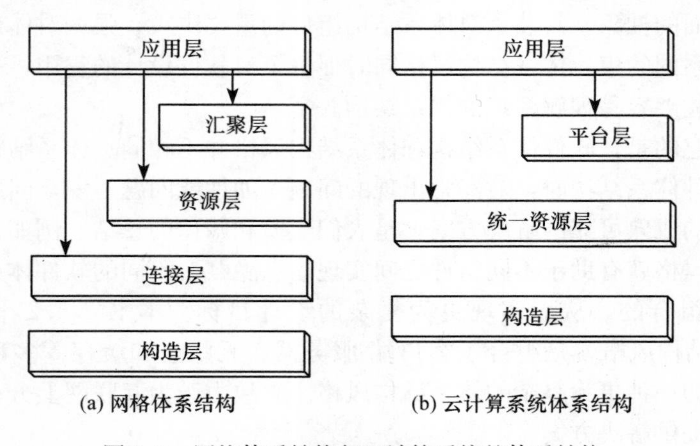

图 3.1　网格体系结构与云计算系统的体系结构

2008)。从图中可以看出，网格和云计算系统既有功能相似的软件组件，也有完全不同的软件组件。这些组件通过不同的实现技术和交互方式来构成不同的网格和云计算系统。

下面，本章将对这两种体系结构进行简要介绍，并分析、总结互联网分布式系统在体系结构设计上的一些新的特征。

1. 网格体系结构

网格的概念提出于20世纪90年代中期，早期的目的是为了通过互联网来共享计算资源，从而解决大规模的科学计算问题。网格系统可以看做是一个虚拟组织。虚拟组织是一个逻辑实体，通过虚拟组织，用户可以像在一个组织内那样来发现和使用不同组织提供的各种资源。为了达成这一目的，网格定义并提供了一系列的标准协议、中间件、工具集以及服务来构建网格系统。为了更好地组织这些构建网格系统的基本元素，让它们能够协同达成网格系统的构建目标，Foster等提出了如图3.1(a) 所示的沙漏模型作为指导网格系统构建的软件体系结构。

如图3.1(a) 所示的沙漏模型通过分层的方式来组织整个网格系统。它将一个网格系统由下至上划分为构造层、连接层、资源层、汇聚层和应用层五个基本组件（组件的基本功能参见1.4.1节和图1.5），组件之间具有层次关系。采用分层结构具有很多优点。它有利于简化复杂问题的设计，下层组件可以仅对上层组件暴露接口，隐藏不必要的细节信息，从而当某层组件的实现需要变化时，只要该层暴露的接口不变就不会影响整个系统的正常运行。

2. 云计算系统的体系结构

云计算和网格的定位稍有不同。云计算的目标更多的是建立一种大规模的计算资源或存储资源池，用户可以基于标准规范并通过抽象接口来访问这些资源。当前，云计算系统在实现过程中大量使用了Web服务的相关协议（SOAP、WSDL等）以及Web 2.0中的新兴技术（REST、AJAX和RSS等）。Foster等提出了如图3.1(b) 所示的云计算系统的分层体系结构来与网格的沙漏模型进行对比。

从图中可以看出，一个云计算系统由下至上划分为构造层、统一资源层、平台层和应用层四个基本组件。其中，构造层包含了原始的硬件资源（如计算资源、存储资源与网络资源等）；统一资源层利用虚拟化技术对资源进行抽象和封装，从而对上层组件和用户以统一的方式暴露资源的使用接口；平台层通过一系列工具、中间件和系统服务的提供来为资源打造一个管理、部署和运行的集成环境；应用层则包含各类实际应用。

在对网格和云计算系统体系结构进行简单介绍的基础上，下面将从多个方面来分析、总结互联网分布式系统体系结构的新特征。

1. 基于统一协议实现应用的交互与协作

应用层协议在网格和云等互联网分布式系统中扮演了重要角色，例如，网格体系结构中就使用了GSI（grid security infrastructure）、GRAM（grid resource access and management）协议；云计算系统体系结构则使用了Web服务的相关协议。应用层协议对于运行在非开放环境下（如组织内部）的传统分布式系统来说不一定是必需的，例如，如果要实现某一组织内部应用系统间的互联互通，可以事先在应用系统间协商一个专有消息格式，不一定要使用协议。但在互联网这类开放环境下，应用层协议的使用却是必要的。这是因为，开放环境下需要交互协作的应用系统的个数和类型是未知的，协议的使用可以保证未知的应用系统能够容易地加入互联网分布式系统中，并保障交互过程的某些性质（如安全性），从而为互联网分布式系统的构建带来良好的可扩展性。

2. 以服务为基础

与传统分布式系统不同的是，网格和云等互联网分布式系统大量使用了服务来作为网络资源和系统功能的封装和使用方式。服务的使用具有以下好处：

首先，它是基于标准规范实现的、是跨平台的。这对处于开放环境下的互联网分布式系统具有重要意义，使得隶属于不同组织的应用系统能够容易地被集成，并保障了集成后的应用系统具有良好的可扩展性。

其次，服务具有良好的可复用性和可组合性。这使得不同组织提供的网络资源能够最大限度地被他人所利用，并且通过组合相关的服务来产生增值效应。

最后，服务倡导了“使用而不拥有”的商业模式，降低了资源的使用成本，提升了资源的使用效率。

3. 基础设施以第三方运营的模式对外提供服务

在传统分布式系统中，对系统构建和运行所需要的各类资源（如计算资源、数据资源和服务资源等）进行维护和管理是服务器的一项重要任务。但是，构建互联网分布式系统所需要的资源往往规模巨大、自治性强、异构现象突出。资源管理模块的设计人员往往不能事先确定资源的数量、类型和提供方，难以根据特定的资源类型来设计专有的资源管理模块，因此开发基于开放协议的通用资源基础设施是必要的。然而，受技术水平和投入资金所限，并不是每一个分布式系统的开发团队都能很好地胜任通用资源基础设施的开发任务。因此，未来的发展趋势是由第三方专业开发团队构建和运维通用资源基础设施，以服务的形式提供给用户使用，并根据使用情况进行付费。这也是网格、云计算等新技术的追求目标之一。这种方式耗费更低、更安全、更可靠，也更容易实现不同系统间的跨域集成。

4. 逻辑集中，物理分布

互联网分布式系统常常会面对大规模用户并发请求以及海量数据的存储管理需求，因此互联网分布式系统在实现时，它的软件组件很有可能会部署到成千上万个服务器上。通过适当的调度程序，可以综合这些硬件设备的计算能力，使它们得以最大限度的发挥，从而满足实际需要。此外，出于对可伸缩性、可靠性等多方面因素的考虑，互联网分布式系统的软件组件有可能会被重复部署。例如，在 Google AppEngine 上，用户部署的 Web 应用程序有可能会被物理部署到多个硬件服务器上，从而保障应用在提供服务时的可伸缩性和可靠性。互联网分布式系统部署方式的一个重要特征是软件组件的部署在物理上是分布的，但在逻辑上却是集中的。用户将会有一个统一入口来使用不同组件提供的服务，而不必关注这些组件实际部署在哪些服务器上。

从上面对新特征的分析中不难看出，在传统分布式系统向互联网分布式系统转型的过程中，其体系结构也出现了演化的趋势。本书将这种演化趋势总结为 CSI 体系结构。当前，新出现的互联网分布式系统在设计和落实体系结构时，有意或无意间都在遵从这种新趋势。下面，首先探讨体系结构的演化，然后再简要介绍 CSI 体系结构的核心思想。

3.3　社会基础设施对分布式系统体系结构演化的影响

分布式系统体系结构的演化来源于人类社会基础设施的发展以及人们对计算机系统能力的深入追求。IT 领域的很多思想和方法都直接受到人类社会的影响，如面向对象的编程思想等。事实上，IT 的发展也在不断效仿人类社会的发展模式。近年来，社会基础设施的运作模式得到了 IT 学者和工业界的广泛关注。在人类社会中，社会基础设施保障了产品和服务的正常生产或者社会服务的提供，是国民经济的基础。完善和优化基础设施，对促进社会经济的发展具有重要作用。与基础设施相关的社会分工专业化、生产经营集约化有利于降低成本、提高效益，是在各行各业中普遍存在的发展规律。下面我们先来分析社会基础设施的特征。

我们可以将人类社会基础设施概括为客户、服务和基础设施三个核心元素。如图 3.2 所示，电力、交通、水利等运作系统是由发电厂、公路、水利系统等基础设施，通过电力输送线路、电源插座、水管、电表、水表等一系列的服务工具，采用即需即取的商业模式来提供给客户（广大公众）使用。社会基础设施具有下述四个明显可与 IT 基础设施相比拟的特点：

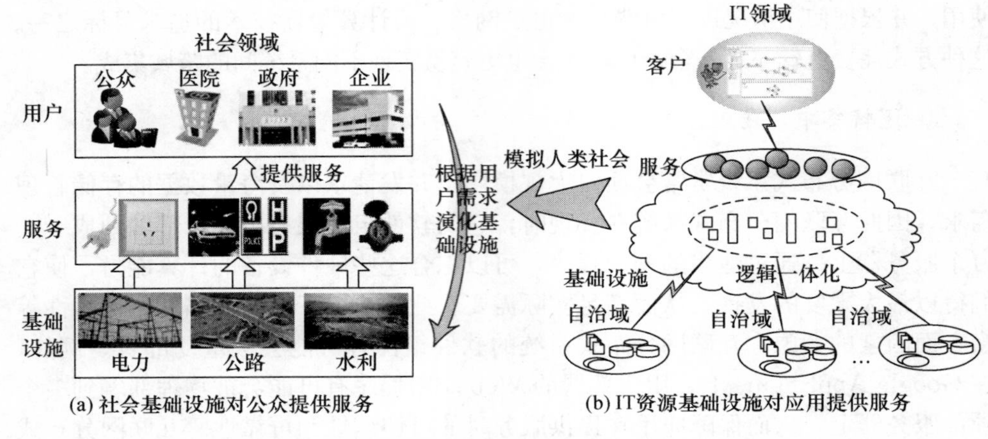

(a) 社会基础设施对公众提供服务　　(b) IT资源基础设施对应用提供服务

图 3.2　社会基础设施与分布式系统体系结构的对比

(1) 社会基础设施用于提供服务，基础设施工作人员不直接服务于用户，而是通过服务的响应、调度和计费等方式与用户交互。

(2) 社会基础设施的发展有一个所谓规模经济驱动下自然垄断的规律。基础设施的创建和运营初期投入较高，并且只有在规模较大的情况下，才能达到成本效益最大化。因此，基础设施的建设和运营最终发展的结果是被少数企业或组织集中控制。

(3) 社会基础设施建成后，并不是一成不变的，它会根据技术发展的规律和人们的需求，进行不断改进和完善，即社会基础设施具有演化性。

(4) 社会基础设施总是在其服务的领域与一系列的标准规范相关。例如，与公路基础设施相关的是全社会通用的交通路线图、交通规则、路面建造标准等。正是因为有了这些稳定的标准规范，不同的企业或组织建造的基础设施才具有了良好的互操作性，才能使得汽车无须改造便可在隶属于不同企业或组织的公路上行驶，当公路重新修缮或增加路段时，也不会对汽车的设计造成影响。如果没有这些标准规范，人们就无法方便地使用基础设施，基础设施自身无法正常运转，进而无法顺利地发展演化。

与社会基础设施类似，IT 基础设施支持应用的构造和运行以及应用服务的提供，它是信息社会的基础。近几年出现的效用计算、网格和云都是对人类社会基础设施的某种效仿。它们的根本目的是建立 IT 基础设施，对外提供服务，并通过集约化经营的手段实现资源跨域共享和优化配置，从而降低应用构建成本、提升效益。可以看出，无论是社会基础设施，还是 IT 基础设施，它们的核心价值都是通过集约化经营实现资源跨域共享和优化配置，目的在于降低成本、提高效益。与社会基础设施类似，IT 基础设施也具有演化性，它的发展是随着技术的进步而不断完善的。标准规范对IT基础设施具有至关重要的作用，它是IT基础设施发展成熟的标志之一。

与社会基础设施类似，如图3.2(b)所示，客户、服务和基础设施也是IT系统的核心元素。其中，基础设施通过运营逻辑一体的资源中心，将各类资源变为基础设施服务，服务则体现为价值驱动的一系列交互活动，客户通过标准的服务交互方式从基础设施中获取资源。为了降低资源使用的成本，云计算系统等新兴的互联网分布式系统越来越重视基础设施的建设，开始支持多租户，利用规模经济效应，集中共享软硬件资源，以降低每个租户的平均开销。此外，基础设施还在可伸缩性、可靠性、可用性、在线演化能力等非功能保障上提供支持。

从上面对社会基础设施和IT基础设施的比较分析可以看出，服务无论是对于人类社会基础设施还是对于IT基础设施来说，都起到用户需求和基础设施能力之间的桥梁作用，是基础设施向外提供价值的基本途径。对于社会基础设施来说，服务业的发展会延伸传统的产业链条，创造巨大的增值潜力。同样的道理，对于IT基础设施来说，一旦服务能够与第三方独立运维有机结合，将会对软件业乃至人类社会产生巨大影响。

3.4 分布式系统体系结构的演化趋势

无论是从社会的视角还是从工厂的视角，客户、服务和基础设施都是一个完整应用的核心元素。图3.3从CSI构成的视角去解读分布式体系结构的发展历程，对客户与服务器之间的通信、交互方式的演化过程进行重点刻画。

在早期的C/S体系结构下，应用服务器扮演着基础设施的角色，它们由各个组织机构自行运营维护。服务器通常采用紧耦合的消息应答方式来为客户端提供服务。例如，如果客户请求某个服务，只需要打包一条消息，在消息中写明它需要的服务以及必要的输入数据，然后将打包的消息发送给服务器。服务器在收到请求后对其进行处理，然后将处理结果打包成一条应答消息，将该应答消息发送给客户。这种紧耦合的消息应答方式可以看做是服务交互方式的前身。

人们很快认识到上述通信方式过于简单，在分布式环境下，它不能将分布的特性对程序员隐藏。分布式对象则可以将分布的特性隐藏在对象接口之后，因而成为创建分布式系统的有效范型。在分布式对象范型中，客户和服务器之间消息应答方式的简单通信逐渐融入了事件与通知服务、消息队列服务中，与其他服务，如命名、安全、事务、持久化存储、数据复制等服务一起，构成了分布式平台服务的主要部分。随着CORBA、J2EE等分布式对象系统的发展，在分布式系统中，人们通常将位于应用和操作系统之间的分布式平台服务独立出来，称为中间件。

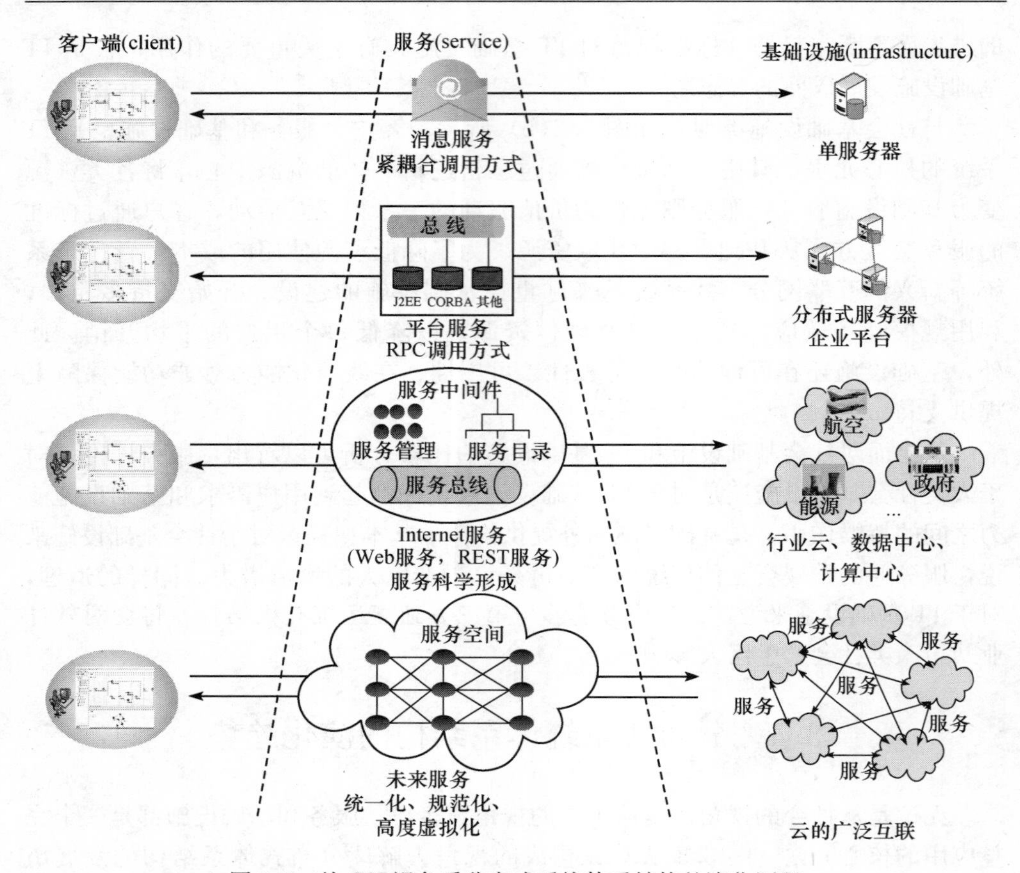

图 3.3　从 CSI 视角看分布式系统体系结构的演化历程

随着 SOA 和互联网的进一步发展，基础设施服务开始基于标准开放规范实现，原来属于应用系统的一些共性功能逐渐下沉至基础设施，越来越多的应用服务器交给第三方运营者运营维护。客户端则基于 ESB 等服务中间件以基于 SOAP 协议的 Web 服务以及 REST 服务等互联网服务形式松耦合地与基础设施进行交互。其中，ESB 是采用 SOA 原则、在大粒度服务级别通过事件驱动方式、基于 XML 的消息引擎实现客户和服务器之间交互的主要基础。ESB 和其他负责第三方运营支撑等在内的服务一起，构成了服务中间件。

未来，基础设施提供的服务将从多个层面不同视角在服务空间中进行一体化管理和组织，服务不再是一维的抽象，它将覆盖从业务牵引的角度、以用户为中心的角度等不同内容和不同层面的多个视角。

上面通过从 CSI 的视角对体系结构的发展历程进行解读，清晰地呈现了客户-服务器之间通信和交互方式的演化规律：服务器将向着功能更强的基础设施进行演化，服务将成为沟通客户端和基础设施之间的纽带，其地位将日益凸显。

下面将分别探讨互联网分布式系统中的客户端、基础设施和服务三个基本组成要素的新特征。

在互联网分布式系统中，客户端是一个广义词，它既包括了传统的浏览器、胖客户端，还包括了新出现的富客户端等内容。客户端可以看做是以用户为中心的虚拟计算环境，其“胖瘦”可灵活变化，用户可根据需求选用。通过用户端虚拟计算环境，用户可以方便地使用网络环境中的资源、灵活地定制个性化的互联网应用来求解业务问题。

不同于传统的服务器，基础设施是更为复杂的软硬件结合体。基础设施为上层应用提供了网络环境中的数据和服务资源的逻辑中心，可以开放地纳入网络资源，以及优化地管理和调度网络资源，并且可提供可伸缩性、可靠性、可用性等非功能保障。它往往涉及一个或多个可扩展的数据中心，软件运行环境包括对资源进行逻辑一体化的分布式文件系统、分布式计算环境、分布式存储和管理系统等网络化基础软件以及应用软件的开发、部署和托管运营环境等。

服务是沟通客户和服务器之间的纽带，也是构造基于互联网的应用系统的第一元素。客户和基础设施之间是以服务的方式进行通信和交互的。基础设施可将计算、存储等物理资源抽象为服务的规范形式提供出来，也可将与具体应用无关的平台共性功能抽象为服务的规范形式提供出来，或者将与行业应用相关的业务共性功能等抽象为服务的规范形式提供出来，从而使得基础设施更容易被使用和复用。区别于传统“服务器软件包＋API”的接口提供方式，基础设施以服务的形式封装对外提供的接口，这使得客户端在使用基础设施提供的功能时可以不必考虑基础设施的具体实现方式，使基础设施的功能更易使用和复用，应用范围更广泛。此外，服务还可以有效解耦客户端和基础设施之间的紧密依赖关系，使客户端能够有效应对基础设施的变化。

3.5　互联网分布式系统的CSI参考体系结构

CSI体系结构模型总结出了互联网分布式系统的一种演化趋势。然而，要落实这种演化趋势，还需要核心技术的推动。图3.4给出了一个可行的落实CSI演化趋势的参考体系结构。这种体系结构将为互联网资源基础设施的构建提供指导，对分散、自治、动态、边界模糊的资源提供“逻辑集中、物理分布”的集成模式，强调对资源的优化和管控，并保障业务用户方便地使用资源来实现应用系统的构建。

针对互联网分布式系统的基本特征，该参考体系结构将服务作为互联网资源基础设施构建的基本元素，采用“软件即服务”的部署、运营和使用模式，满足大规模、多样化的用户需求，并在保障系统的可用性、可靠性以及可伸缩性等方

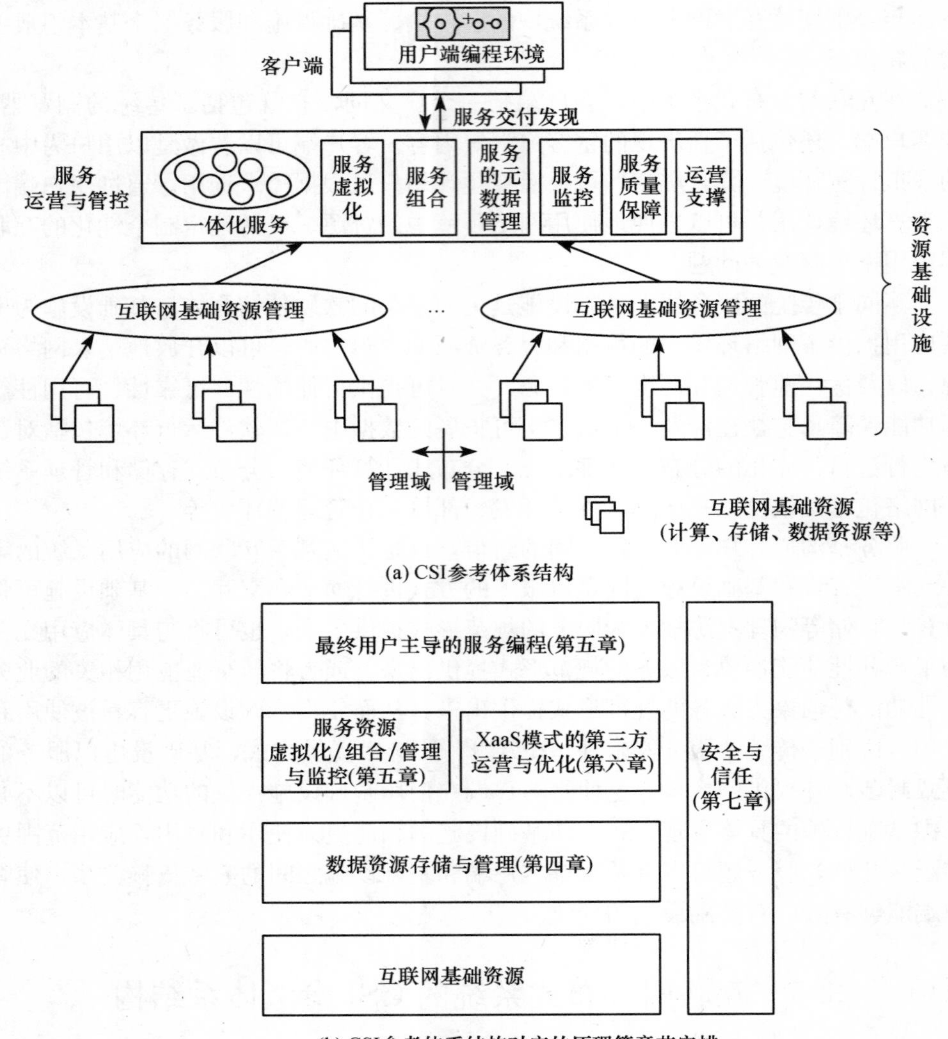

图 3.4　互联网分布式系统的 CSI 参考体系结构

面提供了一系列的核心技术。服务的广泛应用还保障了系统在对外接口不变的情况下，可以灵活改变资源和功能的实现方式，从而为系统提供了在线演化和动态优化的能力。下面，我们将对该参考体系结构的主要组件和核心技术进行简要介绍，并分析这些技术是如何实现互联网分布式系统的基本特征的。

如图 3.4(a) 所示，该参考体系结构主要由互联网基础资源管理组件、服务运营与管控组件以及用户端编程环境三个主要组件构成。其中，用户端编程环境负责描述用户的业务需求，并根据需求组合互联网服务来构建应用。互联网基础资源管理组件将对各类互联网资源（包括计算资源、存储资源和数据资源等）进行有效的组织和管理，将互联网环境下资源管理面临的底层复杂问题，如异构、并行、容错、分布、负载均衡等各种细节对上层隐藏，对外提供统一、易用的接口。服务运营与管控组件将负责以服务的形式封装资源，规范资源的使用方式，提供应用软件的开发、部署和托管运营环境，并支持对数量众多的服务资源进行管理、监控以及质量保障等。互联网基础资源管理组件和服务运营与管控组件共同构成了互联网分布式系统的资源基础设施。在该参考体系结构中，服务是沟通资源基础设施和客户端的主要方式。资源基础设施将向用户端编程环境提供各类可用的服务，而基于服务构建的各类应用将部署到资源基础设施中，以“软件即服务”的方式支持多租户的使用。下面，我们将对这些组件分别进行简要介绍。

1. 互联网基础资源管理

在互联网分布式系统中，互联网基础资源管理组件对计算、存储、网络和数据等基础资源进行抽象和封装，从而对上层组件和用户以统一的方式暴露资源的使用接口，如虚拟计算机/集群、分布式文件系统、分布式环境下的数据库系统等。

数据是一种重要的互联网基础资源。与应用相关的大量业务数据、各类互联网资源（如计算资源、存储资源和数据资源等）的描述信息、使用信息、调度信息、状态信息、提供者信息等都是庞大数据资源的重要来源。管理好这些规模巨大的数据资源是实现互联网分布式系统的必要前提。

关系数据库为传统分布式系统大规模的结构化数据管理提供了很好的实现手段。然而，不同于传统分布式系统的是，互联网分布式系统所面对的数据规模更大、更新更快、异构现象更严重，而且大都是非结构化的数据。并且大多数互联网应用（如互联网搜索、电子商务等应用）并不需要对数据进行复杂的查询，也没有复杂的事务要求，这就使得传统关系型数据库并不十分适用于互联网环境下。

总的来说，设计一个互联网规模的数据管理系统需要应对海量数据的存储、计算，必须具有较高的可伸缩性和可靠性。为此，本书将在第四章重点介绍一种新的基于 key/value 数据模型的分布式存储和管理系统，它是针对互联网规模数据管理需求的主要解决方案之一。

2. 服务运营与管控

在该参考体系结构中，服务是构建互联网分布式系统的基本元素。包括计算、存储和数据等在内的所有互联网基础资源将借助于虚拟化技术，经过一体化的资源抽象，以服务的形式提供给其他组件及用户使用。以服务为核心具有重要意义。与传统分布式系统不同，构成互联网分布式系统的资源分布在不同组织、不同企业的应用系统中。服务化可以为资源提供统一的访问方式，解耦应用系统间的依赖关系，降低资源跨域共享与集成的复杂度。这里需要指出的是，资源服务化并不是服务虚拟化技术的全部。服务虚拟化技术的主要目标是要在业务层和IT层之间建立起一个服务虚拟层，从而实现跨越业务层和IT层之间的鸿沟。为了实现这一目标，服务虚拟化技术的一部分内容是对用户的需求表达进行建模和规范，这部分内容将在用户端编程环境中讨论。

当可用的服务数量众多时，对服务管理和监控的需求就越来越突显。如何帮助用户找到需要的服务、如何监控服务的运行状态、如何保障服务的质量等问题都是难以回避的。服务管理的主要功能包括管理服务的各项元数据信息、对服务的运行状态进行监控、确保服务的运行质量。一个好的服务管控模块能够有效提升整个分布式系统的可用性和可靠性。

在该参考体系结构中，互联网分布式系统以服务形式对外提供各种资源和能力。典型的服务提供方式有SaaS、PaaS、IaaS及“数据即服务”（data as a service，DaaS）等，并统称为“一切皆服务”（anything as a service，XaaS）。其中，离最终用户最近的是SaaS。用户基于服务构建应用系统后，可以将其部署到资源基础设施中，并以SaaS的形式提供给外部使用。这种模式支持用户以“使用而不拥有”的方式使用软件。在这种模式下，软件并非归软件的使用者所有，而是归专业的第三方软件运营商拥有。软件运营商负责进行软件的部署和运维，根据用户的需要和实际使用情况来收费。

3. 用户端编程环境

用户端编程环境致力于支持业务用户自主编排服务资源以实现满足其业务需求的个性化应用。这能有效应对互联网分布式系统所面对的大规模多样化的用户需求。服务组合技术为这一目标的实现提供了切实可行的方法和手段。与传统的构建方法不同，基于服务组合的方法可以保障构建的应用系统具有很大的灵活性、可用性、可靠性以及可演化和动态优化的特征。首先，在不改变服务接口的情况下，服务的实现是可以替换的。这种替换不会影响到系统中的其他组件。这也就意味着系统的功能是可以不断升级、不断演化的。其次，当某一服务失效时，可以替换为由其他组织提供的功能相似的服务，这可以极大提升整个系统的可用性和可靠性。

服务组合的实现有多种方法。最直观的一种方法是直接使用资源基础设施提供的各类IT层的服务，通过服务组合的方法构建应用。这种方法的一个主要问题是需要用户了解各类IT技术的实现细节。另一种方法是首先规范用户的业务需求表达，然后实现从业务需求到具体IT服务的自动落实和自动组合。服务虚拟化技术将在这种方法中发挥重要作用，它将规范业务用户的需求表达方式，并提供服务发现、服务转换等形式来帮助用户需求到具体服务的自动落实。

3.6　CSI 典型实例分析

当前，互联网分布式系统的发展异常迅猛，涌现出了大量的开源项目和商业产品，其中包括 Google AppEngine、Eucalyptus 以及 Windows Azure 等。这些项目和产品中绝大多数采用的体系结构都可以从 CSI 体系结构模型的视角进行解释，将其归结为客户端、服务和基础设施三个基本元素。下面，我们以这几个互联网分布式系统为例来进行分析。

3.6.1　Google AppEngine：Google 的云计算平台

2008 年 4 月，Google 公司正式发布了 Google AppEngine。这是一种基于互联网，从开发、测试、部署、运营到维护的全方位 Web 应用运营平台。基于 AppEngine，用户可以在 Google 的基础设施上运行自己的 Web 应用程序，并且具有良好的可伸缩性，可以随着访问量和数据量的增长而轻松扩展。另外，使用 Google AppEngine 时，用户将不再需要维护服务器，并可根据应用程序使用的资源进行按需付费。

如图 3.5 所示，Google AppEngine 的实现体系结构可以从 CSI 体系结构的视角加以解释。Google AppEngine 的客户端部分和传统客户端并无区别，仍然

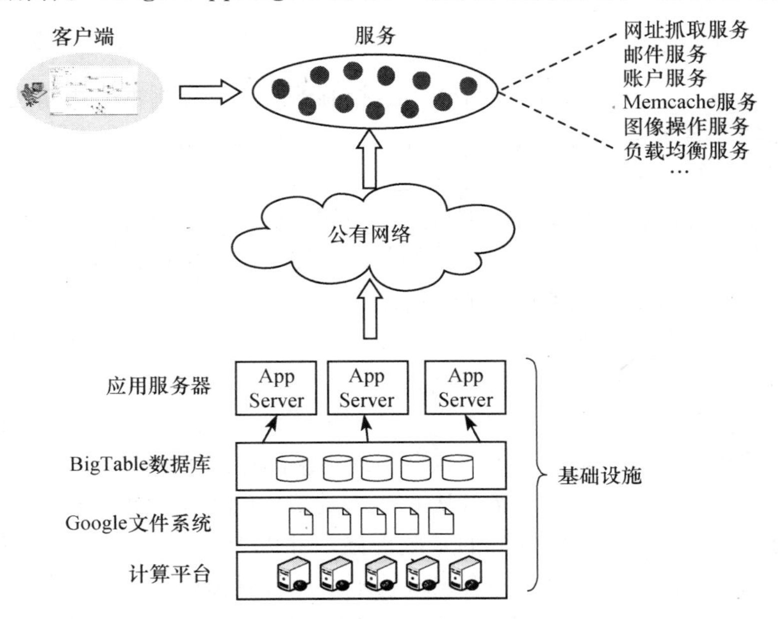

图 3.5　Google AppEngine 体系结构

是用户通过浏览器访问 Web 应用。但是，Google AppEngine 的服务器端却发生了较大变化，演化成为一种基础设施。它和传统服务器的区别在于：

（1）应用提供者并不会事先搭建一个 Web 应用容器来部署并运行应用，只是根据要求上传自己开发的 Web 应用，他并不知道应用物理部署在什么服务器上以及运行在什么样的软件环境下。另外，基础设施会对部署在其上的应用提供性能、伸缩性等多方面的保障。

（2）应用提供者并不会对物理上占用的服务器或数据库等软件和硬件设备一次性付费，而是根据占用资源多少和获取的服务质量按需付费。

（3）部署在基础设施上的应用往往是跨组织的，改变了以往不同组织购买不同的软硬件环境来独立运维 Web 应用的模式。

在 Google AppEngine 中，用以沟通客户端和基础设施之间的桥梁——服务的类型也是多样的。有非功能保障类的服务，如负载均衡服务；也有功能类的服务，如邮件服务、账户服务等。

3.6.2 Eucalyptus：开源的云计算平台

Eucalyptus 是由圣芭芭拉大学为进行云计算研究而开发的一个开源项目（Nurmi，Wolski，Grzegorczyk，et al.，2009）。该项目是 Amazon EC2 的一个开源实现。Eucalyptus 系统模拟了 Amazon EC2 提供的 SOAP 接口，允许用户启动、控制、访问和终止整个虚拟机。用户与系统的交互和用户与 EC2 的交互基本相同。

如图 3.6 所示，Eucalyptus 的体系结构采用了层次化设计，具有简单、灵活和模块化的特点。Eucalyptus 主要由节点控制器、集群控制器、存储控制器以及云控制器四个系统组件构成，每个组件的对外接口都被封装为独立的 Web 服务。这四个组件的功能分别如下：

（1）节点控制器：在运行的主机上控制虚拟机实例的执行、检查和终止。

（2）集群控制器：从特定的节点控制器处搜集虚拟机执行的信息，负责虚拟机的调度，并管理多个虚拟机组成的网络。

（3）存储控制器：实现了 Amazon S3 接口的 put/get 存储服务，提供了存储和访问虚拟机映像和用户数据的机制。

（4）云控制器：它是用户和管理员进入云计算系统的入口点。通过向集群控制器发送请求，它能够查询资源信息并实现高级的调度策略。

Eucalyptus 的体系结构仍然可从 CSI 体系结构的视角加以解释。Eucalyptus 致力于打造一个计算和存储资源的基础设施，并以 Web 服务的形式提供给客户端程序使用。它没有涉及过多的客户端技术，没有对客户端提出过多的要求和限制，传统的 C/S 和 B/S 客户端均可直接使用。从图 3.6 中可以看出，Eucalyptus

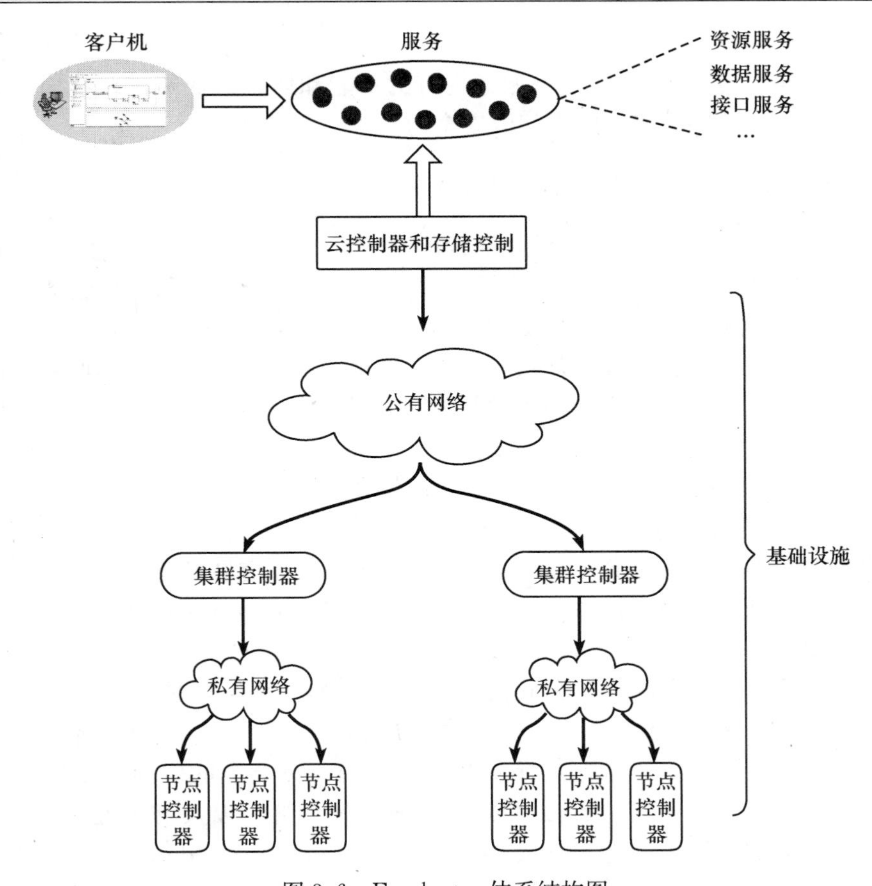

图 3.6　Eucalyptus 体系结构图

打造的资源基础设施是“物理分布、逻辑集中”的。真实的物理资源分布在网络的各个节点上，但是通过集群控制器和云控制器，这些资源的信息从逻辑上集中到了一起，用户可以从一个统一入口点查询并设计资源的调度策略。

服务在 Eucalyptus 的体系结构设计中扮演着重要角色。Web 服务是一种定义良好的与语言无关的接口提供方式，Eucalyptus 通过 WSDL 文档能够很好地定义服务的操作和输入输出数据的格式。在 Eucalyptus 中，各个组件对外提供的接口都以 Web 服务的形式加以封装。例如，云控制器组件就提供了以下三类服务：

（1）资源服务：实现整个系统范围内的资源分配仲裁，用户可以操控虚拟机的一些属性，并监控系统组件和虚拟资源的情况。

（2）数据服务：管理用户和系统数据的持久化。

（3）接口服务：提供用户可见的接口，包括用户验证、协议转换以及系统管理等工具。

Eucalyptus 还可以利用 Web 服务现有的功能和协议来保障某些性质，如利用 WS-Security 策略来实现组件间的安全通信等。

3.6.3 Windows Azure：微软的云计算平台

2008 年 10 月 27 日，在洛杉矶举行的专业开发者大会（PDC）上，微软首席软件架构师 Ozzie 公开发布了微软公司的 Azure 服务平台。Azure 服务平台是一个运行在微软数据中心之上的云计算平台，它以 Windows Azure 云操作系统为基础，向开发者提供微软全球数据中心的储存、计算和网络等各类服务，帮助构建运行在微软数据中心之上的各类互联网应用。当前的 Azure 服务平台主要提供以下服务：

（1）Live 服务：提供分享、储存和同步文件的服务。

（2）SQL 服务：提供云的关系数据库服务。

（3）.NET 服务：提供在云的应用服务器服务，如交易以及工作流程等。

（4）SharePoint 服务：提供在线版本的 SharePoint Server 服务。

（5）Dynamic CRM 服务：提供在线版本的 Microsoft Dynamics CRM 服务。

Windows Azure 是由微软公司开发的一套云操作系统，是整个 Azure 服务平台的基础。它运行在微软数据中心的集群架构上（称为构造层），自动管理集群中的计算与存储资源，并为运行在 Windows Azure 之上的应用程序提供相应服务。Windows Azure 允许开发人员在上面开发、管理以及部署互联网应用，同时所有的互联网服务都在 Windows Azure 之上运行。Windows Azure 的应用程序部署环境会自动管理资源、负载平衡、进行地域复制以及管理应用程序的生命周期。另外，它也为应用程序的开发提供了大量服务，如存储服务（storage service）就提供了三种存储方式，即大型二进制对象（BLOB）、队列（queue）以及非关系型表格。

图 3.7 展示了 Azure 服务平台的体系结构。从图中可以看出，Azure 服务平台依然可从 CSI 体系结构的视角加以解释。Windows Azure 扮演了基础设施的角色，采用逻辑集中的方式，管理数据中心物理分布的各类存储和计算资源。Azure 服务平台支持的客户端类型比较丰富，除了 PC 之外，还包含了手机等移动设备。服务在 Azure 服务平台中依然扮演着核心角色，各类可用的互联网资源和平台功能都是以服务的方式加以提供的。

通过上面对 Google AppEngine、Eucalyptus 以及微软公司的 Azure 服务平台的介绍，可以看出，服务对互联网分布式系统具有重要作用，它是沟通用户需求和基础设施之间的桥梁，也是构造互联网分布式系统的第一元素。越来越多的互联网分布式系统都被实现为客户端和基础设施两个主要组成部分，采用“物理

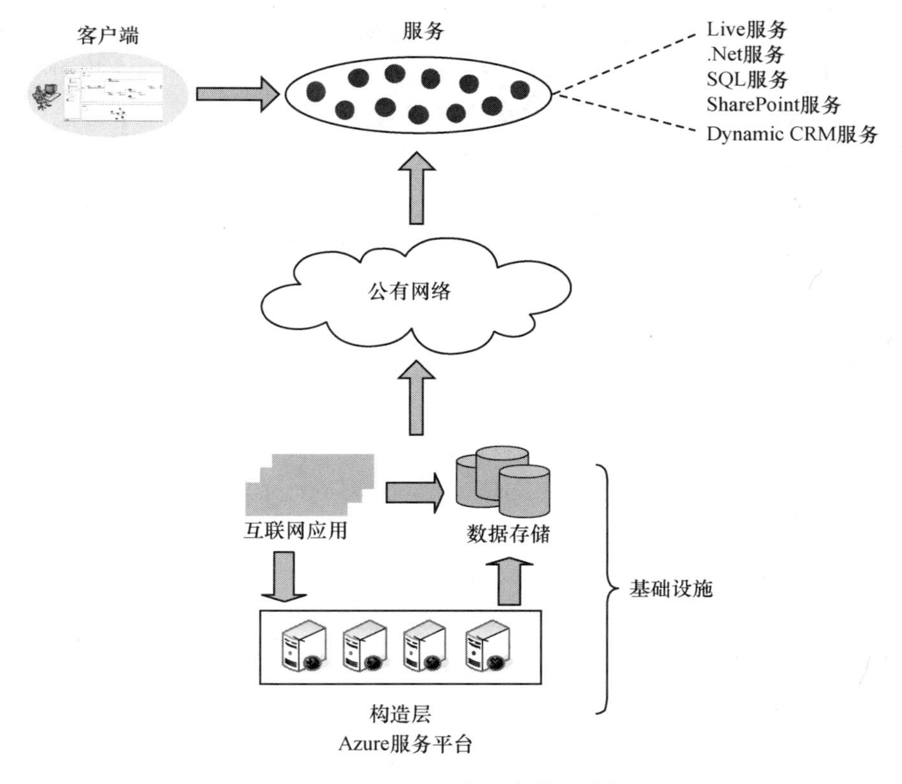

图 3.7　Azure 服务平台体系结构

分布、逻辑集中”的方式来构建资源基础设施，并对外提供各类服务。从 CSI 构成的视角去解读这些互联网分布式系统的体系结构，将更有利于认清互联网分布式系统体系结构的本质。

3.7　本章小结

传统分布式系统的体系结构正在面临变革，新概念和新技术层出不穷，网格、云、SaaS、SOA、Web X.0…这些概念和技术兴起的根本动力是互联网分布式系统构建的实际需求，它们也都试图从不同视角、不同背景来给出问题的解决方案。而本章介绍的 CSI 体系结构将客户与服务器之间的通信、交互方式进行了总结，从基础设施如何满足客户端需求、提供客户所需服务的角度归纳了分布式体系结构的演化历史和发展趋势。事实上，CSI 的愿景和近年来流行的 SaaS、网格计算和云计算等概念的愿景是相同的。它们的实质追求和 20 世纪 60 年代图灵奖获得者 McCarthy 提出的效用计算是相同的，即使得人们可以像用水、电一样获得“按需计算”的能力，使用简便、无须维护，并且可以根据使用情况来进行付费。CSI 的提出可以让我们进一步澄清 SaaS、网格计算和云计算等概念的科学问题和本质追求。本章给出了 CSI 体系结构模型一个可能的组织结构，为后续章节进行了铺垫，最后还从 CSI 体系结构模型的视角对几种典型互联网分布式系统体系结构进行了分析。

第四章　互联网分布式系统的数据资源存储与管理

4.1 引　　言

近几年来，互联网上产生了数量惊人的数据，下面是一些统计数字（Brodie，2007）：

（1）截止2007年，互联网上约有1.09亿个独立的Web站点，297亿个网页，世界上平均每人拥有5个网页。

（2）仅2006年，互联网上就有108TB新产生的或复制的数据。这个数字比过去5000年世界上产生的数据总和还多。

（3）每个月都约有72亿次的Web搜索发生，这个数字超过了世界人口的数量。

在互联网和万维网普及之前，只有很少的公司或组织需要处理大规模的数据集，但是在今天，随着互联网上数据的大量产生，越来越多的公司或组织产生了大规模Web数据处理和分析的业务需求，以数据为中心的互联网应用也在突飞猛进地发展。下面是几种对数据管理有着迫切需求的互联网应用：

（1）数据网格和数据库网格。2001年左右，随着网格的出现，兴起了一批数据网格、数据库网格等项目，如TeraGrid、MyGrid和Oracle10g等。这些项目有的是面向科学计算领域的应用，有的是面向分布式环境下的企业应用，其共同目标是建立异构分布式环境下海量数据的一体化存储、管理、访问、传输与服务的架构和环境，使得用户可以透明访问、分析和使用分布式环境中的数据。

（2）Web信息集成应用。这类应用通过获取Web上的有用信息并加以综合利用，产生巨大的附加价值，近年来这类应用已成为工业界和学术界的共同热点。面向企业内部人员的信息集成应用、面向公众的垂直搜索应用以及面向互联网大众用户的信息聚合应用等都属于这类应用。

（3）搜索和日志分析等互联网应用。这类应用的共同特征是数据量大、用户请求具有高并发性。在这类应用中，有的需要支持在线实时查询（如搜索），也有对实时性要求不高的查询（如日志分析）。这类应用往往没有复杂的查询，对一致性事务处理的要求并不是很高，但需要支持大规模的用户请求，并且其用户的并发请求数量是不断动态变化的，在很短的时间内可能有很大的增长。因此，这类应用要求系统具有较好的可伸缩性，数据可以根据负载情况容易地扩展并划分到其他分布式的节点上。此外，系统要具有较好的可用性，用户在任何时候总能找到可用的数据副本。典型例子有 Google、Yahoo 等互联网搜索引擎、电子商务站点 Amazon、社会化网络站点 Twitter、Facebook 等。这类应用在近几年发展势头迅猛。

（4）支持多租户的 SaaS 应用。这类应用在同一软硬件平台上为多个租户提供数据服务，一般让租户共享数据库。为了充分共享软硬件资源，数据管理要具有集中性，同一数据结构要被租户共享，同时又要保证租户对自己的数据模式有充分的支配权，可以对其进行自由的修改，而不影响其他租户。Salesforce 是典型的支持多租户的 SaaS 应用，其他如 Google gadgets、Yahoo！ widgets 等也是这类应用。它们托管运行于同一个互联网分布式系统中，与 T 级别的数据处理应用相比，每个应用的数据库需要管理的数据容量和用户请求负载较小（数据容量从数十兆到数千兆，其用户请求负载从数十个并发用户会话到数千个并发用户会话）。但是，具有多个租户时，其累积的数据容量和用户请求负载也是很大的(往往达到 P 级别的数据量和百万并发用户会话）。近年来，这类应用也有了迅猛的发展。例如，据媒体报道，Salesforce 交易量（即该公司数据库调用应用编程接口 API 的次数）在 2004～2007 年的 3 年内已从 5 亿次/季度蹿升到 54 亿次/季度。

随着上述数据密集型应用的大幅增长，数据管理在互联网计算中的位置变得越来越重要。从对上述应用的分析可以看出，互联网分布式系统的数据资源管理核心技术主要可分为跨域数据/信息集成、可伸缩的数据存储与管理、支持多租户的数据管理以及海量数据处理等几个方面。由于本书第二章已经对数据集成的基础知识进行了介绍，本章为了突出互联网分布式系统中的数据资源管理与传统数据资源管理的区别和显著特征，将重点选取分布式 key/value 数据存储与管理系统、多租户数据库以及基于 MapReduce 并行编程模型的海量数据处理三个方面的问题进行介绍，并选取了相关典型实例进行分析。

4.2　分布式 key/value 数据存储与管理系统

传统关系型数据库发展已有 40 多年的历史，在此期间出现了很多成熟和应用广泛的关系型数据库管理系统，如 Oracle、MS SQL Server 和 MySQL 等。然而在互联网计算环境中，传统关系型数据库遇到了新的挑战。

传统关系型数据库是针对结构化数据以及这些数据之上的复杂查询设计的。在互联网计算环境下，数据的规模较大，要处理的互联网数据有很多是非结构化的，很多互联网应用（如互联网搜索和电子商务等应用）并不需要对数据进行复杂的查询（如关联查询），这就使得传统关系型数据库的一些优点在互联网环境下反而成了缺点。关系型数据库模型以模式结构为基础，通过严格的理论基础保证其完整性约束。例如，设计关系型数据库满足一定的范式可以保证实体完整性约束和参照完整性约束。但是，这却导致了传统关系型数据库表结构变得复杂，从而使得其只有在同一个服务器节点上进行扩展时才比较方便，并不适合在分布式环境下进行扩展。此外，传统关系型数据库对事务管理的严格要求也严重影响了系统在分布式环境下的可用性、可伸缩性等性质保障。而互联网应用由于对外提供各种开放的服务，往往需要支持大规模的用户请求，因为用户的并发请求数是不断动态变化的，在很短的时间内可能有很大的增长。互联网计算环境也使得传统关系型数据库的一些缺点被加倍放大。例如，传统关系型数据库不擅长处理模式不确定的数据，而在互联网环境下，需要处理的数据往往没有固定的模式。

因此，设计一个互联网规模的数据管理系统需要重新考虑传统关系型数据库的经典解决方案。例如，设计一个互联网规模的数据管理系统需要应对海量数据的存储、计算，必须具有较高的可伸缩性和可靠性；为支持互联网用户的服务使用方式，还需要对外通过服务形式提供使用接口等。

近年来，分布式 key/value 存储和管理系统越来越受到人们的重视，它是针对互联网规模数据管理需求的主要解决方案之一。分布式 key/value 数据存储和管理系统还没有公认的学术名，除 key/value 数据库外，面向文档的数据库、面向 Web（因特网）的数据库、面向属性的数据库、分布式哈希表等也是人们对这类新型数据库的常用称谓。

简单地说，分布式 key/value 存储和管理系统名称的由来源于它只支持简单的 key/value 接口，只支持根据唯一的键值（key）定义在一个数据项上的读写操作。相对于复杂的关系型数据库系统，分布式 key/value 存储系统的主要优点在于其查询速度快、支持大规模数据存储并且支持高并发，非常适合只需要通过主键进行简单查询的应用场景。事实上，这类只需要通过主键进行简单查询的需求广泛存在于互联网应用中，如亚马逊等在线书店和 Linkedin 等社区网站的大部分服务等。因此，分布式 key/value 存储和管理系统日益受到重视。

下面，我们从数据结构、数据扩展机制、复制与一致性保障机制以及可用性保障机制等方面对分布式 key/value 数据存储和管理系统的原理进行介绍。

4.2.1　基础数据结构及数据访问

下面，我们通过与传统关系型数据库的对比来介绍 key/value 数据存储系统的数据结构。传统关系型数据库是由表构成的，表由行和列构成，其中，行由列的值构成，表中的行都具有相同的模式。在传统关系型数据库中，数据模式是需要提前定义的，使用约束和关系来保证数据的完整性。传统关系型数据库在设计时需要经过规范化过程来避免数据的重复存储。经过规范化之后，传统关系型数据库就建立了表之间的关系，将不同表中的数据关联起来。

与传统关系型数据库不同，分布式 key/value 数据存储系统由不同的域（domain）构成。域类似于传统关系型数据库中的表，不同于表的是，域是没有结构的，域的作用是容纳数据项（item）。数据项用键值来定义，一个域中的不同数据项可能具有不同的结构，一个给定的数据项也许有多个动态变化的属性。在分布式 key/value 数据存储系统的一些实现中，属性全部是字符串类型的，但是在有些实现中，属性也可以具有简单的类型，如整型、字符串数组等。在分布式 key/value 数据存储系统中，对不同域之间的关系或者一个域内数据项之间的关系不进行定义。图 4.1 是关系数据模型和 key/value 数据模型的一个具体例子。

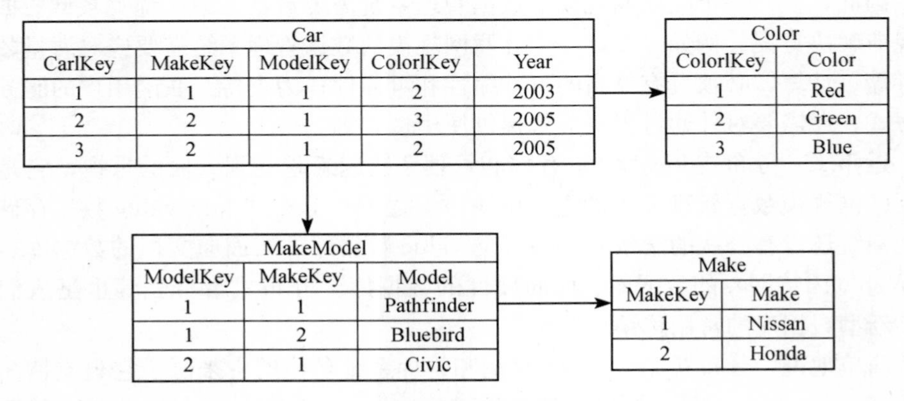

Car				
CarlKey	MakeKey	ModelKey	ColorlKey	Year
1	1	1	2	2003
2	2	1	3	2005
3	2	1	2	2005

Color	
ColorlKey	Color
1	Red
2	Green
3	Blue

MakeModel		
ModelKey	MakeKey	Model
1	1	Pathfinder
1	2	Bluebird
2	1	Civic

Make	
MakeKey	Make
1	Nissan
2	Honda

(a) 关系数据模型举例

Car	
Key	Attributes
1	Make: Nissan Model: Pathfinder Color: Green Year: 2003
2	Make: Nissan Model: Pathfinder Color: Blue Color: Green Year: 2005 Transmission: Auto

(b) key/value数据模型举例

图 4.1　一个关系数据模型和 key/value 数据模型的例子

可以将分布式 key/value 数据存储系统理解为面向数据项的系统，所有与一个数据项相关的内容都存储到该数据项中。在同一个域中存储的数据项可以存在很大的差异。例如，一个域中可能既存储了客户数据项，也存储了订单数据项。这种数据结构为系统的可伸缩性带来了很大的便利，由于与数据项相关的内容都存储在一个单独的数据项中，因此要获取一个数据项的相关内容无须多个表之间的 Join 操作，这使得数据可以容易地扩展到其他机器上。分布式 key/value 数据存储系统也有一定的缺点，即在一个域中，不同数据项中很可能有重复存储的数据内容。但随着磁盘的单位价格越来越低，数据冗余问题已经不再重要。

也有一些 key/value 的变体，如 Google BigTable、Facebook Cassandra 和 HyperTable 等，它们的数据结构都采用一个多维稀疏矩阵。该矩阵中所有行的信息可以基于主键（primary key）进行排序。在该多维矩阵中第一维称为行（row），行键值（row key）即为主键；第二维称为列族（column family），一个列族是多个列（column qualifier）的集合，它们一般具有相同的类型属性，系统在存储和访问表时，都是以列族为单元；第三维称为列，理论上，一个列族中列的个数不受限制，列的命名方式通常采用“family：qualifier”的方式；最后一维就是时间戳（timestamp），它通常是系统在插入一项数据时自动赋予。如果我们将行和列族看成是三维矩阵的行和列，那么我们可以将时间戳看成是纵向深度坐标。

图 4.2 至少包括两个列族，其中一个列族只有一列，即“content”，用于存储网页的内容；另一个列族是“anchor”，用于表示该网页被其他网页引用的情况。对于表中的每一行，该列族包含不定数目的列，即列的个数不定，因此该表在逻辑上会形成一个稀疏矩阵。

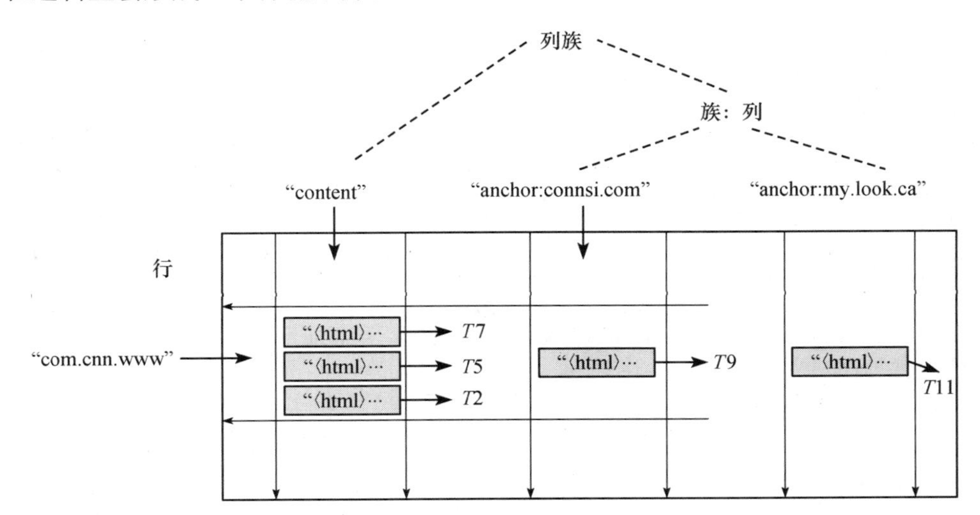

图 4.2　基于多维稀疏矩阵的 key/value 数据模型

之所以称上图所示的数据结构为 key/value 数据结构的变体，是因为上述四维（行键值、列族、列、时间戳）表最终可被扁平化处理成 key/value 对的形式进行存储。其中，key 为行键值、列族（处理时使用系统编号）、列和时间戳连接在一起组成的字符串，value 为相应的值。图 4.3 给出了一个四维表和 key/value 数据结构之间的转换关系。在图中，行键值为“com. facebook. www”、列名为“title”、时间戳为“2008-02-11 15：14：01”、列值为“Facebook I Home”的一个行信息可转化为一个 key/value 对：(com. facebook. www title 2008-02-11 15：14：01，Facebook I Home)。

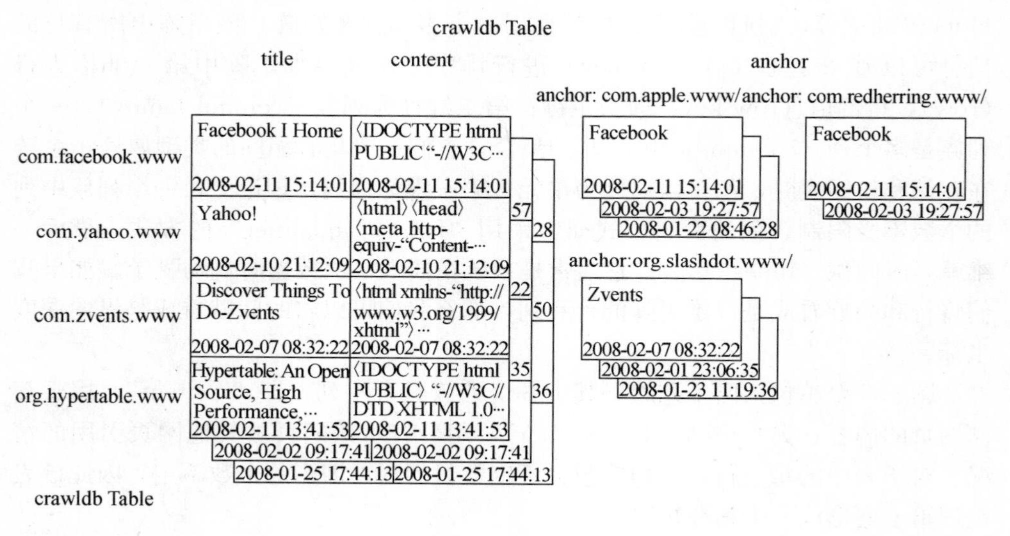

crawldb Table

key	value
com.facebook.www title 2008-02-11 15:14:01	Facebook I Home
com.facebook.www title 2008-02-03 19:27:57	Facebook I Home
com.facebook.www title 2008-01-22 08:46:28	Facebook I Home
com.facebook.www content 2008-02-11 15:14:01	〈IDOCTYPE html PUBLIC "-//W3C//DTD···
com.facebook.www content 2008-02-03 19:27:57	〈IDOCTYPE html PUBLIC "-//W3C//DTD···
com.facebook.www content 2008-01-22 08:46:28	〈IDOCTYPE html PUBLIC "-//W3C//DTD···
com.facebook.www anchor:com.apple.www/ 2008-02-11 15:14:01	Facebook
com.facebook.www anchor:com.apple.www/ 2008-02-03 19:27:57	Facebook
com.facebook.www anchor:com.apple.www/ 2008-01-22 08:46:28	Facebook
com.facebook.www anchor:com.redherring.www/ 2008-02-11 15:14:01	Facebook
com.facebook.www anchor:com.redherring.www/ 2008-02-03 19:27:57	Facebook
com.yahoo.www title 2008-02-10 21:12:09	Yahoo!
com.yahoo.www title 2008-02-04 03:46:22	Yahoo!
com.yahoo.www title 2008-01-22 08:46:28	Yahoo!
com.yahoo.www content 2008-02-10 21:12:09	〈html〉〈head〉〈meta http-equiv- "Content-···
com.yahoo.www content 2008-02-04 03:46:22	〈html〉〈head〉〈meta http-equiv- "Content-···
···	···

图 4.3　一个四维表和 key/value 数据结构之间的转换

在数据访问机制上，传统关系型数据库的数据创建、更新、删除和获取都使用 SQL 完成，SQL 查询可以从单个表或者通过多个表的 Join 操作来获取数据，SQL 查询包括聚集和复杂的数据过滤等功能。传统关系型数据库还将一些数据处理逻辑用存储过程、触发器等形式来实现，程序员不必在应用代码中实现对应用和数据的完整性保障。分布式 key/value 存储和管理系统中没有任何一个操作能够跨多个数据项，因而它不需要关系数据模式，也不支持复杂的 Join 查询操作。在分布式 key/value 数据存储系统中，数据的创建、更新、删除和获取都是用 API 方法调用，也有一些实现提供了类似于 SQL 的语法来定义一些过滤规则，另外，数据的完整性保障逻辑必须由应用程序实现。

在应用接口方面，传统关系型数据库往往提供自身特有的 API，或者使用通用的 API，如 OLE-DB、ODBC、JDBC 等。程序员往往需要在应用代码结构和关系型数据库结构之间进行对象-关系映射。而分布式 key/value 数据存储系统目前一般提供 SOAP、REST API 等服务接口来访问数据，数据直接映射到应用代码中的对象结构中，不需要进行应用代码结构和数据库结构之间的对象-关系映射。

通过上面的比较分析，我们已经知道分布式 key/value 数据存储系统在可伸缩性的保障、与应用代码的兼容等方面都较传统关系型数据库具有优势，但是，key/value 数据存储系统也存在一些不足之处，例如：

（1）在分布式 key/value 数据存储系统中，它本身没有任何表示约束和关系的机制，因此数据的完整性保障完全依赖于客户程序本身。

（2）目前出现了很多分布式 key/value 数据存储系统的产品或工具，但是这些不同产品之间兼容性很差，很难做到数据在不同产品之间迁移。

（3）当前互联网环境中的分布式 key/value 数据存储和管理系统很难满足商业应用的实际需求。在互联网环境中，往往很多用户和应用使用同一个 key/value 数据存储系统。为了避免一个进程使共享环境超载，很多 key/value 存储严格限制一个单独的查询所能够产生的全局影响。例如，在 SimpleDB 中，不允许用户运行一个超过 5 秒钟的查询，在 Goolge AppEngine 数据存储中，用户一次查询返回的数据项只允许在 1000 条以内。这对于很多商业应用来说是不现实的。特别是对于数据分析应用（如用户使用模式跟踪、推荐系统等）来说，这样的限制是不可容忍的。

4.2.2 数据划分

可伸缩性是分布式 key/value 数据存储系统追求的目标之一，在系统扩展时，需要系统提供一定的机制将数据划分到新增的机器（或节点）上。数据库切分（database sharing）方法是一种最常见的数据划分方法，它实际上是一种

"Shared Nothing"架构的数据库划分方案。

定义 4.1 Shared Nothing：是构建高事务率多处理机系统的一种方案。相对于 Shared Memory 和 Shared Disk 方案，Shared Nothing 不要求各个节点的处理机共享主存或磁盘；各个节点是独立和自治的，而且系统中没有单点"瓶颈"(Stonebraker，1986)。

Shared Nothing 架构是一种经典的分布式计算架构。这种架构中的每一个节点都是独立和自治的，而且整个系统中没有单点"瓶颈"（Brodie，2007）。Shared Nothing 能够提供很好的可扩展性，在一个纯 Shared Nothing 系统中，通过简单地增加一些廉价的计算机作为系统的节点可以获取几乎无限的扩展。因此，Shared Nothing 架构在 Web 应用开发中尤其受到欢迎，如著名的图片共享网站 Flickr 即是使用该方法的一个实例。

切分可分为垂直切分（纵向）、水平切分（横向）以及两种方式的结合。垂直切分数据往往是指数据库切分按照互联网应用的业务、产品进行切分，如用户数据、博客文章数据、照片数据、标签数据、群组数据等，切分后每个业务作为一个独立的数据库或者数据库服务器。水平切分数据是将所有数据当做一个整体的业务，但是将所有的平面数据按照某些 key（如用户名）分散在不同数据库或者数据库服务器上，分散对数据访问的压力。

图 4.4 是一个对数据库进行切分的例子，在这个关于书店的例子中，主切分表是"customer"实体，这是用来对数据进行切分的表。"customer_order"和"order_item"是"customer"的子表，数据根据"customer_id"属性进行切分，子表中所有与给定"customer_id"属性相关的行都被切分。图中全局表由于变动较少，一般将其复制到各个切分节点上，以尽可能避免跨切分节点的 Join 操作。

但是，Sharding Nothing 系统不提供在机器之间进行数据自动迁移的功能，这增加了系统的运营维护成本，系统架构及程序员的精力消耗在切分上，每一个新的项目中都有很多的切分工作是重复劳动。然而，分布式 key/value 数据存储和管理系统对扩展功能的实现较好，一般将切分功能以数据自动迁移的方式实现在数据存储和管理系统中。下面，我们讨论两种分布式 key/value 数据存储和管理系统的数据扩展机制。

1. 基于哈希算法的数据扩展机制

基于哈希算法的数据扩展机制是指根据 key 和哈希算法来决定数据存储的节点。例如，在以用户为主的互联网应用中，以唯一的用户 ID 或用户名、邮件地址等为 key，通过对 key 进行哈希求值，将不同的用户数据分散到不同的数据库节点上。

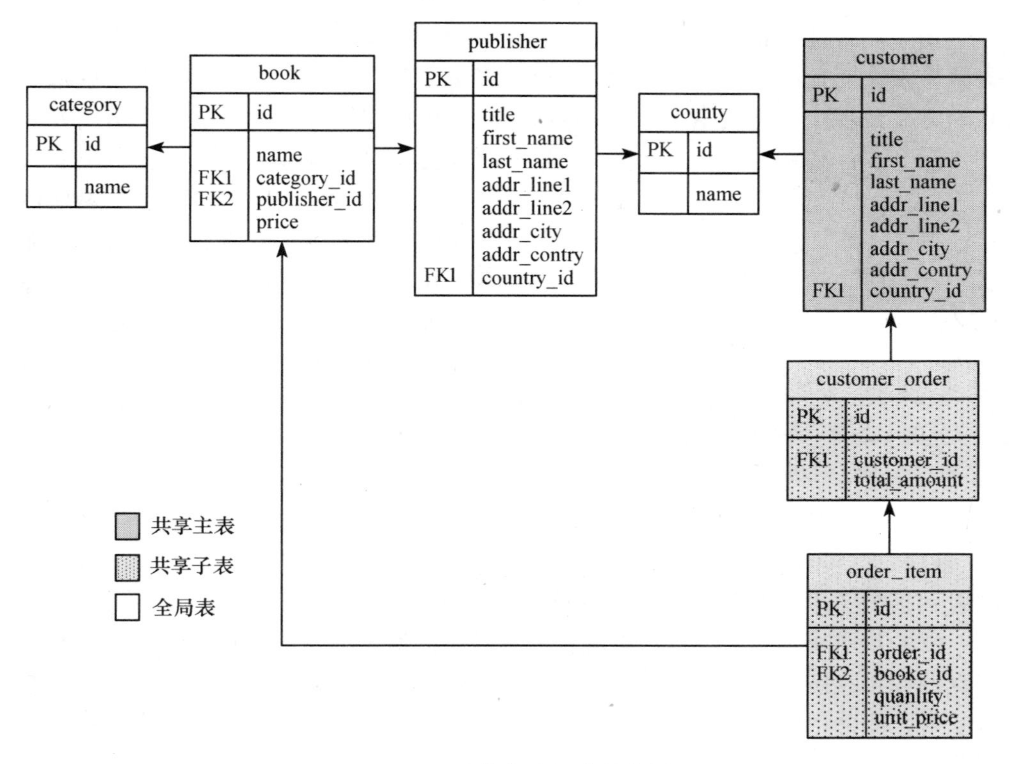

图 4.4　一个数据库切分的实例

下面以一个具体的例子来说明基于哈希算法的数据扩展机制。设某互联网应用拥有 10 个数据库节点，用户 ID 作为数据的 key，采用简单哈希算法，即使用用户 ID 数对节点总数取模，结果就是数据存储位置所在节点，即

数据存储位置所在节点＝用户 ID％总节点数

那么，用户 ID 为 125 的用户的数据存储节点为 125％10＝5，即编号为 5 的节点。

可以构造更为强大的、合理的哈希算法来更均匀地分配用户数据到不同的节点上。在本书 2.3.3 节中，我们已经介绍了一致性哈希算法的基本思想，相对于简单哈希算法，一致性哈希算法的优点在于其能够很好地适应节点动态加入和退出。一致性哈希算法也被很多分布式 key/value 数据存储系统用来作为数据扩展的基础。使用一致性哈希算法时，哈希函数的输出范围被看做是一个固定的环。系统中的每个节点被赋予环中的一个随机值，该随机值用来表示其在环中的位置。每个键值对应一个数据项，根据该键值的哈希值可生成数据项在环中的位置 position＝hash(key)，然后沿着环顺时针方向找到哈希值大于 position 的第一个节点，这个节点就是该数据项的存储位置。

由于一致性哈希算法采用随机的位置值来决定数据项存储在哪个节点上，这导致节点之间负载不均衡。因此，一致性哈希算法又有一些变体，其中将虚拟节点引入一致性哈希算法中是分布式 key/value 数据存储系统 Dynamo 采用的方法 (DeCandia，Hastorun，Jampani，et al.，2007)。在这种方法中，虚拟节点代替实体节点分布在环状某一位置上（根据处理能力不同可以将一个实体节点映射到多个虚拟节点上）。主键为 key 的节点 position＝hash(key)，在环上按照顺时针方向查找哈希值大于 position 的第一个虚拟节点，数据项由该虚拟节点对应的实体节点来处理。图 4.5 中 k 就优先由虚拟节点 B 来处理。

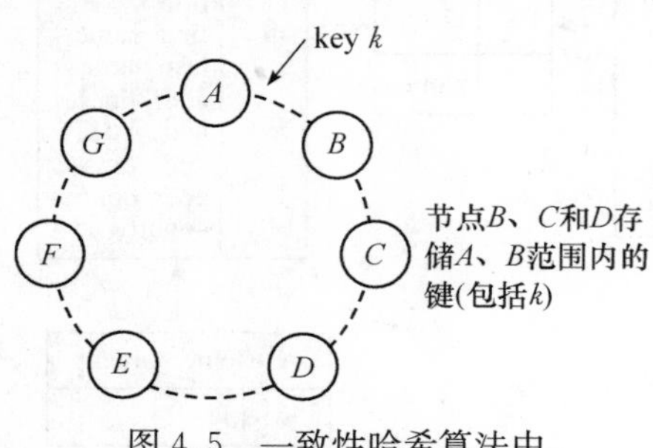

图 4.5　一致性哈希算法中 key 的划分和复制

分析引入虚拟节点后的一致性哈希算法，可知其具有下述优点：

(1) 支持不同能力节点的权重设置。由于采用了虚拟节点，通过将虚拟节点映射到多个实体节点上来实现处理能力权重配置。

(2) 新增或者删除节点动态配置成为可能。简单的一致性哈希算法由于实体节点的数目直接影响了哈希算法，因此导致新增或者删除节点影响全局数据的重新映射。而采用虚拟节点之后，可以在不影响全局数据映射的前提下新增或者删除节点。

(3) 有助于压力分摊。删除或者失效一个实体节点时，它可能对应的是多个虚拟节点，此时数据压力会分摊到所在虚拟节点的其他实体节点上，新增也是同样，这样可以降低压力分摊的风险。

2. 映射表

在分布式哈希算法中，通过哈希函数可以直接定位数据所存储的节点。而在映射表方法中，对数据进行水平划分，确定数据存放位置可以是非常灵活的（并不一定是根据哈希函数来决定）。数据和存储位置之间的映射关系存放在一个单独的表中，当需要访问某个数据时，首先去映射表中查找，找到以后再定位到相应的节点。这样做的好处是，当数据划分或节点发生改变时，并不会对客户端产生影响。此外，对于分布式哈希算法，也会产生一些负载过重的节点，这时，通过映射表的方法可以灵活地将新增数据定位到低负载的服务器上。

下面，通过两个例子来说明基于映射表的数据扩展机制。一个例子是简单映射表，另一个例子是分布式 key/value 数据存储系统 PNUTS 采用的映射表。

在表 4.1 中，假设有 10 个数据库节点，一个全局数据库用于存储 key 到节点的映射信息，设全局数据库有一个映射表，包含两个字段，key 和 NodeID，设用户 ID 为 key，那么，用户 ID 为 17 的用户数据对应的节点可通过查询下述映射表得到。

可以确认用户 ID 为 17 的用户所在的节点是 6，那么就可以迅速定位到该节点，进行数据的处理。

表 4.1　一个简单映射表的例子

key	NodeID
18	2
198	7
17	6
25	9

在 PNUTS 中，数据表水平划分为一组记录，每组记录称为一个 Tablet。Tablet 是 PNUTS 上的基本存储单元，Tablet 分散在多个服务器（节点）上，一个服务器通常可以拥有数百个 Tablet。Tablet 是内部格式的哈希表，或是一个 MySQL innodb 表，称为排序表（ordered table）。一个 Tablet 的大小通常为几百兆字节(Cooper，Ramakrishnan，Srivastava，et al.，2008)。

给定一条记录，在读记录或写记录时，必须首先定位包含该记录的 Tablet，然后定位具体的节点存储服务器。这些功能是由称为路由器（router）的服务器来完成的。对于排序表，数据表的主键空间被划分成多个间隔，每个间隔与一个 Tablet 对应。路由器中保存一个间隔映射表（interval mapping），间隔映射表定义了 Tablet 的边界以及 Tablet 与存储服务器之间的映射关系。如图 4.6(a)所示，间隔映射表类似于 B+树，给定主键，在间隔映射表中进行二分查找，就可以找到该主键对应的 Tablet，进而定位正确的存储服务器。对于以哈希方式组织的数据表而言，PNUTS 使用 n 位的哈希函数 H，其哈希值的范围为 $0 \leqslant H < 2^n$。哈希值的取值空间 $[0, \cdots, 2^n)$ 被划分为多个间隔，每个间隔与一个 Tablet 对应。在图 4.6(b)中，为将一个 key 映射到 Tablet 上，首先对该 key 进行哈希取值，搜索出一组间隔，然后使用二分查找法来定位包含该键的 Tablet 和存储服务器。PNUTS 之所以选用这种方法而非传统的哈希机制，是因为以上算法和排序表的存储服务器定位算法是一致的，这样就可以对两种不同类型的数据表使用同样的代码来实现。

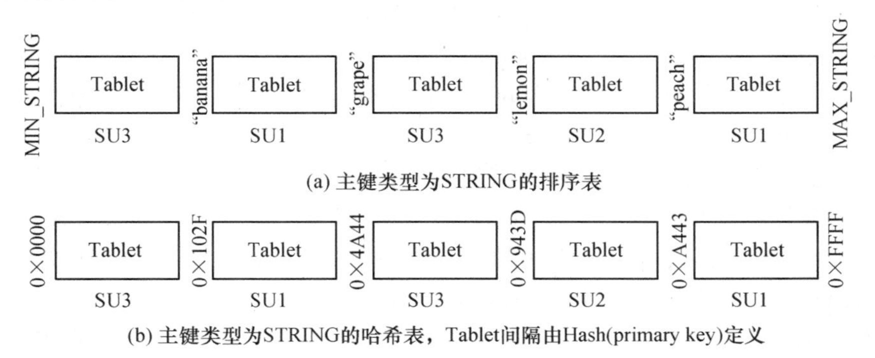

(a) 主键类型为STRING的排序表

(b) 主键类型为STRING的哈希表，Tablet间隔由Hash(primary key)定义

图 4.6　PNUTS 映射表

4.2.3　复制和一致性保障

在分布式 key/value 存储系统中，为了获得更好的可用性和持久性，需要将数据复制到多个节点上。例如，Dynamo 除了在本地存储某个范围内的键值之外，还将这些键值复制到顺时针方向 $N-1$ 个后继节点中。在图 4.5 中，节点 D 将存储（A，B]、（B，C] 和（C，D] 范围内的键值。

负责存储一个具体键值的节点列表称为优先列表，分布式 key/value 存储系统的设计，会确保系统的任何节点都能够确定一个具体键值的优先列表包含哪些节点。在使用虚拟节点机制的情况下，由于某键值的前 N 个后继位置可能位于少于 N 个物理节点上，因此，在构造优先列表时，常常跳过环中的某些位置来选择节点，以确保优先列表中的虚拟节点在不同的物理节点上。

在大规模的互联网计算环境下，出于提高系统可用性的考虑，分布式 key/value 数据存储系统在副本数据的一致性保障方面最典型的一个特征是不保证严格的一致性。其中，最终一致性是大多数分布式 key/value 数据存储系统的选择，即只保障更新操作最终被传播到各个副本上，而在此之前，各个副本的数据之间可能会出现冲突。此外，还有一些分布式 key/value 数据存储系统选择在严格一致性和最终一致性之间的折中方案。

本书 2.3.5 节介绍了四种最终一致性，即写后读、读后写、单调读和单调写，它们分别为最终一致性加了一些限制。分布式 key/value 数据存储和管理系统 Dynamo 的最终一致性连这些限制也不需要，仅仅保障更新操作最终被传播到各个副本上。

PNUTS 提供的一致性模型介于严格的串行化和最终一致性之间，这种模型基于这样的前提：典型的 Web 应用一次只处理（更新）一条记录，这条记录可能分布在不同的物理机器上。基于这样的“单条更新”的前提，PNUTS 提供了称为“每条记录的时序一致性”（per-record timeline consistency）的一致性模型，即一条记录在不同机器上的状态可能不同，但只会是某个严格顺序的状态序列中的其中一个，同一条记录不同副本的更新都严格按照相同的顺序。因此，PNUTS 不会出现 Dynamo 中的多分支版本，不需要应用程序来处理冲突合并的情况（Cooper，Ramakrishnan，Srivastava，et al.，2008）。

基于法定数量的协议是一种支持复制并保障一致性的协议。在这种协议中，一个客户要读取一个具有 N 个副本的文件，它必须组织一个读团体（read quorum），该读团体是 N_R 个以上服务器的任意集合。同样的，要修改一个文件，客户必须组织一个至少有 N_w 个服务器的写团体。N_R 和 N_W 必须满足以下两个限制条件：$N_R+N_W>N$ 以及 $N_W>N/2$。第一个限制条件用于防止读写操作冲突，而第二个限制条件用于防止写写操作冲突。只有在适当数量的服务器同意参与文件的读写后，客户才能读或写该文件（Van，Tanenbaum，2007）。

图 4.7 可以帮助读者来理解这两个限制条件。图中，实线圈表示读团体，虚线圈表示写团体。图 4.7(a)是读集合和写集合的正确选择，其中$N_R=3$且$N_W=6$。假设写团体由服务器 C 到 H 的 6 个服务器构成，任何随后由三个服务器构成的读团体都会至少包含一个该集合中的服务器。客户根据版本号就可以知道哪个服务器是最新的，并选择最近的更新。图 4.7(b)则可能发生读写操作冲突，其中 $N_R=3$ 且 $N_W=5$，这是因为 $N_R+N_W=N$。如果一个客户的读团体是｛A，B，C｝，而写团体是｛D，E，F，G，H｝，那么，客户无法读到最近的更新。图 4.7(c)则可能发生写写冲突，其中 $N_R=4$ 且$N_W=4$，这是因为 $N_W\leqslant N/2$。如果一个客户的写团体是｛A，B，C，D｝，而另一个客户的写团体是｛E，F，G，H｝，那么系统没有检测到这两个更新是否冲突而会直接接受这两个更新。

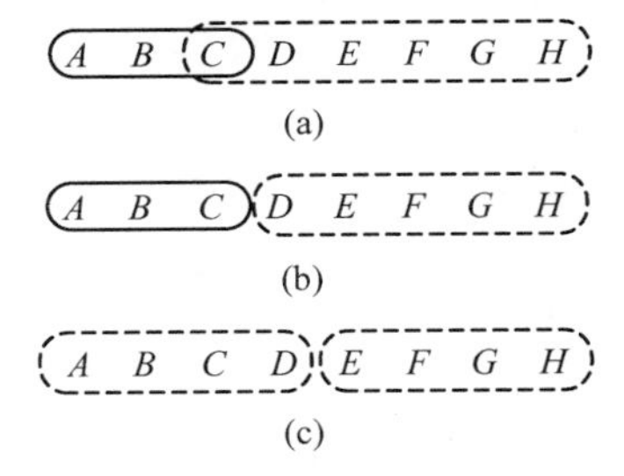

图 4.7　法定数量协议的例子

类似于法定数量协议，分布式 key/value 数据存储和管理系统 Dynamo 通过三个参数（N，R，W）来维护一致性（也称配额设置方法）。对于数据存储系统来说，Dynamo 的节点采用冗余存储是保证容错性的必要手段，N 代表一个数据项将会在系统多少个节点上存储。R 表示在读取某一存储数据时，最少参与的节点数，也就是最少需要有多少个节点返回存储的信息才算是成功读取了该数据内容。W 表示在存储某一个数据时，最少参与的节点数，也就是最少要有多少个节点表示存储成功才算是成功存储了该数据，通常情况下，对于 N 的复制可以阻塞等待也可以后台异步处理，因此 W 可以和 N 不一致。这里的 R、W 的配置仅仅表示参与节点的数量配置，但是当环状节点其中一个失效时，会递推到下一个节点来处理。

当配置 $R+W>N$ 时，就和法定数量的协议完全一样，但此时读（或写）操作的延迟是由 R（或 W）副本中最慢的副本来决定的。因此，在实际情况下，为了获得更好的系统性能，一般将其配置为 $R+W<N$，显然，这种情况下，系统容错性降低了。

（N，R，W）值的典型设置为（3，2，2），兼顾性能和可用性。R 和 W 直接影响系统读写性能、系统扩展性和一致性，如果 W 设置为 1，则一个实例中只要有一个节点可用，就不会影响写操作；如果 R 设置为 1，只要有一个节点可用，就不会影响读请求。总之，R 和 W 值过小则影响一致性，过大也会影响系统吞吐量，因此这两个值要平衡。

在 PNUTS 中，“每条记录的时序一致性”模型的实现方法很简单，即基于

"主-从"的思想。但和一般的"主-从"思想不同的是，并非所有的记录都具有同一个主节点，而是每个记录都有属于自己的一个主节点，进行记录插入和删除操作时，需要使用主节点。

PNUTS之所以采取这种机制，另外一个原因就是他们观察到在互联网分布式应用中，更新操作具有很明显的局部性。例如，根据对Yahoo用户数据库980万条用户ID记录更新的一周跟踪发现，平均每条记录85%的更新操作都发生在同一个数据中心上。这种很明显的局部性特征说明使用上述基于"主-从"的一致性协议是能够在性能上取得优化的。同时，由于不同记录的更新会偏爱不同的数据中心，为了使得更新操作尽快到达主节点，PNUTS中的"主-从"协议粒度为每条记录，而非整个Tablet或整张表。

在PNUTS中，所有的更新是通过消息代理（message broker）传播到其他从节点上的记录副本的。一旦更新发布到消息代理中，就认为更新操作已提交。主节点只向一个唯一的消息代理发布更新操作，因此更新操作是以其提交的顺序传送给各个副本的。

4.2.4 可用性保障

1. 节点失效情况下的冲突解决

在很多的分布式key/value数据存储和管理系统（如Dynamo）中，数据项的写操作无须等到更新操作传播到所有副本上便可返回给客户，这就会导致随后的读操作可能会读到更新操作之前的数据版本。在没有任何节点失效发生的情况下，更新操作最终会传播到所有副本上。但是，在节点暂时失效（如服务器暂时运转中断或网络分区）的情况下，更新操作则可能无法到达所有副本，这就会导致不一致的产生。

例如，电子商务网站常见的购物框应用对客户的"放入购物框"操作永远不能被忽略或拒绝。如果当前购物框的系统内部状态不可用，用户对购物框的修改就作用在旧版本上，此时用户的修改仍然被认为是有意义的，系统应保存这些修改。但与此同时，旧版本上的更新仍然不能替代当前购物框的系统内部状态，这是因为，已经不可用的购物框可能还包含了需要被保存的一些更新操作。因此，新旧版本的数据需要随后再进行协调。

因此，系统对每一次修改都生成一个新的、不可改变的数据版本，允许在系统的同一时间存在一个对象的多个不同版本。在大多数情况下，新的版本可以覆盖旧的版本，系统自身可以进行版本的同步。但是，在节点失效和并发更新同时发生的情况下，就会出现不同的版本分支。在这种情况下，系统自身无法解决版本冲突，转而由客户端来解决。例如，客户端可以将客户购物框的不同版本进行融合，使用这种协调机制，客户的“放入购物框”操作永远不会出现被丢弃的情况。

向量时钟（vector clock）是Dynamo采用的一种数据版本管理方法。Dynamo的一个数据对象对应一个向量时钟，描述了对象的每一个版本；它在形式上是二元组（节点，版本号）的一个列表（DeCandia，2007）。向量时钟为同一个数据对象在不同的节点创建一个版本计数器，并且通过多个版本计数器来判断数据在不同节点的版本属于并行分支还是串行分支，由此来确定是否需要解决冲突。

图4.8描述了一个对象D的向量时钟历史状况。首先D的更新被S_x节点处理，D产生了第一个版本D_1（[S_x，1]）；若更新仍然被S_x处理，则产生第二个版本D_2（[S_x，2]）。因此，需要判断是否需要版本冲突解决。判断版本冲突主要是检查向量时钟中的多个版本与上一个历史向量时钟的关系，如果历史的向量时钟和当前的向量时钟中所有的节点版本的版本号都大于等于历史版本的版本号，那么就认为两个版本不冲突，可以忽略历史版本。就以D_2和D_1为例，里面只有一个S_x的版本记录，对比发现2大于1，因此就认为可以忽略前一个版本。D_3和D_4分别是基于D_2版本两个不同节点处理后的结果，根据上面的冲突检测方法可以认为无法忽略D_3和D_4中任何一个版本，因此，此时对于对象D来说存在两个版本D_3和D_4；当节点S_x更新该数据后，此时D就产生了三个不可忽略的版本。至于这三个版本是由客户端读时协调还是由服务端后期自动通过后台完成就需要根据应用来决定了。如果需要客户端来处理协调，并由服务器节点（以S_x为例）调整写操作，更新其在向量时钟中的版本号，那么新的数据版本D_5便产生了：D_5[（S_x，3），（S_y，1），（S_z，1）]。

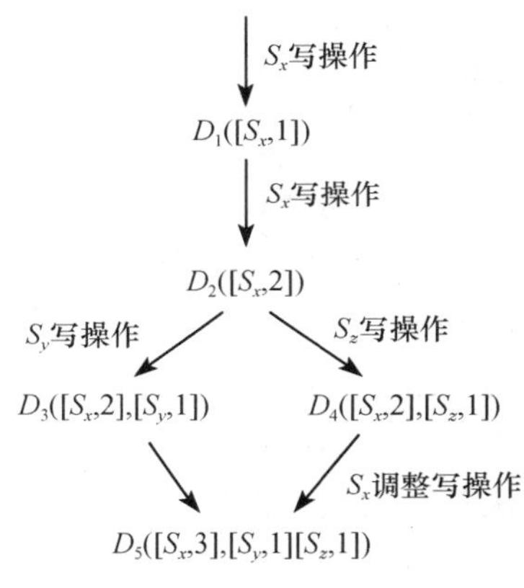

图4.8　一个对象D的向量时钟示例

2. 节点失效情况下的更新传播和同步

传统的法定数量协议并没有考虑节点失效或网络分区的情况，即使在最简单的节点失效的情况下，都会对事务的持久性产生影响。因此，为了同时考虑容错性和一致性，分布式key/value数据存储系统往往使用一种粗略的法定数量协议。所有的读写操作都选择在优先列表的前N个可用的节点上，而并非选择在一致哈希环上顺时针寻找到的前N个节点上。

考虑图4.5中的一个例子，其中N=3。若节点A在执行写操作时暂时停机或无法访问，那么一个副本将被发送到节点 D 上。发送到节点 D 上的副本在其元数据中包含称为“hint”的提示信息，“hint”的作用是提示原先哪个节点（在这种情况下为节点 A）将负责接收副本。收到带有提示信息副本的节点（在这里是节点 D）将副本保存到本地一个单独的数据库中。一旦节点 D 监测到节点 A 恢复，D 就会试图将副本回送给节点 A，传送成功后，节点 D 再从其本地数据库中删除该副本。上述方法也称为基于提示的切换（hinted handoff）。

如果带有提示信息的副本在回送到原始负责节点（在上面的情况下是节点 A）之前不可访问，那么就会出现存放副本的各节点数据不一致的情况。可以使用复制同步（anti-entropy）和 Merkle Tree 的方法来实现。对于前一种方法，我们在此不进行详细阐述，感兴趣的读者可进一步参考相关文献（DeCandia，Hastorun，Jampani，et al.，2007）。

Merkle Tree 又称 Hash Trees，由 Merkle 于 1979 年首次实现。它主要应用于 P2P 数据传输（如 BitTorrent）中。在 P2P 数据传输中，往往需要索引文件（如 BitTorrent 方式中的 torrent 文件）来进行数据块的校验，索引文件中保存了被传输文件中的校验信息。随着传输文件的增大，数据块越多，索引文件越大，造成了传输困难。可以采用加大被校验数据块大小的方式（如改为 2MB）来解决这类问题。但这同时带来了另一个问题，即不能及时发现数据块的不一致，浪费了带宽。造成这种困难的根本原因在于索引文件中包含了所有数据块的校验信息。使用 Merkle Tree 结构建立文件索引既能获得较小的块长又能减少索引文件长度。Merkle Tree 中每个节点的哈希值是对其所有子节点的哈希值再取其哈希值计算得到的。叶子节点的哈希值是其数据内容的哈希取值。数据块发生变化时，其哈希值的变化会迅速传播到根节点上。同步只需要不断查询根节点的哈希值，一旦有变化，顺着树状结构就能够在 $\log_2 N$ 级别的时间内找到发生变化的内容，立即同步。

在 Dynamo 中，Merkle Tree 的主要优势在于树的每一个分支可以被独立地检验，而不必下载全部的数据集；同时，Merkle Tree 有效地减少了为校验所需要传输的数据量。例如，如果两棵树根节点的哈希值相同，那么两棵树叶节点的哈希值也相同，即不必进行同步；否则，则意味着副本数据不一致，在这种情形下，逐级向下查找子节点的哈希值，直至找到不同步的那个数据块。

在 Dynamo 中，每个节点都为每个键值区间（虚拟节点覆盖的一系列键值）维护一个 Merkle Tree，这就允许两个节点交换其与同一键值区间相对应的 Merkle Tree 的根，来比较某键值区间的数据是否一致。使用上述 Merkle Tree 的遍历方案，还可以确定不同步的键值，并进行同步。这种方案的缺点在于，当节点加入或退出时，变化的键值区间需要重新计算 Merkle Tree。

与 Dynamo 不同，当 PNUTS 主节点失效时，系统会有一段时间无法对写操作进行响应。这是因为，PNUTS的一致性模型采用“主-从”结构，当主节点失效时，需要一个很长（可能是秒级）的时间来发现和分布式选举出新的主节点，这段时间内这个数据节点其实是不可写的。

4.3　支持多租户的数据库

多租户是“软件即服务”模式下的核心概念之一。租户是指一个具有共性需求的最终用户群体，最终用户以租户为单位租用软件。系统在同一个软硬件平台上为多个租户提供数据服务，通常是租户共享数据库，在数据库上建立多租户数据模型。多租户数据服务是在同一个物理平台上划分出多个逻辑平台供租户使用，是一种存储的虚拟化方法。多租户数据服务力求实现如下目标：

（1）平台的集中性。为了最大限度地利用规模经济，要尽量将所需的软硬件资源集中起来，以降低每个租户的平均开销。

（2）租户的隔离性。租户要有类似独享数据库的使用体验，数据操作的自由度和服务质量均不受其他租户影响。

平台的集中性和租户的隔离性是矛盾的两个方面。

首先，平台的集中性导致同一数据结构要被租户共享，而租户的隔离性要保证租户对自己的数据模式有充分的支配权，可以对其进行自由的修改，而不影响到其他租户。

其次，租户共享数据库会带来资源的竞争，同时又要保证数据操作的执行效率，使服务质量能够满足租户的需求。

最后，多个租户共享数据库带来了安全隐患，在传统应用中某些数据库层面上的安全保障措施在多租户环境下会失效，因而需要更精巧的方法保证数据安全。

总之，在实现平台集中的前提下，同时要保证租户间的隔离性是一项有挑战性的任务。

目前，已有一些相关工作对这个问题进行了探讨，下面对其中有代表性的工作进行介绍。

4.3.1　数据共享的三种方式

多租户数据库有共享机器、共享进程和共享表三种实现方式。

1. 共享机器

在这种方式下，各个租户在同一个机器上拥有各自的数据库进程。这种方式不需要对现有数据库进行修改即可实现，而且租户的隔离性也较好。特别是当不同的数据库进程运行在各自的虚拟机上时，能够取得很好的租户隔离性。在这种方式下，数据的迁移也较为简单，只需要将数据库文件简单拷贝到目标服务器上即可。

但是，在这种方式下，不同的数据库进程之间无法共享内存和连接池，从而导致每个服务器上所能支撑的租户数量受到很大的限制，平台的集中性较差。由于租户之间具有很强的隔离性，因此导致无法对多个租户批量执行管理操作，每个数据库进程必须独立地执行相关的查询操作。

2. 共享进程

在这种方式下，各个租户在同一个数据库进程上拥有各自的表。这种方式可以让不同的租户共享内存和连接池，大大节省了资源开销。相比于共享机器的方式，共享进程方式中每个机器所能服务的租户数量有了很大的增加。在这种方式下，租户进行数据迁移时只需要将存储其数据表的文件迁移到目标服务器上即可。在这种方式下，系统管理员可以通过在不同的备份磁盘上分布租户数据来平衡系统的I/O负载。此外，在这种方式下，可以对多个租户的数据批量执行管理操作。

由于不同的租户共享连接池，安全和资源竞争管理都需要在应用层解决，这就带来了一定的安全隐患。如果应用层出现了代码安全错误，那么某租户就可以访问其他租户的数据。

3. 共享表

在这种方式下，各个租户的数据在物理上保存在相同的表中，但它们的数据在逻辑上是分开的。例如，为每张表增加标识不同租户的“Tenant_ID”列，以区分开不同租户的数据。相比于共享进程的方式，共享表方式所能容纳的租户数量能带来几个数量级的提高，所以它的集中性很好。为了在相同的表中容纳各个租户的数据，一般要建立多租户数据模型，这就需要建立从各个租户逻辑上的数据模式到物理表数据模式之间的映射关系，然后利用一定的规则将不同租户的数据表进行合并。这种方式的可伸缩性只局限于数据库最多能容纳的表的个数，以IBM DB2 V9.1为例，它为每张表分配4KB的内存，那么100000张表就可以消耗掉400MB的内存。此外，数据库还需要一定的内存作为缓冲池，以在内存空间中缓存数据库的物理连接以及表的数据，从而可以使得数据库连接以及表数据被重复使用。当服务器容纳太多表之后，由于内存的消耗，性能将明显下降。

这三种共享方式的平台集中性逐渐增强，隔离性逐渐减弱，同时实现难度也逐渐变大。共享机器带来了最好的隔离性，适合客户要求必须使用独立数据库的场合。但是，如果客户没有特殊要求，共享表则是最经济的方式。它被广泛应用于商业产品（如SalesForce）中，在学术界也是一个研究热点。共享表方式为实现租户的隔离性提出了更高的挑战：由于租户共享表格，如何让租户独立地修改数据模式？由于租户的数据混合在一起，如何根据不同租户的查询特点建立索引以优化性能？更为突出的问题是，在传统的数据库使用模式下，可以通过设置访问权限保障数据访问安全，而共享表的方式将不同用户的数据混杂在一起，在应用程序出错的情况下如何保证数据不会被其他用户读取和修改？

并不是所有的应用都适合使用多租户数据库，一般来说，较为复杂的应用（如 ERP 等应用）一般不适合使用多租户数据库。对于这些应用来说，首先，一台机器上所能容纳的租户数量有限。其次，这些应用一般需要较为成熟的扩展机制，需要保证敏感数据的绝对安全。最后，拥有这些应用的客户更倾向于在应用的备份、恢复、升级等方面具有更大的管理自主权。因此，较为复杂的应用更适合采用传统的单租户数据模型。

下面介绍在共享表方式下一些典型的多租户数据模型。

4.3.2　共享表方式下的多租户数据模型

多租户数据模型用于数据库的共享表方式中。它将各租户比较相近而略有不同的表进行合并，同时要保障租户的隔离性。假定共有三个租户，它们的 Tenant_ID 分别为 17、35、42，如图 4.9 所示。

$Account_{17}$

Aid	Name	Hosiptal	Beds
1	Acme	St. Mary	135
2	Gump	State	1042

(a)

$Account_{35}$

Aid	Name
1	Ball

(b)

$Account_{42}$

Aid	Name	Dealers
1	Big	65

(c)

图 4.9　一个私有表多租户数据模型示例

在这个例子中，每个租户的表都有 Aid 和 Name 两列，Tenant_17 另有 Hospital 和 Beds，而 Tenant_42 另有 Dealers。针对这些表，有几种实现多租户数据模型的方法（Aulbach，2008），下面予以举例说明。

1. 扩展表

扩展表将私有表的公共部分提取成一个表，而其余部分各成立一个新表。如图 4.10 所示。

Account$_{Ext}$			
Tenant_ID	Row	Aid	Name
17	0	1	Acme
17	1	2	Gump
35	0	1	Ball
42	0	1	Big

(a)

Healthcare$_{Account}$			
Tenant_ID	Row	Hospital	Beds
17	0	St. Mary	135
17	1	State	1042

(b)

Automotive$_{Account}$		
Tenant_ID	Row	Dealers
42	0	65

(c)

图 4.10　一个扩展表多租户数据模型示例

表中的灰色部分表示为了还原出各租户的私有表而增加的元数据。Tenant_ID 表示本行数据所属租户的标识，Row 表示数据在原私有表中所处的行。这种方法来源于分解存储模型（decomposition storage model）(Copeland，Khoshafian，1985)。例子中的 Row 在分解存储模型中可以是任意能够在私有表中区分各行数据的值，这里为了方便使用了行号。

这种方法要求为每个私有表建立一张新表，随着租户数量的增长，数据库中表的数量也会随之增长，数据库所能容纳的表数量的最大值限制了这种方法的可伸缩性。

2. 通用表

通用表是将这些表合并成一张总表，其中包含在私有表中出现的所有列，并且预留可扩充列；将这些列的类型设为一种通用类型，如 Varchar；对于在某列没有取值的数据，以 NULL 填充。如图 4.11 所示。

Universal							
Tenant_ID	Table	Col1	Col2	Col3	Col4	Col5	Col6
17	0	1	St. Mary	Acme	135	—	—
17	0	2	State	Cump	1042	—	—
35	1	1	—	Ball	—	—	—
42	2	1	65	Big	—	—	—

图 4.11　一个通用表多租户数据模型示例

这种方法来源于通用关系（universal relation）(Maier，Ullman，1983)。通用关系包含了所有表的数据和列，并用作生成查询的概念模型。这种方法将私有表中同一行的数据集中放在了新表的同一行，但是引入了较多的 NULL 值。此外，数据失去了原有类型。

3. 轴表（pivot table）

轴表是为每个在私有表中出现的数据类型建立一张表，并用表-列-行-值的形式将数据值填充进去。如图 4.12 所示。

$Pivot_{int}$

Tenant_ID	Table	Row	Col	Int
17	0	0	0	1
17	0	0	3	135
17	0	1	0	2
17	0	1	3	1042
35	1	0	0	1
42	2	0	0	1
42	2	0	2	65

(a)

$Pivot_{str}$

Tenant_ID	Table	Row	Col	Str
17	0	0	1	Acme
17	0	0	2	St. Mary
17	0	1	1	Cump
17	0	1	2	State
35	1	0	1	Ball
42	2	0	1	Big

(b)

图 4.12　一个轴表多租户数据模型示例

目前，有些方法在数据库系统中实现 Pivot 和 Unpivot 操作，并消除了 NULL 值，同时保留了数据的原有类型（Cunningham，Galindo-Legaria，Graefe，2004)，但是引入了大量的元数据，造成了较高的存储开销。同时，为了还原出一个具有 n 列的私有表，需要进行（$n-1$）次 Join 操作，带来了较高的运行时间开销。

4. 块表

块表是将相伴出现的值尽量组织成块，然后以轴表的形式存储。如图 4.13 所示。

块表与轴表的不同之处在于，轴表是用表-列-行索引到某个具体值的，而块表是用表-块-行索引到某个块。相比于轴表，块表将相伴出现的值进行了集中，在还原私有表时降低了 Join 操作的次数；另一方面，相比于通用表，由于分块的粒度相对较细，所以块表能够显著地降低 NULL 值的个数。因此，可以认为块表是通用表与轴表的折中。

$\text{Chunk}_{\text{Int1str1}}$

Tenant_ID	Table	Row	Chunk	Int1	Str1
17	0	0	0	1	Acme
17	0	0	1	135	St. Mary
17	0	1	0	2	Cump
17	0	1	1	1042	State
35	1	0	0	1	Ball
42	2	0	0	1	Big
42	2	0	1	65	—

图 4.13　一个块表多租户数据模型示例

5. 块折叠（chunk folding）

块折叠方法是将私有表的公共部分提取成一个普通表，其余部分组织成块表。如图 4.14 所示。

$\text{Account}_{\text{Row}}$

Tenant_ID	Row	Aid	Name
17	0	1	Acme
17	1	2	Gump
35	0	1	Ball
42	0	1	Big

$\text{Chunk}_{\text{Row}}$

Tenant_ID	Table	Row	Chunk	Int1	Str1
17	0	0	0	135	St. Mary
17	0	1	0	1042	State
42	2	0	0	65	—

图 4.14　一个折叠表多租户数据模型示例

这种方法将元数据分摊到了普通表和块表上，这样可以根据应用程序的特点更加有效地利用元数据。另外，由于私有表的公共部分被提取成了普通表，在某些操作下不必进行 Join 操作，因此降低了运行时的开销。块折叠是扩展表与块表的结合。

6. XML表

这种方法使用XML数据模型将每个私有表的非公共部分提出，作为单独的一列，使用灵活可扩展的XML模式表示，如图4.15所示。这种方法简单明了，缺点是在进行数据访问时，需要进行XML的解析，降低了数据访问效率。

Account			
Tenant_ID	Aid	Name	Ext_XML
17	1	Acme	〈ext〉〈hospital〉St. mary〈/hospitial〉〈beds〉135〈/beds〉〈/ext〉
17	2	Gump	〈ext〉〈hospital〉state〈/hospitial〉〈beds〉1042〈/beds〉〈/ext〉
35	1	Ball	
42	1	Big	〈ext〉〈dealers〉65〈/dealers〉〈/ext〉

图4.15　一个基于XML数据库的多租户数据模型示例

7. key/value表

这种方法使用多维稀疏矩阵来存储所有租户的数据。行键值由租户标识、私有表的名字以及该行在私有表的键值构成，如图4.16所示。每个私有表都经过转换后放入列族中，列族中的每一列都对应私有表的列。由于使用了key/value数据存储系统，所以这种方法具有良好的可伸缩性。

RowKey	Account	Contact
17Act1	[name:Acme,hospital:St. Mary,beds:135]	
17Act2	[name:Gump,hospital:state,beds:1042]	
17Ctc1		[...]
17Ctc2		[...]
35Act1	[name:Ball]	
35Ctc1		[...]
42Act1	[name:Big,dealer:65]	

图4.16　一个基于key/value数据模型的多租户数据模型示例

4.3.3　几种数据模型的比较

通常情况下，随着租户数量的增长，扩展表方法会带来表数量的增长，影响可伸缩性；通用表方法将所有表合并成了一张表，但是引入了过多的NULL值；

轴表方法通过表-列-行的形式展开了各张表，消除了NULL值，但是带来了过高的元数据开销；块表方法结合了通用表和轴表的优点；块折叠方法结合了块表和扩展表的优点；XML数据库具有较高的灵活性；key/value数据库具有较好的可伸缩性。

上面列举的方法是实现多租户数据模型的基本方法，从这些方法可以派生出其他的复合方法，这些方法在特定的应用程序环境下可能具有特殊优势。下面从如下三个方面考察这几种基本方法的区别。

1. 租户定制数据模式的灵活性

这几种数据模型都支持租户对各自数据模式的灵活定制，但开销各不相同。扩展表方法为每个租户建立新表，通用表引入了大量NULL值，轴表在运行时需要多次Join操作，而块表和块折叠对这些方法做了折中。

2. 数据访问效率

由于将多个租户的数据集中在一起，改变了原有数据的模式，所以造成了查询效率的下降。因此，如何针对多租户数据模型进行查询效率的优化是多租户关系数据库面临的挑战之一。查询的优化会受到数据模型对索引的支持程度以及为了还原出私有表需要进行Join操作次数的影响。轴表、块表和块折叠都不同程度地混合了私有表的原有列，影响了其数据统计特性，导致索引失去了原有效果，这些数据模型将难以使用依赖于索引的查询优化方法。扩展表和通用表保留了列的数据统计特性，在这一方面更具优势。为了还原出私有表，XML表需要对XML文档进行解析，效率比较低；key/value表本身支持的查询操作很有限，尤其是对复杂的查询而言，效率也较低；轴表需要的Join操作次数最多，效率最低；块表和块折叠次之；扩展表和通用表只需一次或根本不需要Join操作，效率最高。

3. 数据安全保障

这几种数据模型都在相同的表中存入了多个租户的数据，传统数据库中设置访问权限的方法均不再适用。因此，如果应用程序出现错误，则存在某些数据被其他租户访问到的风险。

现有的多租户数据库还处于起步阶段，还有很多方面不够成熟。由于多租户数据库既要满足平台集中性，也要满足租户隔离性，相信将来会有越来越多的研究工作兼顾这两个方面。另外，由于共享表方式带来的平台集中性最强，同时实现起来也最具有挑战性，这种方式将成为未来备受关注的一个热点。

4.4　基于 MapReduce 并行编程的海量数据处理

在摩尔定律的作用下，程序员根本不用考虑计算机的性能会跟不上软件的发展，因为约每隔 18 个月，CPU 的主频就会增加一倍，性能也将提升一倍。然而，由于晶体管电路已经逐渐接近其物理上的性能极限，因此人类很难一直期待单个 CPU 的速度会每隔 18 个月就翻一倍，为我们提供越来越快的计算性能。

另一方面，随着互联网的普及和深入发展，在很多大型互联网应用中，产生了大量用户日志，需要分析用户的操作行为、业务的使用情况等。这些日志文件非常庞大，无法利用普通的单个服务器在短时间内完成计算任务，所以必须要借助海量计算能力来帮助开发人员完成。例如，在 Google 这样的搜索引擎中，存在对各种类型派生数据的计算，如倒排索引等各种表示、每个主机上爬行（crawl）的页面的概要以及每天被请求数量最多的集合等。这些计算虽然在概念上很容易理解，但是由于输入的数据量很大，因此只有计算被分布在成百上千的机器上才能在可以接受的时间内完成。

在上述背景下，基于集群的分布式并行编程应运而生，它能够让软件与数据同时运行在联网的许多台计算机上，其中每一台计算机均可以是一台普通的个人计算机。这样的分布式并行环境的最大优点是，可以很容易地通过增加计算机来扩充新的计算节点，并由此获得不可思议的海量计算能力。

但是，当并行计算、分发数据、处理错误等所有这些问题综合在一起时，原本很简单的计算，因为需要大量的复杂代码来处理上述问题，而变得让程序员难以处理。为了解决这个问题，Google 公司使用了名为 MapReduce 的并行编程模型进行分布式并行编程。MapReduce 借用了 Lisp 和许多其他函数语言中相似功能的名称，将复杂的运行于大规模集群上的并行计算过程高度地抽象为两个阶段，分别用 Map 函数和 Reduce 函数命名，并将并行化、容错、数据分布、负载均衡等细节对程序员隐藏。MapReduce 的主要优点是通过简单的接口来实现自动的并行化和大规模分布式计算（Dean，Ghemawat，2008）。

4.4.1　计算模型

MapReduce 将复杂的运行于大规模集群上的并行计算过程高度抽象为两个函数 Map 和 Reduce。适合用 MapReduce 处理的数据集（或任务）有一个基本要求：待处理的数据集可以分解成许多小的数据集，而且每一个小数据集都可以完全并行地进行处理。

MapReduce 的输入是 key/value 对集，输出也是 key/value 对集。用户自定义的 Map 函数接收一个输入对，然后产生一个中间 key/value 对集。MapReduce

库将所有具有相同 key 值的 value 聚合在一起，然后将它们传递给 Reduce 函数。用户自定义的 Reduce 函数接收值相同的 key 和与之相关的一个 value 集。它合并这些 value，形成一个比较小的 value 集。

下面是一个简单的例子，这段伪代码用于计算单词在所有网页中出现的次数。其中，Map 函数用于产生每个词的出现次数（在该例子中为 1），Reduce 函数将产生的每一个特定的词的计数加在一起。

代码 4.1

```
Map(String input_key,String input_value):
    //input_key:document name
    //input_value:document contents
    for each word w in input_value:
        EmitIntermediate(w,"1");

Reduce(String output_key,Iterator intermediate_values):
      //output_key:a word
      //output_values:a list of counts
      int result=0;
      for each v in intermediate_values:
          result +=ParseInt(v);
      Emit(AsString(result));
```

基于 MapReduce 计算模型编写分布式并行程序非常简单，程序员的主要编码工作就是实现 Map 和 Reduce 函数。并行编程中的其他复杂问题，如分布式存储、工作调度、负载平衡、容错处理以及网络通信等，均由 MapReduce 实现框架负责处理，程序员完全不用关心。

4.4.2　实现原理

图 4.17 说明了用 MapReduce 模型（Dean，Ghemawat，2008）来处理大数据集的过程，这个 MapReduce 的计算过程就是将大数据集分解为成百上千个小数据集，每个（或若干个）数据集分别由集群中的一个节点（一般就是一台普通的计算机）进行处理并生成中间结果，然后这些中间结果又由大量的节点进行合并，形成最终结果。

在图中，MapReduce 将输入数据分割为 M 个分片（split），Map 函数使得输入的分片能够在不同的机器上并行处理，然后利用划分函数处理中间结果（如 hash（key）mod R），进而形成 R 个 Reduce 任务，Reduce 任务被分布到多台机器上执行，划分数量 R 和划分函数由用户来指定。当用户的程序调用 MapReduce

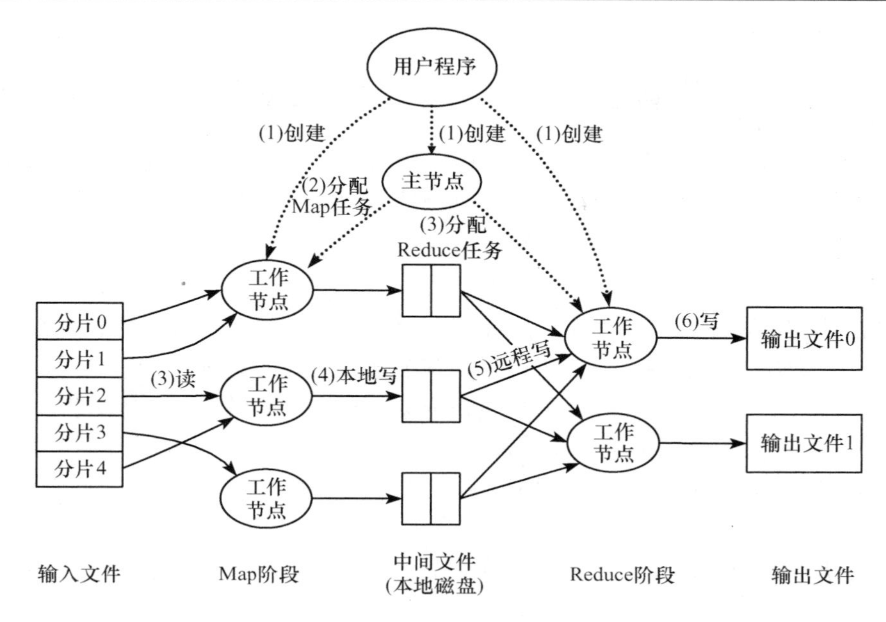

图 4.17　MapReduce 模型

函数时，MapReduce 工作过程如图中步骤所示：

(1) MapReduce 库首先将输入文件分割成 M 个片，每个片的大小一般为 16～64MB，然后在集群中开始大量地拷贝程序。

(2) 这些程序拷贝中一个是主节点（master)，其他都是供主节点分配任务的工作节点（worker)。有 M 个 Map 任务和 R 个 Reduce 任务待分配，由主节点分配一个 Map 任务或 Reduce 任务给一个空闲的工作节点。

(3) 一个被分配了 Map 任务的工作节点读取相关输入分片的内容，它从输入数据中分析出 key/value 对，然后将 key/value 对传递给用户自定义的 Map 函数。由 Map 函数产生的中间 key/value 对被缓存在内存中。

(4) 内存中的 key/value 对被周期性地写入本地磁盘中，通过划分函数将它们写入 R 个区域。本地磁盘上中间结果的位置被传送给主节点，主节点负责将这些位置传送给负责 Reduce 任务的工作节点。

(5) 当一个被分配了 Reduce 任务的工作节点得到来自主节点的位置通知时，它使用远程过程调用从负责 Map 任务的工作节点的磁盘上读取缓存的数据；当负责 Reduce 任务的工作节点读取了所有的中间数据后，它通过排序使具有相同 key 值的中间数据聚合在一起。这是因为不同的 key 的处理可能会分配给同一个工作节点。

(6) 负责 Reduce 任务的工作节点迭代具有相同 key 的中间数据，将 key 和对应迭代集传递给用户自定义的 Reduce 函数，Reduce 函数的输出被添加到输出文件中。

（7）当所有的 Map 和 Reduce 任务都完成时，主节点唤醒用户程序。此时，MapReduce 返回到用户代码。

在成功完成之后，MapReduce 执行的输出存放在 R 个输出文件中（每一个 Reduce 任务产生一个由用户指定名字的文件），用户不需要合并这 R 个输出文件。用户经常将这些文件当做一个输入传递给其他的 MapReduce 调用，或者在可以处理多个分割文件的分布式应用中使用。

在 MapReduce 编程模型中，分布式存储、工作调度、负载平衡、容错处理、网络通信等复杂问题均由 MapReduce 实现框架负责处理，程序员完全不用关心。下面简要介绍一下利用 MapReduce 实现框架处理这些问题时的基本要点：

（1）在可靠性保障方面。MapReduce 实现框架在处理机器故障时，由主节点周期性地探测每个工作节点，如果主节点在一个确定的时间段内没有收到工作节点返回的信息，那么它就将这个工作节点标记成失效。每一个由这个失效的工作节点完成的 Map 任务被重新设置为初始空闲状态，并被安排给其他的工作节点重新执行。这是因为它的输出存储在自己的磁盘上，所以已经不可访问。同样，每一个正在失效的工作节点上运行的 Map 或 Reduce 任务，也被重新设置成空闲状态，并且将被重新调度，而已经完成的 Reduce 任务将不会被再次执行，因为它的输出存储在全局文件系统中。

主节点失效造成的影响则是比较严重的。MapReduce 目前采取的方法是：如果主节点失效，就中止 MapReduce 计算；用户程序可以检查这个状态，并且可以根据需要重新执行 MapReduce 操作。

（2）在性能优化方面。MapReduce 充分利用数据访问的空间局部性（注：空间局部性是计算机体系结构的经典概念，是指程序将要用到的数据很可能与现在正在使用的数据在空间地址上是邻近的。）来减少网络传输，节省带宽资源。其具体措施包括：主节点根据数据的位置来分解任务，使 Map 任务和相关文件尽可能在同一台机器上，或者至少在同一个机架上，以减少网络传输；Map 任务的输入被分解成大小为 64MB 的块，和 GFS 的文件块相同，从而能够保证一个小数据集位于一台计算机上，便于本地计算。

MapReduce 还通过划分合理的任务粒度来优化容错处理和整体效率。假设 Map 阶段分成 M 个片，Reduce 阶段分成 R 个片。MapReduce 规定，M 和 R 比工作节点机器的数量大许多，这样每个工作节点执行许多不同的工作，才可以更容易地进行动态负载均衡。MapReduce 实现框架还有其他一些具体处理细节，感兴趣的读者可以参考相关文献（Dean，Ghemawat，2008）。

MapReduce 提供了能够快速进行并行编程的简化抽象，但是这种编程模型并不是万能的，它在下述方面也有不足之处：

首先，这种编程模型并不适合实现所有的操作。例如，使用这种编程模型实现一些最常见的数据库操作，如 Join 操作，都要使用较有技巧的做法。

其次，MapReduce 缺少类型系统来连接不同的 MapReduce 阶段，迫使程序员必须显式地跟踪阶段间传递的对象，这导致软件长期维护以及组件的复用变得困难。

4.5　典型实例分析

4.5.1　Dynamo：高可用的分布式 key/value 数据存储与管理系统

亚马逊公司的核心是一个世界级的电子商务平台，在业务高峰时段，由遍布于世界各地数据中心的成千上万台服务器服务于数百万的客户。如此庞大的业务规模对亚马逊平台运维的性能、可靠性、效率和可扩展性都提出了很严格的要求。与其他特性相比，对系统可靠性和可扩展性的需求尤为突出。由于电子商务业务的特殊性，可靠性是其中一个最重要的需求，即使是短时间的系统故障也可能给客户带来巨大的经济损失。另外，由于系统要支持不断增长的业务，因此可扩展性的需求也很突出。

亚马逊平台虽然提供了很多数据服务，但这些服务都只需要提供对数据存储的主键访问，如购物车、星级商家列表、会话管理、产品目录等服务。因此，针对这种特殊的需求，为了提高效率且更好地实现可扩展性和可用性，Dynamo 的设计初衷并不提供传统关系型数据库的访问接口，而只提供简单的主键访问接口（DeCandia，Hastorun，Jampani，et al.，2007）。

总的来说，Dynamo 使用了一些常见的技术来获取可扩展性和可用性。例如，数据的划分和复制使用了一致性哈希技术，而一致性的保证采用了对象版本技术。在更新时，副本之间一致性的维护采用了基于法定数量的协议和一个无中心的复制同步协议。Dynamo 采用了基于 Gossip 协议的分布式错误检测（DeCa-nia，Hastorun，Jampani，et al.，2007）。Dynamo 完全是一个分散的、非集中控制的系统，并且很少需要手工管理，存储节点可以动态加入或退出，而无须任何手工的数据划分和重新分布。

1. 系统模型

如图 4.18 所示，亚马逊平台可以抽象为一系列的服务，这些服务互相协作，提供从货物推荐到订单管理等一系列功能。每个服务都通过定义良好的接口利用网络对外提供内部的数据或功能。事实上，这些服务是由位于世界各地的亚马逊数据中心的成千上万个服务器构成的亚马逊基础设施来托管的。这些服务可以是无状态的服务（那些聚合其他服务响应的服务），也可以是有状态的服务（基于持久化的状态执行业务逻辑的服务）。

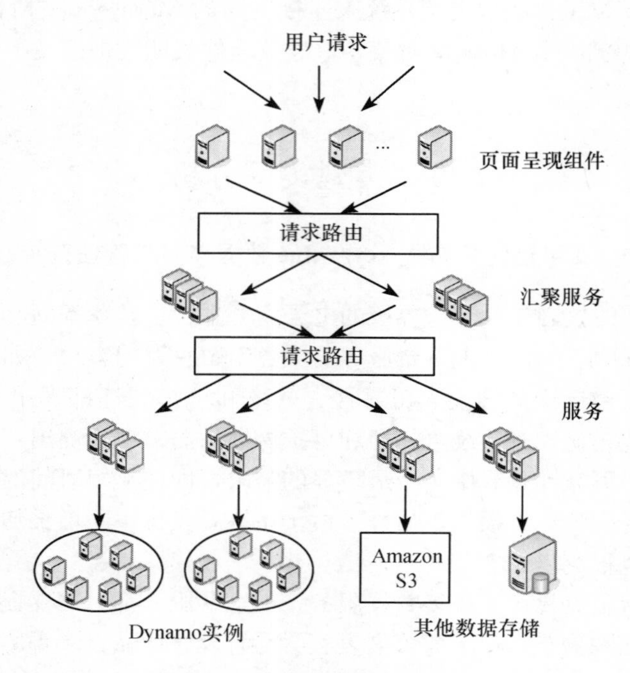

图 4.18　亚马逊平台的体系结构

传统的业务系统通常在关系型数据库中保存状态，但是对于亚马逊平台来说，状态的存取并不需要关系型数据库所提供的复杂查询和管理功能。关系型数据库所提供的功能已经超出了亚马逊的需求，因而带来一些不必要的软硬件运维开销。而且，现有基于关系型数据库的复制技术非常局限，它们往往在一致性和可用性之间优先选择一致性，而对于互联网级的分布式系统来说，一般只需要满足最终一致性的性质，当在一致性和可用性之间进行折中协调时，往往优先选择可用性。

2. Dynamo 核心技术

在 Dynamo 中，只有对被唯一键标识的数据进行的简单读写操作。Dynamo 假定没有操作会跨越多个数据项，因此不需要关系模式。在亚马逊平台中，存储的数据对象大小往往不超过 1MB。Dynamo 并不保证严格的 ACID 属性，为了追求更高的可用性，它只保证最终一致性。此外，Dynamo 不提供任何隔离性的保障，并只允许一个键进行更新。Dynamo 系统只涉及单个管理域，因此 Dynamo

的节点之间是互相信任的。Dynamo 面向延迟敏感的电子商务应用，因此不在多个节点之间路由请求，而是每个节点都在本地维护足够的路由信息，将请求直接路由到合适的节点上。表 4.2 列出了 Dynamo 在数据划分、复制和一致性保障以及可用性保障等方面所采取的技术及其优点。

表 4.2　Dynamo 所采取的技术及其优点

问　题	技　术	优　点
划分	一致性哈希算法	具有较好的可伸缩性
处理节点暂时失效	粗略的法定数量协议和基于提示的切换技术	提供了较好的可用性和持久性保障
从永久失效中恢复	使用 Merkle Tree 的复制同步方法	在后台同步不一致的节点
成员管理和失效检测	基于 Gossip 的成员协议和失效检测	避免在一个中心节点存储成员和节点存活信息

传统的数据库在写操作时解决冲突，以减少读操作的复杂性，但是，在这种方案中，写操作请求可能由于不能到达所有副本而被拒绝。为了提升用户体验，Dynamo 的目标是“始终可写”（always writeable），无论在什么情况下，哪怕是网络和服务器失效时，用户也可以对购物车进行增删等操作。为了保证始终可写的要求得到满足，必须将冲突解决放到读操作发生时。另外一个问题是由谁来执行冲突解决：是由数据存储来解决，还是由应用程序来解决？前者只能采取“最后写者被采纳”（last writes wins）的策略，具有很大的局限性；将冲突解决的执行权交给应用程序则能够获得更大的灵活性，因为应用程序可以根据客户端的具体情况来决定如何进行冲突解决。例如，程序员可选择“merge”策略，同时也可以将冲突解决放在数据存储中采用“最后写者被采纳”的策略来解决。

Dynamo 采取一致性哈希算法进行数据划分，并将虚拟节点引入数据划分算法中，节点的离开和到达只影响邻居节点，而其他节点都不受影响。此外，在 Dynamo 系统中通过三个参数（N，R，W）来实现性能和可用性的平衡。

4.5.2　Cassandra：开源的高可伸缩分布式 key/value 数据存储与管理系统

Cassandra（Lakshman，Malik，2009）是一个高可伸缩的、具有最终一致性、分布式和结构化的 key/value 数据库，它借鉴了亚马逊公司的 Dynamo 和 Google 公司的 BigTable 的数据结构和功能特点。它始于 2007 年，是 Facebook 用于完成用户收件箱搜索业务的一个数据存储项目，目前已从 Apache 孵化项目升级为顶层项目（Apache 项目按成熟程度一般分为顶层项目和孵化项目两类）。

在 Cassandra 启动之初，Facebook 就对其可伸缩性有较高的要求。这是因为 Facebook 这类社会网络站点有一个明显的特点，即其用户负载往往在很短的时间内有着成千上万倍的增长。例如，社会网络站点 Twitter 就曾经在 2009 年 2 月的一个月之内用户数目增加了 1382%（McCarthy，Nielsen，2009）。

为了提高可伸缩性，Cassandra 的数据模型借鉴了来自于 Google 公司的 BigTable（Chang，2006）的数据模型。Cassandra 中的一个表是一个分布的多维映射表，以 key 作为索引，其值为一个高度结构化的对象。无论有多少列读出或写进一行，作用在一个单独行（row）上的操作对每个副本来说都是原子性的。

Cassandra 提供的 API 包括下面三个简单的方法：insert(table，key，rowMutation)，get(table，key，columnName)，delete(table，key，columnName)。与 Dynamo 类似，Cassandra 的数据扩展机制是基于一致性哈希算法的。下面我们通过实验来介绍 key/value 数据库在扩展时便捷、透明的复制和错误恢复等功能。

首先下载 Cassandra 的安装包，安装后，conf 文件夹存放配置文件，bin 文件夹存放启动和测试脚本。

1. 单个节点 Cassandra 的配置过程

通过修改 conf/storage-conf. xml 进行单个节点的配置。

代码 4.2

```
<CommitLogDirectory>
<DataFileDirectory>
<CalloutLocation>
<BootstrapFileDirectory>
<StagingFileDirectory>
```

以上代码的作用是确保上述几个文件夹位置配置正确，保证所指向的文件夹都已经存在。另外，修改 conf/log4j. properties 文件，配置 log4j. appender. R. File 项，指向一个文件。在 Linux 下使用命令 sh cassandra-f 启动，在 Windows 下使用 cassandra. bat 启动。

注意：默认的 JMX 端口是 8080，可能与现有系统所使用的端口冲突，可以在 bin/cassandra. in. sh 中修改。

2. 分布式 Cassandra 的配置过程

Cassandra 使用 Gossip 协议以 P2P 的方式进行节点间的通信，需要在配置的节点中修改 conf/storage-conf. xml 并增加〈Seed〉，其作用类似于 DNS，显式地配置它所连接的节点。

代码 4.3

```
<Seeds>
<Seed>127.0.0.1</Seed>
<Seed>10.61.0.184</Seed>
<Seed>10.61.0.180</Seed>
</Seeds>
```

另外，需要修改 ListenAddress 和 ThriftAddress 为本节点的 IP 地址。

代码 4.4

```
<ListenAddress>10.61.0.180</ListenAddress>
<StoragePort>7000</StoragePort><!--TCP 端口,接收命令和数据-->
<ControlPort>7001</ControlPort><!--UDP 端口,集群成员之间的
  gossip 通信-->
```

以上两个端口是控制端口，群集的节点通过该端口进行通信。

代码 4.5

```
<ThriftAddress>10.61.0.180</ThriftAddress>
<ThriftPort>9160</ThriftPort>
```

ThriftPort 端口监听来自客户端的消息，使用 Thrift 编程就用这个端口。所使用的节点配置好后，重启，发现日志上已经显示了有节点加入群集。在 Linux 下可以用以下命令测试某一台机器所在群集上连接的机器。

代码 4.6

```
sh nodeprobe--host 10.61.0.184 Cluster
```

3. 编程接口 Thrift 的配置

Thrift 是一个跨语言的服务开发框架，目前是 Apache 的一个孵化项目。Cassandra 的客户端需要使用 Thrift 进行配置。首先使用下面的命令获取 Thrift 的压缩包。

代码 4.7

```
wget-O thrift.tgz http://gitweb.thrift-rpc.org/? p=thrift.
  git;a=snapshot;h=HEAD;sf=tgz
```

如果使用 Java 语言编程，需要在解压 Thrift 目录中的/lib/java 目录下使用 ant 编译得到 libthrift.jar。注意，编译时 ant 版本需要在 1.7.1 及以上，否则在编译时会提示“not support nested ‘typedef’ element”的异常。

4. 编写客户端

将上一步生成的 libthrift.jar 和 cassandra/lib 下的 apache-cassandra-inbubating-0.4.1.jar 引入 classpath。下面展示了测试代码，修改自官方文档。编写该测试时，使用两台机器搭建了两个节点，组成集群，两个节点的配置分别为 P4 2.4/1G DDR/Ubuntu9.04 和 P4 2.8/2G DDR/WindowsXP SP3。

代码 4.8

```
/**
*@ Copyright(c)2009,SIGSIT,ICT,Beijing,China.All rights re-
 served.
*
*/
package cassandra;
import java.io.UnsupportedEncodingException;
import java.util.List;
import org.apache.cassandra.service.Cassandra;
import org.apache.cassandra.service.Column;
import org.apache.cassandra.service.ColumnOrSuperColumn;
import org.apache.cassandra.service.ColumnParent;
import org.apache.cassandra.service.ColumnPath;
import org.apache.cassandra.service.ConsistencyLevel;
import org.apache.cassandra.service.InvalidRequestException;
import org.apache.cassandra.service.NotFoundException;
import org.apache.cassandra.service.SlicePredicate;
import org.apache.cassandra.service.SliceRange;
import org.apache.cassandra.service.UnavailableException;
import org.apache.log4j.Logger;
import org.apache.thrift.TException;
import org.apache.thrift.protocol.TBinaryProtocol;
import org.apache.thrift.protocol.TProtocol;
import org.apache.thrift.transport.TSocket;
import org.apache.thrift.transport.TTransport;
import org.apache.thrift.transport.TTransportException;

public class CassandraClientDemo
{
private static Logger log=Logger.getLogger(CassandraClient-
 Demo.class);
```

```
/**
   *@param args
   *@throws TException
   *@throws UnavailableException
   *@throws InvalidRequestException
   *@throws UnsupportedEncodingException
   *@throws NotFoundException
   */
public static void main(String[] args) throws UnsupportedEncod-
  ingException,InvalidRequestException,UnavailableException,TEx-
  ception,NotFoundException
{
  TTransport tr=new TSocket("10.61.0.184",9160);
  //建立 socket 连接
  TProtocol proto=new TBinaryProtocol(tr);
  Cassandra.Client client=new Cassandra.Client(proto);
  //建立 cassandra 客户端
  tr.open();//连接打开
String key_user_id="3";//此处用作数据的 key

//下面是插入/更新数据的代码
long timestamp=System.currentTimeMillis();

client.insert("Keyspace1",key_user_id,new ColumnPath("Stand-
  ard1",null,"name".getBytes("UTF-8")),"Bob".getBytes("UTF-
  8"),timestamp,ConsistencyLevel.ONE);
log.info("insert first property");
//向数据库 Keyspace1 中表 Standard1 插入记录:记录的 key 为 key_us-
  er_id,有字段 name 的值为字符串"Bob"

client.insert("Keyspace1",key_user_id,new ColumnPath("Stand-
  ard1",null,"age".getBytes("UTF-8")),"26".getBytes("UTF-8"),
  timestamp,ConsistencyLevel.ONE);
log.info("insert second property");
```

```
//更新数据库 Keyspace1 中表 Standard1 的一条记录:记录的 key 为 key_
  user_id,加入字段 age 的值为字符串"26"

//读取数据的单个字段
    ColumnPath path=new ColumnPath("Standard1",null,"name".
      getBytes("UTF-8"));
    log.info(client.get("Keyspace1",key_user_id,path,Consis-
      tencyLevel.ONE));
//读取数据库 Keyspace1 中表 Standard1 的一条记录的一个字段:记录的
  key 为 key_user_id,读取字段 name 的值

//下面是读取数据全部字段的代码
     SlicePredicate predicate = new SlicePredicate(null, new
                                SliceRange(new byte[0], new
                                byte[0],false,10));
    ColumnParent parent=new ColumnParent("Standard1",null);
    List<ColumnOrSuperColumn>results=client.get_slice("Key-
      space1",key_user_id,parent,predicate,ConsistencyLevel.
      ONE);
    for(ColumnOrSuperColumn result:results)
    {
          Column column=result.column;
          log.info(new String(column.name,"UTF-8")+"->"+new
              String(column.value,"UTF-8"));
    }
//读取数据库 Keyspace1 中表 Standard1 的一条记录的所有字段:记录的
  key 为 key_user_id,所有字段的值迭代被打印

    tr.close();//连接关闭
  }
}
```

4.5.3 Force：支持多租户的数据库系统

Force 是一个基于 PaaS 模式支持“按需应用”的开发平台，它目前支持超过 55000 个组织机构，这些组织机构使用该平台来开发和发布其互联网应用软

件。由于这些上万个软件开发商各有不同的定制需求，Force 平台就必然要支持大量的多租户。

图 4.19 是 Force 所采用的数据模型（Weissman，2009）。它并不是将上万个租户的数据库以静态的方式简单地存放起来，而是使用一系列的元数据、数据和轴表，在运行时才动态地生成租户数据的完整视图，以便支持大量租户灵活且多变的数据结构。

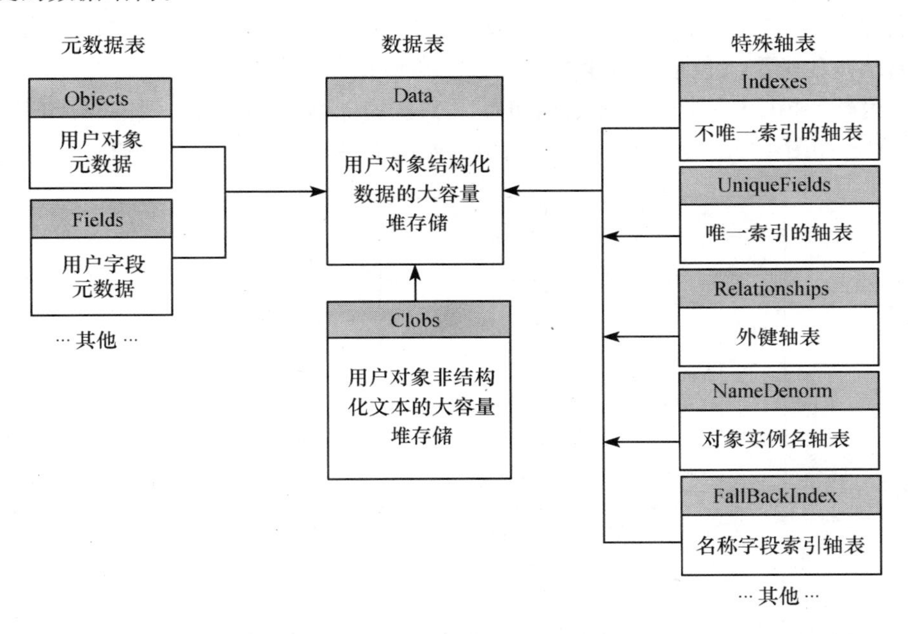

图 4.19　Force 的数据定义和存储模型

当一个 SaaS 软件开发商创建其定制应用对象（即定制表）时，Force 平台中的全局数据字典负责跟踪与应用对象有关的元数据、数据字段以及其他一些对象特征。同时，使用一些大的数据库来存储每个租户的数据，并使用一系列相关的轴表来管理每个租户的数据。

在图 4.19 中，对象元数据表（objects metadata table）用来存储租户定制对象（数据表或实体）的信息，包括对象的唯一标识 ObjID、所属的组织标识 OrgID 以及给定对象的名称 ObjName。字段元数据表（fields metadata table）用于存储定制字段（即关系型数据表中的列或属性），包括字段的唯一标识 FieldID、所属组织标识 OrgID、所属对象标识 ObjID、字段的名称 FieldName、字段的数据类型。一个布尔类型的值用来表示该字段是否需要索引以及该字段在对象中相对于其他字段的位置 FieldNum。

在图 4.19 中，中间的数据表（以下简称 Data 表）用于存储应用可访问的数据，这些数据通过 Objects 表和 Fields 表映射到所有的定制对象以及它们的字段上。数据表中的每一行都包括一个全局唯一标识 GUID、该行所属的组织标识 OrgID、所属对象标识 ObjID。数据表中的每一行还有一个 Name 字段，用来存储对象实例的真实名字。例如，一个 Account 对象也许使用“Account Name”，一个 Case 对象也许使用“Case Number”等。Value0～Value500 的列用于存储通过 Objects 表和 Fields 表映射到所有的定制对象及其字段上的应用数据。这些列也称为 flex 列，因为它们使用一个可变长的字符串数据类型存储应用数据的任何结构化类型（包括字符串类型、数字类型和日期类型等）。

另外，Field 表中的一行数据包括元数据都被映射到 Data 表的一个特定的 flex 列，如图 4.20 所示。没有同一对象的两个字段映射至 Data 表中的同一 flex 列。

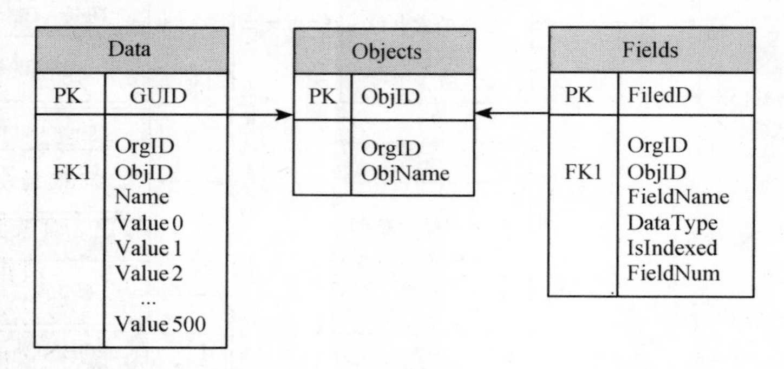

图 4.20 Data 表、Objects 表和 Fields 表之间的关系

定制字段可以使用任何标准的结构化类型，如文本类型、数字类型和日期类型等；还可以使用一些专门的结构化数据类型，如枚举类型、公式、布尔类型、Email 和 URL 等。定制字段还可以具有定制验证规则（如一个字段的值必须大于其他字段的值）。定制字段的数据类型和验证规则都是由平台的应用服务器来指定的。

当一个 SaaS 开发商声明或修改一个定制对象时，Force 在定义该对象的 Objects 表中管理一行该对象的元数据。同样，对于每一个定制字段，Force 在 Fields 表中管理一行该字段的元数据，这些元数据包括将字段映射到 Data 表中的一个 flex 列的元数据。

同一个对象的两个字段不能映射到同一个 flex 列上，但是单个 flex 列可以管理多个字段的信息，前提是这些字段来自不同的对象。图 4.21 给出了一个 Data 表中单个 flex 列的例子。flex 列全部都是可变长度字符串的数据类型，因此，Force 可以将数据类型不同的字段映射到同一个 flex 列上。

为了存储超过 32000 个字符的长文本型字段，Force 支持 CLOB 类型数据的存储，并将 CLOB 类型的数据存储在专门的 CLOBs 表中。对于数据表中每一

Data				
GUID	ORgID	ObjID	…	Val0
a01…1	org1	a01	…	Up
a01…2	org1	a01	…	Flat
a02…1	org1	a02	…	20080129
a02…2	org1	a02	…	20080214
a03…1	org1	a03	…	41.23
a03…2	org1	a03	…	−10.3

图 4.21　Data 表中的单个 flex 列示例

个含有 CLOB 的行，Force 都将 CLOB 存储在一个称为 CLOBs 的轴表中。系统可以在必要时对此表和 Data 表中相应的行执行 Join 操作来获得完整的租户数据。

在传统的数据库系统中，使用索引可实现对满足条件的特定行进行快速定位。在 Force 中，使用单个 flex 列来存储多个具有不同数据类型的字段，因此在 Data 表的 flex 列上创建索引的方法是行不通的。在 Force 中，通过同步复制待索引的字段数据到 Indexes 轴表的合适的列中，来管理数据表的索引。

如图 4.22 所示，Indexes 表包括强类型的索引列，如 StringValue、NumValue 以及 DataValue 等，来定位相应数据类型字段的数据。例如，Force 拷贝一个 Data 表中 flex 列的一个字符串值到 Indexes 表的 StringValue 字段中，拷贝日期类型的值到 DataValue 字段中。Indexes 表的索引是标准的非唯一的数据库索引。当一个内部的系统查询使用的搜索参数引用到一个定制对象的某个结构化字段时，平台的查询优化器就使用 Indexes 表来优化相关的数据访问操作。

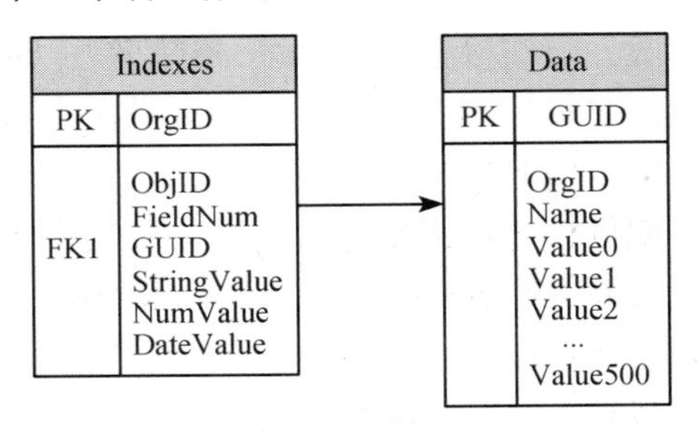

图 4.22　Indexes 轴表用来对保存在 flex 列中的数据进行索引

图 4.19 中右边的 UniqueFields 轴表允许 SaaS 软件开发商指定对象的某字段的值是否必须具有唯一性。UniqueFields 表十分类似于 Indexes 表，不同的是，UniqueFields 表的数据库索引强制了数据的唯一性。当某租户的应用试图向这个要求唯一的字段插入一个重复的值时，或者当数据库管理员试图将一个包含重复值的字段设置为唯一性强制时，Force 系统会自动产生错误通报。

图 4.19 中右边的 Relationships 轴表是用来允许 SaaS 软件开发商在应用对

象之间声明参照完整性约束关系的。当 SaaS 软件开发商使用关系类型声明某对象的字段时，平台将该字段映射到 Data 表的一个 Value 字段上，然后使用该字段来存储其相关对象的 ObjID。

Force 中还提供了其他一些轴表。例如，NameDenorm 表用于存储每个对象实例的 ObjID 和 Name 值，从而使 Force 通过执行一个简单的查询就能获取每个被引用的对象实例的 Name 值；History Tracking 表用于存储所有字段变化的信息，从而使 Force 可以提供历史记录的追踪等。

所有 Force 的数据、元数据和轴表，包括数据库索引，都使用数据库划分机制来根据租户的 OrgID 进行租户之间数据的物理划分。数据库划分机制将数据划分成更小的且易于管理的数据片段；同时，数据库划分还有助于提高多租户数据库管理系统的性能、可伸缩性和可用性。例如，在 Force 中，来自用户的查询请求只会针对一个具体租户的信息，因此查询优化器就可以只考虑该租户的数据划分片段，而无须将整个的数据表或索引考虑在内。

4.5.4 Hadoop：MapReduce 的开源实现

Google 公司提出了基于 GFS 的 C++版本的 MapReduce 实现，但是该实现属于 Google 公司的未开源保密技术。当前开源的 MapReduce 实现有 Hadoop、Qizmt、Phoenix 等。其中，Hadoop 是一个开源的可运行于大规模集群上的分布式并行编程框架。Hadoop 实现了 Google 公司的 MapReduce 编程模型，提供了简单易用的编程接口，也提供了本身的分布式文件系统 HDFS。与 Google 公司的 MapReduce 实现不同的是，Hadoop 是开源的，任何人都可以使用这个框架来进行并行编程。如果说分布式并行编程的难度足以让普通程序员望而生畏，那么开源的 Hadoop 的出现极大地降低了它的门槛。

Hadoop 中的分布式文件系统 HDFS 由一个管理节点（name node）和 N 个数据节点（data node）组成，每个节点均是一台普通的计算机。使用上同单机的文件系统非常类似，一样可以创建、复制、删除文件和目录、查看文件内容等。但其底层实现上是将文件切割成块（block），然后这些块分散地存储于不同的数据节点上，每个块还可以复制数份存储于不同的数据节点上，增强容错能力。管理节点是整个 HDFS 的核心，它通过维护一些数据结构，记录每一个文件被切割成多少个块、这些块可以从哪些数据节点中获得、各个数据节点的状态等重要信息。

Hadoop 中有一个作为主控的主节点（job tracker），用于调度和管理其他的工作节点（task tracker），主节点可以运行于集群中任一台计算机上；工作节点负责执行任务，必须运行于数据节点上，即数据节点既是数据存储节点，也是计算节点。主节点将 Map 任务和 Reduce 任务分发给空闲的工作节点，让这些任务并行运行，并负责监控任务的运行情况。如果某一个工作节点出现了故障，主节点会将其负责的任务转交给另一个空闲的工作节点重新运行。Hadoop 的任务分配如图 4.23 所示。

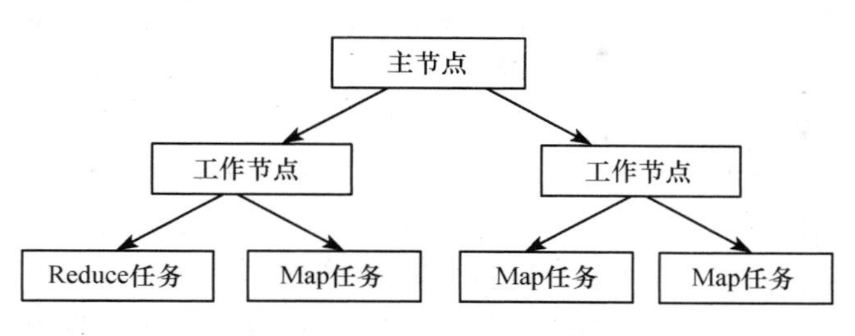

图 4.23　Hadoop 的任务分配

数据存储在哪一台计算机上，就由这台计算机进行这部分数据的计算，这样可以减少数据在网络上的传输，降低对网络带宽的需求。在 Hadoop 这样的基于集群的分布式并行系统中，计算节点可以很方便地扩充，因而它所能够提供的计算能力近乎是无限的。但是由于数据需要在不同的计算机之间流动，因此网络带宽变成了“瓶颈”。本地计算是最有效的一种节约网络带宽的手段，这其实就是网格计算中“移动计算比移动数据更经济”的思想。

图 4.24 是 Hadoop 的数据流示意图，对于输入，InputFormat 类负责读取和切割原始大数据集；Map 节点在切割后的小数据集上完成 Map 运算后，SequenceFileOutputFormat 类将中间结果存储在本地；Reduce 节点通过 HTTP 协议获取中间结果并执行 Reduce 函数，最终结果通过 OutputFormat 类写到输出 HDFS 中。

HDFS Input → Mapper → Local Ouput → HTTP Input → Reduce → HDFS Output

图 4.24　Hadoop 数据流

将原始大数据集切割成小数据集时，通常让小数据集小于或等于 HDFS 中一个块的大小（缺省是 64MB），这样能够保证一个小数据集位于一台计算机上，便于本地计算。如有 M 个小数据集待处理，就启动 M 个 Map 任务，注意这 M 个 Map 任务分布于 N 台计算机上并行运行，Reduce 任务的数量 R 则可由用户指定。

将 Map 任务输出的中间结果按 key 的范围划分成 R 份（R 是预先定义的 Reduce 任务的个数），划分时通常使用哈希函数，如 hash（key） mod R。这样可以保证某一段范围内的 key 一定是由一个 Reduce 任务来处理，可以简化 Reduce 的过程。

在划分之前，还可以对中间结果先做联合（combine），即将中间结果中有相同 key 的 key/value 对合并成一对。联合的过程与 Reduce 的过程类似，很多情况下都可以直接使用 Reduce 函数，但联合是作为 Map 任务的一部分，在执行完 Map 函数后紧接着执行的。联合能够减少中间结果中 key/value 对的数目，从而减少网络流量。

Map 任务的中间结果在做完划分和联合之后，以文件形式存于本地磁盘。中间结果文件的位置会通知主节点，主节点再通知 Reduce 任务到哪一个工作节点上去取中间结果。注意，所有 Map 任务产生的中间结果均按其 key 用同一个哈希函数划分成了 R 份，R 个 Reduce 任务各自负责一段 key 区间。每个 Reduce 需要向多个 Map 任务节点获取落在其负责的 key 区间内的中间结果，然后执行 Reduce 函数，形成一个最终的结果文件。

有 R 个 Reduce 任务，就会有 R 个最终结果，很多情况下这 R 个最终结果并不需要合并成一个最终结果。因为这 R 个最终结果又可以作为另一个计算任务的输入，开始另一个并行计算任务。

下面介绍一个 Hadoop 应用示例的编写方法。该示例完成对一个数据上报系统的日志进行统计的任务，数据上报日志的模式为〈上报地区，栏目类型，上报数量，上报时间〉，要求统计每个栏目类型的数据上报量。

在代码 4.9 中，分析 Map 阶段将每条日志转换成〈栏目类型，上报数量〉，Reduce 阶段将 Map 阶段结果按栏目类型进行累加，得到〈栏目类型，交换总量〉。

代码 4.9

```
/**
*@ Copyright(c)2009,SIGSIT,ICT,Beijing,China.All rights re-
 served.
*
*/
public class LogAnalyser {
      //Map 阶段任务
   public static class Map extends MapReduceBase implements
            Mapper<LongWritable,Text,Text,IntWritable>{
      public void map(LongWritable key,Text value,
                  OutputCollector < Text, IntWritable > output,
                   Reporter reporter)
                  throws IOException {
```

```
        IntWritable columnGross=new IntWritable(1);
        Text columnName=new Text();
        //对日志文件中的各行进行处理,转换成<栏目类型,上报数量>
        String line=value.toString();
        String[]record=line.split(",");
        columnName.set(record[1]);
        columnGross.set(Integer.parseInt(record[2]));
        output.collect(columnName,columnGross);
    }
}
//Reduce 阶段任务
public static class Reduce extends MapReduceBase implements
        Reducer<Text,IntWritable,Text,IntWritable>{
  public void reduce(Text key,Iterator<IntWritable>values,
                OutputCollector<Text,IntWritable>output,
                 Reporter reporter)
                throws IOException {
        //将各栏目的上报量进行累积,输出<栏目类型,交换总量>
        int sum=0;
        while(values.hasNext()){
          sum +=values.next().get();
        }
        output.collect(key,new IntWritable(sum));
    }
}
//配置 MapReduce 作业,并启动
public static void main(String[]args)throws Exception {
      JobConf conf=new JobConf(LogAnalyser.class);
      conf.setJobName("log_analysis");
      //设置作业的 Map 函数和 Reduce 函数
      conf.setMapperClass(Map.class);
      conf.setReducerClass(Reduce.class);
      //设置作业的中间变量类型,本例使用 Text 和整数类型
      conf.setOutputKeyClass(Text.class);
      conf.setOutputValueClass(IntWritable.class);
```

```
        //设置作业的输入输出格式,本例使用 TextInputFormat
        conf.setInputFormat(TextInputFormat.class);
        conf.setOutputFormat(TextOutputFormat.class);
        //设置作业的输入输出,由命令行指定
        FileInputFormat.setInputPaths(conf,new Path(args[0]));
        FileOutputFormat.setOutputPath(conf,new Path(args[1]));
        //启动作业
        JobClient.runJob(conf);
        System.out.println("Start to scheduling job…");
    }
}
```

接下来介绍上述 Hadoop 程序在集群模式下对网络、安全认证以及 Hadoop 环境的配置和运行过程。本实验在 Ubuntu 5.5 环境中部署了两个 Hadoop 节点，其中，hadoop-server 充当主节点，hadoop-node 充当工作节点。

1. 网络配置

(1) 在两个节点的/etc/hosts 中加入对节点名的地址解析。例如，在 hadoop-server 的/etc/hosts 中加入对 hadoop-node 的地址解析，得到如图 4.25 所示的结果。

```
root@hadoop-server:/home/███/hadoop-0.18.3# cat/etc/hosts
10.61.0.247 hadoop-server
127.0.0.1 localhost.localdomain localhost

# The following lines are desirable for IPv6 capable hosts
::1 ip6-localhost ip6-loopback
fe00::0 ip6-localnet
ff00::0 ip6-mcastprefix
ffo2::1 ip6-allnodes
ff02::2 ip6-allrouters
ff02::3 ip6-allhosts
10.61.0.182 hadoop-node
```

图 4.25 加入对 hadoop-node 地址解析后的结果

(2) 进行 ping 测试，保证 hadoop-server 和 hadoop-node 的网络连接畅通。

2. SSH 配置

在 Hadoop 分布式环境中，管理节点需要通过 SSH 来启动和停止数据节点上的各类进程，所以需要保证环境中的各台机器均可以通过 SSH 登录访问，并且不需要输入密码。上述要求可以将各台机器上的 SSH 配置为使用无密码公钥认证方式来实现。过程如下：

（1）在 hadoop-server 上使用 ssh-keygen -t rsa 命令生成密钥。

（2）将生成的 id _ rsa. pub 文件的内容复制到每一台从节点（hadoop-node）的/home/caoyuz/. ssh/authorized_keys 文件的尾部，如果机器上不存在/home/caoyuz/. ssh/authorized_keys 文件，可以自行创建一个。

（3）进行 SSH 连接测试，从 hadoop-server 分别向每个 hadoop-node 发起 SSH 连接请求，确保不需要输入密码就能与 SSH 连接成功。

3. Hadoop 配置

（1）在主从节点上分别下载安装 Hadoop-0. 18. 3 及 sun-jdk1. 6（注意，更换系统中预装非 Sun 版本的 jdk）。

（2）在主从节点上分别修改 conf/hadoop-env. sh 文件，在其中设置 JAVA _ HOME 环境变量。

（3）在主节点上设定主从节点。在 conf/masters 中加入主节点名（hadoop-server），在 conf/slaves 中加入工作节点名（hadoop-node）。

（4）在从节点上修改 conf/hadoop-site. xml 文件，配置 Hadoop 的真实分布式运行环境。

代码 4. 10

```
<configuration>
<property>
    <name>fs.default.name</name>
    <value>hdfs://hadoop-server:9000/</value>
</property>
<property>
    <name>mapred.job.tracker</name>
    <value>hadoop-server:9001</value>
</property>
<property>
    <name>dfs.replication</name>
    <value>1</value>
</property>
</configuration>
```

4. 运行过程

（1）将代码打包成 jar 文件并部署到主节点的 Hadoop 目录下，本例中将代码 4.9 打包成 LogAnalyser.jar。

（2）格式化 Hadoop 文件系统。运行 bin/hadoop namenode -format，得到如图 4.26 所示的结果。

```
root@hadoop-server:/home/███/hadoop-0.18.3# bin/hadoop namenode -format
10/04/09 15:26:36 INFO dfs.NameNode: STARTUR_MSG:
/************************************************************
STARTUP_MSG: Starting NameNode
STARTUP_MSG: host = hadoop-server/10.61.0.247
STARTUP_MSG: args = [-format]
STARTUP_MSG: version = 0.18.3
STARTUP_MSG: build = https://svn.apache.org/repos/asf/hadoop/core/branches/bra
nch-0.18 -r 736250; compiled by 'ndaley' on Thu Jan 22 23:12:08 UTC 2009
************************************************************/
10/04/09 15:26:36 INFO fs.FSNamesystem: fsowner=root,root
10/04/09 15:26:36 INFO fs.FSNamesystem: supergroup=supergroup
10/04/09 15:26:36 INFO fs.FSNamesystem: isPermissionEnabled=true
10/04/09 15:26:37 INFO dfs.Storage: Image file of size 78 saved in 0 seconds.
10/04/09 15:26:37 INFO dfs.Storage: Storage directory/tmp/hadoop-root/dfs/name
has been successfully formatted.
10/04/09 15:26:37 INFO dfs.NameNode: SHUTDOWN_MSG:
/************************************************************
SHUTDOWN_MSG: Shutting down NameNode at hadoop-server/10.61.0.247
************************************************************/
```

图 4.26　格式化 Hadoop 文件系统

（3）启动 Hadoop。运行 bin/start-all.sh，得到如图 4.27 所示的结果。

```
root@hadoop-server:/home/███/hadoop-0.18.3# bin/start-all.sh
starting namenode, logging to /home/qky/hadoop-0.18.3/bin/../logs/hadoop-root-na
menode-hadoop-server.out
hadoop-node: starting datanode, logging to /home/qky/hadoop-0.18.3/bin/../logs/
hadoop-root-datanode-hadoop-node.out
starting jobtracker, logging to /home/qky/hadoop-0.18.3/bin/../logs/hadoop-root-
jobtracker-hadoop-server.out
hadoop-node: starting tasktracker, logging to /home/qky/hadoop-0.18.3/bin/../
logs/hadoop-root-tasktracker-hadoop-node.out
```

图 4.27　启动 Hadoop

此时，在主节点上运行 jps（即 Java Virtual Machine Process Status Tool，是 JDK 提供的一个显示当前所有 Java 进程 pid 的命令），可以看到启动了 NameNode 和 JobTracker 两个进程，如图 4.28 所示。

```
root@hadoop-server:/home/███/hadoop-0.18.3# jps
15439 JobTracker
15538 Jps
15317 NameNode
```

图 4.28　启动 Hadoop 后主节点的进程状态

在从节点上运行 jps，可以看到启动了 DataNode 和 TaskTracker 两个进程，如图 4.29 所示。

（4）导入输入文件。将上报数据日志文件导入 Hadoop 文件系统，运行 bin/hadoop fs-put/home/███/test-in input，运行完成后浏览 Hadoop 文件系统，可以看到导入的文件，如图 4.30 所示。

```
root@hadoop-node:/home/███# jps
13092 DataNode
13201 Jps
12350 TaskTracker
```

图 4.29　启动 Hadoop 后从节点的进程状态

```
root@hadoop-server:/home/███/hadoop-0.18.3# bin/hadoop fs -ls input
Found 1 items
-rw-r--r-- 1 root supergroup 172445988 2010-04-09 15:27 /user/root/input/
log.txt
```

图 4.30　导入输入文件

（5）运行作业。执行 bin/hadoop jar LogAnalyser. jar input/log. txt output，得到如图 4.31 所示的结果。

```
root@hadoop-server:/home/███/hadoop-0.18.3# bin/hadoop jar LogAnalyser.jar input
/log.txt output
10/04/09 15:27:58 WARN mapred.JobClient: Use GenericOptionsParser for parsing th
e arguments. Applications should implement Tool for the same.
10/04/09 15:27:58:INFO mapred.FileInputFormat: Total input paths to process:1
10/04/09 15:27:58 INFO mapred.FileInputFormat: Total input paths to process:1
10/04/09 15:28:00 INFO mapred.JobClient: Running job: job_201004091526_0001
10/04/09 15:28:01 INFO mapred.JobClient: map 0% reduce 0%
10/04/09 15:28:15 INFO mapred.JobClient: map 16% reduce 0%
10/04/09 15:28:17 INFO mapred.JobClient: map 18% reduce 0%
10/04/09 15:28:20 INFO mapred.JobClient: map 24% reduce 0%
10/04/09 15:28:24 INFO mapred.JobClient: map 32% reduce 0%
10/04/09 15:28:27 INFO mapred.JobClient: map 41% reduce 0%
10/04/09 15:28:30 INFO mapred.JobClient: map 48% reduce 0%
10/04/09 15:28:32 INFO mapred.JobClient: map 52% reduce 0%
10/04/09 15:28:36 INFO mapred.JobClient: map 58% reduce 0%
10/04/09 15:28:38 INFO mapred.JobClient: map 58% reduce 0%
10/04/09 15:28:39 INFO mapred.JobClient: map 64% reduce 0%
10/04/09 15:28:38 INFO mapred.JobClient: map 66% reduce 0%
10/04/09 15:28:39 INFO mapred.JobClient: map 66% reduce 0%
10/04/09 15:28:44 INFO mapred.JobClient: map 82% reduce 0%
10/04/09 15:28:48 INFO mapred.JobClient: map 97% reduce 22%
10/04/09 15:28:49 INFO mapred.JobClient: map 100% reduce 22%
10/04/09 15:28:55 INFO mapred.JobClient: Jab complete: job_201004091526_0001
10/04/09 15:28:55 INFO mapred.JobClient: Counters: 16
10/04/09 15:28:55 INFO mapred.JobClient:   File Systems
10/04/09 15:28:55 INFO mapred.JobClient:     HDFS bytes read=172454182
10/04/09 15:28:55 INFO mapred.JobClient:     HDFS bytes written=2219
10/04/09 15:28:55 INFO mapred.JobClient:     Local bytes read=31898
10/04/09 15:28:55 INFO mapred.JobClient:     Local bytes written=38741
10/04/09 15:28:55 INFO mapred.JobClient:   Job Counters
10/04/09 15:28:55 INFO mapred.JobClient:     Launched reduce tasks=1
10/04/09 15:28:55 INFO mapred.JobClient:     Launched map tasks=3
10/04/09 15:28:55 INFO mapred.JobClient:     Data-local map tasks=3
10/04/09 15:28:55 INFO mapred.JobClient:   Map-Reduce Framework
10/04/09 15:28:55 INFO mapred.JobClient:     Reduce input groups=92
10/04/09 15:28:55 INFO mapred.JobClient:     Combine output records=1564
10/04/09 15:28:55 INFO mapred.JobClient:     Map input records=3020556
10/04/09 15:28:55 INFO mapred.JobClient:     Reduce output records=92
10/04/09 15:28:55 INFO mapred.JobClient:     Map output bytes=52602660
10/04/09 15:28:55 INFO mapred.JobClient:     Map input bytes=172445988
10/04/09 15:28:55 INFO mapred.JobClient:     Combine input records=3022028
10/04/09 15:28:55 INFO mapred.JobClient:     Map output records=3020556
10/04/09 15:28:55 INFO mapred.JobClient:     Reduce input records=92
```

图 4.31　运行 Hadoop 作业

（6）查看结果。运行 bin/hadoop fs -cat output/＊，如图 4.32 所示。

```
技术专栏        61894800
技术供应        5839680
技术市场        15257616
技术求购        164060
投融资活动      3960
投融资知识      8448
投融资资讯      36696
推荐企业        6204
政策法规        1848
新型材料        81444
新技术展示      3369036
```

图 4.32　运行 Hadoop 作业后的输出结果

（7）停止 Hadoop。运行 bin/stop-all. sh，如图 4.33 所示。

```
root@hadoop-server:/home/███/hadoop-0.18.3# bin/stop-all.sh
stopping jobtracker
hadoop-node: no tasktracker to stop
stopping namenode
hadoop-node: stopping datanode
```

图 4.33　停止 Hadoop

此时，主从节点的所有 Hadoop 进程都停止。

4.6　本章小结

本章为突出互联网分布式系统中的数据资源管理与传统数据资源管理的区别和显著特征，对分布式 key/value 数据存储与管理系统、多租户数据库以及基于 MapReduce 并行编程模型的海量数据处理进行了介绍。事实上，数据管理技术包括的范围非常广，如数据缓存、复制与副本管理、数据集成、数据划分、优化调度与负载均衡、一致性保障、支持多租户的数据库、完整性检测与压缩等多种技术，本章并没有对它们一一进行阐述。其中，针对 key/value 数据存储与管理系统，重点对其数据结构、数据扩展机制、复制与一致性保障、可用性保障以及多租户数据库等几个核心技术进行了介绍；针对多租户数据库，重点对实现多租户数据库的几种数据模型进行了介绍；针对基于 MapReduce 并行编程模型的海量数据处理，介绍了其计算模型的基本概念及其实现原理。最后，为了便于读者对本章内容的理解，对 Dynamo 和 Cassandra 这两种数据存储与管理系统、Force 的多租户数据库实现以及开源的 MapReduce 实现——Hadoop 进行了分析。

第五章　服务资源的建模、虚拟化、组合、管理及监控

5.1　引　　言

本书已在第二章对服务和SOA的基本概念进行了介绍，本章将在其基础上对相关核心问题进行深入探讨。服务概念来自于社会和经济领域，原意是指在提供产品效用满足客户需求时所创造的无形价值。在IT领域，服务的引入是为了打造松耦合的企业信息系统，提升系统敏捷性，实现业务功能的大粒度和大规模重用，并实现跨平台信息系统间的互联互通。SOA的概念最早出现于1996年Gartner的一篇报告（Gartner，1996）中。到了2000年，SOA的理念逐渐得到了人们的广泛认可。其后，随着WSDL、SOAP和UDDI等标准规范的推出，Web服务成为了SOA最早的主流实现方式，SOA的理念和相关技术从此进入了爆发式的发展周期。2005年，IBM和BEA等各大IT厂商合作提出了SCA、SDO和WS-Policy等几个重量级的标准规范，进一步推动了SOA的发展，对软件产业和应用产生了巨大影响。2007年至今，SOA迈入成熟期，开始逐步走向规模化应用。

随着SOA理念和技术的日益成熟，服务在互联网分布式系统构建过程中所扮演的角色也越来越清晰。人们盼望着在互联网环境下能够出现一种贴近业务的、规范的以及易用的互联网组件，用户只需通过对组件的配置和组装就能够快速构建出可以满足业务需求的互联网分布式系统。和传统分布式系统的构建方法相比，这种方法有望能够有效降低构建成本，缩短构建时间，敏捷应对业务需求的快速变化。服务的出现使得这种构建方法成为可能。服务所倡导的“使用而不拥有”的使用模式，对互联网分布式系统的构建具有重要意义。通过使用服务，用户不必在本地安装和运维软件，使用互联网就可以访问不同企业或组织提供的各类资源和业务功能。通过制订服务的执行逻辑，建立接口间的数据映射关系，用户可以容易地将分布异构的互联网资源快速组合起来，完成分布式系统的构建。当前，服务在“通用互联网组件”这一角色上发挥着越来越重要的作用，人们对其也寄予了越来越多的厚望。

在服务计算高速发展的过程中，涌现出了许多类型丰富的服务。针对Web服务和服务计算，已经出现了很多经典书籍，全面而细致地介绍了它们的技术细节、使用方法、适用环境等（Richardson，Ruby，2007；喻坚，韩燕波，2006）。

本章将不再赘述这些内容，而是将重点放在怎样以服务为基本元素来快速构建能够满足实际业务需求的互联网分布式系统。这一目标的实现需要解决以下三个关键问题。

1. 服务建模和虚拟化问题

互联网资源是构建互联网分布式系统的重要基础。然而，资源的多样性和异构性给构建过程带来了很大的障碍。在使用某个特定资源之前，人们必须要了解它的各种细节，并据此来设计解决方案及编写代码，这大大增加了解决问题的难度和成本。为此，人们一直在致力于如何将这些异构的资源统一以服务的形式进行封装并对外提供出来，保障用户以一致的方式来访问各种资源。本书用服务化这个概念标识与上述目标相关的工作。伴随服务计算技术的高速发展，通过服务化过程所产生的各类服务本身也有异构特性，它们具有不同的表现形态，适用于不同的应用环境。在求解实际问题中，这些服务也同样面临需要规范和需要统一的问题。对与该目标相关的工作，本书用服务一体化来标识。

事实上，服务描述和服务化以及服务一体化的关键问题都是服务建模。一个好的服务模型应当对服务的能力、使用方式、使用环境以及性质保障做出精确的刻画，为从资源到规范服务的逐级抽象过程打下基础。然后，再通过资源服务化和服务一体化等技术来实现上述目标。建模的核心问题是定义合适的抽象，并找到建立该抽象的合适途径和过程。因此，本书除讨论服务的基本抽象外，重点关注服务的业务级抽象。

服务模型的建立和一体化服务的出现，为服务成为互联网分布式系统构建的基本元素打下了坚实的基础。但是将复杂的业务需求分解并落实到具体的服务资源就成为另一个关键问题。尤其是当人们期望这种落实过程是自动化的和智能化的时，这对业务需求的分析和描述就提出了很高的要求。人们需要改变传统的基于自然语言的业务需求描述方法，通过上面所说的业务级服务抽象，来建立起沟通业务领域和 IT 领域之间的桥梁。

本书将从业务需求到互联网资源间通过服务抽象技术从而建立起映射关系的过程称为服务虚拟化。分而治之、结构化、抽象和代理是求解复杂的信息处理问题和计算问题的重要指导原则，虚拟化的思想及其应用是这些原则的一种综合体现。虚拟化技术在 IT 领域已有广泛的应用，它可起到解耦、屏蔽复杂性、优化资源使用模式和增强安全性等作用。提出服务虚拟化技术的根本目的是在业务层和 IT 层之间建立起一个服务虚拟层，以保障服务的优化、可控和有序地交互，从而实现跨越业务层和 IT 层之间的鸿沟。

2. 服务组合和使用问题

随着互联网环境下资源越来越多地以服务形式对外提供，服务组合技术已逐渐成为互联网分布式系统构建的新兴的、主要的方式。该技术旨在跨越技术和组织的边界，无缝集成分布于互联网上的各种服务，构建增值的业务应用，以满足互联网环境下大规模多样性的用户需求。作为一种重要的互联网分布式系统构造技术，服务组合包含了一系列与互联网应用开发生命周期相关的技术，包括建模、分析、部署、执行、监控和优化等（喻坚，韩燕波，2006）。本章将重点讨论服务组合编程范型和实现技术，并分别从 IT 人员和最终用户的不同视角出发，介绍由不同角色主导的服务组合技术的原理和实践。

3. 组织、管理和监控问题

当服务的数量越来越多时，伴随而来的问题就是如何对服务进行管理和监控。如何帮助用户找到需要的服务、如何监控服务的运行状态以及如何保障服务的质量等一系列问题是每一个使用服务构建的互联网分布式系统必须要面对的。本章将重点从服务管理、服务监控和服务质量保障三个方面来进行讨论。

在第二章已对服务和 SOA 相关知识进行介绍的基础上，本章将对服务相关核心问题进行深入探讨。本章将重点关注实现服务虚拟化、组合、管理和监控的关键技术。5.2 节从分布式系统构建的角度出发归纳总结对服务这一概念的理解，并介绍常见的服务类型。5.3 节将介绍服务模型的基本概念以及几种重要的服务模型，并重点介绍互联网环境中较为常见的 REST 服务。5.4 节将探讨服务的虚拟化过程，重点关注如何将复杂的业务需求落实为具体的服务资源。服务资源的组合方法将在 5.5 节中详细讨论。5.6 节将探讨当可用服务数量巨大时，如何对这些服务进行管控，以及怎样保障所提供服务的质量。

5.2　服务和服务计算

服务从字面上可以理解为“某个人或某团体为使他人受益而做的受到认可的一系列活动”，这一概念原本来自于社会和经济领域。马克思在《资本论》中曾经指出“服务是使物的使用价值得到发挥，是劳动的一部分”。同时，作为一个经济学术语，它泛指在提供产品效用满足客户需求时所创造的无形价值。英国经济学家克拉克在 1940 年提出的“配第-克拉克”定理中将服务产业归结为第三产业，该类产业的主要特征是利用产品的功能提供服务以便赚取利益。产品和服务的一个重要区别是产品是有形的财产，而服务是无形中创造的价值。该定理同时还指出“随着经济的不断发展，产业中心将逐渐由有形财物的生产转向无形的服务性生产”。

IT 领域的服务概念和社会经济领域的服务概念既有相同之处，也有不同之处。在 IT 领域，服务产业早已存在。大量的公司或组织在自己的软硬件资源基础上开发软件产品来为用户提供服务，同时赚取利润。从用户的视角来看，服务是无形的，他们仅使用服务的功能，而不需要拥有服务以及背后的各类软硬件资源。服务的价值通过对它的触发和调用来实现。当前，人们所倡导的 SaaS 应用交付和运营模式正是从这一视角来展现服务价值的。但是，不同于用户的视角，如果从开发者的视角来审视服务，那么服务又是一个有形的实体。它是使用物理资源的媒介和接口，强调对资源的使用模式，是组成互联网分布式系统的基本要素，其本身也是一种互联网资源。当前，人们所提出的“服务即软件”思想就是在表达这个含义。因此，从不同的视角来看，服务可以是有形的也可以是无形的。服务是沟通 IT 领域和业务领域的桥梁，它的目的是使用互联网资源来创造业务价值。资源的使用接口是有形的，而调用服务创造价值的过程则是无形的。为了便于下面对服务虚拟化和组合等核心技术的讨论，本章将从 IT 的视角来定义在分布式系统构建过程中的有形服务，并对其基本特征进行总结。

定义 5.1 服务：是使用产品和资源创造价值的活动，它没有固定的表现形态，使用方法与具体的实现技术无关，其使用过程通常表现为一个多角色参与的、具有时效性的用户交互过程。在软件实现层面，服务通常对应于一个定义良好的、可寻址以及可组合的软件组件，即服务组件。在软件系统的构建过程中，服务组件又常被狭义地简称为服务。

1. 服务的基本特征

1）用法与实现分离

服务的使用方法和它的具体实现技术是无关的。这是服务的一个非常重要的特征。这个特征使得人们可以以一致的方式来访问采用不同技术实现的服务，从而使得跨平台集成实现技术异构的应用系统成为可能。

2）涉及多个角色

服务不能脱离角色而独立存在，这也是服务与功能、接口及函数等概念最重要的区别。只有同时具有提供者和消费者，服务才能创造价值。只有通过中介，服务才能实现松耦合的应用构建。

3）有时间属性

时间是服务的重要属性，这主要表现在两个方面。第一，服务的调用过程可能会经历很长的一段时间，是一个长期运转的过程。第二，服务本身具有时效性，它的可用性将会随着时间的变化而变化。

4）整体上无明确形态

服务是一个抽象的概念，它被广泛应用于各个领域中。因此，它并没有一个固定的形态，可能会随着使用环境的不同，而有着不同的表现形式。因此，不同形态的服务间的互操作就成为一个重要问题。

5）可寻址和可组合

可寻址和可组合是服务的两个基本属性。服务是对可重用资源和业务逻辑的封装。可寻址性能够帮助服务在更大范围内被更多的用户所重用，从而创造更大的价值。可组合性则可以使得用户组合不同组织提供的服务，形成更为复杂的业务逻辑，产生增值效应，降低应对复杂业务需求的成本。

2. 互联网服务的常见表现形式

当前，互联网的快速发展促进了互联网服务的繁荣。互联网服务大多是对互联网资源的封装，并对外提供规范的描述和调用方式。常见的以服务形式对外提供的互联网资源包括网页、深层网（deep Web）、互联网开放 API 以及企业应用系统 API 等。下面，将对这些资源类型及服务进行简单介绍。

1）网页

网页是 Web 信息发布的主要形式。用户通过浏览器向服务器提交一个网页的地址信息，服务器返回一个 HTML 格式的文档，同时由浏览器解析并向用户显示文档的内容。这本质上也可以看成是一个用户提出请求、浏览器返回响应消息的服务交互过程。但是，由于 HTML 文档的结构化程度较低，文档中的显示信息和数据信息混杂，因此，如何对 HTML 文档进行再利用以及实现与其他类型服务的交互就成为一个困难问题。

2）深层网

上面所说的可以通过超链接直接访问的网页资源通常又被称为表层网（surface Web）。与表层网概念相对应的是深层网。深层网通常是指隐藏在 Web 应用背后的信息资源。这些信息资源通常存储在应用的后台数据库中，无法用超链直接访问。这类资源的重要性是不言而喻的。BrightPlanet 公司在 2000 年的调查结果显示，深层网的资源容量是浅层网资源容量的 500 倍以上（Bergman，2000）。深层网虽然蕴涵着巨大的价值，但是由于这些隐藏的数据无法直接获取，且具有明显的异构性和动态性，因此对深层网数据进行加工再利用也是一项难度很大的工作。

3）互联网开放 API

API 定义了软件模块间的交互接口，它本身是抽象的，而且与软件具体实现技术无关。API 接口应该包含对软件模块的方法、数据结构、类以及通信协议的规范说明。通过 API 接口，程序员就能够明确应该如何使用软件模块提供的服务。到了互联网时代，网站同样需要将自身的数据和功能以 API 的形式提供出来，供第三方开发者使用，这种 API 常被称为开放 API。开放 API 的出现主要来自于网站和企业自身的利益驱动，越多的人使用网站提供的数据和功能，就会带来越大的商业价值。此外，网站自身也有使用他人资源的需求，从而避免重复开发，降低应用构建成本，缩短构建时间。

开放 API 的实现风格通常有两种，一种是采用 RPC 风格，另一种是采用 REST 风格。RPC 风格实质上是一种简化的 SOAP 服务实现，它没有像 SOAP 服务调用那样包含消息解析、安全以及事务等复杂的协议信息。在调用此类服务时，服务的请求地址应包含服务入口地址、服务方法以及服务参数等几个部分。例如，Flickr 网站提供的开放 API 如下

http://api.flickr.com/services/rest/?method=flickr.test.echo&name=value

REST 形态的开放 API 只有 GET、POST、DELETE 和 PUT 等几种 HTTP 请求方法，来对服务资源进行增加、删除、修改、查询等操作。REST 形态的开放 API 的服务访问地址就是资源定位地址。例如，Google Calendar 提供的开放 API 如下

http://www.google.com/calendar/feeds/campusinfo.newsmth@gmail.com/public/basic

4）企业应用系统服务

为了实现企业内部和企业间不同应用系统之间的互联互通，企业应用系统也需要对外提供服务。企业应用系统服务的常见实现方式包括 Web 服务、JCA（J2EE connector architecture）以及 JMS（Java message service）等。与上面所介绍的互联网开放服务有所不同，这些服务通常对事务和安全性的要求较高，大多都有专门的消息格式和解析方法。下面，对这三种服务进行一个简单介绍：

（1）Web 服务。Web 服务是部署在 Web 上的软件构件。互操作性是 Web 服务的主要优点之一，基于任何平台/编程语言的应用都可以采用标准的互联网技术和协议（如 URI 和 HTTP 等）方便地访问 Web 服务。常见的 Web 服务包括 REST 服务和 SOAP 服务。

（2）JCA。JCA 是一个连接异构企业遗留系统的通用架构，它采用 Java 技术，为连接应用服务器和企业应用系统提供了解决方案。开发人员只需按照 JCA 规范的要求，开发出连接企业应用系统的适配器，在任何 J2EE 服务器中都可以连接并使用。

（3）JMS。JMS 是 J2EE 平台的一个重要组成规范。从本质上说，它定义了一个消息标准，允许不同的应用模块间通过 J2EE 平台来创建、发送、接收以及解析消息。它提供了与具体厂商实现无关的异步消息收发机制，有助于提高分布式应用之间通信的松耦合性和可靠性。

5.3 服务模型

5.3.1 基本概念

服务的繁荣和多样化背后隐藏着制约其进一步发展的巨大挑战。来源于不同

企业或组织的互联网服务在描述、实现和使用方式上存在着极大的差异。大多数的组织和企业并没有很好的手段来对服务的能力、使用方式以及性质保障做出精确的刻画，导致了服务难以直接被用户使用。由于缺乏一致的服务使用方式，为了使用不同来源的服务，用户不得不经历专门的培训，甚至还需要了解服务的实现细节。另外，差异化的服务也难以被不同应用系统所重用。应用系统的开发者难以将其他组织提供的服务嵌入自己的应用系统中或者组合不同来源的服务以实现一个复杂的业务需求。为了对服务进行精确的描述，提升服务的可重用性，降低用户使用服务的门槛，明确服务的适用环境和使用条件，人们需要建立能对服务进行精确刻画的各类模型。

模型是对现实世界的事物、现象、过程及系统的简化描述，是对其部分属性的模仿。模型的意义在于能够摒弃不必要的复杂性，识别出对于研究对象而言最有显著影响的因素和相互关系，以便掌握其本质规律。根据所研究的对象的性质，利用模型来描述对象，刻画对象之间的相互关系的过程，通常又被称为建模。模型是联系抽象和实践的“黏合剂”。首先，它具有一般性，是从诸多事物、现象中总结抽象出来的，反映的是群体而不是个体的性质和关系。其次，模型还必须能够用于实践，指导实践，在实践中发挥作用。对于一个模型来说，这两点缺一不可。

服务计算发展至今，在服务模型的研究上已经有了很多的尝试和成果。从业务和 IT 的不同视角出发，不同研究人员和组织提出了不同的服务模型（Baida，Gordijn，Omelayenko，2004）。从业务角度出发，服务大多被理解为一种业务活动；从 IT 角度出发，服务常被定义为对业务活动的具体落实。

当前，常见的 IT 服务模型又可以进一步划分为语法级服务模型和语义级服务模型两类。这两类服务模型的追求目标有很大不同。在 SOA 最初提出的那段时期里，人们追求的是怎样将服务与其实现平台解耦，让服务的使用独立于具体的实现平台。为此，人们需要建立起语法级的服务模型，刻画服务的各种关键属性，实现服务的跨平台调用。围绕这一目标，产生了 SOAP 服务协议栈以及后来的轻量级 REST 服务。随后，人们的追求进一步升级。人们期望服务能够被动态发现和自动组合，减轻开发人员的负担，方便用户的使用。为此，人们又开始在语法级服务模型的基础上加入语义信息，建立起语义级的服务模型。

业务级服务模型的建立则来自于对弥补业务领域和 IT 领域的鸿沟这一目标的追求。人们期望通过业务服务来保障不熟悉 IT 技术的业务用户根据业务需求来灵活、快速地组合服务，从而降低应用系统的构建成本、缩短构建时间、敏捷响应需求变化。

在上述服务模型中，服务的语法级模型是最为成熟的，并逐步走向实用；语义级和业务级模型都还处于研究阶段，还有很多挑战性问题需要解决。本节将对服务的语法级模型、语义级模型以及业务级模型进行概述，此外还将在 5.3.4 节对当前互联网上最为常见的语法级服务——REST 服务进行详细讨论，力争帮助读者对它的优缺点和适用条件形成一个清晰的认识。

5.3.2 IT 服务模型

1. 语法级服务模型

语法本是语言学的一个研究分支，它定义了语言的基本元素、组成结构和表达规则。与之类似，服务的语法级模型刻画了服务基本信息、服务流程、服务调用、服务质量以及服务与运行环境之间的关系等诸多方面的内容。它试图以服务为中心，建立起一个可良好运转的服务技术体系。

当前，服务语法级模型上最重要的一个尝试是针对 SOAP 服务建立的 Web 服务模型及相关协议。为了和后面采用 REST 风格实现的 Web 服务加以区别，本书将采用 SOAP 协议实现的 Web 服务称为 SOAP 服务。W3C 将 SOAP 服务定义如下：

定义 5.2 SOAP 服务是一种支持机器间通过网络交互的软件系统。它的接口描述是机器可处理的（通常采用 WSDL）。服务之间的交互采用 SOAP 消息，并通过 Web 相关标准以及基于 HTTP 的 XML 消息交换的方式实现交互（Haas，Brown，2004）。

作为一个新兴的分布式计算平台，SOAP 服务除了达成互操作方面的承诺外，在可靠通信、安全、事务、管理、编程模型、协作协议等方面都有相应的规范和协议。在《面向服务的计算——原理和应用》（喻坚，韩燕波，2006）一书中，作者从概念、内容和上下文三个方面来理解这些复杂的规范和协议：

（1）概念是对“服务是做什么的”的抽象描述，可以通过服务概念了解服务的功能。服务的概念包括服务的接口规约等方面。WSDL（当前的 WSDL 2.0 规范也可以用于描述 REST 风格的服务）是 SOAP 服务最常见的描述规范。它定义了服务的接口规范，从接口可以了解服务的功能，包括其包含的操作以及这些操作的输入和输出。

（2）内容是对概念具体实现的描述，描述服务如何完成概念所刻画的功能。Web 服务组合语言（如 WS-BPEL）就可以具体描述服务在收到调用消息后的处理细节。

（3）上下文刻画了服务及其执行环境之间的关系。SOAP 服务通信、策略、协作、安全和事务等协议都是与其上下文直接相关的描述规范。这些规范包括：通过 SOAP 协议定义服务间的消息通信机制；通过 WS-Policy 描述 Web 服务使用者的偏好；通过 WS-CDL 描述多个 SOAP 服务在协作时要遵循的规则；通过

WS-Security 可以描述 SOAP 服务的安全上下文信息；通过 WS-Transaction 可以描述 SOAP 服务的事务上下文信息等。

随着 SOAP 服务的进一步应用，它的一些缺点逐渐暴露了出来。SOAP 服务的协议栈过于复杂，每次调用 SOAP 服务时都需要编写复杂的 SOAP 消息。因此，SOAP 服务常常被人们视为重量级的互联网服务。针对这些缺点，近年来人们提出了一种轻量级的互联网服务模型——REST 服务。REST 服务是 2.5.3 节所介绍的 REST 体系结构风格在服务计算领域的具体落实。它对以 SOAP 服务为代表的重量级互联网服务造成了巨大冲击。REST 简单而又直观的一个主要原因是正确使用了成熟的网络协议和互联网基础设施。它利用了通用的成熟技术，避免了重新开发一套网络资源访问机制，大大降低了应用的构建成本。

作为服务计算领域的主流技术，SOAP 服务和 REST 服务的重要性是不言而喻的。在《面向服务的计算——原理和应用》一书中，作者已经详细介绍了 SOAP 服务各个方面的技术细节，因此本书将重点放在对 REST 服务的阐述上。本书将在 5.3.4 节详细阐述 REST 服务的技术细节，并从多个视角对 REST 服务和 SOAP 服务进行对比分析，力争帮助读者对这两种技术的优劣和适用条件形成清晰的认识。

2. 语义级服务模型

Web 服务实现了编程语言、操作系统和平台异构的软件系统之间语法层面的互操作，但这还远远不够，人们对服务技术还有更高的期望。人们希望计算机能够自己理解服务的参数、功能以及行为等，实现服务发现、执行以及组合等多个方面的自动化和智能化。仅依赖服务的语法级描述（如 WSDL）来实现上述目标是非常困难的。计算机并不能与人类的认知能力相媲美，WSDL 又不能给计算机提供可供机器理解的、定义良好的语义信息，这使得在实现一些自动化任务时，难以得到理想的结果。以服务发现为例，一种常见的做法是根据关键词匹配来发现服务，这种方式在查准率和查全率上都不够理想。

语义是事物的观察者给事物本身赋予的含义，一致共享的语义构成观察者对事物的知识，也是观察者之间互相交流的基础（喻坚，韩燕波，2006）。建立起一个可为不同计算机所理解的、一致的、无歧义的语义环境是必要的，这样计算机才能理解不同来源的服务，实现服务发现、执行和组合等任务的自动化、智能化。经过了多年的努力，人工智能领域的研究者提出了一种新的领域知识建模技术——本体（ontology），其已成为构建领域知识体系、搭建上述语义环境的核心技术。

本体这个术语来源于哲学，它是对客观存在的一个系统的解释或说明，关心的是客观现实的抽象本质。在 IT 领域，一个被广泛接受的本体定义是“被共享的概念化的一个显式的规格说明”(Gruber，1993)。简单地说，本体是领域知识的形式化说明，通常由概念与概念之间的关系、公理、函数和实例组成。依赖本体，可以以领域概念为基础对资源进行描述。本体还定义了概念和概念之间的关系，可以实现推理功能。借助领域本体，人们可以为 Web 服务标注语义信息，从而使得它能被计算机所理解。

OWL-S（Martin，Burstein，Hobbs，et al.，2004）是刻画服务语义的一个代表性工作，它是一种使用本体来描述 SOAP 服务的标记语言，OWL-S 的基础是 OWL（Bechhofer，Van，Hendler，et al.，2004）。OWL-S 由一整套本体构成，该整套本体构成了一个层次结构，处于最上层的是服务类。服务类包含三个主要属性，分别是表示（presents）、被描述（described by）和支持（supports）。三个次高层的类是服务轮廓（service profile）、服务模型（service model）和服务基点（service grounding），分别对应于服务的上述三个属性。OWL-S 提供描述 Web 服务的词汇表，不但可以描述服务的语义，而且能够进行适当的推理。

图 5.1 中给出了一个采用 OWL-S 来标记服务输入参数的简单示例。图中右半部分展示了一个航班预订服务。服务的输入为出发的日期、游客的基本信息以及希望预订的航班信息，输出结果为预订是否成功以及游客的机票信息。图中左半部分描述了语义标注所用到的本体，包括时间本体、人员信息本体以及航班信

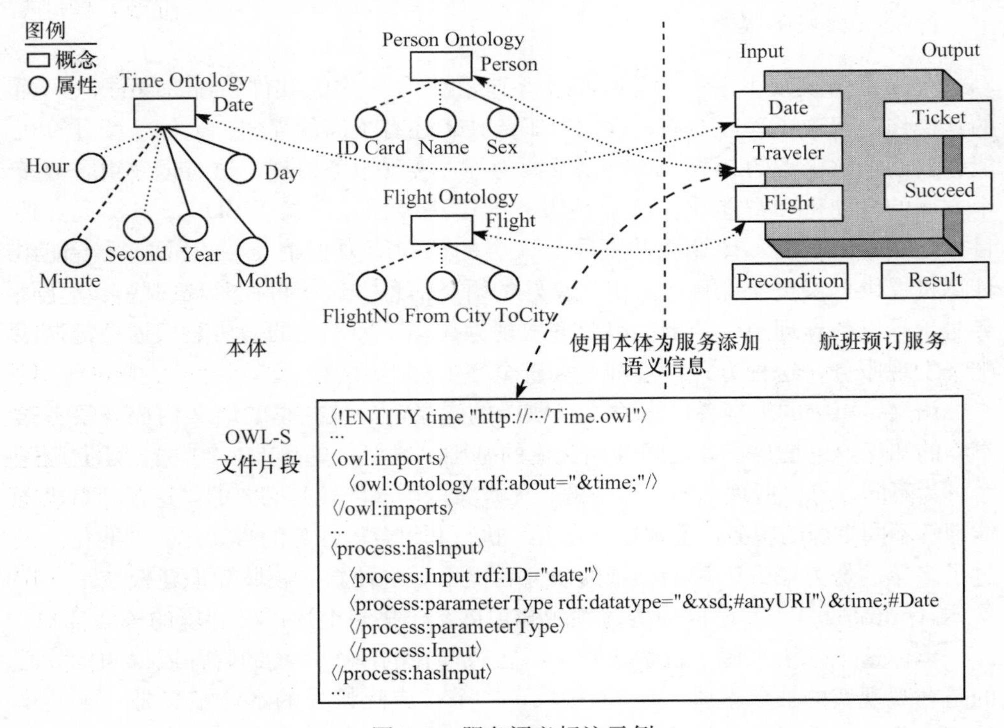

图 5.1　服务语义标注示例

息本体。图中的双向箭头表示服务参数和本体概念之间的映射关系。图的下半部分给出了相应的 OWL-S 文件片段。

5.3.3　业务服务模型

服务的业务级模型来源于新的追求目标。当前，科研、政务、商务等诸多应用领域普遍存在业务需求快速多变的特点，要求应用系统能够按需动态集成，即时应对需求变化。然而，传统的由业务人员提出需求、IT 人员进行编码的应用开发方式表现出了极低的开发效率。由于业务人员和 IT 人员沟通时间长、成本高且彼此间容易出现误解，导致应用系统的开发时间长、出错率高，难以及时响应业务需求的变化。因此，随着 SOA 技术的发展、可用服务资源的增多，人们开始探索一种新的应用构建方式，即由普通的业务用户通过自行装配服务来及时构建应用，快速应对业务需求的变化，减少业务人员和 IT 人员之间交互的成本和损失。

人们将面向业务用户的、跨越 IT 领域和业务领域的服务模型称为业务服务，并将其明确定义为业务活动或流程片段具体实现的一种抽象表示。为了保障业务用户使用业务服务构建应用系统，理想的业务服务模型应具有以下特征：

首先，业务服务在设计时应尽量对用户隐藏服务的 IT 技术细节，同时需要为用户提供可视化、便利的组合方式。

其次，业务服务应该能够体现领域知识，直接对应可重复利用的业务能力，而这些业务能力具体落实领域特定的业务任务或一段工作流程。

最后，业务服务应该能够刻画业务领域的共性和个性，支持业务用户的个性化需求。

业务服务的定义和建模方法是一个很新的研究课题，很多公司和研究机构都在这一方面进行了探索，出现了很多具有不同特点的业务服务模型。这些业务服务模型在上述特征的实现程度上不尽相同，尚不能直接支持业务用户及时构建应用系统。但是它们在减轻应用系统的构建成本、提升系统的业务敏捷性方面都做出了重要贡献。本章根据业务服务模型的内容和功能，将现有工作大体上分为如下三类：

第一类工作以聚合构件和业务对象为代表，它们的主要贡献是尝试沟通业务领域（Taylor，1995）和 IT 领域（Peter，Sims，1998），将业务概念和实现代码抽象为一个有机实体。

第二类工作以 IBM 公司的 WSID 工具中所采用的服务组件为代表（IBM，2009），它引入了 SOA 的理念和技术，将沟通业务领域和 IT 领域的实体以服务形式规范地表示出来，分离服务的技术实现细节和业务描述信息，并提供对这类服务的组合和复用机制。

第三类工作以 VINCA 业务服务模型（王建武，2007）为代表，它尝试引入领域的思想，基于领域知识来刻画服务，提供领域共性和个性的表达方法，并为用户提供可配置的能力。

下面，我们将简单介绍一下这几类业务服务模型。

Taylor 曾在 1995 年预测，未来将出现能横跨业务和 IT 鸿沟的新型实体，并称其为聚合构件（Taylor，1995）。20 世纪 90 年代业务对象概念较为流行（Peter，Sims，1998）。业务对象一方面体现了业务概念模型，另一方面又是相应的二进制代码的实现。这个观点体现了业务对象跨业务和 IT 层面的思想。业务对象最终未得到广泛应用，其主要原因在于没有直接反映业务活动和功能，其实现技术不能有效支持跨平台、跨语言集成，也缺乏有效的复用方法。人们认识的深入和 SOA 等新技术的出现为业务对象概念注入了新的活力。业务服务更能直接反映用户业务需求，其实现技术也有了很大进步。

IBM 公司在 WSID 工具中对业务服务进行了初步尝试（IBM，2009）。通过这一工具，IBM 公司期望达成的目标是分离应用的业务逻辑和技术实现代码，从而使得业务解决方案可以由没有编程经验的人员创建。WSID 工具中采用了 SCA 组件模型来刻画服务。WSID 将组件定义为操作业务数据的业务级服务。SCA 组件的好处是定义了一种与技术无关的格式来描述组件的实现，因此在将组件装配成应用时不需要了解组件的实现语言和技术的相关知识。此外，WSID 工具还提供了一种“即拖即用”的可视化组件装配方式，通过拖拽组件和建立组件间的连接线来完成组件的装配过程。这些技术都为业务用户即时构建应用创造了有利条件。图 5.2 展示了使用 WSID 工具构建一个简单应用的示例。

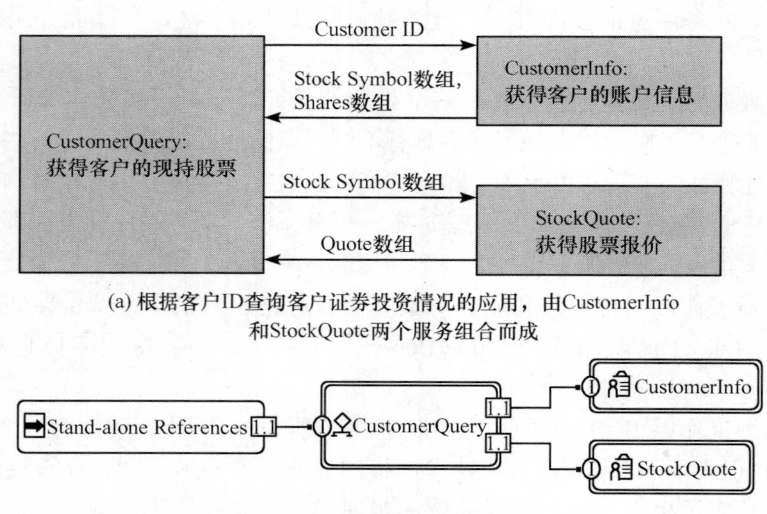

(a) 根据客户ID查询客户证券投资情况的应用，由CustomerInfo和StockQuote两个服务组合而成

(b) 使用WSID工具可视化地拖拽并装配组件

图 5.2　使用 WSID 工具构建客户证券投资情况查询应用

IBM 公司的 WSID 工具在实现业务用户即时构建应用这一目标上向前迈进了一大步，但是它在业务服务的智能化、规范化等方面还有提升的空间。具体地说，用户在使用 WSID 工具构建应用的过程中承担了很多繁琐的任务，他需要考虑具体使用哪一个服务，并配置不同服务之间的参数关系。当备选服务数量很大且能力存在差异时，就需要用户对每一个服务都有比较清楚的了解。这实际上对业务用户提出了很高的要求。对于业务用户来说，他关心的是业务流程和业务逻辑是否能够按时按质的完成，而并不关心每个业务功能具体应该由什么服务来完成，也不关心实现同一业务功能的不同服务间有什么差异。业务用户也希望计算机能够承担一部分繁琐的参数配置等任务。

为此，一个更高的追求目标是由业务用户编排好自己的业务逻辑和业务流程，然后由系统根据用户的需求自动化、智能化地在备选的服务集合中选择合适的服务并加以组合，产生可执行的服务流程，从而完成应用的构建。为了实现这个目标，中国科学院计算技术研究所研究团队提出了 VINCA 业务服务模型，进一步丰富和抽象了业务服务模型的内容（王建武，2007）。

图 5.3 展示了 VINCA 业务服务模型的基本内容及其呈现方式。从该图中可以看出，VINCA 业务服务模型包含了以下四个方面的主要内容：

（1）基本信息描述业务活动基本功能，用作业务人员选择服务的基本依据。

（2）业务特征通过业务术语详细描述该业务活动的相关业务特征，用作业务人员进行详细服务定义和个性化配置。

（3）服务能力描述 IT 人员为实现业务活动所需信息，具体包括输入输出、前提效果和服务质量信息。

（4）服务实现记录了可完成该业务活动的计算资源等相关信息。

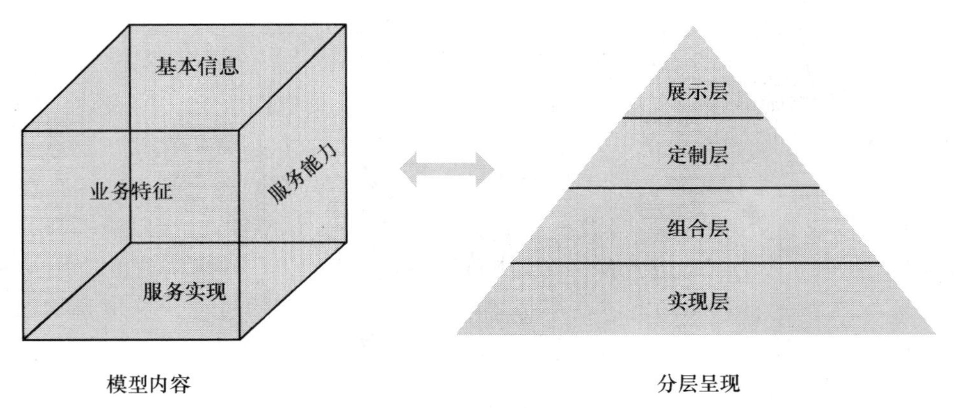

图 5.3　VINCA 业务服务模型的内容及其呈现方式

VINCA 业务服务模型在实际使用过程中将按照“分层可视、按需展开”的思路，首先分层区别业务相关信息和 IT 实现相关信息，然后对于业务相关信息根据其作用不同继续分层，得到如图 5.3 右侧所示的分层模型。这种分层模型类似于冰山形状，绝大部分的实现技术细节都淹没在海平面之下，对业务用户展示的仅是很小的一部分内容，因此这种分层呈现的模型又被称为业务服务冰山模型。在该模型中，展示层、定制层和组合层向业务人员呈现，分别对应其服务查看、定制和服务组合三类需求；实现层向 IT 人员呈现，为业务人员执行业务活动提供 IT 计算资源。

5.3.4 REST 服务

近年来，以 SOAP 服务为代表的大型 Web 服务获得蓬勃发展。它倡导了基于服务组合技术的新型应用构造方式，解决了传统分布式系统所面对的难以互操作和系统紧耦合两大难题。但是，以 SOAP 服务为代表的大型 Web 服务在实际应用过程中还表现出了协议栈过于复杂、轻视部署和运营等缺点。

为了降低 Web 应用开发的复杂性，提高系统的可伸缩性，REST 体系结构风格被提出，并逐步为人们所接受。基于 REST 体系结构风格来实现 SOA，可以弥补上述 SOAP 服务的诸多缺点，如保障服务的简单性和易用性，提高应用系统的可伸缩性等。当前，REST 体系结构风格已经得到了很多厂商的支持，越来越多的厂商基于 REST 风格来对外提供服务。

1. REST 体系结构基本原理

在 REST 风格中，一切需要被引用的事物都可以看成是资源（Richardson，Ruby，2007）。资源的类型非常丰富，包括文档、图片、网页、服务以及资源集合等。甚至不在互联网上的事物也可以被看做是资源，如人等。每一个资源都将通过一个 URI 来进行唯一标识。资源具有一个或多个表述（representation）。表述是一组数据，用来刻画资源的当前状态（Richardson，Ruby，2007）。例如，“销售数据”资源可以具有数值方式的表述，也可以具有图表方式的表述。资源的表述和状态是紧密相关的。对于一个资源来说，它的状态就是存储在服务器端的资源信息，通常以表述的形式从服务器端发送到客户端。客户端也同样存在状态，它在接收到资源表述后将做出某些改变（如进入一个新的链接以请求新的资源等），从而由一个状态进入另一个新的状态。采用 REST 风格构建的应用从本质上来看就是一个个状态表述在服务器和客户端间转移的过程，这也是 REST 风格被称为“表述性状态转移”的主要原因。下面，我们通过图 5.4 所示的示例来理解这一点。

如图 5.4 所示，客户端通过 URL 来请求航班 CA1365 这一资源。服务器以表述的形式返回这一资源的状态信息。图 5.4 所示的表述信息是 CA1365. html，但需要注意的是，服务器可能会针对一个资源维护多种状态信息，如上面的航班

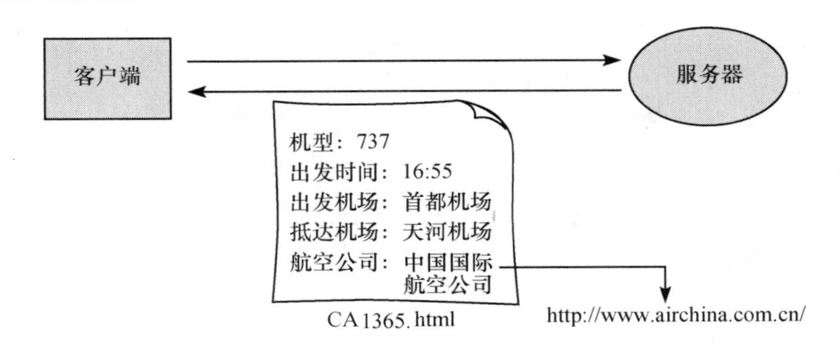

图 5.4　表述性状态转移示例

CA1365 资源也可以采用 xml 形式表示。接收到 CA1365 资源的表述后，客户端将进入到一个新的状态。此时，客户端可能会根据“航空公司”这一属性的链接“http://www.airchina.com.cn/”，来进一步向服务器请求中国国际航空公司这一资源的表述信息。当接收到新的资源表述信息后，客户端又将转移到另一个新的状态。也就是说，客户端将根据每个资源的表述信息发生状态转移，这也就是所谓的“表述性状态转移”的实质。

此外，REST 风格要求服务器不能维护与客户端相关的任何状态，这通常被称为无状态性。无状态性是 REST 体系结构风格的一个重要属性。它是指从客户到服务器的每个请求都必须包含理解该请求所必需的所有信息（Richardson，Ruby，2007）。无状态性能够显著提升系统的可靠性和可伸缩性。例如，无状态性减少了服务器从局部错误中恢复的任务量，因此系统将变得更加可靠；服务器端不必在多个请求中保存状态，容易释放资源，这就加强了系统的可伸缩性等。但是，无状态性也有其自身的缺点：由于不能将状态数据保存在服务器上的共享上下文中，因此增加了在一系列请求中发送重复数据的开销，严重降低了效率。

2. REST 服务的原理与实现

出于改变 SOAP 服务协议栈过于复杂以及提升分布式系统的可伸缩性等因素的考虑，人们开始构建 REST 风格的 Web 服务。这类 Web 服务一般被称作 REST 服务，它是一种面向资源的服务，可以通过统一资源标识符来识别、定位以及操作各类资源。

REST 服务具有很多优点。首先，它简洁、高效，正确使用了成熟的网络协议（如 HTTP），充分利用了已有的互联网基础设施。图 5.5 展示了 REST 服务的常见协议栈。从图中可以看出，REST 服务使

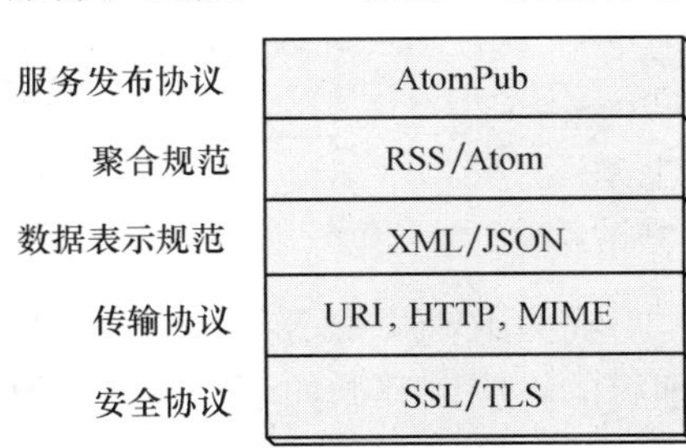

图 5.5　REST 服务协议栈

用的协议大多是常见的互联网协议。如安全协议使用了 SSL/TLS 等，传输协议使用了 URI、HTTP 和 MIME 等，数据表示规范多用 XML 和 JSON，聚合规范和服务发布协议可以分别选用 RSS、Atom 和 AtomPub 等。其次，REST 服务实现简单，对客户端实现要求较低，大多数情况下浏览器就足以胜任。最后，REST 服务容易使用，提供者对服务的维护成本也比较低。为此，REST 服务获得了较高的支持率，包括 Google 公司在内的各大网站都已经开始提供 REST 服务。

然而，REST 服务毕竟还是一个新兴产物，还有一些不够成熟的方面，因此有其自身的适用范围。例如，REST 服务不像 SOAP 服务那样有比较严格的实现标准，REST 服务的消息格式大多都是私有的，通用性较差。REST 服务对安全性和事务性考虑较少，在面向事务等复杂应用中还不能令人满意。此外，REST 服务也不是在任何场合下都适用的。在设计资源型数据服务(如对某一互联网资源的获取、修改等服务)时，采用 REST 的思想相对直观，但对于其他一些复杂的服务来说，按 REST 风格来设计会有些牵强，为此很多网站采用的是一种 REST 和 RPC 混用的实现方式。

REST 服务的设计和开发过程并不复杂，Pautasso 和 Wilde 总结出了 REST 服务设计与开发过程的几个主要步骤（Pautasso，Wilde，2009）。下面，我们将逐一介绍这些步骤以及实现 REST 服务的相关技巧。

1）分析需求和识别资源

设计人员应该对应用需求进行分析，识别出具有什么资源，以及哪些资源需要被暴露为服务。

2）设计资源 URI

为每一个服务设计一个 URI 来对服务进行唯一标识，以便客户端程序访问服务。图 5.6 给出了 URI 的一个简单示例。

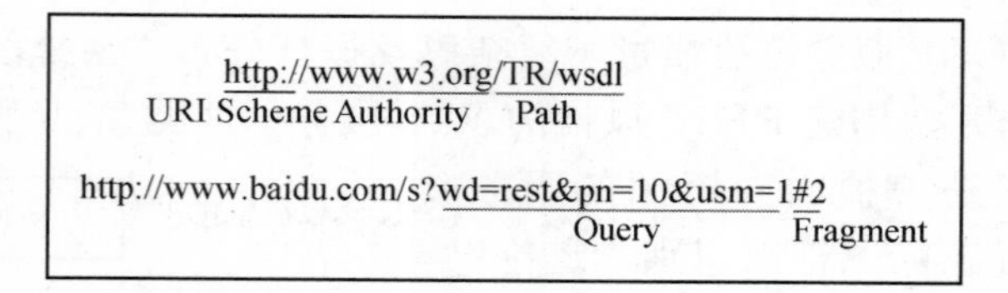

图 5.6 URI 示例

在为 REST 服务设计 URI 时，为保障设计出来的 URI 是定义良好的且易于理解的，应该遵循如下一些基本原则：

（1）URI 应保持简短，不宜过长。

(2) URI 应具有描述性，URI 和其所代表的资源应该具有直觉上的联系。例如，可以使用/movie 来表示一部电影，而不用来表示一个人。

(3) URI 应具有一定的结构和模式。例如，搜索电影的 URI 如果被设计为/search/movie，那么搜索电视的 URI 也应被设计为/search/TV，而不是换一个新的结构。

(4) 不要对 URI 本身做出改变，如果需要改变时可以选择重定向(redirection)URI。

(5) 一个资源可以有多个 URI，但一个 URI 仅能标识一个资源。

3) 设计资源操作

针对每一个 URI，设计人员需要明确地定义出在其上的 GET、POST、PUT、DELETE 四种操作具体的含义和行为，以及每一个 URI 应该支持哪些操作。这需要设计人员对这四种操作有比较深刻的理解。

表 5.1 给出了基于 HTTP 协议的四种资源访问操作。下面，我们将对其中两组容易出现混淆的操作进行一下区分：

(1) GET 和 POST 操作。GET 操作是只读操作，具有幂等性，即可以被重复执行，但不会改变资源状态。POST 操作是读写操作，会改变资源状态，这可能会对服务器带来副作用。执行 POST 操作时，浏览器通常会进行提示。

(2) PUT 和 POST 操作。PUT 和 POST 操作都可以用来创建资源（初始化资源状态），但它们的语法格式和语义是不同的。PUT 操作的语法格式是“PUT/resource/{id}”，当它执行成功后将返回“201 Created”，代表新资源创建成功。POST 操作的语法格式是“POST/resource”，当它执行成功后将返回“301 Moved Permanently”，代表旧资源已被成功移除。

表 5.1　REST 风格下的资源操作

CRUD 操作	REST	备　注
创建	POST	创建资源
读取	GET	获取资源的当前状态
更新	PUT	初始化或更新给定 URI 资源的状态
删除	DELETE	当 URI 失效后清除资源

4) 设计资源表述

我们需要给每一个会被访问的资源设计它们的表述形式。常见的表述形式有 html、XML 和 JSON 等。JSON 是一种轻量级的数据交换格式，独立于编程语言，易于阅读，同时也易于机器解析和生成。下面给出了 JSON 的一个示例。

代码 5.1

```
{"employeeData":
  [
  /*数组开始*/
      {
       "name":"Zhang Gang","address":{
                                    "city"/*字符串*/:
                                    "Beijing"/*值*/,
                                    "postcode":"100000"}
      }/*对象*/
      ,
      {
       "name":"Wang Cheng","address":{
                                    "city"/*字符串*/:
                                    "Shanghai"/*值*/,
                                    "postcode":"200000"}
      }/*对象*/
  /*数组结束*/
  ]
}
```

另外，需要注意的是，当一个资源的表述格式有多个时，可以根据 URI 的后缀（扩展名）来选择特定的表述格式。如下所示，Accept 语句指出了资源的三种表述格式，然后在下面的 GET 语句中可以通过不同的文件扩展名来获取相应的资源表述形式。

代码 5.2

```
GET/resource
Accept:text/html,application/xml,application/json
GET/employee.html
GET/employee.xml
GET/employee.json
```

5）建模资源关系

在设计资源表述的过程中，还需要考虑如何采用超链接的形式来建模资源之间的关系。超链接的作用是连接不同的资源或表示资源的当前状态有哪些后续状态可以进入。超链接信息将被包含在资源的表述中。下面给出了一个包含超链接信息的资源表述。

代码 5.3

```
<?xml version="1.0"?>
<p:Employees xmlns:p="http://sigsit.ict.com.cn"
 xmlns:xlink=http://www.w3.org/1999/xlink
 xmlns:xsi=http://www.w3.org/2001/XMLSchema-instance
 xsi:schemaLocation=http://sigsit.ict.com.cn/employees.xsd">

 <Employee id="001" xlink:href="http://sigsit.ict.com.cn/em-
   ployees/001"/>
<Employee id="002" xlink:href="http://sigsit.ict.com.cn/em-
   ployees/002"/>
<Employee id="003" xlink:href="http://sigsit.ict.com.cn/em-
   ployees/003"/>
</p:Employees>
```

6）开发与部署

根据前面的设计内容，开发具体的 REST 服务，并将其部署到服务器上。

3. REST 服务与 SOAP 服务的区别与联系

SOAP 服务和 REST 服务是容易让人混淆的两种实现技术。在实际应用中，选择哪种技术要视实际需求而定。下面将从多个视角对这两种技术进行对比分析，使读者对它们的优缺点和适用环境有一个直观的认识。

1）发展现状

SOAP 服务发展历时较长，在众多厂商的支持下，其已达到了一个相对成熟的状态。通过 SOAP 消息，采用不同平台和不同语言实现的 SOAP 服务之间已能很好地进行交互。相对而言，REST 服务虽然备受重视，并获得比较广泛的支持，但是还显得不够成熟。这主要表现在两个方面：一是 REST 服务的协议栈不够完善；二是 REST 服务的实现技术和过程不够规范。

首先，我们来对比一下 SOAP 服务和 REST 服务正常运转所依赖的协议栈。如图 5.7 所示，SOAP 服务协议栈比 REST 服务协议栈更规范、更完善。但是，SOAP 服务协议栈中的大部分协议都是重新制订的，开发者使用时需要有一个较长时间的学习过程。相对而言，REST 服务协议栈还显得不够完善。它缺少了规范的服务描述、组合及事务等多个重要协议。但是，REST 服务采用的大多是比较成熟的互联网协议，尽可能地重用已经建设好的互联网基础设施，因此 REST

服务的开发和使用更为简单、方便。

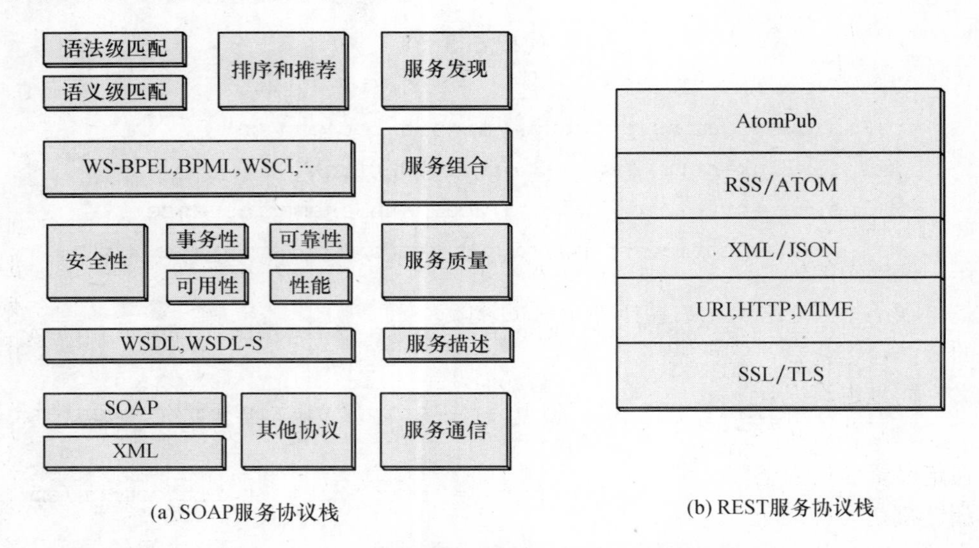

图 5.7　SOAP 服务协议栈和 REST 服务协议栈对比

其次，REST 服务已逐渐被各大厂商所接受，越来越多的厂商在对外发布服务时都采用了 REST 风格。但是，REST 服务还没有一个规范的实现方式，存在太多的随意性。例如，不同厂商发布的 REST 服务可能采用不同的消息格式。这使得 REST 服务在互操作性和通用性上远不如 SOAP 服务。

最后，目前的 SOAP 服务协议栈和 REST 服务协议栈出现了相互借鉴、相互融合的趋势。例如，SOAP 1.2 规范开始使用 GET 操作来获取资源，从而保障更好的安全性。WSDL 2.0 规范也开始支持对 REST 服务的描述等。

2）实现技巧

SOAP 服务和 REST 服务的实现过程有着极大的不同。下面，我们将从资源寻址、消息格式、操作接口、状态转移几个实现要素来对两者的实现方式进行一下对比。

（1）资源寻址。REST 重用了 Web 上正在使用的资源寻址模型。它要求为每一个资源定义一个 URI 来进行唯一标识。使用 URI 能够以一个规范的方式来访问并使用资源。相对而言，SOAP 服务的资源寻址模型则是自定义的。SOAP 服务中虽然也使用了 URI 机制，但是 URI 不是用来标识资源的，而是用来标识服务的入口点（entry points）的。资源的访问地址是在服务内部实现的，对外是不可见的。SOAP 服务可以根据实际情况采用自定义的地址分配和访问方式。

（2）消息格式。SOAP 服务要求服务间传递的消息按照 SOAP 消息的格式进行封装。针对这种规范的消息，可以提供统一的消息解析和处理机制。相对而言，REST服务的消息格式就随意得多，并不要求服务按某种特定的格式进行封装。例如，在5.3.5节所示的应用实例中，REST服务的消息格式就是一个自定义的XML片段。当然，这一消息也可以被实现为HTML文档或者JSON格式等。

(3) 操作接口。REST强调标准化的和一致的资源操作接口。例如，基于HTTP协议的REST服务采用了GET、POST、PUT和DELETE四个基本操作。这样做的好处是可以以一致的方式来访问用URI标识出来的不同资源。但是，SOAP服务中资源的操作则是自定义的。每个服务可以根据需求定义一系列的资源操作集合。这样做的一个坏处是，用户在使用服务前必须要理解操作的语义，而且也难以开发出一个较为通用的服务客户端。

(4) 状态转移。在REST风格中，应用的状态转移是被显式定义并维护的。在定义资源的表述时，将采用超链接来定义资源之间的关系。客户端程序通过在超链接之间的跳转来实现从一个应用状态转移到另一个状态。但是，SOAP服务中状态的转移和管理则是隐式的。SOAP消息中可以不包括资源之间的关系。客户端程序在接收到SOAP消息后将会进入哪一个状态，是由预先编码的程序加以实现的。

3) 性质保障

(1) 效率与易用性。REST服务最吸引人的地方是它的高效以及简洁易用的特性。它最大限度地利用了HTTP等网络协议的设计理念。此外，它所倡导的面向资源设计和统一资源操作接口等都有助于规范和简化开发者的设计和实现过程。与之相对的SOAP服务在效率和易用性上要稍逊一筹。首先，SOAP服务对于承载的消息有着专有的数据格式，封装或解析这些消息将会降低程序的执行效率。其次，由于需求的原因，SOAP服务不断扩充协议栈的内容，导致产生的消息格式越来越复杂，学习曲线也越来越高。

(2) 安全性。SOAP服务采用了WS-Security规范来实现安全控制。这是一种关于如何在Web服务消息上保障完整性和机密性的规范。该规范描述了如何将签名和加密信息封装到SOAP消息中。此外，还定义了如何在消息中加入安全令牌。与之相对的REST服务则没有专门的规范来保障安全性。如果需要安全性的保障，可以由开发人员在服务承载的数据中加入自定义的安全消息。

(3) 事务性。SOAP服务考虑了在实际应用场景中对事务性的要求。WS-Transaction是建立在SOAP、WSDL等标准之上的一个常见事务规范。它定义了两种类型的服务协作方式：针对个体服务操作的原子事务模型和针对长期运行的业务事务模型。与之相对的REST服务对事务的考虑较少，因此它不太适合应用于具有较高事务要求的复杂应用场景中。

4）分析与总结

总的来说，REST 服务和 SOAP 服务各自都有自己的优点和缺点，适用于不同的应用场景中。REST 服务对于资源型接口来说很合适，同时适用于一些对效率要求较高，但是对事务和安全性要求较低的应用环境。SOAP 服务则与之形成互补。它适用于跨平台的、对安全和事务有较高要求的场景，如多企业应用系统的集成等。

5.3.5　REST 服务和 SOAP 服务应用实例

下面，我们以一个在线的产品信息管理模块为例，来直观地介绍 REST 服务和 SOAP 服务在实现层面的技术细节。

1. 需求描述

某公司需要构建一个在线的产品信息管理模块，负责产品信息的创建、修改、删除和查询。产品信息主要包括产品名称、产品型号、生成日期、产品描述等。需求用例如图 5.8 所示。

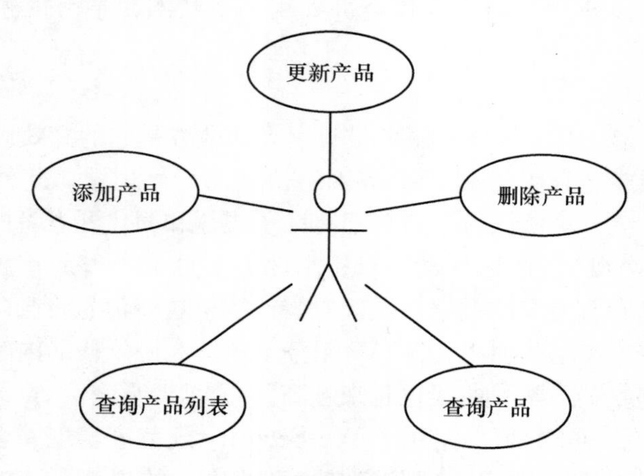

图 5.8　产品信息在线管理系统用例图

2. 使用 REST 服务实现

下面，我们将使用 REST 体系架构的思想和 REST 服务技术来为上述业务需求的实现提供一个具体的解决方案。

上述场景中涉及的资源共有产品和产品列表两类。产品资源的 URI 用 http://sigsit.ict.ac.cn/Chap5/products/{pid}表示，产品列表资源的 URI 用 http://sigsit.ict.ac.cn/Chap5/products/表示。

代码 5.4

```
/*产品列表资源*/
<?xml version="1.0" encoding="UTF-8" standalone="no"?>
<products>
    <product>
        <pid>p1</pid>
        <link>http://sigsit.ict.ac.cn/Chap5/products/
            p1</link>
    </product>
    <product>
        <pid>p2</pid>
        <link>http://sigsit.ict.ac.cn/Chap5/products/
            p2</link>
    </product>
    …
</products>
```

代码 5.5

```
/*产品资源*/
<?xml version="1.0" encoding="UTF-8" standalone="no"?>
<product>
    <pid>p1</p1>
    <category>notebook</category>
    <name>Thinkpad X200</name>
    <company>Lenovo<company>
    <cost>12000</cost>
</product>
```

图 5.9 给出了使用 REST 服务实现产品信息在线管理系统的原理图。它使用 HTTP PUT 操作来增加、修改产品资源，使用 HTTP GET 来获取某一具体产品资源或产品列表资源，使用 HTTP DELETE 来删除产品资源。

我们采用 Struts2 框架提供的 REST 插件开发了产品信息在线管理系统的 REST 版本。在实现的源代码中，ProductAction 类是最为核心的一个类。它部署在服务器端，响应客户端对有关产品资源的 HTTP GET/PUT/DELETE 请求。该类的部分实现源码如下：

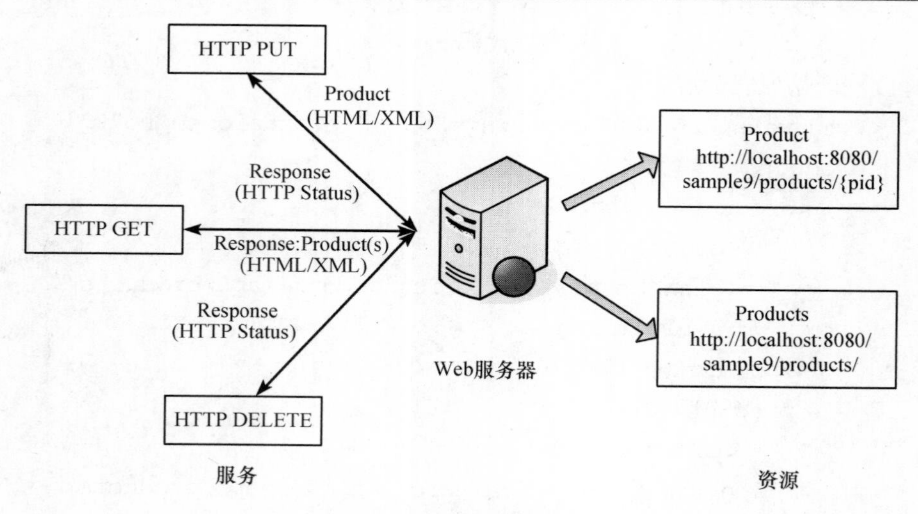

图 5.9　REST 服务实现原理

代码 5.6

```
public class ProductAction extends ActionSupport implements
        ModelDriven<Object>{

    //封装 id 请求参数的属性
    private String id;
    private Product model=new Product();
    private List<Product>list;

    //定义业务逻辑组件
    private ProductManager manager=new ProductManager();

    //获取 id 请求参数的方法
    public void setId(String id){
        this.id= id;
        //取得方法时顺带初始化 model 对象
        if(!StringUtils.isEmpty(id)){
            this.model=manager.getProductById(id);
        }
    }
    //处理不带 id 参数的 GET 请求
    //进入首页
```

```
public HttpHeaders index(){
    list=Arrays.asList(manager.getProducts());
    return new DefaultHttpHeaders("index").disableCaching();
}

//处理不带id参数的GET请求
//添加新产品
public String editNew(){
    model= new Product();
    return "editNew";
}

//处理不带id参数的POST请求
//保存新产品
public HttpHeaders create(){
    manager.updateProduct(model);
    return new DefaultHttpHeaders("success");
}

//处理带id参数的GET请求
//显示指定产品
public HttpHeaders show(){
    return new DefaultHttpHeaders("show");
}

//处理带id参数且指定操作edit资源的GET请求
//进入编辑页面
public String edit(){
    return "edit";
}

//处理带id参数的PUT请求
//修改产品
public String update(){
    manager.updateProduct(model);
    return "success";
}
```

```
    //处理带id参数且指定操作deleteConfirm资源的方法
    //删除产品,本方法可以给用户一个确认的机会
    public String delete(){
        manager.delelteProduct(id);
        return "success";
    }

    //处理带id参数的DELETE请求
    //删除产品
    public String destroy(){
        manager.delelteProduct(id);
        return "success";
    }

    //实现ModelDriven接口必须实现的getModel方法
    @Override
    public Object getModel(){
        return(list !=null ?list:model);
    }

    public void setModel(Product model){
        this.model= model;
    }
}
```

3. 使用 SOAP 服务实现

对照上面所述的 REST 体系结构的解决方案，我们将提供一个采用 Axis 框架开发的 SOAP 服务实现方案。图 5.10 给出了采用 SOAP 服务实现产品信息在线管理系统的原理图。

由图 5.10 中可以看出，与 REST 架构相比，SOAP 架构明显不同的是：所有的 SOAP 消息发送都使用 HTTP POST 方法，并且所有 SOAP 消息的 URI 都是相同的，这是基于 SOAP 的 Web 服务的基本特征。

在实现过程中，基于 SOAP 的客户端将创建各种 SOAP 消息，并通过类似于 RPC 的方式来获取需要的资源描述信息。下面列出了获取产品列表和获取产品服务的 SOAP 请求和响应信息。

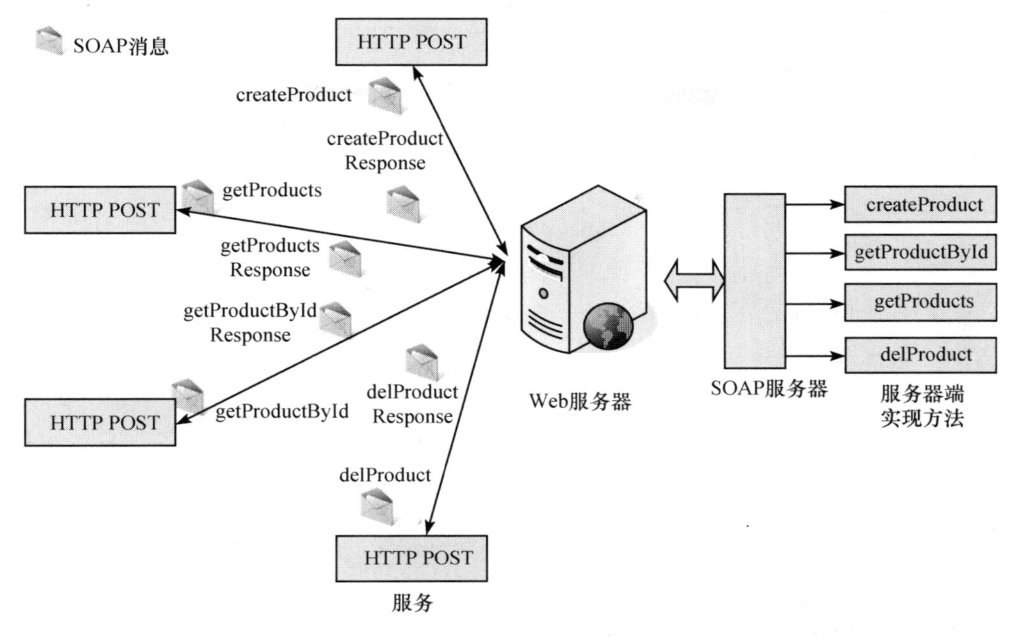

图 5.10　SOAP 服务实现原理

1）GetProducts 服务 SOAP 消息

代码 5.7

```
/* GetProducts 服务 SOAP 请求消息 */
<?xml version="1.0" encoding="UTF-8" standalone="no"?>
<soap:Envelope xmlns:soap="http://schemas.xmlsoap.org/soap/
   envelope/">
    <soap:Body>
        <p:getProducts xmlns:p="http://sigsit.ict.ac.cn/
           chap5"/>
    </soap:Body>
</soap:Envelope>
```

代码 5.8

```
/* GetProducts 服务 SOAP 响应消息 */
<?xml version="1.0" encoding="UTF-8" standalone="no"?>
<soap:Envelope xmlns:soap="http://schemas.xmlsoap.org/soap/
   envelope/">
<soap:Body>
```

```
    <p:getProductsResponse xmlns:p=" http://sigsit.ict.ac.cn/
        chap5">
        <Products>
            <pid>p1</pid>
            <pid>p2</pid>
                ...
        </Products>
    </p:getProductsResponse>
    </soap:Body>
</soap:Envelope>
```

2）GetProductById 服务 SOAP 消息

代码 5.9

```
/* GetProductById 服务 SOAP 请求消息 */
<?xml version="1.0" encoding="UTF-8" standalone="no"?>
<soap:Envelope xmlns:soap="http://schemas.xmlsoap.org/soap/
    envelope/">
    <soap:Body>
        <p:getProductById xmlns:p=" http://sigsit.ict.ac.cn/
            chap5">
            <pid>p1</pid>
        </p:getProductById>
    </soap:Body>
</soap:Envelope>
```

代码 5.10

```
/* GetProducts 服务 SOAP 响应消息 */
<?xml version="1.0" encoding="UTF-8" standalone="no"?>
<soap:Envelope xmlns:soap="http://schemas.xmlsoap.org/soap/
    envelope/">
    <soap:Body>
        <p:getProductByIdResponse xmlns:p=" http://sigsit.ict.ac.
            cn/chap5">
        <pid>p1</pid>
        <category>notebook</category>
```

```
            <name>Thinkpad X200</name>
            <company>Lenovo<company>
            <cost>12000</cost>
        </p:getProductByIdResponse>
    </soap:Body>
</soap:Envelope>
```

5.4　服务虚拟化

5.4.1　服务虚拟化的目标与原理

互联网分布式系统是通过组合分布在互联网上的各类资源构建而成的，它的根本目的是为了能够更灵活、更敏捷地实现日益复杂的业务需求。那么，形态多样的互联网资源应该怎样被封装为规范的服务？对于一个真实的业务需求来说，它应该怎样被分解并绑定到哪些具体的服务呢？

如果将用户的业务需求看做是要解决的问题，而备选的互联网资源看做是可选的解，那么达成上述目标的本质就是要在问题域和解空间之间建立起一组双向的映射关系。然而，业务需求难以规范、清晰地表达以及互联网资源的动态、异构等特点为达成这一目标带来了很大障碍。我们需要对问题域中的需求表述形式和解空间中资源的描述格式、调用方法等进行规范化和必要的抽象，使用户能够清晰地、无二义性地表达自己的业务需求，屏蔽资源的实现细节和异构现象，从而实现从业务需求到具体资源落实过程的快速化、自动化和智能化。如图 5.11 所示，本书将抽象并封装互联网资源以形成规范的、虚拟的服务集合，并实现从业务需求到服务的落实过程称为服务虚拟化过程。

下面，结合图 5.12 所示的实例来分析一下实现服务虚拟化过程所需解决的几个关键问题。如该图所示，某用户希望通过网站预订 2010 年 3 月 1 日从北京飞往上海的单程机票一张。该用户期望飞机的机型越大越好，机票折扣越多越好。从图中可以看出，与用户需求相关的可用互联网资源很多，而且它们都具有自己不同的特色。例如，携程旅行网是老牌的机票预订网站，它的服务较好，而且和航空公司合作较为紧密，从携程旅行网上能够预订到大部分航空公司的机票。贤贤网在经营理念上与携程旅行网有很大不同，它仅关注折扣最低的机票，因此它的票源不够丰富，但用户往往能淘到非常便宜的机票。下面结合这个实例来分析一下，如果要将用户这个业务需求最终落实为可用的互联网资源，那么需要解决哪些问题。

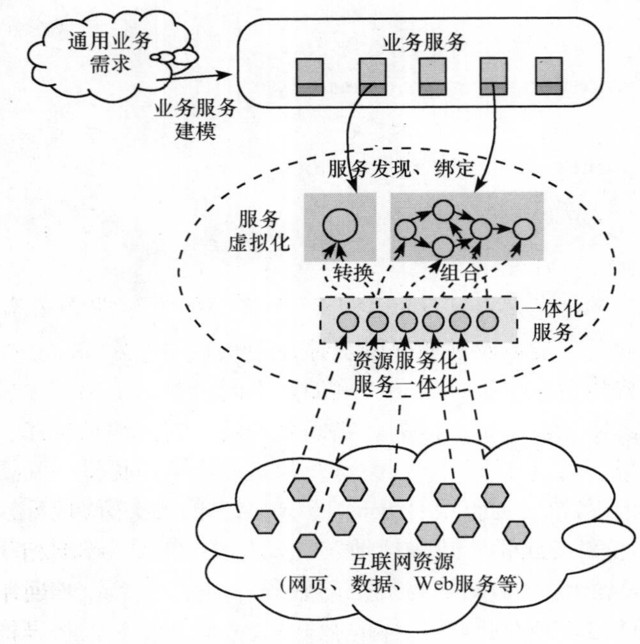

图 5.11　服务虚拟化过程的基本原理

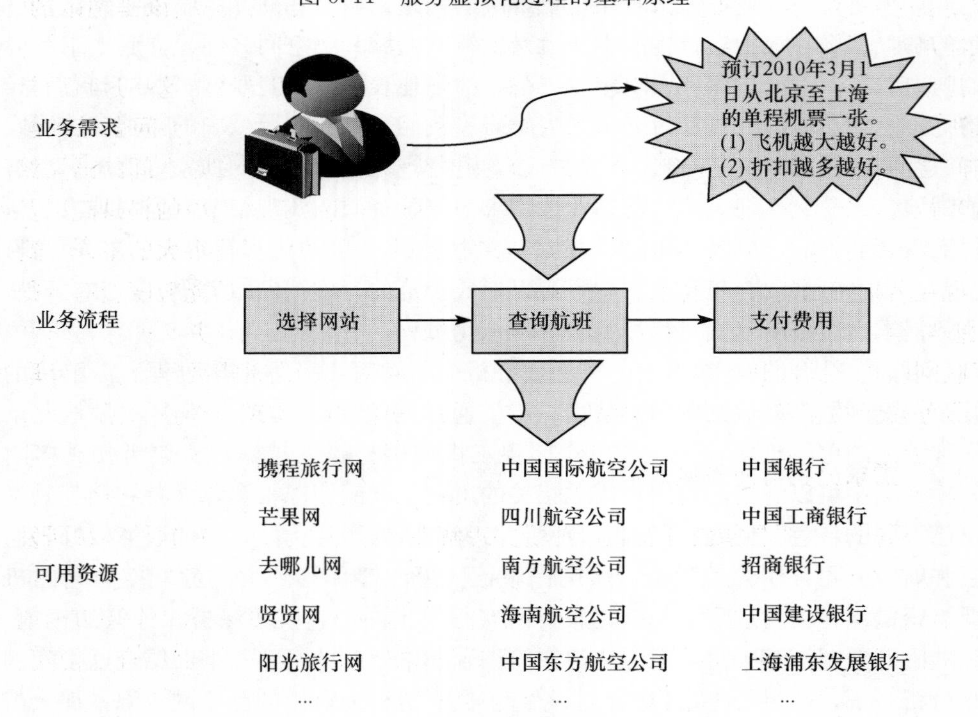

图 5.12　服务虚拟化过程实例

首先，用户应该如何描述自己的需求？采用自然语言描述业务需求肯定是存在歧义的、不清晰的。例如，上面例子中的“飞机越大越好”和“折扣越多越好”这两个要求本身就是模糊的。尤其是当这两个需求产生矛盾（大机型往往折扣较少，折扣多的往往机型较小且较老）时，怎样取舍才能让用户满意？此外，当人们希望从业务需求到具体资源的落实过程能够自动进行时，对业务需求的表达方式就提出了更高的要求。自然语言是机器不可理解的，为此必须要对业务需求的描述方法提出一定的约束和准则。本章将这一问题的实现称为需求分析与建模。

其次，从资源的视角来看，互联网上可用资源的类型非常丰富，其实现技术、使用模式、业务功能以及性质保障上存在着很大的差异性。这些差异往往给用户使用和应用构建造成了很大困难。例如，不同机票预订网站和航空公司提供的机票查询服务的实现技术是不同的，它们会采用不同的消息格式、编程技术和部署方式等。如果要将这些不同的网站整合起来，为用户提供一站式服务，就需要针对每种网站的不同实现技术设计解决方案，从而增加了应用开发和维护的难度。不难理解，如果这些网站都能采用一致的方式对外暴露类型相同的服务，那么在构建应用时我们就可以忽略它们之间的实现差异性，设计出通用的、智能化的解决方案。为此，虚拟化过程需要解决的第二个问题是怎样将异构的互联网资源封装为一致的互联网服务，建立起虚拟服务层，并且这个服务应该是规范的、机器可理解的。本章将这一问题的解决称为服务建模。

最后，还需要考虑如何将业务需求落实到具体的服务资源上，这一过程通常被称为聚合过程（Taylor，1995）。聚合过程的根本目的是为了弥补问题域和解空间之间存在的鸿沟。这种鸿沟通常表现为业务需求和互联网资源之间的语义鸿沟和粒度差异。由于描述需求的业务人员和提供、使用互联网资源的提供商以及开发人员的背景、知识体系不同，他们对需求和资源的理解有着很大的不同。这表现在名称相同的概念可能会具有不同的含义；相似的服务在功能粒度上有着很大差异等。这就使得聚合过程的落实需要重视资源的语义信息，并且业务需求和互联网服务之间的映射关系有可能不是一一映射的，人们通常需要组合多个互联网服务或者对互联网服务的结果进行加工转换才可能真正实现一个业务需求。

5.4.2　需求分析与业务服务建模

需求分析主要是指由开发人员分析并理解业务用户的需求，在软件系统研发的目的、功能、适用范围、性质保障等方面与用户达成共识，为下一步软件系统的设计开发工作打好基础。需求分析是软件开发过程中非常重要的一个环节。如果不能清晰地理解业务用户的需求，那么开发出来的软件很可能出现难以使用、没人使用的局面，造成人力、物力、财力的极大浪费。

传统的需求分析过程是由开发人员和业务人员共同完成的。在需求分析过程中，开发人员必须真正理解业务术语（如报表、印花税等）和业务流程，这样才能设计并实现出能够满足业务需求的软件系统。但是，由于各自的领域背景、工作性质不同，开发人员可能并不理解用户的业务领域，用户也完全不具备计算机领域的专业知识，业务用户在向开发人员解释业务需求时常常也会因为表达理解上的原因损失有用信息，产生很多歧义。这就造成了开发人员和业务人员的沟通成本巨大，在需求一致性的达成上面临着重重障碍。此外，业务需求的快速变化更为这种分析方法带来了巨大的挑战。因为，每次业务需求的变化都可能会导致开发人员重新进行一次需求分析过程，并且还可能会对已经构建的系统进行重新编码、重新部署，这将极大地延缓软件的开发进度，增加软件的开发成本。在传统的需求分析过程中，用户难以清晰地表达出自己的需求、用户需求的变更频繁等现象比比皆是，这使得需求分析成为了很多软件项目失败的主要原因。不难发现，传统需求分析方法的主要问题体现在业务用户和开发人员的沟通成本上。针对这个问题，人们开始思考是否能够减弱或者干脆回避这一环节，完全由业务人员精确定义出可被开发人员和计算机系统理解的业务需求。这种需求分析方法还应该保障软件系统能够即时、快速地响应业务需求的变化。当然，采用自然语言来描述业务需求是不可行的，因为自然语言本身就是不精确的、有歧义的。我们需要规范业务用户表达需求时所采用的基本元素和元素间的组合规则。

对解决该问题的一种新的尝试是采用领域分析的技巧以服务的形式建立起所有业务功能的抽象，即业务服务。业务服务是沟通业务领域和 IT 领域之间的桥梁。它具有业务语义，对用户屏蔽了具体的服务实现细节，是能被业务用户所理解的。它们将成为用户定义业务需求的基本元素。用户通过自由编排这些业务服务形成业务流程来表达自己的业务需求。这里需要指出的是，用户定义的业务流程是不可执行的，通过服务虚拟化过程，业务流程将在开发人员的帮助下最终落实为一个个具体的 Web 服务，通过组合执行这些 Web 服务来最终实现用户的业务需求。这种方法被称为基于业务服务的需求分析与建模，它的一个优势是能够快速应对业务需求的变化。当需求发生变化后，用户仅需重新选择合适的业务服务，并且重新编排业务流程。在算法的支持下，能够实现新需求的具体 Web 服务将被重新发现和绑定。这种应对变化的代价将远远小于开发人员重新编码、重新部署软件系统的代价。

构建可用的业务服务集合是一个复杂的过程。

首先，业务服务本质上刻画的是具体的业务功能，而业务功能与业务领域相关，所以在业务服务建模时需要首先确定领域边界，这是构建该领域业务服务集合的基础。

其次，需要领域专家对相关业务领域进行分析，列举出所有可能的业务功能及其相关的业务概念。

再次，为了保证业务用户可理解，提升发现和绑定过程的自动化程度，领域专家还需要根据领域分析的结果搭建业务领域的知识体系。目前，最常用的搭建业务领域知识体系的方法是基于本体的方法。本体描述了业务领域的基本概念、属性、分类、约束等内容。本体可用于反映业务领域的客观现实，建立本体不仅可以使机器可理解，也可以方便不同角色的人员进行理解和交流。

最后，领域专家针对需求分析的结果标识系统需要提供的业务服务，并分别从本体中选择合适的本体概念标识功能的动作和作用对象。

这种业务服务定义方式可以直观地表达服务的功能，易于最终用户理解。领域专家通过利用本体概念进行标注的方法描述服务的属性，一方面可以方便最终用户对服务的理解，另一方面可以实现与 Web 服务的精确匹配。

5.4.3 IT 服务建模

需求建模的本质是对问题域的规范过程。为了保障服务绑定过程的自动化实施，我们同样需要对解空间进行规范。如前所述，互联网上可用资源的类型非常丰富，为了保障这些资源能够被组合起来形成业务应用，需要将这些资源统一以服务的形式提供出来。将互联网资源封装为服务的过程称为语法级服务建模。此外，出于服务自动组合、自动发现的需要，还应该为语法服务标注相应的语义信息，建立语义级的服务模型，将这一过程称为语义级服务建模。

1. 语法级服务建模

要将互联网资源封装为相应的语法级服务模型存在两个难点。一是如何将互联网上不同类型的资源以服务的形式加以封装并提供出来，这个问题通常被称为"资源服务化"。二是服务自身的类型也是多样化的，不同的服务有其自身的适用场合。屏蔽不同服务之间的差异性，为用户提供一个一致的服务模型在某些场合下是必要的，这一问题通常被称为"服务一体化"。下面，将分别针对这两个问题的基本解决方法进行简要介绍。

1）资源服务化

网页、数据库、软件模块等都是互联网环境下的常见 Web 资源。在这些资源中，将软件模块封装为服务是最为常见的。当前，已经有很多软件工具可以帮助完成这一任务。例如，Apache 组织开发的开源项目 Axis 就能很容易地帮助用户开发基于 Java 对象的 SOAP 服务。本章不再赘述 Axis 工具的使用过程，感兴趣的读者可以参考 Axis 官方网站的用户教程。本章将重点介绍难度更大的网页（数据库等资源）服务化的基本技巧和过程。

无论是对网页进行服务化，还是对数据库进行服务化，它们的实质都在于能够根据客户端的请求抽取相应的资源信息，将这些信息转换为预先定义的消息格式（如 SOAP 服务采用的 SOAP 消息），并同时作为响应消息返回给客户端。在实现过程和应用技巧上，数据库资源的服务化和网页是类似的，下面以网页服务化为例来进行后面的探讨。

网页服务化的难点在于怎样根据客户端请求从网页中抽取出需要的信息。执行信息抽取的程序通常被称为 Wrapper（抽取器或包装器）。图 5.13 通过一个简单的航班信息查询示例展示了网页服务化的基本原理。如图右下方所示，该网页采用 HTML 实现。HTML 是半结构化的，客户端真正需要的航班信息混杂在网页的显示格式信息之中，没有明确的标签加以标识。很显然，这种表示方法是不利于客户端使用的，客户端很难直接从复杂的 HTML 描述中抽取出真正有用的信息。Wrapper 程序的开发可以有效解决这一问题。当接收到客户端请求信息后，Wrapper 程序可以根据请求从网页信息中抽取出客户端程序真正需要的内容，以 SOAP 消息的格式加以封装，同时作为响应消息返回给客户端。这样，整个 HTML 网页就以 Web 服务的形式提供出来了。

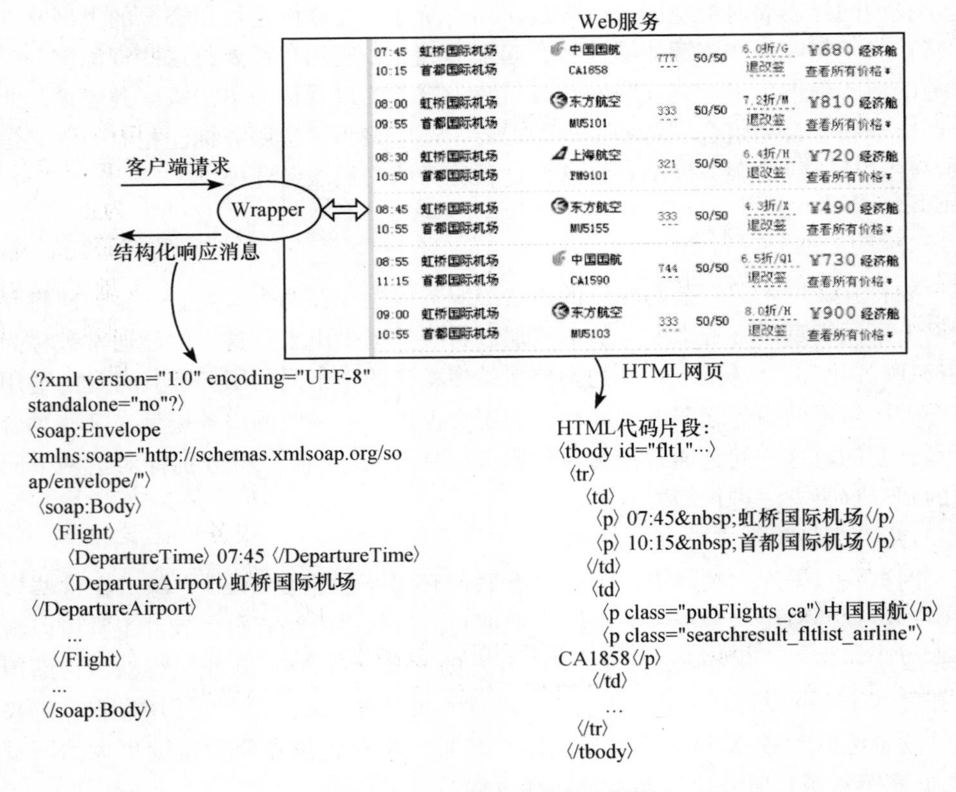

图 5.13　网页服务化的基本原理

Wrapper 的概念来自于信息集成领域。它的最初目的是提供统一的查询界面，帮助用户从多个异构信息源中获得需要的数据。在信息集成系统中，Wrapper 通常是用来包装信息源（如数据库、Web 服务器等）访问方式的一段程序，它使得信息集成系统能够以统一的方式访问不同的信息源。资源服务化过程借鉴了这一概念。在服务化的实施过程中，Wrapper 程序将负责根据客户端请求从相关网页中抽取并集成需要的数据，同时以服务响应消息的形式将数据返回给调用服务的客户端。

构造 Wrapper 程序是实现服务化过程的关键环节，其实现原理通常是依赖事先定义的一组抽取规则，执行一个模式匹配过程，以从网页中抽取需要的数据。下面还是以图 5.13 所示的例子来进行说明。在该例中，客户端期望通过服务调用来获取航班的出发时间和出发机场信息。而这些信息隐藏在图 5.13 右下方所示的 HTML 代码中。为了从这些代码中抽取需要的数据信息，可以定义如下两条规则

SkipToMatch(〈tbody〉〈tr〉〈td〉〈p〉)　　(5.1)

SkipToMatch(〈/p〉)　　(5.2)

式(5.1) 定义了抽取过程的开始规则。它通知 Wrapper 程序，要找到航班的出发时间和出发机场信息需要从 HTML 片段的起始标签出发，跳过所有标签，直至第一次匹配〈tbody〉〈tr〉〈td〉〈p〉标签为止。式(5.2) 定义了抽取过程的结束规则。即在〈p〉和〈/p〉标签中的内容就是所需的航班出发信息。这里需要指出的是，规则的定义可以是非常灵活的，只要 Wrapper 程序能够识别即可。例如，还可以定义规则 SkipToMatch(Name)。该规则表示跳过标签，直至遇到词“Name”为止。

早期的抽取规则是由开发人员手工制订的。但是随着对这一领域研究的逐渐深入，人们开始利用机器学习和其他的人工智能技术来自动或半自动地生成抽取规则。机器学习的方法依据是否要求用户提供标注样例又可分为基于监督学习的方法和无监督学习的方法两类。感兴趣的读者可以阅读相关的文献（Chang, Kayed, Girgis, et al., 2006；杨少华，2009）。

2）服务一体化

资源服务化过程可将类型丰富的互联网资源以服务的形式统一提供出来。但是，正如前面所介绍的，服务模型是多样的，不同种类的服务具有不同的表现形式和自身适用的领域范围。这些异构的服务在描述方式、调用方法、运行环境等方面存在很大差异性。这些异构性为组合不同形态的服务带来了极大的障碍。人们开始考虑是否能够提出一种一体化的服务模型来应对不同形态服务间的异构性问题。IBM 公司提出的 SCA 是服务一体化工作的一个典型代表。

SCA 最早被应用在 IBM 公司的 Websphere Process Server 产品中。在产品获得成功后，2005 年 11 月 IBM 和 BEA 等公司一起制订并发布了 SCA 规范的 0.9 版本，并成立了开放 SOA 联盟（Open SOA Collaboration, OSOA）。2007 年 3 月，OSOA 发布了 1.0 版本的 SCA 规范，并向 OASIS 组织提交了该规范，

使得 SCA 规范进入了标准化时期。同时，各大企业也开始推出采用 SCA 规范的软件产品，其中最著名的包括 IBM 公司的 Websphere Process Server 和 Apache 公司的 Tuscany 等。SCA 提供了一个简单的、与具体实现语言无关的组件模型。它强调将服务组件的实现细节和调用方式剥离开来，让用户关注具体的业务逻辑，而不被具体的实现细节所困扰。下面，将简要介绍一下 SCA 规范的组件模型。

在 SCA 规范中，组件是应用系统构成的基本元素，也是对外提供服务的基本单元。如图 5.14(a) 所示，一个组件主要由实现、服务、引用和属性四部分构成。实现是采用具体技术实现业务功能的代码段。SCA 规范支持的实现技术非常广泛，包括 C++、Java、EJB、Ruby 和 BPEL 等。服务可被看做是对外提供业务功能时所暴露的接口。SCA 规范当前支持以 WSDL 和 Java 两种形式对外暴露接口。属性是一些可能会影响组件功能的数据值。通过对属性值的设置，可以影响整个组件的行为。引用定义了本组件在实现过程中所依赖的其他组件提供的服务。一个组件可以引用多个服务。

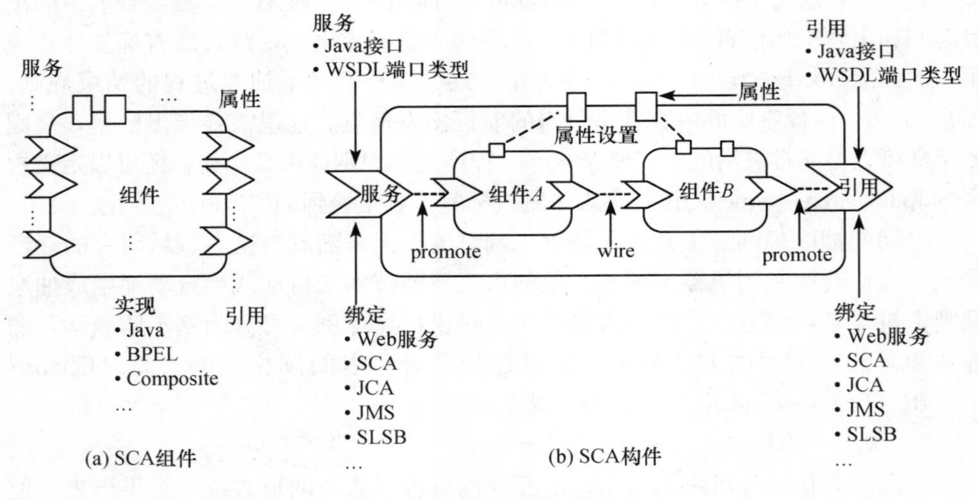

图 5.14　组件和构件模型图

构件是 SCA 规范中用于部署的基本单元。如图 5.14(b) 所示，构件是由多个组件连接而成的，能够实现一定的业务逻辑。构件的服务定义了构件对外暴露的调用接口。而服务的访问方式则是通过 binding 来描述的。例如，将构件的绑定方式选择为 Web 服务，那么就意味着构件可以通过 SOAP 消息来进行访问。当前，SCA 规范支持的绑定方式包括 Web 服务、JCA 和 JMS 等。此外，构件的引用描述了构件对外界服务的依赖，属性则定义了构件的可配置属性。在构件内部，组件之间通过 wire 元素进行连接。wire 元素通过定义 source 和 target 属性来描述需要连接的两个组件。将组件的连接从组件定义中独立地剥离出来，有助于应对开发过程的变化。例如，如果一个新的组件需要连接到某个已经定义好的组件上，那么就无须对已经定义的组件进行改动，只需重新配置一个新的wire元素即可。

SCA组件能够实现以一致的方式来调用不同类型的服务，为服务的使用者屏蔽编程语言、网络协议等实现层面的差异。SCA规范是一个非常复杂的规范，受篇幅所限，本书仅介绍其中一些与服务一体化相关的基本概念。对此感兴趣的读者可进一步阅读《SOA核心技术及应用》一书（王紫瑶，南俊杰，段紫辉，等，2008）。

2. 语义级服务建模

服务的语义对于半自动化和自动化的服务发现以及服务组合具有重要意义。当前，对服务语义建模的研究工作已有很多，不同的研究团队提出了很多各具特色的建模方法和技巧（Ferdinand，Zirpins，Trastour，2004；Oldham，Thomas，Sheth，et al.，2004；许斌，李娟子，王克宏，2006）。由于WSDL和OWL-S已被人们广泛接受，因此这里将建立语义级服务模型这一问题具体化为如何半自动地将一个采用WSDL描述的语法级服务转化为采用OWL-S描述的语义级服务。解决这一问题的方法是首先依赖一个预先定义的领域本体为WSDL描述中的各项元素标注语义信息，然后再将其转化为OWL-S要求的格式。下面，将详细介绍这一过程。

1）WSDL语义信息标注

WSDL描述中的XML模式定义了与服务相关的数据信息的基本结构，从而隐藏了大量的语义信息。XML模式通过complexType、simpleType和element等XML标签来描述服务的数据。这些标签之间存在着包含关系。例如，complexType可由多个simpleType构成。对WSDL描述进行语义标注的实质就是建立XML模式中的语法元素和领域本体中的本体实体间的语义映射关系。

为了能够半自动地建立语义映射关系，首先需要将WSDL描述中的语义信息抽取出来，并转化为规范的表示形式。这样做的好处是挖掘并规范化WSDL描述中的语义信息，屏蔽掉与语义无关的内容，降低语义标注过程的复杂性。不同语义标注算法采用了不同的表示形式。例如，Patil和Oundhakar等定义了一个被称为SchemaGraphs的表示格式来规范化表示WSDL的语义信息；许斌等则直接采用OWL来构建一个表示WSDL语义信息的中间本体。这些表示方法的实质都是类似的。

当表示格式确定后，将WSDL描述中的语义信息抽取出来，并转化为特定的中间格式，这通常依赖于预先定义的抽取规则。如表5.2所示，我们给出了一个抽取WSDL语义信息并将其转化为OWL中间本体的常见抽取规则。

表 5.2 WSDL 语义信息抽取规则

规 则	内 容
规则 1	XML 模式的目标命名空间被转化成 OWL 的命名空间
规则 2	复杂类型 complexType、simpleType 转化为本体的类
规则 3	简单数据类型的 element 元素转化为数据属性
规则 4	其他 element 元素转化为对象属性
规则 5	complexType 和 simpleType 之间的包含关系转化为对象属性

语义信息抽取完成后，将在生成的中间本体和预先选中的领域本体间建立语义映射，从而实现语义信息的标注。相似度计算是实现语义标注过程的关键。通过计算中间本体和领域本体实体（概念、属性等）之间的相似程度，可以直接在相似度最大的实体之间建立两者的映射关系。对于一个 WSDL 元素来说，与其中间本体实体具有映射关系的领域本体实体就可以作为该元素的语义标注信息。相似度计算的基本技巧有很多，下面将简单介绍几种常见的计算技巧：

（1）名称相似度：两个本体实体名称之间的相似程度有多种计算方法，其中比较常见的是采用 Levenstein 编辑距离（Kleiweg，2003）进行计算。编辑距离是指将一个字符串转换为另一个字符串所需的最小编辑操作的次数。编辑操作的类型包括添加、删除和替换字符。例如，从字符串“abc”到“abcd”的编辑距离是 1，因为仅需要进行一个编辑操作，即增加字母 d 即可。而从“abc”到“ad”的距离是 2，即需要经过先删除 c、再将 b 替换为 d 这两个操作。

我们用函数 $\mathrm{EditLength}(e_1, e_2)$ 来表示两个本体实体名称之间的编辑距离，用 $\mathrm{MaxLength}(e_1, e_2)$ 来表示两个本体实体名称的最长长度。名称相似度可以被定义为

$$\mathrm{NS}(e_1, e_2) = 1 - \frac{\mathrm{EditLength}(e_1, e_2)}{\mathrm{MaxLength}(e_1, e_2)} \tag{5.3}$$

除了编辑距离方法外，还可以通过检查名称的前（后）缀以及 n-gram 等方法来进行计算。其中，前（后）缀方法通过检查一个字符串是否为另一个字符串的前（后）缀来判断两个字符串是否相似，如 int 和 integer 以及 phone 和 telephone；n-gram 方法通过检查两个字符串所包含相同的 n-gram（长度为 n 的字符串）的个数来计算它们之间的相似程度。

（2）结构相似度：结构相似度是指利用本体实体之间的关系来计算相似程度。本体中可用的实体间关系有很多，包括继承关系、邻接关系和约束关系等。依赖这些不同的关系可以发展出不同的计算技巧。例如，可以利用继承关系，通过计算子类的相似程度来计算本体类的相似程度。我们用 $\mathrm{SubClasses}(e)$ 来表示一个类的子类集合。设两个类 e_1 和 e_2 的子类集合分别为 $\mathrm{SubClasses}(e_1)=\{s_1, s_2, \cdots, s_m\}$ 和 $\mathrm{SubClasses}(e_2)=\{t_1, t_2, \cdots, t_n\}$。那么，$e_1$ 和 e_2 的结构相似度可以被定义如下

$$\mathrm{SS}(e_1,e_2)=\max\left(\sum_{k=1}^{q}\mathrm{NS}(s_{j_k},t_{i_k})\right) \tag{5.4}$$

式中：$q=\min(n,m)$，$\{j_1,j_2,\cdots,j_q\}\in\{1,2,\cdots,m\}$，$\{i_1,i_2,\cdots,i_q\}\in\{1,2,\cdots,n\}$。

从以上定义可以看出，这种计算方法是从两个子类集合之间的所有可能的名称匹配中选择匹配之和最大的一组，该组的值就是两个概念的结构相似度。

任意两个本体实体间的相似程度可以综合上面两种技巧的计算结果加权得到。一个可能的计算公式为

$$\mathrm{Sim}(e_1,e_2)=w_1\times\mathrm{NS}(e_1,e_2)+w_2\times\mathrm{SS}(e_1,e_2),\quad w_1+w_2=1 \tag{5.5}$$

在上面的公式中，w_1 和 w_2 是权值，表示名称相似度和结构相似度分别所占据的比重。它们可以根据经验进行指定，也可以通过机器学习得到。计算出两个实体的相似度之后，则可以根据相似度来对中间本体标注语义信息。也就是说，与中间本体中某一实体相似度最大的领域本体实体就是该实体所对应的 WSDL 元素的语义标注信息。

2）OWL-S 文件的生成

在语义标注步骤完成后，就可以进一步生成服务的 OWL-S 描述。由于 WSDL 文件和 OWL-S 本质上都是 XML 文档，因此根据 WSDL 描述生成 OWL-S 描述的过程可以被看做是在不同 XML 文档之间进行格式转换的过程。但需要注意的是，WSDL 用 XML 模式描述数据类型，而 OWL-S 用 OWL 描述数据类型。因此，在转换过程中就需要根据上面的语义标注信息将 XML 模式的语法描述转化为 OWL 的语义描述，从而实现从语法级服务到语义级服务的转化。图 5.15 给出了一个格式转换的实例。XML 文档之间的格式转换可以依赖预先定义的规则自动地加以执行。一组可能的转换规则如下所示（许斌，李娟子，王克宏，2006）：

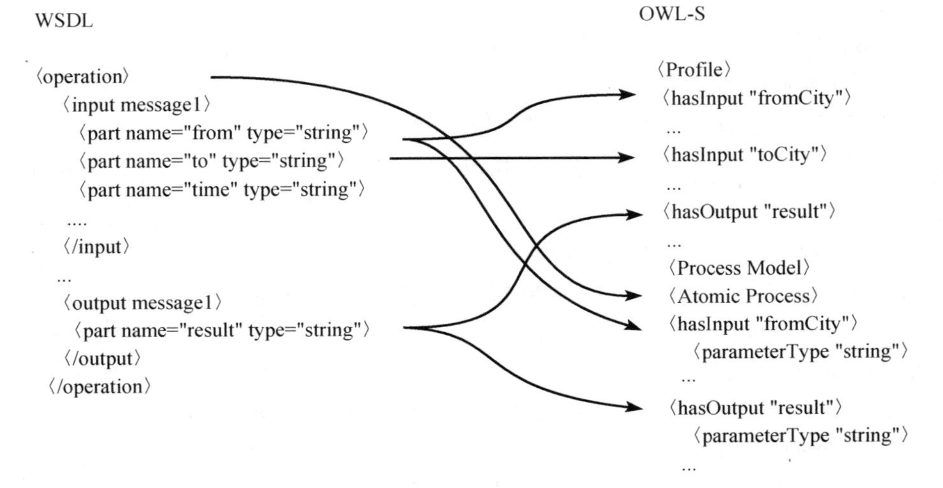

图 5.15 OWL-S 文件的生成

（1）WSDL 中所有的 input 消息部分（message part）转换到 OWL-S 中 profile 的 input 中。

（2）WSDL 中所有的 output 消息部分（message part）转换到 OWL-S 中 profile 的 output 中。

（3）WSDL 中所有的 operation 转换到 OWL-S 中 Process Model 的 Atomic Process 中。

（4）WSDL 中所有的 operation 的 input 消息部分（message part）转换到 OWL-S 中相应 Atomic Process 的 input 中。

（5）WSDL 中所有的 operation 的 output 消息部分（message part）转换到 OWL-S 中相应 Atomic Process 的 output 中。

（6）WSDL 中所有的 XML Schema 转换到 OWL-S 中 Process Model 的本体概念中。

第（6）条规则需要引起特别重视。这条规则在整个转换过程中最为重要。它在转换中所用到的本体概念就是上一步中对抽取信息进行语义标注所得到的本体概念。

5.4.4 聚合过程

为了解决业务领域与 IT 领域之间的鸿沟问题，Taylor 于 1995 年提出了聚合工程的概念（Taylor，1995）。聚合的目标是使人们认识和理解现实世界的过程与设计构造软件系统的过程同步起来，提供一种支持业务需求不断演化的、敏捷的软件系统设计开发新方法。这种方法可以改变传统基于手工的、低效的、不灵活的软件开发方法，促使以 IT 技术驱动的应用系统构造向以业务驱动的应用系统构造的转变。

服务虚拟化中的聚合过程是采用服务计算技术，对聚合思想的一种具体落实。其目标是将构建的业务服务与 IT 层 Web 服务资源进行关联，以保障业务服务的可执行特性。这一过程包含两个主要步骤：

（1）服务发现。服务发现的目标是发现能够实现业务服务功能的 Web 服务资源的集合。

服务发现是虚拟化过程中的关键技术，它能根据业务服务和 Web 服务的各项描述信息，帮助建立两者之间的映射关系。

（2）服务组合与转换。服务发现并不总能找到一个正好可以实现业务服务功能的 Web 服务。这是因为业务服务是大粒度单一业务功能的实体，实现层面上可能需要多个 Web 服务与之关联，而且即使是在单个服务关联的情况下，有时也需要适当的转换才能完成。

下面，首先介绍一下服务发现技术，然后再简要探讨一下 Web 服务组合与转换的研究工作。

1. 服务发现

服务发现是指根据用户需求在备选的服务集合中发现一个或多个适合的服务。为了论述的方便，本章将落实服务发现功能的软件系统简称为服务发现系统。一个好的服务发现系统应该能够准确、全面且高效地发现需要的服务。服务描述、服务匹配算法和支持发现的系统体系结构是实现一个服务发现系统需要考虑的三个关键问题。

1）服务描述

服务匹配算法的选择以及发现结果的准确性和服务的描述方式密切相关。服务描述可以被视为服务提供者和消费者之间预先定义好的一个关于服务功能、参数、质量保障等内容的约定。这个约定可以采用自然语言描述，也可以按照一定的格式和语义精确定义。服务描述的内容越丰富、越精确，服务发现的查全率和查准率也就越高，其所采用的服务匹配算法的自动化、智能化程度也就越高。

2）服务匹配算法

服务匹配是服务发现过程的关键环节。它的目的是根据服务的描述，依赖给定的匹配算法，判定某一服务是否能够满足某个需求。一些复杂的匹配算法还可以将判定结果分级或者量化。例如，某一服务能够完全满足需求或者部分满足需求。目前常见的服务匹配技术通常包括语法匹配和语义匹配两种。这两种匹配方法是互补的，现有的匹配系统实现时常会对这两种方法进行综合使用。

语法匹配主要是借鉴传统信息检索的方法，从语法层次上对服务的描述信息进行相似性比较。这种类型的方法有很多，如可以采用简单的字符串匹配方法来衡量服务名字之间的相似性。首先，可以去除待比较的字符串的前缀和后缀，以及不含信息量的连接词等；然后，比较剩余字符串的相似程度。字符串的相似程度可以采用编辑距离方法来进行计算。此外，服务的其他描述信息可能是采用大段文本描述的，这时就可以借鉴信息提取领域的 TF-IDF（term frequency-inverse document frequency）方法来进行匹配。TF-IDF 是一种统计方法，用以评估一个字词对于一个文件集或一个语料库中的其中一份文件的重要程度。字词的重要性随着它在文件中出现的频率成正比增加，但同时会随着它在语料库中出现的频率成反比下降。采用 TF-IDF 方法，可以首先计算描述文本中关键词的权重，然后通过计算不同文本关键词之间的距离来度量两者之间的相似程度。

相对于语法匹配来说，语义匹配具有更高的准确性。但是，它要求进行匹配的服务必须首先采用领域本体对服务的属性进行描述。基于语义的服务匹配通常有两种实现方法：一种是通过计算服务标注的本体实体间的逻辑关系来匹配服务；另一种是通过计算本体实体之间的相似程度来匹配服务。

第一种语义匹配方法的实现过程通常是预先定义出服务和请求之间可能存在的逻辑关系，然后再通过推理的方法来计算它们之间所具有的关系类型。OWLS-MX（Klusch，Fries，Khalid，et al.，2005）算法是利用这种方法对采用 OWL-S 描述的服务和请求进行匹配的代表性工作。它预先定义了 EXACT、PLUG IN、SUBSUMES、SUBSUMED-BY 以及 NEAREST-NEIGHBOR 等五种可能存在的逻辑关系。对于每一种关系，都将其形式化地定义为一个逻辑表达式。然后，通过计算这些表达式的正确性来判断服务及其请求是否能够匹配。第二种语义匹配方法通常是通过计算两个本体实体之间的相似程度来进行服务匹配。

3）服务发现系统体系结构

在服务发现的实现过程中，系统体系结构对于服务发现过程的性能，发现系统的可伸缩性、可用性以及可靠性等都具有重要影响。特别是当可用服务数量多、分布广、异构性强，用户规模大且来源于不同组织时，良好的系统体系结构设计对于一个服务发现系统来说就显得尤为重要。目前，从事服务发现体系结构研究的学术团队已经开展了很多重要的工作。根据对可用服务信息的组织方式，可以将常见的系统体系结构划分为集中式、分布式与混合式三种。

集中式的系统体系结构通常依赖于一个集中的服务注册中心。所有的可用服务信息都将被注册到这个服务中心来进行统一管理。服务发现系统通过匹配用户请求和管理注册中心的服务信息来发现服务。传统 UDDI 就是集中式注册中心的典型代表。它对服务的元数据描述信息进行集中管理，并通过语法匹配的技巧来发现服务。

不难看出，集中式的体系结构存在很多缺陷，如系统的可伸缩性不强、注册中心的单点故障会影响所有服务的可用性等。为此，人们开始考虑建立分布式的服务注册中心，并提供跨注册中心的服务发现机制。在这个领域，当前的一个研究热点是结合 P2P 和语义技术，研究在 P2P 环境下基于语义的服务发现技术（Haas，Brown，2004；Schmidt，Parashar，2004）。然而，由于不同对等点之间消息沟通的成本较高，纯 P2P 结构的一个较大缺点是难以保证服务发现的效率。为解决这一问题，人们又提出了混合式的服务发现体系架构。混合式架构的代表性工作是 METEOR-S 项目提出的 MWSDI（METEOR-S Web service discovery infrastructure）（Verma，Sivashanmugam，Sheth，et al.，2005）。该架构根据业务领域将服务划分为不同的注册中心，每个注册中心被实现为一个对等点，不同注册中心形成了一个分布式的 P2P 架构。但是，每一个注册中心的实现又是集中式的，它采用了 UDDI 的规范来集中管理所有属于这一中心的服务元数据信息。

2. 服务组合与转换

服务发现是聚合过程的一个关键环节，但是，服务发现过程并不能保证总能找到一个服务，使其功能正好满足实际需求。有时服务发现能够找到一个功能相似的服务，但是需要经过一定的转换才能满足需求；或者服务发现能够找到几个相关的服务，但是要通过对它们进行组合才能满足需求。为此，我们将组合和转换也视为落实聚合过程的一个重要环节。服务转换的基本思路是通过对服务描述信息的变换，为服务带来新的功能，从而满足实际需求。房俊定义了一类服务转换运算系统，覆盖了一元变换、二元交、并、差等共 15 类转换操作形式，详细刻画了这些操作的运算语义（房俊，2006)。基于这个运算系统，房俊设计开发了一个虚拟化转换工具，以帮助用户对发现的服务进行转换，从而实现与实际需求的关联。

5.5 服务组合

随着互联网环境下资源越来越多地以服务形式对外提供，服务组合技术已逐渐成为互联网分布式系统构建的新兴的、主要的方式。该技术旨在跨越技术和组织的边界，无缝集成分布于互联网上的各种服务，构建满足用户需求的增值应用。服务建模和服务虚拟化技术可以以一体化服务的形式封装自治、异构的互联网资源，为基于服务组合构建互联网分布式系统打下坚实的基础。服务组合技术也可用于服务虚拟化过程中。服务组合得到的结果可以作为大粒度的服务发布以便于重用。

服务组合作为一种构造互联网应用的技术，包含了一系列与互联网应用开发生命周期相关的技术，包括建模、分析、部署、执行、监控和优化（喻坚，韩燕波，2006)。本节重点关注互联网应用的构建层面，即通过服务组合编程构建互联网应用。从编程的角度来看，基于服务组合的互联网应用可以看做是将服务作为基本构建元素的软件程序。对编程的分析一般包含技术和原理两个部分。技术包括编程的工具、技巧和标准等，描述了如何编程；而原理描述了编程的本质理论，使编程人员能够理解编程。本节将从原理和技术两个角度来阐述服务组合编程，试图回答下述问题：

（1）基于服务组合构建的新型应用与传统的基于模块、对象构建的应用有哪些本质上的不同?

（2）针对这种基于服务组合而构建的新型应用，有哪些编程范型?

（3）不同的开发人员（IT 人员、最终用户）在构建服务组合时，更适合于采用哪些编程范型?

（4）有哪些编程技术和语言?

本节将围绕三方面进行展开：首先，介绍基于服务组合的互联网应用；然后，讨论服务组合编程范型；最后，分别从 IT 人员和最终用户的不同视角出发，讨论不同类型的开发人员主导的服务组合的原理和技术。

5.5.1 基于服务组合的互联网应用

定义 5.3 服务组合：是以特定的方式（取决于服务组合语言）按给定的应用逻辑将若干服务组织成为一个逻辑整体的方法、过程和技术。

从上述定义中可以看出，服务组合的核心元素是服务和组合逻辑两部分。

服务是由服务提供者自主提供的，具有自治、开放、自描述、与实现无关等特点。服务包括 IT 服务和业务服务两大类。IT 服务提供了业务功能的具体实现，但要求使用者掌握 IT 技术；业务服务是一种业务级的服务抽象，可以作为用户定义业务需求的基本元素，从而保障不熟悉 IT 技术的最终用户根据业务需求来灵活、快速地组合服务。

组合逻辑是由应用构建人员创建的，其创建过程可以与服务的开发相独立，它描述了服务之间的控制关联、数据关联以及对服务的约束。与服务的分类相对应，应用构建人员也可以分为 IT 人员和最终用户两类。面向这两类人员的服务组合技术将分别在后续小节中进行介绍和对比。

基于服务组合构造应用的开发模式，实现了标准化、松耦合和透明的应用集成方式，有助于提高应用系统的互操作能力、敏捷性和集成能力，提高软件生产率。具体可以从以下几个方面进行分析。

1. *应用开发效率和成本*

服务组合在计算机领域并不是一个全新的概念。在软件工程中，能够经常看到高效地利用以前写过的软件来开发新的应用，这被叫做软件重用（reuse）。服务的松耦合特性将软件重用推到了一个新的高度。

首先，服务组合将应用的开发过程简化为对已有服务的装配过程，通过重用服务，避免了从零开始开发代码，可直接利用已有的成果，有效降低了应用开发所需的时间和人力成本。

其次，服务具有无形性，通过网络访问即可使用，不需要应用开发人员在本地安装维护，减少了对客户端软硬件配置的维护成本。

最后，遵循开放标准是服务的基本特性，客户端和服务之间剥离了对语言/平台的依赖，服务对客户端在语言和平台上没有特殊要求，进一步减少了应用的开发成本。

2. *应用开发复杂性*

软件是人类问题求解逻辑思维的体现，软件开发正向越来越适合于人类思维活动模型的方向发展。从粒度上来看，相对于函数、模块等，服务是面向业务的大粒度抽象，更贴近于业务问题，缩小了业务和IT之间的差距，不仅方便了IT人员编程，也为业务用户按照需求组合服务提供了可能；从应用构建来看，服务具有接口与实现相分离的特性，用户可以仅仅关心服务的接口和功能，而不需要知道服务的组成和结构，有效降低了用户编程的复杂性；从重用方式来看，服务组合是一种松耦合的重用方式，与面向对象编程中紧耦合通过继承进行重用的方式相比，避免了一方的改动对另一方带来的影响，减少了紧耦合的依赖关系，简化了应用编程。

3. 应用质量

服务具有可重用的特性，服务组合通过复用高质量的已有的开发成果，避免了包括分析、设计、编码和测试等在内的许多重复劳动，减少了错误发生的可能性，从而可提高应用的质量。服务的松耦合特性也使得组合逻辑的开发质量得到增强。组合逻辑建立在遵循开放标准的服务接口之上，与服务的具体实现无关，因此不需要考虑与传统构件容器的交互，服务内部发生更新升级也不会对组合逻辑造成影响，提高了应用的可维护性。

4. 应用灵活性

灵活性体现在应用的维护和应用的调整与增长两个方面。一方面，松耦合使服务具有实现无关性，因此在接口描述不改变的情况下，服务提供者对服务实现的任意维护都不会对应用有丝毫影响，提高了应用的维护灵活性；另一方面，应用的功能由该应用所包含的一组服务以及这些服务之间的松耦合关系体现，对服务功能的调整可以通过调整这些松耦合关系实现，新的功能既可以通过增加新的松耦合关系得到（也就是通过服务组合），也可以通过引入新的服务得到。

服务组合为互联网应用带来上述好处的同时，由于服务的分布、自治、动态等特性，也会对应用构建带来新的问题。需要说明的是，基于服务组合的互联网应用是一种典型的分布式应用，因此也会面临分布式系统的挑战问题，这里重点讨论由于引入服务作为基本构建元素，为互联网应用带来的相关问题。

1）不确定性问题

与传统软件的“购买安装”方式不同，服务采用的是“使用而不拥有”的方式，通过互联网进行访问。虽然这种使用方式可以降低耦合，减少应用开发和维护成本，但是服务的自主性和不可控性为互联网应用带来了不确定性。Kim等曾在两年中对发布在统一业务注册中心（universal business registry，UBR）中的1000余个Web服务进行了持续监测，结果发现超过16%的Web服务每周都会失效（Kim，Rosu，2004）。不确定性的来源有以下三个方面：

（1）物理连接的不确定性。从服务访问的物理媒介来看，基于网络的服务在运行过程中，网络的状况，如带宽、网络稳定性、网络延时等都有可能影响应用的正常运行。网络状况的变化通常为随机因素，属于应用开发的外部因素，在构造过程中很难事先预知。

(2) 服务的不确定性。由于构建角色的分工（服务提供者与应用构建者）不同，服务是由不同服务提供者提供的自主控制的服务，因此可能出现服务升级演化导致原有服务调用失效的情况。一方面，服务的功能可能发生变化，如服务操作升级撤销和服务参数添加等；另一方面，服务的非功能属性可能发生变化，如服务的可靠度和响应时间等。上述变化对于互联网应用的构造来说也都是不可预知的。

(3) 组合的不确定性。即使单个服务的执行正常，组合起来也可能会产生不确定性问题。程序执行的不确定性是指程序的执行不能由程序的规格（specification）决定，即在执行时的某一时刻，程序可以自行选择执行步骤。可观察的不确定性（observable nondeterminism）是指对于相同配置条件下启动的程序，用户可以观察到不同的执行结果。一个典型的例子是竞争条件（race condition），即程序的结果依赖于程序中不同部分的执行顺序，多发生于多个独立的活动并发执行的情况。服务的接口与实现相分离的特性隔离了组合逻辑和服务内部实现，使得服务组合的构建人员不能了解服务的内部构造，很难控制服务的行为。在一个服务组合逻辑中往往涉及多个服务自主、并发执行的情况，如果这些并发的服务共享网络环境中的资源，就可能会导致服务组合执行时产生不确定的结果。

2）动态性问题

应用开发的目标是为了满足用户的需求。对于基于服务组合的互联网应用来说，互联网环境的开放性以及规模巨大、多样的用户群体为互联网应用的构造带来了极大的挑战。在问题求解过程中，用户的业务需求和网络环境都可能发生动态变化，这使得在构造组合应用时，往往事先不能定义完全固定的组合逻辑，而是需要允许用户表达其不确定的、个性化的需求和约束信息，或者允许在运行时能够在线编排或对事先定义好的应用进行动态调整，提高动态环境下应用构造的灵活性。

3）本地资源集成问题

在服务环境下，用户一方面希望利用网络中的服务来减少自己购买、开发、维护的成本和风险，另一方面又由于政策、法律和知识产权等因素，希望将某些核心数据和业务处理放在企业内部，保留对核心业务的自主控制。这种规模经济与控制能力之间的矛盾，导致完全的网络化应用或者完全的本地化应用都不是最佳的解决方案，而是需要在两者之间取得平衡，有效地集成网络应用和本地应用来满足用户的需求。在综合利用本地资源和网络资源时，还需要考虑本地资源参与网络计算时对本地私有资源的保护问题。在某些情况下，某些任务必须在本地环境中进行处理，以避免将私有数据传送到网络中所导致的私有资源泄露危险。

通过对基于服务组合的互联网应用特性的分析，可以看出，引入服务作为应用开发的基本元素，给应用的结构、开发方法都带来了根本性变革。下面将从编程范型的角度来讨论服务组合编程的指导准则。

5.5.2　服务组合编程范型

编程语言是编程范型的具体实现，一个编程语言可以支持多种编程范型，用来求解所面临的多个问题。对服务组合编程范型的讨论，旨在勾勒出服务组合编程的方法体系，阐述其基本原理，分析对比各种方法的优缺点和适用范围。

服务组合编程范型可从编程粒度、组合方式和组合时间三个维度来进行分类，如图 5.16 所示。

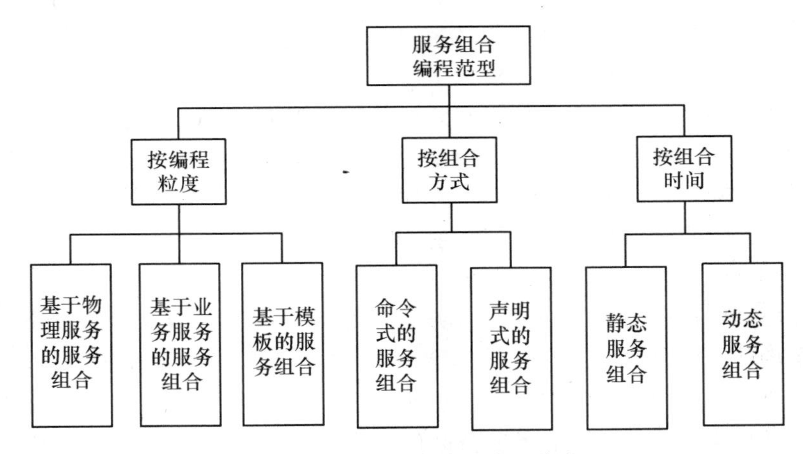

图 5.16　服务组合编程范型分类

1. 编程粒度

基于服务的编程相对于传统的基于函数、模块等的编程来说，具有更贴近业务、粒度更大的特点。然而，当前的主流服务规范（如 Web 服务接口定义规范 WSDL）并没有明确定义服务的粒度，使得所刻画出来的服务更接近实现层面的软件构件，而不是业务层面的服务。如何形成合适的、可体现业务服务特点的服务资源抽象并推动大粒度服务资产的积累和重用已是服务计算领域的关键问题之一。从采用编程粒度的角度来看，服务组合编程范型可划分为基于物理服务、基于业务服务和基于模板的服务组合三类。

1）基于物理服务的服务组合

基于物理服务的服务组合是当前最常见的一种组合范型。在这种范型下，应用开发者需要了解物理服务的访问接口，理解其行为属性。

由于不同服务提供者提供的服务在词法描述、结构和消息内容上都可能存在较大差异，服务操作接口的调用方式、取值约束和时序约束也会存在差异。物理服务的异构性导致此种范型下的服务组合的开发具有较大的复杂性，但其具有前提要求较低的优点，实用性较强。当前主流的 WS-BPEL 即采用这种编程范型。

通过对服务进行语义标注、建立语义服务是屏蔽服务异构性的一种常见做法。在语义支撑下，计算机能够理解服务的参数、功能以及行为等，实现服务发现、执行以及组合等方面的部分自动化和智能化。但是，在服务粒度的划分上，此方法仍然归属于物理服务组合层面。

2）基于业务服务的服务组合

业务服务是一种业务级的服务抽象，是业务活动或流程片断具体实现的一种抽象表示。在业务服务基础上构建业务应用，有利于领域知识和资源的大粒度重用，便于人们积累可重用的领域服务资产，不仅可提升应用开发和维护的效率，也推动了新型应用开发模式的发展。

基于业务服务的服务组合可以有效屏蔽物理层的异构、动态的服务细节，减少编程复杂性，使开发人员可以集中精力解决业务层面的问题。但这种范型也带来了不少难点问题，例如，如何确定并建立合适粒度的业务级抽象，如何通过服务虚拟化建立跨问题域和解空间的映射关系等。

3）基于模板的服务组合

模板是一种知识的封装抽象。服务组合模板封装了领域专家的知识和经验，通过对领域需求的分析，结合行业背景、业务规则，归纳总结出一些规则性的工作模式；利用业务服务和基本的组合逻辑，构造好一些可重用的业务流程框架。组合模板将业务流程中各个业务服务间的逻辑关系封装在模板内部，屏蔽掉了很多复杂的构造细节，对用户来说类似于一个“黑盒式”的业务服务，具有输入、输出调用接口和非功能属性、业务服务、分支路由等配置接口。这样，利用它们就可以省去许多专业的编程工作，用户可以通过直接套用、裁剪、扩充、参数配置、滚动组合等手段，像使用业务服务一样来使用它们构建应用。

基于模板的服务组合体现了“创建与使用分离”的思想。按角色分工、工厂系统的构造可分为基础设施构造和应用构造两个层面。在基础设施构造层面充分发挥专业人员（软件人员和领域专家）的作用，由他们将领域内与应用构造相关的组合知识封装成服务组合模板透明地提供给用户，在应用构造层面充分发挥业务用户的主动性，由用户通过对模板的个性化配置来构造应用。这样，由专业人员负责打造一套基础设施，业务用户在这些基础设施的辅助下通过简单配置就能主动参与应用的构造，从而可以提高面向服务环境下应用构造的效率。

在实现上述目标的过程中还存在一些难点问题需要解决：如何以易于用户理解和使用的方式来表达服务组合知识，在模板不能完全满足用户需求时如何提供“白盒式”的用户可配置的使用方式，如何保证用户编程的正确性等。

2. 组合方式

组合方式是指如何组织编程基本元素来表达组合逻辑。命令式（imperative）和声明式（declarative）是两种基本的编程范型。下面从这两个方面展开讨论。

1）命令式的服务组合

命令式的服务组合是一种传统的编程范型，如基于 Petri 网、进程代数以及状态图等的服务组合语言都采用了这种范型。该范型由命令序列组成，其特点是从描述“how”的角度，严格定义了服务组合中的任务及任务间的时序关系，运行时根据命令式描述的服务组合逻辑进行执行。此类服务组合语言有 XPDL、WS-BPEL 和 BPMN 等。

从本质上说，命令式编程是计算机（冯·诺依曼机）运行机制的抽象，即有序地从内存中获取指令和数据然后去执行。Python、C、C++、Java 和 Perl 等都是典型的命令式编程语言。命令式编程语言起源于汇编语言。从编程理念上看，命令式编程是行动导向（action-oriented）的，算法是显性的，而目标是隐性的。命令式编程将程序看做是一个自动机，输入是初始状态，输出是最终状态，编程可以看做是设计一系列指令，通过自动机执行来完成状态转变。

命令式的服务组合编程范型具有可精确描述组合逻辑、执行效率高的特点，但同时也具有下述问题：

（1）抽象能力不够。组合逻辑的控制结构、语句执行次序必须要在程序中精确定义，要求编程人员始终关注细节，加大了编程的复杂性。

（2）灵活性不足。命令式的服务组合通过精确描述如何做，限定了可求解的问题范围，如图 5.17(a) 所示，命令式编程描述的是图中心以及中心向四周的延展部分，表示了程序的可能行为；图中灰色部分表示禁止的行为。可以看出，命令式编程仅仅能支持一部分的可能行为（Pesic，Schonenberg，Van，2007）。为了支持服务组合的灵活性，在这类工作中通常有两种做法。第一种方法是采用在服务组合定义中设置特殊结构来支持。例如，引入 Choice-Merge 和 XOR-Split 等结构（Hollingsworth，1995），给出流程中所有可能的分支路径。但采用这种方法建立的流程结构复杂且庞大，而且很难事先列举出所有可能的情况。又如，引入新的元素来表达服务组合中的不确定因素，如 pocket of flexibility（Sadiq，Orlowska，2005）和 worklets（Adams，Ter，Edmond，et al.，2006）等，其共同特点是引入的元素在执行之前是一个“黑盒”，运行时再通过延迟绑定或延迟建模等手段确定黑盒内部的流程逻辑。第二种方法是采用运行时动态调整原有服务组合定义的方式来支持，具体细节将在下文中进行讨论。

（3）过度说明（over-specify）问题。图 5.17 右部分表现了命令式的服务组合可能带来的过度说明问题。例如，图 5.17(b) 采用声明式语言表示了对于活

动 A 和活动 B 不能同时出现的约束，但是并没有限制 A 或者 B 出现的次数，也没有限制 A 或者 B 是否一定要出现。使用命令式编程将此约束表达为图 5.17(c)的形式，通过条件分支判断 A 发生还是 B 发生，但限制了 A 或者 B 只能并且必须有一个发生一次。显然，这种方式过度限定了原有的约束。

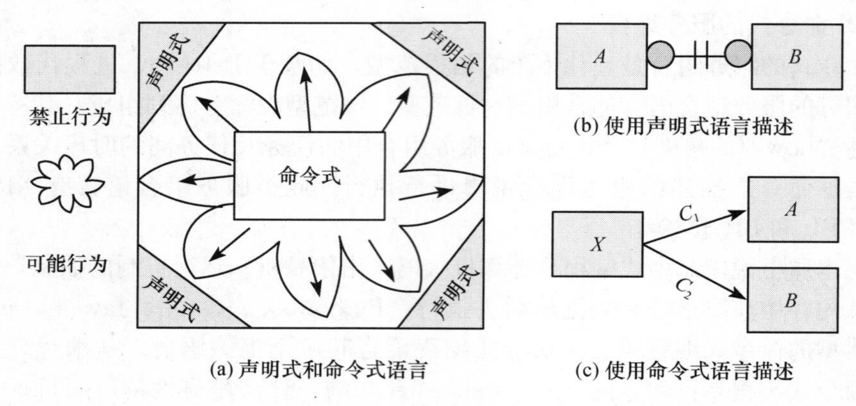

图 5.17　命令式和声明式编程所描述的程序行为差异

(4) 可观察的不确定性问题。上面讨论了服务组合可观察的不确定性问题。例如，当多个独立的活动并发执行时，其执行次序有可能导致产生不同的执行结果，此现象也称为竞争条件。此问题的根源在于命令式编程通过变量来记录状态(即数据可变性的表现)，算法改变变量的数据取值，变量值即为程序的最终结果。因此，多个并发活动的不同执行次序会影响其共享变量的取值，导致得到不同的取值结果。

2) 声明式的服务组合

声明式的服务组合建模方法从描述“what”的角度出发，由一组表达式组成，对任务之间的依赖关系进行约束，而不需要精确描述系统的内部逻辑。此类服务组合语言有 OWL-S (Martin, Burstein, McDermott, et al., 2006)、WS-MO (Roman, Keller, Lausen, et al., 2005)、约束声明 (Sadiq, Orlowska, Sadiq, 2005) 和 DecSerFlow (Van, Pesic, 2006) 等。

与命令式编程相对应，声明式编程是人脑思维方式的抽象，即利用数理逻辑或既定规范，对已知条件进行推理运算。Prolog、SQL、XSLT、SpreadSheet 等都是典型的声明式编程语言。声明式编程语言起源于人工智能，主要包括函数式语言和逻辑式语言。从编程理念上看，声明式编程是目标驱动 (goal-driven)的，目标是显性的，而算法是隐性的。声明式编程将程序看做是数学函数或者逻辑证明。前者将程序看做是一个数学函数，输入是自变量，输出是因变量，编程就是设计一系列函数，通过表达式变换以完成计算；后者将程序看做是一个逻辑证明，输入是题设，输出是结论，编程就是设计一系列命题，通过逻辑推理以完成证明。

声明式的服务组合编程范型与命令式的服务组合编程范型相比，具有以下优点：

（1）更接近人类思维抽象。声明式的编程范型专注问题的分析和表达，而不是算法的内部细节，其代码也更加简洁清晰，易于修改和维护。例如，逻辑式编程描述的是逻辑事实以及规则，通过推论得出结论。其运算对象不是直接含义上的“数据”，而是一种接近人类思维的抽象——逻辑子句。函数式编程中引入了“闭包”的概念。所谓闭包，是指在函数运行的上下文中，所有的变量与函数外部无关，仅与函数本身的运算逻辑相关，则这个上下文环境整体被称为闭包。闭包封装了函数的内部实现，减少了编程复杂性。

（2）更好的灵活性。声明式的服务组合编程范型具有更好的灵活性。如图5.17(a) 所示，声明式编程通过描述图中禁止的部分，可以表达所有允许的程序行为。如 DecSerFlow（Van，Pesic，2006）采用基于约束的服务组合的声明式建模方法，通过基于线性时态逻辑（LTL）的声明式语言描述业务约束，从而隐式地表达不违反这些约束的流程逻辑。

（3）避免了过度说明问题。声明式的服务组合编程范型避免了命令式的过度说明问题，可以直接建立约束表达式来表达图 5.17(b) 所示的约束关系。

（4）减少了可观察的不确定性问题。声明式的服务组合编程范型可以更好地求解可观察的不确定性问题。在声明式编程中没有对变量的赋值操作，不会产生变量被改写的副作用，因此不会出现竞争条件的现象。作为声明式编程语言组成元素的表达式之间没有先后次序关系，因此可以提供更好的并行性，更能够满足互联网环境下对计算的可伸缩性的要求。

当然，声明式的服务组合编程范型也存在以下缺陷：

首先，所有高级语言都建立于低级语言之上，最终转化为机器语言。声明式语言也不例外，它需要底层引擎的支持，而引擎终究还是由命令式语言来实现的。

其次，声明式编程不适合表达面向业务逻辑的、明确细节的问题，对于此类问题更适合采用命令式的编程方式来描述。

最后，在完整性方面，声明式编程必须先建立严格的、完整的模型，增加程序语句意味着增加限制（对应于图 5.17 中由外向内缩小程序可能的行为空间），可能会导致原有的程序产生错误，而命令式编程可以不要求事先设计完整，不完整的代码片段也可运行，可采用边构建、边执行的方式（对应于图 5.17 中由内向外增大程序可能的行为空间），而不会影响之前已运行的程序。

综上，命令式和声明式的服务组合编程范型采用不同的编程理念，各有优缺点，因此，目前的一个趋势是综合利用这两种范型进行编程。命令式的编程方法适合精确表达已经确定的服务组合逻辑，声明式的建模方法适合表达对不确定的服务组合的业务约束，可以将两者进行有机结合来描述服务组合逻辑。例如，命令式编程的 YAWL 可与声明式编程的 DECLARE 结合使用（Pesic，Schonenberg，Van，2007），利用前者描述流程逻辑，利用后者描述活动约束，结合二者的优势进行服务组合建模。

3）组合时间

根据组合时间的不同，可以将服务组合编程范型分为静态服务组合和动态服务组合两大类。

(1) 静态服务组合。静态服务组合是指服务组合者在组合计划实施前就创建好组合模型，由服务组合者自行绑定组合模型中相关的基本服务、服务间的数据依赖关系、与基本服务相关的绑定信息以及流程结构。

静态服务组合易实现，但是不灵活，缺少对动态变化需求和异常的应变能力。一旦事先绑定好的服务变得不可用、接口发生变化，或者存在更佳的可选服务（性能、价格等方面更优越）以及需求发生改变时，就需要重新构建组合，灵活性较差。所以这种方法适用于需求较固定、服务数量较小的领域。

(2) 动态服务组合。动态服务组合要求在运行系统中集成服务的动态发现、选择与绑定的能力。组合服务定义过程中不为活动指定固定的服务提供者，而将具体的组合过程以及服务的绑定延迟到组合服务执行时动态完成。

动态服务组合改变了静态服务组合“铁板一块”的组合模式，根据用户需求和服务实时状态进行服务的选取、调用，减小了由于服务不可用而出现异常的可能，提高了服务组合的流程柔性和对业务变化的应对能力。服务组合的动态性体现在两个方面：

一是服务的动态性。在应用建模时，设计者只为每一个活动指定一个抽象服务，此抽象服务对目标服务进行描述，内容包括服务的功能属性和非功能属性。在应用运行时，执行引擎根据当前活动绑定抽象服务进行服务查询匹配，找到当前可用的最佳服务后进行调用。因此，服务组合是在运行时确定的，并随着当前网络上服务的演化而演化，是一个动态的、自适应的过程。

二是组合逻辑的动态性。如果某一服务执行时出现异常，那么需要对后面的组合逻辑进行实时调整；如果用户需求发生了变化，那么需要在运行时动态调整组合模型；如果在建模阶段不能确定具体的组合逻辑，那么需要按照一种渐进的“边构造、边执行”的方式进行服务组合应用的动态构建。上述需求都要求组合逻辑可以动态构建，以避免每次发生变化时都要重新构建和执行，提高了整个服务组合执行的效率。

上面从编程粒度、组合方式和组合时间三个维度对服务组合编程范型进行了分类探讨。编程范型并不是互斥使用的，可以根据所要解决的问题，综合选用多种编程范型。下面将分别从两类典型的应用开发人员——IT人员和最终用户的角度来分析对于不同的用户需求，如何应用这些编程范型来求解问题。

5.5.3　IT人员主导的服务组合

目前，已出现了多种服务组合语言和相应的支撑工具，其中主流语言有服务工作流语言XPDL（XML process definition language）、服务组合建模语言BPMN（business process modeling notation）和服务编排语言BPEL。XPDL跨越了建模和执行两个层面，既可以表述流程定义的绘制，也可以描述执行所需要的信息；BPMN侧重于建模，在较高的抽象层次上对业务问题进行规范和定义，为服务组合的实现提供设计蓝图；BPEL则侧重于实施执行，通过服务编排将服务组织成能完成自动业务流程的可执行的服务组合程序。

这三种语言的提出者和各自的发展历程如图5.18所示。工作流管理联盟WfMC为了实现不同的工作流产品的互操作，为工作流的相关概念制订了一系列标准，XPDL是其中的业务流程定义交换规范，其1.0版本发布于2002年10月，最新版本为2008年4月通过的2.1版本（WfMC，2008）。BPMN最初是由业务流程管理计划组织（Business Process Management Initiative，BPMI）制订，目前由对象管理组织（Object Management Group，OMG）来维护管理。BPMN从2002年开始制订，2004年5月发布了1.0版本，目前正式版本是2009年1月发布的1.2版本（OMG，2009）。WS-BPEL（Web services business process execution language）是为组合Web服务而制订的一项规范。它的前身是由IBM公司和微软公司于2002年8月共同推出的BPEL4WS 1.0，该规范于2003年4月6日交由OASIS组织审查，2007年4月正式推出WS-BPEL 2.0版本（OASIS，2007）。

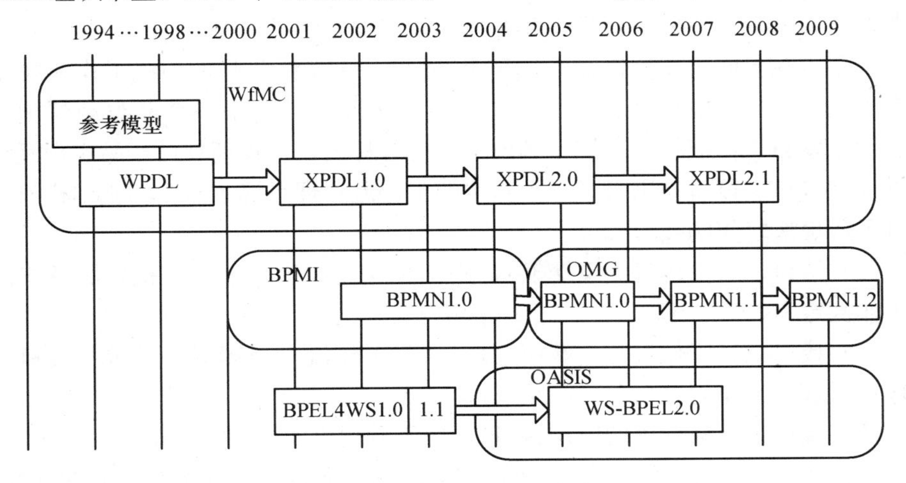

图5.18　XPDL、BPMN和BPEL的发展历程

下面，首先分别介绍这三种语言的基本内容，然后基于上文给出的服务组合编程范型分类，对这三种语言进行分析比对。

1. 服务工作流与 XPDL

工作流是计算机辅助下的流程自动化或半自动化处理，它通过将流程分解成定义良好的活动、角色、规则和过程来进行执行和监控，旨在全面整合企业资源，提高流程流转效率。工作流技术具有将业务逻辑与具体实现相分离、资源统一编排以及横跨业务领域和软件系统的特点，使得其在网络资源的协同使用中具有独特优势。

随着面向服务计算的发展，工作流已经从单纯的业务流程自动化支持技术演化为分布式自治资源的调度、协调和集成的平台性技术，将 Web 服务与工作流技术相结合已经成为一种发展趋势（Huhns，Singh，2005）。服务工作流已成为面向服务的新型计算架构下实现业务流程快速重组、服务重用的重要关键技术。

工作流的概念起源于生产组织和办公自动化领域，是针对日常工作中具有固定程序的活动而提出的一个概念。目的是通过将工作分解成定义良好的任务、角色，按照一定的规则和过程来执行这些任务并对它们进行监控，以提高办事效率、降低生产成本、增强企业生产经营管理水平和企业竞争力。随着工作流技术的发展，研究人员越来越感觉到工作流技术的应用被其狭隘的前景所限制，为此重新对工作流技术进行了定位，将其定位于计算机科学、管理科学以及社会科学等多学科的交叉领域。在这种技术背景下，工作流管理系统由最初的创建无纸办公环境，转而成为同化企业复杂信息环境、实现业务流程自动执行的必要工具。工作流经过多年的发展，已形成了一套成熟的理论、模型和方法，并被广泛应用于业务流程管理、业务流程重组和企业应用集成等领域。

为了实现不同工作流产品之间的互操作，1993 年 8 月，一些工作流技术的研究机构和产品供应商联合成立了工作流管理联盟。它是一个非盈利的国际组织，用于发布工作流管理系统参考模型，为各种工作流管理软件产品实现互操作提供标准接口。该模型定义了一个基本的工作流管理系统所需要的基本模块，并制订了各模块之间的接口标准。

（1）接口一（工作流定义交换），用于在建模和定义工具与执行服务之间交换工作流定义。

（2）接口二（工作流客户端应用接口），工作流客户端应用通过此接口访问工作流引擎和工作列表。

（3）接口三（被调用的应用接口），用于调用不同的应用系统。

（4）接口四（工作流系统互操作接口），用于不同工作流系统之间的互操作。

（5）接口五（系统管理和监控），系统管理应用通过此接口访问工作流执行服务。

其中，接口一早期的规范是WPDL（workflow process definition language），后来这一接口的规范变更为XPDL。XPDL利用XML作为工作流定义相互交换机制，有利于在不同的工作流构建工具和不同的工作流引擎之间交换工作流定义。目前，它的最新版本为XPDL 2.1。

XPDL规范中给出了工作流过程元模型和语言规范。元模型是一个系统的基本要素和相互之间关系的抽象表示。过程元模型描述了在过程定义转换中需要用到的基本实体集以及它们之间的相互关系。图5.19给出了XPDL过程元模型中的核心元素及其之间的关系（下文中来自规范的术语首字母均大写）。

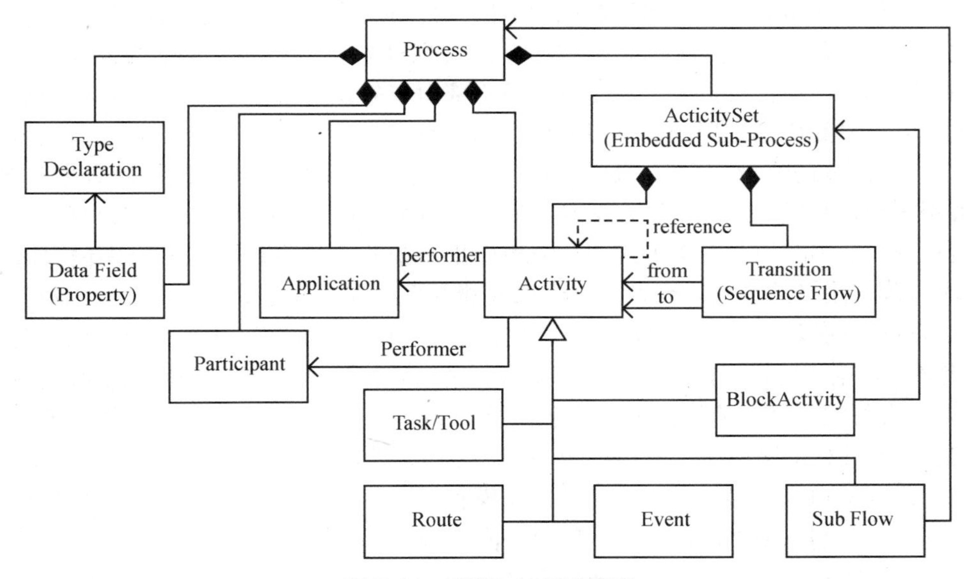

图5.19　XPDL过程元模型

工作流过程定义实体（Process）为过程中其他实体提供上下文信息。过程定义实体作为一个容器，提供过程管理相关信息（如创建日期和作者等）以及过程执行相关信息（如初始化参数、执行优先级和时间限制等）。

过程定义由一个或多个活动（Activity）组成。每个活动代表过程中一个逻辑自含的工作单元。活动分为任务（Task/Tool）、路由（Route）、块活动（BlockAc-ticity）、子流程（SubFlow）和事件（Event）几类。任务是过程中的一个原子活动，可由人工、计算机应用程序或Web服务进行执行。路由活动不执行任务处理，仅仅负责在输入变迁和输出变迁间进行判断，选择路由。块活动负责执行一个活动集，活动集中的活动和转移共享过程的命名空间。子流程活动是一个特定的过程定义的执行容器，这个过程可能在相同的工作流服务器上执行，或者在远程服务器上执行（通过使用工作流互操作接口）。事件活动在业务流程生命周期内发生，对过程造成影响，通常包括触发原因和影响结果的描述。

变迁（Transition）描述了活动间互相关联的控制条件。每个变迁都有三个基本属性：源活动、目的活动和变迁条件。从一个活动到另一个活动的变迁可能有条件限制（用来判断变迁是否可以进行），也可能不需要变迁条件。复杂的变迁关系需要通过路由活动和变迁的结合来进行描述。

参与者（Participant）描述了可作为过程定义中活动执行者的资源。资源和活动的关联通过活动中的执行者属性进行声明。资源可以是某个具体的人员、拥有某种技能或职责的人员、应用程序。在参与者是人的情况下，资源库也许就是一个组织结构图。

应用（Application）用于描述为了执行自动化的活动，工作流引擎需要调用的 IT 应用程序或者接口。应用和活动的关联通过活动的应用分配属性进行声明。被调用的应用可以是工业工具、特殊部门服务和本地程序。应用定义中包含工作流引擎和应用之间的接口以及传递的参数。

数据字段（Data Field）是指在过程实例运行期间被创建和使用的数据，可被用于活动和应用的执行、在活动期间传递持久化信息和中间结果以及评估条件表达式。数据字段具有类型声明。元模型采用标准数据类型。数据类型还可使用 XML 模式定义的方式，或者通过添加外部引用的方式进行扩展。

XPDL 规范侧重于业务流程建模，通过利用活动、变迁等元素，以及对 BPMN 规范的良好支持，可以很容易、很清晰地描述一个业务流程。同时，XPDL 具有可执行性，流程定义可以输出为 XPDL 格式，然后部署到引擎中运行。XPDL 也具有可交换性，有利于两个系统之间工作流流程定义的相互转换，以实现流程定义和执行的分离。但其跨越建模和执行两个层面的特性也带来了相应的问题：一方面，XPDL 表达了流程的建模模型，为了使它可执行，加入了太多业务人员不能理解的元素，导致业务人员难以直接使用它；另一方面，XPDL 表达了可执行的元素，为了容易建模，加入了活动等建模元素，这些元素一般需要配置很多的属性，会干扰和影响执行。

2. 服务组合建模与 BPMN

服务组合建模的意义在于在较高的抽象层次上对业务问题进行规范和定义，为服务组合编码活动提供设计蓝图。服务组合建模活动的结果是生成一个服务组合模型，该模型并不能执行，但却可以被分析和验证。而且由于模型比实现代码具有更高的抽象等级，因此理解和修改上都更容易。通过模型驱动的方法，服务组合模型和服务组合代码可以互相自动映射，这对服务组合代码的产生和维护都很有帮助。

目前较有影响力的服务组合建模语言是 BPMN。BPMN 是首个用于跨组织业务流程建模的开放标准建模语言，其追求的目标是：

（1）为业务用户提供业务流程建模的标准图形表示，用 BPMN 建立的业务流程模型应该能被业务人员和技术人员容易地阅读和理解。

（2）可转换到 BPEL 等执行层面的模型执行。

（3）为需要交流业务流程的用户、厂商和服务提供者提供描述业务流程的标准化手段。

由于 BPMN 元模型比较庞大，图 5.20 中只给出了最高层的图形元素及其部分子元素。

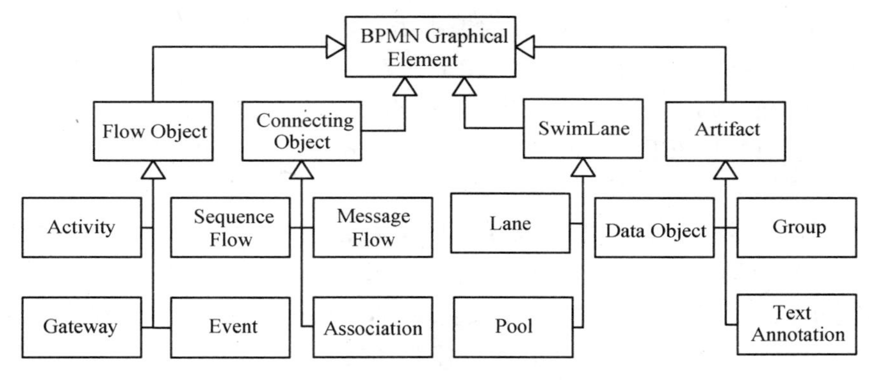

图 5.20 BPMN 元模型片段

BPMN 图形元素可分为四类：

（1）流对象（Flow Object）：是定义业务流程的主要元素，类似于有向图中的节点，可以用连接对象互相连接。包括活动、网关（Gateway）和事件三类。

（2）连接对象（Connecting Object）：用于流对象之间的互相连接，或者用于将流对象和其他信息建立关联。包括顺序流（Sqeuence Flow）、关联（Association）和消息流（Message Flow）三类。

（3）泳道（SwimLane）：用于对基本建模元素按能力或责任进行分组，包括池（Pool）和道（Lane）两类。

（4）物件（Artifact）：用于对流程提供额外信息，如数据对象（Data Object）、组（Group）和文本说明（Text Annotation）等。

BPMN 规范的具体细节可参见相关文献（OMG，2009）。值得注意的是，在 BPMN 1.2 中并没有规定持久化格式，很多产品都使用 XPDL 作为 BPMN 模型的持久化和交换格式。当前正在制订过程中的 BPMN 2.0 将增加模型的持久化和内部交换格式的定义。

3. 服务编排与 BPEL

服务编排描述了某一组合服务与其他服务的通信活动及其自身的内部活动，

其内部活动包括数据转换以及对内部软件模块的调用等。通过服务编排语言将服务组织成能完成自动业务流程的程序，可使得高层服务组合模型被转换成可执行的服务组合代码。以 Web 服务为例，目前 WS-BPEL 是 Web 服务组合编排语言的业界事实标准，其他语言还包括 BPML（business process markup language）以及早期的 XLANG 和 WSFL（Web service flow language）等。

WS-BPEL 是为组合 Web 服务而制订的一项规范。它的前身是由 IBM 公司和微软公司共同推出的 BPEL4WS，其于 2003 年 4 月 6 日交由 OASIS 组织审查，并成立了技术委员会。该委员会致力于制订一种用于编写 Web 服务控制逻辑的、独立于平台的、基于 XML 的编程语言，将 BPEL4WS 改称为 WS-BPEL，于 2007 年 4 月正式推出了 WS-BPEL 2.0 版本。除此之外，还增加了对人员任务（WS-BPEL extension for people，BPEL4P）、Java 语言（BPEL for Java，BPELJ）和子业务流程（WS-BPEL extensions for sub-processes，BPEL-SPE）等的扩展支持。

WS-BPEL 是 IBM 公司的 WSFL 和微软公司的 XLANG 相结合的产物。WSFL 和 XLANG 分别基于 Petri 网和 Pi-calculus，因此 BPEL 吸收和借鉴了 Petri 网和 Pi-calculus 的优点。它不仅实现 Web 服务间的交互和流程编排，也可以将流程自身暴露为 Web 服务，实现流程的重用。WS-BPEL 是一种面向系统和机器的语言，适用于指导流程的实现和执行。其自身具有双重功能：一是用于编写可执行的服务组合流程，描述业务交互中参与者的实际行为；二是用于定义抽象流程，描述各方参与者对外可见的消息交换，作为服务协同协议。

由于 WS-BPEL 元模型比较庞大，因此图 5.21 中只给出了最高层的元素及其部分子元素。

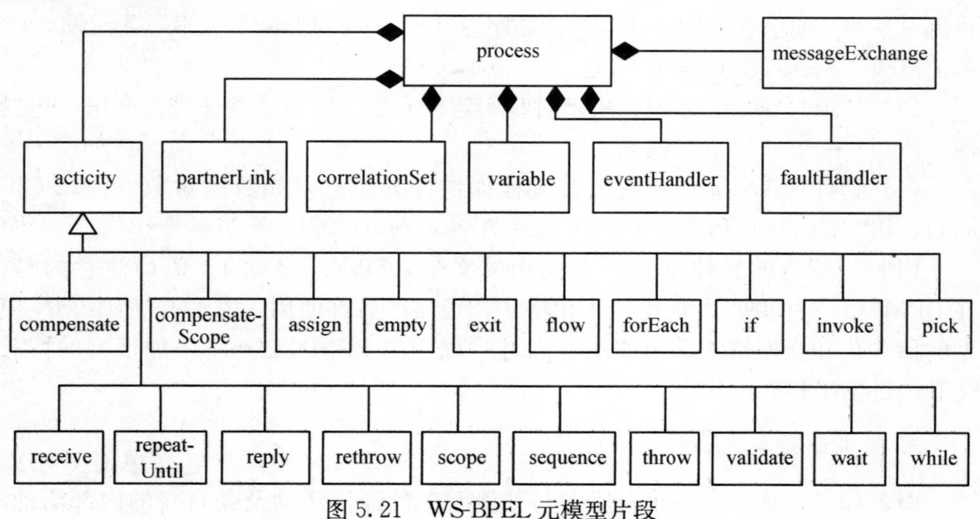

图 5.21　WS-BPEL 元模型片段

在 WS-BPEL 中，流程（process）是包含了执行活动等元素的容器。流程中包含活动（activity）、伙伴链接（partnerLink）、关联集合（correlationSet）、变量（variable）、事件处理（eventHandler）、错误处理（faultHandler）和消息交换（message exchange）等关键元素。

活动分为基本活动和结构活动两类。基本活动表示 Web 服务之间的信息交换或对流程的本地操作，如赋值和调用 Web 服务等。结构活动用来定义基本活动的执行顺序及逻辑依赖关系，如循环和分支等。

伙伴链接用来定义与流程交互的其他服务。伙伴链接类型用于对服务间交互关系进行抽象定义；伙伴链接是伙伴链接类型在服务组合流程中的实例，指定了发生交互关系的具体服务。

关联集合定义了与服务实例相关联的被所有消息共享的一组属性。通过给消息指定关联集，可以实现应用级实例路由。这种方法类似于为消息定义一个主键，该主键唯一标识一个参与会话的服务实例，这样每次接收到消息后都可以根据消息中主键的值确定要将该消息交给哪个服务实例。

变量的作用是保存和传递流程的状态信息。变量有名称和类型属性，其中类型可以由 WSDL 消息类型、XML 模式简单类型或者 XML 模式类型定义。变量的主要作用是作为接收和发送消息的容器，此时其类型必须是 WSDL 消息类型。另外，变量也可用于流程的路由判定和循环控制。

事件表示可能发生的情况，包括消息事件和定时警报事件两类。前者表示某个从外部传来的消息的到达；后者表示用户定义的某个时间点到达。事件处理机制随着作用域的开始而激活，待事件到来时执行预定义的内部行为，也会随着作用域的结束而结束。

错误处理的作用是处理活动执行过程中发生的异常。错误处理采用 try-catch 模型，该模型的理念是为可嵌套的活动建立异常处理逻辑，当活动出现异常时，程序执行流程会立即中断正常流程而进入异常处理阶段。对于本层无法处理的异常，异常处理逻辑会继续向包含该活动的外层活动抛出异常，而最外层的活动可以选择抑制该异常、中止程序执行或者向执行环境报错。

消息交换用来关联消息发送方（reply 元素）与消息接收方（receive、on-message 和 on-event 元素）。当多个消息接收方可能具有相同的伙伴链接名和操作属性值时，消息交换属性用来区分不同的接收方，它与伙伴链接和操作属性三者共同唯一确定消息发送方和接收方之间的关联关系。

WS-BPEL 提供了对抽象流程（abstract process）的描述能力。抽象流程指定服务双方交互的消息交换序列，不公开服务内部行为；可执行流程是指可执行业务双方的实际交互。抽象流程隐藏了内部细节和复杂性，简单而易于理解，这使得通过改良抽象业务流程而得到完全可执行的复杂业务流程成为可能。WS-BPEL 支持使用抽象流程来描述业务抽象接口的功能，使得服务的动态绑定成为可能。在 WS-BPEL 中，描述抽象流程的语言是用于描述可执行流程语言的子集，从而可以在同一种流程语言中指定可执行流程及其抽象视图。更详细的 WS-BPEL 内容可参考 OASIS 的 WS-BPEL 2.0 版本（OASIS，2007）。

4. 应用实例

下面以某购物网站计算货物的会员价格处理流程为例，说明使用上述介绍的三种语言来进行服务组合的过程。某购物网站计划构造一个计算会员价格的应用，通过组合服务（如登录服务、查询服务等）形成可自动处理的流程，确保不同类型的会员可得到相应的会员价格。此例中使用的是 Salesforce 提供的 Web 服务。

该实例的处理逻辑如图 5.22 所示。从会员处收到输入请求后，此流程依次执行三个任务，即验证会员信息、查询会员类型和计算货物的会员价格，最后返回此会员可得到的价格信息。

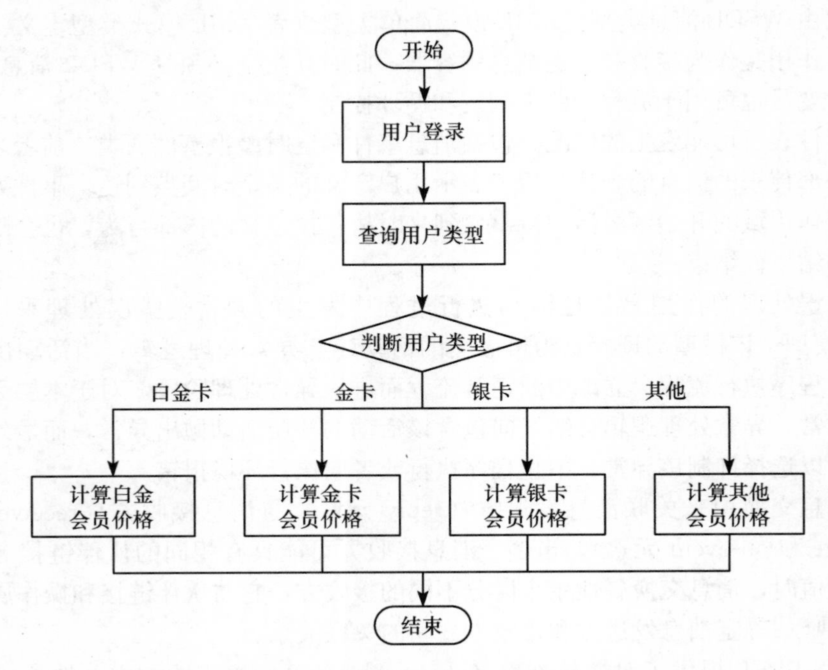

图 5.22　计算货物的会员价格流程图

1) BPMN 建模

业务分析人员根据此需求，使用 BPMN 建立业务流程模型，如图 5.23 所示。整个业务流程描述如下：

（1）业务流程始于接收“会员输入”（receiveInput），因此计算货物的会员价格的处理过程始于消息开始事件。

（2）与登录服务交互（login），发送会员账号、会员名称、密码、原始价格消息，接收登录验证结果。

（3）与查询服务交互（query），根据会员账户消息，查询得到会员类型信息。

（4）通过一个异或网关（split），根据不同会员类型，连接到相应的计算货物的会员价格活动。

（5）计算货物的会员价格（setDiscount）。

（6）通过一个异或网关（join），汇聚上述分支。

（7）向会员返回货物的会员价格（callbackClient），结束此业务流程。

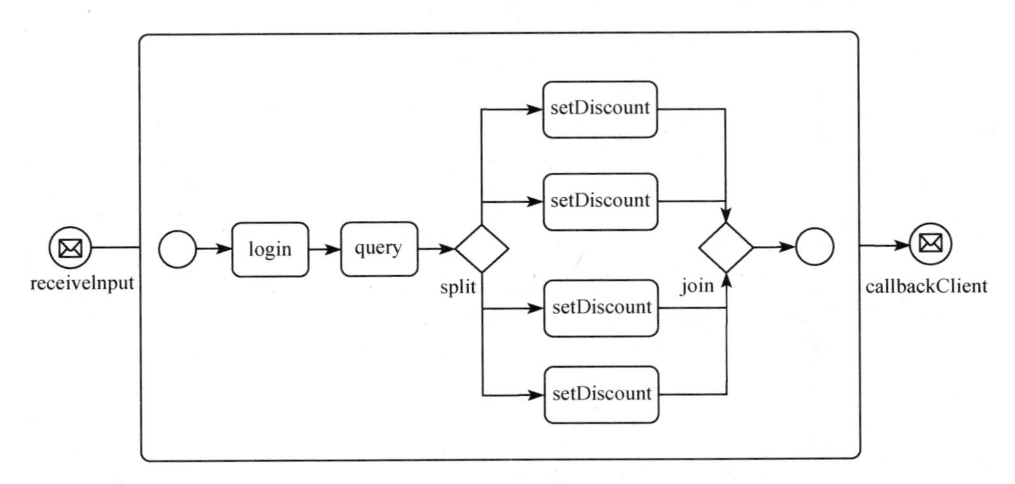

图 5.23　货物会员价格计算实例的 BPMN 模型

2）XPDL 实现

用 BPMN 建立的业务流程可以采用 XPDL 进行描述。BPMN 仅仅定义了业务流程的呈现，而没有定义如何存储和交换这些业务流程。使用 XPDL 可以弥补以上不足，XPDL 可以记录 BPMN 过程定义的图形描述，并且也可以记录需要在运行时使用的可执行属性。

由于篇幅所限，此示例中略去了 XML 头部信息的定义，只给出了 XPDL 中的主要部分。XPDL 描述主要包括活动、变迁、伙伴链接和数据字段等几部分。

接收会员输入活动是一个事件活动，下面是此活动对应的 XPDL 描述：

代码 5.11

```
<Activity Id="A1DAD1A8E9FDB480C2DDDA70C2BC305C" Name=
    "receiveInput">
    <Event>
        <StartEvent Implementation="WebService" Trigger=
            "Message">
            <TriggerResultMessage>
                <Message From="" Id="A1DAD1A8E9FC2DE0C2DDD-
                    A70C2BC305C" Name="input" To="Salesforce-
                    Flow"/>
                <WebServiceOperation OperationName="initiate">
                  <Partner PartnerLinkId="client" RoleType=
                      "MyRole"/>
                  <Service PortName= "tns:SalesforceFlow">
                    <EndPoint EndPointType="WSDL"/>
                  </Service>
                </WebServiceOperation>
            </TriggerResultMessage>
        </StartEvent>
    </Event>
    <NodeGraphicsInfos>
        <NodeGraphicsInfo BorderColor="0,0,0" FillColor="255,
            255,255" Height ="31.0" IsVisible ="true" Width =
            "31.0">
            <Coordinates XCoordinate="40.0" YCoordinate="390.0"/>
        </NodeGraphicsInfo>
    </NodeGraphicsInfos>
</Activity>
```

〈StartEvent Implementation＝“WebService”Trigger＝“Message”〉描述该活动为消息触发类型的服务。〈Partner PartnerLinkId＝“client”RoleType＝“MyRole”/〉说明该活动与客户端交互。〈NodeGraphicsInfos〉定义了 BPMN 图形中接收会员输入活动的图形属性，包括该节点的坐标（40.0，390.0）、宽度（31.0）、高度（31.0）和颜色等信息。

登录服务活动是一个任务活动，下面是此活动对应的 XPDL 描述：

代码 5.12

```
<Activity Id="A1DAD1A8E9FF3B2AC2DDDA70C2BC305C" Name="login">
    <Implementation>
        <Task>
            <TaskService Implementation="WebService">
                <MessageIn From="SalesforceFlow"
                    Id="A1DAD1A8E9FF3B21C2DDDA70C2BC305C"
                    Name="loginRequest" To=""/>
                <MessageOut From="" Id="A1DAD1A8E9FF3B22C2-
                    DDDA70C2BC305C" Name="loginResponse"
                    To= "SalesforceFlow"/>
                <WebServiceOperation OperationName="login">
                    <Partner PartnerLinkId="salesforce"
                    RoleType="PartnerRole"/>
                     <Service PortName="salesforce:Soap">
                         <EndPoint EndPointType="WSDL"/>
                     </Service>
                </WebServiceOperation>
            </TaskService>
        </Task>
    </Implementation>
    <Assignments>
        <Assignment AssignTime="Start">
            <Target ScriptGrammar="::VariablePartQuery::
                loginRequest/parameters:/salesforce:login/
                salesforce:username"/>
            <Expression ScriptGrammar="::VariablePartQuery::
                input/payload:/tns:SalesforceFlowRequest/tns:
                username"/>
        </Assignment>
        …
    </Assignments>
    <NodeGraphicsInfos>
        <NodeGraphicsInfo BorderColor="0,0,0" FillColor="255,255,
            255" Height="80.0" IsVisible="true" Width="120.0">
```

```
            <Coordinates XCoordinate="302.0" YCoordinate=
                "370.0"/>
        </NodeGraphicsInfo>
    </NodeGraphicsInfos>
</Activity>
```

上述代码中的〈TaskService Implementation＝“WebService”〉指出该活动的类型为对 Web 服务的调用。MessageIn 和 MessageOut 分别定义了发送和接收的消息，WebServiceOperation 定义了服务操作名称为 login。Assignment 声明了在不同的数据字段之间的变量赋值。

此示例中有两个异或网关活动，它们都是路由活动，对应的代码描述如下：

代码 5.13

```
<Activity Id="A1DAD1A8EA0CF6C7C2DDDA70C2BC305C" Name="split">
    <Route GatewayType="XOR" XORType="Data"/>
    <TransitionRestrictions>
        <TransitionRestriction>
            <Split Type="XOR">
                <TransitionRefs>
                    <TransitionRef Id="A1DAD1A8EA0CF6CCC2DDD-
                      A70C2BC305C"/>
                    <TransitionRef Id="A1DAD1A8EA0CF6D0C2DDD-
                      A70C2BC305C"/>
                    <TransitionRef Id="A1DAD1A8EA0EA473C2DDD-
                      A70C2BC305C"/>
                    <TransitionRef Id="A1DAD1A8EA0EA477C2DDD-
                      A70C2BC305C"/>
                </TransitionRefs>
            </Split>
        </TransitionRestriction>
    </TransitionRestrictions>
    <NodeGraphicsInfos>
        <NodeGraphicsInfo BorderColor="0,0,0" FillColor="255,
          255,255" Height="51.0" IsVisible="true" Width=
         "51.0">
```

```
            <Coordinates XCoordinate="702.0"YCoordinate="385.0"/>
        </NodeGraphicsInfo>
    </NodeGraphicsInfos>
</Activity>
<Activity Id="A1DAD1A8EA0CF6C9C2DDDA70C2BC305C" Name=
    "calculateDiscount">
    <Route GatewayType="XOR" XORType="Data"/>
    <NodeGraphicsInfos>
        <NodeGraphicsInfo BorderColor="0,0,0" FillColor="255,
            255,255" Height="51.0" IsVisible="true" Width="51.0">
            <Coordinates XCoordinate="1033.0" YCoordinate=
                "385.0"/>
        </NodeGraphicsInfo>
    </NodeGraphicsInfos>
</Activity>
```

在第一个活动中，〈Route GatewayType＝“XOR”XORType＝“Data”/〉定义了该活动类型为异或网关类型。〈TransitionRefs〉中定义了由此活动出发的四个不同的变迁。第二个活动定义了汇聚节点，当条件分支执行完毕后，将汇聚于该活动。

活动间通过变迁相互联系起来。下面是登录服务到查询服务的变迁定义：

代码 5.14

```
<Transition Id="A1DAD1A8EA0CF6C4C2DDDA70C2BC305C"
    From="A1DAD1A8E9FF3B2AC2DDDA70C2BC305C"
    To="A1DAD1A8EA0CF6C5C2DDDA70C2BC305C">
    <ConnectorGraphicsInfos>
        <ConnectorGraphicsInfo BorderColor="0,0,0" IsVisible=
            "true">
            <Coordinates XCoordinate="420.0" YCoordinate=
                "410.0"/>
            <Coordinates XCoordinate="503.0" YCoordinate=
                "410.0"/>
        </ConnectorGraphicsInfo>
    </ConnectorGraphicsInfos>
</Transition>
```

其中的〈ConnectorGraphicsInfos〉定义了BPMN中源活动与目的活动之间连线的绘制信息。包括起点坐标（420.0，410.0）、终点坐标（503.0，410.0）和绘制线条颜色（BorderColor=“0，0，0”）等信息。

变迁中可以包含变迁条件，用来判断变迁是否可以进行。下面是当会员类型为白金卡（platinum）时，异或网关分支到计算白金会员价格服务的变迁描述：

代码 5.15

```
<Transition Id="A1DAD1A8EA0CF6CCC2DDDA70C2BC305C"
  From="A1DAD1A8EA0CF6C7C2DDDA70C2BC305C"
  To="A1DAD1A8EA0CF6CBC2DDDA70C2BC305C">
      <Condition Type="CONDITION">bpws:getVariableData
        ('queryResponse','parameters','/salesforce:queryRe-
        sponse/salesforce:result/salesforce:records/salesOb-
        ject:SLA_c')='Platinum'</Condition>
      <ConnectorGraphicsInfos>
        <ConnectorGraphicsInfo BorderColor="0,0,0" IsVis-
           ible="true">
           <Coordinates XCoordinate="727.0" YCoordinate=
              "434.0"/>
           <Coordinates XCoordinate="727.0" YCoordinate=
              "170.0"/>
           <Coordinates XCoordinate="834.0" YCoordinate=
              "170.0"/>
      </ConnectorGraphicsInfo>
    </ConnectorGraphicsInfos>
</Transition>
```

工作流伙伴链接声明了在过程定义中涉及的服务角色。下面是本实例中伙伴链接的XPDL描述：

代码 5.16

```
<PartnerLinks>
    <PartnerLink Id="salesforce" PartnerLinkTypeId="sales-
      force:SoapLink">
      <PartnerRole RoleName="SoapProvider"/>
    </PartnerLink>
```

```
    <PartnerLink Id="client" PartnerLinkTypeId="tns:Sales-
       forceFlow">
         <MyRole RoleName="SalesforceFlowProvider"/>
    </PartnerLink>
<PartnerLinks>
```

工作流数据字段是指那些在过程运行期间，每个过程实例都需要用到或者创建的数据。下面是接收会员输入的相关数据的 XPDL 描述：

代码 5.17

```
<DataField Id="A1DAD1A8E9FC2DE0C2DDDA70C2BC305C" Name="input">
    <DataType>
        <SchemaType>
            <Ex:schema><Ex:element name="input"
             type="tns:SalesforceFlowRequestMessage"/>
               </Ex:schema>
        </SchemaType>
    </DataType>
    <Description>input</Description>
</DataField>
```

3）BPEL 实现

用 BPMN 建立的业务流程也可以转化为 BPEL 进行执行。

建立 BPEL 程序的过程可以分为类型定义和过程定义两个步骤。其中的类型定义又由下面三个步骤构成：定义数据结构类型，这些数据结构由参与过程的 Web 服务共享；定义服务的 WSDL 接口类型；定义参与过程的伙伴链接类型。而过程定义由定义伙伴链接、定义变量和定义流程逻辑三个步骤构成。

（1）定义数据结构。数据结构的定义放在单独的 WSDL 文件中，以便和其他服务共享。

代码 5.18

```
<?xml version="1.0" encoding="UTF-8"?>
<definitions name="SalesforceFlow" targetNamespace=
    "http://sigsit.ict.ac.cn"
    xmlns:tns="http://sigsit.ict.ac.cn"
    xmlns:plnk="http://schemas.xmlsoap.org/ws/2003/05/
      partner-link/"
```

```
    xmlns="http://schemas.xmlsoap.org/wsdl/">
    <types>
        <schema attributeFormDefault="qualified"elementForm-
          Default="qualified"
            targetNamespace="http://sigsit.ict.ac.cn"
            xmlns="http://www.w3.org/2001/XMLSchema">
            <import namespace="http://schemas.xmlsoap.org/ws/
              2003/03/addressing"
                schemaLocation="//schemas.xmlsoap.org/ws/2003/
                  03/addressing"/>
            <!--输入信息的类型定义-->
          <element name="SalesforceFlowRequest">
              <complexType>
                  <sequence>
                      <element name="username"type="string"/>
                      <element name="password"type="string"/>
                      <element name="accountNumber"type="string"/>
                      <element name="price"type="double"/>
                  </sequence>
              </complexType>
        </element>
        <!--输出消息的类型定义-->
        <element name="SalesforceFlowResponse">
            <complexType>
                <sequence>
                    <element name="price"type="double"/>
                </sequence>
            </complexType>
        </element>
    </schema>
  </types>
```

（2）定义 Web 服务接口。此 Web 服务包括两个操作，分别用于接收用户请求和回调，具体接口定义如下：

代码 5.19

```
<!--定义接收输入消息-->
<message name="SalesforceFlowRequestMessage">
    <part name="payload" element="tns:SalesforceFlowRequest"/>
</message>
<!--定义输出消息-->
<message name="SalesforceFlowResponseMessage">
    <part name="payload" element="tns:SalesforceFlowResponse"/>
</message>
<!--输入端口类型定义-->
<portType name="SalesforceFlow">
     <operation name="initiate">
          <input message="tns:SalesforceFlowRequestMessage"/>
     </operation>
</portType>
<!--回调端口类型定义-->
<portType name="SalesforceFlowCallback">
     <operation name="onResult">
          <input message="tns:SalesforceFlowResponseMessage"/>
     </operation>
</portType>
```

（3）定义伙伴链接类型。伙伴链接类型中需要定义双方的角色，具体的伙伴链接类型定义如下：

代码 5.20

```
    <plnk:partnerLinkType name="SalesforceFlow">
         <!--接收输入伙伴链接定义-->
         <plnk:role name="SalesforceFlowProvider">
              <plnk:portType name="tns:SalesforceFlow"/>
         </plnk:role>
         <!--回调伙伴链接定义-->
         <plnk:role name="SalesforceFlowRequester">
              <plnk:portType name="tns:SalesforceFlowCallback"/>
         </plnk:role>
    </plnk:partnerLinkType>
</definitions>
```

(4) 定义伙伴链。通过上述步骤建立数据结构、接口和伙伴链接类型后，下面开始定义业务流程，产生 BPEL 文件。由于篇幅所限，此示例中没有给出完整的 BPEL 文件，只介绍了其中的主要部分。

首先要定义的是伙伴链。伙伴链指出了在过程中参与者所处的角色，定义伙伴链的代码如下所示：

代码 5.21

```
<!--声明伙伴链接-->
<partnerLinks>
    <partnerLink name="client" partnerLinkType="tns:Sales-
       forceFlow"
        myRole="SalesforceFlowProvider" partnerRole="Sales-
          forceFlowRequester"/>
    <partnerLink name="salesforce" partnerLinkType="sales-
       force:SoapLink"
         partnerRole="SoapProvider"/>
</partnerLinks>
```

(5) 定义变量。需要为过程可能接收到的所有消息定义对应的变量以容纳消息内容，也需要为所有可能发出的消息定义对应的变量以便填充发出消息的内容。定义变量的代码如下所示：

代码 5.22

```
<variables>
    <!--输入变量-->
    <variable name="input" messageType="tns:SalesforceFlow-
       RequestMessage"/>
    <!--输出变量-->
    <variable name="output" messageType="tns:SalesforceFlow-
       ResponseMessage"/>
</variables>
```

(6) 定义流程逻辑。下面定义此示例中的流程逻辑。首先是接收输入活动，代码如下所示。注意，此处没有使用关联集，假设实例路由通过 WS-addressing 透明完成。

代码 5.23

```
<sequence name="main">
    <!--接收输入-->
    <receive name="receiveInput" partnerLink="client" port-
      Type="tns:SalesforceFlow"
     operation="initiate"variable="input"createInstance=
      "yes"/>
```

接下来进行变量定义，声明本域内的局部变量：

代码 5.24

```
<!--域定义-->
<scope name="customerPreference">
    <!--变量定义-->
    <variables>
         <variable messageType="salesforce:loginRequest
            "name="loginRequest"/>
         <variable messageType="salesforce:loginResponse
            "name="loginResponse"/>
         ...
    </variables>
```

对于局部变量，可以通过变量赋值将输入变量中的值赋给相应的局部变量：

代码 5.25

```
<!--顺序活动定义-->
<sequence>
    <!--变量赋值-->
    <assign name="setSalesforceAuthorization">
        <copy>
            <from variable="input" part="payload"
                query="/tns:SalesforceFlowRequest/tns:username">
            </from>
            <to variable="loginRequest" part="parameters"
                query="/salesforce:login/salesforce:username"/>
        </copy>
        <copy>
```

```
            <from variable="input" part="payload"
                query="/tns:SalesforceFlowRequest/tns:password">
            </from>
            <to variable="loginRequest" part="parameters"
                query="/salesforce:login/salesforce:password"/>
        </copy>
    </assign>
```

然后调用登录服务，定义此服务的伙伴链接、端口类型、操作名、输入变量以及输出变量。代码如下所示：

代码 5.26

```
<invoke partnerLink="salesforce" portType="salesforce:Soap"
   operation="login" inputVariable="loginRequest" outputVariable=
  "loginResponse"/>
```

对于条件分支，可以通过块结构的 switch 活动进行描述，首先声明分支活动的名称：

代码 5.27

```
<switch name="calculateDiscount">
```

根据会员类型进行判断，当会员类型为白金卡时，计算货物的会员价格：

代码 5.28

```
<case condition="bpws:getVariableData('queryResponse','pa-
   rameters','/salesforce:queryResponse/salesforce:result/
   salesforce:records/salesObject:SLA_c')='Platinum'">
    <assign name="setDiscount">
        <copy>
            <from expression="ceiling(bpws:getVariableData
                ('input','payload','/tns:SalesforceFlowRe-
                quest/tns:price')-bpws:getVariableData('input
                ','payload','/tns:SalesforceFlowRequest/
                tns:price')*0.3)">
            </from>
            <to variable="output" part="payload"
```

```
                query="/tns:SalesforceFlowResponse/tns:price"/>
        </copy>
    </assign>
</case>
```

当会员类型为金卡时，计算货物的会员价格：

代码 5.29

```
<case condition="bpws:getVariableData('queryResponse',
    'parameters','/salesforce:queryResponse/salesforce:
      result/salesforce:records/salesObject:SLA_c')='Gold'">
    <assign name="setDiscount">
        <copy>
                <from-expression =" ceiling ( bpws: getVariableData
                    ('input', ' payload ', '/tns: SalesforceFlowRe-
                    quest/tns:price')-bpws:getVariableData('input',
                    ' payload ', '/tns: SalesforceFlowRequest/
                    tns:price') * 0.2)">
            </from>
            <to variable="output" part="payload"
                query="/tns:SalesforceFlowResponse/tns:price"/>
        </copy>
    </assign>
</case>
```

当会员类型为银卡时，计算货物的会员价格：

代码 5.30

```
<case condition="bpws:getVariableData('queryResponse',
    'parameters','/salesforce:queryResponse/salesforce:
    result/salesforce:records/salesObject:SLA_c')='Silver'">
    <assign name="setDiscount">
        <copy>
            <from-expression =" ceiling(bpws: getVariableData
                ('input', ' payload ', '/tns: SalesforceFlowRe-
                quest/tns: price ')-bpws: getVariableData(' in-
                put', 'payload', '/tns: SalesforceFlowRequest/
                tns:price') * 0.1)">
```

```
            </from>
            <to variable="output" part="payload"
                query="/tns:SalesforceFlowResponse/tns:price"/>
            </copy>
        </assign>
</case>
```

如果不是以上三种类型的会员，计算货物的会员价格：

代码 5.31

```
    <otherwise>
        <assign name="setDiscount">
            <copy>
                <from variable="input" part="payload"
                    query="/tns:SalesforceFlowRequest/tns:price">
                </from>
                <to variable="output" part="payload"
                    query="/tns:SalesforceFlowResponse/tns:price"/>
            </copy>
        </assign>
    </otherwise>
<!--结束分支活动-->
</switch>
```

最后，将得到的货物价格返回给调用方，过程结束：

代码 5.32

```
        <invoke name="callbackClient" partnerLink="client"
            portType="tns:SalesforceFlowCallback" operation=
              "onResult" inputVariable="output"/>
    <!--结束顺序活动-->
    </sequence>
<!--结束过程定义-->
</process>
```

5. 总结与分析

上面对当前三种主流的服务组合语言进行了介绍，这里将分析和讨论这三种语言之间的异同点。

从语言的定位来看，BPMN 面向业务分析人员，在设计和改进业务流程时使用，BPMN 构建的流程模型可以转换为 XPDL 或者 BPEL 进行执行；BPEL 面向技术分析人员和编程人员，用于实施执行；XPDL 则跨越了建模和执行两个层面，是一个围绕流程建模、仿真、运行和管理整个生命周期所建立的模型，既可以表述流程定义的绘制，也可以描述执行所需要的信息。

从编程元素来看，BPMN 中的活动对象是对一定行为的抽象，而不关心具体实现，属于基于业务服务的服务组合编程范型，其活动对象可以不包含服务绑定相关信息，这种抽象活动并不能执行，不过可以通过添加属性来描述具体绑定的服务信息。XPDL 和 BPEL 都支持使用抽象活动和物理服务进行组合，当抽象活动绑定了具体服务后，此活动即可执行。但它们的抽象活动要求与物理服务的接口一致，在流程中事先定义，因此抽象程度有限，仍然要求编程人员了解软件层的实现细节。XPDL 和 BPMN 都支持子流程的定义和重用，而 BPEL 尚无子流程的描述能力。

从组合方式来看，这三种语言都是采用命令式的编程范型。XPDL 采用基于活动图的流程模型，BPMN 采用结合活动图和 Pi-calculus 的流程模型，BPEL 采用的是融合了 Petri 网和 Pi-calculus 的块结构的流程模型。它们都具有命令式编程范型所固有的缺点。针对此问题，目前已有工作在 BPEL 中引入业务规则，通过结合命令式和声明式两种范型的优势来构建服务组合。

从组合时间来看，这三种语言都没有提供组合逻辑的动态性，都要求构建好完备的流程后才可部署执行。BPMN 仅仅是建模语言，需要转换为可执行语言才可运行，因此虽然其提供了抽象活动的表示方式，但并不提供服务的动态性。XPDL 中的活动具有参与者分配（participant assignment）属性，可以描述活动和执行者之间的关系，也可以支持在运行时通过计算表达式来确定活动分配的具体服务。BPEL 提供了端点引用类型，利用 Web-Addressing 规范来描述 Web 服务端点，因此通过操纵端点引用变量，实际的合作伙伴服务能够在流程运行时动态决定或者修改，从而实现服务的动态绑定。

根据上述分析，表 5.3 基于 5.5.2 节介绍的服务组合编程范型分类，给出了 XPDL、BPMN 和 BPEL 三种服务组合语言的对比。

表 5.3　XPDL、BPMN 和 BEPL 的服务组合编程范型比较

代表工作	编程元素			组合方式		组合时间		
	物理服务	业务服务	模板	命令式	声明式	静态	服务动态	组合逻辑动态
XPDL	√	√	√	√		√	√	
BPMN	√	√	√	√		√		
BPEL	√	√		√		√	√	

5.5.4 最终用户主导的服务组合

1. 最终用户编程概述

纵观互联网的发展过程、计算模式的转变和软件技术的发展，始终有一条清晰的脉络贯穿其中，即计算的本质是为了更好地满足人们的需要。随着计算技术的不断发展，计算本身越来越贴近最终用户。计算设备、网络、模式和软件正逐渐由“以计算机为中心”向“以人为中心”转变，传统以技术为中心由专业人员事先构造应用的模式也逐渐向以最终用户为中心按需动态构造应用的模式转变。

在传统模式下，应用系统的构建和运维要依赖 IT 专业人员按软件系统生命周期进行搭建、配置和更新，应用系统一旦部署就很难修改，业务人员参与度及应对新需求的能力都很有限。流程执行过程中，一旦出现问题就需要 IT 专业人员重新构建流程，然后再执行，将导致重复劳动和重复投资，降低生产效率。尤其是在一些包括医疗、应急联动、动态供应链、全球协作科研、大型公共活动综合信息服务等在内的需求和环境多变、需要即时协同的应用领域，传统的软件开发方式受到了挑战。如果最终用户也能成为应用的开发者，能根据自己的需要自行即时编制、执行应用，那么在用户满意度以及软件开发的成本和效率上都会优于传统以专业软件开发人员为主导的开发模式。

最终用户编程（end user programming，EUP）为非专业软件开发人员提供一套技术以使他们能够在一定程度上创建或修改软件产品（Eisenberg，1997；Jones，1995）。与之含义相近的词还有最终用户开发（end user development，EUD）（Lieberman，Paterno，Klann，et al.，2006）、最终用户修改（end user modifiability，EUM）（Fischer，Girgensohn，1990）和最终用户计算（end user computing，EUC）（Clarke，2009）等。

最终用户编程技术起源于 20 世纪 70 年代末，目前已在很多用户熟知的软件中得到使用，如 Word 字处理软件中的宏录制器、Spreadsheet 中的公式构建以及邮件客户端中的过滤器等。其快速发展的原因主要有三方面：首先，计算机技术的发展产生了可供非专业软件开发人员的最终用户所使用和维护的软件。其次，计算机技术培训日益普及，甚至已成为很多职业的必备技能，这使得很多用户都拥有基本的计算机操作知识。最后，计算机使用量的巨大增长也极大促进了硬件和软件价格的降低。上述三个因素促进了最终用户编程技术的快速发展和应用。

根据用户开发复杂度不同，可以将最终用户编程分为以下两大类。

1）用户定制/参数配置

用户定制/参数配置是指系统事先制订好可供用户配置的选项，如可选的行为、界面呈现或交互机制等。例如，iGoogle 等门户类应用可以让用户定制个性化的信息呈现门户。这类应用对用户要求较低，操作简单，易于使用。但是，由于用户的定制行为只能局限于现有的软件系统预先设计的能力，所以可满足的个性化需求有限。

2）用户创建/修改

此类系统为用户提供了更多的发挥空间，可让用户参与应用的构建过程，用户可以从头开发新应用或修改已有的软件来得到满足需求的应用。典型方法有如下几种：

（1）演示编程/示例编程。演示编程（programming by demonstration，PBD）也称为示例编程（programming by example），是指系统根据用户对实例数据的演示操作过程记录可重用的用户操作序列或推知程序的结构，从而为用户生成可执行的程序，整个过程无需用户编写代码。演示编程与传统编程的本质区别在于对实例的使用。传统编程通常是用户使用某种语言进行程序的编写，然后利用实例数据进行程序的调试和测试；演示编程则直接基于实例数据进行程序的编写，程序的编写与调试没有明显的界线。Cypher 形象地将演示编程解释为“watch what I do”——看着用户的操作自动生成程序（Cypher，Halbert，1993）。最终用户使用传统的编程语言进行编程的一大障碍是需要了解各种复杂的编程结构和概念，并且要能熟练使用它们表达程序逻辑，而演示编程技术可以为用户屏蔽这些复杂的结构和概念。演示编程基于这样的思想：用户在一组实例上的演示操作可以应用到其他组的实例。演示编程有时需要引入一些人工智能技术对用户的演示过程进行泛化，以使得生成的程序对其他实例同样有效。作为一种适合最终用户的编程技术，演示编程已得到普遍认可。

（2）模型驱动的开发。在这种开发方式下，用户提供对业务活动的概念描述，系统根据用户的描述自动产生对应的应用（Paterno，2000）。例如，模型驱动架构（model driven architecture，MDA）采用的是模型转换的方法，通过由平台独立的模型（PIM）到特定平台的模型（PSM）的转换来实现模型驱动的软件开发（Frankel，2003）。平台独立的模型就是与底层具体软件实现技术无关的、用来表示业务需求的模型，而特定平台的模型则是指某一技术平台下的系统实现模型。模型驱动架构在实现上述转换时采取了基于映射规则的方法，转换依赖于一组映射转换规则来完成。这种编程方式不需要用户编写代码，用户只需在业务层面描述需求，代码由系统自动生成。

（3）可视化编程。可视化编程是使用二维或更高维度的编程方式，也称图形化编程，是当前提高编程语言效率的常用技术手段（Myers，1990）。相对于一维的文本编程，可视化编程可以在二维空间上自由地表示各种编程语义，通过增加程序的可视化反馈以及可操作性效果直观地表现程序的逻辑，从而简化编程的难度，提高编程效率。可视化编程往往采用图形表达方式。图是多维逻辑的一种自然表示，具有较强的表达能力，但仍需要用户了解数据流或控制流等编程概念。

（4）领域特定的编程语言（domain specific language，DSL）/脚本语言。领域特定的编程语言/脚本语言主要是指一些对应专门领域的高层编程语言，与通用编程语言的概念相对。领域特定的编程语言面向的是领域专家，为其提供领域内熟悉的概念，用来编写、检查和测试应用。然而，对于用户来说，还是需要了解和学习编程语言的句法和词汇，对用户要求较高。

随着面向服务计算范型的发展，最终用户编程技术的应用领域也从早期的桌面软件发展到互联网环境下的基于服务组合的互联网应用。服务作为面向领域的可复用组件，相比于对象、组件形式的可复用零部件，更能直接反映用户业务需求，并且实现技术也具有跨平台、跨编程语言的特点，因此服务形式的可复用零部件更易于实现集成。服务环境下的最终用户编程（即最终用户主导的服务组合）可支持最终用户自主按需组装所处领域内可复用的服务组件，得到可满足其个性化需求的软件实体。在服务环境下，一方面用户可以在一组粒度更大、更贴近用户需求的组件上进行组合编程，减少了编程的复杂性；另一方面服务的“使用而不拥有”的特性也为用户提供了更开放的选择范围，同时避免了用户对服务进行维护升级。

目前，随着 Web 2.0 的发展和互联网信息资源的飞速增长，出现了一类典型的最终用户编程应用——Mashup 应用。“Mashup”一词原指在流行音乐制作中将来自多个歌（乐）曲的片断混合在一起形成新歌（乐）曲的行为，也有人将其翻译为“混搭”。对 Mashup 应用的需求来自于单个 Web 站点无法满足用户的多样化要求。Mashup 应用通过连接已有网站内容和服务来创建新的 Web 应用，如可聚合通过开放 API 形式提供的 Web 服务、RSS Feeds，或可聚合利用抽取工具等对网页处理后所得到的服务。Housingmaps 是一个比较典型的 Mashup 应用，它将 Craigslist 上的公寓出租以及购买数据与 Google 公司的地图呈现服务集成起来，使用户可以看到一幅标有住房信息的电子地图。Diggdot 则将 Digg、Slashdot 和 Del 上与技术有关的内容聚合起来，用户只需访问该 Mashup 应用，即可得到多个网站最新内容的聚合视图，避免了用户需要经常访问多个网站并进行内容聚合的重复劳动。

最终用户主导的服务组合和 Mashup 之间既有共性，又存在区别。两者都是面向非专业软件开发人员，通过使用互联网上的开放资源来构造具有灵活性的应用。其核心区别体现在构造元素上，Mashup 应用涉及的对象更为广泛，除了结构化数据源（如提供良好接口描述的服务、关系数据库等）之外，互联网上还存在大量的半结构化、甚至非结构化的信息资源，如数量巨大的 HTML 网页、文件等，结构化程度差的特点使得这类资源难以直接用于应用的构造，因此资源的提取及转化是 Mashup 应用需要考虑的一个关键问题。另外，Mashup 应用大多侧重于互联网环境下信息资源的汇聚，从集成的对象来看，集成包括数据、过程和界面三个方面，而 Mashup 应用大部分属于面向数据和界面的集成，尚没有提供对复杂的过程逻辑的支持。不过，随着 Mashup 向企业计算的发展，已有人提出了面向过程的 Mashup（Hanson，2009），来应对企业计算中具有复杂的业务逻辑的应用需求。可以看出，最终用户主导的服务组合和 Mashup 这两个概念之间是互相渗透、互为促进的，最终目标都是为了实现最终用户能自主利用互联网资源来构建随需而变的应用，更大限度地提升资源的整体效能，更加有效地实现业务需求。

下面将从面向数据、面向过程和面向界面三个方面展开，介绍这三类具有不同侧重点的最终用户主导的服务组合技术；之后给出通过 Yahoo pipes 构造应用的一个实例；最后回顾 5.5.2 节给出的服务组合编程范型分类，总结并讨论面向最终用户的编程范型的特点。

2. 面向数据的最终用户服务组合

面向数据的最终用户服务组合是指用户通过组合提供不同数据的服务来得到所需要的数据。在这类服务组合过程中，往往会为用户在界面上直接呈现其所感兴趣的数据，用户通过对数据进行操作来得到显式的结果。这种方式也被称为直接数据编程（data-direct programming）（Shneiderman，1983）。根据数据组织呈现方式的不同，可以分为树形结构、Spreadsheet 二维表格结构和嵌套表格结构三类。

1）树形结构

借鉴文件系统的思想，此类工作采用树模型来组织和呈现数据。树中的每个节点可包含内容（可类比于文件系统中的文件）和子节点（可类比于文件系统中的目录），子节点可表示该节点的属性或者子元素。对数据的操作直接在节点上进行，产生的结果也直接在树形结构上呈现。由于 XML 数据模型本身就是一种树形结构，因此这种结构比较灵活，也便于实现，不足之处是不如表格形式直观。

此类代表性工作有 MashMaker（Ennals，Gay，2007）。MashMaker 为程序员或具备一定编程知识的业务人员提供了一种函数式的编程语言来描述 Mashup 应用的构造，用户可基于一个可视化的树形结构通过节点的操作来构造 Mashup 应用。其基本思路如下：将 Web 站点从表单中的参数到返回结果都建模为函数，而将 Mashup 应用描述为这些函数的组合。该语言具有函数式语言的一些基本特性，如函数是第一元素、支持高阶函数、函数内运算对函数外无副作用、支持惰性求值等。除此之外，为了降低函数式编程中一些编程操作的复杂性，方便业务人员进行应用的即时构造，MashMaker 也对传统的函数式编程语言做了一些改进，如实时数据更新、程序与数据混合在一起而不是互相分离、map 和 fold 等高阶函数通过用户在数据上的直接操作来表达、用类似树形文件系统的方式来组织数据等。

2）Spreadsheet 二维表格结构

此类工作采用类似于 Excel 的编程方式，支持用户直接在 Spreadsheet 的数据视图上进行操作，背后的数据处理流程则对用户屏蔽。

Spreadsheet 是一种被公认为比较成功的最终用户编程范例。Spreadsheet 编程范例的特征表现在以下五个方面：

（1）基于表格的强大的数据组织、呈现与操作方式。例如，大量的数据可呈现于一个屏幕上；用户可以灵活地在表格之上进行数据的结构化组织和呈现；基于公式对单元格（cells）进行操作；允许用户将公式方便地作用在一个区域的所有单元格上。

（2）向用户屏蔽低层次的传统编程细节，而为用户提供高层次的、与任务相关的函数式操作以及较简单的控制结构。

（3）实时反馈的特性。用户的鼠标、按钮等任何操作都可以得到可视化呈现的即时更新与反馈，用户的操作可直接反映到数据呈现视图上，避免数据和程序产生不必要的分离。

（4）学习门槛低，用户可在使用中提高编程技能。允许用户在经过较少学习的情况下开始使用并完成一些有用的编程任务，随着用户对编程环境的逐步熟悉，用户可以学习一些层次较高的编程概念，如引用、迭代和控制条件等。

（5）将复杂编程概念隐含在简单的操作中。例如，通过单元格的位置指定一个范围来执行迭代操作；控制条件隐含在公式之中，根据单元格之间的依赖关系表现出来等。

但是，Spreadsheet 编程也存在一些问题，由于数据之间的控制流与数据流关系隐含在数据值呈现的背后，所以对用户理解和维护当前数据造成了困难。有些研究主张使用可视化编程、分析与设计的方法来扩展 Spreadsheet 编程（Cox，Smedley，1994），从而可显式地描述数据之间的依赖关系。另外，复杂数据源如何导入并呈现到 Spreadsheet 中也是一个难点。Spreadsheet 比较适合呈现关系数据库中的二维表格数据，但互联网环境下的数据来源较多，对于复杂类型的数据对象以何种方式导入并呈现到 Spreadsheet 中就成为一个问题。

SpreadMash 是一个典型的基于 Spreadsheet 二维表格结构的应用构造工具（Kongdenfha，Benatallah，Saint-Paul，et al.，2008）。为了支持复杂类型数据对象的浏览和处理，SpreadMash 提出了将复合实体（composite entity）作为一级单元格值（first-class cell value）的方法。提供了支持复合实体查询操作的 Spreadsheet 风格的公式语言；允许用户通过单元格引用来构造一个呈现在 Spreadsheet 中的复合实体；同时支持用模板的方法快速构造呈现在 Spreadsheet 中的复合实体。SpreadMash 将常用的几种实体导入和呈现模式实现为可重用的参数化的数据 widget。目前共有四种类型的数据 widget，即内容型 widget、集合型 widget、层次型 widget 和索引型 widget，分别用来导入并呈现单独的实体、一组实体、一组具有关联关系的实体和带有索引的实体。最终用户通过数据 widget 的实例化与组合来开发应用，而无需关心数据导入和呈现的细节。在进行数据 widget 组合时，需要考虑数据 widget 之间的数据依赖关系以及它们在 Spreadsheet 上的相对位置，即空间依赖关系。在 SpreadMash 中，允许用户以熟悉的 Spreadsheet 风格，即基于单元格引用构造公式的形式来描述数据依赖关系，同时定义了描述实体相对位置的函数，如利用 top(l)、left(l) 等来描述空间依赖关系。

3）嵌套表格结构

二维的 Spreadsheet 难以处理和呈现具有嵌套结构的复杂数据，以树形结构为中心的编程模型克服了 Spreadsheet 的缺点，但是定义树节点之间的计算关系则不如 Spreadsheet 的单元格简便。基于嵌套关系模型的嵌套表格结构可以避免上述不足，是呈现嵌套关系数据的一种基本方式。

嵌套关系模型（nested relational model）于 1977 年就已被提出，通常它也被称为非第一范式（non-first normal form，NF2），相对于符合第一范式的关系数据模型，嵌套关系模型允许某关系作为其他关系的属性值。嵌套关系模型在表示半结构化的 Web 数据时，是经常被采用的一种数据模型，已被某些 Web 数据抽取系统所采纳，一些现代关系数据库系统，如 Oracle 也支持嵌套关系数据模型的表示。嵌套关系数据模型之所以在很多地方被采纳，主要原因在于嵌套关系模型具有简单、直观的特点，并且在表示大多数 Web 网页中的数据时，其表达能力是足够的（Embley，Campbell，Jiang，et al.，1999；Laender，Da，Golgher，et al.，2002）。

将嵌套关系模型作为基本的数据模型具有以下优点：

（1）与传统的第一范式关系模型相比，使用嵌套关系模型表达数据非常直观，最接近真实世界的数据表达习惯。这是因为，在嵌套关系模型中，一个复杂的数据对象不会被分解到几个不同的关系表中来表示。

（2）嵌套关系模型具有非常坚实的查询代数基础，在查询优化方面也具有多年的实践经验。

（3）与 XML 模型相比，嵌套关系模型的表达能力虽然不如 XML，但是嵌套关系模型能够更简单、更容易地映射到传统的关系模型中，进行进一步的数据处理。

（4）基于嵌套关系模型的数据能够更容易地可视化为嵌套表格，而嵌套表格是一种很容易被普通用户理解的数据可视化形式。

中国科学院计算技术研究所的 VINCA 团队提出了一种基于嵌套数据结构的 Mashup 应用构造语言以及构造工具 Mashroom（Wang，Yang，Han，2009），具体细节将在后续章节中进行详细介绍。

3. 面向过程的最终用户服务组合

在面向过程的最终用户服务组合中，用户通过构造流程的方式描述组合逻辑来组合不同功能的服务。此类工作往往为用户提供可视化的构造环境，用户可以直接通过拖拽、关联等操作来完成流程的构造。这种方式可以弥补面向数据的服务组合的缺点。在面向数据的服务组合中，程序逻辑由系统通过对用户行为的记录和推导生成，用户并不了解程序逻辑，难以发现系统推导过程中可能存在的缺陷。而在面向过程的服务组合中，为用户直接呈现的是通过可视化的方式表达的程序逻辑，方便用户观察和修改程序。此类工作又可分为以数据流为中心和以控制流为中心两类。

1）以数据流为中心

数据流计算模型是指用计算机指令之间的数据依赖关系来描述计算机程序执行的一种计算模型。数据流计算模型能够建模高层的数据处理任务，也能够建模复杂的条件控制关系，且具有较高的执行效率。

Yahoo Pipes 是一个数据 Mashup（pipe）构建平台，它提供了一个数据流风格的可视化编辑工具，用户可以通过拖拽、关联等操作完成数据流的定制。Yahoo Pipes 可视化编程语言中的几个核心元素是 module、wire 和 pipe。其中，module 是执行某任务的可视化模块，一个 module 包括一个输入或/和输出节点；wire 用来描述模块之间的输入/输出关系，用模块之间的可视化连线表示；pipe 实质上是一系列数据处理指令，这些指令被描述为可由 pipe 执行引擎执行的序列，用 module 和 wire 的可视化方式表示。module 又分为以下几类：包括 Sources，用以从包括 RSS、Atom、CSV、HTML、XML、iCal、JSON 等格式的 Web 数据源中获取数据；User Inputs，用以定义 pipe 的参数；Operators，用以对数据的转换和过滤等，包括计数、过滤、循环、正则表达式抽取、重命名、排序、复制、合并、排重以及通过外部 Web 服务发布等 15 种操作算子；另外还有 URL、String、Date、Location、Number 等用以处理复杂的网址、字符串、日期类型数据、地理信息类型数据以及数字。在运行时，module 可并行执行。pipe 生成后，其结果默认具有列表型的呈现界面，若 pipe 执行结果带有地理信息或图片信息，则默认附加关联地图呈现界面和图片浏览界面。

Yahoo Pipes 可以在构造过程中即时运行以查看结果，用户可以方便地看到从流程开始到任意中间点的执行结果。Yahoo Pipes 提供了以数据流为中心的图形化编程界面，用户无需直接编辑代码，但也存在以下不足：

（1）对基于 HTML 的数据源支持较弱，需要用户具备 HTML 和正则表达式等专业 IT 知识。

（2）虽然图形化编程降低了编程的门槛，但是这种方式只是文本编程的可视化表示，用户仍然需要掌握如顺序、循环和参数传递等编程概念。

基于服务组合的科研工作流系统，Taverna（Oinn，Addis，Ferris，et al.，2004）、Kepler（Ludascher，Altintas，Berkley，et al.，2006）、Triana（Taylor，Shields，Wang，et al.，2005）等都提供了基于数据流的过程定义语言和工具。以Taverna为例，它是由EPSRC（Engineering and Physical Sciences Research Council）资助的myGrid项目所开发的，旨在现有网络基础设施上为生物信息科研工作者提供一个虚拟实验室工作平台，支持科研工作者进行资源选择、数据管理和过程制订。科研工作流系统可显式描述科研工作者的科研实验流程，通过计算机自动执行、维护和管理执行结果，同时具有辅助用户的问题求解知识积累、促进知识重用的有效作用。

2）以控制流为中心

数据流为中心的过程具有构建简单、直观的优点，然而对于某些复杂的业务逻辑，其描述能力有限。例如，需要根据不同的条件执行不同的活动，或者某条件下需要回退到前面某步骤重新执行等需求，使用数据流模型就很难描述。以控制流为中心的模型可以满足上述需求，通过显式描述活动之间的顺序、并发、选择、循环等控制逻辑，具有较强的表达能力。

中国科学院计算技术研究所的VINCA团队提出了一种基于VINCA语言的探索式服务组合方法（Yan，Han，Wang，et al.，2008；韩燕波，王洪翠，王建武，et al.，2006），支持业务人员通过对所处领域内可复用的服务资源进行组合以得到满足其个性化需求的业务应用。探索式服务组合方法针对服务组合逻辑的不确定性，通过用户自主编程和系统智能辅助相结合来组合服务，在“边构造、边执行”的不断探索中采用逐渐逼近最终解的方式来进行问题求解。VINCA语言面向的是以业务流程为中心的应用，是一种以控制流为主、以数据流为辅的建模语言，用户可通过可视化的流程方式表达组合逻辑，并通过定义服务超链来声明对服务组合的约束，以一种命令式和声明式结合的方式进行服务组合。

4. 面向界面的最终用户服务组合

用户界面是用户与计算机操作的接口。面向界面的最终用户服务组合旨在支持最终用户通过界面层的组合来设计和创建基于服务组合的互联网应用。对于用户来说，所见到的是界面组件，服务的接口信息被隐藏在呈现层之后。这种方式可以为用户提供“所见即所得”的更好的用户体验。此类工作又可分为自动生成用户界面和利用已有的用户界面两类。

1）自动生成用户界面

传统的Web服务只提供接口描述信息，如输入、输出等，不包含界面的描述。为了向用户呈现交互界面，此类工作采用自动生成用户界面的方式，如通过预定义的界面模板将服务接口描述自动转换成可适应用户终端设备的界面，对服务描述进行扩展，增加与界面相关的服务描述信息，根据界面描述来产生特定的界面等。

ServFace 提出了一种以用户为中心基于服务创建交互式应用的方法。它提出了一种类似于 PowerPoint 的应用构造方式（Nestler，Feldmann，Preu，et al.，2009）。应用可以是单页的或多页的，每个页面可类比为 PowerPoint 中的一页幻灯片，页面之间可以互相建立链接。用户也可定义母版，对所有的页面进行约束。每个服务的界面基于服务的标注信息而产生。服务标注提供了下述三方面的信息：

（1）可视化呈现标注：包括可视化属性以及单位和转换。可视化属性的典型例子是代表用户密码的服务参数将被呈现为隐藏模式；单位和转换的典型例子是设定服务参数的单位和转换规则。

（2）界面元素的行为标注：包括建议和验证。建议是指将一个服务元素和其他建议服务相关联，这样对此服务元素进行输入操作时，将提供一组建议值；验证是指对于输入参数值的验证规则。

（3）服务之间的关系标注：如果一组服务可以被用在一个应用中，则可用绑定标注来描述。

通过服务标注信息，可以自动生成所对应的 UI 元素，以此来构造复杂的交互型应用，而不需要用户编写任何代码。

2）利用已有的用户界面

除了传统 Web 服务之外，还可以利用已包含界面的服务来进行组合。此类服务包括小型 Web 应用程序（也称为 widget 或 gadget）以及利用传统的桌面应用包装而成的服务（如通过远程桌面方式访问桌面应用）等。此类服务为用户提供了图形化的、简单易用的用户交互界面，封装了底层服务调用的技术细节。不过，尽管 W3C 发布了 widget 规范草案，一些软件厂商（如微软公司和 Google 公司）定义了自己的 widget 模型，NetVibes 公司发布了 UWA（universal widget architecture），目前仍然没有一个被广泛接受的 widge 模型。

网格服务标记语言（grid service markup language，GSML）（Xu，Li，Liu，et al.，2003）是中国科学院计算技术研究所网格与服务计算研究中心提出的一种基于事件驱动的分布式网格应用编程语言。GSML 编辑器是应用开发者使用 GSML 编写网格应用的可视化开发工具。在 GSML 编辑器里，每个网格应用对应一个 GSML 页面，每个页面都有属于自己的应用逻辑表示和用户界面布局。网格应用通常包含三层，即资源层、逻辑层和用户界面层，所以 GSML 编辑器为用户提供不同的编辑视图来编写网格应用不同层次的内容，即用户界面视图、应用逻辑视图和代码视图。根据编辑方式的不同，GSML 编辑器为应用开发者提供两种应用编辑方式，即图形直接编辑和配置修改间接编辑。前者是指开发者对应用不同视图中的图形对象进行编辑，如修改用户界面组件的大小、位置和叠放次序，以及修改网格应用逻辑表示的图形节点和事件集节点之间的连接关系。配置修改间接编辑是指对网格应用的应用级和组件级的配置信息进行编辑。GSML 编辑器从两种不同的角度显示应用逻辑视图：以 Funnel 组件为角度的 FunnelLogic 和以会话为角度的 SessionLogic。FunnelLogic 从 Funnel 组件角度出发，显示了网格应用程序使用的组件之间的事件接口连接关系，有利于以 Funnel 组件为单位对网格应用的逻辑进行编辑。SessionLogic 从应用会话角度出发，直观地表明了应用逻辑中的会话个数以及每一个会话中包含的事件集和连接，有利于以会话为单位对网格应用逻辑进行编辑。

5. 应用实例

下面以 Yahoo Pipes 为例，介绍最终用户进行服务组合的一个实例。该实例从中国地震网上获取数据，包括地震发生时刻、震级、深度以及地理位置信息，使用 Yahoo Pipes 将这些信息标记到地图上。

由于网站没有提供相应的数据接口，我们需要从网站页面上抽取相应的信息。网站的数据在一个表格中，格式比较整齐，可以在 Yahoo Pipes 中使用正则表达式进行匹配。

如图 5.24 所示，首先登录 Yahoo Pipes 账号，在导航栏的顶部选择“create a pipe”来创建一个 pipe。

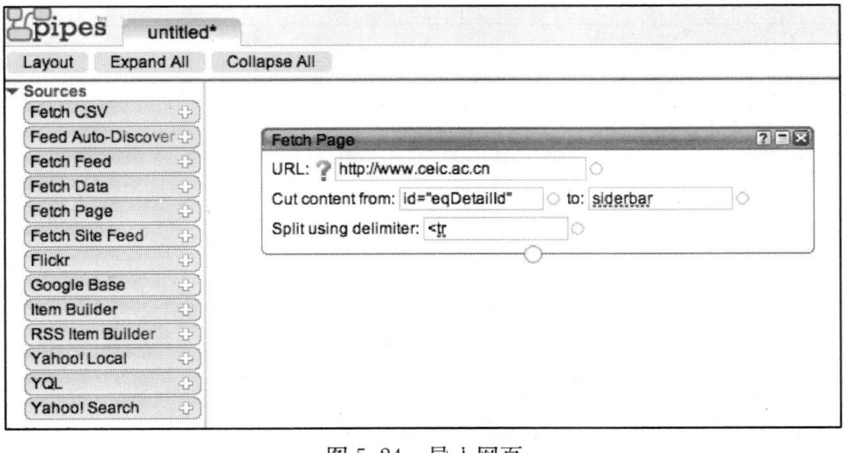

图 5.24　导入网页

在编辑器左侧工具栏选择第一个标签（Sources）下的 Fetch Page，并将其拖拽到工作区域。在 URL 中输入要获取的页面地址“http://www.ceic.ac.cn”。在 Cut content from 中输入“id=‘eqDetailId’”，在 to 中输入“siderbar”，在 Splite using delimiter 中输“＜tr”，这样就将相关数据分离开了。

在 Debugger 中可以看到输出的数据，如图 5.25 所示。

```
▽ 0
  content id="eqDetailld"/6gt;<table></table>
▼ 1
  ▼ content
    class="detailListItemStrong4" onclick="openDetailPage(108229);"sgt;

              2009-11-15 12:37:41
              4.1
              37.2
              79.3
              6
              新疆维吾尔自治区和田地区皮山县、墨玉县交界
▶ 2
▶ 3
▶ 4
▶ 5
▶ 6
▶ 7
 +66 more...
```

图 5.25　显示输出数据

由于分割后的项目中第一条不包含有效信息，因此需要将其过滤掉。由于 Yahoo Pipe 中没有提供直接过滤第一条数据的方法，所以此例中需要使用 Tail 操作保留后 $n-1$（n 为总项目数）条数据。首先，将 Operations 标签中的 Split 拖入工作区。这个操作的作用是将上面产生的数据分为两份，一份用于统计项目总数，另一份则用于提取需要的信息。然后，将 Operations 标签中的 Tail 、Count 以及 Number 标签中的 Simple Math 拖入工作区，将它们连接起来，如图 5.26 所示。

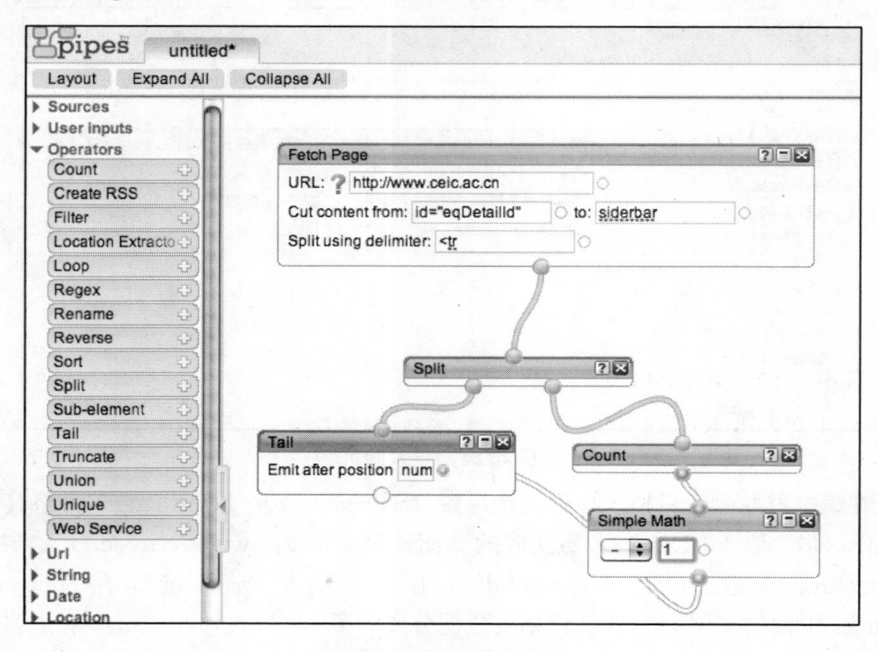

图 5.26　构建过滤流程

将 Operations 标签下的 Rename 拖到工作区中并与 Tail 相连，按照图 5.27 所示将每个项目的内容拷贝多份并重命名。

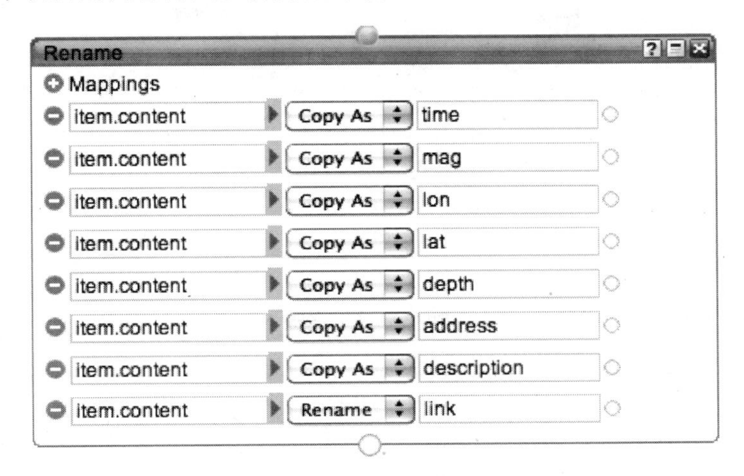

图 5.27 复制内容

将 Operations 中的 Regex 拖入工作区中并与 Rename 的输出相连。在 Regex 中输入相应的正则表达式，并将每项的信息替换为所要获取的信息，如图 5.28 所示。

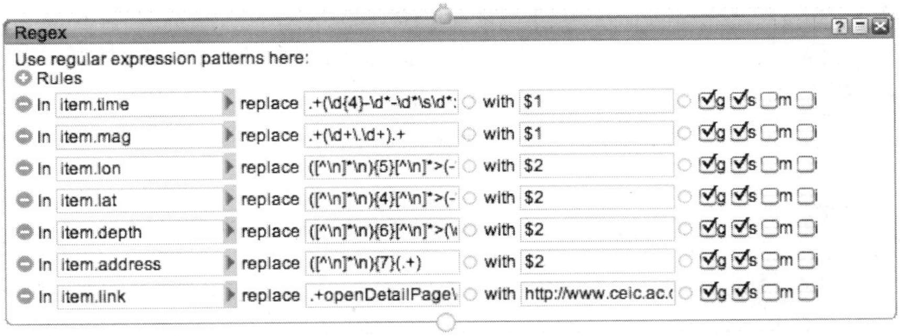

Regex
Use regular expression patterns here:
Rules
In item.time replace .+(\d{4}-\d*-\d*\s\d*: with $1 g s m i
In item.mag replace .+(\d+\.\d+).+ with $1 g s m i
In item.lon replace ([^\n]*\n){5}[^\n]*>(- with $2 g s m i
In item.lat replace ([^\n]*\n){4}[^\n]*>(- with $2 g s m i
In item.depth replace ([^\n]*\n){6}[^\n]*>(\ with $2 g s m i
In item.address replace ([^\n]*\n){7}(.+) with $2 g s m i
In item.link replace .+openDetailPage\ with http://www.ceic.ac.c g s m i

图 5.28 使用正则表达式

其中，item. time 的正则表达式为 .+(\d{4}-\d*-\d*\s\d*:\d*:\d*).+，item. lon 的正则表达式为([^\n]*\n){5}[^\n]*>(-?\d+\.\d+).+，item. lat 的正则表达式为([^\n]*\n){4}[^\n]*>(-?\d+\.\d+).+，item. depth 的正则表达式为([^\n]*\n){6}[^\n]*>(\d+).+，item. link 的正则表达式为 .+openDetailPage\((\d+).+，将其替换为 http://www.ceic.ac.cn/eq.jsp?id=$1。Regex 的输出如图 5.29 所示。

为了在输出的地图或列表中显示结果，需要一个标题（title），这里将地震发生的地址作为标题，如图 5.30 所示。

```
▽ 0
    link http://www.ceic.ac.cn/eq.jsp?id=108229
    date 2009-11-15
    lat 37.2
    time 2009-11-15 12:37:41
    mag 4.1
  ▽ description
     class="detailListItemStrong4" onclick="openDetailPage(108229);"sgt;

                2009-11-15 12:37:41
                4.1
                37.2
                79.3
                6
                新疆维吾尔自治区和田地区皮山县、墨玉县交界

    depth 6
    lon 79.3
    address新疆维吾尔自治区和田地区皮山县、墨玉县交界
▶ 1
▶ 2
```

图 5.29　替换结果

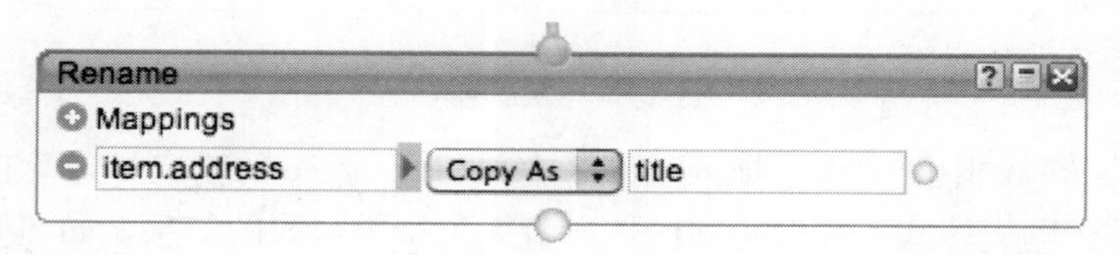

图 5.30　生成标题

还需要生成一个地震的描述信息（description），包括地震发生时间、震级和深度。将 Operations 中的 Loop 拖入工作区，并将 String 标签下的 String Builder 拖到 Loop 中。Loop 的输入与前面 Rename 的输出相连，如图 5.31 所示。

```
Loop
For each [        ] in input feed
  String Builder
    String
    item.time
    Magnitude:
    item.mag
     M Depth:
    item.depth
     km
○ emit results
◉ assign results to item.loop:strconcat
```

图 5.31　生成描述信息

这一步的输出如图 5.32 所示。

```
▽ 新疆维吾尔自治区和田地区皮山县、墨玉县交界
    link http://www.ceic.ac.cn/eq.jsp?id=108229
    date 200-11-15
    lat 37.2
    time 2009-11-15 12:37:41
    mag 4.1
    description 2009-11-15 12:37:41 Magnitude:4.1 M Depth:6 km
    depth 6
    title新疆维吾尔自治区和田地区皮山县、墨玉县交界
    lon 79.3
▷ 阿根廷
▷ 渤海
▷ 新疆维吾尔自治区和田地区皮山县、墨玉县交界
▷ 新疆维吾尔自治区和田地区墨玉县、皮山县交界
▷ 新疆维吾尔自治区和田地区墨玉县、皮山县交界
▷ 智利北部海岸近海
▷ 中、塔、吉交界
  +65 more...
```

图 5.32　输出结果

将 Operations 中的 Location Extractor 拖到工作区，输入与 Loop 相连，输出连接到 Pipe Output。至此，整个流程已完成。Location Extractor 会根据前面定义名为 lat、lon 的元素生成地理位置信息，用于在地图上标记，如图 5.33 所示。

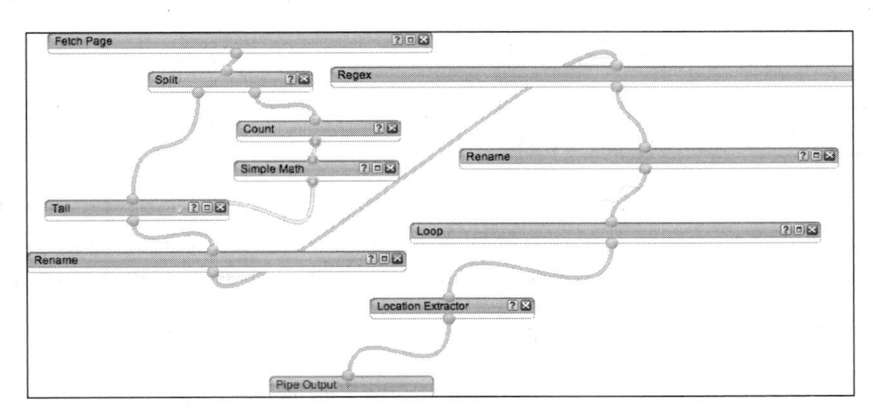

图 5.33　完整流程

将 pipe 保存后，点击上方的 Run Pipe…来运行该 pipe。如图 5.34 所示，默认会显示出地图，也可以选择 List 以列表的方式查看。

实例表明，Yahoo Pipes 采用了在线排编的方式，省去了用户搭建执行环境和设计步骤的麻烦；提供了全图形化的编排工具和内置数据源模块，可对 RSS Feed 和 URL 等数据进行处理，方便地对多个数据源进行整合和混搭，使用简单，容易上手，但也存在需要用户了解编程细节、不够灵活的缺点。

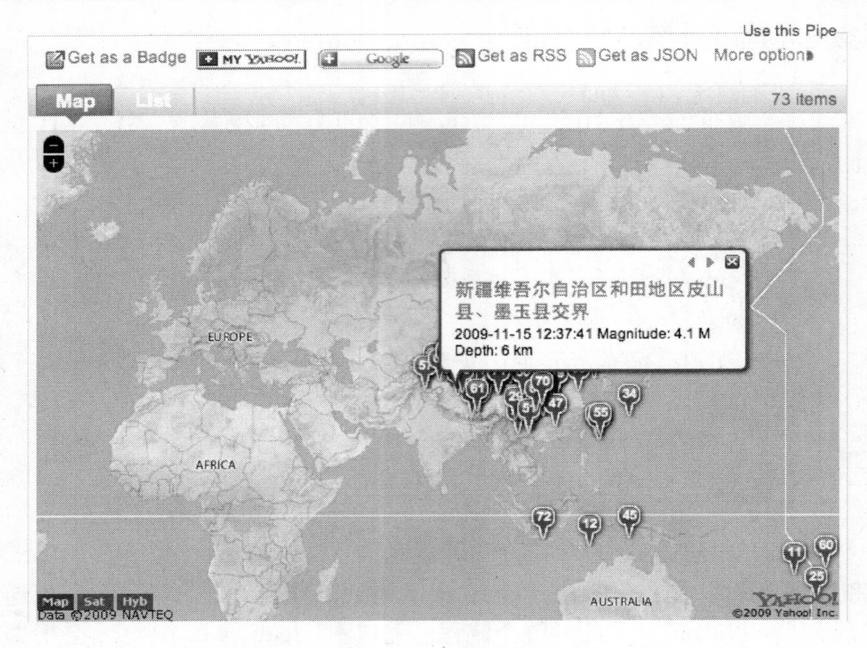

图 5.34　运行结果

6. 总结与分析

以上介绍了最终用户主导的服务组合技术以及一个应用实例，下面回顾 5.5.2 节给出的服务组合编程范型分类，总结并讨论面向最终用户的编程范型的特点。

从编程元素上看，最终用户编程的基本元素可以是物理服务，如大部分 Mashup 工具都支持对信息提供类物理服务的组合；也可以是面向领域的可复用组件（业务服务），如 Taverna 和 Kepler 等；还可以是大粒度的组合模板，如 SpreadMash 支持用模板的方法快速构造呈现在 Spreadsheet 中的复合实体以及 Taverna 支持的子流程等。

从组合方法上看，除了基于流程的方式采用命令式的编程范型之外，基于 Spreadsheet、树形结构和 DSL 等应用构造的常见方式都采用声明式的编程范型。Spreadsheet 的公式基于高层次的、面向任务的计算函数，可将用户从底层的传统编程细节中解脱出来，而集中精力处理用户任务；树模型通过对 XML 节点进行操作来构造应用；基于 DSL 的编程方式为程序员或具备一定编程知识的业务人员提供一种高层的、声明性的领域特定语言来描述应用的构造。

从组合时间上看，最终用户主导的编程范型大部分都可以支持组合逻辑的动态性，即按照一种“边构造、边执行”的探索式方式进行服务组合应用的动态构建。也有人将这种方式称为“debugging into existence”（Rosson，Carroll，1996）或者“design at runtime”（Lieberman，Paterno，Klann，et al.，2006）。

基于服务组合编程范型的分类，表 5.4 给出了几项最终用户编程的代表工作的对比。

表 5.4 最终用户服务组合编程范型比较

代表工作	编程元素			组合方式		组合时间		
	物理服务	业务服务	模板	命令式	声明式	静态	服务动态	组合逻辑动态
MashMaker	√				√			√
SpreadMash	√		√		√			√
MashRoom	√				√			√
Yahoo Pipes	√				√			√
Taverna	√	√	√		√	√		
VINCA	√	√	√	√	√		√	√
ServFace		√	√	√	√	√		
GSML		√			√		√	

与 IT 人员主导的服务组合技术相比，最终用户主导的服务组合有以下三处典型的区别：

（1）与 IT 人员主导的服务组合相比，最终用户主导的服务组合更加关注编程元素的抽象，为最终用户提供大粒度、更贴近业务的编程元素，支持最终用户通过配置、组装所处领域内可复用的业务服务来获得满足其个性化需求的应用。

（2）与 IT 人员主导的服务组合大多采用命令式的方式精确描述组合逻辑相对应，最终用户主导的服务组合通常采用声明式的服务组合编程范型。声明式的编程范型具有更接近人类思维抽象、灵活性更高的优点，更适合没有专业 IT 知识的最终用户使用。针对声明式的编程范型无法精确描述时序依赖等缺点，目前的一个趋势是结合两种编程范型的优点，综合使用两者来进行服务组合。

（3）最终用户主导的服务组合大部分都支持组合逻辑的动态性，这是由于最终用户编程的目的是为了求解问题，因此用户希望能够尽早看到执行结果，得到即时的反馈，从而可以决定是否需要进行调整或决定后继步骤，以一种真正的“所见即所得”的方式进行编程。

5.6 服务管理和监控

随着服务的应用范围越来越广，可用服务的数量越来越多，如何管理和监控服务的问题就变得越来越尖锐。例如，用户如何知道他需要的服务在哪里？如何正确理解服务的描述信息？如何监控服务的运行情况？当服务出现异常后应该如何解决？尤其是采用SOA技术构建的互联网分布式系统，往往集成了来自不同组织的各类服务。当系统的正常运转依赖于这些异构、自治的第三方服务时，系统的运行情况将变得难以预见、难以管理。对这些问题的处理引出了服务管控的概念。

目前，广大科研人员针对服务管控问题已开展了很多研究工作（Papazoglou，Georgakopoulos，2003；Sahai，Durante，Machiraju，2002）。依据这些研究，本书将服务管控问题描述为"管理服务的元数据信息、监控服务的运行状态、确保服务运行质量的活动和行为"。实现上述功能的软件系统常被称为"服务注册中心"。下面，本节将从服务元数据管理、服务运行时监控以及服务质量保障三个方面来简单阐述一下服务管控的基本内容。

1. 服务元数据管理

元数据是描述数据的数据。服务元数据能够描述服务的地址、提供者、调用方法和运行状态等各个方面的信息。这些信息是服务管控功能得以实现的重要基础。服务注册中心将基于元数据信息来对服务提供各项管控功能，如检索服务、监控服务运行状态以及保障服务的运行质量等。

2. 服务监控

监控的目的是搜集应用系统在运行过程中产生的各类信息，以判定系统是否出现异常或存在可以优化的地方，并依据预定义的方法来对系统进行调整。常见的服务监控模块通常从服务的功能和非功能属性的角度进行监控。对服务功能属性的监控有助于保障服务提供用户预期的功能。对服务非功能属性的监控将有助于监督服务承诺的质量是否得以保证。

3. 服务质量保障

服务管控系统应保障所提供服务的质量，支持用户正确并满意地使用服务。从本质上说，服务质量客观地反映了用户对一个服务的满意程度，是服务提供者和消费者达成交易的重要基础。保障服务质量需要解决两个关键问题：首先是如何规范地、量化地定义服务质量的各项指标和条款，澄清提供者和消费者双方的权利和职责；其次是如何判定服务的质量是否已得到保障，并且在服务质量得不到保障时应该采取何种行动。上面介绍的服务监控系统有助于服务质量保障的落实。它能搜集服务运行过程中的各种信息，并根据预定义的判定策略来验证服务是否符合质量要求。

5.6.1 服务元数据管理

1. 基本概念

元数据是描述数据的数据，常被用来描述数据的各项属性信息，如数据的存储位置、存储日期和创建者等。与之类似，服务元数据也可以描述与服务相关的众多属性信息，包括名称、提供者、访问地址和质量属性等。当服务数量众多、提供者和消费者跨越多个组织或部门时，对服务元数据信息的管理就显得尤为必要。基于服务的元数据信息，服务注册中心可以帮助用户发现需要的服务，协调不同用户对同一个服务的使用情况，并为服务的正常执行和质量保障提供支持。

UDDI 是解决服务元数据管理问题的最初尝试。基于 UDDI 规范，可以开发通用的服务注册中心软件。该软件将以 XML 格式存储和管理各类服务元数据信息，并以 SOAP 服务的方式提供基于元数据信息的服务发布和发现。UDDI 不仅仅局限于对 SOAP 服务的注册与管理，其他任何形式的、以任何手段可访问的服务（如电话服务、传真服务和电子邮件服务）都可以在 UDDI 中发布和发现。

UDDI 最初被 IBM、微软等公司用来建立 UBR。UBR 面向全世界的企业和开发人员，致力于维护所有可用的公共服务信息，扮演着世界黄页的角色。UBR 的最初构想是美好的，但其实际使用效果却是失败的。人们普遍认为 UBR 是难以使用的，无法达成它最初的目标。UBR 于 2006 年 1 月被关闭。UDDI 和 UBR 最终没有获得成功的原因是多方面的：

首先，UDDI 尝试给出一种通用的、与领域无关的服务元数据描述模型。但是，不同应用领域对于服务元数据描述的要求往往是不同的，因此服务元数据模型的定义应该是灵活的，即可以根据不同的应用领域进行调整和扩展。

其次，UDDI 仅描述了基本的服务信息，如服务的名称、分类和绑定等。对于应用系统的构建和运维过程来说，这些信息还显得远远不够。尤其是需要对服务的运行状态和质量进行监控时，往往需要多类元数据信息来作为监控的内容和依据，如服务的执行时间、执行次数、返回结果和用户评价等。为此，人们开始尝试根据服务在应用系统的构建和运维过程中所扮演的角色和经历的阶段，从整个服务生命周期的视角出发来管理服务的各项元数据信息。

最后，当服务数量众多时，采用集中模式对服务元数据信息进行管理被证明是困难的，信息的查找效率也将变得非常困难。目前，人们已经开始探索分布式服务注册中心的可行性和关键技术。

UBR 虽然没有取得成功，但是它为服务注册中心的研究做出了重要探索，提供了很多有用的经验。下面，将重点介绍与服务注册中心相关的最新关键技术，明确注册中心的发展方向。

2. 关键技术

吸取了 UBR 的教训，人们开始改变“世界大一统”的注册中心构建方式，开始发展分布式架构的私有注册中心，关注服务全生命周期的元数据信息管理，并在应用领域做出了很多重要尝试。

1）面向领域的服务元数据模型

元数据模型定义了应该描述服务哪些方面的内容以及怎样来描述这些内容。服务注册中心将根据元数据模型的定义来管理各类服务信息。以 UDDI 为代表，当前大多数的服务注册中心尝试给出一种通用的服务数据元模型（HP，2010；Woodrow，Singh，2009），然而这种元数据模型的定义方式存在以下两个问题：

首先，通用的元数据模型并不一定能够适用于所有场景，不同应用领域对于服务的元数据描述有不同的要求。例如，很多开源社区提供的功能相同的软件服务，在应用于科研领域时可以不必考虑计费问题。但是，如果要将这些软件服务集成到商业产品中时，就需要描述服务的价格属性。

其次，通用的元数据模型大多尝试描述服务的各个方面，这在实际使用过程中会造成服务的描述信息非常复杂、难以使用。不同的应用场景往往仅需要部分服务描述信息。

上述问题的解决要求服务元数据描述模型在建立时是面向领域的，构建方法也是灵活可扩展的。针对这个问题，Chen 等提出了一种如图 5.35 所示的适应性服务元数据描述模型。它将服务的元数据模型分为通用元数据模型和扩展元数据模型两类。通用元数据模型用来描述所有服务都需要的公共描述信息，扩展元数据模型则针对特定的领域和需求，描述某些服务需要扩充或进一步细化的描述信息。

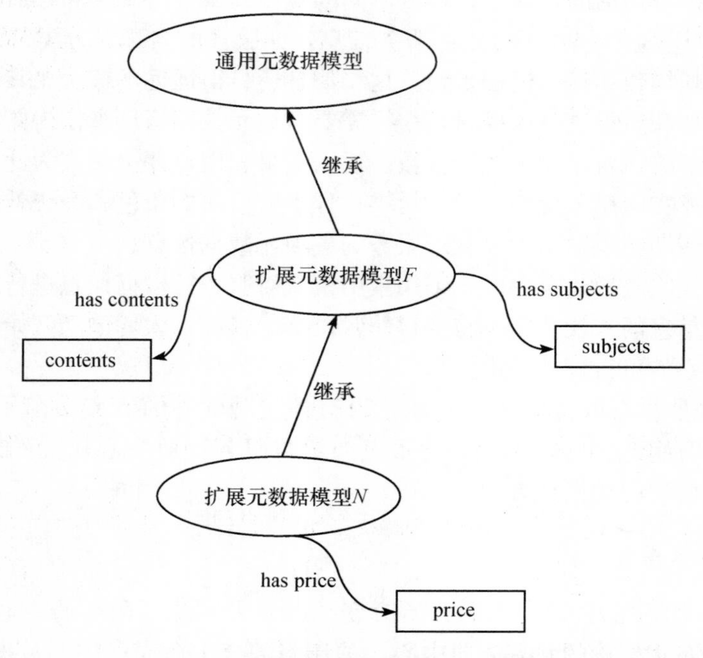

图 5.35　适应性的服务元数据描述模型

通用元数据模型是根据服务的四个常见技术需求——发现、替换、组合和管理来制订的。通用元数据模型包括四个方面的内容：技术元数据、语义元数据、描述元数据和管理元数据。技术元数据主要描述怎样使用与服务相关的信息，包括服务的地址、操作和输入输出信息等。语义元数据描述了服务操作和输入输出的语义信息，它将在服务的自动发现和组合中发挥作用。描述元数据常用来描述服务以及提供商的各类信息，这些信息可以采用无结构的文本加以记录，用于消费者浏览服务细节，进一步了解服务详情。管理元数据描述了服务的使用次数、发布状态以及与服务生命周期相关的其他信息。这些元数据信息将会帮助管理者对服务进行监控，保障服务的执行质量。

扩展元数据模型则用来在通用元数据模型的基础上，派生新的元数据项，从而描述某些特定服务的扩展信息。在实现过程中，Chen 等采用了 OWL 本体类来描述元数据项，并借用了面向对象领域中继承的概念来定义扩展元数据模型时所采用的派生操作。继承意味着子元数据模型能够拥有父元数据模型的所有属性，并可以在其上进行扩展。如图 5.35 所示，扩展元数据模型 F 继承了通用元数据模型的所有内容，并在其上新增了 content 和 subject 两个属性。扩展元数据模型 N 又继承了 F 的全部内容，并新增了 price 属性。

2）服务全生命周期管理

对于一个实际运转的互联网分布式系统来说，服务贯穿了其构建和运维过程的始终。为了保障系统的正常运转，服务在每一个阶段产生的信息都需要被管理和监控。人们通常采用生命周期模型来刻画服务所扮演的角色和历经的阶段，关注管理服务的全生命周期信息。图 5.36 给出了一种可能的服务生命周期模型，其经历的主要阶段包括：

（1）需求分析。这一阶段将管理需求分析过程中产生的与服务相关的各类信息，这些信息包括需要开发的服务描述、服务需要实现的业务功能、服务的责任、对服务的业务约束以及质量要求等。

（2）服务开发。这一阶段将管理服务在开发过程产生的各类信息，包括对每个服务的定义、设计、实现和测试过程中产生的文档和资料。

（3）服务部署。这一阶段将管理服务在部署到运行环境的过程中产生的各类相关信息，包括运行环境信息（服务器名称和地址）、版本信息、配置信息和数据源信息等。

（4）服务使用。这一阶段将管理服务在用户使用过程中产生的各类信息，包括服务质量约束信息、服务运行状态监控信息以及服务的一些配置信息（服务的变更策略和安全策略）等。

（5）服务维护。这一阶段将管理服务在变更及升级过程中产生的各类信息，包括服务的变更请求、变更操作以及变更后的新版本信息。当服务发生变化后，系统需要将这些变化的信息传播给所有依赖的服务，同时还将告知它们可能的替换服务，从而尽可能保证这些受变更影响的服务的正常执行。

(6) 服务注销。这一阶段将管理服务在注销过程中产生的各类信息。当服务注销时，注册中心需要删除服务的描述信息，取消所有关于服务的订阅并将这一消息发送给服务的订阅者，同时向他们推荐可以进行替换的服务。

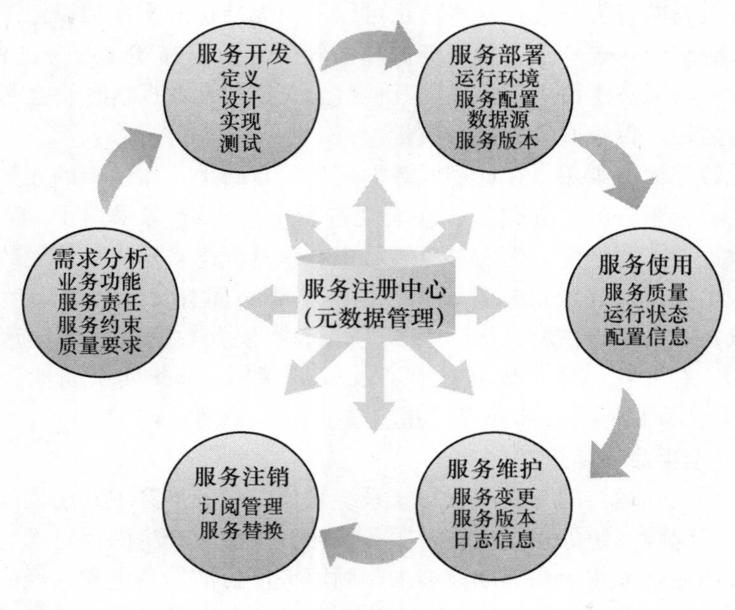

图 5.36　服务的生命周期

3) 分布式服务元数据管理

为了保障服务发现的效率，降低服务维护的难度，人们开始尝试改变“大集中”的服务元数据管理模式，研发分布式的服务注册中心。美国佐治亚大学提出了分布式 UDDI，MSWDI (Verma，Sivashanmugam，Sheth，et al.，2005) 就是其中的一个代表性工作。它是一个基于语义的、联邦式的服务发布/发现的框架，采用了 P2P 的实现架构，能够联合多个服务注册库来实现服务的发布和发现。MSWDI 还定义了一个服务库本体来维护多个服务库之间的关系。下面，以 MSWDI 为例来讲述分布式服务元数据管理的关键技术。

在 MSWDI 中，服务元数据信息物理存储在不同的注册中心中，这些注册中心是分布的、彼此独立的。对于用户来说，这些分布的元数据信息对于他们来说应该是透明的。也就是说，用户不必关心元数据信息存储的物理位置和数据格式，他们只需要提交请求，注册中心就能够保证用户访问到需要的信息。

要实现上述目标，首先要解决不同注册中心间如何进行通信的问题。基于当前的互联网基础设施及消息中间件，实现不同注册中心间的物理通信是容易的。但是，如何让不同的注册中心彼此理解接收到的消息的语义就成为了一个难点。为了解决这个问题，MSWDI 构建了语义规范层，为注册中心的元数据信息和 Web 服务的元数据信息进行语义标注。首先，MSWDI 开发了一个特定的注册中心本体（registries ontology）来将每一个注册中心映射到一个或多个特定的领域。这样做的好处是可以根据所属领域来对注册中心进行分组。例如，某个注册中心管理的服务主要是与航空相关的，那么它就可以被分组到航空领域中。这样，当需要搜索航空服务时，就仅需在这一领域的注册中心中进行搜索，从而大大减小了搜索范围。注册中心本体还维护了不同注册中心之间的关系，以提供更强的搜索能力。例如，如果两个航空公司是伙伴关系，就可以采用“partnerRegistryOf”进行刻画。另外，每一个注册中心都将创建一个领域本体，来对其中的服务信息进行语义标注，从而实现服务的自动发现和组合。在语义信息的帮助下，不同注册中心间就可以共享消息的语义，实现分布式的服务检索和发现。

分布式注册中心另一个需要解决的问题是如何对注册中心本身进行管理，尤其当注册中心本身是自治的，且来自于不同企业或组织时。当有新的注册中心出现时，怎样才能通知其他的注册中心，使用户也能检索到新注册中心的信息呢？下面，让我们来关注一下 MSWDI 的实现架构。

如图 5.37 所示，MSWDI 采用 P2P 架构加以实现，每一个组件都被实现为

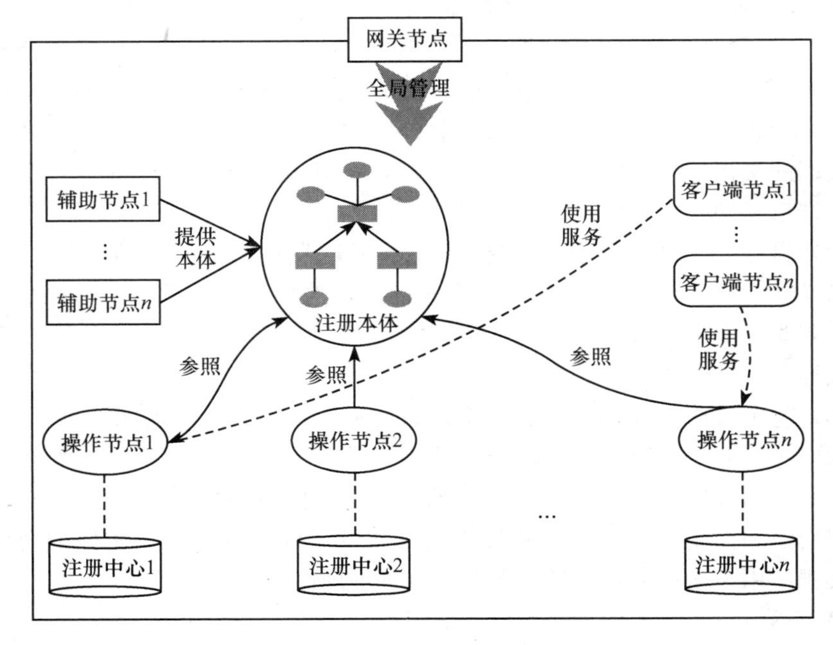

图 5.37　MSWDI 实现架构

一个对等节点，它共包含四种类型的节点，即操作节点、网关节点、辅助节点和客户端节点。在这些节点中，每一个操作节点负责管理并维护一个注册中心，同时对外提供各类服务。网关节点在新的注册中心加入 MSWDI 时，扮演了入口点的角色。在新的注册中心加入后，它负责更新注册中心本体，并将该本体的变化通知给所有的其他节点。辅助节点扮演了注册中心本体提供者的角色。客户端节点则负责保障用户使用 MSWDI 提供的各项功能。

采用 P2P 和其他分布式体系结构来构建“物理分布、逻辑集中”的服务注册中心，在保障大规模服务发现的性能、提升注册中心可伸缩性等方面具有重要意义。这也是将来服务注册中心研究的一个重要方向。

3. 典型系统

鉴于服务管理在应用系统构建和运维过程中的重要性，工业界已经推出了很多软件产品，用以帮助建立服务注册中心。比较有代表性的软件产品包括 IBM 公司的 WSRR 和惠普公司的 SOA Systinet 等工具。下面，将对这些工具进行简要的介绍。

1）WSRR（Woodrow，Singh，2009）

WSRR（WebSphere service registry and repository）是由 IBM 公司开发的一种企业级的服务注册中心。它的目标是为企业提供一种在 SOA 环境下可伸缩、自动化的资源管理和优化工具。在服务管理上，WSRR 主要提供了以下四个功能：

（1）存储与发现。WSRR 支持对多种资源（服务、文档等）元数据信息的存储与管理。它能够让用户存储、管理和发现类型多样的元数据描述文档（如 WSDL、XSD、WS-Policy 或 XML 文档）的内容。它不仅能很好地管理包含服务元数据的文档，还可以提供那些文档内容的细粒度表示（如 WSDL 文档中的端口和端口类型）。

（2）目录与分类。WSRR 支持对元数据信息进行分类管理。用户可以对 WSRR 中的分类体系进行自定义，并支持从外部导入已有的分类体系。WSRR 提供了基于 JMX 的管理 API，支持用户对服务和其他资源的生命周期进行管理，并可以导入采用 OWL 描述的分类体系。

（3）变更管理。WSRR 包含一个缺省的通知处理程序，它可以基于 JMS 消息发布资源的变更事件。该事件指定事件的类型（创建、更新、删除或变换）、受影响的资源（通过其 URI 识别）和有关该资源的更多简要信息。

（4）访问控制与安全。WSRR 支持细粒度访问控制模型，此模型使用户能够定义哪些用户角色可以对哪些资源执行哪种操作。

2）Systinet

Systinet 是惠普公司提供的一个 SOA 综合管理软件平台，支持对整个 SOA

生命周期的可视化（visibility）、信赖（trust）和控制（control）。Systinet 提供的主要功能包括以下三个方面：

（1）存储和发现。Systinet 支持对多种类型的服务元数据信息的存储和管理。它基于 UDDI 标准，提供了发现和发布可重用服务的简单方法。它全面支持 UDDI v3，实现与 SOA 生态系统的无缝整合。

（2）服务生命周期管理。Systinet 提供了灵活、可扩展和易于浏览的服务目录，提供获取和管理元数据、关系、服务、操作和资源的版本信息，提供服务和资源的描述信息，支持发布/发现服务和相关元数据，支持对变更管理的通知和订阅，并进行影响分析。

（3）服务合同管理。这个功能使得提供者和消费者形成基于 SLA 和其他条款的信任机制，将提供者和消费者相互绑定。定义服务消费者请求消费服务、服务消费者和提供者协商以及同意服务使用条款的过程。SOA 合同管理支持合同版本、合同复制、合同生命周期和合同过期的程序和元数据，使得消费关系有可管控的生命周期。

5.6.2　服务监控

1. 基本概念

互联网本质上是一个自治的、动态的资源共享环境。基于互联网资源，采用服务计算技术构建而成的互联网分布式系统本身也具有开放性和动态性等固有特性，需要提供在线演化和动态优化的能力。造成互联网分布式系统变化的原因有很多，如构建系统的服务发生了变化、服务已变得不可靠或不可用、服务收费大幅度提高、服务的功能发生了改变、出现了质量更好的服务等。用户的业务需求也可能出现变化，如实现新的业务功能或者实现业务功能的花费更少、处理时间更短等。此外，用户自身也可能出现变化，如出现了新的用户类型、用户的个性化需求需要满足等。

应对互联网分布式系统的各类变化，离不开服务监控模块的支持。服务监控模块能够帮助人们识别、检测甚至预见系统中可能出现的变更，并采取相应的措施来改变系统的配置、行为和呈现（Benbernou，2008）。在系统的运行过程中，监控模块通常扮演着一个观察者的角色，它首先需要判定系统的行为是否是正确的。如果判定结果为否，则监控模块还需要进一步捕获问题类型，通知相关组件，并根据预定义策略来调整系统行为。一般来说，监控模块能在以下三个方面发挥其重要作用：

（1）异常发现。通过监控发现系统在运行过程中出现的异常，如服务运行时产生错误、质量属性的指标不符合要求等。监控模块能够及时地捕获这些异常并进行相应的处理。

(2) 优化改进。通过对累计历史数据的监控和分析，监控模块能够发现系统可能存在的问题或者预测将来可能会发生的问题，这些通常是系统分析和优化改进的重要依据。

(3) 适应环境。根据系统某些属性和外部环境的变化，监控模块可以选择合适的策略以改变系统自身的行为，从而适应新的需求和环境。例如，当监控模块发现系统当前的负载较大时，可自动对系统进行扩展来降低负荷。

监控模块本身是一段程序，它被用来观察另一段程序的执行过程（Plattner，Nievergelt，1981）。监控模块的实现离不开监控规范、传感器、数据分析模块与事件处理器等几个主要部件的支持。监控规范是监控模块实现的基础，它描述了需要被监控的属性和事件。传感器负责收集需要监控的各类信息，并将这些信息传递给数据分析模块。数据分析模块负责分析处理这些信息，并判定其是否符合监控规范中的定义。如果判定存在问题，需要进行调整，那么它将向事件处理器发送事件。事件处理器在接到事件后，将执行相应的程序进行调整，并将变更的消息通知其他相关组件。在上述过程中，如何根据收集的信息来判定系统是否需要调整以及如何进行调整，通常是通过制订监控策略来实现的。常见的监控策略有两种制订方式：一种是针对需要监控的服务类型的特点来加以制订，利用这种方式制订的执行策略通常被称为专有（ad-hoc）监控策略；与之相对应的是通用（general）监控策略，它是根据服务的公共属性来加以制订的，能够适用于不同类型的服务。这里将重点关注专有监控策略，通用服务监控策略将在 8.3.3 节加以介绍。

对于一个由大规模服务组合而成的互联网分布式系统而言，为其提供监控服务的监控模块可能需要同时监控数千个服务的运行，并在每秒内同时处理上千个监控事件。因此，怎样在服务规模巨大的前提下保证监控模块的性能已成为一个不容忽视的问题。下面，我们将结合上述问题，重点介绍实现服务监控模块涉及的一些关键技术。

2. 关键技术

服务监控模块的实现不能脱离具体的监控目标。互联网分布式系统的管理者需要首先制订监控规范，明确需要监控的各项信息。具体的监控技巧与要监控的信息密切相关。这里将重点关注监控规范的定义方法，介绍当前常见的监控技巧以及监控模块的性能保障方法。

1) 监控规范

监控规范是对监控信息和监控策略的集中表述。监控信息多被具体化为服务的各项功能属性与非功能属性；监控策略描述了监控信息状态所对应的系统动作。需要指出的是，即使是针对同类监控信息，不同的监控规范可能会在描述语言、抽象级别以及应用代码的集成方式上有所不同。采用不同的监控规范，监控方法的实现技巧上也会存在很大的差别。

（1）监控信息。服务的功能和非功能属性是最为常见的两类服务监控信息。监控服务的功能属性，主要是要验证服务是否提供了用户预期的功能。由于服务的执行过程通常被视为一个黑盒，因此大多数监控方法的实现都依赖服务的前置条件（pre-condition）和后置条件（post-condition）的定义来进行验证。下面以一个简单的示例来进行说明。

图 5.38 给出了一个服务功能属性监控的实例。用户调用机票预订服务来订购机票。该服务的输入为乘客信息、航班信息和信用卡支付信息，输出为订购的机票信息。为了监控服务的功能是否正确实现，可以设置服务的前置条件为“用户的姓名和身份证号匹配”，后置条件为“机票上的用户姓名和输入的用户姓名匹配”。

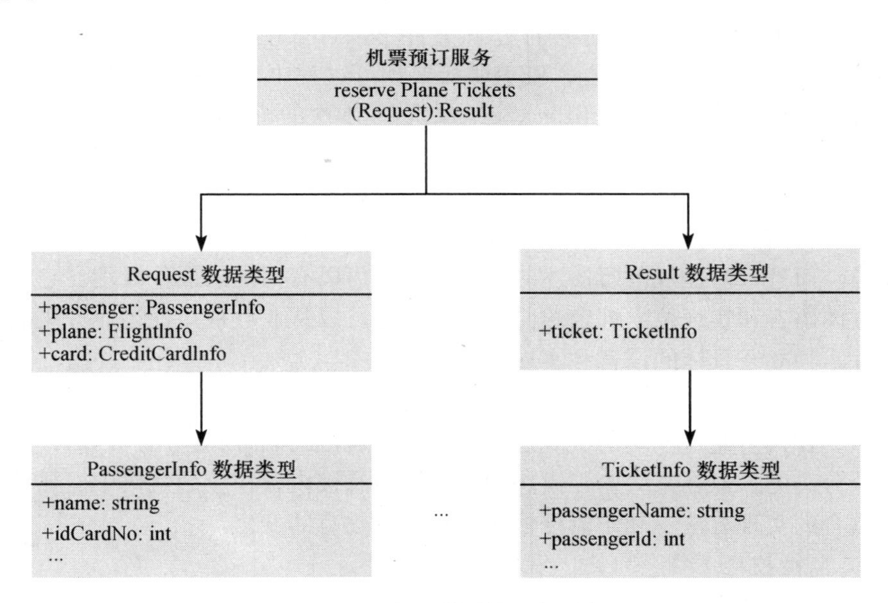

图 5.38　服务功能属性监控示意图

服务执行前，监控模块将判断用户的姓名和身份证号是否是匹配的，如果出现不匹配的情况，那么很有可能是用户输错了个人信息，预订机票服务将不被执行。当服务成功执行后，用户就完成了订购机票的过程，等待送票。这时通过监控机票上的姓名和输入的用户姓名是否匹配来判断出票人员是否输错用户的个人信息。

除了服务的功能属性外，服务的非功能属性也是监控关注的重点。服务的非功能属性主要关注与服务质量相关的若干内容。常见的非功能属性包括服务的性能、可用性、可靠性和安全性等。本章将在 5.6.3 节详细介绍这些非功能属性。

（2）监控策略。监控策略多采用规则的形式进行表达。ECA 规则是一种可被用来描述服务监控策略的常见规则表达形式。ECA 规则定义了在某一事件（event）下，当满足定义好的条件（condition）时，被定义对象将执行的动作（action）。ECA 规则的形式化定义如下

$$\text{Event(eventPattern)}[\text{condition}] \mid \text{expression} \tag{5.6}$$

采用 ECA 规则可以描述上面所述的机票预订服务的监控策略。passenger. name 和 ticket. passengerName 分别表示输入的用户名称和机票信息中的用户名称，reservePlaneTickets 表示机票预订服务。那么，该规则可以被描述如下

$$\text{FinishService(reservePlaneTickets)}[\text{passenger. name}! = \text{ticket. passengerName}] \mid \text{rollBackService(reservePlaneTickets)} \tag{5.7}$$

这一规则表示，当机票预订服务执行完成后，将会触发 FinishService 事件。此时，监控模块将会检查服务的后置条件 passenger. name＝ticket. passengerName 是否成立。如果不成立，则表明机票预订过程中出现错误，那么将对机票预订过程进行回滚（调用 rollBackService），使本次的机票预订无效。

从实质上说，监控规范是对监控信息和监控策略的集中表述。但是，监控规范的描述语言可以采用不同的形式化机制和模型术语。例如，可以采用不同的逻辑语言来将需要监控的属性描述成不同格式的逻辑表达式，从而提供不同的形式化能力。而且，监控规范所描述的监控信息也可以有不同的抽象级别。它可以描述与具体语言和实现技术绑定的监控信息，也可以从业务视角描述业务级的概念和事件，独立于具体的语言和实现技术。

此外，在制订监控规范的过程中，还需要考虑监控规范与应用代码之间的交织程度。在很多监控模块的实现过程中，监控规范的制订和应用代码的开发过程是完全分离的。但在某些监控模块中，监控信息被内置在应用代码中。显然，这种紧耦合的实现方法不利于监控模块应对监控规范的变化。

2）监控技巧

一个常见的服务监控模块的实现过程是由传感器负责搜集监控规范中定义的各项监控信息的相关数据，并提交给数据分析模块加以分析。分析的结果将触发各种事件，事件处理器将会依据预先定义的监控策略来响应各种事件，并执行相应的动作。

数据搜集是实现监控模块的关键。数据搜集的来源多为系统的实时运行数据与历史累计数据。通过对前者的搜集，能够发现系统在当前时刻的运行异常；而后者则能够通过对历史数据的分析清晰地呈现出系统在运行规律上的变化，从而帮助发现某些潜在问题。下面，以监控一个由 SOAP 服务组合而成的流程为例，

来进一步分析需要关注哪些类型的数据。

（1）流程状态数据。搜集与整个流程运行状态相关的数据，包括流程的当前任务、成功任务、失败任务和执行人员等。当流程是集中部署、集中管理时，对流程状态数据的搜集是非常容易的。监控模块可以通过截获流程中调用每一个任务时所发送的输入输出消息来搜集需要的数据。

（2）SOAP 消息数据。流程中每一个任务的执行最终将落实到对具体服务的调用上。监控模块可以搜集每一个服务调用时发送和返回的 SOAP 消息，来对该服务的执行状态进行监控。基于这些数据，监控模块可以判断服务是否被成功调用，调用服务是否是安全的，甚至还可以根据搜集到的响应数据来判断是否需要寻找替换服务等。

（3）外部数据。为了验证服务执行的正确性，有时还可能需要外部信息源中的数据。例如，系统调用了一个货币兑换服务，将人民币兑换为外汇，服务输出了兑换后的货币数量和采用的汇率。但是，汇率是在不断动态变化的，监控模块需要验证该汇率是否是最新的。此时，监控模块就可能需要访问银行提供的汇率查询服务，并判定这两个服务返回的汇率值是否一致。

（4）搜集事件信息。为了保障流程的正常运行，监控模块还需要搜集流程在执行过程中发送的事件信息，以便于以后进行分析。例如，流程执行过程中，一个任务是何时进入执行状态的，又是怎样进入的，何时退出的。捕获这些活动间的转移信息，对于分析预测流程的活动执行顺序有很大的好处。

对于搜集来的数据如何进行分析，与需要监控的属性密切相关。为了便于进行监控，需要预先将需要监控的属性定义为可判定和可量化的。例如，在上面所举的订票例子中，就可以在服务调用成功后搜集服务的输入和输出数据，然后根据服务的后置条件是否为真来对服务的功能进行监控。

此外，在服务监控的实现过程中，还需要注意以下三个关键问题：

（1）侵入程度。侵入程度是指监控模块和被监控系统在实现时是否是紧耦合的，也就是说监控模块的实现逻辑和被监控系统的业务逻辑是否是耦合在一起的。显然，尽量减少监控模块和被监控系统之间的依赖关系是有很大好处的。这样，当监控模块或被监控系统其中之一发生变化时，才不会对另一个系统造成更多影响。但需要指出的是，对于某些信息的监控是很难做到松耦合的。例如，在验证系统某个业务流程是否得以正确执行时，可能需要检查系统自身在流程执行前后的状态信息，这就需要对系统进行较高程度的侵入。

（2）同步异步。同步异步是指监控模块的运行与被监控系统的运行是同步的还是异步的。同步模式意味着监控模块需要阻塞监控系统直至搜集到了需要的数据；异步模式意味着监控模块是与被监控系统并行执行的，互不干涉。在实际应用中，采取哪一种模式应根据实际需求而定。

（3）实时监控。实时监控是指当某个事件发生时监控模块是否能马上监控到异常现象。有些情况下，监控信息是被监控系统运行的关键，此时需要在异常发生时就能够马上被监控到，并通知系统以做出及时响应。而有时监控是在某些事件的信息累积到一定程度后进行的一些事后分析，旨在发现其中的潜在错误，或预测将来某些事件的发生，如系统故障等。

3）大规模服务监控的性能保障

复杂的应用系统往往会由成百上千个服务组合而成。当需要对规模如此巨大的服务的执行情况进行并发监控时，如何保障监控模块的性能就成为一个关键问题。影响监控模块性能的两个主要因素是怎样处理大规模的并发事件以及怎样根据事件快速定位相应的监控策略。

处理大规模并发事件的一个重要技巧是采用多线程技术来提升监控事件的并发处理量。但需要注意的是，并发的线程数量并非越多越好，这是因为并发控制机制也同样会消耗系统资源，损害监控性能。另外，并不是所有事件都可以并发处理，需要考虑事件之间的相互关系。例如，当两个事件的处理过程需要使用同一临界资源时，这两个事件的处理过程就应该顺序执行。

在复杂的应用系统中，不同的监控事件在不同条件下会有不同的处理规则，并且一个规则执行完后又会触发后续规则的执行，这通常会导致一个规模巨大的、关系复杂的规则库的形成。当监控模块捕获到一个监控事件后，如何快速定位到相应的处理规则（有可能是一个路径），就成为制约监控模块性能的一个重要因素。Zeng 等展示了一个规则快速定位的处理技巧（Zeng，Lei，Chang，2009）。他将一个 ECA 规则的集合转换为相应的状态图。这样，当处理一个事件时，就可以从状态图中对应该事件节点的出度节点中检索后续规则，避免了对所有规则进行逐个扫描的过程。

3. 典型系统

近年来，随着服务在实际应用中扮演着越来越重要的角色，监控服务执行过程的重要性也日益凸显。当前，无论是在研究界还是在工业界，服务监控都是一个非常重要的话题。下面，将对一些典型的服务监控系统进行简要介绍。

1）Cremona

Cremona（Ludwig，Dan，Kearney，2004）是由 IBM 公司开发的一个专用函数库，目前已经实现于 IBM 公司的 ETTK 工具集中。它的目的是帮助服务的消费者和提供者建立起服务契约（WS-Agreement），并同时对服务契约提供全生命周期管理（创建、停止、运行时监控以及重新协商）的功能。

服务契约是采用 XML 描述的一种服务消费者和提供者之间的绑定信息。它描述了消费者期望的服务功能和非功能属性，以及提供者给予它们的保证信息。

在对服务过程的监控上，Cremona 提供了一个“Agreement Provider”组件。该组件首先集成了一个“Status Monitor”部件。这个部件是针对系统提供服务而设计的。当消费者请求服务时，该部件将根据预先定义的服务契约来查询可用的系统资源，从而判定是接受还是拒绝这一协商请求。服务契约一旦建立，它的有效性将在运行时由“Compliance Monitor”部件进行检查。该部件将负责检查契约是否被违反，或者预测契约是否会被违反，并同时采取纠正措施。

2）GlassFish

GlassFish 是 J2EE 应用服务器的一个开源实现。在对已部署服务的监控中，GlassFish 提供了一系列的监控工具。GlassFish 基于 JMX（Java management extensions）框架来实现监控。JMX 框架给出了管理系统和待管理资源之间的交互标准。基于这个标准，它还定义了管理系统访问 JMX 框架的接口和 JMX 框架访问资源的接口。通过 JMX 框架，GlassFish 可以监控与 Web 服务相关的资源和属性的各类信息。监控信息主要表现为服务运行时的各类统计数据。

针对给定的服务，GlassFish 提供了以下三种级别的监控服务：

（1）低级。这一级别将监控服务的响应时间、吞吐量、请求数和出错个数。

（2）中级。在低级别的基础上又增加了对消息轨迹的监控。

（3）无监控。这个级别将不搜集任何监控数据。

此外，GlassFish 还可以对监控过程中搜集到的数据做一些自动的分析处理，如计算最小响应时间和平均响应时间等。

5.6.3 服务质量保障

1. 基本概念

服务质量这一术语来源于网络、通信和分布式多媒体领域，大多与网络的带宽、吞吐率、性能、抖动、出错率、可用性和安全性等密切相关。国际电报电话咨询委员会 CCITT（ITU-T）曾将服务质量定义如下：

定义 5.4 服务质量是用来衡量使用一个服务满意程度的综合指标。

随着服务计算领域的兴起，服务质量这一术语被引入服务计算领域，用来描述能够满足用户的服务等级。例如，不同银行提供的网上转账服务并不完全相同，从而导致为用户提供的服务等级和用户满意程度也是不同的。有的银行在转账成功后，为用户提供短信通知的功能，增加了转账服务的安全性，大大提升了用户的满意程度。总的来说，服务质量衡量了某一服务是否能够很好地满足用户需要。只有在服务质量得以保障的前提下，用户和服务的提供商之间才有可能进行交易。下面，以 SOAP 服务为例，具体介绍一下与之相关的常见非功能属性。

1）性能

SOAP服务的性能多用吞吐量、延迟、执行时间和事务处理时间来加以衡量（Rajesh，Arulazi，2003）。其中，吞吐量是指单位时间内可处理的服务请求的数量；延迟是指发送一个服务请求至接收到响应之间的往返时间；执行时间是指服务从调用开始到调用完成，处理自身的行为序列所花费的时间；事务处理时间是指服务完成一个完整的事务处理所花费的时间。

SOAP协议是导致SOAP服务性能损失的一个重要原因。处理服务发送和接收SOAP消息需要不同层次的XML解析和验证工作，这是一个非常耗时的过程。但是，对于SOAP协议来说，对XML的处理又是必需的。因此，可以从以下四个方面对SOAP服务的性能进行优化：

（1）使用轻量级的、效率更高的XML解析器。

（2）使用压缩技术，在通过网络发送XML消息时首先对其进行压缩，以减小消息的传输时间。

（3）对SOAP服务使用缓存技术。

（4）在SOAP消息中尽可能地使用简单数据类型。

2）可靠性

服务可靠性通常有两个层面的含义。一个层面的可靠性是指服务能在什么环境下以及多长时间内持续提供所标榜的业务功能的能力。这包括服务在多长时间内持续可用、能在什么环境下持续提供某个业务功能、其间出现错误的频率等。需要指出的是，可靠性和可用性是密切相关的两个概念，一个可靠的系统首先应该是可用的。另一个层面的可靠性是指服务传递和接收到的信息应该是正确的、有序的。然而，网络上信息传输渠道很有可能是不可靠的，如连接可能中断、传递的信息可能丢失或出错等。

导致服务不可靠的原因有很多，网络传输出现异常、服务提供者自身出现异常、服务提供者更新服务或是用户已经不再具有使用某一服务的权限都可能导致不可靠现象的发生。提升服务可靠性的常见技巧有两类。一类是尽量选择可靠的传输协议。SOAP服务最终还是依赖HTTP协议来实现消息传递，但是HTTP协议是无状态的，它本身并不保证消息能够被正确送达到目的地。为此人们可以采用更加可靠的传输协议，如HTTPR（Todd，Parr，Conner，2002）等。此外，OASIS还提供了WS-Reliability及WS-ReliableMessaging两个规范来协助解决消息传递以及其他的服务可靠性问题。另一类是采用服务替换和重绑定等虚拟化技术。当系统监测到某一个服务不可用时，它会将用户需求直接绑定到备选服务中的其他可用服务上，这样单个服务的失效对于用户而言就是可屏蔽的。

3）可用性

可用性定义了一个服务是否已经准备好被用户访问和使用。服务提供者在提供服务时，通常会与服务的用户协商好服务的可用性保障条款，包括服务的使用时间、使用环境、升级条件、违约责任和用户补偿等。可用性常常用服务的修复时间（time-to-repair，TTR）这一指标进行衡量。这一指标定义了某一失效服务重新变为有效时所花费的修复时间。此外，也可以采用服务在某个时间段可用的概率来定量评价一个服务的可用性。

冗余技术是提升服务可用性的最常用技巧。当系统中的一个服务不可用时，可以利用这个服务的副本或其他功能相似的服务继续提供服务。为了方便服务在不同节点的注册中心之间进行复制，服务常被设计为无状态的，并且注册中心也不会保存服务的状态信息。而如果需要使用功能相似的服务，那么就需要用到服务替换和重绑定等虚拟化技术。采用这种技术，在某个服务不可用时，可以考虑由功能相似的其他服务进行替换。

4）安全性

SOAP 服务多在开放的互联网上运行，消息传输也多采用 HTTP 形式，因此 SOAP 服务的安全问题越来越受到人们的关注。

首先，SOAP 消息多采用能够自描述的 XML。当一个 SOAP 消息被截获时，截获者能够很容易地破译出消息的内容和含义。这对安全性要求较高的应用（军事或财务等）来说是非常不利的。保障消息传递安全性的常用技术是对消息进行加密。但是，复杂的加密技术可能会增加消息长度和解析的复杂程度，降低服务性能。IBM 公司与微软公司联合提出的 WS-Security（OASIS，2006）定义了一个消息安全性模型，该模型描述了如何将签名和加密头信息加入 SOAP 消息，以及如何将安全性令牌与消息关联起来，从而保障 SOAP 消息的完整性和机密性。

其次，构建互联网分布式系统所采用的服务中有很大一部分是由第三方组织提供的。这意味着整个系统的安全性将在很大程度上受制于提供服务的第三方组织。例如，如果系统向第三方组织提供的服务发送了保密消息，那么怎样保障服务接收到消息后，对消息的解析、处理以及转发过程都是安全的？尽量选择信誉较高、合作时间较长的第三方组织提供的服务能够有效缓解这一问题，但是仍然无法完全杜绝泄露事件的发生。此外，还需要事先针对第三方组织可能存在的泄密行为的惩罚措施签订协议。

最后，为了保证只有有权限的用户才能使用相应的服务，服务提供者通常会采用授权机制，根据用户的身份设定不同级别的访问限制。但是，互联网分布式系统所采用的服务通常是分布在不同组织中不同节点服务器上的。那么，怎样保证这些不同节点能够识别彼此的权限信息就成为一个难点问题。OASIS 发布的 SAML 规范（OASIS，2005）致力于解决上述问题。SAML 规范能够帮助系统在不同安全领域之间交换认证和授权信息，为用户单点登录的实现打下基础。

上面介绍了与 SOAP 相关的几个主要的非功能属性。除了这些属性外，其他的服务质量属性还包括完整性、可伸缩性和互操作性等。限于篇幅关系，这里就不再一一介绍，有兴趣的读者可以阅读相关文献（Rajesh，Arulazi，2003；Yoon，Kim，Han，2004）。

2. 关键技术

服务质量的保障需要解决两个关键问题。第一，应该怎样描述需要保障的质量属性，并且针对每种属性应该提供什么等级的保障。服务水平协议（service level agreement，SLA）的提出致力于实现这一目标。在服务执行过程中，服务水平协议中定义的内容将作为监视和确保服务质量的参考依据。第二，基于定义好的服务水平协议，应该采用什么方法来保障服务的执行质量以符合协议规定的内容。下面，将分别对这两个问题展开讨论。

1）SLA

SLA 发展至今已有多年的历史。早在 20 世纪 80 年代，固定电话运营商就将服务水平协议作为公司和客户签订的合同的一部分。近年来，服务水平协议的思想和相关技术得到了快速传播，现在已被大量行业用来作为与用户就服务质量的保障细节达成一致的重要方法。随着 SOAP 的快速发展，SLA 的思想又被自然过渡到服务计算领域，用来确保服务的执行质量。

从本质上讲，SLA 可被视为服务提供者和消费者之间签订的关于如何保障服务质量的一份正式合约。通过该协议的签订，服务提供者和消费者之间能够在服务功能、双方权利和义务等方面达成一致。在服务使用过程中，服务提供者将按照协议中规定的条款来为用户提供一定级别的服务，并同时收取费用。下面，首先给出 SLA 的常见定义：

定义 5.5 SLA 是用户和服务提供者之间协商达成的一份合约。它可以是形式化的，也可以是非形式化的。SLA 记录了双方关于服务、优先权、责任和保证等内容达成的共识（SLA，2009）。

定义 5.6 SLA 是在两个 Web 服务之间达成的关于一个 Web 服务（提供者）如何向另一个 Web 服务（消费者）提供保障的合约（Sahai，Durante，Machiraju，2002）。

Sturm 等在 *Foundations of Service Level Management* 一书中指出，一份详细的 SLA 合约应该包含以下具体内容：

（1）目的：创建 SLA 合约的原因和目的。

（2）参与方：SLA 合约中的参与方和他们各自的角色。

（3）有效期：SLA 合约的有效期。通常采用开始时间和结束时间来进行界定。

（4）范围：SLA 合约所提供的服务。

（5）约束：为保障服务质量所必须采取的步骤。

（6）服务水平对象（service-level objectives，SLO）：每一个对象代表一项提供者和消费者达成的服务水平约定，它通常包含一系列的服务水平指标（service-level indicators），如可用性、可靠性和性能等。

（7）服务水平指标：服务水平的具体衡量手段。

（8）惩罚措施：当服务提供者没有按照合约要求或是不能按照合约要求提供相应质量的服务时应该受到怎样的惩罚。

（9）可选服务：没有被用户正式提出需求，但在某些例外情况下可能会被用到的服务。

（10）其他：明确在 SLA 合约中哪些内容是没有被覆盖的。

（11）管理：满足和衡量服务水平的具体实施过程，并且明确监督这些过程的组织责任。

对 SLA 内容的描述，需要一个规范的信息模型和描述语言。目前，还没有一个完全通用的 SLA 描述规范。与服务相关的常见描述规范有 WSML（Web service management language）和 WSLA（Web service level agreement）等。

（1）WSML（Sahai，Durante，Machiraju，2002）：惠普公司于 2002 年提出的专门针对 Web 服务 SLA 保障的描述规范，使用 XML 作为其串行化的工具。

（2）WSLA（Keller，Ludwig，2003）：IBM 公司于 2003 年提出的专门针对 Web 服务 SLA 保障的描述规范，与 WSML 很相似。

2）服务质量保障的难点与技巧

SLA 明确规定了服务提供者提供的服务质量、评价指标以及违约责任。但是，要保障这份合同得以正确执行，还需要依靠服务监控模块对相关的服务进行监控，判定服务是否满足合同的约定，并在服务出现违约的情况下及时通知相关组件加以纠正。下面，简要介绍一下在对服务质量进行监控的过程中需要注意的三个方面：

（1）监控时机。监控模块需要考虑的第一个问题是何时对执行服务进行检查，从而判断这个服务是否满足 SLA 的约定。最容易想到的检查时机是当每个服务执行完一次后就进行检查。这样做的好处是当出现违约服务时，系统能够及时发现。但是，这样做的代价很大，尤其是当监控的服务数量达到一定规模时较为明显。为此，人们通常采用在一个服务集合中抽样检查的方法来避免性能损失。抽样检查的方法很多，如可以预先设定一个服务执行次数（如 100 次），每次检查时只抽取运行次数为 100 的整数倍的服务加以检查。还有一种方法是采取时间段抽取的方式，设定起始时间点，当一个服务运行一段时间后才检查它的质量。具体采用哪种方式以及如何设置次数和时间间隔，要视实际需求而定。

（2）判定依据。服务监控模块还需要考虑根据什么信息来对服务的执行质量进行判定。信息搜集的策略很多，如可以根据某一时间段内服务执行的历史信息来进行判定；也可以根据执行服务的用户类型，搜集某类用户执行服务的信息来进行判定；还可以获取最近的若干次服务执行信息来进行判定。这里需要注意的是，搜集并分析这些信息本身也是一个比较繁重的任务，过于频繁地搜集信息会对整个系统的性能产生影响。

（3）判定指标。在判定服务是否满足 SLA 的约定时，还需要精确定义每个指标的含义和度量方法。这是因为指标的定义很容易产生歧义。例如，要保障一个服务在 95%的情况下响应时间小于 20s，这一指标的描述自身就存在歧义。人们可能会将这一指标理解为“该服务在 100 次调用过程中 95 次小于 20s”，或者“该服务每 100 次调用的平均时间有 95%的可能性小于 20s”。不同的理解可能会导致消费者得到的服务质量完全不同。

3. 实例分析

下面，结合一个货物采购流程的实际例子来阐述 SLA 的实现过程。图 5.39 所示场景展示了用户使用某购物网站（www.shopping.com）提供的服务来实现货物采购流程的全过程。在该场景中，购物网站提供了三个服务来实现采购流程：

（1）提交订单。用户填写订单，并提交给购物网站，网站判断提交订单的合法性，并通知用户订单已提交成功，正在等待处理。

（2）处理订单。网站分析用户提交的订单，安排相关人员包装好采购的货物，准备发货。

（3）发货。网站通知物流公司发货，并告知用户接收货物的时间。

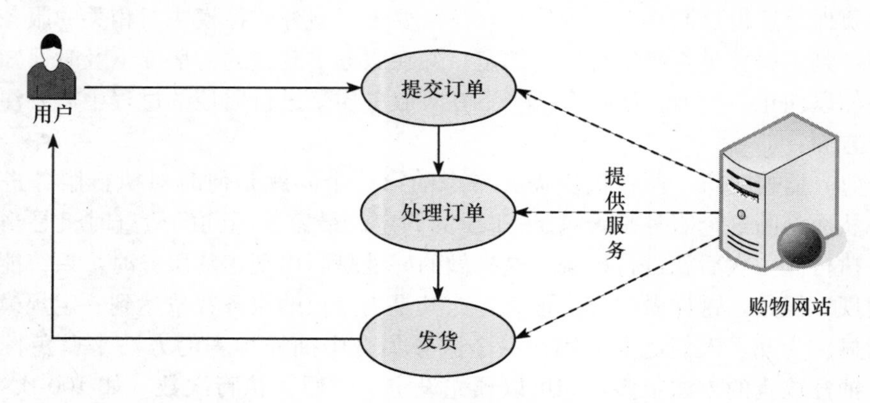

图 5.39 服务水平协议示例：货物采购流程

为了保障用户的使用质量，用户和该网站签订了一份 SLA 合约，其主要内容包括以下四点：

（1）网站应在订单提交 5 秒内响应用户请求，通知用户订单是否提交成功。

（2）网站应在周一～周五为订单提交服务提供 100％的可用性。

（3）网站应在周一～周五为订单处理服务提供 90％的可用性。

（4）网站在接收到订单请求后，应保证在 24 小时内处理完订单并发货。

为了保障监控模块能够根据合约的条款对服务质量进行监控，需要将该合约串行化为计算机可理解、可处理的格式。我们采用了 WSML 规范来对上述的 SLA 进行规范化描述。描述的结果如下所示：

代码 5.33

```
<?xml version="1.0"?
targetNamespace = http://www.shopping.com/WebServices/Messages/
  SLA
xmlns:ssla=http://www.shopping.com/WebServices/Messages/SLA
xmlns:o=http://www.shopping.com/WebServices/Messages/Order" >

<import
namespace="http://www.shopping.com/WebServices/Messages/Order"
location="http://www.shopping.com/WebServices/Messages/Order"/>

<daytimeConstraint id="alldayConstraints">
    <day>MO Tu We Th Fr Sa Su </day>
    <startTime>12AM</startTime>
    <endTime>12PM</endTime>
</daytimeConstraint>
<daytimeConstraint id="workdayConstraints">
    <day>MO Tu We Th Fr </day>
    <startTime>12AM</startTime>
    <endTime>12PM</endTime>
</daytimeConstraint>
<daytimeConstraint id="weekendConstraints">
    <day>Sa Su</day>
    <startTime>12AM</startTime>
    <endTime>12PM</endTime>
```

```
</daytimeConstraint>

<SLA id="shopping.com/SLA1">
    <startDate>03-05-10</startDate>
    <endDate>03-05-11</endDate>
    <nextEvalDate>03-05-11</nextEvalDate>
    <provider>shopping.com</provider>
    <consumer>user</consumer>

    <SLO id="SLO1">
        <daytimeConstraint idref="alldayConstraints">
        <clause id="SLO1Clause1">
        <measuredItem id="submitOrderItem">
            <item>
                <constructType>wsdl:operation</constructType>
                <constructRef>o:submitOrder</constructRef>
            </item>
            </measuredItem>
            <avgResponseTimeOf5s></avgResponseTimeOf5s>
        </clause>
    </SLO>

    <SLO id="SLO2">
        <daytimeConstraint idref="workdayConstraints">
        <clause id="SLO2Clause1">
            <measuredItem idref="submitOrderItem">
            <evalFuncPercentageAvailabilty percentage="100">
            </evalFuncPercentageAvailability>
        </clause>
    </SLO>

    <SLO id="SLO3">
        <daytimeConstraint idref="workdayConstraints">
        <clause id="SLO3Clause1">
            <measuredItem id="processOrderItem">
```

```
                    <item>
                        <constructType>wsdl:operation</constructType>
                        <constructRef>o:processOrder</constructRef>
                    </item>
                </measuredItem>
                <evalFuncPercentageAvailabilty percentage="90">
                </evalFuncPercentageAvailability>
        </SLO>

        <SLO id="SLO4">
            <daytimeConstraint idref="alldayConstraints">
            <clause id="SLO4Clause1">
            <measuredItem idref="processOrderItem">
            <evalFuncResponseTime operator="LT" threshold="P24H" >
            </evalFuncResponseTime>
         </clause>
    </SLO>
    </SLA>
```

我们针对上面的描述结果进行简单剖析。〈daytimeConstraint〉标签用于定义时间约束。时间约束定义了一项 SLA 条款起作用的时间范围。本例中共定义了三类时间约束。alldayConstraints 表示周一～周日全天有效；workdayConstraints 表示周一～周五全天有效；weekendConstraints 表示周末全天有效。

〈SLA〉标签表示合约的内容正式开始。随后的几项标签描述了该 SLA 合约的一些基本信息，包括有效期、合约签订的双方等。随后，从〈SLO〉标签开始正式描述 SLA 合约的各项条款，每一组〈SLO〉标签描述一项条款内容。

第一项合约条款（SLO1）定义 SLA 规范的第一项内容，即在订单提交 5 秒内响应用户请求。定义包括了有效期、作用对象（wsdl 操作）和响应时间等内容。第二项合约条款（SLO2）定义“网站应在周一～周五为订单提交服务提供 100%的可用性”这一条款内容。定义包括了有效期、作用对象（前面定义的 estimateMeasuredItem）和可用性度量等内容。第三项合约条款（SLO3）与第二项合约条款定义方法类似，定义了“网站应在周一～周五为订单处理服务提供 90%的可用性”这一条款内容。第四项合约条款（SLO4）则定义了“网站在接收到订单请求后，应保证在 24 小时内处理完订单并发货”这一条款。它采用了 evalFuncResponseTime 函数来衡量服务的响应时间。

5.7 本章小结

随着 SOA 理念和技术的日益成熟，服务在互联网分布式系统的构建过程中越来越扮演起了一种贴近业务的、规范的、易用的互联网组件，通过对服务的配置、组装就能够快速实现互联网分布式系统的构建。本章首先介绍了服务概念和常见的服务模型，并对 REST 服务的基本原理和实现技术进行了深入讨论。接着，本章探讨了基于服务的互联网分布式系统构建方法的基本原理及核心技术。落实这一方法要解决三个基本问题：怎样将自治、异构的互联网资源以规范的服务形式提供出来？怎样根据用户的业务需求挑选合适的服务？怎样组合选中的服务以构建能满足用户业务需求的互联网分布式系统？服务虚拟化技术致力于解决前两个问题。它基于聚合的思想，借助于服务建模、服务发现和转换等核心技术，规范业务需求的表达方式，以一体化服务的形式封装自治异构的互联网资源，自动化、智能化地建立起业务需求到具体互联网资源之间的双向映射关系。服务组合技术致力于解决第三个问题，它给出了无缝集成分布于互联网上的各种服务，构建增值业务应用的一种可行的解决方案。最后，随着服务的应用范围越来越广，可用服务的数量越来越多，对服务的管理和监控问题就变得越来越突出。本章从服务元数据管理、服务运行时监控以及服务质量保障三个方面讨论了服务管控的基本内容，并对最新的研究成果进行了介绍。

第六章　XaaS 模式的第三方运营与优化

6.1 引　　言

在传统的分布式系统中，软件的交付方式通常是由用户一次性付费，以获得软件的拥有权和使用权。用户购买软件后，还需要从头至尾建设支撑软件运行所需要的 IT 基础设施，并自行进行软件的运维管理。对软件的购买者来说，这种软件交付和运营方式存在以下不足之处：

（1）用户除了支付软件费用之外，还需要在 IT 基础设施上进行一次性的大量投入。

（2）用户购买的 IT 基础设施资源无法得到充分利用；用户在系统运行维护方面需进行高昂的投入，且很难达到良好的效果。

（3）传统的软件交付方式缺乏灵活性，很难适应动态变化的业务需求，且导致用户在软件上的投资浪费和重复投资等。

由此可见，传统的软件交付和运营方式虽然延续多年，但从长远角度来看，并不是最经济、最合理的方式。为此，人们开始探索一种新的软件交付和运营方式。“一切皆服务”（XaaS）模式的第三方运营正是在这种背景下兴起的。区别于传统的软件交付和运营方式，XaaS 模式将软件功能推到基础设施层面，由第三方运营商负责运维，并支持用户以“使用而不拥有”的方式消费和利用。在这种模式下，软件并非归软件的使用者所有，而是归专业的软件运营商（有时由软件的原始提供者担任运营商的角色）所拥有。软件运营商负责进行软件的部署和运维，根据用户的需要和实际使用情况来收费。这种交付和运营模式弥补了传统软件交付和运营方式的不足：

（1）用户不需要进行一次性的大量投入。用户不需要购买软件的拥有权，也不需要进行 IT 基础设施的建设，而是以“现收现付”的方式支付一定的服务费用，这样，用户不需要进行一次性的大量投入，在起步阶段可以通过小成本的投入规避项目风险。

（2）有助于提高 IT 基础设施资源的利用率。由于用户并不单独建设 IT 基础设施，而是由软件运营商将多个用户所需的计算、存储等资源集中起来进行管理，这就为软件运营商利用资源的调度和优化技术来提高资源的整体利用率提供了条件。

(3) 用户无需在系统的运行维护方面投入，且可根据业务的需求进行 IT 投入的调整，在 IT 服务费用的投入方面享有更高的灵活性。

近年来，XaaS 模式的第三方运营正在得到越来越广泛的关注和认同，并不断得到厂商和客户的认可。XaaS 模式第三方运营和优化已经成为互联网计算的一个重要组成部分。本章围绕 XaaS 模式的第三方运营和优化，给出基本定义之后，将分析以下两组核心问题：

(1) XaaS 模式的第三方运营有哪几种交付方式？如何对它们进行分类？在 XaaS 模式下，软件的生命周期是什么样的，和传统软件相比有什么不同？如何度量 XaaS 模式的成熟度？

(2) XaaS 的基本特征是什么？互联网服务的性质保障遇到哪些挑战性的问题？

本章的最后将给出一种 XaaS 模式的第三方运营典型实例。

6.2 基本概念

本书将 XaaS 定义为以服务形式提供网络化软件能力和资源的一种方式。从不同视角、不同内容和不同层面看问题，人们又赋予它多种多样的服务供给标识，典型的有 SaaS、PaaS、IaaS 和 DaaS 等。其中，离最终用户最近的是 SaaS。SaaS 作为一种应用软件（尤指可共享的 Web 应用）的部署、运营和使用模式，强调将应用软件统一部署在运营端（往往还会涉及一到多个数据中心），用户则通过网络以按需付费等商业模式来使用应用软件，运营端和用户之间可达成细粒度的 SLA。在 PaaS 模式下，租户并非直接获取传统的应用软件服务，而是获取平台服务，如在线开发环境等，租户在这些平台服务之上构造应用软件。在 IaaS 模式下，租户获取的是基础设施服务，如虚拟机和存储服务等。事实上，在 CSI 体系结构中，尽管服务的类型和层次千差万别，但 SaaS、PaaS、IaaS 和 DaaS 等都是基础设施对外以服务的模式提供资源的一种形式，因此我们将其统称为 RaaS。XaaS 模式下的软件对外常常以服务的形式提供，这些服务有网页、Web 数据库服务、RSS/Atom 种子、开放 API、Web 服务等多种形式。

多租户（multi-tenants）是 XaaS 模式的核心概念之一。租户是指一个具有共性需求的最终用户群体，最终用户以租户为单位租用软件。多租户是指能共享同一软件的多个租户群体。在 XaaS 模式下，运营端统一对应用软件需要的计算、存储、带宽资源进行多租户的资源共享和优化，并且能够根据实际负载进行性能扩展。负责 XaaS 模式应用软件运营的机构通常称为 XaaS 运营中心。除了提供软件运维服务并确保用户可以通过互联网 24×7 小时不间断访问之外，XaaS 运营中心往往通过技术和管理等手段提升后台效率与共享能力，挤出赢利空间。

定义 6.1 租户：在 XaaS 模式下，具有共性需求的最终用户群体被称作租户。最终用户以租户为单位来租用软件。一个租户对应一个逻辑上的虚拟系统，可在其上统一洽谈、部署和配置一到多个逻辑应用。

定义 6.2　SaaS：一种应用软件（尤指可共享的Web应用）的部署、运营和使用模式。在SaaS模式下，强调将应用软件统一部署在运营端（往往还会涉及一到多个数据中心），用户则通过网络以按需付费等商业模式来使用应用软件，运营端和用户之间可达成细粒度的SLA。运营端统一对多个租户的应用软件需要的计算、存储、带宽资源进行资源共享和优化，并且能够根据实际负载进行性能扩展。

定义 6.3　XaaS：以服务形式提供网络化软件能力和资源的一种方式，它是SaaS、PaaS、IaaS和DaaS等的统称。

定义 6.4　XaaS运营中心：负责XaaS模式应用软件运营的机构，称为XaaS运营中心。

定义 6.5　XaaS运营平台：往往由一个或多个服务器集群构成，是用以支撑XaaS模式应用软件运营的计算平台。

定义 6.6　第三方运营：XaaS运营中心往往由不同于软件提供商和最终用户的第三方角色（称为XaaS运营商）来负责运行维护，这被称为第三方运营。

6.2.1　XaaS模式下应用软件的运营模式分类

根据XaaS运营平台是否对第三方开放，以及根据其对XaaS模式下应用软件（以下简称XaaS应用）开发工作控制强度的不同可以对XaaS应用的运营模式进行分类。徐志伟等将网络计算系统对应用开发工作的控制进行了总结，本章在此基础上进行了细化。运营平台对应用开发工作的控制主要通过以下几种形式体现：命名、管理域、共享范围（应用提供的服务和价值能被哪些用户使用）、接入、用户信息管理、计费、用户访问权限管理等。下面，本章总结了四种XaaS应用的运营模式，如表6.1和图6.1所示，分别介绍如下。

表 6.1　XaaS应用运营模式总结

运营模式	应用的托管方式	支撑平台的功能	应用场景	案　例
封闭型、完全集中控制模式（“专卖店”模式）	平台并不对外开放增值应用开发接口，XaaS应用的构造和运行由平台完全控制	对平台的多租户、可配置、可伸缩性以及高可用性、高可靠性要求高	集团企业、中小企业或行业应用的信息化	Salesforce
开放型、接入及管理集中控制模式（“中介店”模式）	平台并不支撑XaaS应用的实际运行，而是通过平台开放接口控制应用的一些基本功能	平台须支持对已有软件的接入、计费、命名、分类管理等功能	电子商务平台	阿里软件

续表

运营模式	应用的托管方式	支撑平台的功能	应用场景	案　例
开放型、完全集中控制模式（"超市"模式）	平台开放增值应用开发接口，并对XaaS应用具有完全的控制能力	平台提供基础服务及业务服务，提供应用开发接口，对平台可伸缩性、高可用性、高可靠性要求高	集团企业、中小企业或行业应用的信息化	Force，Zoho Marketplace
开放型、分散控制模式（"Mall"模式）	并不能完全控制对应用的管理，而是使第三方拥有更大的控制权	平台提供更基础的服务和应用开发环境，对平台通用性要求高，对存储和计算资源虚拟化能力要求高	各种企业级Web应用、电子商务等	Windows Azure Amazon Web Services Google AppEngine

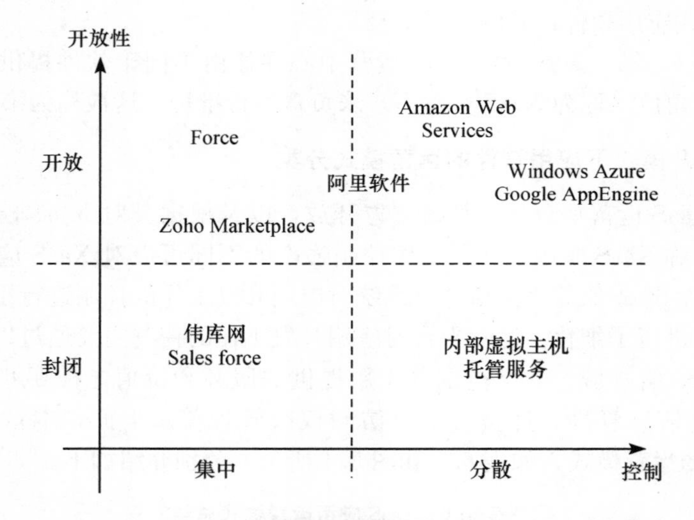

图 6.1　按照开放和控制两个维度划分的 XaaS 应用运营模式

1. 封闭型、完全集中控制模式（"专卖店"模式）

在这种模式下，XaaS 应用的运营平台提供互联网应用开发的完全集中控制功能。控制权掌握在管理运营平台的某个组织手中，应用的开发受该组织的统一规定、统一标准、统一管理、统一维护所约束。

在这种模式下，XaaS 应用的运行完全托管到平台中，托管的方式可以是开放托管方式和专有托管方式。开放托管方式是指运营平台可以运行在互联网上，用户可以通过企业外部网络进行访问。专有托管方式是指运营平台运行在企业内部的专有网络中，外部网络不能访问，这通常是出于保障安全性的考虑。此外，这种XaaS应用支撑平台并不对外开放增值应用开发接口，无法使用支撑平台的功能和数据来开发第三方增值应用。

这种模式的优点是：用户无须运维XaaS应用，由于XaaS应用由平台完全控制，所以其为运营商进行资源的充分优化配置和管理提供了条件。这种模式可应用于集团企业、中小企业或行业应用的信息化场景中，其代表性工作如Salesforce平台。

2. 开放型、接入及管理集中控制模式（“中介店”模式）

在这种模式下，XaaS运营平台并不支撑XaaS应用的实际运行，但是对应用的接入、用户信息管理、计费等一些基本的功能进行集中控制。这些功能是通过XaaS运营平台的开放接口对外提供的，可以使用这些接口开发相应的功能，构造新的XaaS应用，将其接入平台中，或者对XaaS应用的使用进行计费。同时，开发者在命名、管理域、共享范围等其他一些方面则享有控制权。

这种模式可以应用于电子商务平台等场景中，其代表性工作如阿里软件等。

3. 开放型、完全集中控制模式（“超市”模式）

在这种模式下，XaaS运营平台是对外开放的，通过对外提供应用开发接口来提供一些基础服务和业务服务，从而软件开发者和增值服务开发者可以在一定范围内开发插件、进行应用定制和开发集成应用等。

在这种模式下，平台对XaaS应用的开发具有完全的控制能力，控制权掌握在管理运营平台的某个组织手中，应用的开发受该组织的统一规定、统一标准、统一管理和统一维护所约束。

由于平台的开放性，这种模式必须应对不可预测的用户负载，其对平台的多租户、可配置、可伸缩性、可用性以及可靠性要求也较高。这种模式可应用于集团企业、中小企业或行业应用的信息化典型场景中，其代表性工作包括Salesforce公司开发的Force平台和AdventNet公司开发的Zoho网络办公套件。

4. 开放型、分散控制模式（“Mall”模式）

在这种模式下，XaaS运营平台是对外开放的，软件开发者和增值服务开发者可以利用平台所提供的基础服务开发新的互联网应用。

不同于“完全控制”模式的XaaS运营平台，在这种模式下平台虽然控制着应用的运行，但其对应用开发的控制权则分散在各个开发者手中，每个开发者可自行获取所需的信息，自主决定命名、管理域、共享范围、计费、用户信息管理和访问权限控制等重要内容。

由于平台的开放性，在这种模式下支撑平台也要提供基础服务、应用开发环境以及很多保障性的功能。这种模式对平台通用性要求高，对存储和计算资源虚拟化能力要求高。这种模式可应用于各种企业级 Web 应用、电子商务等场景中，其代表性工作包括亚马逊公司的 Web 服务、微软公司的 Windows Azure 以及 Google 公司的 AppEngine 等。

6.2.2　XaaS 模式概念模型和软件生命周期

本节首先以提供平台服务的 PaaS 模式为例，介绍 XaaS 模式下软件的开发、部署、管理等各个阶段所涉及的角色。如图 6.2 所示，将 XaaS 模式涉及的角色抽象为一个三角架构模型，该模型由服务提供者、服务消费者和服务运营者三类角色组成。在图中，实线箭头表示角色的行为，虚线箭头表示角色的转换。其中，在实际的 XaaS 系统中，独立软件开发商（independent software vendor，ISV）是常见的服务提供者；服务消费者是增值服务开发商或最终用户；第三方服务运营商是常见的服务运营者。服务提供者提供基础服务（如消息通信、目录、安全和记账等共性的支撑类服务）、业务服务（与行业业务相关的功能抽象或具体实现）和增值服务（如基于基础服务和业务服务的各类组合服务）。

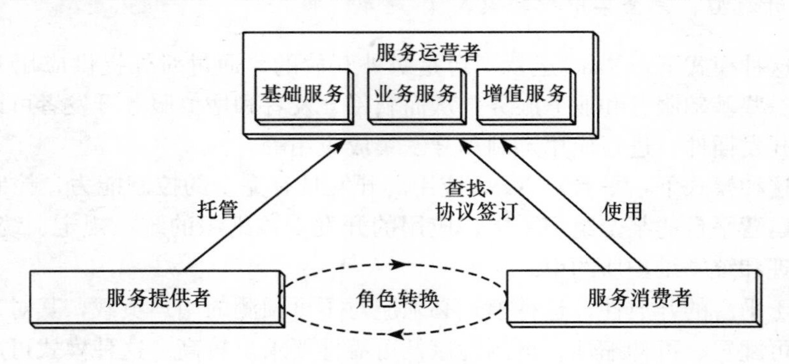

图 6.2　XaaS 模式概念模型

早期的做法是由服务提供者负责将服务发布到运营中心，并托管至运营中心由服务运营者进行服务的运行维护。后来，发展到消费者也可以贡献服务，而运营中心也可能主动收集服务。服务运营者负责对这些服务进行第三方的运营和优化。

服务消费者从运营中心查找自己所需的服务，并和服务运营者签订 SLA，然后就可根据 SLA 来使用服务。

在这个三角架构中，服务消费者也可以通过服务的组合等手段来构造新的服务。这时，服务消费者同时又具有服务提供者的角色。增值服务开发商就具有服务消费者和服务提供者双重角色，它一方面通过集成或配置各种基础服务、业务服务，提供新的增值服务；另一方面基于 XaaS 平台所提供的各种数据、应用访问和配置API，开发新的平台服务，扩展或增强原有XaaS平台的功能。

相比于传统SOA概念模型（又称为SOA三角架构），XaaS的三角架构有如下三点显著的区别：

（1）服务消费者通过开发增值服务可转换为服务提供者。

（2）在传统的SOA三角架构中，服务提供者仅仅将服务的元信息注册到注册中心，服务的运行和维护仍旧由服务提供者来负责，但是在XaaS模式的三角架构中，服务提供者不仅将服务的元信息注册到运营中心，还将服务托管至运营中心由服务运营者进行运行维护，服务的实体实际运行在运营中心。

（3）服务消费者通过和运营中心的交互来使用服务，不再需要和服务提供者进行交互。相对于SOA三角架构中的注册中心，服务运营者和运营中心在整个运作模型中的重要性变得更加突出。

如图6.2所示，在XaaS模式概念模型中，各角色所需要解决的具体问题各有不同。服务运营者所负责的XaaS运营平台首先需要提供分布式计算环境的一些共性基础设施服务，如通信、命名、同步和容错等服务；其次，需要将托管应用的一些共性服务抽象出来，在XaaS运营平台中实现，并尽可能提升抽象的层次，提供如应用配置、运行时异常处理、日志、计费等共性服务；XaaS运营平台提供细粒度的服务管理和仓储，如服务的版本、目录管理和部署等；XaaS运营平台的服务需要通过API形式提供出来，支持通过浏览器等各种客户端进行在线或离线的使用。服务提供者面临的主要挑战包括如何基于现有的服务，开发新的应用或服务；如何基于现有XaaS运营平台所提供的API扩展平台的功能，开发新的服务；如何提供有服务质量保障的服务；如何提高服务的互操作性和易用性等。

下面我们以基于平台服务创建的软件为例，来分析XaaS模式的软件生命周期，如图6.3所示，在软件的构造阶段，XaaS平台提供应用开发的API和工具等，服务提供者利用平台所提供的这些API和工具等来开发应用。软件的部署也由服务提供者或服务运营者来操作，运营中心负责验证软件的可靠性和合法性，并落实软件的安装。在软件的销售阶段，租户发现运营平台上所有待售的应用软件后，可进行在线或离线使用，并根据按需付费协议进行购买。在软件使用阶段，租户可以对软件进行定制，运营中心可以为租户提供全套的定制解决方案。在使用过程中，XaaS运营平台负责应用运行情况的监控和管理。在软件的维护阶段，服务提供者委托运营中心进行软件的升级维护，运营中心则负责落实软件的升级、重新部署和维护。

由以上分析可知，XaaS模式下软件的生命周期和传统软件的生命周期有着明显的区别：

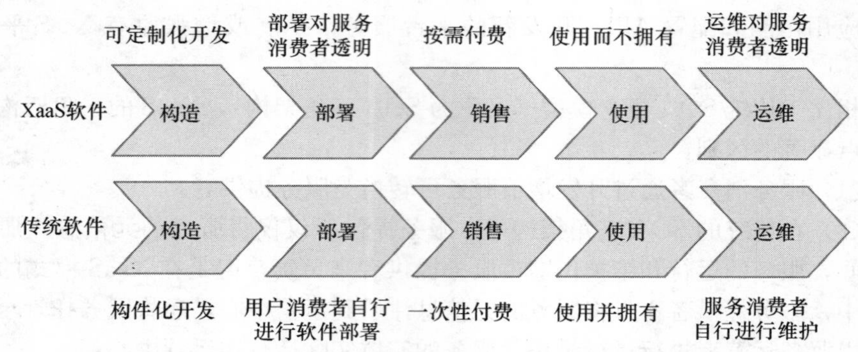

图 6.3　XaaS 模式软件生命周期和传统软件生命周期的对比

（1）在软件构造阶段，XaaS 运营平台提供应用开发的 API 和工具等，这些 API、工具一般都能够支持软件开发人员对应用进行定制化开发。而传统软件开发人员最多利用一些第三方提供的软件开发工具和开发包进行开发，这些第三方软件开发工具和开发包所提供的定制化能力是极为有限的。

（2）在软件部署阶段，XaaS 模式下的软件部署由服务提供者来操作，服务消费者无需自行进行软件的部署操作，而传统软件的用户必须自行进行软件的部署。

（3）在软件销售阶段，传统软件采用的是一次性购买的收费模式，日后的软件维护额外收费，无形中增加了软件的成本。而在 XaaS 模式下，采取的是根据用户使用时间、占用资源的多少等具体情况进行按需付费的模式，不会另外加收软件维护费用。

（4）在软件使用阶段，用户使用软件但不拥有软件，软件的功能和数据实际上放在服务运营者那里，这和传统软件"使用并拥有软件"的方式完全不同。

（5）在软件的运维阶段，XaaS 模式下的软件维护是对租户透明的，而传统软件的用户必须自己或委托软件开发人员对软件进行维护。

6.2.3　XaaS 模式下应用软件的体系结构

XaaS 模式下的应用软件以一些支持多租户以及与运营支撑相关的服务为基础，如多租户元数据服务、多租户安全服务、运营支撑服务（operational suppont services，OSS）、业务支撑服务（business support services，BSS）等。图 6.4 给出了一个最基本的 XaaS 应用软件体系结构，一般来说，XaaS 应用软件可分为两部分，即业务应用子系统和运营子系统。

其中，业务应用子系统自下而上分为数据层、业务逻辑层和呈现层（与传统的分布式系统相同，对于分布式的 XaaS 应用，还应该将中间件层考虑在内）。数据层负责 XaaS 应用数据的存储和管理，一般包括元数据库、用户数据库和业务数据库等；业务逻辑层负责实现各租户的业务逻辑和业务流程；呈现层负责生成各租户的交互界面。

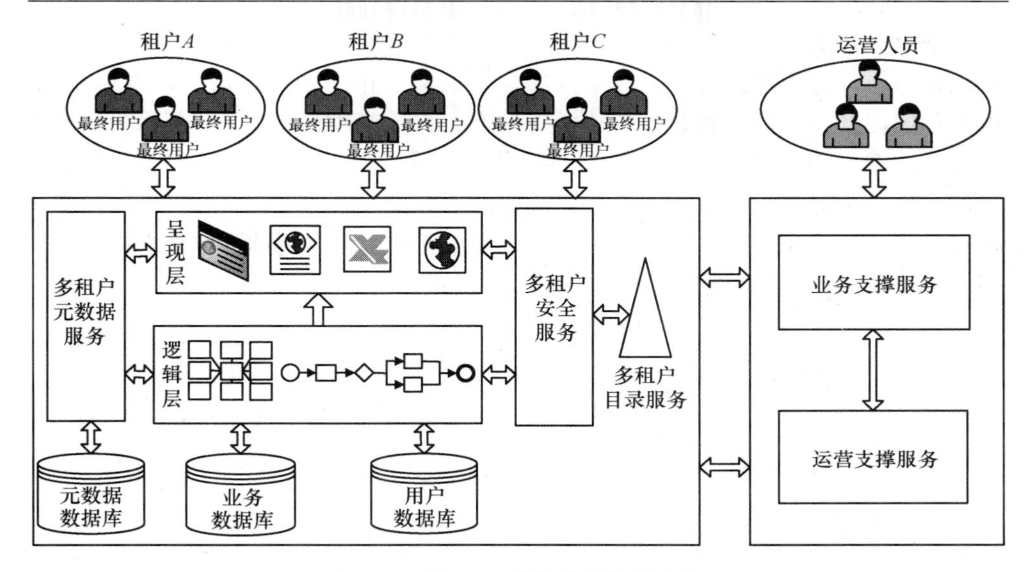

图 6.4　XaaS 应用的典型体系结构

XaaS 应用软件的运营子系统包含的服务可分为以下两类：

（1）运营支撑服务：处理软件运营方面的问题，包括账户激活、服务提供、服务确保、服务消耗、计量等方面的问题。运营支撑服务主要用于精确地跟踪客户的资源使用状况，根据使用时间或资源多少进行精确的计费；根据租户定制的协议，对资源进行访问限制；对站点的访问状况和性能进行监控，保证用户的 SLA。

（2）业务支撑服务：主要支持计费（包括计价、评级、估税、款项代收等）以及客户管理（包括订单输入、客户维护、故障登记、客户关系管理等）。

XaaS 应用对每个租户都必须预先提供一个具有管理权限的用户，并分配一个唯一的租户 ID。该管理用户可以创建其托管应用的最终用户账号。这些功能是由多租户安全服务提供的。最终用户信息都带有其所属租户的租户 ID，并通过目录服务存放于用户数据库中。目录服务和多租户安全服务还负责最终用户的身份认证和授权服务。

租户 ID 信息通过多租户元数据服务存放于元数据库中。XaaS 应用通常被设计为参数化的形式，在基本功能集之上，具有丰富的配置选项。每个租户的管理用户可通过配置应用选项来定制应用的呈现、用户接口、业务规则、工作流、安全策略等。这些属于特定租户的元数据通过多租户元数据服务也存放于元数据库中。业务逻辑层和呈现层的模块通过多租户安全服务和多租户元数据服务得到租户的 ID 及其元数据信息，根据这些信息来执行相应的功能，其执行结果也根据租户 ID 隔离开来。

从“客户端-服务器”体系结构的视角来看，XaaS 模式的应用软件一般可分为两部分。一部分为服务端程序，属于向租户提供服务的 XaaS 软件提供商的管理域；另一部分为本地资源和应用程序，它们属于租户的管理域。若本地资源、应用程序以及数据被部署到服务端，进行统一的管理和控制，此时便称为服务端计算，如图 6.5(a) 所示。若应用软件的管理和控制在租户的本地资源与程序所在的本地自治域内，则称为本地计算，如图 6.5(b) 和图 6.5(c) 所示。在本地计算模式下，若应用软件的管理和控制在浏览器中实现，则称为客户端计算，如图 6.5(c) 所示。客户端计算有利于提高应用程序的效率和灵活性。

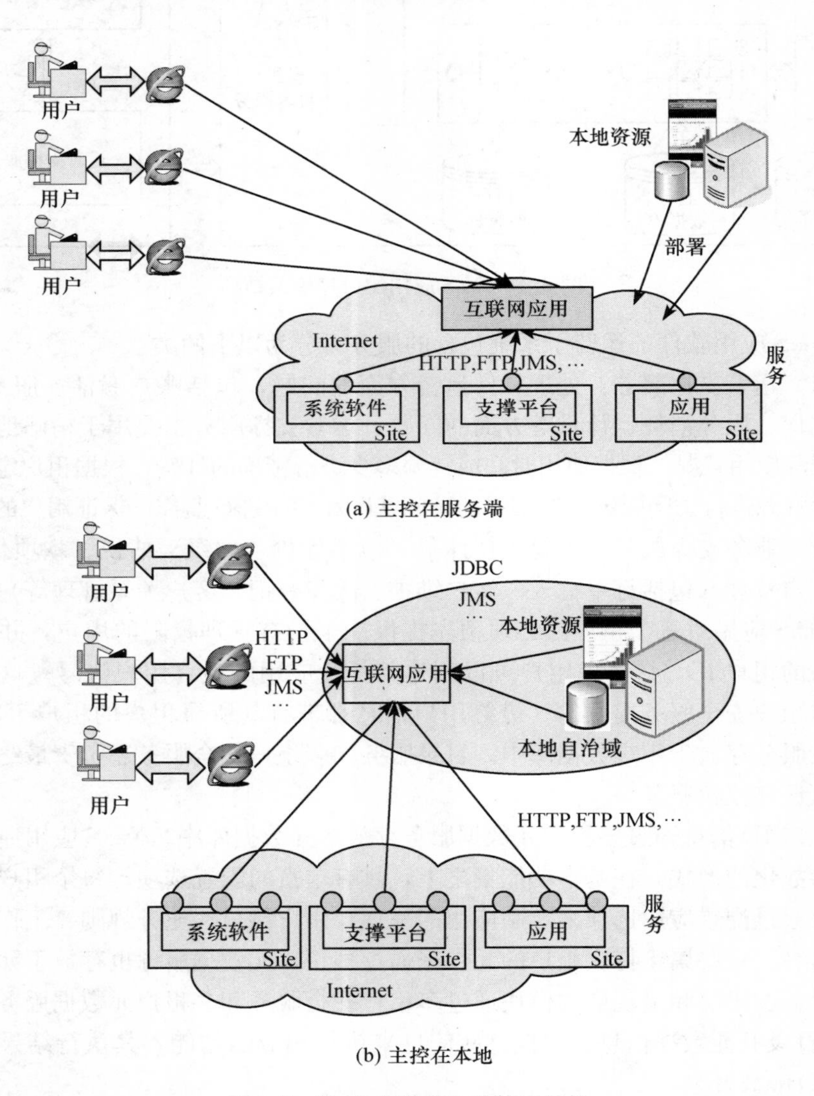

图 6.5　XaaS 应用的几种体系结构

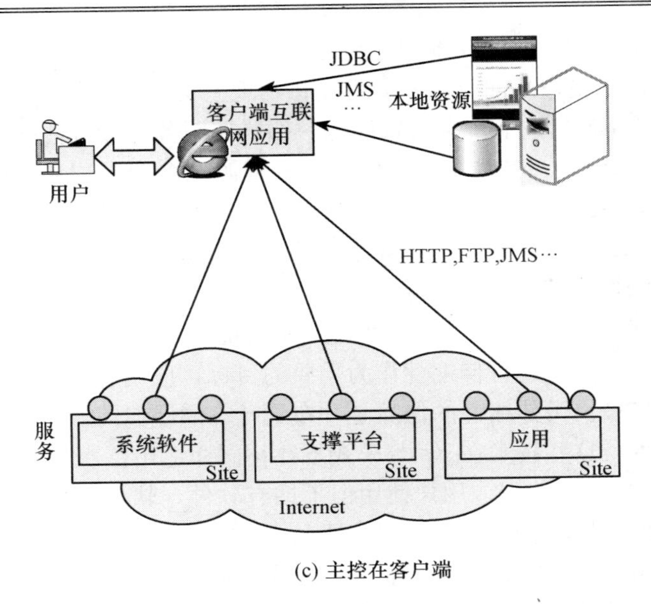

(c) 主控在客户端

图 6.5　XaaS 应用的几种体系结构（续）

6.3　XaaS 模式第三方运营与优化的基本特征

前面已经讨论过，在 XaaS 模式下，最终用户以租户为单位来租用软件。XaaS 软件与传统软件最显著的不同就在于它支持多租户。XaaS 模式的多租户要求首先要保证租户之间在逻辑上是隔离的。所谓隔离，是指在理想状态下，每个租户在使用 SaaS 软件时都彼此不受干扰，认为自己独享 XaaS 软件。租户期望能够实现如下几点：针对各自的业务需求及其变化，可以在互不影响的前提下修改软件的数据模型；尽管其他租户对软件的利用率随时发生变化，但是自己获得的服务质量始终有所保障；尽管与其他租户共享同一软硬件平台，但是系统的安全能够得到保证。对于分布式的 XaaS 应用来说，可以在应用层、中间件层、系统软件层和硬件层等不同的层次上实现多租户的隔离。

XaaS 应用往往对外以服务的方式提供其内部功能。传统的 Web 服务只面向单租户，那么如何在很少或不进行代码更改的情况下使面向单个租户的 Web 服务支持多租户？如何保障服务的质量？这些问题将会在后面进行初步讨论。

此外，为了达到多租户的目标，在数据层如何设计多租户数据模型，以使得多个租户的数据能够尽可能地共享用来存储数据的空间资源，也是 XaaS 应用支持多租户面临的特定问题。

由于 XaaS 软件支持多租户和第三方运营的特征，又引申出资源共享和优化、可伸缩性、可用性、可靠性和可配置性等其他几个基本特征。

首先，为了追求更低的成本和更高的利润，同一个物理平台或应用要服务于尽可能多的租户，租户之间资源要尽可能在物理上集中共享，并保障租户使用资源的效率。在 XaaS 模式下，应用软件统一部署在服务器端（往往涉及多个数据中心），服务器端统一对其计算、存储、带宽资源在多个应用程序间进行共享和优化调度，并和最终用户之间达成细粒度的服务质量保障协议。为了达到这个目的，需要先对 XaaS 模式下与资源共享和优化调度相关的实体进行合理的建模，然后利用合适的控制策略实现资源的共享与优化。

其次，在 XaaS 模式下，由于每个租户都可能拥有大量潜在的最终用户，因此在设计开发中要将实现可伸缩性作为重要的目标，应用软件应可根据其实际负载的需求在线扩展。可伸缩性的保障是分布式计算的经典问题，目前已经有一些成功应用的技术，这些技术在 XaaS 模式下往往同样适用。

再次，在 XaaS 模式下，用户使用但不拥有软件，软件实际运行在第三方运营中心，较传统用户掌握软件拥有权的情况，用户更加担心第三方运营中心一旦出现不可事先预见的故障将会对其业务造成无法弥补的损失。因此，在 XaaS 模式下，系统可用性和可靠性问题就变得更加突出。

最后，由于在 XaaS 模式下共享同一个平台的多个租户具有不同的应用需求，所以 XaaS 应用需要支持租户灵活、方便地进行应用定制。这些要求为传统分布式计算带来了一些的新问题。在 XaaS 模式下，租户往往没有对应用程序的构成组件进行直接修改的权限，而且在 XaaS 模式下租户是通过因特网进行应用定制的，因此传统技术无法直接适应 XaaS 模式的要求。

6.3.1　多租户

我们先介绍一个实例，然后以这个实例为基础来理解多租户的概念。该实例是一个物流报关领域的应用场景，这个应用场景主要包括从工厂或货运代理公司到海关申报系统之间的业务流程。

A 是一家笔记本电脑的出口加工企业，共有员工 300 人。*B* 是一家国际货运代理公司，员工只有 10 人。ISV-1 则是一家独立软件提供商，该公司开发并运营物流系统，该系统可以支持公司 *A* 和公司 *B* 两个租户，共 310 名左右的最终用户来使用物流系统。它将允许公司 *A* 和公司 *B* 的租户管理员登录物流系统，对其各自的数据模型、业务逻辑和用户界面等进行定制，并且公司 *A* 和公司 *B* 之间的业务互不干扰。

1. 多租户隔离机制

保证多个租户数据和程序的隔离是多租户的基本问题。以上述场景为例，只有 ISV-1 开发的物流程序要被尽可能多的租户共享，才能够提高资源使用的效率，从而确保 XaaS 运营商的利益最大化。多个租户共享同样的资源时就存在多租户隔离问题：如何确保多个租户的数据和业务逻辑不互相混淆？如何确保一个租户的用户在未经授权的情况下，不允许访问其他租户的数据和业务逻辑？如何确保多租户程序的使用者在使用 XaaS 服务时，完全感受不到其他租户的存在，如同自己在独享资源一样？

要想解决以上问题，首先必须区分不同租户的数据和业务逻辑。可以将不同租户的数据和业务逻辑分配到不同的物理机器、同一台机器但不同的操作系统、同一操作系统但不同的地址空间中；也可以在同一操作系统的进程中，对不同租户的数据和业务进行逻辑标识来加以区分。

因此，如图 6.6 所示，XaaS 模式的互联网分布式系统对多租户的支持可以实现在不同的层次上，可以采取不同的多租户隔离方法。例如，在中间件层和系统软件层不对租户进行区分，只在应用层支持不同的租户；在中间件层就开始支持多租户，不同的租户有逻辑上独立的中间件；在系统软件层采用虚拟机技术，来为每个租户提供一个独立运行的虚拟操作系统环境。

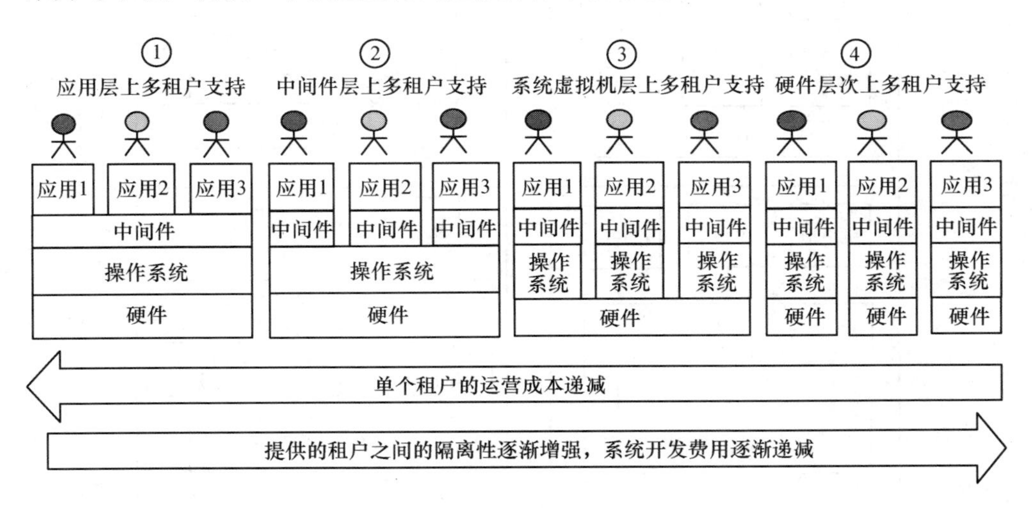

图 6.6　在不同层次实现对多租户的支持

1）在应用层实现对多租户的支持

在应用层实现对多租户的支持，不同的租户共享服务器、操作系统以及中间件，但仍然可以有多种不同的实现方式。不同的租户既可以共享应用程序的单一实例，也可以使用应用程序的不同实例。

在共享同一应用程序实例时，通常的实现方法是使用租户标识参数对应用程序的单一实例进行参数化。例如，如果应用程序有 Web 服务接口和实现，那么就在接口的操作和数据对象中添加租户 ID 参数。如果应用程序使用数据库表，那么可以在每个数据库表中添加一个表示租户 ID 的新列（当然，还可以有其他做法）。不同的租户根据租户 ID 可能具有不同的配置元素，如虚拟门户为每个租户提供不同的外观等。

对于不同租户共享服务器、操作系统以及中间件，但具有不同应用程序实例的情况，系统为每个租户都创建一个单独的应用程序拷贝，并部署到应用服务器的共享实例中。在数据库层，通常的做法是复制应用程序的数据库表。与租户相关的所有数据和应用程序的定制信息都添加到相应租户的应用程序拷贝或数据库表拷贝中。

这些不同的实现方式又可进一步划分为四种不同的级别，如图 6.7 所示。这四种不同的级别是由 Chong 和 Carraro 最先提出的，也被称为 SaaS 成熟度模型。

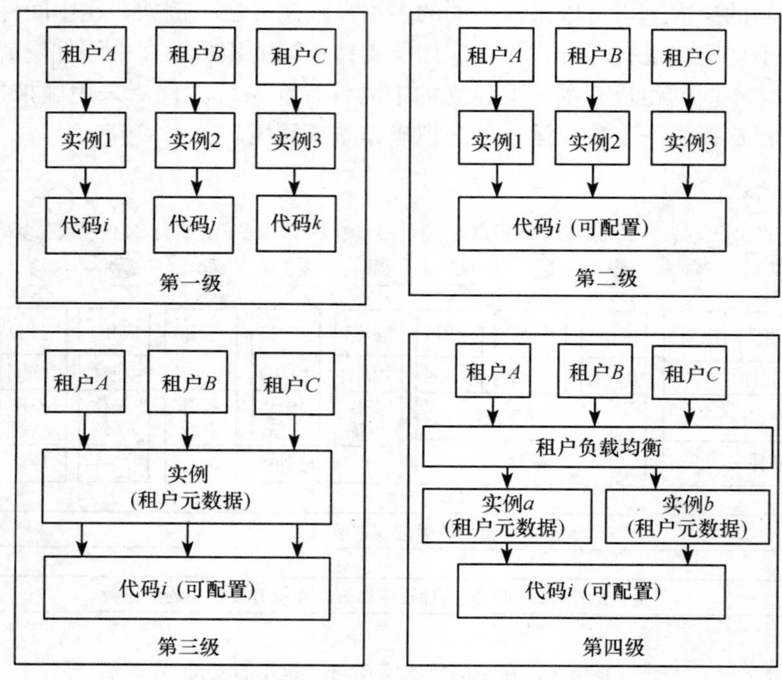

图 6.7　应用层、多租户实现的成熟度模型

(1) 第一级（每个客户一个实例）：每次新增一个客户，都会新增应用程序的一个实例。

(2) 第二级（所有客户同一个版本，不同实例）：所有客户都运行在应用程序的同一个版本上，而且任何的定制化都通过修改配置来实现。

(3) 第三级（单实例、多租户）：所有客户都在应用程序的同一个版本的同一个实例上运行。在该级别下，软件提供商部署一个应用的实例即可满足多个客户的需求。

（4）第四级（单实例、多租户、可伸缩）：在第三级的基础上具备可伸缩性，可以通过硬件水平扩展（scale out）的方式来进行扩充。

目前，人们通常认为的可以称为成熟的SaaS模式至少应该到达第三级，即支持单实例和多租户，Salesforce就是一个“单实例、多租户”的典型例子。

这里，业务逻辑（尤其是复杂的业务流程的隔离与共享）是XaaS模式面临的主要挑战之一。下面，给出对业务流程进行租户隔离的三种方式：

（1）不同租户使用不同的工作流引擎。在这种情况下，有可能一个租户使用一个工作流引擎，也有可能一个租户同时使用多个工作流引擎。不同租户的流程控制数据和工作流相关数据等存储到不同的数据库中。租户的迁移较为简单，不需要对现有工作流进行改动。当一个租户可能同时使用多个工作流引擎时，需要利用传统分布式工作流的调度技术，对引擎资源进行合理分配。当多个租户的多个工作流引擎共享同一个服务器上的资源时，也需要对不同租户所使用的资源进行监控，并合理分配。在这种方式下，不同租户的流程数据隔离性较好。

（2）多个租户共享同一个工作流引擎，但各自有不同的流程定义。在这种方式下，需要使用不同的租户ID来区分不同的流程定义，因此传统工作流的元模型需要进行相应的修改。不同租户的流程控制数据和工作流相关数据等可以选择存储到不同的数据库中，也可以采用共享数据库的方式进行。前者的优点是隔离性好，后者的优点是共享的程度高，能够支持更多的租户。

（3）多个租户共享同一个工作流引擎，并共享同一个流程定义。在这种方式下，需要使用不同的租户ID来区分不同的流程实例，因此必须对现有工作流引擎的实现进行修改。由于不同的租户可能具有不同的组织模型，对于工作流人工活动的指派来说，也需要与不同租户的组织数据关联。不同租户的流程控制数据和工作流相关数据等可以选择存储到不同的数据库中，也可以采用共享数据库的方式。前者的优点是隔离性好，后者的优点是共享的程度高，能够支持更多的租户。

下面，我们着重分析一下多个租户共享同一个工作流引擎，但各自具有不同流程定义情况下的多租户支撑实现机制。首先，给出支持多租户的工作流元模型，如图6.8所示。

与传统的工作流元模型相比，在支持多租户的情况下，其增加了租户这一实体。租户拥有多个流程定义和自己的组织模型。不同的租户在其组织模型中可能拥有不同的角色。

与传统的工作流元模型相比，在支持多租户的情况下，流程定义除了包含诸如流程名称、流程ID、流程启动和终止的条件、系统安全以及监控和控制信息等基本属性之外，还包括一个重要的基本属性——所属租户的ID。这个属性反映了该流程由哪个租户来定义，其相关的活动和工作流相关数据等都隶属于哪个租户。

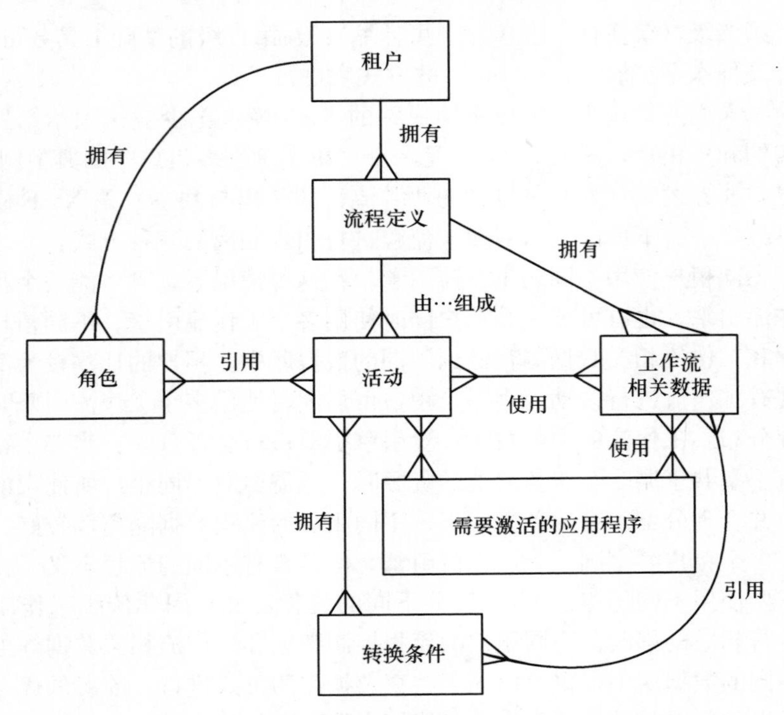

图 6.8　支持多租户的工作流元模型

工作流通常分为构造时和运行时两个阶段。在构造时，不同的租户进行各自的流程定义；在运行时，根据各租户的流程定义创建的流程实例也分属于各租户。

2）在中间件层实现对多租户的支持

在这种实现方式中，租户共享操作系统和服务器，不同的租户使用应用程序的不同实例，但是这些实例部署在中间件的不同实例中。由于中间件实例是不同的，所以每个租户拥有自己的操作系统进程（地址空间）。这种方法在相同物理服务器上支持的租户数量比在应用层实现多租户支持的租户数量要少。

在图 6.9 的示例中，每个租户（公司 A 和公司 B）运行自己的应用程序物理拷贝（分别为 App_1 和 App_2），这些拷贝部署在自己的中间件物理拷贝中（分别为 M_1 和 M_2）。注意，租户可在不同的操作系统上运行。例如，在此示例中，租户 A 在 Windows 上运行应用程序，而租户 B 在 Linux 上运行应用程序。与前面介绍的方法相比，这种方法对现有应用程序修改较少，有助于加快部署速度。

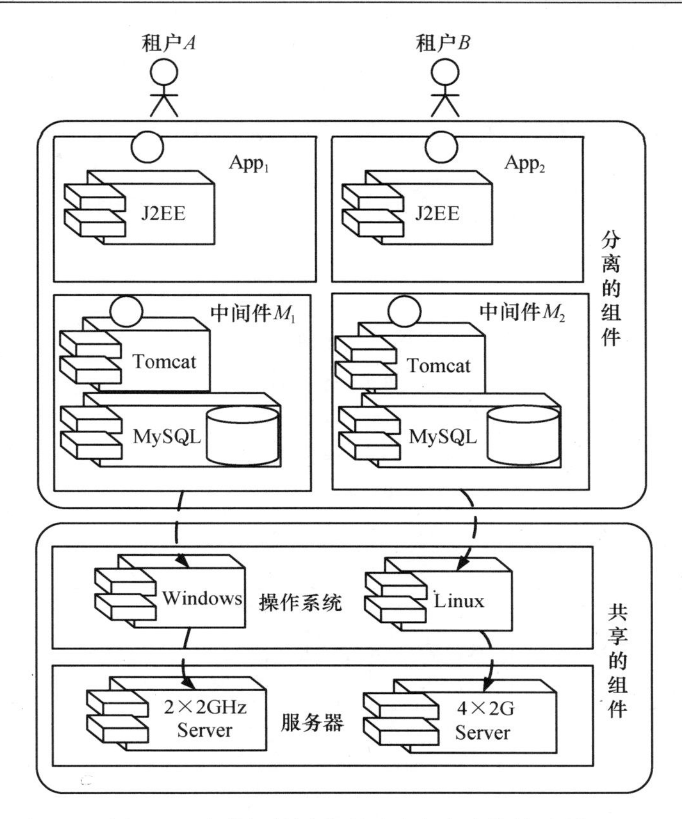

图 6.9 在中间件层实现对多租户支持的示例

3）系统虚拟机层次上的多租户支持

虚拟机是指由虚拟机软件模拟出来的计算机或称为逻辑上的计算机。虚拟机是支持多操作系统并行运行在单个物理服务器上的一种系统。因此，虚拟机是一套计算机软件，其基本功能是在一个操作系统里面模拟安装了另一个操作系统的计算机。习惯上称被模拟的操作系统为客系统（guest OS），运行虚拟机软件的操作系统为主系统（host OS）。采用虚拟机能够提供更加有效的底层硬件应用，因为每个虚拟机都可模拟与物理计算机相同的运行环境，包括硬件层、驱动接口、操作系统及应用层；同一物理计算机的多个虚拟机还可以相互连接以形成网络，实现集群作用。

虚拟机根据它们的运用和与直接机器的相关性分为系统虚拟机和程序虚拟机两大类。系统虚拟机提供一个可以运行完整操作系统的完整系统平台。相反，程序虚拟机为运行单个计算机程序而设计，这意味它支持单个进程。虚拟机的一个本质特点是运行在虚拟机上的软件被局限在虚拟机提供的资源里——它不能超出虚拟世界。

在系统虚拟机层次上支持多租户，多个租户共享物理服务器，但使用不同的虚拟映像以及不同的应用程序、中间件和操作系统实例。使用这种方法，在物理服务器（主系统）上安装虚拟化服务器之后，对于每个租户，服务供应商实例化一个虚拟服务器（客系统），它包含与该租户相关的软件，如中间件和应用程序等。因此，使用这种方法不需要为实现多租户而进行大量支持多租户的应用程序或中间件的代码开发。

图 6.10 给出了一个采用这种方法的示例，其中在物理服务器上安装了本机系统管理程序（如 Xen）。在这个示例中，底部的物理服务器 $Server_A$ 有两个频率为 2GHz 的 CPU，它被分为两个虚拟服务器（$vServer_1$ 和 $vServer_2$），每个虚拟服务器各有一个 2GHz 的 CPU。虚拟服务器 $vServer_3$ 包含整个服务器 $Server_B$，有 4 个 2GHz 的 CPU。虚拟服务器还共享物理服务器的其他资源，如内存、磁盘空间和网络连接等。应用程序 App_3 和 App_4 分别部署在 $vServer_1$ 和 $vServer_2$ 中，为两个租户服务，App_5 部署在 $vServer_3$ 中。

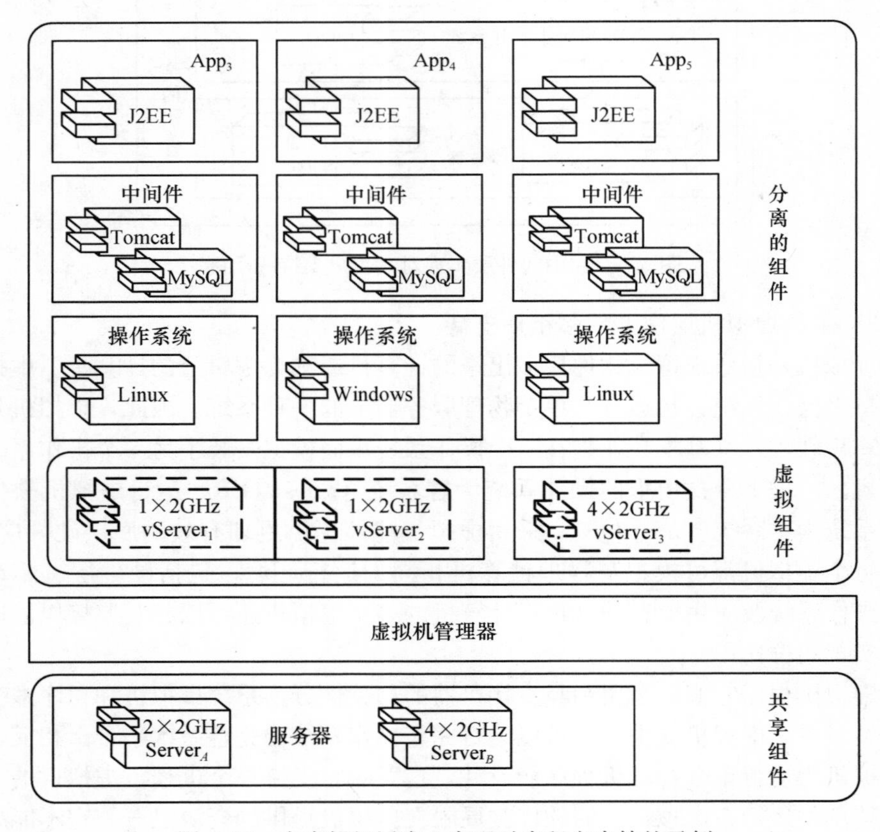

图 6.10　在虚拟机层次上实现对多租户支持的示例

4）服务器层次上的多租户支持

在硬件层次上提供对多租户的支持，多个租户只共享数据中心的物理基础设施（如供电和制冷），但是使用不同的物理服务器、操作系统、中间件和应用程序的不同实例。在图6.11所示的示例中，租户A、B和C使用三个不同的应用程序实例App_A、App_B和App_C，它们在与租户相关的中间件实例、操作系统实例和物理服务器上运行。在以上介绍的四种方法中，这种方法能够提供最高的隔离性。

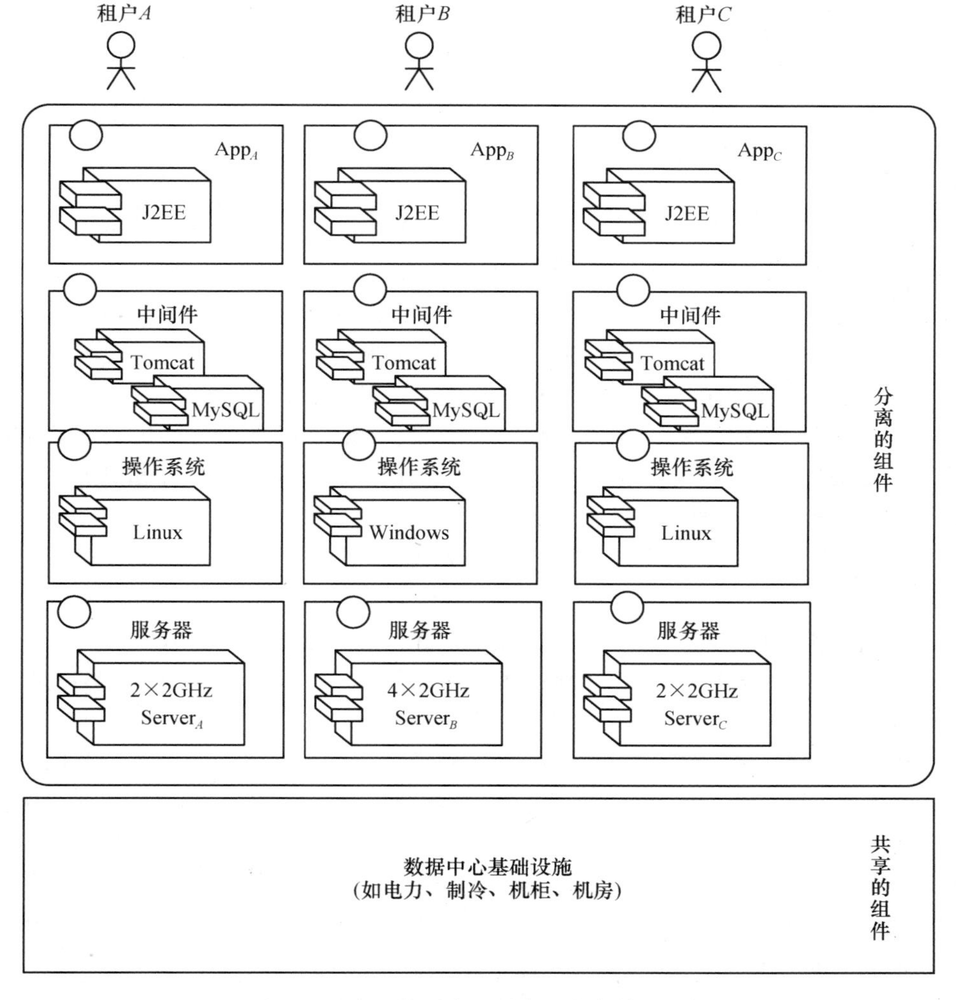

图6.11　在硬件层实现对多租户支持的示例

比较在不同层次上实现对多租户的支持，不难发现具有以下规律：

(1) 实现多租户的层次越低，其能够提供的租户之间的隔离性就越强。例如，在应用层实现对多租户的支持，不同租户可以有自己的应用程序实例；但是他们却共享同一个操作系统进程；在中间件层实现对多租户的支持，每个租户具有自己的操作系统进程（地址空间），因此，其能够提供的租户之间的隔离性更强，但是这种方式在操作系统和服务器层仍然有隔离问题，如一个租户的用户有可能占用物理服务器中的所有 CPU 和内存。

(2) 实现多租户的层次越低，相同的硬件资源能够支持的租户的数量越少，单个租户的运营成本越高。

(3) 实现多租户的层次越低，所需要的系统开发费用越小。例如，在硬件层次上实现对多租户的支持，不需要针对多租户功能进行额外的系统开发；而在应用层上实现对多租户的支持，必须在应用层基于现有的数据库、中间件进行针对多租户功能的系统设计和开发。

2. 支持多租户的服务提供机制

传统的 Web 服务只面向单租户，这使现有面向单租户的 Web 服务支持多租户会面临如下挑战性问题：如何在很少或不进行代码更改的情况下使面向单个租户的 Web 服务支持多租户？例如，在不对 Web 服务的接口实现进行代码更改的情况下，如何使面向单个租户的信用审核服务支持多租户？

针对 Web 服务支持多租户的问题，在不改变现有 Web 服务接口实现的条件下，需要增加一个中介层，对不同租户的服务请求和响应进行区分和隔离，对不同租户的服务调用情况进行监控和管理。

首先，中介层需能区分不同租户的服务请求和响应。例如，面向单个租户的信用审核服务接口为 Check（$input_1$，$input_2$，…），那么在中介层需要实现一个支持面向多租户的 Web 服务接口 Check-Multi-Tenant（tenant_ID，$input_1$，$input_2$，…），中介层需要标识不同租户的服务请求，并将不同租户调用 Web 服务的结果进行正确标识后，返回给对应的租户。

在很多情况下，往往需要针对不同的租户指定服务提供商，因此中介层还需要对来自不同租户的服务请求按照业务规则进行正确的路由。例如，有两个服务提供商都提供信用审核服务，它们分别是 ISV_1 和 ISV_2，这时有租户 A 和租户 B，其中，ISV_1 是租户 A 的指定服务提供商，而 ISV_2 是租户 B 的指定服务提供商。那么，中介层就需要负责将来自租户 A 的服务请求路由到 ISV_1 提供的服务上，而将来自租户 B 的服务请求正确路由到 ISV_2 提供的服务上。

在多租户的情况下，对 Web 服务以及前面介绍的开放 API 的监控和管理更加紧迫。这是因为，每个租户所拥有的最终用户的数量常常是无法预先估计的，如果不进行监控并提前进行约束或采取相关措施，一旦服务请求负载超过了现有资源的上限，所有租户的服务使用都将受到影响。因此，中介层的另外一个重要职责就是对多个租户的服务调用情况进行监控和管理。常见的监控和管理措施包括：对来自不同租户的Web服务或开放API的调用进行计数、对来自不同IP的最终用户的服务调用进行计数、对服务请求中的身份许可标识进行认证等。通过限制某IP或某租户在一段时间内服务调用的总次数或审核服务请求是否合法等方法来验证服务请求者的合法性，避免用户负载无限制增长的现象发生。

以Google地图为例，用户若想使用Google地图所提供的开放API开发应用，就必须使用注册域名来获得密钥，这样申请得到的密钥将对该域、其子域以及这些域中主机上的所有网址和所有端口有效。Google公司使用这种方法来对其API的使用进行一定程度的控制。API的提供商也可以轻易地做到通过限制来自某密钥的API访问次数来控制用户请求的负载。鉴于Google基础设施在可伸缩性保障方面的足够能力，目前Google公司对于每天可使用地图API生成的地图页面展示的次数是没有限制的。但是，如果一个使用Google地图API的网站每天有超过50万个页面展示还是需要向Google公司申请额外的处理流量。

6.3.2　多租户的资源共享和优化

在第三方运营过程中，多租户的资源共享和优化是一个十分困难的问题。由于XaaS运营中心运行的软件越来越复杂，而且软件的负载随时间动态变化，因此要在每个租户都达到一定SLA的条件下最大化资源的利用率是一件极具挑战性的工作。

在XaaS模式下，多租户的资源管理涉及三个实体，即资源、资源消费者和资源管理者，这三个实体之间存在控制关系。因此，只有先对这些实体进行合理的建模，才能基于实体间的控制关系，利用合适的控制策略，实现资源的共享与优化。下面，就从多租户资源管理的实体抽象和控制过程两个方面来介绍多租户的资源共享与优化问题。

1. 多租户资源管理的实体抽象

在多租户的资源管理中，物理资源包括CPU、内存、磁盘存储或网络I/O等。为了方便这些资源的管理，操作系统实际上为用户建立了这些资源的抽象。例如，操作系统通过线程管理对CPU资源进行分配，通过虚拟内存管理对物理内存进行分配，而通过文件管理对磁盘存储进行分配。因此，操作系统将这些资源分配给租户时，租户是CPU时间和物理内存等资源的消费者。但是，从操作系统内核的角度来看，线程和虚拟内存等却是CPU时间和物理内存等资源的消费者。

资源的下述属性会对资源管理的策略和机制造成影响：

（1）资源的独占或共享使用方式。当资源以独占方式使用时，在特定的时间内只能分配给一个资源消费者使用。

（2）资源是有状态的还是无状态的。当资源为有状态时，这个状态通常与正在使用它的资源消费者相关。资源的状态在资源分配时创建，之后清除或存储起来以便资源重新分配时再次使用。

（3）资源是以单实例的形式存在还是作为资源池的一部分存在。典型的资源池包括内存页面、多处理器中的 CPU 资源或同构集群中的计算机资源。

在多租户的资源管理中，资源管理者可以抽象为服务器进程或被动对象（passive object）。对于前者，资源请求是以消息的形式发送。对于后者，资源请求以进程调用或方法调用的形式发送，这个调用可以是隐蔽的。一个资源管理器可以是分布式的，它可以由一组使用相同协议的管理器组成，对用户只提供一个应用程序接口。

在多租户的资源管理中，资源消费者的抽象包括资源容器和集群区两种形式。

1）资源容器

在单独的机器上，如 Web 或数据服务器，资源消费者经常抽象为资源容器的形式，这里资源容器是一个抽象实体，它包含了一个应用完成特定独立活动所使用的所有系统资源。对于 CPU 时间来说，一个资源容器动态绑定到一些线程中，每个线程都为多个资源容器服务，并且绑定关系随着时间而改变。资源容器根据某资源分配策略得到 CPU 时间。资源容器也可以以层次的方式进行组织，在最高层次上定义的资源容器根据全局的资源管理策略获取系统资源。

2）集群区

在集群上，资源消费者往往抽象为集群区（cluster reserves）的形式，它实际上是资源容器的扩展，本质上是集群范围内所有节点上资源容器的聚集。分配给一个集群区的全局资源可以进一步动态分解到不同节点上的资源容器中。资源在多个资源容器之间进行划分的问题可以抽象为约束优化问题，其目标是在满足如下约束的条件下求解资源在每个节点上的分配：

（1）每个集群区上的资源分配应该与全局资源分配策略偏离最小。

（2）每个节点上资源分配的总和不能超出现有的资源数量；资源不能分配给不会使用它的容器（资源不能浪费）等。

集群中具有一个资源管理节点，它将按需或者周期性地求解资源优化方案，并将结果通知给每个节点上的本地资源管理器。

2. 多租户资源管理的控制过程

和其他的系统管理一样，多租户的资源管理也可以看成是一个控制过程。关于控制原理这里只做简要介绍。对于一个随时间演化并且受外界扰动的系统，控制的目标是指能够按照预定的策略控制系统的行为。这里需要假设系统提供了一个执行器使得通过执行器的命令能够影响系统的行为。这样的控制方法主要包括开环控制（前馈控制）和闭环控制（反馈控制）两种（Hellerstein，Parekh，2004）。

1）开环控制

开环控制是最简单的一种控制方式，是指受控客体不对控制主体产生反作用的控制过程，也即不存在反馈回路的控制。在这种控制中，控制系统的输出仅由输入来确定。在实际中则表现为控制主体在发出控制指令后，不再参照受控客体的实际情况来重新调整自己的指令。

开环控制的原理如下：在对系统情况和外界干扰有了大致了解的基础上，通过控制初始条件，使系统不再受外界干扰的影响，从而准确无误地转移到目标状态。这种控制如图 6.12 所示。

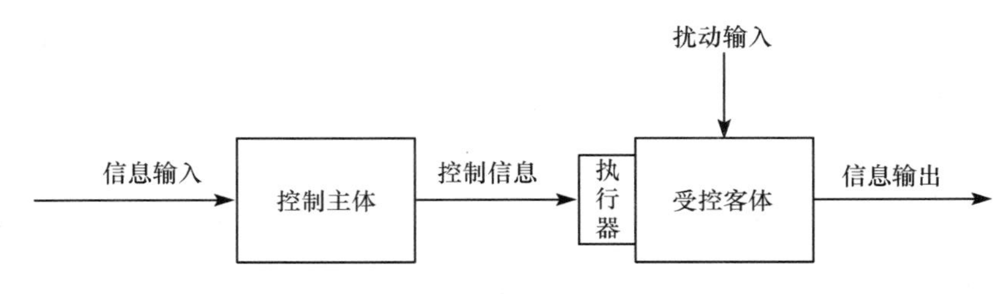

图 6.12 开环控制的原理

在管理中采用开环控制具有作用时间短、控制成本低等优点，在外界干扰较小且变化不大的情况下，有一定的控制作用。但由于没有反馈机制，开环控制无法发现和纠正计划以及决策实施中与预定目标之间的偏差，缺乏抗干扰能力。因此，开环控制仅适用于那些受干扰影响不大且有规则变化的组织活动。在复杂多变的情况下，开环控制往往不能起到有效控制作用，有很大的局限性。

2）闭环控制

闭环控制是根据控制对象输出反馈来进行校正的控制方式，它是在测量出实际与计划发生偏差时，按定额或标准来进行纠正的。在控制论中，闭环通常是指输出端通过“旁链”方式回馈到输入端。输出端回馈到输入端并参与对输出端再控制，这才是闭环控制的目的，这种目的是通过反馈来实现的。正反馈和负反馈是闭环控制常见的两种基本形式。从达到目的的角度来讲，正反馈和负反馈具有相同的意义。从反馈实现的具体方式来看，正反馈和负反馈属于代数或算术意义上的“加减”反馈方式，即输出量回馈到输入端后，与输入量进行加减运算，然后作为新的控制输出来进一步控制输出量。实际上，输出量对输入量的回馈远不止这些方式。这表现为：在运算上不止是加减运算，还包括更广域的数学运算。

闭环控制的原理如下：当受控客体受干扰的影响，其实现状态与期望状态出现偏差时，控制主体将根据这种偏差发出新的指令，以纠正偏差，抵消干扰的作用。在闭环控制中，由于控制主体能根据反馈信息发现和纠正受控客体运行的偏差，所以有较强的抗干扰能力，能进行有效的控制，从而保证预定目标的实现。管理中所实行的控制大多是闭环控制，所用的控制原理主要是反馈原理。这种控制如图 6.13 所示。

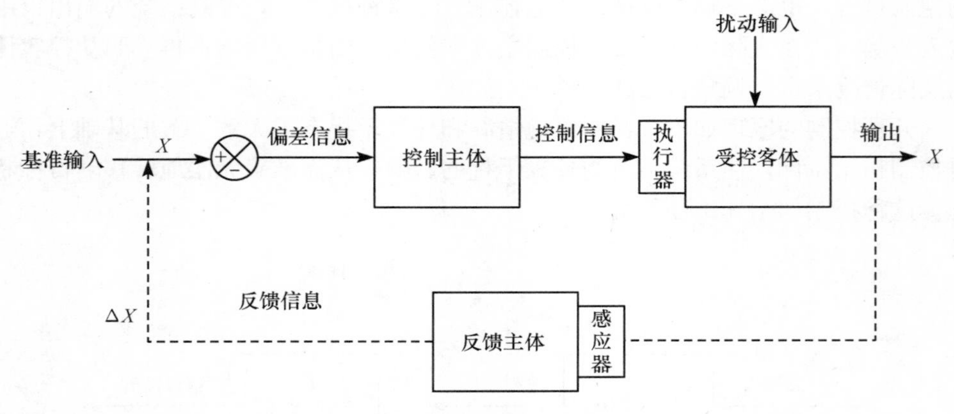

图 6.13　闭环控制的原理

闭环控制的优点是充分发挥了反馈的重要作用，排除了难以预料或不确定的因素，使校正行动更准确、更有力。但它缺乏开环控制的那种预防性。例如，闭环控制在控制过程中造成不利后果时才采取纠正措施。

如果一个系统处于这样的一个状态，资源管理者使用已经得到的资源能够达到资源消费者预定义的服务质量指标，那么该状态可以称为“健康”状态。资源管理者可看做是一个控制系统，它运行一个控制算法，算法的目的是通过需求推断、优化部署、负载预测、动态资源提供、应用监管等各种手段将系统维持在一个“健康”的状态，以实现资源优化。这些手段可以基于上述开环、闭环或两者结合的方式来控制。下面首先介绍资源管理者的基本手段：

（1）需求推断。XaaS 运营中心必须精确地推断出不同租户的资源需求，过高地估计资源的需求将浪费资源，过低地估计则可能导致租户所接受的服务质量受到影响。一般可基于应用的分析模型或经验观察来进行需求推断。

（2）优化部署。优化部署是指当一个新的租户程序上线运行时，系统为其分配最合理的资源以便最大化整体的资源利用率。

（3）负载预测。由于 XaaS 软件的用户负载是随时间动态变化的，因此对用户负载进行预测就变得尤为重要，可根据预测结果合理调控资源的分配，从而在一段时间内达到整体最优。

(4) 静态动态资源提供。静态资源提供又称为资源预留，是根据租户对资源需求的静态预计值来进行资源分配。动态资源提供是指根据动态变化的负载预测结果，动态地将资源提供给不同的租户。

(5) 应用监管。应用监管是为了保护应用不受突发负载的影响。为了维持现有服务的正常水平，在突发负载的情况下，应用监管允许运营中心自动忽略一些超出正常负载的服务请求。同样，在突发负载的情况下，对于一些优先级别较高的服务请求，应用监管也应该优先为其提供服务。

在对上述手段的控制上，这里主要介绍基于开环控制的资源优化策略和基于闭环控制的资源优化策略，其中基于开环控制的资源优化策略主要包括以下两种：

(1) 资源预留策略。这种情况假设资源消费者所需的资源是预先可知的，资源提供者为不同的资源消费者预留一定的资源，以保证其SLA。采用这种方法的前提是资源的总量足够满足所有消费者的资源需求，在资源需求前后变化很大的情况下，这种方法会不可避免地导致资源浪费现象的发生。

(2) 比例调度策略。按照一定的权重（比例）对一组需要调度的资源进行调度，使它们得到的资源与它们的权重完全成正比。比例调度策略可以采取的方法有轮转法、公平共享法、公平队列法和彩票调度法等，这些均是从传统操作系统进程管理中借鉴得来的经典方法。在基于集群的互联网分布式系统中，轮转法或其变种（如动态加权轮转法）是经常被用来在不同节点之间进行负载均衡的方法。关于互联网分布式系统中所采用的负载均衡算法，感兴趣的读者可进一步参考相关文献（Cardellini，Casalicchio，Colajanni，et al.，2002）。

为了能够应用基于闭环控制的资源优化策略，我们需要指定系统的表示模型、观察和控制的变量、使控制器能够与这些变量进行交互的感应器和执行器采取的手段、控制器的控制算法等。下面分别来介绍这些内容。

对一个计算系统的资源管理和性能进行建模主要有四种方法（Sacha，2007）：

(1) 经验方法，这是最常用的一种方法。例如，早期为避免虚拟内存颠簸现象发生，系统被简单地建模为一个在三个状态（正常、过载和低负荷）之间根据资源占有率进行转换的状态转移图，其目的是通过调节允许共享内存的任务数目来避免系统进入过载状态。该模型非常简单，但也可能是非常有效的。

(2) 将控制系统看做是一个黑盒，其内部组织结构对外不可见，只通过一系列的感应器和执行器与外部世界通信。假定系统按照一定的规律运行，且是线性和不随时间变化的。

定义 6.7　线性系统是指状态变量和输出变量对所有可能的输入变量和初始状态都满足叠加原理的系统。

定义 6.8 叠加原理是指如果系统相应于任意两种输入和初始状态($u_1(t)$,x_{01})和($u_2(t)$,x_{02})时的状态和输出分别为($x_1(t)$,$y_1(t)$)和($x_2(t)$,$y_2(t)$),则当输入和初始状态为($C_1u_1(t)+C_2u_2(t)$,$C_1x_{01}+C_2x_{02}$)时,系统的状态和输出必须为($C_1x_1(t)+C_2x_2(t)$,$C_1y_1(t)+C_2y_2(t)$),其中 x 表示状态,u 表示输入,y 表示输出,C_1 和 C_2 为任意实数。那么,系统模型的参数值可通过执行一系列的实验(如周期性地向系统提交一些输入,并测量其输出响应)来求取(Lath,2000)。

(3)基于排队理论的方法(Chen,Iyer,Liu,et al.,2007;Doyle,Chase,Asad,et al.,2003)。将系统抽象为一个排队网络,即一系列互相连接的队列,每个队列都与特定的资源或资源集合关联。

(4)基于分析模型(Urgaonkar,Pacifici,Shenoy,et al.,2005)来表示系统行为特性的方法。通过分析系统具有的一些行为特征来进行建模,从而使分析后的模型能够模拟实际系统的行为特征。

由于资源管理的目标是提高 QoS,使用与 QoS 相关的参数作为观察的变量是很自然的事情,如响应时间、吞吐量等。然而,这些变量的值并不容易测量和获取。因此,这里使用更容易获得的与资源使用相关的变量。与资源使用相关的变量包括 CPU 负载、内存占用率、电量消耗、I/O 通道速度以及集群中服务器使用的百分比等。

感应器的主要任务是观察变量,执行器的主要任务是控制这些变量。执行器采取的手段有如下四种:

(1)分配或释放一个资源分配单元,如 CPU 的时间片、服务器集群中的一个服务器或通信信道中的一部分共享带宽。

(2)改变资源的状态,如关闭服务器和修改 CPU 的频率等。

(3)从资源池中增加或减少资源。

(4)允许或拒绝资源消费者来竞争资源。

前面已经介绍了系统的表示模型、观察和控制的变量以及感应器和执行器采取的手段,下面简要介绍控制算法。目前使用较多的控制算法是基于比例或积分的算法,这些算法假设受控客体是线性的或分段线性的。基于微分的控制算法很少使用,因为它们容易对突然的负载变化做出很强烈的反应,而突然的负载变化在互联网服务中是很常见的(Hellerstein,Parekh,2004)。

在互联网环境下,系统往往呈现明显的非线性行为,互联网分布式系统的用户请求负载较难准确建模,除此之外,感应器和执行器本身也是一个非常复杂的系统,它们自身的动态性也需要在整个控制系统中考虑,这就使得互联网分布式系统的多租户资源优化问题迄今为止仍然是一个开放的研究课题。

除上述内容之外,还有一个重要的问题是多租户环境下的安全和信任问题,即如何在多租户之间共享应用程序资源，以便只有属于租户 A 的最终用户可以访问属于该租户的实例，而只有属于租户 B 的最终用户可以访问属于该租户的实例。XaaS 模式下的安全和信任问题将在后续章节进行阐述。

6.3.3　可伸缩性

对于互联网环境下大规模的分布式系统来说，由于它们往往要支撑成千上万用户的并发请求，所以良好的可伸缩性是至关重要的。对于 XaaS 模式下的互联网分布式系统来说，所服务的用户往往无法事先预计，为了最大限度地为租户提供优质的服务，进而最大化其商业利益，XaaS 模式的互联网分布式系统的可伸缩性就显得尤为重要。传统分布式系统的可伸缩性保障技术同样适用于 XaaS 模式的互联网分布式系统。下面，我们从可伸缩性的度量与评价及提高可伸缩性的一般技术两个方面进行介绍。

1. 可伸缩性的度量与评价

可伸缩性在并行计算领域已经发展了一系列的度量指标，这些度量假设程序在给定 k 个处理器上运行，并使用任务的完成时间 T 来测量系统的性能。并行计算机可伸缩性度量指标主要有三个（Grama，Gupta，Kumar，1993）：

（1）并行加速比（speedup）S，即 k 个处理器与单位处理器的性能比率。理想情况下，加速比应该与处理器的个数呈线性关系，即 $S(k)=k$。

（2）并行效率（efficiency）E，使用单位处理器的加速比 $E(k)=S(k)/k$ 来测量。理想情况下，E 的取值应为 1。

（3）从规模 k_1 到规模 k_2 的并行可伸缩性（scalability）使用其效率的比值 $\psi(k_1,k_2)=E(k_2)/E(k_1)$ 来测量。理想情况下，其值为 1。

此外，固定大小加速比（fixed size speedup）用来表示同样比例扩展基数的情况下，任务完成时间的比率，即 $S(k)=T(1)/T(k)$。还有一些附加指标，如等效率（isoefficiency）和等速率（isospeed）（Hwang，Xu，1998）等，这些指标用来在不同的情况下根据不同的约束条件来描述系统的可伸缩性。

然而，对于互联网分布式系统来说，可伸缩性的度量并不能完全照搬并行计算中的上述度量指标，这是因为：

（1）在互联网分布式系统中，系统的大小不能仅根据处理器的数量来度量，还与是否采取了复制机制、网络以及存储设备不同类型和价格等因素相关。可以说，系统的大小是一个多维的度量属性。

（2）在互联网分布式系统中，对系统性能的评价除任务的完成时间之外，更重要的是服务质量，即分布式系统提供服务的好坏，如可用性的度量等。

（3）在互联网分布式系统中，处理器的成本、存储与带宽的成本以及管理维护费用的成本等都必须考虑在内，并且成本的计算与采用“软件即服务”应用运营和使用模式相关。

(4) 在互联网分布式系统中，对系统进行扩展可能采取的方法并非简单地增加处理器、带宽和存储容量，还包括更加复杂和丰富的方法，如复制、改变通信策略等。因此，在对系统的可伸缩性进行度量时，还需要将其采取的可伸缩性策略考虑在内。

Jogalekar 和 Woodside 提出了一种更具有通用性的分布式系统可伸缩性度量指标（Jogalekar，Woodside，2000），该指标各参数描述如下：

设 $\lambda(k)$ 为给定问题规模 k 的情况下系统的吞吐量，根据用户请求的每秒平均响应数来计算。

设 $f(k)$ 为每个请求响应的服务质量平均取值，这个取值根据给定问题规模 k 的情况下响应的服务质量来计算得到。

设 $C(k)$ 为给定问题规模 k 的情况下每秒的吞吐量 λ 对应的成本（cost）。

$F(k)=\lambda(k)\cdot f(k)/C(k)$ 为系统每秒的生产率。

定义问题规模 k_2 与 k_1 时生产率的比值为分布式系统从规模 k_1 到规模 k_2 的可伸缩性

$$\psi(k_1,k_2)=F(k_2)/F(k_1) \tag{6.1}$$

如果一个分布式系统在问题规模变化时，即 ψ 始终保持大于 1 或者接近 1，则可以说这个系统是可伸缩的。在具体的工作中，可以为 ψ 定义一个阈值。例如，定义 $\psi>0.8$ 时，则系统是可伸缩的。在某成本固定的情况下，ψ 取阈值时的 k 值为系统在此情况下能够支撑的问题规模极限。

在上述求系统可伸缩性的参数中，吞吐量 λ 的语义不言自明。成本 C 需要特殊说明一下，它不是指一次投资成本，而是每个单元时间内所消耗的资源租赁成本，它可以将处理器、存储、网络、软件和管理维护等各种成本计算在内。$f(k)$ 是根据系统的性能评价方法来决定的，可以将响应时间、可用性和数据丢包率等各种与系统提供服务质量相关的因素考虑在内。例如，假设我们只考虑系统的请求响应时间，那么设 $T(k)$ 为问题规模 k 时的请求响应时间，设系统的目标期望响应时间为 $\hat{T}$，对请求响应的服务质量均值进行归一化，归一化后的数值分布在[0,1]区间内。因此，定义 f 为

$$f(k)=1/(1+(T(k)/\hat{T})) \tag{6.2}$$

将其带入式（6.1）化简后则有

$$\psi(k_1,k_2)=\frac{\lambda_2\cdot C_1\cdot(T_1+\hat{T})}{\lambda_1\cdot C_2\cdot(T_2+\hat{T})} \tag{6.3}$$

而作为一种特例，并行计算系统的可伸缩性同样可以使用式（6.3）来度量。

式(6.3)是从理论上给出的系统可伸缩性封闭解。在实践中，其参数值一般并不容易获得。下面，我们介绍一种可伸缩性的数值求解方法（Jogalekar，Woodside，2000）。

决定一个系统可伸缩性配置的变量集合可分为两部分，即（$x(k)$，$y(k)$）。其中，$x(k)$ 表示在给定问题规模 k 的情况下由系统选取的伸缩策略决定的参数集合；$y(k)$则表示可调参数集合，通过调节 y 可以达到每个问题规模 k 时的最大生产率。系统在每个问题规模 k 时($x(k)$,$y(k)$)的取值形成一条路径，可称为伸缩路径（scale path）。例如，对于一个数据库系统来说，伸缩策略将请求用户个数、数据库大小、处理器个数都定义为 k 的函数，分别表示为

$$\text{User}(k) = k \tag{6.4}$$

$$\text{Database}(k) = 10000 \times \log_{10} k \tag{6.5}$$

$$\text{CPU}(k) = \lceil k/100 \rceil \tag{6.6}$$

图 6.14 显示的是 k 从 100 变化到 300 的过程中，在（数据库大小和 N 处理器）二维空间的伸缩路径。对于给定的 k，系统选取的伸缩策略以及可调参数的优化取值就决定了该数据库系统在 k 时的配置。

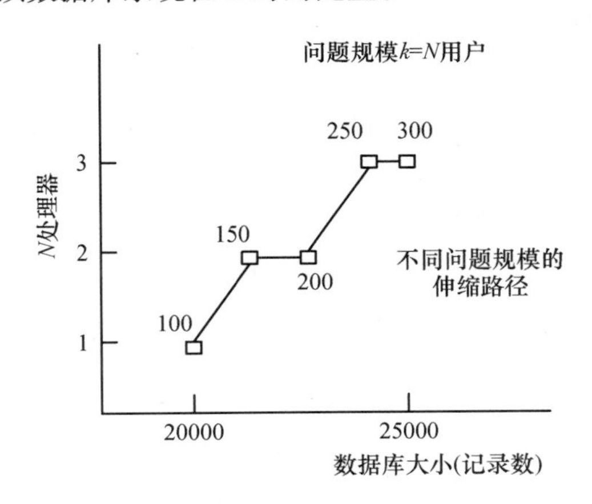

图 6.14　伸缩变量和伸缩路径

可伸缩性的数值求解过程如下：首先针对给定的 $x(k)$和 $y(k)$初始值，按照某个合理的系统性能分析模型（例如，在一些合理的假设条件下，很多分布式系统都可以采用排队网络模型对其性能进行建模）求解响应时间和吞吐量的数值近似值，进而求得系统在每个给定问题规模 k 时的生产率，即系统初始伸缩路径；然后针对当前伸缩路径上每一个问题规模 k，利用数值搜索算法调节参数 y，以使得当前问题规模 k 时的生产率逼近最大。若系统的初始伸缩路径有多个，则还需要在所有初始伸缩路径的结果中选择对应生产率最大的伸缩路径。

上述数值求解方法还是显得比较繁琐，相对而言，通过对系统资源的乐观假

设来求取系统生产率的临界值则比较容易。这种假设省去了优化过程，针对每个问题规模 k，可以只进行一次计算。通过求解临界值同样可反映系统伸缩路径上各种资源消耗和系统开销等变化的趋势，如果临界上限值已经表明系统可伸缩性很差，则实际情况只会更差。因此，求解临界值能够在很快的时间内、较简便地为系统可伸缩性的设计带来很多有用的指导信息，Jogalekar 等给出了求解临界值的相关算法（Jogalekar，Woodside，2000）。

2. 可伸缩性技术

可以按照应用程序的类型对伸缩技术进行分类。应用程序按照其“瓶颈”所在位置可分为事务密集型应用程序、数据密集型应用程序和网络 I/O 密集型应用程序三大类。其中，事务密集型应用程序通过数据库存储数据，其大部分的操作都是数据库记录的增加、删除、修改、查询。由于这些操作一般通过事务实现，因此将其称为事务密集型应用。这类应用程序的扩展方法是提高应用服务器和数据库的性能，或者将组件复制并分布到系统中的其他节点上，在实践中一般采用支持事务密集型的高吞吐量数据库以及应用程序服务器集群。数据密集型应用程序以一定的格式存储大量的用户数据，并响应用户对数据的使用请求，在实践中一般采用高性能的分布式存储系统，利用数据的划分、复制和缓存技术，将数据分布到系统各处以提高性能。网络 I/O 密集型应用程序需要大量的网络 I/O 访问传递实时或非实时数据，如基于 Web 的网络视频会议，用户之间需占用大量的带宽来传递多媒体数据流，一些数据密集型应用在高访问量的工作条件下也可以视为网络 I/O 密集型应用，如 Web 邮件服务。这类应用程序的扩展方法是提高服务器的带宽，或将网络 I/O 分布到系统中的其他节点上。在实践中，可以使用具有良好带宽的服务器或内容分发网络（content delivery network）技术来提高此类应用程序的扩展性。

上述三类应用程序的伸缩技术采用了垂直扩展（scale vertically 或 scale up）和水平扩展（scale horizontally 或 scale out）两类技术。前者是指为分布式系统中的单个节点增加资源，如为一台服务器增加 CPU 和内存资源。由于垂直扩展技术增加了可供虚拟操作系统、虚拟应用模块等共享的资源，因此它能够使用户充分利用虚拟化技术所带来的好处。水平扩展则是指在一个分布式系统中增加更多的处理节点，如一个 Web 站点的服务器由一台增加为三台。这两类方法各有优缺点，水平扩展会增加管理的复杂性，节点之间的 I/O 吞吐量和延迟问题也会给编程人员带来一些不便。但相对来说，水平扩展的经济成本相对于垂直扩展较低，因此水平扩展一直以来都是人们最常用的扩展技术。近年来，随着虚拟化技术发展的成熟，一个虚拟系统能够快速简便地运行在 Hypervisor（虚拟机管理器）之上，而其系统购买和安装成本都要比购买一台真实的独立服务器并在其上安装系统的费用要小，因此人们对垂直扩展的需求也逐渐增多。

水平扩展技术又可分为分布技术和缓存/复制技术两类。分布技术是指将组件分割成多个部分，然后再将它们分散到系统中去。针对数据库而言，对数据表进行划分也是一种常见的提高数据库伸缩性的技术。复制技术是指对组件进行复制并将其拷贝到系统中去。缓存是复制的一种特殊形式，它往往是指由客户发起的资源拷贝。由于缓存和复制在系统的多个地方重复同一份数据，这就会引发不一致性问题。解决这类问题的关键是如何将更新立即同步到其他拷贝上，并保证并发操作在每个拷贝上具有相同的执行顺序。

在上述可伸缩性技术中，数据库的可伸缩性技术又是一个可以单独讨论的话题。例如，一些研究者对关系数据库模型是否是实现分布式环境下可扩展数据管理的最佳模型提出了质疑。我们在第四章已经对此问题进行了详细讨论。

3. CAP定理

以上介绍了可伸缩性的保障，但是在一个互联网分布式系统中，要同时保障系统的可伸缩性和一致性并不容易。美国加州大学伯克利分校的Brewer教授发现，分布式系统的一致性、可用性、分区容忍性三者是不可能同时实现的，任何设计高明的分布式系统只能同时保障其中的两个性质，这被称为CAP定理（Brewer，2000）。Gilbert、Lynch等于2002年对上述CAP定理进行了形式化证明（Gilbert，Lynch，2002）。CAP定理的工程意义在于，架构设计师不要将精力浪费在如何设计能满足三者的完美分布式系统之上，而是应该进行取舍，选取最适合应用需求的其中之二。

首先，这里的一致性不同于数据库事务ACID性质中的一致性。数据库ACID中的一致性是针对事务而言，而这里的一致性是针对数据而言，它保证在分布式系统的任意一组请求/响应操作下，同一个数据在同一时刻只有一个值。

其次，这里的可用性是指当系统一直可用时，系统中每一个未失效的节点接受的请求都会返回响应。如果只从这方面考虑，这对可用性的要求是比较弱的，因为它并没有限制从请求到响应需要多长时间；但是如果和下面介绍的另外一个属性（即分区容忍性）相结合，这对可用性的要求就比较强了，即使发生了严重的网络失效，每个请求也都必须得到响应。

最后，所谓分区容忍性是指网络允许丢失从一个节点到其他节点发送的消息，除非全部网络失效，否则不允许系统出现无效的响应。所谓无效的响应是指响应操作不是原子性的（Lynch，1996）。当网络被分区时，从一个分区的节点发送到另外分区节点的所有消息将会丢失。这时，一致性要求隐含着即使部分消息没有被发送到目的节点上，每一个响应操作也都是原子性的。而可用性要求则隐含着即使发送的消息丢失，每个接收到客户端请求的节点也都必须响应。

互联网环境下的应用规模较传统应用规模有了很大的增长，这时 CAP 定理就显得尤为重要。这是因为，对事务数量规模较小的应用来说，数据库在维护 ACID 性质时所导致的延迟对整个系统的性能以及用户的体验来说都不明显。但是，对于很多大规模的互联网应用来说，由维护 ACID 性质所导致的延迟会比较突出，从而可能会对用户体验产生很大的影响。例如，在用户结算账单的过程中，填入详细的信用卡信息后，由于延迟，用户得到了一个“付账失败”的返回结果，此时用户就会担心系统是否处于已经付款但购物失败的状态？对此，亚马逊公司曾经断言，每增加 0.1 秒的额外延迟，都会使他们的销售额减少 1%。而 Google 公司也注意到，0.5 秒的延迟增长都会使得他们的流量减少 20%。在这种情况下，一致性和其他性质不可兼得，因而不必将精力浪费在对一致性过于严格的要求上，而是可以通过放松对一致性的要求来减少延迟，通过对可用性和分区容忍性的保障来提高用户体验。

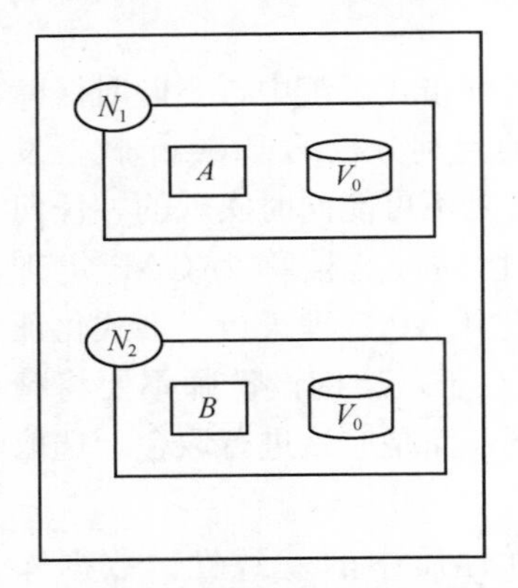

图 6.15　网络中的两个节点 N_1 和 N_2 共享同一数据项

下面，我们通过一个简单的实例来对 CAP 定理进行直观解释。

图 6.15 中给出了网络中的两个节点 N_1 和 N_2，它们共享同一数据项 V，其值为 V_0。在节点 N_1 上执行的算法 A 可以认为是安全可靠的。同样，在节点 N_2 上也执行类似的算法 B。在这个实验中，A 向数据项 V 写入新的值，而 B 读取 V 的值。正常情况下数据项的更新如图 6.16 所示。

图 6.16(a) 表示 A 向 V 写入新的值 V_1；图 6.16(b) 表示更新节点 N_2 中数据项 V 的消息 M，从节点 N_1 传送到节点 N_2；图 6.16(c) 表示 B 读到的值为更新后的值 V_1。

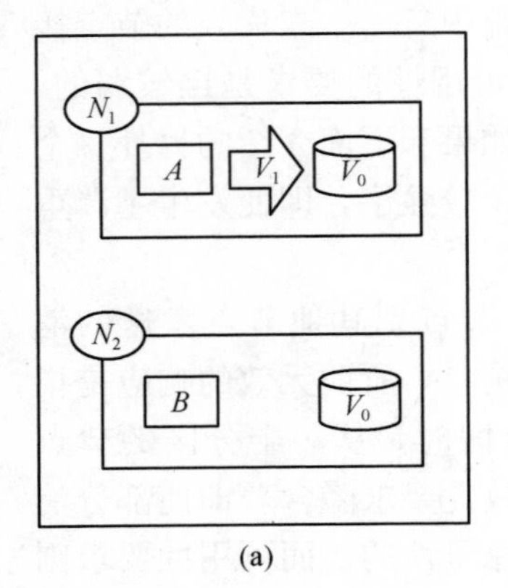

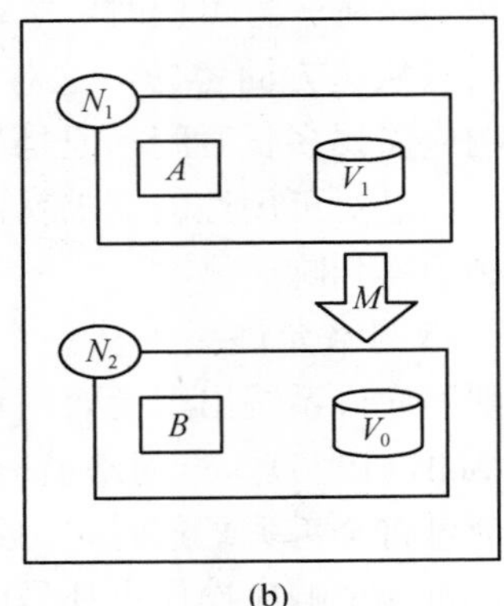

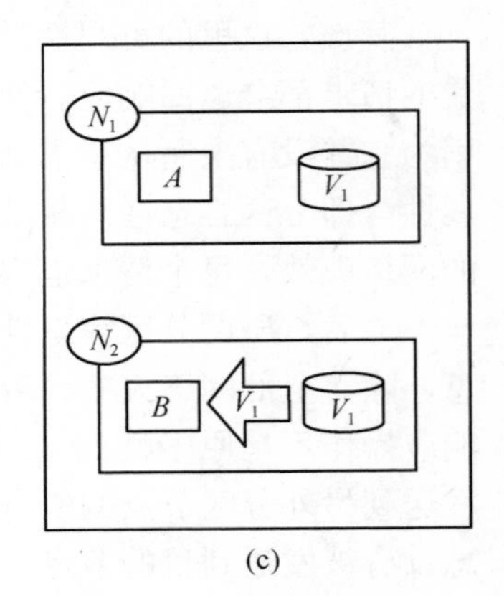

图 6.16　正常情况下数据项的更新

如果网络发生分区，即从 N_1 到 N_2 的消息无法正确送达，那么在 B 读到的值为更新后的值 V_1 时，N_2 就包含了不一致的值，如图 6.17 所示。

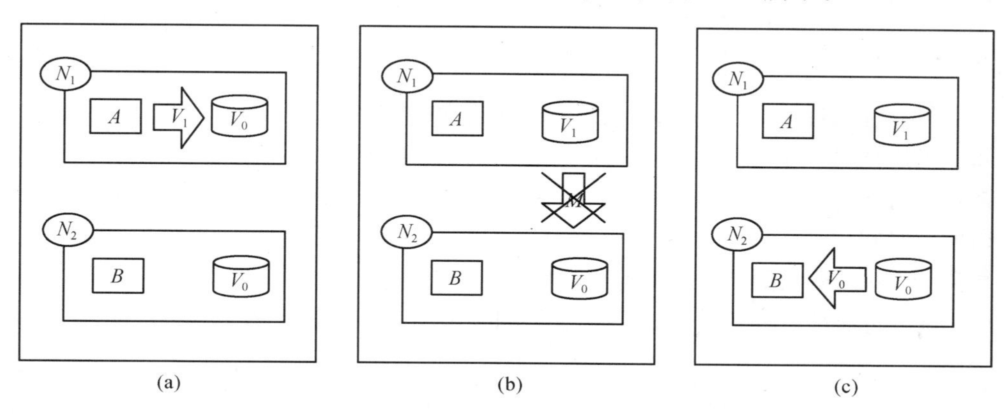

图 6.17　网络发生分区时数据项的更新

如果 M 是异步消息，N_1 就无法知道 N_2 是否收到了该消息。即使保证 M 可以送达 N_2，N_1 仍然无法获知消息是否由于分区时间或 N_2 的暂时失效而被延迟送达。即使是在 M 为同步消息的情况下仍然于事无补。这是因为，同步消息仍然将 A 在节点 N_1 上的写操作以及从 N_1 到 N_2 的更新操作默认为一个原子操作，上面的延迟仍可能发生。Gilbert 和 Lynch 在其论文中证明了即使在满足部分同步模型（每个节点上都有顺序时钟）的情况下，仍然无法保证上述操作的原子性。

因此，由 CAP 定理可知，要想使得 A 和 B 高度可用（如都具有很小的延迟），并且使得节点 N_1 到 N_n 能够容忍网络分区（消息丢失和进程失效等）情况的发生，有些情况下，我们不得不容忍系统具有不一致的中间状态，即对一些节点来说，V 的值为 V_0，而对其他节点来说，V 的值为 V_1。

若从事务的角度来分析，如果有定义在数据项 V 上的事务 α，那么 α_1 就是写操作，而 α_2 为读操作，如图 6.18 所示。在一个本地系统中，通过加锁来隔离 α_2 中在 α_1 结束之前的任何读操作，就可以获取系统的一致性。

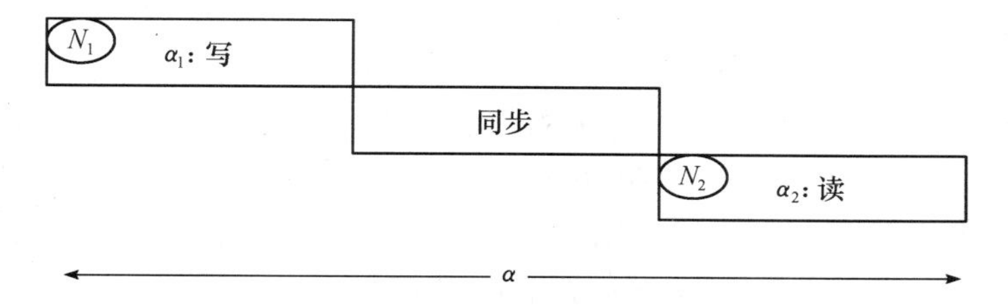

图 6.18　从事务的角度理解 CAP 定理

但是，在分布式系统中，还必须保证节点之间的同步消息正确完成。除非我们能够控制 α_2 发生的时间，否则就无法保证它一定会看到和 α_1 同样的数据项。

然而，所有控制方法（阻塞、隔离和集中管理等）都要么会影响分区容忍性，要么会影响 $\alpha_1(A)$和/或 $\alpha_2(B)$的可用性。

6.3.4 可用性与可靠性

可靠性指标用来测量一个系统在没有故障和失效的情况下，能工作多长时间。可用性是一个比值，是指一个系统正常运行时间占总运行时间的百分比。记系统正常运行直到系统失效的平均时间，即系统失效前的平均正常运行时间为平均失效时间（mean time to failure，MTTF），记用于修复系统和在修复后将它恢复到工作状态所用的平均时间为平均修复时间（mean time to repair，MTTR），那么，系统可靠性可定义为 MTTF，而系统的可用性可定义为 Availability，且有

$$\text{Availability} = \frac{\text{MTTF}}{\text{MTTF} + \text{MTTR}} \tag{6.7}$$

在 XaaS 模式下，对可用性进行度量时必须将多租户的因素考虑在内。假设 XaaS 模式下互联网分布式系统共有 N 个租户，当故障发生时，平均有 X 个租户受到影响，那么系统可用性的度量公式为

$$\text{Availability} = 1 - \frac{\text{MTTR}}{\text{MTTF} + \text{MTTR}} \times \frac{X}{N} \tag{6.8}$$

当 MTTR、MTTF 和 N 为常量时，X 就成为影响整个系统可用性的关键因素。换句话说，面向租户进行故障隔离的目标是使得 X/N 的值（即故障在多个租户之间的传播比率）尽可能小。

我们经常看到一些互联网服务运营厂商宣称其系统的可用性达到“5 个 9”(即 Availability=99.999%)，甚至更高，这个数据说明了一个系统平均一段时间内（通常是一年左右）的失效间隔时间。但是，针对这个测量方法和指标，有以下三点需要注意：

（1）这个数据是平均数，在可用性不能达到 100%的前提条件下，任何系统在任何时候都还是有可能发生失效，对租户来说，如果发生失效的时间正好是租户运营关键业务的热点时间，那么对其造成的影响同样是巨大的。

（2）系统的可用性并不等同于用户最终得到的可用性。用户最终得到的可用性是一个整体的概念，假如一个系统由 5 个组件构成，如果其中 4 个组件的可用性都达到了 5 个 9，但另外一个组件的可用性比较低，那么整体的可用性还是会大打折扣。再比如一个系统的可用性达到了 5 个 9，但是由于第三方网络的失效，还是无法保障用户最终得到的可用性达到 5 个 9。

（3）可用性数据的测量并不容易，方法不适当可能会导致较大误差。有些实际系统通过监控方法和系统日志来计算可用性，但是监控的间隔时间（如是 5 分钟一次，还是 3 分钟一次）是大于 0 的，间隔时间内的失效是系统监控的盲点。

因此，如果间隔时间选择不适当，系统可用性与实际情况的误差就会很大。

鉴于上述原因，将可用性定义为设计目标而非实际目标更为合理。这里，定义高可用性是指设计时所确定的可用性级别要满足或超出其应用要求。

为了更好地了解故障对系统的影响，以便采取相关措施，人们对失效模式进行了总结和分类。从失效严重程度不同的角度可将失效分为下述五种类型（Van，Tanenbaum，2007）：

（1）崩溃性失效：是指服务器停机。

（2）遗漏性失效：是指服务器不能响应到来的请求，包括不能接收到来的消息和不能发送消息。

（3）定时失效：是指服务器的响应在指定的时间间隔之外。

（4）响应失效：是指服务器的响应不正确，这种不正确的响应可能是响应的值错误，也可能是服务器偏离了正确的控制流。

（5）随意性失效：又称为拜占庭（Byzantine）失效，是指服务器可能在随意的时间产生随意的响应。

从故障来源的角度可将故障分为下述六种类型：

（1）硬件故障：是指 CPU、内存、存储设备及网卡等硬件发生的故障。

（2）环境和物理故障：是指导致计算机系统发生故障的外部物理故障，如电源故障等。

（3）网络故障：是指路由信息错误和地址解析错误等造成了包的丢失和损坏。

（4）数据库故障：是指数据库系统发生的故障，造成数据库故障的原因有很多，应用程序的挂起、数据库索引的错误、资源不足等都可能是引发数据库故障的来源。

（5）中间件故障：是指中间件发生的故障。

（6）应用程序和 Web 服务故障。应用程序和 Web 服务故障是指应用程序或 Web 服务发生的故障，造成应用程序和 Web 服务发生故障的原因更为复杂。

提高系统可用性的手段可从两个方面考虑：即如何延长系统正常运行的平均时间和减少系统的恢复平均时间。提高系统可靠性和可用性的关键技术主要包括下述三个方面。

1）隔离与冗余技术

隔离技术使得发生故障的组件之间不互相影响。最简单的例子如基于 Xen 的虚拟机技术，当虚拟机失效重启时，并不影响同一台物理机器在其他虚拟机上运行的程序。

当系统的一个组件发生故障时，利用冗余技术可以使得系统由另外一个具有同样或相似功能的组件继续提供服务。例如，在一个面向服务的分布式系统中，可以通过提供冗余服务的方法，来提高服务的可靠性和可用性。对于一个开放式的系统来说，也可以通过发现和组织互联网上的第三方服务来扩大获得冗余服务的机会。但是，开放的第三方服务并不能保障与原有的服务兼容，这种冲突可能来自于其他管理域对服务的契约型要求，也可能是因为新的服务可能需要经过转换或者与其他服务组合后才能达到与原有服务相同的功能。因此，需要对这些服务进行分析、评估、组织和转换，从而能够在一个服务发生故障时，找到能够替代该服务的其他服务提供给用户使用。

根据所使用的资源不同，冗余技术可分为时间冗余和空间冗余两类。其中，时间冗余是指重复执行某个操作来提供冗余信息，如使用 Redo 操作和消息超时重发机制等。空间冗余又分为硬件冗余和软件冗余两种。硬件冗余是指使用额外的 CPU 和总线等硬件来提供冗余信息。软件冗余是指使用备用或独立版本的算法来提供冗余信息。冗余技术还可分为静态冗余和动态冗余两类。其中，静态冗余技术在给定的模块中采用冗余组件来掩盖硬件或软件故障，使得模块的输出不受故障的影响。动态冗余技术允许错误出现在模块的输出中，通过采取故障检测后进行恢复的机制来提升系统的可用性和可靠性。

2）故障检测技术

系统运行采用两个同样的组件，通过监控和比较这两个组件的差异就可以进行故障检测，这种方法能够检测出所有非重叠的单个故障，但是却无法对重叠发生在这两个组件上的故障进行检测，因为这时两个组件仍然没有差异。

失效检测器（failure detector，FD）是一种基于消息收发超时机制来进行失效检测的组件，失效检测器与被检测对象之间通过发送周期性的“心跳”消息（T_I）来检测后者的存活性。根据消息交互策略的不同，失效检测的实现可以分为以下两种基本方式（Sacha，2007）：

（1）PUSH 方式。每个被检测对象主动向它的检测者——失效检测器周期性地发送“心跳”消息宣告其存活性，失效检测器被动地接收消息。如果失效检测器在给定的时间段 T_W 内没有收到被检测者的“心跳”消息，则怀疑它发生了失效。PUSH 策略通常也称为“心跳”策略。

（2）PULL 方式。失效检测器周期性地向被检测对象发送存活询问消息，被检测者收到询问消息后，发送一个应答消息。如果失效检测器在时间段 T_W 内没有收到被检测者的应答，则怀疑它发生失效。PULL 策略通常也称为 Ping 策略。

在要求相同检测效果的条件下，PULL 策略发送的消息数约为 PUSH 策略的两倍，造成的网络负载较大；但是，PULL 策略是一种主动的检测方式，可以只在需要时才发起检测，检测结果具有更好的时效性。总之，这两种策略各有特点，系统实现时可以根据应用需求和运行环境的特点，选用合适的策略。

此外，系统也可以通过验证中间或最终结果是否在系统预设的合理范围内，或者验证是否将对象的访问限制在授权范围内等方法来检测系统故障。采用奇偶校验和循环冗余校验等也是进行故障检测的常见方法。

为尽早发现并定位系统故障，在 XaaS 模式下每个租户都必须具有监控其运行实例状态的能力，并采取“心跳”检测等方法来将当前租户的运行状态以一定的时间间隔定时提交给系统。需要注意的是，XaaS 模式下一旦检测出某租户发生故障，就要设法避免该故障传播到其他租户。一个基本原则是出现故障的租户立刻释放该租户所占用的共享资源。

3）失效恢复技术

失效恢复是指系统用正确的状态取代错误的状态。失效恢复包括回退恢复（backward recovery）和前向恢复（forward recovery）两种。前者是指从当前的错误状态回到先前的某一个正确状态。后者是指当系统进入错误状态时，从可以继续执行的某点开始将系统带入一个正确的状态。回退恢复要求系统记录系统的历史正确状态，每次记录系统的当前状态时就称为一个检查点（check point）。回退恢复是一种较为通用的恢复技术，但对系统来说会造成很大的开销。相比而言，前向恢复开销较小，但它的前提是必须预先知道系统下一步的新状态是什么，因此并非对所有的应用程序适用。

对于运维过程中人为因素造成的错误，提供系统级的 Undo 补偿机制是十分必要的。系统级的 Undo 补偿机制包括对软硬件升级和配置操作的补偿，也包括应用管理方面的操作，其难点在于对操作恢复过程中可能引起的冲突如何解决。

此外，值得强调的是，在分布式系统中完成失效检测以及数据或进程的复制等功能，都依赖于可靠的通信机制和协议来支持。因此，可靠的客户-服务器通信和可靠的多播通信是在分布式系统中实现可用性和可靠性保障的基础。这往往也是可用性和可靠性保障机制从分布式系统学科的角度区别于其他学科（如从软件工程学科的角度）最明显的地方。

6.3.5　可配置能力

在 SaaS 模式下，每个租户对数据库、业务逻辑和用户界面等都会提出自己的定制需求。例如，在不影响公司 A 数据模式定义的情况下，公司 B 如何将新的数据字段引入“合同订单”的共享数据库表？如何在不更改代码的情况下自定义网站外观？如何在公司 A 和公司 B 的“合同订单”Portlet 信息组件（一些可以聚合到门户页面的标记语言代码片段）中显示不同的字段？如何在不更改代码的情况下允许租户自定义业务逻辑？如何支持公司 A 和公司 B 不同的流程逻辑？例如，公司 A 为中型公司，可以直接报关，而公司 B 的报关流程必须委托给其他相关单位进行。为了满足租户的这些要求，在 ISV_1 公司开发的运营物流系统中，描述每个租户的数据、业务逻辑和用户界面等元数据，都需要专门地进行组织和管理。系统中的其他服务和每个租户的客户端，可以通过对这些元数据的增加、删除、修改和查看来改变该租户对数据、业务逻辑以及用户界面等的定制。租户在使用物流系统的一段时间内，对其初始定制可能还会有所变动。

互联网分布式系统实现 SaaS 模式下多租户定制的关键是多租户元数据服务。多租户元数据服务主要用于管理不同租户的应用配置信息，系统中的其他服务和客户端通过元数据服务来获取并更新每个租户的应用配置信息。如图 6.19 所示，在支持 SaaS 模式多租户定制的互联网分布式系统中，所有租户的数据和功能组件都不是静态的，而是在运行时由根据元数据服务所提供的应用配置信息动态生成相应的数据表和功能组件等。支持 SaaS 模式多租户定制的互联网分布式系统体系结构是元数据驱动的，其应用数据、描述不同租户应用配置信息的元数据以及租户的运行时引擎之间遵循“关注分离”原则，从而使得不同租户之间可以独立地完成运行时引擎的更新、应用的修改、配置等功能。

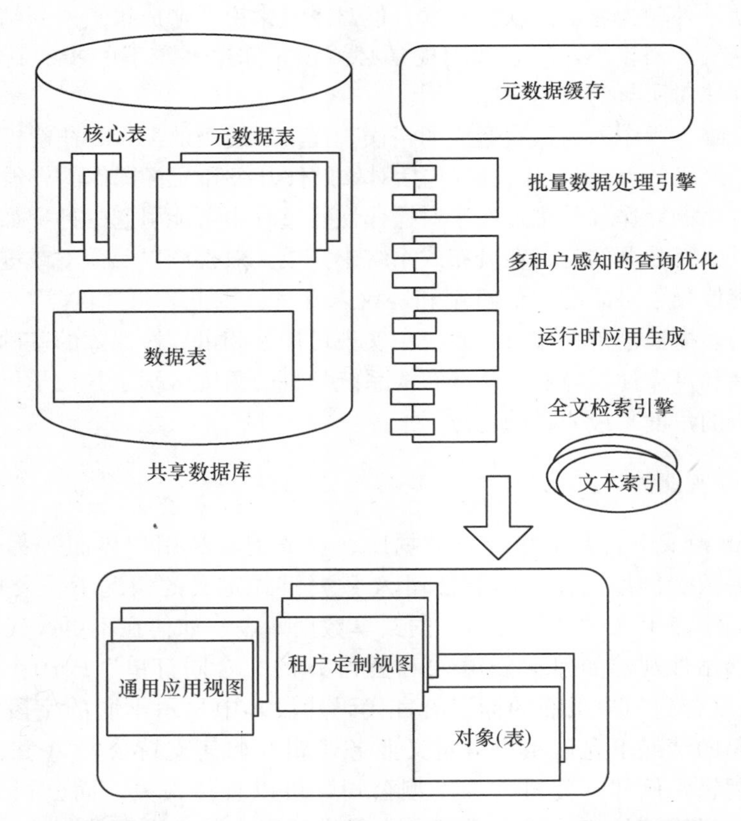

图 6.19　元数据驱动的支持 SaaS 模式多租户定制的互联网分布式系统体系结构

元数据服务所管理的元数据涉及如下四个方面：

（1）数据模型的扩展配置信息。不同租户的数据模型存在差异，并且不是一成不变的。租户应该可通过对数据模型的扩展配置来修改其数据模型。

（2）用户界面配置信息。不同的租户可定制带有租户所属组织特点的个性化用户界面，包括字体和颜色等各方面。

（3）工作流和业务规则配置信息。SaaS模式的应用必须能够适应不同的租户在工作流程方面的差异。例如，发票跟踪应用的一个客户要求一个经理对发票进行确认的活动；另外一个客户则要求发票必须经过两个经理的顺序确认方可进行后面的活动；而第三个客户虽然要求发票同时经过两个经理的确认，但却允许经理的确认可以并行进行。SaaS模式的应用还必须能够支持租户对流程的配置，以使得应用的业务流程和租户所在组织的整体业务流程协调一致。

（4）访问控制策略配置信息。每个租户都具有为其最终用户创建账户的责任，并决定最终用户的资源访问权限。用户的权限是根据一定的安全策略来跟踪管理的，租户也应通过对策略的配置来更改用户权限。

关于多租户数据库的定制，我们在第四章已经做了详细介绍。在SaaS模式下，不同的租户可以对其可访问的业务功能进行定制。业务功能元数据主要描述租户可以访问的功能集合包含哪些具体的功能。为此，系统首先需要将所有的业务功能进行分解，分解的单位称为原子功能，即具有独立功能和不可再细分的业务功能，如“订单创建”和“订单修改”等功能。原子功能之间有可能存在依赖关系，如“查看客户产品列表”的功能依赖于“查看产品列表”的功能，如果租户没有购买“查看产品列表”的功能，那么也就不能对客户产品列表进行查看。因此，租户可定制业务功能的元数据主要包括下面几个方面的内容：对功能集合的定义（包括功能集合的名称、关键字和内容描述等）；对功能集合所包含的原子功能的定义（包括原子功能的名称、关键字和内容描述等）；对原子功能所依赖的其他原子功能的定义。图6.20列出了一个多租户可定制功能的元数据模型。

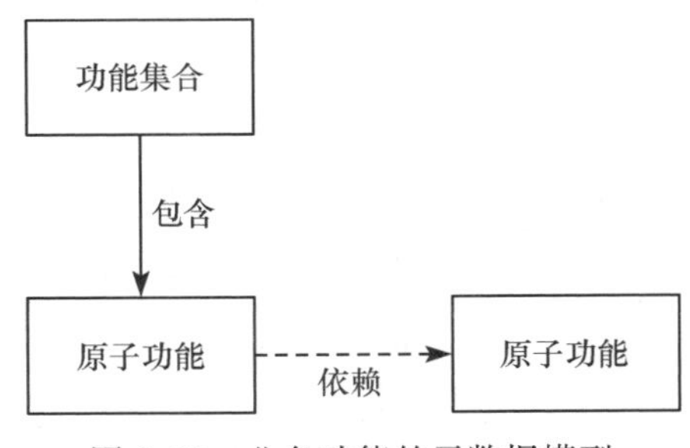

图6.20　业务功能的元数据模型

用户界面的配置信息主要包括两个方面：一是用户界面包含哪些系统菜单；二是租户的功能页面包含哪些内容。

菜单具有下述特点：每个租户都对应一套属于自己的菜单；每一个菜单都与一个原子功能或者功能集合对应；菜单一般按照层次方式进行组织，同级菜单之间还有明显的顺序关系。因此，菜单的元数据必须包括菜单所属的租户、菜单所对应的功能、菜单的上级菜单以及菜单的标识和名字等基本属性。

而租户功能页面的元数据需要包括该页面上放置的页面元素、元素的位置、顺序以及元素的呈现名字和呈现颜色等基本特征。事实上，租户功能页面的元数据是比较繁杂的，用户对功能页面的定制也是经常变化的。为了获取更好的灵活性，在实现时往往将其描述成 XML 的形式。

在流程的可配置方面，SaaS 模式下流程的定制和传统工作流系统面临的问题并没有太大的区别。前面，我们根据多个租户是否共享同一个工作流引擎和是否共享流程定义等的不同，将 SaaS 模式下的多租户流程共享分为三种情况。根据这三种情况的不同，有不同的多租户流程隔离方案。

租户可定制的信息包括以上四种元数据，为了方便租户访问和修改其配置信息，如图 6.21 所示，我们可以将元数据组织成一个配置项集合，它将可配置信息分组聚集在一起。每个集合由多个配置项组成，每个配置项都是四种元数据中的一种。由于并不是每个租户都可以对所有的配置项进行访问和修改，因此配置项集合还描述了租户访问配置项的授权信息。

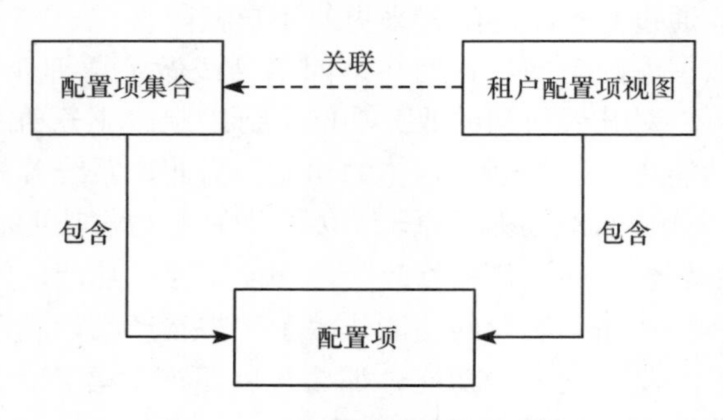

图 6.21　一种元数据的组织模型

配置项集合是从 SaaS 系统设计者的角度对可配置信息进行的分组。事实上，每个租户都可以根据自己的需求进行四种元数据的配置。每个租户对元数据的配置并不影响上述配置项集合根据租户对配置项的访问权限对元数据进行的分组。为了支持每个租户对元数据的配置，可以定义属于每个租户的配置项集合，称为租户配置项视图。

为了向不同的租户提供灵活的可配置功能，也可以进一步将配置项集合组织成层次配置单元（scope）的形式。在顶层配置单元之下可以以任意的层次建立多个层次配置单元。层次配置单元之间的关系决定子节点如何继承并重载父节点的配置属性。

基于上面的元数据模型，SaaS 模式下的元数据服务需要提供一套统一的接口来操作这些元数据，包括配置项集合、配置项以及租户配置项视图的创建、修改、删除和查看等操作。由于 SaaS 模式对数据、界面、业务功能和流程以及最终用户的访问控制策略的定制是需要提供给每个租户使用的，并且为了方便租户管理员进行定制，还需对不同的元数据提供相对统一的定制风格，因此 SaaS 模式下的元数据服务还必须提供一套可以直接使用的元数据控件，供业务模块开发时使用，以统一定制风格并降低实现可配置型的复杂度。

和传统的开发商定制应用不同，在大多数时候，SaaS 模式下对数据、界面、业务功能和流程以及最终用户的访问控制策略的定制工作都是由不具备专业 IT 知识背景的租户管理员以自助（self-service）的方式来进行的，他们面对如此繁杂的配置选项，很容易产生错误的操作，并很可能在多个配置项之间产生冲突。因此，元数据配置功能是否简单就显得特别重要。

为了尽可能避免错误的发生和提高易用性，可以采用配置向导的做法。SaaS 系统的管理员预先为租户定义一系列的配置向导，每个向导都针对一类比较典型的租户需求。配置向导包括一些运行时的定制组件、帮助用户进行配置的用户界面和操作指南以及保证配置质量的配置验证规则。在配置向导的帮助下，租户管理员能够以自助的方式，简单地设置系统可配置点的值。定制的结果将被存储在支持租户隔离的元数据库中。在系统运行时，将从元数据库中获取这些定制信息，并应用在租户的应用实例上。

Force 是一个基于 SaaS 模式的支持多租户按需定制应用的平台。它支持两种方式的租户应用程序定制开发：一种是使用原始的平台应用开发框架；另一种是使用平台提供的 API 进行定制开发。

平台应用开发框架为租户应用的定制开发者提供原始的用户界面，支持开发者进行诸如应用数据模型（包括定制对象及其字段、对象之间的约束关系等）的创建、安全与共享模型（用户、组织结构等）的创建、用户界面（界面元素的位置、数据实体表单、报表等）的定制以及表达业务逻辑的工作流程等。

使用平台应用开发框架提供的用户界面进行租户程序的配置，无须编写任何代码。

Force 还提供原始的集成开发环境（IDE），为租户程序的定制开发者提供访问平台内置功能的简单途径，开发者无需编写复杂、易错的代码就可以实现一些通用的应用功能。这些平台的内置功能包括以下五部分：

（1）声明性的工作流。为对象实例的插入或更新等操作预先定义一些触发活动，如任务的执行、Email 提醒、数据字段的更新或消息的发送等。

（2）加密/屏蔽字段。开发者可简单地将某文本字段配置为对其内容进行加密，并且在用户界面上显示时，使用输入屏蔽功能。

（3）验证规则。支持开发者在不进行任何编码的情况下，强制实行领域完整性规则。

（4）公式字段。开发者可较容易地为数据对象增加一个统计或计算功能的字段。

(5) 聚集字段。开发者可创建跨多个数据对象的字段，在一个父对象中聚集子字段的信息。

Force 提供的进行租户程序定制开发的另外一种方式是基于 API 的方式，其 API 是与基于 SOAP 的开发环境兼容的。为了访问 Force 提供的 Web 服务，开发者首先下载一个 WSDL 文件，然后使用该文件生成一个 API，来访问相应的 Web 服务。

Force 提供两种类型的 WSDL 文件。第一种是企业级的 WSDL 文件，它对一个组织的数据模型提供了强类型的表示，提供了对该组织的数据模式、数据类型和字段的描述信息，允许组织和 Force 的 Web 服务之间紧密集成。企业级 WSDL 随着该组织应用模式中定制对象或字段的添加、修改而相应地发生变化。Force 还提供另外一种 WSDL 文件供 Salesforce 的业务伙伴使用，它们可以为多个组织机构开发客户端应用程序。该 WSDL 文件只提供对 Force 对象模型的松散表示，其目的仅仅是便于访问组织中的数据，而非进行紧密的集成。

Force 提供了一种强类型的、面向对象的过程化程序设计语言 APEX，定制开发者可以使用它来声明程序变量和常量，执行传统的流程控制语句（如 if-else 和 loop 等）、进行数据处理操作（如插入、更新和删除等）以及事务控制操作（如 setSavepoint 和 rollback 等）。开发者可以编写 APEX 例程来为很多应用事件增加定制的业务逻辑，包括按钮点击、数据更新、Web 服务请求和定制的批处理服务等事件。

APEX 类似于 Java 语言，它是 Force 平台向用户交付可靠的多租户应用所必需的组件。例如，Force 在一个 APEX 类中自动对嵌入的 SOQL（Sforce object query lanaguage）和 SOSL（Sforce object search language）语句进行验证，来避免运行时发生错误。平台为合法的 APEX 类维护相应的对象依赖信息，并使用这些信息避免那些导致依赖应用受到破坏的元数据发生变化。

APEX 语言还提供了对多租户资源共享和优化调度机制的支持。例如，Force 紧密地监控 APEX 脚本的执行，对其使用的 CPU 时间、内存、能够执行的查询数量等进行约束。这些约束对于保证多租户系统的整体可伸缩性和性能来说是必要的。

为了进一步避免某些编写不合理的程序对平台整体性能的影响，Force 对新租户应用的部署过程进行严格的管理。在租户将一个定制应用从开发状态升级为产品状态时，Force 要求对其 APEX 例程进行单元测试，并且单元测试必须覆盖 75%以上的源代码。Force 在其沙箱环境中执行单元测试，在这个过程中对该应用是否对平台整体性能造成影响进行评估。

下面通过一个例子来说明 Force 的配置过程。这个例子的目的是创建一个简单的仓库管理系统。可以自底向上开始，首先创建一个跟踪货物的数据库模型，然后向这个数据库模型中增加业务逻辑，包括用来保证足够存活的验证规则、当售出商品时更新存货总量的工作流规则以及对大宗发货单的电子邮件通知等。当数据模型和相应的业务逻辑配置好之后，我们就可以创建相应的用户界面来显示产品的详细目录，并生成一个可对外发布的网站。

下面先来看一下创建简单仓库应用的过程。首先，创建一个定制对象“Merchandise”，定制对象相当于关系型数据库中的表格。图 6.22 展示了创建一个货物定制对象的主要 IDE 界面。“Merchandise”创建好之后，需要向其中增加一些字段，如描述、价格和数量等。

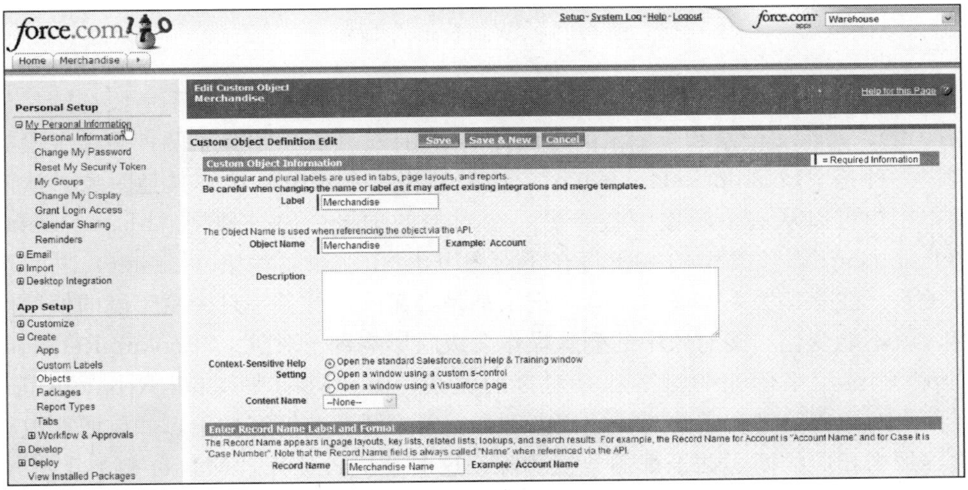

图 6.22　定制对象的创建界面

标签（tab）是 Force 中用来发现和组织对象和记录的简便方法。Force 提供了为定制对象创建相应标签的便捷方法，当标签建立好之后，用户可以点击标签来创建、查看和编辑定制对象的记录。

在 Force 中，应用（application）对应一组标签，图 6.23 展示了创建一个名称为“Warehouse”的应用并将“Merchandise”添加进去后的情形，点击“Merchandise”中的“New”按钮，可以向数据库添加定制对象记录。

接下来，创建一个“Invoice Statement”的定制对象，它具有一个“Status”字段和“Description”字段。再创建一个“Line Item”的定制对象，它具有一个“Unit Price”字段和“Unit Sold”字段。“Invoice Statement”是由一组“Line Item”的记录构成的，而“Line Item”记录中“Unit Price”字段的值来自于“Merchandise”。因此，接下来在“Line Item”对象和“Invoice Statement”对象以及“Merchandise”对象之间建立关系。

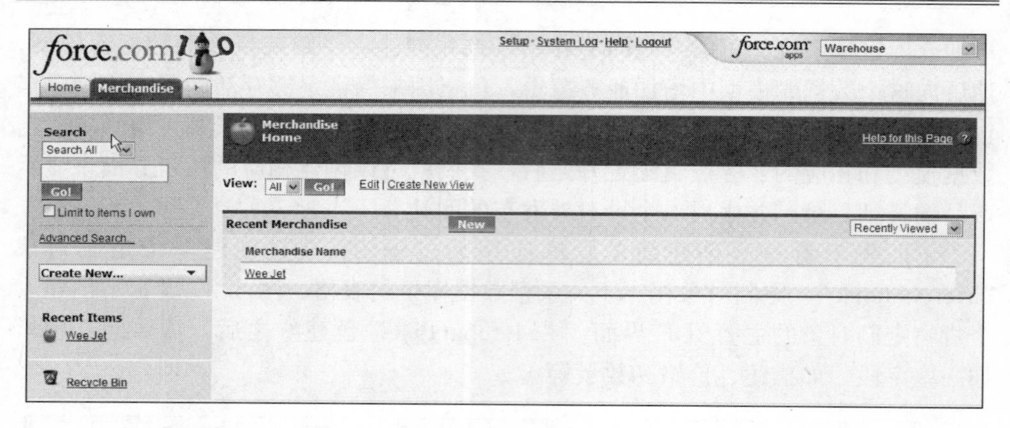

图 6.23 “Warehouse”应用

在 Force 中，通过关系类型的字段来建立对象之间关系。关系字段存储父记录的 ID，并将父记录和子记录的界面提供给用户。Force 定义了两种关系字段类型：一种是“Lookup Relationship”，该类型将一个对象链接到其他对象，从而使得用户可以从一个对象中查看另一个对象的记录；另一种是“Master-Detail Relationship”，该类型的字段将在子对象（detail）和父对象（master）之间建立关系。注意，关系字段对所有子记录都是必需的，并且一旦关系字段的值被保存，就不能变化。父对象中的删除操作会级联影响到子对象。“Lookup Relationship”能够用来创建一对一和一对多的关系，而“Master-Detail Relationship”在两个对象有紧密绑定的时候使用。例如，考虑博客和博客帖子，如果博客被删除，那么相应的博客帖子都需要被删除，这时就应该使用“Master-Detail Relationship”。在“Master-Detail Relationship”中，父对象可以包括一个“Rollup Summary”字段，这种字段用于保存子记录中的聚合值。例如，可以使用这些字段来计算子记录的个数、一个子记录中某字段值的相加总和或子记录中某范围内某字段的最小值或最大值。

在“Line Item”对象的详细内容界面中，创建一个数据类型为“Master-Detail Relationship”的字段，系统会提示用户填写“Related To”的值，用户若选择“Merchandise”，就创建了这两个对象之间的“Master-Detail”关系，其中，父对象为“Merchandise”，子对象为“Line Item”。用同样的方式来建立“Invoice Statement”对象和“Line Item”对象之间的“Master-Detail”关系。这些关系建好之后，Force 就为用户生成了可增加、删除和修改相应“Line Item”记录的用户界面，图 6.24 是“Line Item”的一条记录，从图中可以看出，每条“Line Item”记录都指定了其父记录（“Merchandise”和“Invoice Statement”）的值。

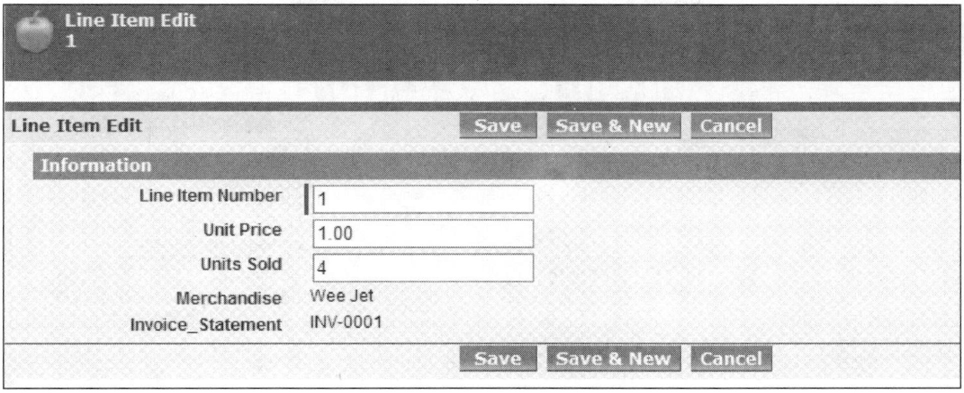

图 6.24　“Line Item”的一条记录

图 6.25 给出了一个界面，可以较容易地为“Invoice Statement”对象创建一个“Rollup Summary”类型的字段，来计算其子对象“Line Item”中“Value”字段各值相加的总和。

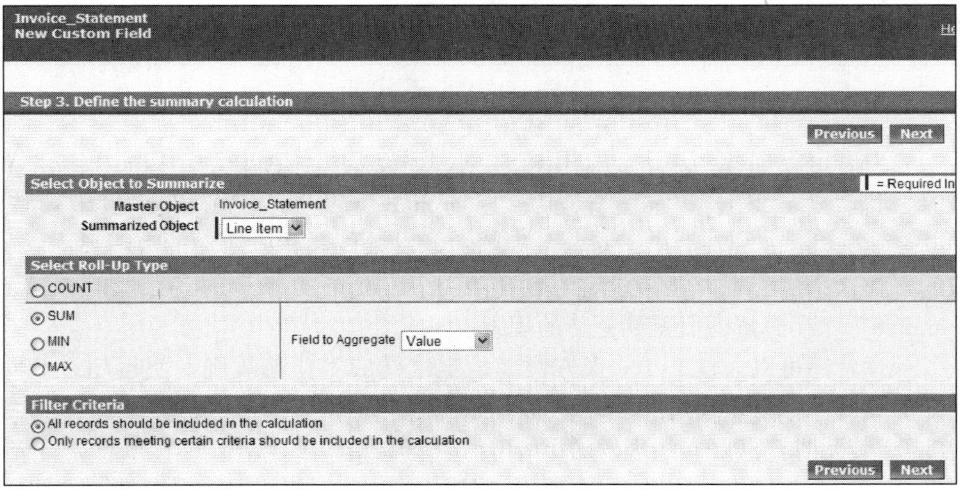

图 6.25　使用“Rollup Summary”字段计算“Invoice Statement”的值

图 6.26 给出了为“Line Item”对象创建一个验证规则的界面，开发者可以在不进行任何编码的情况下，来验证用户的输入值是否合法，并给用户一定的提示信息。图中，开发者设定了这样一条验证规则：“Merchandise_r. Total_Inventory_c＜Units_Sold_c”，即当售出的货物数量不足存货总量时，为用户报错。

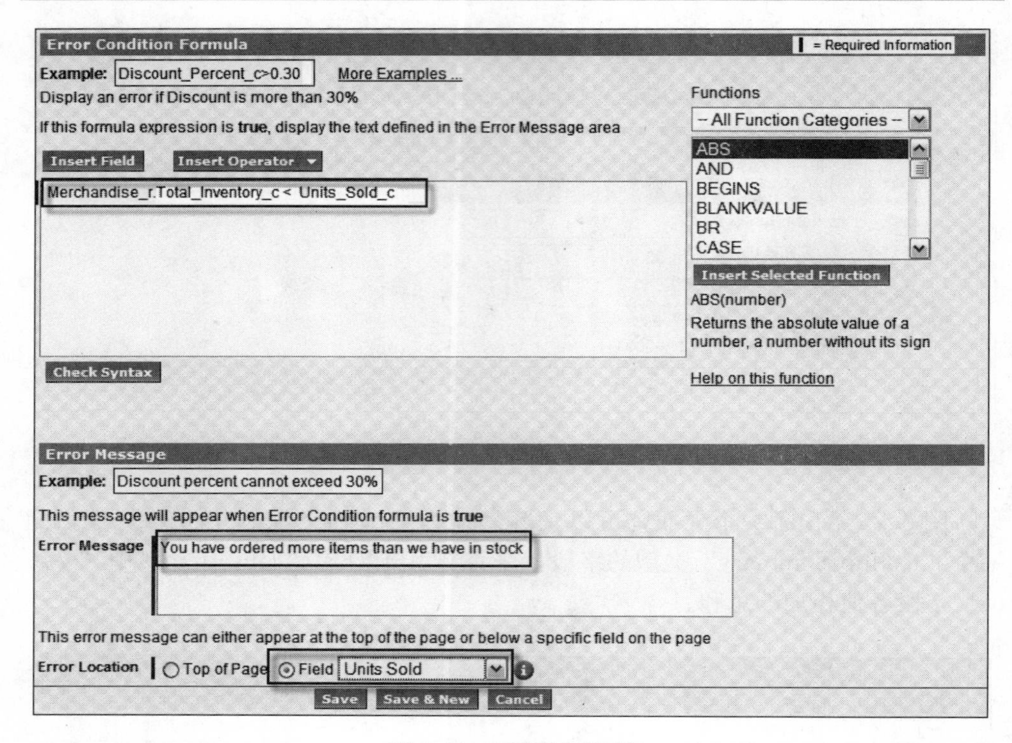

图 6.26 创建验证规则

开发者可以创建一系列的工作流规则，如设定当添加新的“Line Item”对象时，其“Unit Price”字段自动从“Merchandise”的“Price”字段中读取。图 6.27和图 6.28 分别给出了对这条规则的触发条件和相应活动的声明界面。相应的，在这个例子中，还需设定当创建或更新“Line Item”时，相应的“Merchandise”库存总量的值得到更新的规则。

开发者还可以通过 Force 很方便地设定这样的工作流规则，使得超过 2000 美元的发货单都必须经过经理的审批才能通过。为实现这样的规则，当发货单超过 2000 美元时，需要向经理发送 Email，经理收到后可以对其进行审批。首先，创建一个 Email 模板，如图 6.29 所示。然后，创建一个审批流程（见图 6.30），在“Approval Assignment Email Template”字段中，选择已经创建好的 Email 模板，在发送电子邮件的触发条件中，设定发货单超过 2000 美元的条件，然后配置电子邮件的发送对象为“经理”角色。

开发过程中还可以通过 Force 提供的 IDE，使用 APEX 语言来进行业务逻辑的编写。接下来，开发者可以定制用户界面，并创建一个小型的带有域名的 Web 站点。然后，使用 APEX 语言创建一个简单的类及其方法，负责将货物种类和数量呈现在网页上，当用户点击“购买”时，能够调用后端的数据库，执行相应的数据库更新操作，并将操作结果呈现在用户界面上。

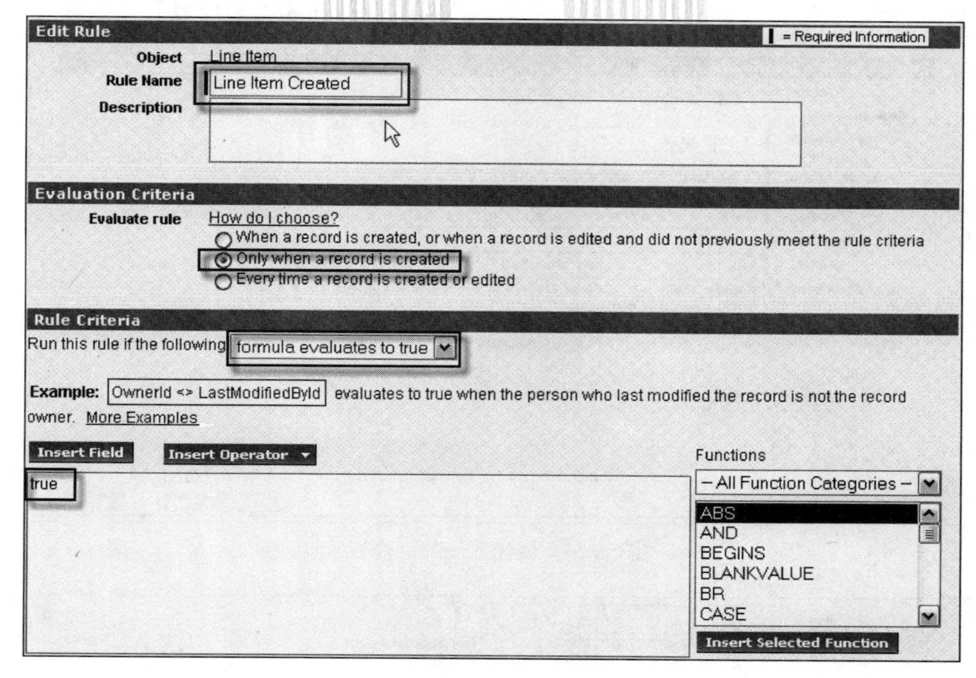

图 6.27　工作流规则的触发条件声明

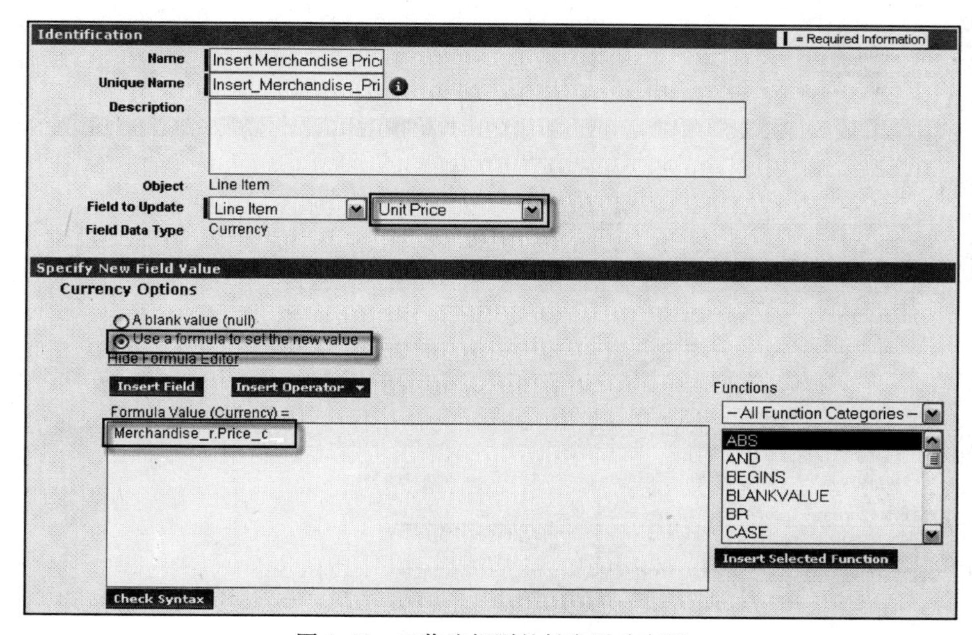

图 6.28　工作流规则的触发活动声明

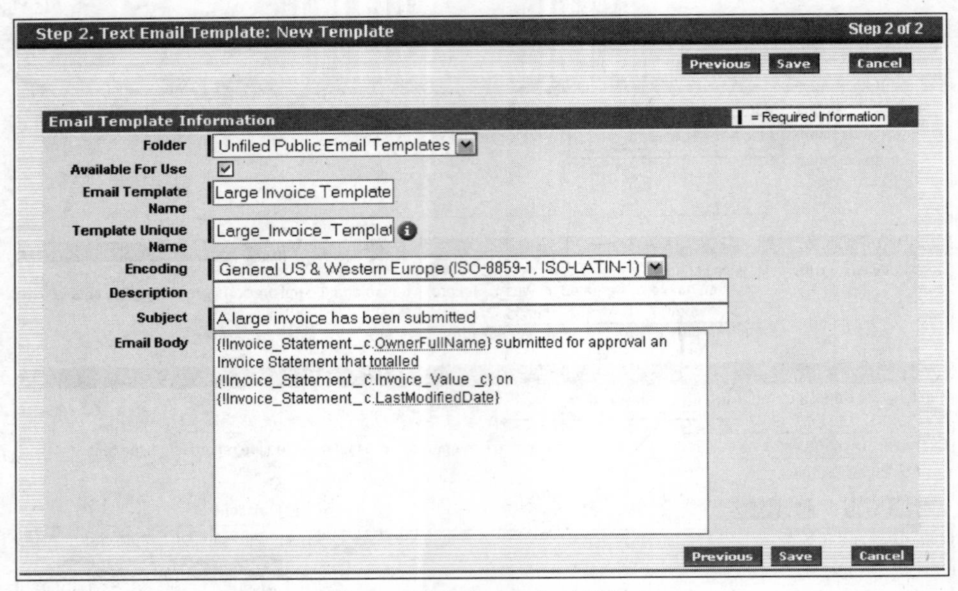

图 6.29　创建电子邮件模板

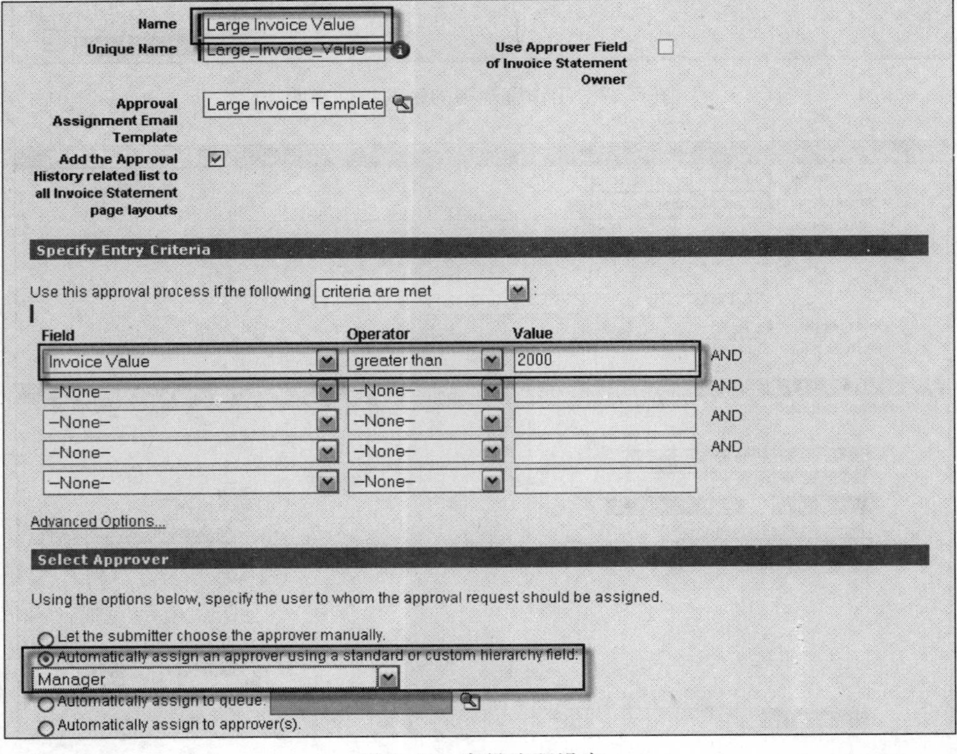

图 6.30　审批流程设定

6.4　典型实例分析

Google AppEngine是一个提供平台服务的XaaS环境，本章以其为背景，通过对利用AppEngine开发和部署托管应用的基本方法和原理的介绍、对AppEngine可伸缩性的验证以及对AppEngine实现原理的简要分析，来介绍XaaS模式的第三方运营和优化的典型实例。

6.4.1　AppEngine基本原理

Google AppEngine提供了Python和Java两种应用程序开发环境，用户可以任意选择一种来开发自己的应用程序。这两种开发环境的功能是类似的，本书将基于Java版本来讲述AppEngine的基本原理。

AppEngine的数据存储系统构建在BigTable数据库之上。BigTable数据库是建立在Google文件系统和其他应用程序之上的一种压缩的、高性能的专有数据库系统。它采用了key/value数据模型，提供了Java数据对象（JDO）和Java持久API（JPA）两种访问接口的实现。这两种访问接口的功能基本相同。下面，我们结合一个来自AppEngine网站上的具体实例(http://code.google.com/intl/zh-CN/appengine/docs/java/datastore/overview.html)，讲解一下如何采用JDO来访问BigTable数据库。该实例将首先定义一个员工（Employee）对象，然后通过JDO接口将该对象持久化到BigTable数据库中。该实例的部分代码如下：

代码 6.1

```
//Employee.java
import java.util.Date;
import javax.jdo.annotations.IdGeneratorStrategy;
import javax.jdo.annotations.IdentityType;
import javax.jdo.annotations.PersistenceCapable;
import javax.jdo.annotations.Persistent;
import javax.jdo.annotations.PrimaryKey;

@PersistenceCapable(identityType=IdentityType.APPLICATION)
public class Employee {
  @PrimaryKey
  @Persistent(valueStrategy=IdGeneratorStrategy.IDENTITY)
  private Long id;
```

```
  @Persistent
  private String firstName;

  @Persistent
  private String lastName;

  @Persistent
  private Date hireDate;

  public Person(String firstName, String lastName, Date hire-
    Date){
    this.firstName=firstName;
    this.lastName=lastName;
    this.hireDate=hireDate;
  }

  //Accessors for the fields. JDO doesn't use these,but your ap-
    plication does.

  public Long getId(){
    return id;
  }

  public String getFirstName(){
    return firstName;
  }

  //…other accessors…
}

//PMF.java
import javax.jdo.JDOHelper;
import javax.jdo.PersistenceManagerFactory;

public final class PMF {
```

```
  private static final PersistenceManagerFactory pmfInstance=
    JDOHelper.getPersistenceManagerFactory("transactions-op-
      tional");

  private PMF(){}

  public static PersistenceManagerFactory get(){
    return pmfInstance;
  }
}

//使用 PMF 类的接口完成持久化
import java.util.Date;
import javax.jdo.JDOHelper;
import javax.jdo.PersistenceManager;
import javax.jdo.PersistenceManagerFactory;

import Employee;
import PMF;

  //…
    Employee employee=new Employee("Alfred","Smith",new Date());

    PersistenceManager pm=PMF.get().getPersistenceManager();

    try {
      pm.makePersistent(employee);
    }finally {
      pm.close();
    }
```

JDO数据访问和持久化机制大量使用了Java 6所提供的annotation机制。例如，在“Employee.java”类的“@PrimaryKey”标注了ID属性将是BigTable数据库中实体Employee的主键。“@Persistent”则表示后面的属性是需要被持久化到数据库中的。“PMF.java”则采用了一个工厂模式，用来获得“PersistenceManager”类的实例。“PersistenceManager”类提供了一系列接口来真正对数据库进行操作。例如，通过“makePersistent”接口可以把Employee对象持久化到数据库中。

此外，JDO包括一个称为JDOQL的查询接口。它可以用来从数据库中检索相应的实体，如下所示：

代码6.2

```
import java.util.List;
import Employee;

//…
String query="select from "+Employee.class.getName()+"where
  lastName=='Smith'";
List<Employee> employees=(List<Employee>)pm.newQuery(query).
  execute();
```

AppEngine所基于的数据存储系统支持事务功能。事务是数据库中完成单一逻辑功能的所有操作的集合。这些操作要么全部成功，要么全部失败。如果事务成功执行，那么数据库将会做出相应的变化，但如果事务失败，那么对数据库将不会有任何影响。

代码6.3

```
import javax.jdo.Transaction;
import ClubMembers;

    PersistenceManager pm=…;
    Transaction tx=pm.currentTransaction();

    try{
      tx.begin();

       ClubMembers members=pm.getObjectById(ClubMembers.class,"
         k12345");
    members.incrementCounterBy(1);
    pm.makePersistent(members);

    tx.commit();
    } finally {
    if(tx.isActive()){
      tx.rollback();
    }
}
```

上面给出了一个使用JDO事务API递增名为“counter”字段的示例（本例来自AppEngine网站（http://code.google.com/intl/zh-CN/appengine/docs/java/datastore/transactions.html）），该字段位于名为“ClubMembers”的对象中。JDO使用“Transaction”类表示事务，该事务是通过前面介绍的“PersistenceManager”类创建的。这里需要注意的是，上面所示的例子仅是在一个事务中对一个对象进行修改。如果需要在一个事务中对多个对象进行修改，就必须首先定义实体组。实体组这一概念被用来声明某一实体与其他实体同属一个组。AppEngine规定在一个事务中抓取、创建、更新或删除的所有实体都必须位于同一实体组中。

6.4.2　AppEngine应用程序的开发环境和部署过程

Google公司提供了Eclipse插件来帮助用户在Eclipse开发平台上创建、测试和上传AppEngine应用程序。该插件同时还提供了一个运行在本地的、模拟AppEngine运行环境的测试环境，大大简化了AppEngine应用程序的开发和测试过程。本书采用了Eclipse 3.4和相应的Google插件来开发AppEngine程序。插件的下载地址为http://dl.google.com/eclipse/plugin/3.4。

图6.31展示了采用Eclipse插件的AppEngine应用程序的开发环境。如

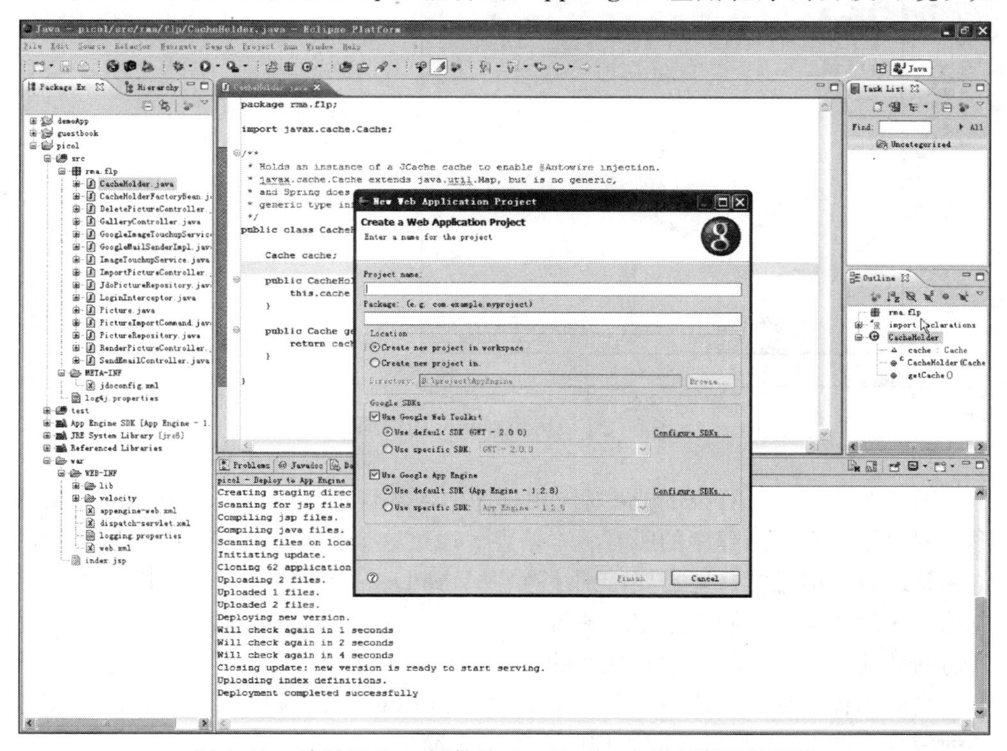

图6.31　采用Eclipse插件的AppEngine应用程序开发环境

图所示，当在 Eclipse 环境中安装完 Google 插件后，就会出现一种新的项目类型“Web Application Project”。新建这种类型的项目，就可以开始创建一个全新的 Google AppEngine 应用。

当应用开发完毕后，可以通过 Eclipse 集成开发环境直接将编译通过的应用上传并部署到 Google AppEngine 上加以运行，如图 6.32 所示。需要注意的是，AppEngine 对应用程序定义了版本这一概念。每个上传到 AppEngine 上的应用程序都需要定义它的版本号。版本号是通过数字 1，2，3，…加以区分的。

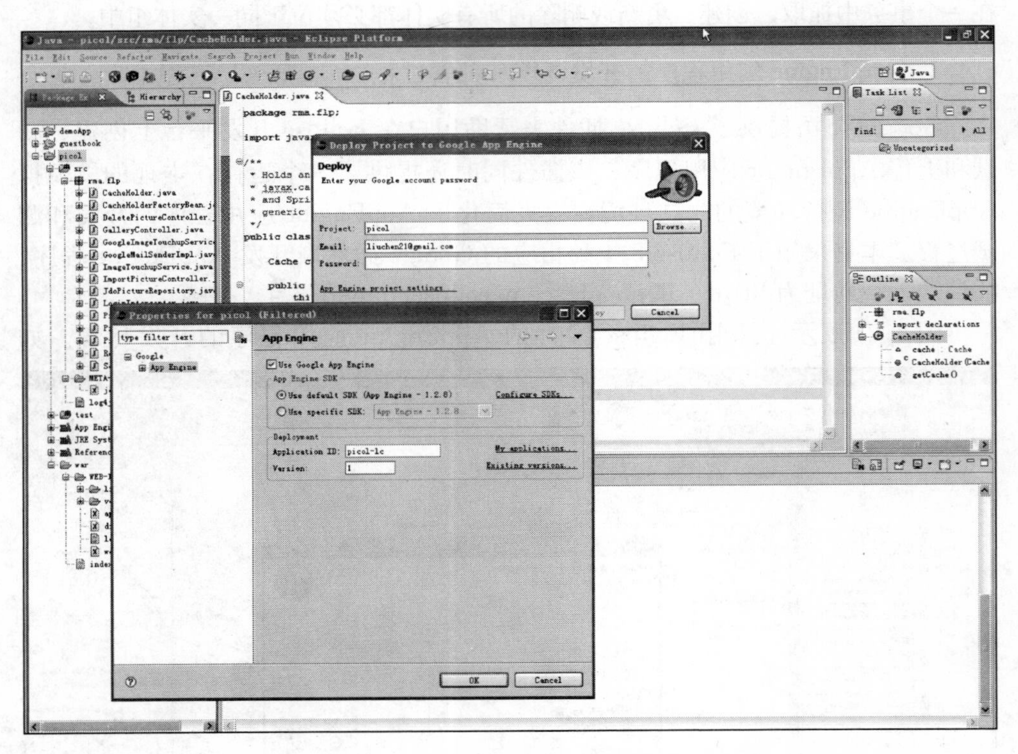

图 6.32　AppEngine 应用的部署

图 6.33 展示了 AppEngine 对应用程序的版本管理界面。这个界面以表格的形式列出了一个应用程序的所有版本信息。通过这个界面，用户可以很容易地浏览和管理版本信息。这里需要特别注意“Make Default”按钮。这个按钮可以将应用程序的任意一个版本指定为缺省状态。用户通过互联网访问应用程序时，默认访问的就是该应用程序缺省状态的版本。

当应用程序部署完成后，就可以打开 AppEngine 的应用控制台管理应用的各种信息。图 6.34 给出了应用控制台的一个简单示例。

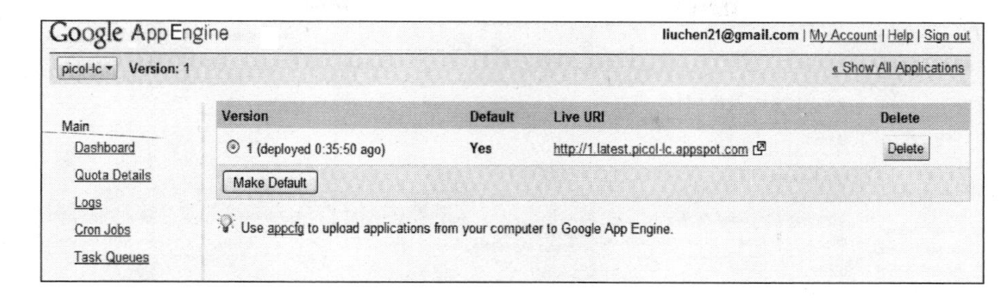

图 6.33　AppEngine 应用的版本管理

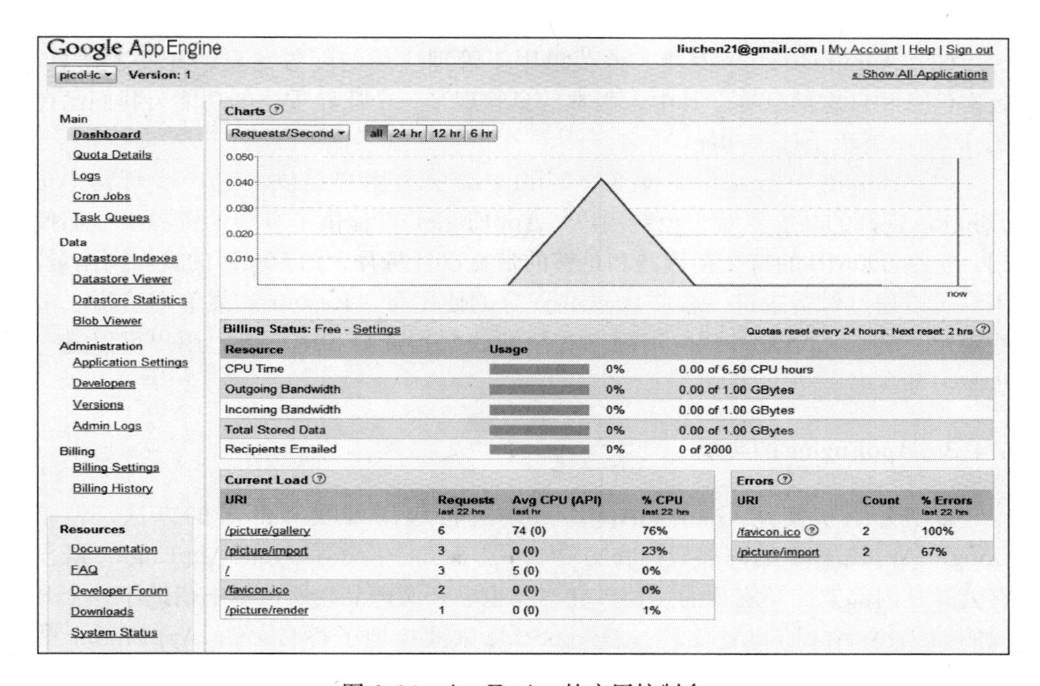

图 6.34　AppEngine 的应用控制台

下面，简单介绍一下应用控制台的一些重要功能：

(1) Main 菜单。Main 菜单用于管理应用的资源使用情况、日志、计划任务和任务队列等信息。其中，一个较为重要的功能是仪表盘（dashboard）。它记录了应用对各项资源（如 CPU、带宽和数据存储等）信息的使用情况，并以图表的方式给出了应用在某段时间内的访问情况。

(2) Data 菜单。该菜单项包含了四个子菜单项的功能。通过这些功能，用户可以查看存储在 BigTable 数据库的数据信息，给它们建立索引，同时查看数据存储使用情况的统计信息。图 6.35 中给出了一个使用“Datastore Viewer”菜单项查看应用在数据存储中的数据的示例。

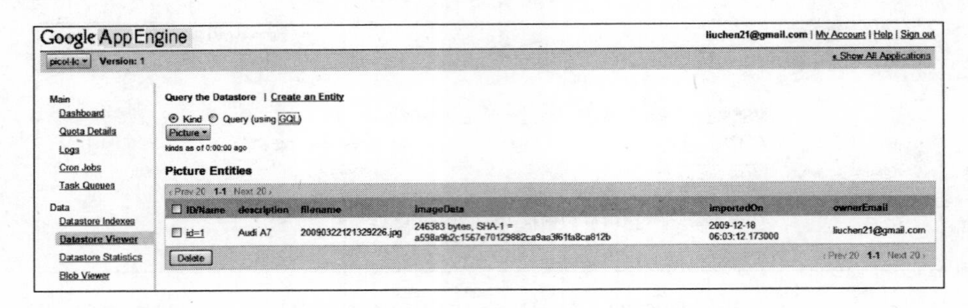

图 6.35　使用“Datastore Viewer”菜单项查看存储的数据

（3）Administration 菜单。该菜单用于管理应用的配置信息、开发者信息、版本信息和日志信息等。其中，版本信息管理是一个比较重要的功能。我们已在图 6.33 中展示了这一功能。

（4）Billing 和 Resource 菜单。Billing 菜单为用户提供了进一步订购 AppEngine 资源的功能。对于免费用户，AppEngine 仅提供了有限的资源供他们使用，包括 500MB 的持久存储器和足够的带宽以及每月大约 500 万的页面浏览量。用户可以通过付费来进一步扩大这些资源的使用量。Resource 菜单则给出了一些对用户开发 AppEngine 应用程序有帮助的文档资料和论坛等，用户可以进一步学习和参考。

6.4.3　AppEngine 的实现

以上介绍了使用 Google AppEngine 进行应用开发和部署的方法，但是 Google AppEngine 的内部架构和实现却不得而知。由于 Google AppEngine 既没有公开其内部架构及实现的文档，它本身也非开源产品，所以本书借助于一个开源的 Google AppEngine 实现——AppScale 来间接地了解 Google AppEngine 的实现原理。

AppScale 可以在云设施之上透明执行（不需要修改的情况下）GAE 的应用。所谓云设施是指基于虚拟机 Xen 的系统以及一些 IaaS 系统，如亚马逊公司的 EC2、S3 和 Eucalyptus 等。AppScale 实现了 GAE 的开放 API，提供了类似于 GAE 提供的工具集。图 6.36 是 AppScale 的体系结构。它包括 AppServer(简称 AS)、AppLoadBalancer(简称 ALB）和 DBMS（database master/slave）三类主要的组件。AppController(简称 AC）负责组件之间的通信。

一个 AppScale 节点是一个客户虚拟机（guest VM）映像的实例，客户虚拟机可以是运行在 Xen 之上的 Linux 系统或者基于 Xen 的云系统（如亚马逊公司的 EC2 和 Eucalyptus）等。一个节点中包括多个组件，组件之间通过 AC 实现交互和通信。

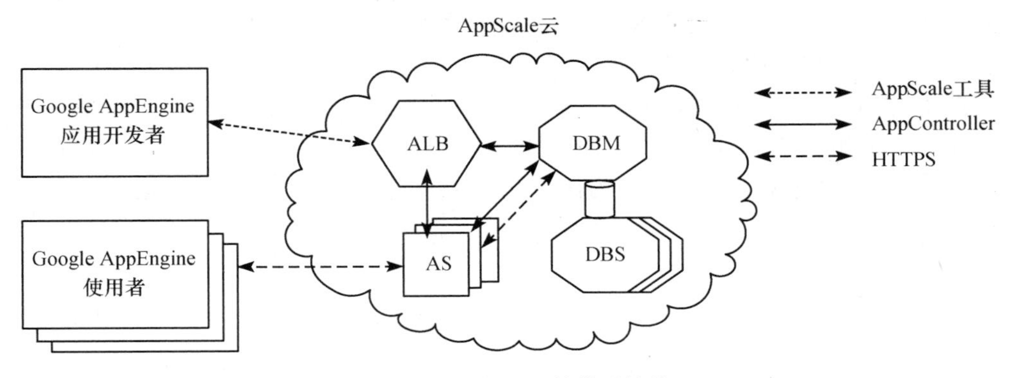

图 6.36 AppScale的体系结构

AC负责管理AppScale的实例、跨组件的互交以及GAE应用的部署。在AppScale启动时，由头节点（head node）上的AC首先启动ALB，初始化部署和启动其他客户虚拟机，与这些客户虚拟机的节点AC通信。头节点的AC再启动DBM、DBS和AS，并配置每个节点的IP。

ALB在一个部署的头节点上，负责初始化GAE应用在AS中的连接。用户登录最初是在ALB中处理的，ALB认证后随机选择AS，然后ALB分发用户GAE应用的初始请求至选定的AS。

AS是执行引擎，通过HTTPS来与DBM交互。AC在AS启动时将数据库位置上报头节点。一个AS一次只执行一个GAE的应用，一个应用可以使用多个彼此隔离的GAE。

AppScale中的数据管理由一个DBM和多个DBS构成。DBM会在DBS上存放三个副本，支持的操作有put、get、query和delete等。DBM节点上的AC提供了数据存储的接口，ALB用数据存储来存放开发者上传的GAE应用。

AppScale提供的工具集包括AppScale实例的部署和卸载工具、将GAE应用上传到一个AppScale运行实例上的工具、通过AC查询AC与AS上的CPU和内存占用率的资源使用情况监控工具等。AppScale提供了较高的容错功能，但与Google AppEngine相比，其可伸缩性还略差。

6.5 本章小结

近几年来，随着云计算等互联网计算模式的兴起，XaaS模式的第三方运营正在得到越来越广泛的关注和认同，XaaS模式第三方运营和优化已经成为互联网计算的一个重要组成部分。首先，本章对XaaS模式第三方运营和优化进行定义；其次，根据运营平台是否对第三方开放以及根据对互联网应用开发工作控制强度的不同对互联网应用的 XaaS 模式进行了分类；再次，与 SOA 的“三角架构”概念模型相类比，本章总结了一种 XaaS 模式的概念模型，并分析了 XaaS 模式下应用软件的体系结构；接下来，总结归纳了 XaaS 模式几个基本特征，即多租户、多租户共享和优化、可伸缩性、可用性和可靠性以及可配置的特性；最后，本章以 Google AppEngine 为例，介绍了一种 XaaS 模式第三方运营的典型实例。

第七章　互联网分布式系统的安全和信任

7.1 引　　言

自从 20 世纪 40 年代计算机出现之日起，计算机的安全问题就随之产生了。20 世纪 70 年代，随着计算机网络的迅速发展和普及，计算机网络安全变得至关重要。近年来，互联网上兴起了各种新业务，如电子商务、网络银行和社交网站等，人们使用互联网的方式已由最开始的浏览静态网页发展到社交、网购和网银等敏感应用。因此，互联网分布式系统的安全和信任机制也引起了人们的高度重视。

当前，无论是最终用户还是网站的经营者都面临着很多安全问题。对于最终用户而言，最常见的问题是电脑中木马、误上钓鱼网站和 DNS 文件被篡改等。对于网站经营者，最常见的问题是 URL 注入、DDOS 攻击和域名解析服务器被篡改、垃圾信息等。除此之外，互联网环境下的隐私问题也引起了广泛关注。许多网站在未经用户许可的情况下将用户的注册信息、行为信息提供给了第三方机构，给用户带来了不便，甚至造成了人身、财产损失。

互联网环境下的安全问题有很多与传统的分布式系统中的安全问题本质上一致，但是其涉及的范围更广，防范更加困难。

近年来出现了网格、云计算等各种新的计算模式和 IT 技术，但是这些技术的普及却遇到了种种阻力。其中，引入这些新技术后，在安全和信任方面存在的隐患往往是最显著的问题之一。人们逐渐认识到，只有解决好安全和信任的问题，才能使如网格、云计算和 SaaS 等技术真正普及开来，发挥其应有的价值。

对互联网分布式系统安全和信任问题的研究是当今 IT 学术界和工业界的一个热点，但是需注意的是，互联网分布式系统安全和信任并非纯粹的 IT 科学和技术问题。互联网系统中人的参与度非常高，有很多时候，往往不能只从技术层面去解决问题，还需要用到法律、心理学和社会学的知识。

分布式系统具有用户、资源等物理分布和跨多个安全管理域等特点，更容易遭受各种各样的威胁。与传统分布式系统相比，本书所讨论的互联网分布式系统无论在应用构建还是使用模式等方面都有不同于传统分布式系统的特征，为解决互联网分布式系统的安全和信任问题提出了更大的挑战。例如，在虚拟组织中，不同的组织和个人可以通过一种受控的方式来共享资源，系统应该如何对资源共享提供精确的控制，包括细粒度的和多所有者的访问控制、授权、本地和全局策略的应用等；在应用交付和服务提供方面，互联网分布式系统采用了支持第三方托管和多租户的 XaaS 模式，最终用户账户信息由其所归属的各租户来创建和管理，这样在 XaaS 模式下如何对用户进行认证和授权，就与传统的分布式系统有了不同的需求；此外，用户隐私数据的保护也是互联网分布式系统面临的新问题，在云计算环境下，由于用户的应用和数据都托管到由第三方进行维护和管理的服务器端进行，用户的隐私数据将面临更多的威胁。本章并不打算对这些问题一一进行介绍，而是在 7.2 节对互联网分布式系统的安全和信任问题进行概述之后，在 7.3 节和 7.4 节分别重点关注 XaaS 模式下的用户认证和授权机制以及云计算环境中的私有数据保护两个问题。

7.2 概　　述

分布式系统四项基本安全技术包括加密、认证、访问控制和审计。

加密保护了数据的机密性，也帮助数据进行完整性检验。现代密码学包括多种加密和解密消息的算法，它们都是基于密钥的使用。密钥是加密算法的一个参数，只有掌握了密钥，才能够解密。通常使用的加密算法有以下两类：

(1) 使用共享密钥的算法。发送者和接收者必须知道密钥，但没有其他第三方知道。此类算法也称为对称的加密算法。DES 加密算法是使用最为广泛的对称加密方案。

(2) 基于公钥/私钥对的算法。消息发送者用一个公钥来加密消息，接收者用一个相应的私钥对消息解密。也称为非对称的加密算法。RSA 加密算法是使用最为广泛的非对称加密方案。

这两类加密算法都在分布式系统中得到了广泛应用。

在互联网环境下，用户和资源数量巨大，互联网范围内丰富的计算资源使得密码的破解变得更容易。因此，传统的加密算法受到越来越严重的威胁。如何有效地使用加密算法来增强互联网分布式系统的安全性是一个具有挑战性的问题。

对于分布式系统来说，为了保证合法用户对资源的合法使用，需要确认使用资源的用户就是自己声明的那个用户，防止他人冒充该用户使用资源。同时，用户也应确保自己的应用就在那个资源上运行，从而保证其应用的运行受到相应的保护。在互联网环境下，由于用户和资源的数目巨大，且分属于不同的管理域，所以用户和资源之间的关系更加复杂。因此，对于互联网分布式系统来说，确定使用什么方法来管理用户认证信息是一项具有挑战性的工作。

用户被认证后，系统需要检验用户是否被授予了执行请求操作的权力。访问控制通常指验证访问权力，而授权是赋予访问权力。在互联网环境下，往往涉及多个管理自治域，每个自治域对用户的访问控制和授权都是自主的，不同的自治域可能根据不同的应用需求动态结成联盟或虚拟组织。在这种动态自主的情况下，系统在如何保障自治域的安全和共享资源的持续可用方面将面临一系列的挑战。例如，在互联网环境下，自治域共享资源和协定访问资源的条件后，不再参与对虚拟组织用户的授权，而是由虚拟组织代表自治域进行授权。为了确保虚拟组织根据自治域的访问控制策略进行正确的授权，需要一种机制或方法来控制虚拟组织的授权行为。在动态环境下，自治域的访问控制策略发生变更后，要检测虚拟组织的访问控制策略是否与变更的访问控制策略产生冲突，如果存在冲突，违反自治域访问控制策略的授权，则会威胁自治域的安全。

审计用于追踪记录哪些用户访问了系统、访问了哪些资源以及通过什么方式访问的。虽然审计不能直接保护系统的安全，但审计日志对于分析系统安全漏洞非常重要，可以帮助系统采取措施防范入侵。在互联网环境下，由于用户数目和资源数目巨大，如何利用网络上的计算资源协作进行审计，进而进行入侵检测也面临更大的挑战。

7.3　XaaS模式下的用户认证与授权机制

XaaS运营商需要将每个租户的最终用户账号创建和维护等权限委托给租户，这个过程称为委托管理。XaaS运营商一般提供两种认证方法：一种是集中式的认证方法；另一种是去中心的认证方法。

图7.1给出了一种集中式的认证系统（Chong，Carraro，2006）。XaaS运营商在中心用户账号数据库上集中管理所有租户拥有的最终用户信息。租户管理员

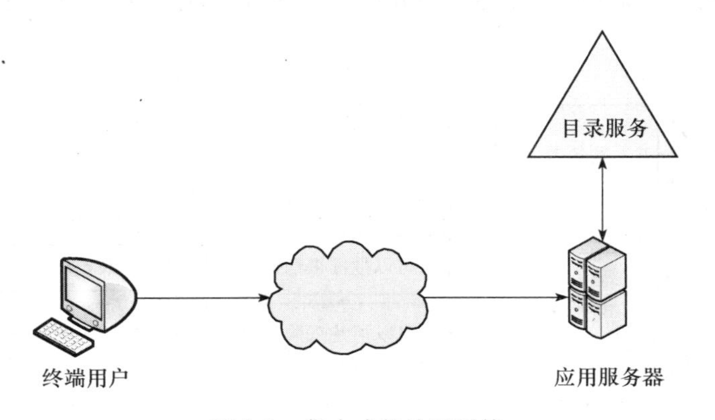

图7.1　集中式的认证系统

得到许可后可以在用户账号目录中创建、管理或删除属于该租户的最终用户账号。登录到租户应用程序中的最终用户向应用服务器提供其证书，应用服务器对其证书进行认证后，赋予用户相应的访问权限。这种方法的优点是实现简单且不需要对租户自己的用户认证系统进行修改。其缺点是难以实现单点登录（single sign on）功能，即应用服务器对已经在其协作网络中获得访问权限的用户还需要进行认证。因此，用户在登录应用时，需要面对频繁弹出的账号密码输入框。

图 7.2 给出了一种去中心的认证系统（Chong，Carraro，2006）。租户部署的一个联盟服务与租户自己的用户目录服务进行交互。当一个最终用户试图访问租户应用时，联盟服务对用户进行本地认证，认证通过后发布一个安全令牌。如果 XaaS 运营商的认证系统接受该令牌，则允许用户访问该应用。这种方法较为复杂，但更便于实现单点登录功能。

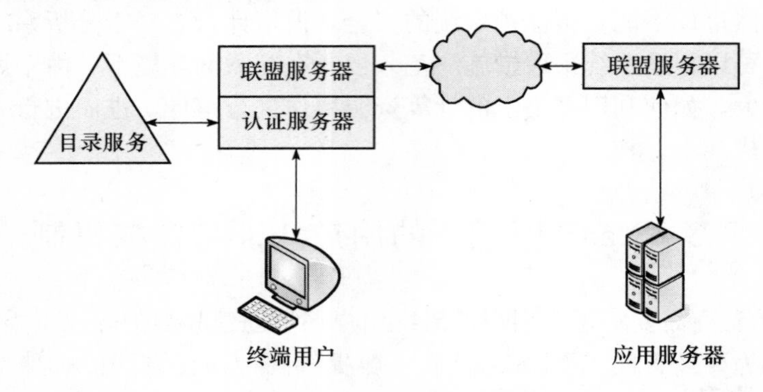

图 7.2　去中心的认证系统

在 XaaS 应用中，对资源和业务功能的访问是通过角色来管理的。每个角色都根据一定的业务规则被系统赋予相应的访问控制权限。如图 7.3 所示，角色既

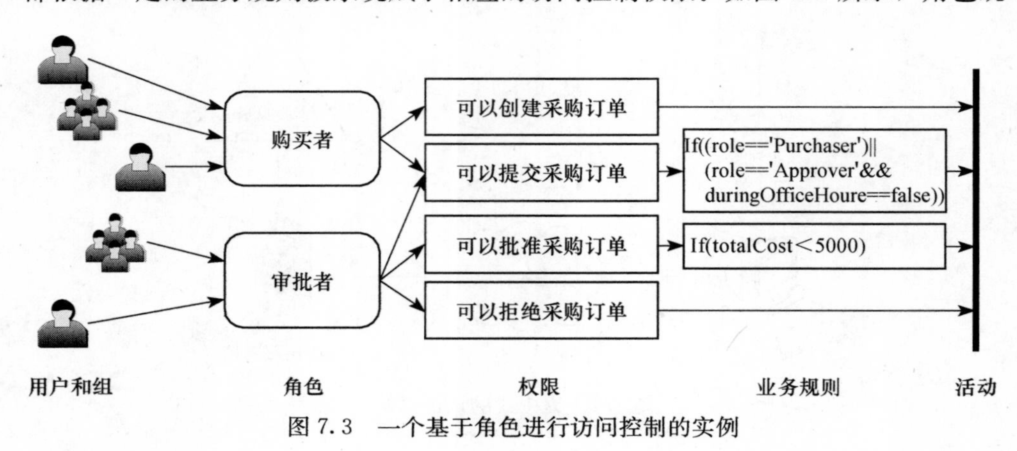

图 7.3　一个基于角色进行访问控制的实例

可以指单个的用户账号，也可以指用户组。用户和用户组也可以被赋予多个角色。根据被赋予角色的不同，用户利用不同的权限来执行特定的操作或活动。这些活动一般映射到应用重要的业务功能上，或者映射到应用自身的管理上。例如，对于一个销售系统来说，其访问控制权限往往包括销售订单的创建、提交、确认和拒绝等。一个访问控制权限可能同时被赋予多个角色，因此一个同时具有多个角色的用户就拥有一个访问权限的集合。XaaS 应用可以利用业务规则来对访问控制权限进行细粒度的控制。业务规则主要通过引入条件语句来对访问控制权限的作用范围进行约束。

访问控制可以以 Scope 层次为单位进行管理。每个 Scope 都从其父 Scope 中继承相应的角色、权限和业务规则。如图 7.4 所示，根 Scope 有一个名为“Benefits Administrator”的角色，该角色具有对雇员福利进行管理的一系列权限，包括公司的 401(k) 退休保险计划。由于 401(k) 计划是根据美国税收制度创建的，不能直接适用于加拿大分公司的雇员，因此在根 Scope 之下，为加拿大分公司创建了一个子 Scope。子 Scope 继承了根 Scope 中定义的角色和权限，删除了其中的允许修改 401(k) 计划的权限，并增加了一个加拿大本土退休保险计划(registered retirement savings plan，RRSP)

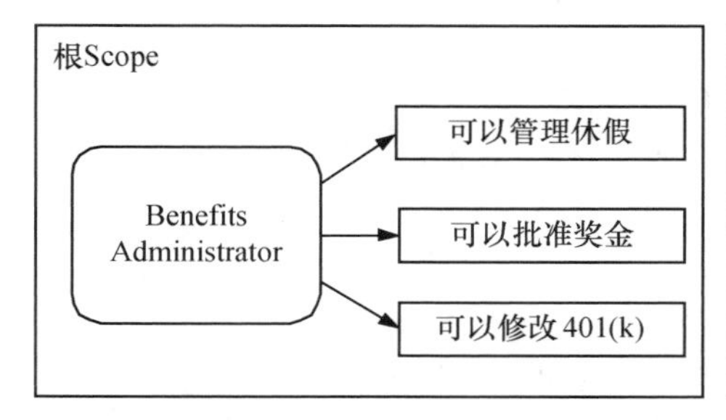

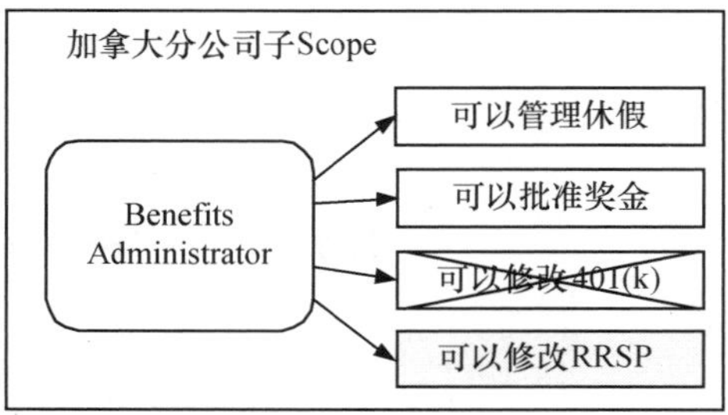

图 7.4　基于 Scope 层次的访问控制管理

下面，我们介绍 XaaS 模式下常用的 OAuth 和 OpenID 授权协议。简单地说，OAuth 用于授权，用户可以授权一个网站访问自己在另外一个网站的数据，而不用将自己的密码透露给第一个网站。OpenID 用于身份验证，用户可以用一个唯一的 URL 来表明自己的身份，这样就不必记住多个网站的密码。

OAuth 是一个授权协议，它供服务提供者的用户使用，允许其他的服务(称为消费方)访问服务提供者存储的用户数据，而无须将用户的认证证书透漏给消费方。或者说，网站和应用程序(统称为消费方)能够在无须用户透露其认证证书的情况下，通过 API 访问某个 Web 服务(统称为服务提供方)的受保护资源。

可以通过一个照片打印服务的例子来理解 OAuth 的作用。在这个例子中，照片打印服务是消费方，用户将照片存储在网络上的某个照片存储服务中，照片存储服务是服务提供者，被保存的照片是受保护的资源。现在，如果消费方和服务提供者彼此知道对方，并且都支持 OAuth 协议，那么用户就可以授予消费方访问其受保护资源（照片）的权限，而不需要将其认证证书透漏给消费方。

图 7.5 给出了 OAuth 授权的完整过程（Recordon，Fitzpatrick，2007），它有如下八个步骤：

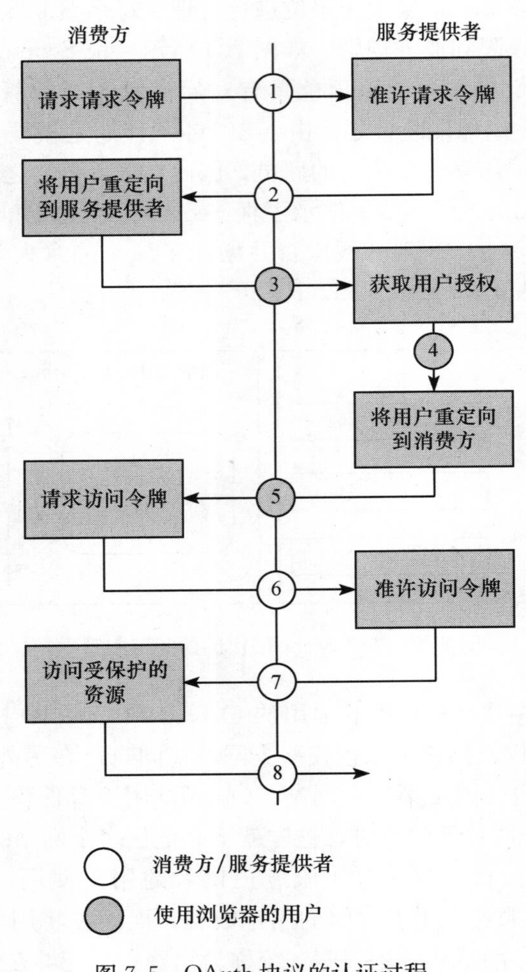

图 7.5　OAuth 协议的认证过程

（1）消费方从服务提供者那里请求得到一个请求令牌。

（2）服务提供者给消费方提供一个 Key。

（3）消费方将用户重定向到服务提供者的站点。

（4）服务提供者为请求令牌获取用户授权。

（5）服务提供者将用户重定向回消费方。

（6）消费方请求将授权的请求令牌换成一个访问令牌。

（7）服务提供者给消费方提供访问令牌。

（8）消费方使用拥有的访问令牌访问受保护的资源。

Google 和 MySpace 等网站均是 OAuth 的服务提供者。

OAuth 对最终用户是透明的。当使用消费方提供的服务时，用户仅被重定向到服务提供者的站点上进行认证，认证通过后，又被重定向回消费方的站点。

由于 OAuth 过于依赖站点之间的重定向，用户一旦对在登录过程中的站点重定向感到习惯，就给那些非法的站点带来可乘之机。它们会利用 OAuth 协议的特点，伪装一个服务提供者的页面，将用户重定向到该伪装页面上，骗取用户的认证证书。为了避免受到这种安全威胁，可以让用户在浏览器中手动输入服务提供者访问地址，并且手动在服务提供者站点上输入请求令牌。这对于用户来说，无疑是一种更安全的方式，但是却大大削弱了用户的使用体验，而且这种方法也不能避免 DNS 欺骗的发生。DNS 欺骗是指通过发送假的 DNS 信息，骗取用户登录到伪装的站点上，获取其认证证书。

当前，互联网上的服务提供商越来越多，他们提供的服务往往需要经过认证才能访问。用户为了使用它们，就必须申请合法的账号。久而久之，每个用户都不得不维护来自多个互联网服务提供商的账户。例如，很多用户既有来自 Google 网站分配的账户，也有来自网上购物网站的账户，这对于用户来说，已经成为一种负担。针对此问题，OpenID 协议给出了一种机制，它为用户提供了一种面向互联网上多个服务用唯一的 OpenID 标识来识别自己的方法，用户无须将其认证证书或其他个人信息透漏给这些互联网服务站点，就可以使用其服务。使用 OpenID 协议时，用户从 OpenID 服务提供商申请账号后，就可以使用该账号登录其他多个网站。用户可以自主决定选择哪家 OpenID 服务提供商，并且可以在多家 OpenID 服务提供商之间进行切换。OpenID 是没有中心的，因此没有任何一家机构处于中心控制的地位。

图 7.6 给出了 OpenID 的授权过程（Recordon，Fitzpatrick，2007），它有如下七个步骤：

（1）最终用户出示用户提供的标识来启动认证过程。

（2）依赖方对用户提供的标识进行规范化，并执行 OpenID 提供者发现过程来找到最终用户使用的 OpenID 提供者。这时，依赖方使用 Diffie-Hellman Key Exchange（一种密钥交换技术）建立和 OpenID 的关联。然后，OpenID 提供者就可以使用该关联对下面的所有消息进行签名。

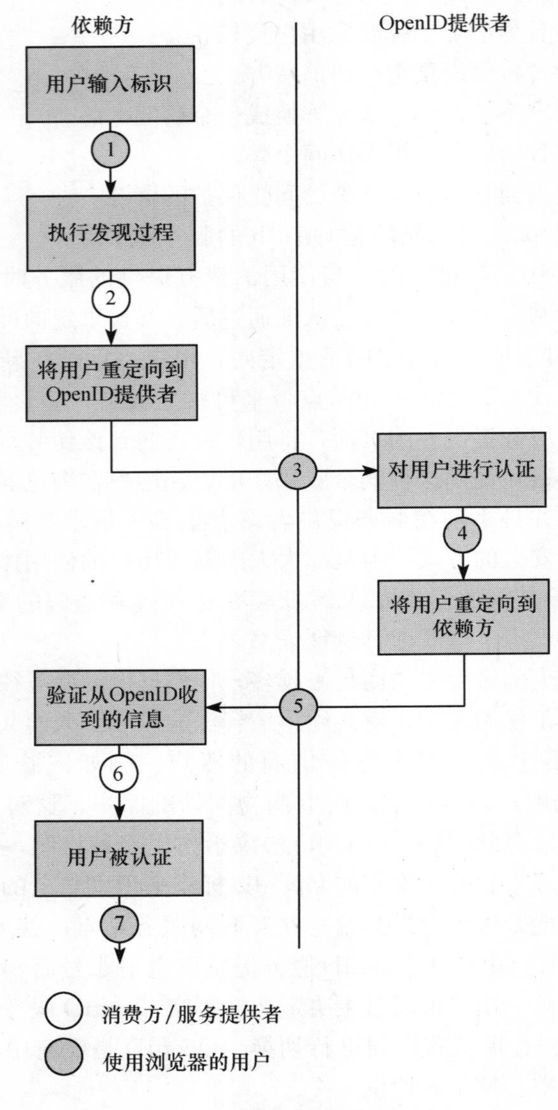

图 7.6　OpenID 协议的认证过程

(3) 依赖方将最终用户及其 OpenID 认证请求重定向到被发现的 OpenID 提供者站点上。

(4) OpenID 提供者对用户进行认证。

(5) OpenID 提供者带着认证是否成功的信息将最终用户定向回依赖方站点。

（6）依赖方验证从 OpenID 提供者接收的消息，如果依赖方和 OpenID 之间建立了关联，这些消息就可以基于签名被验证；否则，验证也可以通过向 OpenID 提供者直接发送一个请求来完成。

（7）至此，用户已被认证，并且可以继续使用依赖方提供的服务。

Yahoo、Microsoft、Google 和 IBM 等公司均是 OpenID 联盟的成员，其中，Yahoo 和 Google 公司等还对所有用户提供 OpenID。

与 OAuth 对最终用户透明的特点不同，OpenID 要求最终用户知道他们的 OpenID 账号以及如何使用该账号。也可能正是因为这个原因，虽然 OpenID 有非常多的潜在用户（Yahoo 公司提供的统计数字显示，其 OpenID 账号于 2008 年 1 月已经达到 3.68 亿个），但这些用户也许并不知道他们已经拥有了 OpenID 账户，有些甚至还从来没有听说过 OpenID。一个客观原因是很多 OpenID 提供者并非 OpenID 依赖方，因此当来自其他 OpenID 提供者的 OpenID 账户并不能够登录到 Yahoo 时，他们会感到非常困惑。只有当更多流行的站点成为 OpenID 依赖方时，OpenID 才会被更多的人使用。

OpenID 带给最终用户的好处之一是，当用户从一个依赖方站点跳转到另外一个依赖方站点上时，它们只需要告诉另一个依赖方站点其使用的 OpenID 提供者的信息，而无须进行重复的认证过程。这给用户带来了类似在多个依赖方站点之间进行单点登录的使用体验。

如果用户在使用某 OpenID 提供者提供的 OpenID 服务进行依赖方站点访问的过程中，OpenID 提供者站点提供的 OpenID 服务失效了，此时用户就无法继续进行正常的依赖方站点访问。虽然 OpenID 是去中心的，用户可以在多个 OpenID 提供者之间进行切换，但是无法实现用户在访问依赖方站点的过程中进行即时切换，OpenID 服务的失效对用户造成的影响仍然是非常大的。

OpenID 的安全隐患与 OAuth 类似，它也容易受到站点欺骗和 DNS 欺骗的攻击。相应的防范方法也与 OAuth 类似：首先，应该让用户确保其重定向到的 OpenID 提供者站点是正确的。其次，可以采用传输层安全机制。

7.4　云计算环境中的私有数据保护

在云计算环境下，租户数据的隐私保护面临着非常严峻的考验。由于用户的数据是在云计算环境下远程的机器上进行处理，而不是在属于自己的机器上进行数据的处理，因此隐私问题是影响用户采纳云计算方案时要考虑的主要因素。

用户需要受隐私保护的数据或信息包括如下五个方面（Pearson，2009）：

（1）个人识别信息：用于识别或定位个体的基本信息，如名字和地址等；或者用于识别个体的其他相关信息，如邮政编码、IP 地址和信用卡号等。

（2）敏感信息：与宗教和种族相关的信息以及政治团体信息等被认为是个人隐私的信息。

（3）与个人识别信息有关的敏感信息：如个体的健康状况、在公共场所的监视照片等。

（4）用户所使用的数据：如打印机上的使用数据和用户的网页浏览历史记录等。

（5）唯一的设备标识：其他能够唯一标识用户设备的信息，如 IP 地址、RFID 标签和唯一的硬件标识等。

在云计算环境中，进行私有数据保护面临的主要挑战在于：软件工程师如何设计能够降低隐私泄露风险的服务；同时，如何减少用户在使用云服务时的担心，即用户对自己的个人隐私数据将被如何使用以及在何种约束下会转让给第三方团体等一系列安全问题有清楚的认识，并能够对它们进行合理的保护。

在云计算环境下，往往涉及一些特殊的隐私数据保护问题：

首先，由于多个租户共享同一个云基础设施，多个租户的最终用户以共享的方式使用同一个基础设施，因此数据的远程存储和处理面临更严重的威胁，个人隐私数据的保护就显得尤为重要。

其次，动态性是云计算环境的另一个特征，在动态环境下，服务的组合、服务的提供都是动态变化的，个人隐私数据很有可能随着服务的跨组织交互而跨越组织边界进行传输。这对于系统维护一致的安全标准是一项很大的挑战。在云计算环境中，一种服务的提供很可能是通过其他多个服务的组合来完成的，在这个过程中，涉及多种隐私数据的搜集、存储和分发，这些隐私数据跨越多个服务提供者的边界进行共享，必然带来严重的安全隐患。

为了尽可能减少这些安全隐患可能带来的问题，在云计算环境下，需要遵循如下九条数据隐私保护原则（Pearson，2009）：

（1）告知、开放性和透明性。任何要搜集用户信息的机构必须告诉用户他们要搜集哪些信息、如何使用这些信息、将这些信息保存多长时间、与谁共享这些信息以及这些信息可能的其他用途。如果他们对信息的使用进行了修改，就必须通知用户。如果他们将这些信息出让给了第三方，也必须通知用户。隐私策略必须向客户公开，并确保被客户所理解。

（2）选择、同意和控制。用户必须被赋予他们是否允许其个人信息被搜集的权利。

（3）范围最小化。只有那些必需的数据才被搜集或共享，数据的搜集应该控制在尽可能小的范围内。

（4）访问和准确性。用户必须能够访问其个人信息、检查加在这些数据之上的控制以及检查其控制的准确性。

（5）安全措施。必须采取一定的安全措施以避免未经授权的数据访问、公开、拷贝、使用和修改等。

（6）遵循。事务必须遵照隐私法的相关规定。

（7）目的。数据的用途必须限制在其声明的目的范围内，其目的必须被清晰地、具体地加以说明。数据的所有者有权要求在他们的数据被搜集之前对其为什么被搜集和共享给予解释。

（8）限制使用。数据只能按照其目的用途中说明的那样被使用和公开，并且不能够擅自授权给其他组织机构使用。必须限制这些数据被计算和统计的可能。数据必须确保只在其被需要时才被保存。

（9）责任和义务。数据的所有组织必须指定某特定的人来确保隐私策略被执行，对数据的访问和修改必须进行监控和审计。

软件的设计可从下述五个方面来保护数据的隐私：

（1）将发送或保存到云端的个人信息降低到最小范围内。对系统进行分析，用来评估如何将最少的信息存储到第三方服务器端。必要时可采取加密或其他干扰方法来对个人信息进行处理，然后再保存到第三方的服务器端。

（2）在云端，必须采取一定的安全措施来避免数据的丢失和被窃。可以采取加密算法对保存在第三方服务器端的数据进行加密，或者采取 VPN 技术来确保通信的安全。可以采取传统分布式系统中的访问控制机制来保护数据访问的认证和授权。

（3）用户对数据的最大化控制。允许用户指定对其个人信息的管理偏好，允许用户选择相应的第三方机构来监控其隐私偏好。用户对其保存在第三方服务器端的数据必须能够自行查看和更正。用户对其个人信息保存和公开的请求都能够有效迅速地得到响应。为用户提供尽可能多的选项，让用户去决定他们是否允许其个人信息被搜集。

（4）指定和限制数据的使用目的。可以采用数字版权管理（DRM）等技术来加强该项功能。

（5）提供反馈。设计用户界面来清晰地指出隐私功能，设计图形用户界面来向用户友好地提示正在进行的事情，设计合理的流程、应用和服务向用户提供隐私反馈与通知信息等。

7.5　本章小结

分布式系统由于具有分布和跨安全管理域的特点，所以更容易遭受各种各样的安全威胁。本章在对互联网分布式系统的安全和信任问题进行概括介绍之后，重点探讨了 XaaS 模式下用户认证和授权机制，对常见的 OAuth 和 OpenID 协议进行了介绍。本章还对云计算环境下用户隐私数据的保护问题进行了简要分析。通过本章的介绍，读者可以从这两个角度对互联网分布式系统的安全和信任问题进行初步了解。

第三篇　实　践　篇

第八章　VINCA 互联网服务集成方法

8.1 引　　言

VINCA 是中国科学院计算技术研究所在分布式应用集成、服务计算和互联网服务领域打造的一个品牌，涵盖相关领域学术探索、技术攻关、软件研发和领域应用等多方面内容。VINCA 最早产生于 2003 年，其起源是一种面向最终用户的业务级服务组合语言。在随后的近八年时间里，VINCA 伴随和见证了 SOA 的兴起、发展和演化，其自身也经历了如表 8.1 所示的演变历程。

表 8.1　VINCA 发展历程

版　本	时　间	背　景	目　标
版本 1	2003 年	SOA 及 Web 服务技术初步提出	面向最终用户的 Web 服务组合方法与工具
版本 2	2004～2006 年	服务计算技术与网格计算技术开始寻求融合	动态环境下服务资源的抽象、管理、组合及访问的一体化方法与工具集
版本 3	2007～2009 年	以云计算为代表的互联网计算兴起，服务成为其中的基础要素	互联网计算环境下面向最终用户的服务集成方法及工具和面向第三方的服务应用托管环境

到目前为止，VINCA 已经发展成为一套互联网计算环境下以最终用户编程及第三方运营为特征的服务集成方法体系和软件工具集合。

针对以开放、动态和协同为主要特征的新应用环境，VINCA 方法及软件着重从服务资源的一体化管理、面向最终用户的互联网应用构造以及统一的应用托管运行环境三方面，为基于互联网、以服务为核心抽象和基本要素以及以业务和用户为中心的综合集成系统敏捷构造与托管运行提供支撑。这里的综合集成系统是一类特定的互联网分布式系统，它强调的是以满足跨管理域的业务协作及综合管理需求为主，涉及对众多已有应用系统进行整合与集成的软件系统。事实上，从应用市场发展角度来看，在经历了大量以单一机构内独立业务为主的应用系统建设后，应用系统的建设需求正逐渐向综合性强、协同度高和灵活性好的方向转变，未来绝大多数新建应用将更多地体现为上述的综合集成系统。

本章作为基础篇和原理篇的一个案例，重点对 VINCA 方法的基本原理、体系结构和核心技术进行阐述。

8.2 VINCA 体系结构和基本原理

正如本书第三章所述，从客户、服务和基础设施（即 CSI）构成的视角解读互联网分布式系统及应用的发展趋势，可以得出：将应用软件的内部实现和外部使用方法（即服务）相剥离并纳入互联网级基础设施中已是大势所趋，服务正成为构造业务应用的基石。为此，VINCA 定位的综合集成系统的构造和运维问题可以归结为互联网服务集成问题，其目标就是利用互联网上封装的各类资源服务，构造和运维满足多样化的跨域集成需求的互联网服务集成应用。

VINCA 研发基于这样一个基本认识：随着互联网计算和服务化进程的发展，未来的应用建设面对多样化及动态多变的需求，会产生大量、小型和短生命周期的互联网服务集成应用。从而对互联网服务集成提出两个挑战：一是要求能够以较低成本快速完成应用构造及动态调整，以应对大量多样化的应用构造需求；二是要求能够为互联网服务集成应用提供可共享和低成本的托管运营环境，以应对不断发展的规模化应用运维需求。

显然，现有的软件技术体系难以满足具有上述特征的应用构造和运维需求。如图 8.1 所示，与 CSI 体系结构相呼应，VINCA 主要从以下三个方面来应对互联网服务集成所面临的上述挑战：

(1) 用户主导的应用构造。随着越来越多的资源以服务形式在互联网上提供，用户使用互联网服务构造应用的需求将表现出多样化的特征，加之互联网服务集成应用规模小和生命周期短的特征，使得传统的应用构造方法难以满足互联网服务集成应用的构造需求。针对这种情况，在客户端，VINCA 提出面向最终用户的互联网服务集成方法来满足动态和多样的互联网服务集成需求。

(2) 跨域的服务组织与保障。由于互联网服务存在着分散、动态、自治和边界模糊等特征，这使其处于一种无序的、随机的组织与发展状态。然而为了支持面向最终用户的互联网服务集成，需要保障互联网服务具有稳定有序地使用效果。因此，在服务基础设施层，VINCA 定位于从互联网服务的业务抽象、逻辑一体化组织以及全生命周期管控等角度，提供跨域的服务描述与组织模型和全生命周期的服务管理机制。

(3) 可伸缩的应用托管运行环境的提供。互联网服务集成需要一个共享的应用托管环境。然而，互联网服务集成应用的数量规模和用户规模的不可预测性，对支撑该托管运营环境的应用运行基础设施提出了更高的要求。为此，VINCA 在现有互联网基础资源管理层之上，提供可伸缩的互联网服务集成应用部署运行环境，以应对托管模式下应用规模不断变化的问题。

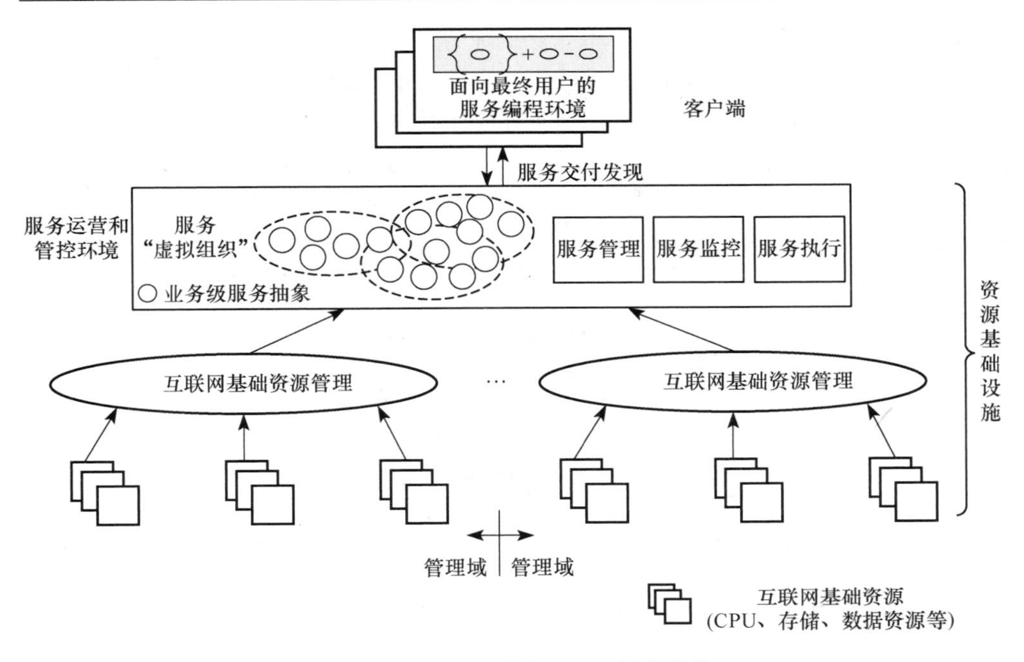

图 8.1　基于 CSI 的 VINCA 体系结构

在上述基于 CSI 的 VINCA 方法体系中，其背后的基本原理在于将互联网服务集成问题看做是一个以服务资源为核心的虚拟组织动态构造及运作问题，每个虚拟组织都形成了一种对互联网服务的逻辑划分，互联网服务集成应用则可以看做是一个虚拟组织内的互联网服务的特定组合。虚拟组织划定了互联网服务集成问题求解的边界，同时也将作为互联网应用统一部署运营的主体。在现实社会中，行业应用管理和运维部门、产业联盟组织方以及互联网服务运营商等都可以扮演虚拟组织创建者和管理者的角色。在这种基于虚拟组织的问题界定方式下，VINCA 方法重点针对虚拟组织内互联网服务集成应用的敏捷构造和托管运营两方面需求，提出如图 8.2 所示的三部分内容：

首先，从服务抽象、虚拟化与管控角度出发，以业务级的服务抽象与建模以及 IT 服务的虚拟化为基础，通过支持领域相关的服务社区定制以及服务社区间的互操作，实现以业务服务为核心、以服务社区为基本单元的服务资源一体化组织与管理，并且一方面提供可按需定制的多维度服务目录，另一方面通过服务监测与评估支持服务质量保障，从而为用户主导的应用构造和运行奠定基础。

其次，从服务集成应用的编程及使用角度出发，以支持最终用户编程为目标，从面向过程和面向数据两类典型应用需求出发，分别通过探索式服务编排机制和嵌套表格实现服务组合应用和 Mashup 应用的构建，同时提供一体化的应用构造及使用环境，并在应用构造及使用过程中通过服务智能推荐方法实现服务随需而动的效果，支持互联网服务环境下友好的人机协同。

最后，从服务集成应用托管运行角度出发，依托现有的大规模存储及计算设施，一方面通过多租户数据隔离机制实现应用及执行数据的分离存储，另一方面通过多引擎调度机制实现可动态伸缩及自动优化的多引擎执行环境，同时通过事件交互机制实现运行时对外部环境的感知与反馈，从而为大量和小型互联网服务集成应用的部署及运行提供可靠、高效和易伸缩的支撑环境。

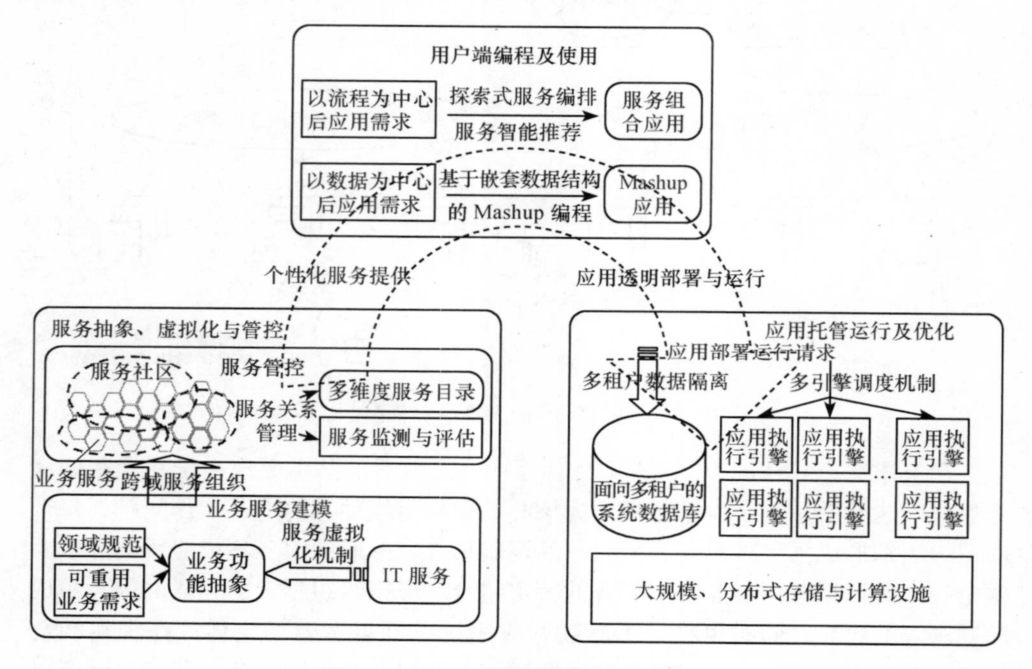

图 8.2 VINCA 体系结构及核心概念

上述三部分内容可以归纳为 VINCA 方法体系中的三个基本环节，即业务级服务抽象与管控、最终用户服务编程和第三方应用托管运行。在下面章节中将分别对这三个环节中的关键技术进行介绍。在介绍 VINCA 关键技术之前，先简要说明其中涉及的七个核心概念：

（1）业务服务。业务服务是一种从业务角度提出的服务模型，它基于领域知识、标准的领域概念进行定义，能反映可重用的业务功能抽象，同时通过服务虚拟化机制实现语义等价的 IT 层面 Web 服务到上述业务功能抽象的映射。

（2）服务社区。服务社区是特定业务领域或管理域下进行服务组织及管理的基本单元。服务社区支持用户定制符合其领域特征的服务模型以及用于服务描述和组织的业务语义基础，并在此基础上提供与领域相关的服务注册、标注、编目、查找及运行时信息维护等管理功能。

（3）服务协作网络。服务的组合性使得服务之间具有复杂的关联关系，服务协作网络对这种关系的刻画可以为互联网服务环境下海量服务的管理策略和监控策略的制订提供更加科学的依据。当前，服务协作网络主要从服务依赖及服务关联程度等角度刻画了服务之间的关联关系。

（4）探索式服务组合。探索式服务组合是一种用户可主导、一体化的互联网应用构造和使用方式，其重点面向“以流程为中心”的动态服务组合需求，通过用户自主编程和系统智能辅助相结合来组合服务，在不断探索中采用逐渐逼近最终解的方式来进行服务组合。

（5）嵌套表格。嵌套表格是面向基于互联网的信息聚合需求提出的一种基础数据结构，其为“以数据为中心”的 Mashup 应用构造提供了基于嵌套表格的数据获取、转化、规范化及可视化操作支持。

（6）应用托管环境。应用托管环境在这里特指在面向多租户的第三方运营模式下，对不同租户采用 VINCA 服务编程方法构造的应用统一提供的部署及运行环境。

（7）多引擎架构。多引擎架构是一种基于可动态伸缩的应用执行引擎集群实现上述应用托管环境的技术架构。面向多租户的应用执行请求在众多执行引擎间进行调度优化是多引擎架构下的关键问题。

8.3　业务级服务抽象与管控

业务级服务抽象与管控的目标是从业务角度对服务资源进行抽象建模以及支持面向业务的服务管理与监控，从而提供最终用户服务编程的基本元素，并支持服务全生命周期中的元数据信息管理。当前，VINCA 在业务级服务抽象与管控方面的工作主要包括三部分：首先，在业务级服务抽象及建模方面，提出业务服务概念以及相应的服务虚拟化机制。其次，在业务级服务管理方面，从支持面向业务、领域相关的服务管理角度提出一种基于可定制服务社区的管理方法。最后，作为在运营模式下服务监控方向的一个起步，提出一种服务协作网络的概念，并在此基础上建立了相应的服务监测机制。下面将分别对上述三项内容进行说明。

8.3.1　VINCA 业务服务

在互联网计算环境下，服务已成为资源供给的一种业务模式，是一个无形的抽象概念，更加强调其背后所封装的内容，而不再仅仅是一个标准的软件组件。在这种情况下，需要对服务进行有效的建模以实现对服务的能力、使用方式以及性质保障等方面的精确刻画，进而便于服务消费者更加准确地理解服务和使用服务。从业务角度对服务进行抽象与建模是当前服务建模的一个主要研究方向，业务级服务模型可以保障不熟悉 IT 技术的业务用户根据业务需求来快速、灵活地使用服务，从而有效弥补业务领域和 IT 领域的鸿沟。

在当前以工业界为主倡导的业务服务概念中，业务服务模型可以看做是基于特定业务领域本体建立的语义服务模型，仅仅是运用标准的业务概念对统一的 IT 服务模型进行业务语义级描述。然而，面对互联网服务集成可能涉及的越来越广的业务范围和应用需求以及越来越多的 IT 服务资源，人们对业务级服务建模机制提出了更高的要求，即能够以更加灵活的方式支持更加丰富的服务抽象与描述。现有的业务服务建模机制难以满足这种要求。为此，我们从实现业务级别服务资源重用以及支持最终用户服务编程角度，提出了 VINCA 业务服务的概念以及相应的服务虚拟化机制，包括一种业务层面领域专家可定制且 IT 层面可以落实到多样化服务的业务服务模型及相应的建模、组织和使用机制。

1. VINCA 业务服务模型

VINCA 业务服务作为一种业务级的服务模型，采用一种“两端定义、中间相遇”的建模方式，由领域专家进行业务层服务建模，并通过服务虚拟化机制实现与 IT 层面资源的关联，形成一体化的服务模型，为服务资源提供一种跨越业务和 IT 两个层面的描述模型，以实现对服务及其封装资源的精细刻画，从而便于最终用户使用服务以及服务运营者管理服务（王建武，2007）。

按照上述思路，如图 8.3 所示，我们提出了 VINCA 业务服务的“冰山”模型。该模型通过“分层可视、按需展开”机制对服务信息进行组织和管理。其中，实现层面向 IT 人员，对应服务实现的编程需求；展示层、定制层和组合层

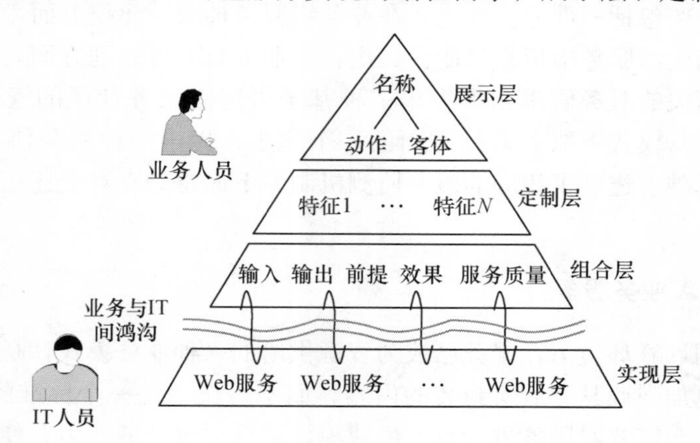

图 8.3 VINCA 业务服务的“冰山”模型

面向业务人员，分别对应服务查看、定制和组合三类需求。这两部分之间由于存在着所谓的“业务与IT鸿沟”，因此需要有效的机制来保障它们之间的桥接，为此我们提出了VINCA服务虚拟化机制。

下面对VINCA业务服务模型的四个层次分别作详细介绍：

展示层以“动作＋客体”的形式抽象定义了业务服务的功能特性。其中，“动作”和“客体”是来自领域本体的标准词汇；而“＋”表明了动作本体和客体本体之间的一种操作关系，这种关系由领域专家决定。从业务的角度来看，服务是一种商业活动/动作，目的是完成一定的任务。我们借鉴UML用例以“动词＋对象”形式说明用户任务的方式，用“动作＋客体”作为业务服务功能的抽象描述。这种方式不仅使最终用户直观地获得了业务服务功能的初步概念，便于其从宏观上了解业务服务的功能，而且由于采用了来自本体的标准词汇，因此也避免了歧义。

定制层利用领域工程的特征分析技术，可以捕获应用应具备的能力。通过特征分析技术得到的特征模型作为一种需求组织方式，具有结构简单、支持复用、便于交流和易于图形化建模等优点，业务人员可以通过特征了解应用是否满足其需求。业务服务反映领域的可共享业务功能需求，所以可以通过为每一个业务服务创建其特征模型来描述通用业务功能的共性和个性。定制层同时还提供配置操作以支持用户表达个性化服务定制需求。特征通常分为应用能力、操作环境、领域技术和实现技术四个层面，其中能力层面为最终用户关心的内容，所以业务服务的特征模型主要是能力层面特征。

组合层用于业务服务组合及其与Web服务的关联。内容主要借鉴语义服务模型OWL-S，具体包括接口信息（如input和output）、业务功能信息（如precondition和effect）、非功能信息（如QoS）及实现信息。其中，实现信息通过虚拟化关系记录该业务服务所绑定的Web服务。此外，领域专家指定组合层的其他元素与定制层哪些特征对应，从而建立定制层和组合层之间的关系。

实现层面向IT人员，为业务人员执行业务活动提供基于各种不同技术实现的IT服务，可对应互联网上丰富的服务资源实现种类，如网页信息服务、Web数据库服务、RSS/Atom服务、开放API和Web服务等。在不失普遍性的前提下，我们在VINCA业务服务的讨论中主要以Web服务为例。

对应上述VINCA业务服务模型，我们提出了如下所述的VINCA业务服务建模方法。

1）构造刻画业务服务“基类”集合，即能派生出各种具体业务服务的最小“词根”集合

一个业务领域内的业务活动可能个数很多且种类多样，但由于领域存在内聚性和稳定性的特点，可对某确定领域内相似的业务活动根据其共性进行抽象，得

到领域内业务活动的集合，该集合相对固定，反映了领域内业务活动的最小生成集。通常，任意一个领域内，业务活动的基本构成为动作和概念（如天气预报的动作为预报，概念为天气），并且动作的数量远远小于概念的数量。我们考虑依据这些动作构造业务服务的“词根”。识别这些动作的途径有多种，包括依赖领域任务本体的做法以及依赖领域用例的做法。前者完备且准确，但前提要求远比后者高。用例表示了参与者为达到某种目标而执行的一种离散和独立的活动。领域用例通过抽取用例共性得到，能够刻画共性的领域活动。构造业务服务基类（即领域业务服务）的两个主要步骤如下：

（1）服务标识：通过“动作＋概念”的组合标识服务，所得到的业务服务只完成单一业务功能。同时，还需通过定义隐式约束条件来避免组合操作可能带来的组合爆炸问题。

（2）业务信息建模：面向领域复用的核心机制是对领域共性和个性进行建模。我们利用领域分析中特征建模技术从业务属性和能力（包括输入输出、前提效果及服务质量）两个角度描述该领域业务活动的共性和个性，使建模结果具有领域可复用能力。其中，从业务属性角度描述领域共性和个性可供业务用户理解和配置，以方便其进行复用。从能力角度描述领域共性和个性可与不同能力的Web服务建立精确关联，为有效复用已有Web服务提供支持。

2）通过定制等手段生成具体的VINCA业务服务

用户可通过服务定制操作得到具体的VINCA业务服务，该方式既支持用户个性化需求的主动表达，又可充分利用已有的业务服务内容。对于业务用户的某一个业务活动需求，如果已有业务服务均无法直接满足该业务活动的需求，则需要对已有业务服务进行按需定制。根据已有业务服务与最终用户需求间两种可能的不一致现象，我们提出相应的定制操作：如果用户需求对应已有业务服务所支持变化性的某一子集，可通过特征配置方式进行定制；如果已有业务服务缺少用户所需特征，可通过增加子特征方式进行定制。定制结果与原业务服务间具有继承关系（类似于面向对象方法中类间的继承关系），并且可根据定制结果实现Web服务的自动优化选取。

按照上述方法构造的业务服务一方面可以看做是一种规范化的领域资产，是一种能够体现领域知识以及直接对应可重用的业务能力的抽象，这种抽象有助于实现业务级别服务资源的重用；另一方面，又可看做是对IT服务资源的抽象和虚拟化，通过虚拟化使得用户透明使用多样化的IT服务资源成为可能，从而对用户屏蔽IT层面的复杂性。

综上所述，VINCA业务服务作为一个新型的既包含业务层面知识又包含IT层面知识的聚合体，具有以下特点：

（1）业务用户可理解。VINCA业务服务只使用与领域相关的业务术语描述业务活动相关信息，并且根据以上信息的不同作用进行分层呈现，业务用户按需展开相应层次即可使用。

（2）业务用户可定制。VINCA 业务服务支持以已有业务服务为基础的服务定制，业务用户只需对业务服务的特征进行简单操作即可表达其个性化业务活动需求，实现此业务服务的 Web 服务将根据定制结果自动选取。

（3）业务人员可编排。VINCA 业务服务支持业务级互操作的定义，业务用户可以直接根据其需求以业务流程形式定义业务服务所代表的业务活动间的互操作关系。

（4）业务用户可执行。业务用户可根据业务活动需求直接执行相应业务服务，基于业务服务自含信息（如 QoS 约束等）可实现对多个 Web 服务的优化选取和间接有效利用。

（5）领域内可共享。通过面向领域的建模方法可得到刻画领域内业务活动且具有领域复用能力的业务服务集合，供领域内业务人员按需复用。

2. VINCA 服务虚拟化机制

VINCA 业务服务的“冰山”模型曾指出，业务服务的业务层和实现层之间的桥接需要有效的机制来保障。为此，我们提出一种面向 VINCA 业务服务的服务虚拟化机制（房俊，2006）。服务虚拟化通常指在服务提供者与服务消费者之间建立一个虚拟层，以实现服务的优化、可控和有序地交互。这里说的服务虚拟化是虚拟化技术应用于 VINCA 服务体系的一种特例，通过虚拟化建立跨越鸿沟的业务服务“冰山”模型，从而使得业务应用可以构造在一种相对稳定的业务服务资源之上，在操作层面再通过中间层上的虚拟化机制灵活地绑定到具体的服务资源。

VINCA 服务虚拟化机制一方面针对 Web 服务资源的多变性和 Web 服务资源之间固有的差异性，提供一种在已有服务基础上通过适当的变换后产生虚拟服务的机制；另一方面提供一种从业务服务到具体服务资源建立映射关系和动态绑定资源的机制，从而解决跨领域鸿沟的资源“桥接”问题（赵卓峰，韩燕波，喻坚，等，2004）。前者的核心问题是如何提供一套完备的操作，以完成服务资源的聚类、转换和虚拟化运算。后者则需要提供一种高效的服务间接寻址方法，以完成业务服务到 Web 服务资源的匹配和选取。

针对上述问题，VINCA 服务虚拟化机制在“两端定义、中间相遇”的 VINCA 业务服务建模方式下，旨在通过提供诸如语义描述、聚类、转换、组合等手段，实现 VINCA 业务服务业务层模型与 IT 层 Web 服务资源的关联。图 8.4 给出了涉及业务服务建模中的服务虚拟化过程，具体的虚拟化过程描述如下。

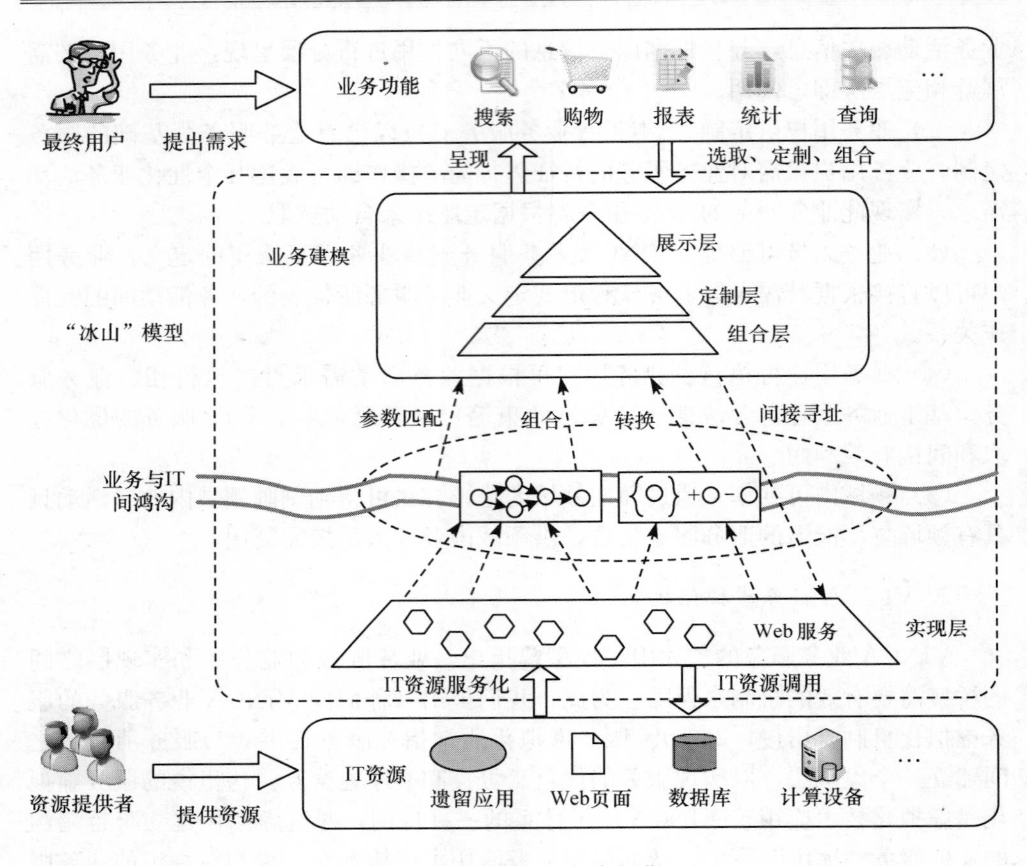

图 8.4　VINCA 服务虚拟化

1）基础服务的准备——描述 IT 服务语义、屏蔽 IT 服务技术细节

该环节包括 IT 服务语义描述、服务模型转换以及 IT 服务聚类三大步骤，最终产生基础服务资源集合。首先，服务语义描述步骤利用 VINCA 业务服务所依赖的领域术语对 IT 服务进行语义描述。然后，通过模型映射或转换，对 IT 服务描述进行变换，克服元模型异构给服务关联带来的困难。最后，对上述服务进行聚类，形成基础服务资源集合，以提高服务关联效率和服务选取效率，支持服务替换等功能。

2）自动服务关联——基于服务描述的自动匹配

IT 层基础服务和业务层服务建模结果依据描述语义信息进行匹配，产生关联结果。系统自动完成匹配过程，领域专家对关联结果是否正确进行确认。

3）手动服务关联——进行服务的组合或者转换

在多数情况下，并不是总能找到一个满足 VINCA 业务服务功能的基础服务，而需要通过一些组合和转换等操作才能得到满足用户要求的服务。组合和转换是两类典型的服务虚拟化操作。作为单一功能实体的业务服务往往需要多个基础服务组装后才能实现其功能，组合服务可以理解为对一组具有关联关系的服务的虚拟化。服务转换的基本思路是通过对服务描述信息的变换，为服务带来新的功能，满足业务服务的功能要求。已有的服务转换研究工作往往从纯应用角度出发，缺少对转换依据的理论论述，得到的结果具有随意性。针对此现状，我们定义了一类服务转换运算系统，覆盖了一元变换、二元交、并、差等共 15 类转换操作形式，并详细刻画了这些操作的运算语义（房俊，2006）。领域用户可通过基于此运算系统开发的虚拟化转换工具，手动进行业务服务与基础服务的关联。如果使用上述方法后仍然存在关联不上的业务服务，则表明暂时还没有 IT 服务能完成其业务功能，此时这类业务服务被标记为不可使用。

4）VINCA 业务服务到具体服务资源的间接寻址

在使用 VINCA 业务服务时，将在上述关联结果的基础上落实对服务资源的间接寻址，实现对 IT 服务的透明访问。根据 VINCA 业务服务的功能要求和非功能要求，找到其所对应的基础服务资源集合，再由每个基础服务根据非功能属性的要求进行服务选取，定位到具体 IT 服务资源。

8.3.2　领域相关的服务社区定制

互联网计算环境下，服务管理的范畴将从最初单纯面向 Web 服务发现的服务注册管理（如 UDDI）向服务的全生命周期管理发展。在这种发展趋势下，服务组织与管理需要重点解决以下两个问题：

一是服务管理边界的不确定性问题。服务的管理需求最初往往来自于特定的业务领域或应用目标，需要根据管理域或问题域的不同而动态确定服务管理的边界。另一方面，管理域或问题域处于不断变化中，使得服务管理并不是处于一个一成不变的边界中，最初确定的边界也需要进行不断演化。

二是服务管理内涵的不确定性问题。由于服务管理边界的不确定性，自然会导致服务管理内涵的不确定性。这种不确定性具体体现为面对不同的问题边界，在服务描述模型、服务语义、服务组织及浏览方式和服务查找要求等方面将会具有不同的服务管理需求。

具体的，从服务提供者、服务消费者与服务管理者三个不同的角度来看，解决上述服务管理问题主要存在以下挑战：

（1）支持多种类型服务的接入与描述。首先，互联网服务从最初的 SOAP Web 服务逐渐演化到以 REST 服务为代表的多样化的互联网 API 服务，如何提供一种方法以支持各种类型服务的接入与描述。其次，从业务层面上看，如何面向不同业务领域定制特定的描述内容。

（2）服务的统一管理与个性化组织。多样化服务虽然技术实现形式不同，但往往具有统一的管理要求，如何进一步抽象服务以支持统一管理是必须考虑的问题；此外，如何个性化组织服务资源以便于用户使用，也是从使用角度所需要提供的管理功能。

(3) 服务管理边界的变化带来的一致性问题。随着应用问题域的放大或缩小，虚拟组织产生动态变化，如何在已有自治的管理域基础上，快速产生虚拟组织对应的新管理域是个挑战性问题。例如，当管理边界扩大或变小时，服务资源也应当能适应性地加入或者退出。

针对上述问题与挑战，VINCA 提出一种“基于元模型、面向领域的服务管理机制”。该机制面向具有特定业务或应用目标的问题域或管理域，允许用户在服务管理元模型基础上，灵活地定制符合其自身管理需求的服务管理单元，即服务社区。服务社区一方面通过自主定制服务模型、数据规范和领域本体等内容来确定服务社区的逻辑边界，实现对互联网服务的逻辑划分；另一方面以跨域的协作与集成为驱动，通过多社区间的互操作实现社区的融合与归并，从而满足前文所提出的虚拟组织运作模式下互联网服务集成问题求解的要求。

1. 服务社区元模型

为了支持面向领域的服务社区动态创建，我们采用通过实例化服务社区元模型来建立服务社区的方法来满足领域相关的服务管理需求。尽管服务社区元模型也属于一种预定义的模型，但不同于类似 UDDI 的传统服务注册库模型，用户可以通过对元模型的实例化来建立适合不同领域特定需求的服务社区，从而达到柔性的服务组织管理的目的。

服务社区元模型设计的一个重要步骤是给出界定服务社区边界的核心要素。由于服务社区面向的业务领域、业务目标及技术环境不同，所以统一不变的服务模型难以满足资源管理的需求，每个服务社区都需要定制符合其特定需求的服务模型。另一方面，要实现有效的服务共享与协作，一个基本条件是能够在同一个语境下交流，基于特定领域本体的业务规范，如数据规范、分类规范等是不可缺少的。同时，这些规范也成了资源组织的有效依据。上述服务模型与业务规范是界定服务社区逻辑边界的关键要素。此外，为了灵活地支持服务的运营与管理，管理操作与管理策略等也是需要服务社区刻画的内容。

基于上述认识，服务社区元模型包括主体、客体、策略和规则四类要素。其中，主体是管理操作的施加者，即服务社区的用户；客体是管理操作的施加对象——服务，服务的描述依赖于服务模型和业务规范，它们分别用于建立服务描述框架和服务描述语义基础；策略主要是管理操作的具体内容；规则定义了管理操作的实施要求。具体地，如图 8.5 所示，服务社区元模型主要由以下内容构成：

（1）基本信息：包括社区的标识符、名称、社区的访问地址及描述信息等内容，用于标识和刻画一个社区。

（2）服务模型：社区中涉及的服务资源模型，满足该社区中对服务资源刻画及管理的特定需求。一个社区可以接入多类服务模型，如业务服务模型和语义服务模型等，所有服务模型在服务社区中都拥有一个公共的核心服务模型，而且都是在其基础上扩展派生而来。

（3）业务规范：用来辅助描述社区中服务资源和管理术语、本体、数据标准和分类规范等内容。数据标准可以细分为某类特定的数据标准。同理，分类规范也可以包括多个。

（4）所有者：社区的管理者（可以是虚拟组织、一个单位或者个人），也是社区的创建者，社区之间进行融合时，往往需要社区的管理者之间达成一定的协议。

（5）用户：社区使用过程中涉及的用户，同时还隐含用户角色、分组及权限等方面的内容。

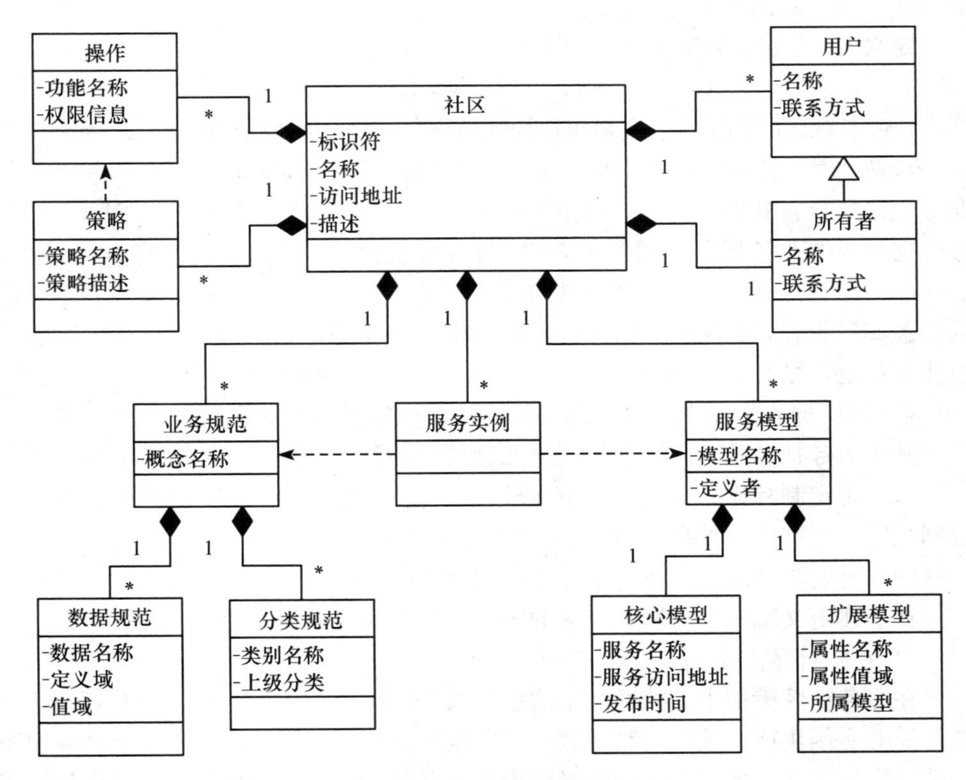

图 8.5　服务社区元模型

(6) 服务实例：依赖于特定服务模型的服务实例信息包括社区中的核心内容以及社区管理的主要对象，即按照特定的服务模型和给定的业务规范以注册方式发布到社区的服务资源。

(7) 策略及操作：附加于社区内部的服务组织、管理及使用规则，包括操作集合和策略集合。其中，操作集合包括社区内部施加的管理操作，如接口转换、服务目录定制、服务调用与替换、服务监控等，以及社区间操作，如目录融合、服务模型与服务集合融合等；策略集合包括多类管理策略，如审核策略、监控策略和质量评估策略等。

实际上，与服务社区相关的研究工作，典型的如 UDDI 和语义服务注册库等，其数据模型虽各不相同，但却都可以看做是上述元模型从不同角度的实例化。

2. 服务社区定制

服务社区定制就是将服务社区元模型的元素实例化的过程。在介绍服务社区定制过程之前，首先来介绍服务社区定制的形式化基础。事实上，前面描述的服务社区元模型可用如下定义描述。

定义 8.1 服务社区：一个服务社区是如下的七元组

$$\text{Community} = (\text{id}, \text{SM}, \text{BC}, o, U, S, P)$$

式中：id 是社区的标识符，主要包括社区名称与社区访问地址等；$\text{SM}=\{\text{sm}_i \mid i=1, \cdots, k\}$ 表示社区的服务模型集合；$\text{BC}=\{\text{bc} \mid \text{bc}\in \text{DC} \wedge \text{bc}\in \text{CC}\}$ 表示社区的业务规范集合，其中 $\text{DC}=\{(\text{name}, \text{domain}, \text{range})_i \mid i=1, \cdots, t\}$ 是由 t 个业务数据构成的业务规范，同样的，CC 为分类规范；o 是社区的拥有者，$o\in U$；$U=\{u_i \mid i=1, \cdots, l\}$ 表示社区的用户集合；$S=\{s_i \mid i=1, \cdots, m\}$ 表示社区的服务实例集合，若 $s_i.\text{sm}$ 表示 s_i 所依赖的服务模型，$s_i.\text{BC}$ 表示 s_i 所依赖的一组业务规范，则有 $s_i.\text{sm}\in \text{SM}$，$s_i.\text{BC}\subseteq \text{BC}$；$p=\{p \mid p\in \text{OP} \wedge p\in \text{RULE}\}$，其中 OP 为社区所拥有的操作集合，RULE 为社区操作所包含的规则集合。

基于服务社区的定义，我们区分两种特殊的服务社区：

(1) 未定制社区。如果 $\text{id}=\varnothing \wedge \text{SM}=\varnothing \wedge \text{BC}=\varnothing \wedge o=\varnothing$，则称该社区为未定制社区。特别的，如果 $\text{id}=\text{SM}=\text{BC}=\varnothing$，则称其为空社区。

(2) 已定制社区。不满足上述条件的社区称为已定制社区。

在上述定义基础上，服务社区的定制可以分为三种情况。

1) 在空社区上定制

在服务社区模型中，社区基本信息、服务模型、业务规范以及所有者和用户是必需的实例化项，社区定制也就是指定相关信息的过程，社区管理员必须明确社区的应用需求，才能够保证所指定模型信息的正确性。以构建一个“市旅游服务社区”为例，其基本信息包括如下几部分：标识符是 TravelCommunity，名称是旅游服务社区，访问地址是“http://www.abc.com/community/travel”；服务模型包括旅游信息服务的服务模型和旅游预订服务的服务模型两类；业务规范包括旅游行业分类和省级行政区域划分两个分类规范，另外还有以旅游领域本体形式表达的数据规范；该服务社区的拥有者是市旅游局。

2）在已有单个社区上派生

在已有单个社区上派生存在两种情况：当某个模型集合放大时，为正常的定制过程；当某些特定的模型集合缩小时，需要特定的适应手段，以保证接入的服务集合能满足约束要求。例如，当服务社区不再管理某类服务时，其对应的服务模型将从服务社区中去除，那些原来依赖于该服务模型的服务实例也相应地予以去除；同理，服务所依赖的业务规范集合缩小后，相应的服务实例也应进行适当同步。

在已有单个社区上派生可以形式化地定义为：给定两个社区 C_1，C_2，如果 $C_1.id \neq C_2.id$，$C_1.SM \subseteq C_2.SM$，$C_1.BC \subseteq C_2.BC$，则称社区 C_2 派生于社区 C_1。

3）在已有多个社区上派生

在已有多个社区上派生可以理解为两两社区间的合并，这种合并可以不断迭代。两个社区合并时可选择其中一个为主社区，另一个为附加社区，将附加社区的数据信息合并到主社区中。社区面向问题域的不同必然导致在模型、业务规范方面存在异构问题。

通过两个社区合并派生新社区可以形式化地定义为：给定三个社区 C_1，C_2，C，如果 $C.SM = C_1.SM \cup C_2.SM$，$C.BC = C_1.BC \cup C_2.BC$，则称 C 可由 C_1 和 C_2 融合而成。

总体来说，基于上述方式建立的服务社区具有两个好处：

（1）可以解决传统服务管理模型语义严格和难以扩展的问题，从而满足更加丰富的服务描述以及动态的服务管理需求。

（2）基于 VINCA 业务服务以及领域规范等方式，易于实现对服务的规范化管理，便于支持不同服务管理域（即服务社区）之间的互操作。

8.3.3　基于服务协作网络的服务监控

服务监控是应对动态环境下服务管理需求的一个有效手段。服务监控通过对外界使用服务和服务自身演化情况的监视，收集并分析相关信息以及报告并处理相关事件，以此来满足对服务全生命周期（特别是运行时）管理的需求。对服务全生命周期管理的支持不仅仅要求对服务提供者发布的服务静态描述信息进行管理和支持，还强调对服务的使用情况、服务的运行时信息、第三方的服务质量及评估信息、服务的变更演化信息等不同生命周期阶段的信息进行全面管理和应用。

通过对服务监控系统参考架构的介绍可以看出，一个灵活的服务监控系统通过对声明式监控任务定义的解释和执行来完成监控工作。其中，监控任务描述了什么时间对哪些服务采用何种方式进行监控的监控策略。然而，面对第三方运营模式下海量服务的监控需求，监控系统的实现在计算效率和性能方面存在极大的挑战。因此，能否根据实际需求定义出优化、有效的监控策略就成为影响监控系统性能的一个关键问题。

解决上述问题的一个有效思路是通过对服务进行区分来定义不同的服务监控策略，以此减少不必要的监控，并优化监控系统的执行。为了区分服务，要求从服务监控角度对服务进行以下四方面的分析：

(1) 服务应用状态分析。为了发现被广泛应用的服务以便向用户推荐，以及及时发现并去除已经失效的服务以便减轻服务监控的负担，需要掌握当前服务被应用的广泛程度。

(2) 服务影响力分析。由于服务数量众多，需要从管理角度对不同服务采用不同程度的管理策略，而根据服务在整个服务网络中的影响力来区分不同的服务管理级别是一个有效的思路。

(3) 服务协作程度分析。由于服务之间往往具有协作关系，当一个服务状态发生变化时，同时也需要对与其有密切协作关系的服务进行监测，为此需要对服务协作程度进行界定。

(4) 服务发展趋势分析。为了引导和促进服务有效发展，辅助服务分析设计，需要掌握每一类服务的发展趋势，并提供一定的服务发展预测能力。

针对上述要求，我们提出了一种服务协作网络（service cooperation network，SCN）的概念，并在此基础上给出了中心度及活跃度等服务性质。服务协作网络利用复杂网络的方法来研究服务间的协作关系。用户可以利用中心度和活跃度来定义满足不同需求的服务管理及监控策略。下面，首先给出服务协作网络的定义。

1. 服务协作网络定义

互联网服务集成应用通过服务组合而成，体现了服务之间的一种协作关系。通过掌握服务间协作关系的历史信息，并在此基础上对服务性质及行为进行分析来支持服务的监测与评估，可以在不对服务管理系统提出额外需求和约束的条件下，有效满足上述服务监控的需求。为此，我们基于对复杂网络领域的研究(Albert，Barab，2002)，提出一种刻画服务协作关系的服务协作网络模型。利用该网络模型，可以对服务展开多方面的研究。例如，可以分析服务之间的协作模式，对于给定的一个服务，通过找出与其协作紧密的服务作为服务关联监控的依据；也可以利用复杂网络领域的研究方法，在网络上进行社区发现，从而实现服务按使用模式的自动分类等。

服务协作网络是无向加权网络，其中的点表示服务，边表示服务之间的协作关系。协作关系越强，边的权值越大。

假定我们已知如下的服务组合历史数据：各服务组合应用的创建时间以及由哪几个服务组合构成。在实际系统中，这些数据是易于统计和获得的。任取一个时间点，在该时间点之前的服务组合历史数据通过如下规则转换为网络：

（1）服务的全部集合构成网络的节点。

（2）对于每个服务组合应用，设 n 为构造该服务组合应用的服务个数，从构造它的服务中任取两者。若两者对应的点之间没有边，则建立一条无向边，将边的权值设为 $1/(n-1)$；若两者对应的点之间有边，则将该边的权值追加 $1/(n-1)$。

我们简单地分析一下这个转换规则。服务组合数据所描述的是服务组合应用和服务之间的关系，并没有直接描述服务与服务之间的关系，而这个规则正是完成了前者向后者的转换。如图 8.6 所示，标记着 $M_1 \sim M_3$ 的方框表示服务组合应用，标记着 $A \sim G$ 的圆圈表示服务。服务组合数据所描述的就是转换前的网络。在这个网络中，服务组合应用之间以及服务之间都没有连接，因此是一个二部图网络。通过本规则的转换，协作（即共同构造服务组合应用）的服务之间将建立起连接，形成单部图网络。这个单部图网络仅包含服务，因此能直接体现出服务之间的协作关系。关于将二部图网络转换为单部图网络的方法此处不再解释，感兴趣的读者可以参考相关文献（Guillaume，Latapy，2005）。

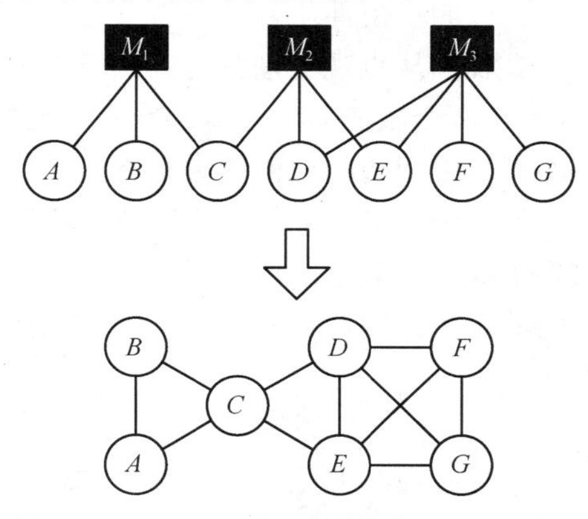

图 8.6　由服务组合数据生成服务协作网络

这里，我们假定在一个服务组合应用中每个服务与其他 $(n-1)$ 个服务的协作都是均等的，因此这个服务组合应用为任意两个服务之间的协作贡献了 $1/(n-1)$，而服务之间的权值则是这些贡献的累加。

定义 w_{ab} 为连接服务 a 和服务 b 的边的权重（若 a 和 b 之间没有边，则 $w_{ab}=0$）。如果服务 a 参与构造了服务组合应用 m，则定义 δ_a^m 为 1；否则为 0。该网络有如下性质：

性质 8.1　服务对应的点的加权度（即该点所连接的边的权值之和，用 s_a 表示）等于该服务构造的服务组合应用的个数，即

$$s_a = \sum_{b(\neq a)} w_{ab} = \sum_m \delta_a^m \tag{8.1}$$

证明：定义 n_m 为构造服务组合应用 m 所使用的服务个数。由服务协作网络

的构造规则可得

$$\sum_{b(\neq a)} w_{ab} = \sum_m \sum_{b(\neq a)} \frac{\delta_a^m \delta_b^m}{n_m - 1} = \sum_m \frac{\sum\limits_{b(\neq a)} \delta_b^m}{n_m - 1} \delta_a^m = \sum_m \delta_a^m$$

式 8.1 得证。

性质 8.2　整个网络的所有点的加权度总和（用 $\sum s$ 表示）等于整个网络的各服务使用次数之和，即

$$\sum s = \sum_a \sum_{b(\neq a)} w_{ab} = \sum_a \sum_m \delta_a^m \tag{8.2}$$

证明：由性质 8.1 显然可得。

我们从直观上理解这一网络模型：一般地，两个服务协作的次数越多，它们（即这两个服务对应的点，在不引起混淆的情况下，以下不区分服务和服务对应的点）之间边的权值越大；在服务协作次数相同的情况下，与这两个服务一同协作的其他服务的数量越少，它们之间边的权值越大。总之，服务之间边的权值体现了这两个服务协作的紧密程度。我们定义边的权值的倒数为它所连接的服务之间的距离。因此，两服务之间的距离越短，它们协作的紧密程度越高。

2. 基于中心度和活跃度的服务监测与评估

现阶段我们主要关注如何利用服务协作网络进行服务的区分以便于进行服务的监控。我们提出：在服务协作网络上计算服务的影响力用于评估服务，并将其定义为服务的中心度，中心度体现了一个服务与所有其他服务协作的紧密程度。另外，互联网服务的质量不断地发生变化，这一变化会体现在服务协作网络上。根据服务协作网络的变化，以用户利用服务构造的服务组合应用数量增长作为依据，定义了服务的活跃度，用以表示服务近期的发展状态。

下面分别给出中心度和活跃度的定义。

1）中心度

为了定义表示影响力的中心度，我们首先定义任意两个服务之间的亲和度。在网络中，连接两个服务的一条路径的现实意义为这两个服务和途经的服务组合构成一个服务组合应用。在某些情况下，这个服务组合应用可能并不存在或缺乏实际意义，但是通过一系列协作的服务构造出这样的服务组合应用是可能的。这条路径长度的倒数衡量了这两个服务通过与这一系列的服务组合所体现出的协作紧密程度，即距离越短，这两个服务的协作越紧密。任意两个服务都可以通过多条路径相连，这两个服务在不同路径下的距离可能不同。我们将连接两个服务的最短路径的距离的倒数定义为这两个服务的亲和度。一个服务与其他所有服务的亲和度的平均值称为该服务的中心度，即

$$\text{Centrality}(a) = \frac{1}{N-1}\sum_{b(\neq a)}\frac{1}{d_{ab}} \tag{8.3}$$

式中：N 为网络节点的数量；d_{ab} 为服务 a 到服务 b 的最短路径长度。

由于在具有代表性的实验网络上计算得到的网络集聚系数较高（Watts，Strogatz，1998），因此显示出服务协作网络上的亲和度具有传递性。本定义参考了图效率（graph efficiency）的定义（Boccaletti，Latora，Moreno，et al.，2006），并将其推广到了单个节点的情况。

2）活跃度

中心度是定义在静态网络上的，即利用某个时间点之前的服务组合历史数据构造单一网络，是一种长期指标。但是，服务是不断变化的，有的会因为失去服务提供者的支持而停止服务，有的会因为用户失去兴趣而被逐渐淘汰，所以仅依靠长期指标并不能完整地体现服务的状态。为了即时体现服务的近期状态，我们定义了一种短期指标——活跃度。

一个状态良好的服务应当是可持续发展的，即用户不断地使用它来构造新的服务组合应用，服务提供者随着应用数量的增长来进一步改进和维护服务，接下来又有更多用户使用它，如此往复。我们将服务持续发展的趋势抽象为活跃度。在服务持续发展的过程中，服务提供者对服务的改进和维护是难以统计和量化的，因此我们以用户利用服务构造的服务组合应用数量增长作为定义活跃度的依据。

我们分别在时间点（$T-\Delta T$）和 T 建立服务协作网络。由于服务和服务组合应用是不断增加的，因此网络的点和边随着时间变化单调增加。定义服务 a 和服务 b 之间的协作活跃度为连接它们的边的权值的变化量与所有点的加权度总和的变化量的比值，即

$$\text{CooperationActiveness}(a,b) = \frac{\Delta w_{ab}}{\Delta\sum s} \tag{8.4}$$

ΔT 是计算活跃度所用的时间窗口，可以根据需要灵活取值。一般地，较小的 ΔT 使活跃度更灵敏地反映服务的最近变化，但是在相邻时间点上计算得出的活跃度的波动较大；较大的 ΔT 使活跃度随时间的变化趋于平缓，但是不能即时体现服务的变化。

定义服务 a 的活跃度为 a 与所有其他服务的协作活跃度的总和，即

$$\text{Activeness}(a) = \sum_{b(\neq a)}\text{CooperationActiveness}(a,b) \tag{8.5}$$

区分中心度和活跃度的高低所用的阈值可以根据实际需要进行确定，一般根据阈值划分的比例以及服务协作的变化来动态计算。

为了对不同类型的服务实施不同的监控与管理策略，可以按照中心度和活跃度的高低，将服务分成四类。根据中心度和活跃度的实际意义，这四类服务具有

如下特点：

(1) A类（高中心度，高活跃度）：是指已经经过长期发展积累了较大影响力，并且仍然被广泛使用的服务。这一类服务一般是比较成熟和稳定的服务，可以适当降低监控的频率。

(2) B类（低中心度，高活跃度）：是指新兴的、得到普遍使用的服务。这一类服务有成长为A类服务的潜力。对于这一类服务，可以提示服务提供者应增强服务可用性的监控，做好应对更大规模用户的准备。

(3) C类（低中心度，低活跃度）：是指尚未得到用户广泛使用的服务。这一类服务有可能在历史上长期未被广泛使用，也有可能因刚刚发布而尚未被广泛使用，可以采用最低的监控频率来观察其状态。

(4) D类（高中心度，低活跃度）：是指曾经得到普遍使用，但最近一段时间范围内被使用次数有所降低的服务。如果活跃度一直保持较低水平，这一类服务则有可能退化为C类服务。对于这一类服务，可以提醒服务提供商注意监控分析服务影响力下降的原因。

服务在其全生命周期中并不是一成不变地属于某一类，而是处于上述四种类别的变换过程中。一般情况下，活跃度长期处于高水平会导致中心度名次上升；而活跃度长期为0或处于低水平会导致中心度名次下降。

综上所述，利用中心度和活跃度可以对具有共性的服务所构成的服务群体进行区分，从而为服务监控策略的制订提供决策支持。实际上，服务监控的结果反过来又可以丰富服务协作关系网络的定义，并有助于真正形成一个动态反馈系统，从而为进一步精细、全面地分析服务提供基础，这将是未来服务管控的一个主要研究方向。

8.4　最终用户服务编程

当前，服务计算领域出现了多种面向服务组合的编程范型，它们在编程粒度、组合方式和组合时间等方面体现出了诸多不同。通过本书第五章对这些编程范型的总结可以看到，编程粒度和抽象层次的不断提升已经成为当前服务组合编程范型的一个发展趋势，最终用户主导的服务组合技术已经开始显现。VINCA提出的一个出发点也是支持最终用户进行服务编程，前面提出的VINCA业务服务及相关技术正是VINCA进行最终用户服务编程的基础。

在最终用户服务编程方面，本书5.5.4节从面向数据、面向过程和面向界面三个方面介绍了三类具有不同侧重点的最终用户主导的服务组合技术。VINCA则重点从面向过程和面向数据两类不同的应用需求角度进行了实践，提出了探索式的服务组合、基于业务服务的业务流程建模和基于嵌套表格的Mashup应用构造三种不同的最终用户服务组合技术。其中，前两者均从面向过程角度出发。它们的区别在于：探索式服务组合主要针对动态、即时的应用需求，提供一种“边定义、边执行”的柔性过程建模方式；基于业务服务的业务流程建模则主要针对典型和稳定的业务流程管理需求，提供一种业务用户可自主定义来完成可执行业务流程的建模方式。

下面分别对上述三种技术进行介绍。

8.4.1　探索式服务组合

面向过程的最终用户服务组合技术分为以数据流为中心和以控制流为中心两类。其中，以数据流为中心的过程具有构建简单、直观的优点，然而对于某些复杂的业务逻辑，描述能力有限。以控制流为中心的模型则可以显式描述活动之间的顺序、并发、选择和循环等控制逻辑，具有较强的表达能力。VINCA 提出的探索式服务组合面向的是以业务流程为中心的应用（闫淑英，2009）。其探索式服务组合语言是一种以控制流为主、以数据流为辅的建模语言。用户可通过可视化的流程方式表达组合逻辑，通过声明式的方式定义对服务组合的约束，以一种命令式和声明式结合的方式进行服务组合。

VINCA 探索式服务组合方法的提出源于互联网环境的开放性以及规模巨大、多样的用户群体为应用构造带来的挑战。实际应用中环境和用户需求的不确定性以及多变性，导致许多业务逻辑难以预先定义完备，需要即时构建或动态调整。然而，现行服务组合技术大多只适用于构造需求明确、业务流程可预先定义的情况。流程构建过程的灵活性和可控性是两个互相制约的因素（Dongen，Aalst，2005）。严格的流程构建牺牲了灵活性，而灵活的构建方式往往会降低可控性。VINCA 探索式服务组合重点针对下述两个问题：

（1）流程的灵活性。服务组合逻辑的不确定性使得流程的灵活性成为一种迫切需求。造成这种不确定性的原因主要有两方面：一是用户知识的不完备性以及需求的多样性。知识的演化和需求变更都会使组合逻辑产生相应变化。二是互联网环境下服务资源的动态性和自治性。最终用户很难预知服务资源及使用结果，需要根据运行时信息进行决策。

（2）流程的可控性。在将人的临机决策引入服务组合中来的同时，也可能会对服务组合逻辑产生不利影响。这些影响主要来自两方面：一是用户的业务认知域和软件解空间之间存在差异。用户不了解软件层面的实现细节，在手动选取和组装服务过程中可能出现错误，需要保障服务组合与业务约束的一致性。二是由于用户的思维具有发散的特点，探索可能会偏离预期的目标，所以需要保障用户编程相对预期目标的收敛性。

VINCA 探索式服务组合方法通过用户自主编程和系统智能辅助相结合，兼顾了流程的灵活性和可控性两个因素，并做出了很好的平衡。该方法提出了一种“预先定义”和“动态探索”相结合的两级编程模型以及相关支撑机制，可在保证探索式服务组合过程可控性（一致性和收敛性）的前提下，支持四类灵活建模方式（通过提前设计、推后建模、流程变更以及流程偏离提供灵活性），并能提高最终用户的参与程度。下面将从两级编程模型和核心机制两方面阐述 VINCA 探索式服务组合方法的原理。

1. 两级编程模型

VINCA 探索式服务组合的两级编程模型采用“预先定义”与“动态探索”相结合的编程方式，将服务组合构建过程划分为两个阶段，即预置逻辑的“预先定义”和临机逻辑的“动态探索”两阶段。图 8.7 给出了探索式服务组合的两级编程示意图，涉及系统支撑层和用户探索层两个层次，分别对应预置逻辑构建阶段和临机逻辑构建阶段。

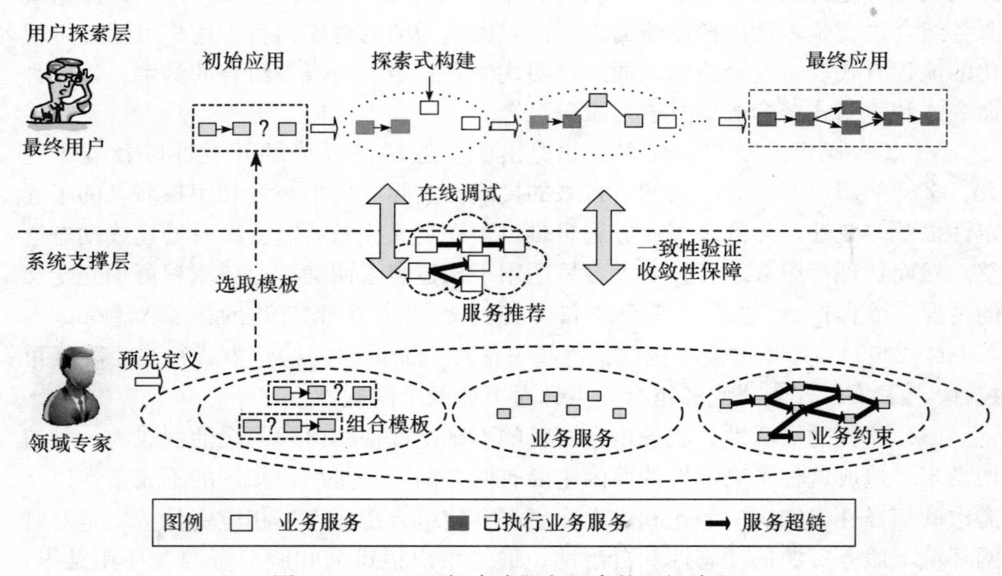

图 8.7　VINCA 探索式服务组合的两级编程

1）预置逻辑的构建

预置逻辑是指领域专家事先根据固化的用户需求制订的服务组合的流程架构（即服务组合模板）及业务约束。服务组合模板中包含一类新的节点类型——目标活动节点，用来标识组合逻辑的不确定因素。该节点内部允许用户采用声明方式建模服务约束信息，表达用户的关键点和关键边的约束；在实例化阶段，该节点可以被替换为一个子流程，该子流程中的节点可以在运行时动态添加、删除或者修改，使流程定义逐步得到完善。预制逻辑的构建阶段对应于图 8.7 中的系统支撑层，领域专家对服务组合模板、业务服务以及业务约束进行预先建模。

2）临机逻辑的构建

临机逻辑是指在运行时由最终用户进行即时构建的流程片段。对应于图 8.7 中的用户探索层，最终用户首先选取领域专家构建的流程模板生成流程实例，并可以运行此流程实例。在目标活动节点内部，最终用户以探索式的方式进行流程构建，如创建与执行流程片段、在线调试以及添加关键点与关键边等用户目标约束等操作，来应对服务组合逻辑的不确定性问题。系统即时检验最终用户构建的服务组合流程和系统中已有约束的一致性（矛盾与否和相容性等），并对不一致的程序进行度量，为用户智能推荐候选服务和收敛性预测结果，使用户的探索过程不断朝目标逼近。最终用户可根据一致性验证结果以及收敛预测结果来继续构建和执行流程，直至得到一个与预置逻辑一致的最终流程实例，从而提高用户编程的质量和效率。

形式上，VINCA 探索式服务组合的两级编程模型可以表示为一个四元组（WI，OP，CM，γ）。

WI$=\{\pi_i \mid i=0, \cdots, n\}$ 是一个有限集，由此次构造过程中产生的所有流程实例（包括中间产生的部分流程以及最终生成的完整流程）构成。$\pi_0=\mathrm{wt}_i$，$\mathrm{wt}_i \in$ WT，wt_i 表示最终用户从领域专家预先定义的服务组合模板集合 WT 中选取的服务组合模板。每个流程实例 $\pi_i=(\mathrm{state}_{\mathrm{app}}$，$\mathrm{Activity}_{\mathrm{app}}$，$\mathrm{Transition}_{\mathrm{app}}$，DataField)。其中，$\mathrm{state}_{\mathrm{app}} \in$ {initial，ready，running，suspended，executed，terminated，failed} 表示流程实例的状态；$\mathrm{Activity}_{\mathrm{app}}$表示流程实例中节点的集合；$\mathrm{Transition}_{\mathrm{app}}$表示节点间的变迁关系；DataField 用于存储流程实例的配置和执行结果的数据信息。

OP 是编程操作的集合，包含用户编程操作以及系统支撑操作。用户编程操作包括动态变更类操作和动态控制类操作。系统支撑操作包括获取流程上下文信息的操作、一致性验证操作和收敛保障操作三类。

CM 表示服务行为约束模型，主要包括用户目标约束信息和领域业务约束信息两部分。用户目标约束是指最终用户设置的服务组合流程需要经过的关键点和关键边约束。领域业务约束是指服务之间的约束关系，我们重点关注服务行为约束关系。图 8.8 给出了服务一元和二元行为约束关系的分类。一元约束关系包括两个部分：发生模式和模式的有效范围。其中，$a \in E$ 表示一个业务服务。二元约束关系包括两个部分：发生模式和顺序模式。其中，a，$b \in E$ 表示业务服务。

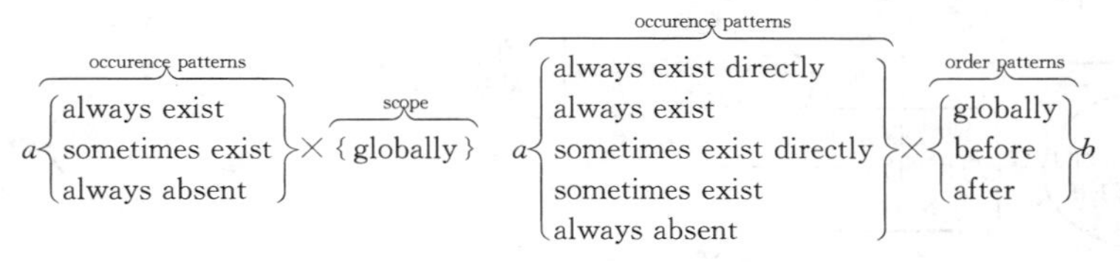

图 8.8　服务一元和二元行为约束关系的分类

服务之间的二元约束关系可采用服务超链进行描述。服务超链借鉴了 Web 页面中超级链接的思想，并舍弃了超级链接的表示层信息，如超级链接的颜色以及动态效果等信息。另外，为了表达不确定的服务行为约束关系，对网页超级链接进行了扩展，增强了其表达能力，扩展内容主要包括以下三部分：

(1) 显式表达服务间的二元约束关系，有效支持需要消息转换的数据映射关系，便于以后的重用。

(2) 服务间约束关系的类型更加丰富，能更精确地刻画服务之间的二元约束关系。

(3) 支持不确定性约束关系的表达，能衡量服务行为约束的强度。

γ 表示操作的转换规则：$\mathrm{WI}\times\mathrm{OP}\rightarrow\mathrm{WI}$。$\gamma(\pi_i, \mathrm{op}_j)=\pi_k$ 意味着操作 op_j 作用于流程实例 π_i，产生新的流程实例 π_k。其中的转换体现在流程实例所包含的节点集合 $\mathrm{Activity}_{\mathrm{app}}$、变迁关系集合 $\mathrm{Transition}_{\mathrm{app}}$、流程实例的状态 $\mathrm{state}_{\mathrm{app}}$ 和流程实例的数据 DataField 四个方面。在探索式服务组合中，用户每执行一个操作就在当前流程实例的基础上产生一个新的流程实例。

2. 探索式服务组合的核心机制

VINCA 探索式服务组合方法围绕两级编程模型提供了如下核心机制：

(1) 服务行为约束建模与管理机制：可有序化地表示服务间的约束关系，并将其作为一种领域知识，为系统可控保障提供基础支撑。

(2) 服务组合流程的派生及管理机制：可保证通过增量式的流程探索得到的结果的可追溯性和无冗余性。

(3) 服务组合的可控性保障机制：支持对不完备流程的一致性验证，并能对验证的结果进行量化；支持对服务组合流程的收敛保障，并能提供智能推荐能力。

下面简要介绍 VINCA 探索式服务组合的可控性保障机制。图 8.9 给出了可控性保障机制的基本原理（闫淑英，2009），主要包含以下四个阶段：

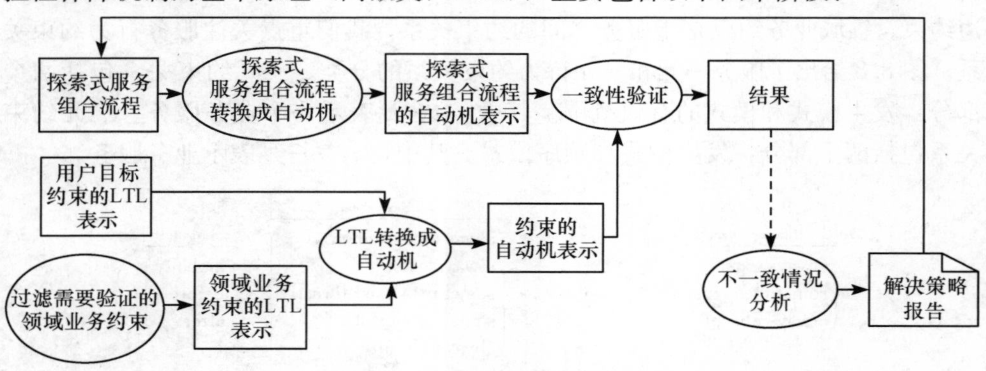

图 8.9　可控性保障的基本原理

1）领域业务约束的过滤阶段

在进行一致性验证时，往往涉及很多领域业务约束。每次用户实施变更操作后，都需要进行一致性验证。因此，需要验证的领域业务约束的数量对于整个一致性验证算法的性能有很大影响。为了提高验证的性能，首先过滤领域业务约束，根据用户操作、操作的方向和操作的位置等信息，从约束集合中选择相关约束的子集，以减少待验证的领域业务约束的数量。

2）一致性验证阶段

为了能实时检测用户构建的不完备流程和已有约束间的一致性，以发现潜在的语义冲突的约束集合，该机制提出了基于线性时序逻辑和自动机的一致性验证方法。其主要思想如下：使用线性时态逻辑表示的服务行为约束具有很强的、形象化的表达能力和验证能力。在一致性验证阶段，需要将不完备的探索式服务组合流程转换成自动机表示，通过比较两个自动机是否等价来判断当前不完备流程和服务行为约束间的一致性。假设 A_p 和 A_c 分别表示探索式服务组合流程 p 转换成的自动机以及服务行为约束 c 转换成的自动机，$L(A_p)$ 和 $L(A_c)$ 分别表示 A_p 和 A_c 所接受的语言，则流程和约束间的一致性验证问题可归结为检查 $L(A_p) \subseteq L(A_c)$，即判断 $L(A_p) \cap \neg L(A_c) = \varnothing$ 是否成立。对于不一致情况，可识别导致强不一致和潜在冲突的约束，对不一致程度进行量化，通过计算目标距离来衡量临机逻辑和预置逻辑之间的拟合程度。

3）验证结果的不一致情况分析与收敛性保障阶段

针对验证发现的不一致情况，需要帮助用户更准确地定位错误并提供校正方案，该机制提出了基于约束模型的收敛路径集生成以及基于收敛路径集的收敛预测方法。该方法可有效提高收敛路径搜索的效率，避免陷入局部收敛，保证在最终的收敛路径集中包含最优解；可利用收敛路径集动态预测单步候选服务的收敛程度，并对其进行排序，然后推荐给用户。

4）求解策略的呈现阶段

在出现不一致的情况下，系统向用户直观地反映具体出错的位置，并且能向用户智能地提出合理的编程活动推荐，如添加新服务、删除不必要的服务等，让用户能够尽早修正和调整不合理的程序。

8.4.2 基于业务服务的业务流程建模

前面介绍的探索式服务组合主要针对具有动态、即时特征并且相对简单的应用需求，而当面对典型、稳定、相对复杂的面向过程需求时，还需要依赖传统的业务流程管理（business process management）方法与技术。业务流程管理作为一种将企业业务环节整合在一起的管理模式，涵盖了业务管理和信息技术两个层面的内容。近年来，业务流程管理更是通过与服务组合的融合被成功地应用到企业级应用集成领域，成为一种被广泛采用的、面向业务的应用集成方法，并出现了相应的业务流程管理系统。业务流程管理系统提供包括业务流程的分析、建模、执行、监控与优化等功能。通过与服务组合相融合，其中的业务流程建模可以看做是一种面向业务用户的服务组合应用构造模式，它允许业务用户通过刻画业务流程来定义服务间的组合逻辑。

然而，由于业务与IT间的鸿沟问题，业务人员只能在业务层面构造出抽象的业务流程，抽象业务流程中各业务活动所需实现的执行语义还需要IT人员的参与才能转化为系统可执行的服务，进而得到可执行的服务组合逻辑。解决上述问题的一个关键是针对IT服务资源提供面向业务用户的抽象。VINCA业务服务使得提供面向业务用户的服务资源抽象成为可能。业务用户可以方便地基于业务服务来定义业务流程，从而实现服务组合应用的“编写”。为此，在传统业务流程模型基础上，通过引入VINCA业务服务这一建模元素，我们提出了一种基于业务服务的业务流程建模方法。

基于业务服务的业务流程建模的目标就是基于业务服务来进行业务流程的定义。在业务流程研究中，研究者已经指出业务流程的描述主要包括要完成哪些业务活动（what）、谁将负责这些业务活动（who）以及如何集成这些业务活动（how）等内容。因此，可以将业务流程看做是一组由业务服务完成的、相互关联的业务活动的集合。

按照上述基本思路，考虑到基于业务服务的业务流程模型最终需要过渡到可执行的服务组合模型（如BPEL），以及需要从对可执行服务组合模型中基本内容的分析出发，可通过在业务层面采用与它们相对应的方式来全面设计基于业务服务的业务流程建模方法。可执行服务组合模型主要包括对服务的调用、对服务调用的控制和在服务调用中的数据传递三方面内容。与其相对应，我们从业务服务的使用、对业务服务使用的控制以及在业务服务使用中的数据传递三方面来定义完整的基于业务服务的业务流程建模方法：

（1）在业务服务的使用方面，通过将业务服务看做是业务流程中完成业务活动的主体来描述业务服务的使用。这样，业务流程中的每一个对应现实世界中具体任务的业务活动都可以表示为对一个业务服务的使用，进而通过业务服务可以得到对可执行的Web服务的使用语义。为此，需要在业务活动的定义中包含使用业务服务时要求的输入输出以及用于Web服务选取的非功能属性约束两部分内容。

（2）在对业务服务使用的控制方面，采用结构块的方式（Thatte，2001）来描述对业务服务使用的控制模式。这里采用结构块方式的原因是这种方式具有易于支持层次化嵌套以及符合熟悉Windows资源浏览器的用户的使用习惯的优点。此外，从简化和与BPEL的控制结构尽量保持一致的角度考虑，当前在VINCA

中只考虑支持顺序、并行、选择和循环四种最基本的控制模式，并采用结构块的方式来表示它们。

（3）在业务服务使用中的数据传递方面，采用显式数据流的方式来描述业务服务使用中的数据传递。在工作流领域主要有两类数据流的描述方式："黑板"方式和显式数据流方式（Alonso，2004）。显式数据流方式就是允许用户直接定义业务流程中数据的传递方式，其具有清晰、直观的特点，便于业务用户使用。

业务服务的引入使得基于业务服务的业务流程建模方法用于服务组合时具有如下三个特性：

（1）面向业务用户。基于业务服务的业务流程建模过程中并不涉及 IT 层面的服务组合技术细节，业务用户只需从业务层面描述表示其需求的业务流程就可以完成业务级的服务组合。

（2）以业务服务为中心。业务服务是上述建模过程中的基本元素，业务用户可以以简单的方式使用业务服务，并通过业务服务的动态绑定机制来完成对 Web 服务的调用。

（3）可执行性。基于上述建模方法定义得到的业务流程模型，在支持业务服务解析的流程引擎下可以被直接执行，无需 IT 人员的参与，从而真正实现业务用户主导的业务流程管理。

8.4.3　基于嵌套表格的 Mashup 应用构造

Mashup 应用是 Web 2.0 发展趋势下一类围绕互联网信息服务的最终用户编程应用，可以看做是面向数据的服务编程技术的代表。它大多采用可视化编程以及示例编程等最终用户编程的方法，允许最终用户组合已有信息服务以实现新的互联网信息服务，这些信息服务往往是通过互联网开放 API 形式提供的。Mashup 应用的构造通常需要经过下面的三个步骤：

（1）数据访问：实现与网络信息资源的访问和交互，获取应用所需的数据。例如，一个图书联合查询应用需要访问亚马逊网、当当网以及豆瓣网等三个站点以获取用户所需的图书和书评数据。

（2）数据转换：按照用户的业务需求对来自互联网的数据进行加工和处理。例如，图书联合查询应用为了实现一站式的图书信息查询服务，需要对来自不同站点的数据进行合并、求差和连接处理。

（3）数据可视化：实现数据的可视化呈现以及用户的交互。例如，图书联合查询应用将加工处理后的数据以表格的方式进行呈现，并支持书评隐藏等用户交互功能。

在 VINCA Mashup 应用构造方法中，我们借鉴 Unix 操作系统中管道（pipeline）的概念，使用数据管道模型（data pipeline model）作为 Mashup 编程的抽象模型。如图 8.10 所示，Mashup 应用的业务逻辑可以形象地表示成一条数据处理管道，网络信息资源经过一系列数据处理模块的处理，最终输出可直接用于呈现的信息表示。在数据处理管道模型中，我们将 Mashup 应用的业务逻辑分为四步，即数据获取、数据规范化、数据转换和数据可视化。

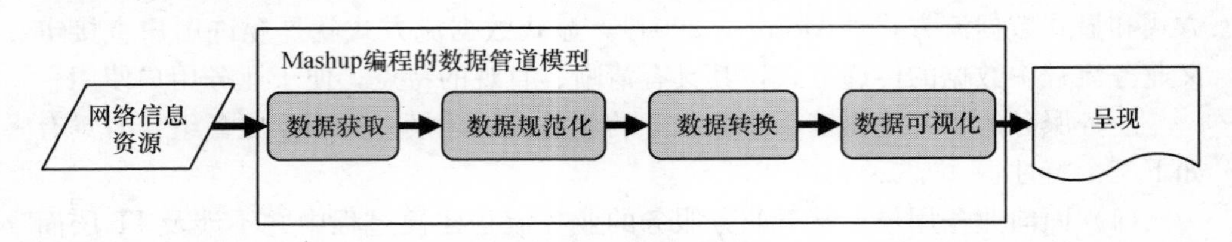

图 8.10　Mashup 编程的数据管道模型

Mashup 编程要满足如下两方面的需求：首先，需要支持上述业务逻辑的表达，支持对数据服务的访问、数据转换和可视化，Mashup 编程模型需要提供相应的编程元素和手段以支持用户表达这部分业务逻辑。其次，需要简化上述业务逻辑的表达。由于最终用户难以理解和掌握循环等复杂控制结构，因此 Mashup 编程模型应该能够通过某种技术手段向用户隐藏循环等复杂的控制结构。

基于对几种 Mashup 编程环境的分析，我们知道当前 Mashup 应用构造模式在功能和易用性两方面往往难以兼顾。因此，VINCA Mashup 的目标就是在不失表达能力（与当前基于可视化编程系统的表达能力相当或稍弱）的前提下，降低用户自主构造 Mashup 应用的难度，提供一种兼顾功能和易用性、基于嵌套表格的编程模型，定义一套服务的操作算子，在支持上述 Mashup 应用业务逻辑的同时向用户隐藏循环等控制结构，既适合最终用户使用又具有较高灵活性。下面，首先介绍 VINCA Mashup 应用构造方法的基础——嵌套表格。

1. 嵌套表格

Spreadsheet 和（嵌套）关系代数等通过向用户隐藏循环结构的方式提升易用性（Nardi，Miller，1990）。Spreadsheet 允许函数直接作用于一个区域的所有单元格，从而向用户隐藏循环结构，如 SUM 函数，用户可以使用公式“＝SUM(A1…A10)”表达对第一列的前 10 个数进行求和，无需像传统编程语言那样使用 for 语句进行累加求和。嵌套关系代数的操作采用集合操作方式，也称为一次一集合方式（set-at-a-time），操作的一次执行作用于多个元组，这种方式将循环结构隐含于操作内部，对用户透明。借鉴 Spreadsheet 和嵌套关系代数（Colby，1990）的特点，我们基于嵌套关系模型和嵌套关系提出 VINCA Mashup 编程的基础数据结构——嵌套表格，并在此基础上定义一个嵌套表格代数作为 VINCA Mashup 编程语言的理论基础。

定义 8.2　属性（attribute）：属性=(名称，类型)。属性是具有一定类型的名称。名称由字符串组成，描述了此属性所表示的数据的语义，类型是此属性所描述的数据的类型。在 VINCA 中，属性的类型可取以下几种：text、textlink、img、imglink、video 和 videolink。这里的类型与关系型数据库中的字符串、整型等数据类型不同，VINCA 面向互联网信息资源，为了处理和显示的方便，其使用超文本（hypertext）中常见的媒体类型作为属性的类型，其中：

（1）text、img 和 video 三种类型分别对应超文本中的文本串、图片以及视频等媒介，取值分别为文本、图片地址和视频地址。

（2）textlink、imglink 和 videolink 三种类型属于超链接，均取值为链接地址，但实际存储为二元组，即（text，link）、（imgsrc，link）和（videosrc，link），其保留了原始的锚文本、图片和视频源，目的是为了可视化呈现的需要。

定义 8.3　关系模式（relation schema）：设 U 为属性和关系模式的名称全集，U 上的关系模式可以表示成 $R(S)$ 的形式。其中，$R\in U$ 是该关系模式的名称，S 是一个形如（A_1，…，A_m）的列表，$A_i\in U$ 可以是原子属性（atomic-valued attribute）或者是一个子关系的关系模式。若 A_i 是形如 $R_i(S_i)$ 的关系模式，则 R_i 称为 R 的复合属性（relation-valued attribute）或子关系模式。

定义 8.4　（嵌套）关系（(nested) relation）：设 U 为属性和关系模式的名称全集，假设每个原子属性 $A_i\in U$ 的值域为 D_i，则关系模式 $R(A_1，\cdots，A_m)$ 的实例 r（也称为关系）递归定义为 m-元组（a_1，…，a_m）的有序多重集（ordered multiset）。其中，若 A_i 为原子属性，则 $a_i\in D_i$；若 A_i 为关系模式，则 a_i 为 A_i 的实例。

我们对关系的定义进行了扩展：在传统的关系定义中，关系表示为元组的集合，而这里将关系定义为元组的有序多重集。因为在 Mashup 应用中元组在关系中出现的顺序对于用户来说有实际的意义（如对数据进行排序可能就是用户的需求）。另外，有时用户也需要相同的两个元组在同一关系中出现（如网页中表格的两行有可能是相同的）。假设 t 是关系 r 的元组，为了阐述的方便，我们给 t 增加一个序号属性 seq，表示 t 在关系 r 中出现的位置序号，因此 t.seq 取值为大于等于 1 的整数。

基于上述概念，下面给出嵌套表格的形式化定义。

定义 8.5　嵌套表格（nested table）：一个嵌套表格 T 可以表示为二元组 $T=(R，r)$，其中 R 是关系模式，r 是 R 的实例（关系）。

再介绍几个重要的谓词：假设 $R(A_1，\cdots，A_m)$ 是关系模式，则 $\mathrm{attr}(R)=\{A_1，\cdots，A_m\}$ 为 R 的属性集，$\mathrm{aAttr}(R)=\{A \mid A\in \mathrm{attr}(R)$ 且 A 是原子属性$\}$ 表示 R 的原子属性集，$\mathrm{rAttr}(R)=\mathrm{attr}(R)-\mathrm{aAttr}(R)$ 表示 R 的复合属性集。

若 r 是关系模式 R 的实例，$t\in r$ 表示关系 r 的一个元组，则有以下结论成立：

(1) 令 $A \in \mathrm{attr}(R)$，则 $t[A]$ 表示元组 t 中对应于属性 A 的分量。

(2) 令 $B \subseteq \mathrm{attr}(R)$，则 $t[B]=(t[A_1], \cdots, t[A_n])$ 表示元组 t 在属性集 B 中的诸分量的集合，其中 $A_i \in B$，$1 \leqslant i \leqslant n$。

图 8.11 是一个嵌套表格的例子，$T=(R, r)$。其中，关系模式 R 为 $R(A, B(C, D), E(F))$，R 的属性集为 $\mathrm{attr}(R)=\{A, B, E\}$，$R$ 的原子属性集为 $\mathrm{aAttr}(R)=\{A\}$，R 的复合属性集为 $\mathrm{rAttr}(R)=\{B, E\}$，关系 r 的第 1 个元组为 (a_1, t_1, t_2)，其中 t_1 和 t_2 分别是子关系模式 B 和 E 的实例（关系），$t_1=\{(c_1, d_1), (c_2, d_2), (c_3, d_3)\}$，$t_2=\{(f_1), (f_2)\}$。图中的数字（非下标数字）表示相应元组的序号（seq）。

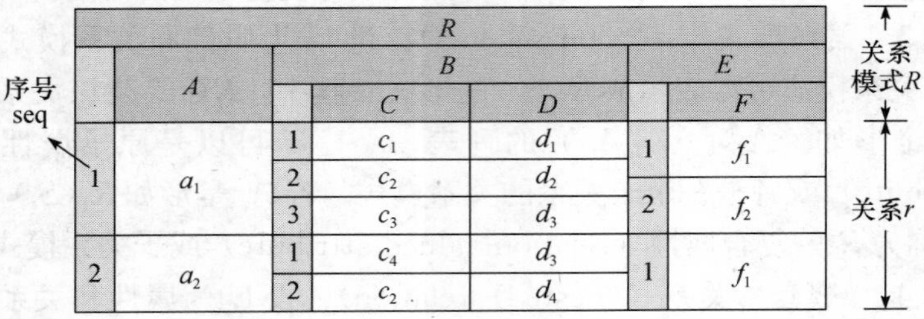

<table>
<tr><th colspan="8">R</th><th rowspan="3">关系模式R</th></tr>
<tr><th rowspan="2">序号 seq</th><th rowspan="2">A</th><th colspan="3">B</th><th colspan="2">E</th></tr>
<tr><th></th><th>C</th><th>D</th><th></th><th>F</th></tr>
<tr><td rowspan="3">1</td><td rowspan="3">a_1</td><td>1</td><td>c_1</td><td>d_1</td><td>1</td><td>f_1</td><td rowspan="5">关系r</td></tr>
<tr><td>2</td><td>c_2</td><td>d_2</td><td rowspan="2">2</td><td rowspan="2">f_2</td></tr>
<tr><td>3</td><td>c_3</td><td>d_3</td></tr>
<tr><td rowspan="2">2</td><td rowspan="2">a_2</td><td>1</td><td>c_4</td><td>d_3</td><td rowspan="2">1</td><td rowspan="2">f_1</td></tr>
<tr><td>2</td><td>c_2</td><td>d_4</td></tr>
</table>

图 8.11　嵌套表格实例 $T=(R, r)$

2. 嵌套表格代数系统及 VINCA Mashup 语言

从上面的定义可以看出，嵌套表格 $T=(R, r)$ 是在嵌套关系模型和嵌套关系的基础上进行微小的扩展后定义的，它继承了嵌套关系模型和嵌套关系的优点，使用嵌套表格作为 Mashup 应用构造的基础数据结构具有以下优点。

1）支持将来自多个网络信息资源的数据表示在一个嵌套表格中

得益于嵌套表格的可嵌套特性，可以将来自多个网络信息资源的数据表示在一个嵌套表格中。图 8.12 所示的嵌套表格是图书联合查询应用的结果，该嵌套表格集成了来自当当网、亚马逊网的图书信息以及豆瓣网的相关书评信息。

2）使用嵌套表格表示的具体层次结构的复杂对象具有直观和易于可视化的优点

一个具体层次结构的复杂对象可以使用嵌套关系的一个元组进行表示，而不是分散于多个通过外键关联的扁平 1NF（第一范式）关系中，可以容易地显示于支持可嵌套的表格视图中。

如图 8.12 所示，我们可以方便地浏览图书及与之相关的书评信息。

<table>
<tr><th colspan="10">图 书</th></tr>
<tr><th rowspan="2"></th><th rowspan="2">书名</th><th rowspan="2">作者</th><th rowspan="2">亚马逊网价格</th><th rowspan="2">当当网价格</th><th rowspan="2">差价</th><th colspan="4">书评信息</th></tr>
<tr><th></th><th>量级</th><th>用户</th><th>内容</th></tr>
<tr><td rowspan="3">1</td><td rowspan="3">超越Java</td><td rowspan="3">泰特</td><td rowspan="3">21.20</td><td rowspan="3"></td><td rowspan="3"></td><td>1</td><td>5星</td><td>Baoxiong</td><td>看了一半，很有想法…</td></tr>
<tr><td>2</td><td>5星</td><td>Jacky</td><td>作者对众多语言…</td></tr>
<tr><td>3</td><td>3星</td><td>Liuhailong</td><td>译者应该不懂编程…</td></tr>
<tr><td>2</td><td>Java面向对象编程</td><td>孙卫琴</td><td>49.30</td><td>51.50</td><td>−2.20</td><td>1</td><td>…</td><td>…</td><td>…</td></tr>
<tr><td>3</td><td>Java编程思想</td><td>埃史尔</td><td>80.90</td><td>82.90</td><td>−2.00</td><td>1</td><td>…</td><td>…</td><td>…</td></tr>
<tr><td>4</td><td>Java核心技术</td><td>昊斯特曼</td><td></td><td>73.50</td><td></td><td>1</td><td>…</td><td>…</td><td>…</td></tr>
</table>

图 8.12 来自多个信息资源的数据

在传统嵌套关系代数的基础上结合Mashup应用的数据处理需求，我们提出了嵌套表格代数（nested table algebra）。下面给出其中三类主要数据操作，即数据访问与规范化操作、数据转换操作以及数据可视化操作。这些操作均可用来定义Mashup应用的某些业务逻辑。完整的嵌套表格代数的数据操作如表8.2所示。感兴趣的读者可以阅读相关文献（Wang，Yang，Han，2009）。

表 8.2 嵌套表格代数的数据操作汇总

分类	数据操作		功能描述	对应传统嵌套关系的基本数据操作
数据获取与规范化	Import(ζ)		导入数据操作	无
数据转换	一元操作	AddColumn(α)	增加列操作	无
		UpdateColumn(β)	更新列操作	无
		DeleteColumn(γ)	删除列操作	投影
		Rename(ρ)	更名操作	更名
		Unnest(μ)	解嵌套操作	解嵌套操作
		Nest(ν)	嵌套操作	嵌套操作
		Copy(c)	拷贝操作	无
		Sort(o)	排序操作	无
		Truncate(κ)	截取操作	无
		Filter(δ)	过滤操作	选择操作
		LinkService(τ)	连接服务操作	无
		MergeTuples(λ)	合并元组操作	无
	二元操作	Cartesian Product($\times$)	笛卡儿积操作	笛卡儿积操作
		Join($\bowtie$)	链接操作	无
		Union($\cup$)	并集操作	并集操作
		Difference($-$)	差集操作	差集操作
数据可视化	Sink(ς)		数据可视化操作	无

基于这些操作和嵌套表格建立一个代数系统——嵌套表格代数，进而可以研

究这些操作的一些性质。

定义 8.6 嵌套表格集合：任何一个符合定义 8.5 的嵌套表格都属于嵌套表格集合。

定义 8.7 嵌套表格代数：嵌套表格集合 S 连同定义在该集合上的数据操作（ζ, α, β, γ, ρ, μ, ν, c, o, κ, δ, τ, λ, $\times$, $\bowtie$, $\cup$, $-$, ς）所组成的代数结构称为嵌套表格代数系统，记为（S, ζ, α, β, γ, ρ, μ, ν, c, o, κ, δ, τ, λ, $\times$, $\bowtie$, $\cup$, $-$, ς）。

值得注意的是，在嵌套表格代数的定义中，加入了 Import(ζ) 和 Sink(ς) 操作。因为 Import 操作的输入是数据服务，输出是嵌套表格，而 Sink 操作的输入是嵌套表格，但输出是信息的可视化表示，这两个操作破坏了操作的封闭性。但是，这两个操作是非常重要的、不可或缺的操作，因此统一将其加入嵌套表格代数中。下面，主要对数据转换操作的性质进行讨论。

性质 8.3 数据转换操作在嵌套表格上满足封闭性。

在嵌套表格代数中，数据转换操作均以嵌套表格作为输入，输出也是嵌套表格，因此显然嵌套表格代数具有性质 8.3。

一般来讲，操作的封闭性可以推导出操作的可复合性。

性质 8.4 数据转换操作是可复合的。

简单起见，我们只考虑一元操作复合，多元操作复合的证明过程是类似的。在嵌套表格代数中，数据转换操作均以嵌套表格作为输入，输出也是嵌套表格，可知所有操作的定义域和值域都是整个嵌套表格集合 S，因此得出数据转换操作是可复合的。对于两个数据转换操作 f：$S \to S$ 和 g：$S \to S$，其复合操作记为 $g \circ f$：$S \to S$。

性质 8.5 嵌套表格代数的表达能力强于嵌套关系代数。

一方面，嵌套表格代数实现了嵌套关系代数的所有基本操作，因此嵌套表格代数的表达能力不低于嵌套关系代数。另一方面，嵌套表格代数进行了扩充：数据结构方面，传统的关系定义为元组的集合，而嵌套表格代数中的关系定义为元组的有序多重集；数据操作方面，引入 Import 和 Sink 操作，支持数据的访问和可视化，数据转换操作增加了对排序和数据清洗等的支持。因此，嵌套表格代数的表达能力强于嵌套关系代数。

由上面的性质 8.3 和性质 8.4 可以看出，除了数据导入操作和数据可视化操作之外，嵌套表格代数的数据操作保持了嵌套关系代数的数据操作的良好性质，即操作的封闭性和可复合性。这两个性质保证了操作的规范性以及 VINCA Mashup 语言结构设计的合理性。

基于 Mashup 应用数据管道模型、嵌套表格及嵌套表格代数，下面定义 VINCA Mashup 语言的结构。VINCA Mashup 语言的语法采用 EBNF 范式表示，其中的一部分如表 8.3 所示（由于篇幅所限，这里并没有给出完整的语法）。

表 8.3　VINCA Mashup 语言的语法

<table>
<tr><td>MASHUP:=</td><td>〈mashup id="String" name="String" description="String" encoding="String"〉
〈params〉
〈param name="String" label="String" value="String" /〉*
〈/params〉
〈script〉IMPORT+OPERATIONS*SINK 〈/script〉
〈/mashup〉</td></tr>
<tr><td>OPERATIONS:=</td><td>ADDCOLUMN | UPDATECOLUMN | DELETECOLUMN | RENAME | UNNEST
| NEST | COPY | FILTER | SORT | TRUNCATE | TAILTRUNCATE
| HEADERTRUNCATE | MERGETUPLES | LINKSERVICE | JOIN | UNION
| DIFFERENCE</td></tr>
</table>

需要说明的是，为了使用上的方便，上述 OPERATIONS 代表的数据转换操作并不严格地与嵌套表格代数中的操作一一对应。例如，我们在 Truncate 操作基础上衍生出 TailTruncate 和 HeaderTruncate 两个操作，表示从尾部和头部开始截取元组。有些操作，如笛卡儿积操作在实际（主要用的是 Join 操作）中很少用到，并不出现在语言中。

通过对表 8.3 的分析可以得出，基于 VINCA Mashup 语言描述的 Mashup 应用具有如下特点：

（1）Mashup 应用的业务逻辑可表示为一组数据操作的序列。从 VINCA Mashup 语言的结构可以看出，Mashup 应用的业务逻辑可以表示为这样的一组数据操作的序列：首先是一个或多个 Import 操作，接着是一组数据转换操作，最后是 Sink 操作，分别表达情景应用业务逻辑中的数据访问和规范化、数据转换以及数据可视化，正好符合 Mashup 应用的数据管道模型。

VINCA Mashup 语言实现了向用户隐藏循环控制结构的功能，用户在构造 Mashup 应用时，只需理解操作的功能语义，并使用一组不带循环的数据操作序列表达业务逻辑。

（2）Mashup 应用可以作为数据服务使用。给定一个 VINCA Mashup 语言描述的 Mashup 应用，其过程是首先执行 Import 操作，得到一组嵌套表格，然后执行数据转换操作对嵌套表格进行转换，最后通过 Sink 操作输出可视化表示。因此，Mashup 应用的执行结果中除了具有可视化表示之外，其内部还包括一组经过加工处理后的嵌套表格，最后通过 Sink 操作根据用户的关联配置选择一个嵌套表格进行可视化并输出。由上面可以看出，Mashup 应用如果不输出可视化表示而是嵌套表格，那么 Mashup 应用的结果与数据服务相同。因此，Mashup

应用可以作为数据服务进行使用。

Mashup 应用可作为数据服务使用具有非常重要的意义，它不仅使得 Mashup 应用可以方便地进行重用，而且提供了一个以“分而治之”思路解决复杂问题的方法。

8.5 基于多引擎架构的应用托管与运行优化

在本书第六章曾经提到，面对开放服务这种特定的互联网应用交付形式，由于其应用规模及用户请求负载的不可预测性，系统要求提供一种全新的应用部署及运行模式。以 XaaS 为代表的第三方应用托管正是应对上述需求的一种有效模式。从第三方应用托管的角度出发，VINCA 采用面向多租户的多引擎架构来建立互联网服务集成应用的托管环境，提供统一的部署与运行支撑。这里的引擎是指提供了服务集成应用基本执行能力的运行单元，它结合 VINCA 的特定概念，在传统服务组合流程引擎基础上实现。该环境一方面通过多引擎架构实现 VINCA 应用部署及执行环境的动态伸缩及调度优化，另一方面通过多租户数据隔离机制实现 VINCA 应用数据的分离存储，从而为大量、小型和短生命周期的互联网服务集成应用的部署及运行提供可靠、高效和易伸缩的基础设施支撑。

在多租户应用数据隔离方面，VINCA 应用托管环境为每个租户建立一个逻辑上独立的应用数据库，使得每个租户可以定制自己的控制台界面、组织机构、人工活动和业务应用，并保证各个租户之间互相看不到对方的数据。

在 XaaS 模式下，进行多租户的资源共享和优化调度是一件十分困难的事情，这是因为 XaaS 运营中心运行的软件越来越复杂，而且 XaaS 软件的负载往往是随时间动态变化的。下面将重点针对该方面问题，给出 VINCA 在多引擎环境下进行应用执行调度优化的方法。

多引擎架构是一个分布式的应用执行架构，这里所说的应用是指互联网服务集成应用。在这里，我们将互联网服务集成应用均简称为应用。在多引擎架构下，局域网中分布部署的应用执行引擎能够自动构成一个引擎集群，为不同租户的应用提供部署及运行支持；同时，通过对引擎集群的监控实现应用执行在引擎间的优化调度。在实验中，我们发现不同的应用执行过程对资源的消耗情况是不同的，有的应用是计算密集型，有的应用是 I/O 密集型。各引擎所在节点的计算能力、吞吐能力和操作系统也不尽相同。例如，有的节点的 CPU 是多核的，有的是单核的；有的节点的内存是 4GB 的，有的可能只有 512MB；有的节点是千兆网卡；有的是十兆网卡。由于应用差异和引擎所在节点的配置差异，可能会出现这样的情况，例如，某引擎节点上运行应用 A 是所有引擎中响应时间最短的，但是运行应用 B 却不一定是最理想的。因此，不能简单地根据节点的负载来分配应用执行请求，而要综合利用应用和各引擎所在节点资源的特点，有权重地进行调度，而且权重的设置应该是具有适应性的，不应依赖于人工设置。

为了便于说明问题，首先给出以下定义。

定义 8.8　应用执行引擎集合：$E=\{E_1, E_2, E_3, \cdots, E_n\}$，$n$ 为系统中引擎的总个数。

当 $n=1$ 时，即在单引擎环境下，所有的流程应用都只能在同一引擎上运行，如果并发请求量很大，后来的请求就需要进入等待队列。当 $n>1$ 时，即在多引擎协作环境下，对于任意一个应用执行请求，可以从多个引擎中选择一个来满足其要求。由于应用执行请求的响应主要由等待处理时间、应用执行时间两部分组成，所以选择引擎的原则要兼顾两方面，即选择相对空闲的引擎以减少等待的时间和选择执行该应用效率高的引擎以减少应用执行时间。

定义 8.9　应用定义集合：$P=\{P_1, P_2, P_3, \cdots, P_m\}$，$m$ 为系统中部署的应用的总个数。

定义 8.10　平均响应时间：令 $h(p, e)$，表示应用 p 的请求被分配在引擎 e 上执行的平均响应时间（$p\in P, e\in E$），它由两部分组成，即 $h(p, e)=h_{\text{wait}}(p, e)+h_{\text{exec}}(p, e)$，其中 $h_{\text{wait}}(p, e)$ 为应用 p 在引擎 e 上的平均等待处理时间，$h_{\text{exec}}(p, e)$ 为应用 p 在引擎 e 上的平均执行时间。

在实验中我们发现，$h_{\text{exec}}(p, e)$ 是一个相对稳定的量，但 $h_{\text{wait}}(p, e)$ 受引擎 e 的繁忙程度影响很大。如果每次处理应用 p 的请求都是选择 $h(p, e)$ 最小的引擎，则在并发请求量大的情况下将使得该引擎处于繁忙状态，请求等待队列变长，从而使得 $h_{\text{wait}}(p, e)$ 增大，进而使得 $h(p, e)$ 增大。因此，应当采用一种有权重的调度策略，简单地讲就是对于 $h(p, e)$ 小的引擎分配的次数多一些，对于 $h(p, e)$ 大的引擎分配的次数少一些。

定义 8.11　应用的分配权重：令 $w(p, e)$ 表示应用 p 的请求分配在引擎 e 上的权重（$p\in P, e\in E$），即应用 p 在引擎 e 上执行的次数占应用 p 执行的总次数的比例。

定义 8.12　总体平均响应时间：令 $t(p)$ 表示应用 p 的请求在整个多引擎协作系统中的平均响应时间（$p\in P, e\in E$），表示如下

$$t(p)=\sum_{i=1}^{n} w(p,e)\cdot h(p,e)=\sum_{i=1}^{n} w(p,e)\cdot [h_{\text{wait}}(p,e)+h_{\text{exec}}(p,e)] \tag{8.6}$$

在多引擎环境下，应用执行调度的目标是使得应用 p 在整个系统中的平均响应时间尽量小。因此，这里要解决的问题是给出一种调度算法，该算法应当不断调整 $w(p, e)$ 的值，使得 $t(p)$ 的值尽量小。需要注意的是，由于 $h_{\text{wait}}(p, e)$ 受引擎 e 的繁忙程度影响很大，如果 e 比较繁忙，则在队列中的等待将造成 $h_{\text{wait}}(p, e)$

增大，所以 $w(p, e)$ 值的选取并不是一个静态的算法优化问题，而是需要动态地调整权重，调整的过程应具有一定的适应性。

该算法的效果主要有两方面：首先，将前端的应用执行请求按照一定的算法分配到后端的各个应用执行引擎，从而使得请求的压力分散，各引擎负载均衡。其次，将特定应用执行请求按照合理的策略分配到各个引擎，从而降低应用执行请求的平均响应时间。

为了解决多引擎环境下的应用执行调度问题，需要在系统中引入一个“管理者”的角色。对外，它能提供统一的应用部署、服务注册、引擎注册的接口；对内，可以接受各应用执行引擎运行应用效率的反馈，调度应用到各个引擎运行。我们将这个“管理者”称为元引擎。

调度采用一种基于应用执行请求响应时间的动态加权多引擎轮转机制。元引擎会对每个业务应用使用独立的权重策略，用于表征该应用的请求分配在各引擎上的权重，权重可根据反馈动态调整。最初，对于每一个应用都有一个预设的请求分配权重策略。随着时间的推移，元引擎会接受各个引擎反馈回来的应用请求响应时间，然后周期性地调整该应用分配到各个引擎的权重。权重调整的基本策略如下：如果应用 p 的请求在引擎 e 上的平均响应时间短，那么针对 p 的请求分配给 e 的权重就加大，反之亦然。整个调度过程是一个不断进行适应性调整的过程。实验表明，在稳定的外部请求压力下，每个应用对应的权重策略的各个权值会收敛到一个相对稳定的状态，如果某应用对应的所有引擎的权重都在变小或者剧烈震荡，说明对其的请求已造成整个多引擎协作系统的超负荷运行，可能需要加入新的引擎节点。

多引擎协作系统中部署的应用、注册的服务在每个引擎节点都有副本，底层数据一致性由数据库集群提供。元引擎接收到应用执行请求后，通过一级调度器的决策，选择一个应用执行引擎来执行其请求的应用。元引擎会记录每次应用执行请求的响应时间，然后周期性地调整各个应用的权重策略。此外，由于应用中不仅包含本地服务调用，还有远程服务调用，有时一个远程服务调用活动可以由多个节点提供，故每一个应用执行引擎有独立的二级调度器，用于调度应用执行过程中的服务调用活动。

1. 基于应用相似度的权重预设

为了减少新部署的应用对应的权重策略的权值收敛需要的时间，这里提出一种基于应用相似度的权重预设算法。如果现有的系统中没有部署任何应用，那么新部署的应用对应的各引擎分配权重设置为均等；如果现有的系统已部署了一定量的应用，且它们的权重策略已经收敛到一个稳定的状态，那么新部署的应用的权重策略的初始值就可以参考和它相似的其他应用的设置情况。

一个应用是由多个服务组成的。两个应用调用的相同服务越多，这两个应用的相似性就越大。应用的结构可以是顺序、并发、分支和循环等各种结构，这些结构可以互相嵌套，而且在具体执行时路径也是很难预测的，需要建立非常复杂的模型，这往往造成在应用相似度计算上所付出的代价已经超过了其所带来的好处。在此，借鉴相关文献（Jung，Bae，2006）中流程活动相似度的算法，我们给出应用的服务调用特征向量的定义，即对于系统中所有已注册的服务，如果该应用定义中出现过该服务调用活动，则记为 1，否否则记为 0。

对于任意的应用 $P_x \in P$，其服务调用映射到特征向量函数 z 的定义如下

$$z: P_x \rightarrow (C_{x,i}), \quad i \in [1,q]$$

$$C_{x,i} = \begin{cases} 1, & S_i \in P_x \\ 0, & \text{其他} \end{cases} \tag{8.7}$$

式中：S 为系统中注册的服务的集合；q 为系统中服务的总个数。

对于任意的两个应用 P_x 和 P_y，可采用余弦相似度来衡量其相似性。余弦相似度是传统文件分类中常被用来度量文件间距离的基本度量方法。它以两个 d 维向量间的角度差异来度量该向量间的距离，所得数据介于 0～1 之间。两个向量角度越相近，所求出的余弦距离越接近于 1；反之，则越接近于 0。计算公式如下

$$\text{sim}(P_x, P_y) = \frac{z(P_x)z(P_y)}{|z(P_x)||z(P_y)|} = \frac{\sum_{i=1}^{q} C_{x,i} \cdot C_{y,i}}{\sqrt{\sum_{i=1}^{q} C_{x,i}^2}\sqrt{\sum_{i=1}^{q} C_{y,i}^2}} \tag{8.8}$$

对于新部署的应用 P_x，其预设的权重策略向量 $w(P_x)$ 的计算公式为

$$w(P_x) = \sum_{i=1}^{m} w'(P_i) \cdot \text{sim}(P_x, P_i), \quad i \neq x \tag{8.9}$$

式中：m 为系统中应用的总个数；$w'(P_i)$ 表示各应用归一化后的权重策略向量。

例如，假设多引擎协作系统下有三个应用执行引擎，共部署四个服务。现已部署四个应用 P_1，P_2，P_3，P_4，假设其服务调用特征向量分别如下所示

$$z(P_1) = (1,0,0,1), \quad z(P_2) = (1,1,0,0)$$

$$z(P_3) = (1,0,1,0), \quad z(P_4) = (1,1,1,0)$$

当前各应用的权重策略向量为

$$w'(P_1) = (0.8, 0.1, 0.1), \quad w'(P_2) = (0.2, 0.3, 0.5)$$

$$w'(P_3) = (0.4, 0.2, 0.4), \quad w'(P_4) = (0.2, 0.4, 0.4)$$

如果新部署一个应用 P_5，其服务调用特征向量为

$$z(P_5) = (1,1,0,1)$$

则根据式（8.8）可计算出其与已部署应用的相似度为

$$\mathrm{sim}(P_1, P_5) = 0.82, \quad \mathrm{sim}(P_2, P_5) = 0.82$$

$$\mathrm{sim}(P_3, P_5) = 0.41, \quad \mathrm{sim}(P_4, P_5) = 0.67$$

最后根据式（8.9）计算出 P_5 的权重策略向量，即应用 P_5 的请求分配在各引擎的权重为

$$w(P_5) = (1.12, 0.68, 0.92)$$

归一化后得

$$w'(P_5) = (0.41, 0.25, 0.34)$$

2. 基于应用执行请求响应时间的动态加权轮转

元引擎将应用执行请求调度到各个执行引擎，这个场景和 Web 服务器集群对 HTTP 请求做调度的场景在模型上很相似。Web 服务器集群调度的解决方案已经相对比较成熟了，常用的有 DNS 轮询、LVS 负载均衡、应用层负载均衡等。然而这些方案并不能直接用于业务应用的调度。DNS 轮询不适用，因为它采用的是机会均等的轮询方式，缺少权重策略，且依赖于域名提供商（Jin，Casati，Sayal，et al.，2001）。LVS 虽然在动态负载均衡上很优秀，但是由于其工作在 IP 层，对所有上层协议的数据都进行转发，这样就需要占用一台单独的计算机，且前端节点必须是 Linux 操作系统，不具备跨平台性。应用层的负载均衡软件如 HAproxy、Apache Load Balancer 等的缺点是支持的协议有限，并且其调度中用到的反馈算法无法对请求进行业务层面的区分，可扩展性也不强。以上三种方案的共同不足在于它们都是一种通用的解决方案，无法利用业务应用自身的特点进行调度算法的优化。

但是，Web 服务器集群调度中采用的算法却是很有借鉴意义的，其常用的算法有简单轮转法、静态加权轮转法、基于请求数量的加权最小连接数优先法以及动态加权轮转法等。结合引擎自身的特点，我们提出一种基于应用执行请求响应时间的动态加权轮转法。传统的动态加权轮转法对所有的请求采取统一的权重策略，而 VINCA 采用的算法则是针对不同的业务应用使用不同的权重策略。

在具体实现过程中，VINCA 在 Apache 的 RCA（request counting algorithm）算法基础上做了改进，根据反馈回的应用执行请求的响应时间按照一定的公式去修正 RCA 算法中的权值，从而实现了动态反馈的加权轮转机制。RCA 算法是一种静态加权轮转法，基本思想是每个 engine 有一个非负数 weight，代表该 engine 的权值，total weight 是所有 weight 之和。在算法运行过程中，每个 engine 有一个 status，表明 engine 当前的负载状态，candidate 表示被选中的 engine。每当到来一个请求时，都进行以下操作：

代码 8.1

```
for engine in engines
    engine.status +=engine.weight
    total weight +=engine.weight
    if engine.status>candidate.status
       candidate=engine
candidate.status -=total weight
```

该算法的基本策略是每次都选择当前 status 最大的引擎。一旦被选中，该引擎的 status 会减去 total weight，这样该引擎短期之内不会再被选中。随着迭代的进行，引擎的 status 又会逐渐恢复到最初的状态，权重越大的引擎恢复得越快。

静态加权法的主要缺点是依赖于人工设置的经验权值，往往不能应对节点状态突变的情况，且在部署的流程数量很多的情况下，一一设置所有流程的权重策略是比较困难的。因此，需要有一个适应性的算法来根据引擎运行流程的效果来动态地修正权值，最终使得每个流程对应的权重策略都收敛到一个较好的状态。实现上述目标的关键就是要设计一个好的反馈机制。反馈机制依赖于对引擎运行流程效率的评价，我们提出一种基于“相对效率”的计算方法，公式如下

$$L(P_x,E_i)=\frac{h(P_x,E_i)}{\operatorname{avg}(P_x)}=\frac{h(P_x,E_i)\cdot n}{\sum\limits_{j=1}^{n}h(P_x,E_j)} \tag{8.10}$$

式中：$h(P_x, E_i)$ 表示流程 P_x 的请求在引擎 E_i 上的平均响应时间；$\operatorname{avg}(P_x)$ 表示流程 P_x 的请求在所有引擎上的平均响应时间。

如果 $L(P_x, E_i)>1$，表示对于流程 P_x 而言，引擎 E_i 的运行效率低于所有引擎的平均水平。

如果 $L(P_x, E_i)<1$，表示对于流程 P_x 而言，引擎 E_i 的运行效率高于所有引擎的平均水平。

参考相关算法可得到调整权值的反馈公式，即

$$w(P_x,E_i)\leftarrow w(P_x,E_i)+\sqrt[3]{1-L(P_x,E_i)},\quad W_{\min}<w(P_x,E_i)<W_{\max}$$

当 $L(P_x, E_i)<1$ 时，$w(P_x, E_i)$ 会被调高；当 $L(P_x, E_i)>1$ 时，$w(P_x, E_i)$ 会被调低；当 $L(P_x, E_i)=1$ 时，$W_{x,i}$保持不变。此外，还需要设置 $W_{\max}$ 和 $W_{\min}$，以控制权重的调整范围。

3. 二级调度机制

应用调用的服务中有一些是本地服务，有一些则是其他节点上的服务，且同一功能的服务可能在不同的节点上有副本。当应用在运行过程遇到这种情况时，

就需要选择由哪一个节点来执行该服务。由于各个节点的软硬件资源的差异以及通信速度的差异，服务调用的响应时间也会存在差异。因此，为了优化服务调用的响应时间，我们设计了服务二级调度机制，即除了元引擎有针对应用的一级调度器之外，每个引擎还维护一个针对服务调用请求的二级调度器。该调度器将应用执行过程中远程服务调用活动的请求按一定的权重分配给部署了该服务副本的节点。

值得注意的是，在我们的调度方案中，并不是由元引擎来负责调度服务的调用过程，而是由各引擎维护独立的调度器。这主要是因为各引擎所处的节点在网络中的位置不同，造成了通信速度的差异。例如，A 引擎调用由某节点提供的服务的响应时间最短，但是 B 引擎调用同样的服务的响应时间却不一定是最短的，因此二级调度机制采用了各个引擎维护独立的调度器的方法。其工作机制如下：当应用执行引擎在运行应用的过程中遇到服务调用活动时，首先判断其是本地服务调用活动还是远程服务调用活动。如果是前者，则调用本地服务；否则，向元引擎查询该服务的提供者列表。二级调度器采用一种基于服务调用响应时间的动态加权轮转机制，将服务请求发送到服务提供者所在的节点，基本思想是响应时间越短的服务提供者权重越高。服务调用返回后，二级调度器将根据本次调用的响应时间来修正服务提供者的权重，修正的方法与基于应用执行请求响应时间的反馈算法基本一致，此处不再赘述。实验测试表明，这种二级调度机制在应用执行请求高并发的情况下使得应用它们的平均响应时间得到了进一步的优化。

8.6 本章小结

以本书原理篇对互联网计算的认识为基础，本章介绍了作者所在团队通过多年的研究和应用实践总结归纳的 VINCA 互联网服务集成方法和核心技术。作为一种互联网计算环境下以最终用户编程和第三方运营为主要特征的服务集成方法，与第三章提出的 CSI 体系结构相呼应，VINCA 涵盖了客户端、服务和基础设施三个层次的内容，分别围绕最终用户服务编程、业务级服务抽象与管控和基于多引擎架构的应用托管运行提供了 VINCA 业务服务、服务社区、探索式服务组合、Mashup 和多引擎调度优化等核心技术。事实上，VINCA 自身的研究还处于不断地发展和完善中，本章只是给出一个互联网计算概念体系的实例，希望通过本章的介绍，吸引读者投入互联网计算的研究中，一起推动互联网计算的发展。

第九章　VINCA 软件及应用

9.1　引　　言

VINCA 互联网服务集成套件（简称 VINCA 套件）是一个支持第三方运营模式的应用开发、部署及运行的软件工具集合。它面向基于互联网服务的集成化应用的快速开发、灵活部署、可靠运行、综合管控和友好使用等多方面需求，是 VINCA 基本原理的一种具体实现，体现了当中的业务服务、服务社区、最终用户服务编程、基于多引擎架构的应用托管等核心技术。

如图 9.1 所示，VINCA 套件包含 VINCA 服务社区管理器、VINCA 服务编程工具和 VINCA 托管运行环境三个核心部分。

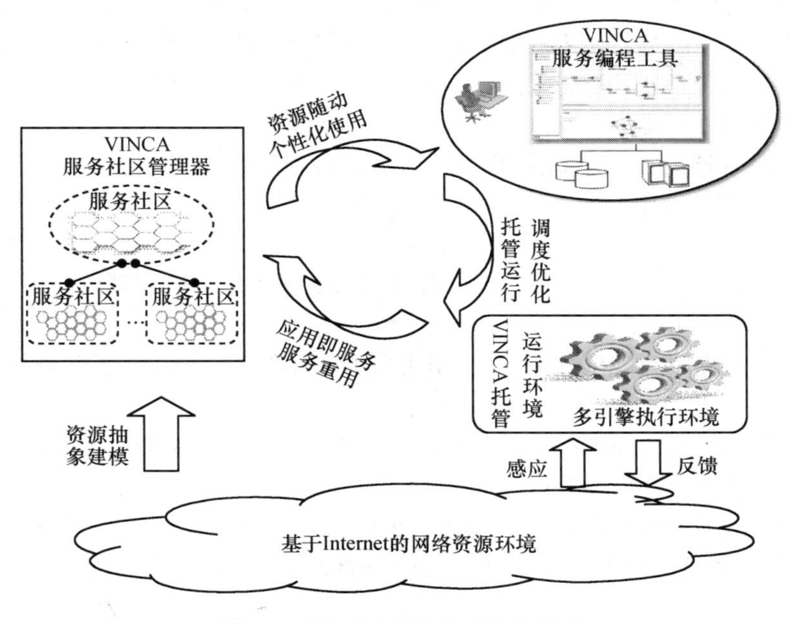

图 9.1　VINCA 服务集成套件构成

（1）VINCA 服务社区管理器负责组织和管理互联网应用的基本构造单元——各类互联网服务。它也为整个 VINCA 套件提供基础支撑。在实现上，它基于业务级服务抽象与管控的方法与技术，支持业务服务建模以及基于服务社区的服务资源逻辑划分，为服务集成应用的构造和运行提供一个有序、一体化和全生命周期的服务资源逻辑视图；同时，VINCA 服务社区管理器支持分布的多服务社区管理器间的互操作，可实现跨域的服务资源共享。

（2）VINCA 服务编程工具是互联网计算背景下面向最终用户的一种新型应用构造与使用环境。它基于 8.4 节提出的三类最终用户服务编程方法与技术，支持探索式服务组合、业务流程建模和基于嵌套表格的 Mashup 应用构造，满足“以流程为中心”和“以数据为中心”两类不同特征的应用构造需求，用户可以根据应用需求的不同，选择或组合使用这三种不同的编程方法。

（3）VINCA 托管运行环境是为 VINCA 服务编程工具构造的应用提供的统一部署及运行环境。它采用多引擎架构和多租户数据隔离机制，提供逻辑隔离的应用持久化和应用运行环境的可伸缩性两方面支撑，同时支持大规模并发应用需求下的应用执行引擎的动态优化调度，从而满足面向多租户的应用托管运营需求。此外，VINCA 托管运行环境还提供一系列系统级的公共服务（包括安全、事务、日志和消息等）。

在部署结构方面，VINCA 套件主要包括客户端和服务端两部分内容。其中，客户端对应 VINCA 服务编程工具，采用 Flex 技术框架实现，表现为可以直接下载到传统浏览器使用的标准组件，为用户提供了图形化的应用构造及使用环境；服务端包括 VINCA 服务社区管理器和 VINCA 托管运行环境两部分内容，作为松耦合的服务集成中间件，它们基于 J2EE 架构实现，可以部署在分布的物理服务器上。同时，服务端从运营角度对外提供统一的运营管控门户，为服务提供者、应用开发者和服务使用者以及运营管理者三类角色提供不同交互接口：

（1）面向服务提供者提供发布服务及对其所发布服务的管理控制接口，包括所发布服务的应用状况监控接口。

（2）面向应用开发者和服务使用者提供其权限范围内的服务查找和浏览接口。

（3）面向运营管理者提供平台资源总体情况、资源使用情况和平台运行情况等方面的监控及统计分析接口。

下面将从系统结构和工作模式两个方面出发，分别对 VINCA 服务社区管理器、VINCA 服务编程工具和 VINCA 托管运行环境进行介绍。

9.2 VINCA 服务社区管理器

1. 系统结构

VINCA 服务社区管理器的目标是为不同领域的服务管理需求提供统一、可扩展和可定制的基本支撑，并支持不同服务管理域间的互联。为了支持 8.3.2 节提出的服务社区定制方法，VINCA 服务社区管理器主要实现以下服务管理功能：

(1) 服务社区管理：创建和管理与领域相关的服务社区，具体包括面向特定领域定制的业务服务模型（服务描述框架）、领域概念本体（服务描述的公共语义基础）、公共数据规范（服务涉及的数据标准）、分类规范（服务分类方法）和组织结构模型（服务依赖的组织结构）等，并提供遵循特定格式规范的各类模型与规范的导入功能。

(2) 服务管理：提供服务注册、发布、信息更新、浏览及查找等基本功能，以及提供服务协作网络生成和服务关系分析等高级功能。

(3) 服务目录：按照不同分类规范提供多维度的服务目录，同时提供个性化的服务目录定制功能，支持面向不同用户提供个性化的服务视图。

(4) 服务社区互操作：提供跨社区的服务发布/订阅、服务查找和服务目录融合功能，支持不同领域创建的服务社区间的互操作。

(5) 服务监控：允许用户自主定义监控策略，实现对服务使用和运行信息（重点是可用性和响应时间等非功能属性）的监控，提供基于监控日志的服务应用情况统计分析及服务可用性等方面的预测功能。

(6) 通用服务：包括用户与权限管理、系统配置管理和系统日志管理三个模块，用以完成社区用户权限分配、系统参数配置以及日志统计分析等功能。

图 9.2 给出了 VINCA 服务社区管理器的系统结构示意。

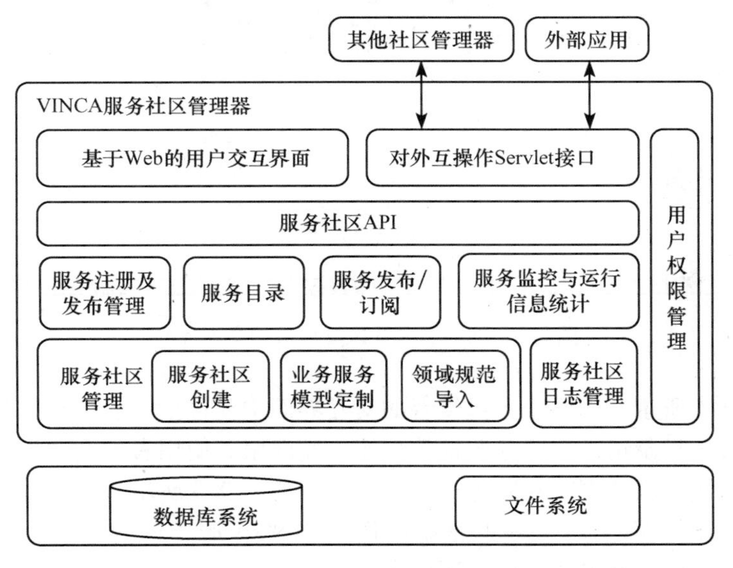

图 9.2 VINCA 服务社区管理器系统结构

此外，VINCA 服务社区管理器采用 Servlet 接口形式对外提供互操作接口，一方面支持与其他服务社区管理器的互联，提供跨社区的服务发布/订阅、服务查找以及服务目录融合功能，可实现多个自治域服务社区系统之间的服务共享与协调调用；另一方面支持外部应用与 VINCA 服务社区管理器的集成，使得 VINCA 服务社区管理器可以作为服务管理方面的基础组件与其他应用系统集成使用，如在 VINCA 套件中，VINCA 服务编程工具和 VINCA 托管运行环境都需要集成 VINCA 服务社区管理器的功能。

2. 工作模式

VINCA 服务社区管理器分别面向服务社区管理员和服务社区用户（包括服务提供者和服务使用者两类用户）提供不同的交互界面。

如图 9.3 所示，面向服务社区管理员的交互界面主要提供服务社区的创建、（业务）服务模型管理、业务规范导入及管理（包括领域概念和领域分类法等规范）和用户及权限管理等功能。

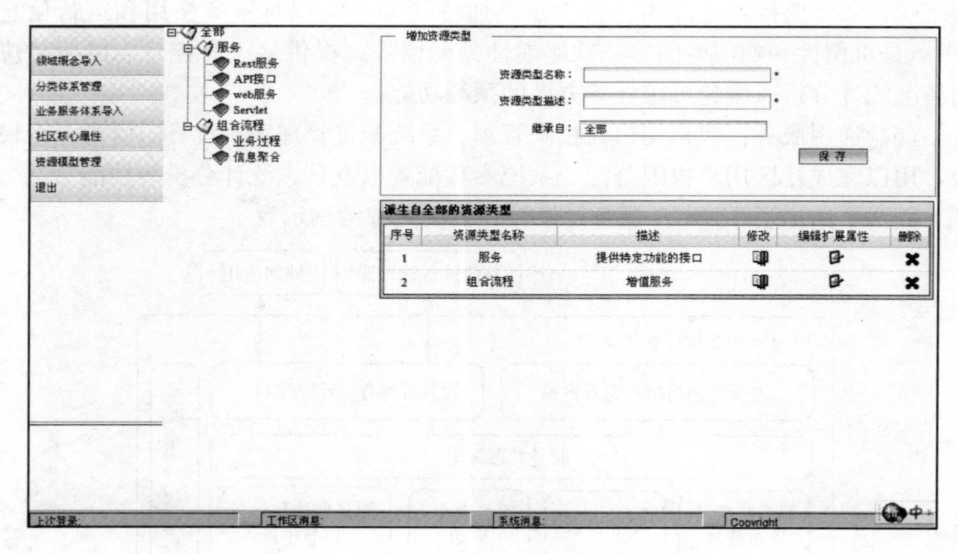

图 9.3　面向服务社区管理员的交互界面

如图 9.4 所示，面向服务提供者的交互界面主要包括（业务）服务注册、服务管理、服务目录组织和服务监控等功能；面向服务使用者的交互界面主要包括服务目录定制、服务浏览和服务查找等功能，如图 9.5 所示。

此外，作为 VINCA 套件的基础组件，VINCA 服务社区管理器不仅面向上述两类用户提供交互界面，而且还面向 VINCA 服务编程工具和 VINCA 托管运

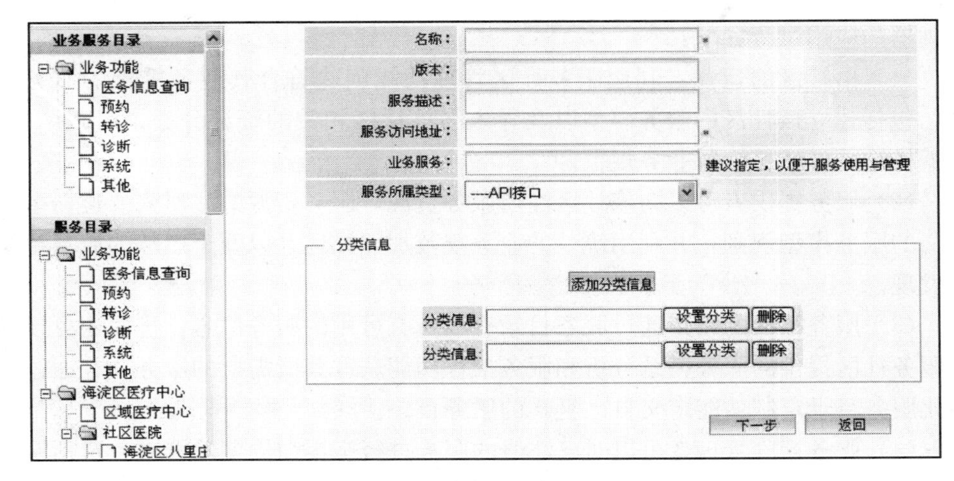

图 9.4 面向服务提供者的服务注册界面

服务筛选

行业分类：-业务功能

提供者：全部

名称

行业分类：-全部

日期：全部

服务描述

社区服务目录

业务功能：医务信息查询、预约、转诊、诊断、系统、其他

服务浏览

排序：注册时间 可用性 调用次数 组合次数 查看次数

编号	名称	提供者	创建时间	可用性	监测记录
1	病历信息上报	区域医疗中心	2009-08-30 16:41:33.0	0.0	
2	外科转诊预约	解放军总医院（301医院）	2009-08-27 20:16:19.0	0.99444443	
3	产科转诊预约	解放军总医院（301医院）	2009-08-27 20:14:26.0	0.98888886	
4	内科转诊预约	解放军总医院（301医院）	2009-08-27 20:13:42.0	0.96825397	
5	内科转诊预约	北京市中西医结合医院	2009-08-27 20:12:31.0	0.96825397	
6	外科转诊预约	北京大学第三医院	2009-08-27 20:11:55.0	0.99444443	
7	产科转诊预约	北京大学第三医院	2009-08-27 20:11:03.0	0.98888886	
8	内科转诊预约	北京大学第三医院	2009-08-27 20:09:39.0	0.96825397	
9	外科转诊预约	北京市海淀区妇幼保健院	2009-08-27 19:58:48.0	0.99444443	
10	产科转诊预约	北京市海淀区妇幼保健院	2009-08-27 19:58:00.0	0.98888886	
11	内科转诊预约	北京市海淀区妇幼保健院	2009-08-27 19:57:11.0	0.95555556	
12	医疗事件读取	北京市海淀区妇幼保健院	2009-08-27 19:56:26.0	0.96666664	
13	外科转诊预约	北京市中西医结合医院	2009-08-27 19:49:41.0	0.99444443	

图 9.5 面向服务社区使用者的服务浏览界面

行环境提供编程接口。VINCA服务社区管理器对外提供的编程接口可分为查询类、调用类和注册类三种，以Java Servlet形式实现。其中，查询类接口主要用于查询业务服务和服务信息，具体包括获得完整的服务目录、根据服务ID获得服务信息、获得业务分类规范、根据业务服务ID得到业务服务实体对象、得到指定业务服务下的具体服务列表、获得满足查询条件的服务以及获得满足查询条件的业务服务；调用类接口用于服务集成应用运行时对业务服务的调用；注册类接口用于存储服务与业务规范等其他相关资源。

按照8.3节论述的VINCA业务级服务抽象与管控方法，VINCA服务社区管理器的应用过程如下：

（1）由社区的运营者利用服务社区管理功能创建符合其业务需求的服务社区，包括建立该社区的服务模型以及导入与该社区相关的资源分类、组织结构、数据模型、领域概念等业务规范。

（2）服务提供者可以向该社区注册服务资源，服务资源的注册需要遵循事先定义的服务模型规则，并利用统一的业务规范加以描述，以便于后续的服务组织与发现。

（3）服务社区的用户通过服务目录获取所有可用的服务信息，进而还可以利用服务社区提供的服务关系分析和服务推荐功能获取其所需要的服务，并通过个性化服务目录定制功能定义自己喜欢的服务目录。

（4）服务社区管理者可以对已注册的服务进行全生命周期的管理，包括服务基本信息维护、服务版本管理、服务使用权限管理、服务监控及服务动态信息管理等。

9.3　VINCA 服务编程工具

1. 系统结构

VINCA 服务编程工具作为互联网服务环境下用户端的应用集成开发与使用工具，主要包括个性化服务资源视图、可视化应用构造和使用环境、应用构造时的智能服务推荐工具和用户端应用即时运行支撑四个模块，现分别介绍如下：

（1）个性化服务资源视图。该模块实现与服务社区的交互功能以及服务资源视图在用户端的呈现功能，可以同时连接多个服务社区，允许用户定制其所属的服务社区中感兴趣的服务资源，在 VINCA 服务编程工具中形成用户自主定制的服务资源视图，为应用构造奠定服务资源基础。

（2）可视化的应用构造和使用环境。该模块提供一体化的服务组合环境，包括增加“边定义、边执行”的业务流程建模环境和类 Spreadsheet 的信息汇聚环境，融合“以数据为中心”和“以流程为中心”两种不同的服务集成应用编程模式，支持服务集成应用可视化构造和即时执行。

（3）智能服务推荐工具。该模块根据应用即时构造的不同阶段（即某时刻特定应用环境所具有的不同的上下文），通过服务相关性分析，提供与当前阶段用户最相关的服务关系网络视图，为用户推荐与其当前情景相匹配的服务资源。

（4）用户端应用即时运行支撑。该模块实现与服务器端的执行请求提交与执行结果接收等交互功能，以驱动服务器端即时地完成特定应用片段的执行。

图9.6给出了VINCA服务编程工具的系统结构示意。

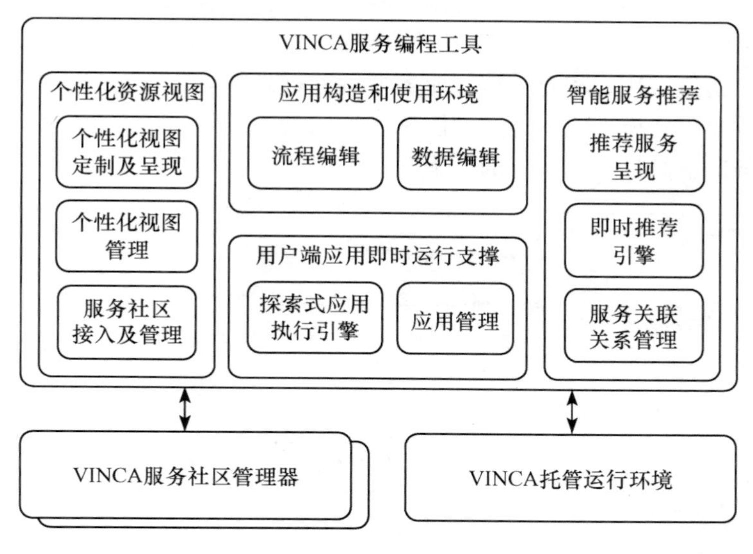

图9.6　VINCA服务编程工具系统结构

2. 工作模式

VINCA服务编程工具主界面包括四个部分，分别为菜单和工具条、资源视图、应用视图、应用编辑区和资源推荐区，如图9.7所示。

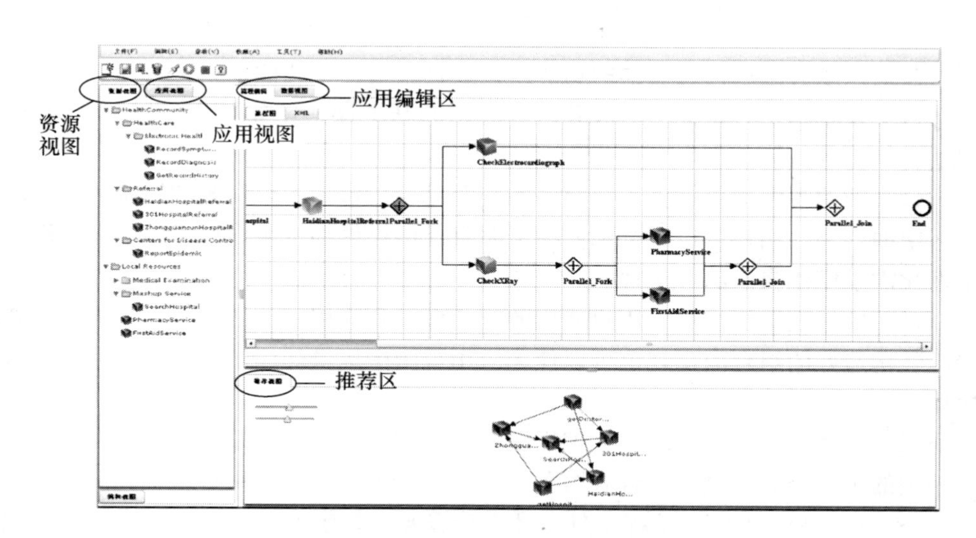

图9.7　VINCA服务编程工具界面图

其中，应用编辑区提供 VINCA 服务编程工具的核心功能。该区域是用户编排应用的区域，包括流程编辑主视图（图 9.7 中的应用编辑区）和数据编辑子视图（图 9.8）。用户在此区域可以通过业务流程建模的方式，组装资源目录中可见的服务来构造应用，相对于传统业务流程建模环境，该部分还支持“边构造、边执行”的流程建模方式；通过如图 9.8 所示的类 Spreadsheet 方式，完成对来自不同服务的信息进行层次化的汇聚。

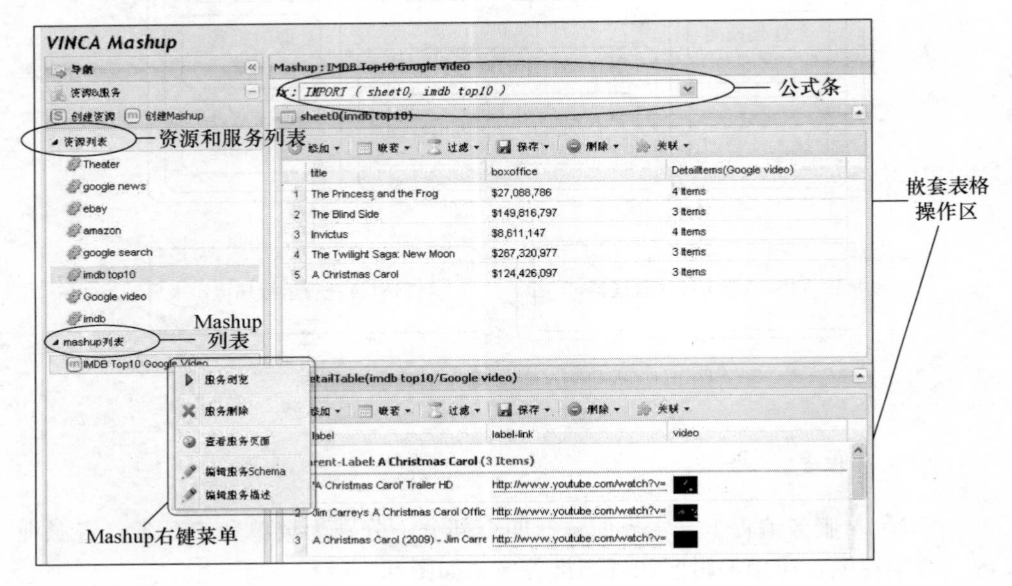

图 9.8　类 Spreadsheet 方式的数据汇聚视图

其他区域为应用构造的辅助功能区，分别提供以下功能：

（1）菜单和工具条提供对服务组合应用的基本操作，如新建、保存、删除、启动和停止等功能。

（2）资源视图提供可供用户使用的资源目录，包括本地资源和所接入的服务社区中的资源。用户可以浏览和使用资源目录中提供的资源，也可以根据自己的个性化需求定制自己的资源视图。

（3）应用视图提供可供用户使用的应用模板和应用实例的目录，用户可以查看已经构造好的组合应用，也可以使用应用视图中提供的应用模板来构造自己的应用。

（4）资源推荐区是结合流程编辑区共同使用的，为用户显示与当前构造的应用相关的服务资源，供用户查看服务之间的关联关系，辅助用户编程。

为运行 VINCA 服务编程工具，客户端需要安装带有 Flash 播放器插件的浏览器，如 IE 和 Firefox 等。用户通过浏览器登录后，客户端将为用户呈现 VIN-

CA 服务编程工具主界面。

综上所述，VINCA 服务编程工具具有以下特点：

（1）“多模式”构造环境。提供融合业务流程建模、探索式服务组合和基于嵌套表格的 Mashup 构造三种服务组合应用构造模式的构造环境。

（2）资源随动。情景敏感的服务主动推荐和自动关联为用户提供智能化建议，实现资源的“随需而现”，帮助用户决策。

（3）用户编程。支持用户临机决策的流程编排和正确性保障，可执行不完备的流程模板，运行时再由用户决定下一步的工作内容，既可保障流程和行为的规范化，又可提高流程的灵活性。

（4）信息汇聚。基于嵌套表格操作的多源信息汇聚，允许用户通过可视化的嵌套表格对多个信息源进行信息汇聚。

9.4 VINCA 托管运行环境

1. 系统结构

VINCA 托管运行环境作为服务集成应用托管运行的基础设施，其目标是为不同用户（租户）通过 VINCA 服务编程工具构造的应用提供统一的部署及运行环境。在具体形态上，VINCA 托管运行环境是一套支持开放运营和 SaaS 模式的中间件系统，能够为互联网服务集成应用的部署、运行调度、监控和优化提供全生命周期的支持。

VINCA 托管运行环境采用基于多引擎的可在运行时自由伸缩的架构，如图 9.9 所示。它主要包括以下功能模块：

（1）应用执行引擎。负责服务集成应用的解释执行，包括应用模型解析及实例化、服务执行推进、具体服务的调用及调用结果的缓存、应用执行状态维护和运行时数据持久化等工作。应用执行引擎的服务调用通过服务中介提供的统一接口进行，这使得应用执行引擎可以同时支持不同类型、不同服务源的服务调用。

（2）引擎集群管理及调度器。负责管理分布的应用执行引擎以及根据引擎实时状态调度分发应用执行请求，包括控制执行引擎加入与退出引擎集群、监控并记录各引擎状态、接收应用执行请求并根据引擎状态调度分发请求。

（3）系统控制台。以图形化的监控仪表面板方式，为托管运行平台管理员从系统、应用及用户（租户）等不同方面提供相应的控制入口，包括查看集群中每个引擎占用的资源情况、每个引擎上的流程实例个数、执行时间以及平均响应时间等信息；评估应用及其涉及的服务的可用情况、应用使用的系统资源情况以及应用执行调度结果分布情况；了解用户所涉及的应用执行及资源使用统计结果。

（4）租户配置环境。提供面向租户的系统使用配置环境，租户管理员可以配置符合自己要求的应用部署空间及运行性能要求，并可以实现将应用部署到隔离的数据库中以及通过引擎调度器实现应用执行的调度。此外，租户管理员还可以通过可视化的仪表面板对自身资源的使用情况进行监控，以便合理控制开支。

（5）系统及应用数据管理器。负责运行阶段产生的实时数据的持久化存储，包括记录引擎集群构成、引擎状态、负载等系统数据以及应用执行过程涉及或产生的应用数据。该模块的一个重要特点是能够根据当前应用的归属关系将其运行的数据存储到相应的租户数据库中，为多租户数据隔离提供支撑。

（6）服务访问代理。负责 VINCA 托管运行环境与服务源（如 VINCA 服务社区管理器）的集成，并根据应用执行引擎的请求，完成指定服务的远程调用，包括调用参数的生成和调用结果的格式化处理等工作。

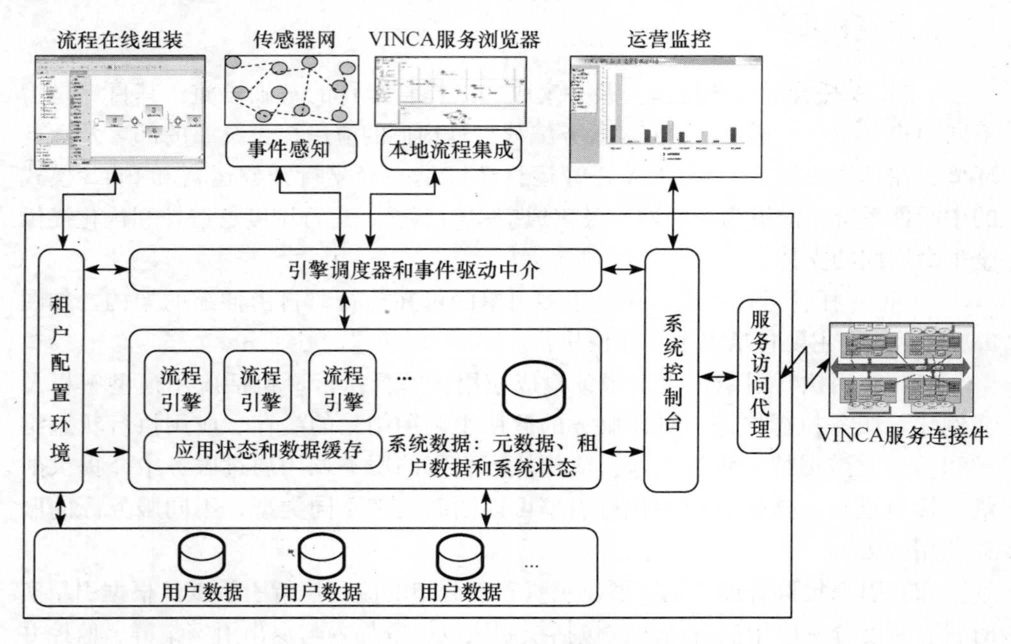

图 9.9　VINCA 托管运行环境系统结构

2. 工作模式

VINCA 托管运行环境提供了如下几种对外交互方式，具体包括面向系统管理人员的系统控制台、面向租户的配置环境、针对 VINCA 服务编程工具的应用部署及执行接口、负责服务调用的服务中介以及针对与其他工具集成的系统API。

VINCA 托管运行环境的使用过程由服务接入配置、租户资源分配与监控、应用部署运行等三个环节组成。其中，前两个环节由 VINCA 托管运行环境的运营方负责，第三个环节由 VINCA 托管运行环境的多引擎运行环境提供支撑。

服务接入的目的是实现 VINCA 托管运行环境与 VINCA 服务社区管理器的集成以及对不同类型服务实现的访问调用，使得 VINCA 托管运行环境可以在运行时通过服务社区获取服务信息并对不同类型服务进行访问，同时向服务社区提交运行时的服务使用信息。服务接入配置包括以下两部分：

（1）添加或编辑服务适配器。VINCA 托管运行环境支持不同的服务类型，如 RESTful 服务、Web 服务和 VINCA 业务服务等，不同服务类型在访问方面需要配置不同的服务访问适配器。图 9.10 给出了编辑服务适配器的界面，用户可以添加用于某类服务访问的适配器程序包到运行环境中。

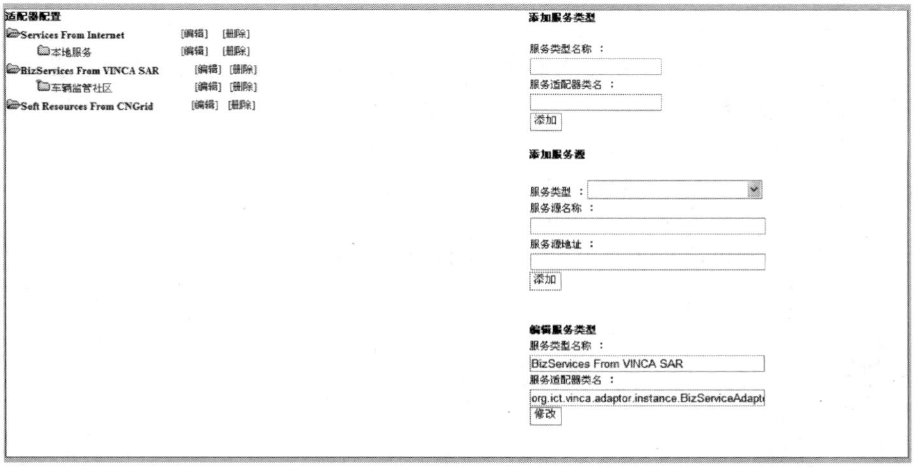

图 9.10　编辑服务类型

（2）添加或编辑服务源。服务源由服务源名称和服务源地址组成，它给出了 VINCA 托管运行环境可使用的服务的信息来源，在 VINCA 中可以为 VINCA 服务社区管理器创建服务社区的地址。VINCA 托管运行环境可以通过指定的服务源来获取服务信息。图 9.11 给出了编辑服务源的界面。

经过上述步骤，可以确定已将 VINCA 服务社区管理器中管理的服务接入到 VINCA 托管运行环境中，从而使得引擎能够有效地获取服务信息、进行服务访问和记录服务使用信息。

适配器配置

Services From Internet [编辑] [删除]

本地服务 [编辑] [删除]

BizServices From VINCA SAR [编辑] [删除]

车辆监管社区 [编辑] [删除]

Soft Resources From CNGrid [编辑] [删除]

添加服务类型

服务类型名称 ：

服务适配器类名 ：

添加

添加服务源

服务类型 ：

服务源名称 ：

服务源地址 ：

添加

编辑服务源

服务源名称 ：

车辆监管社区

服务源地址 ：

http://10.61.0.185:8088/serviceConnector2/Sar

修改

图 9.11　编辑服务源

3. 租户资源分配与监控

（1）租户资源分配。在接入服务后，系统管理员可以根据租户的申请为其分配资源配额。对资源使用进行限制的主要目的有两个：一是防止某些租户无限制使用资源而造成其他租户的应用性能下降；二是便于根据租户的预算控制其实际支出，避免超支。租户资源分配的界面如图 9.12 所示。

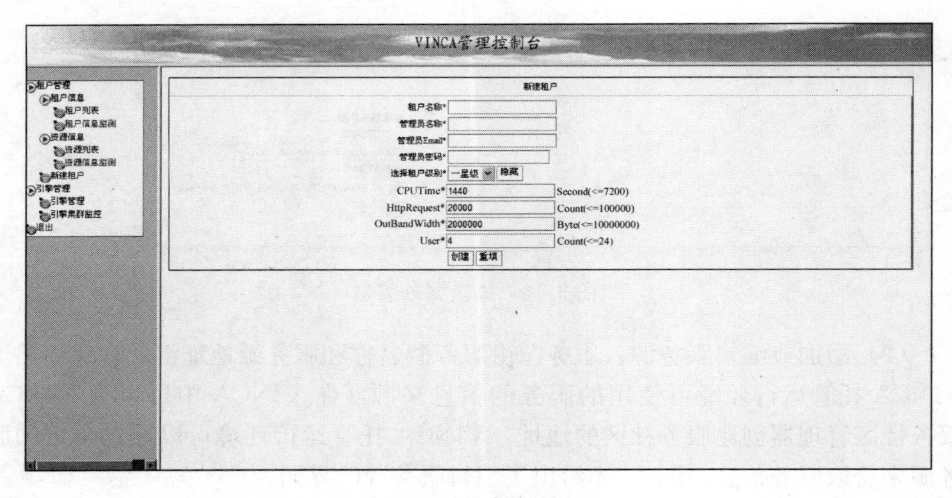

图 9.12　租户资源分配

（2）租户资源监控。在管理控制台中，系统管理员还可以对租户的资源使用情况进行可视化监控。图 9.13 给出了最近 24 小时内某租户的资源使用情况。图中的柱状图显示的是 CPU 占用、数据访问等 24 小时内的累积使用情况，折线图给出的是某种资源在 24 小时内主要时间点的分布情况。

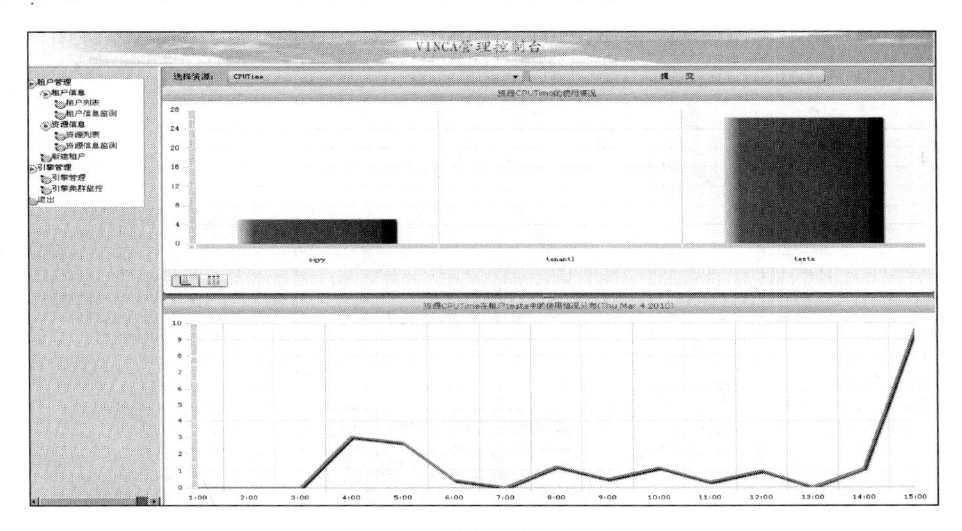

图 9.13　租户资源使用监控

在 VINCA 托管运行环境中，实现了租户间数据的隔离存储，即每个租户的数据和文件分别保存在以租户 ID 为标识的数据库或目录下。

4. 应用部署运行

当上述服务接入配置和租户创建两个环节完成后，该租户可以以管理员的身份登录到租户配置环境中，并通过 VINCA 服务编程工具提供的功能搭建业务应用，搭建好的应用将自动部署到面向该租户的虚拟环境中，并由多引擎执行环境根据应用执行请求情况动态地调度以选取恰当的引擎来执行应用。

9.5　VINCA 应用示例

为了展示 VINCA 方法及软件的应用效果，本节以区域医疗信息化为应用背景，介绍利用 VINCA 软件搭建面向区域医疗业务协作的信息服务运营平台的过程，同时给出一个虚拟的区域医疗业务应用在平台之上的实现过程。

9.5.1　区域医疗信息化及区域医疗信息共享与协作

区域医疗是当前深化医药卫生体制改革中提出的一项新型公共医疗卫生服务模式。如图 9.14 所示，区域医疗改革的一个重要目标就是以建立居民健康档案和医院电子病历为重点，通过信息化手段实现区域医疗体系内信息资源的共享利用，建立信息互通、资源共享、协调互动的区域医疗信息网络，支持区域医疗卫生机构（如城市医院与社区卫生服务机构）的分工协作机制，包括分级诊疗、社区首诊、双向转诊等。

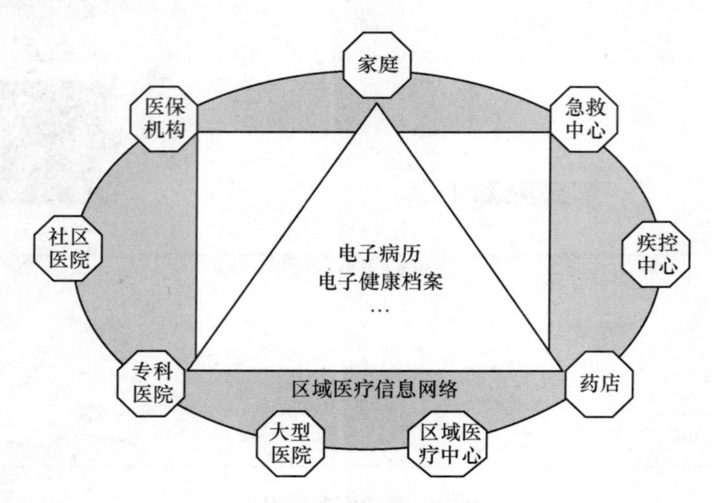

图 9.14 区域医疗信息网络示意图

为了实现上述目标，系统对区域医疗信息化提出了更高的要求，主要表现在以下三个方面：

（1）开放、可控的信息资源共享体系。区域医疗涉及区域医疗中心、区域内各医院、社区卫生服务中心、疾控中心和医保中心等诸多单位及机构，不同机构又拥有大量应用系统来管理不同种类的医疗信息资源。因此，为了满足社区首诊、双向转诊等工作中对相关医疗信息资源的共享需求，迫切需要建立一个开放的信息资源共享体系，以支持各类信息资源的按需、可控共享以及共享后信息资源的规范化管理。

（2）按需、灵活的信息资源集成方法。医疗信息资源共享的目的是为了支持区域医疗改革中不断产生的分级诊疗等各种新型分工协作机制。这种分工协作的实现依赖于对不同机构不同种类医疗信息资源的有效集成。传统的信息集成方法难以快速、有效地满足不同区域医疗体系内不同机构间多样化的协作需求，为此需要更加灵活的方法来满足区域医疗分工协作中的信息资源集成需求。

（3）统一、高效的集成应用运行支撑。对于涉及多家医疗机构的协作应用，由于体制及利益的问题，往往难以确定由哪一家单位来负责运维。当面对众多区域医疗协作应用需求时，该问题变得更加突出。第三方托管运行模式可以有效解决上述问题，即依托区域医疗中心这样的第三方来负责所有区域医疗协作应用的部署及运行。第三方托管运行模式下的一个关键问题就是面向不同机构为医疗协作应用提供一个统一、高效的集成应用运行支撑。

面向服务体系结构和软件服务运营为应对上述需求提供了有效的思路：区域医疗体系内各机构以医疗信息服务的形式对外共享其拥有的信息资源，并通过对相关医疗信息服务的组合来构造支撑不同医疗分工协作机制的各类应用；同时，从第三方的角度实现对所有医疗信息服务的统一管理和监控，并面向各类医疗协作应用提供统一的部署和运行支撑。我们将为实现上述思路而需搭建的软件平台称为区域医疗信息共享及协作平台。建立区域医疗信息共享及协作平台有助于实现一种满足上述需求的、全新的区域医疗信息资源共享及应用服务模式。

下面将结合前面论述的 VINCA 方法，给出基于 VINCA 的区域医疗信息共享及协作平台解决方案，以及平台搭建过程与在该平台之上的应用构造示例。

9.5.2 基于 VINCA 的区域医疗信息共享及协作

区域医疗信息共享及协作平台的目标是在一定区域范围内，面向区域医疗中心（可以看做是第三方，即平台运营者），通过对各级医疗机构不同信息服务的逻辑一体化管理，支持医疗机构间各类信息共享及协作应用的构造和部署运行，实现医疗信息资源利用的最大化以及信息化管理的全局化。

按照上述目标，区域医疗信息共享及协作平台需要提供以下功能：

（1）区域医疗信息服务管控。为各医疗机构提供统一的、符合区域医疗需求的注册、描述、组织、查找等管理功能，以及提供基于服务监控的服务使用情况统计、服务可用性保障、服务绩效评估等功能。

（2）区域医疗业务应用构造。面向多样化、即时的区域医疗体系内信息集成和业务协作需求，支持相关医疗机构利用平台上共享的信息服务快速构造区域医疗业务应用。

（3）区域医疗业务应用托管运行。为不同机构构造的区域医疗业务应用提供统一的应用部署运行支撑，保障不同机构不同应用间的数据隔离，根据应用规模变化提供可伸缩的基础支撑环境。

针对上述功能需求，下面给出基于 VINCA 的区域医疗信息共享及协作平台解决方案。基于 VINCA 实现的区域医疗信息共享及协作平台主要包括以下四个部分。

1. 区域医疗信息服务社区

该系统基于 VINCA 服务社区管理器实现，利用 VINCA 服务社区管理器提供的服务社区定制功能，可以创建面向区域医疗的信息服务社区，包括特定的区域医疗信息服务描述模型、业务分类规范、区域医疗体系内的组织结构模型、区域医疗数据标准（如电子病历及健康档案数据标准）。在此基础上，支持对区域内各医院、社区卫生服务中心、疾控中心、卫生监督机构、妇幼保健机构和其他相关部门（如医保部门）等诸多单位及机构提供的信息服务的注册、描述、组织和查找，提供从业务分类和组织结构等不同角度的目录服务。

2. 区域医疗应用构造环境

区域医疗应用构造环境面向区域医疗中心、社区卫生机构、医院等不同机构的医疗信息集成及业务协作需求，基于 VINCA 服务编程工具实现，允许各机构利用区域医疗信息网络中与其相关的信息服务资源，通过用户主导的方式快速完成多样化的区域医疗应用的构造。

3. 区域医疗应用托管运行环境

区域医疗应用托管运行环境则基于 VINCA 托管运行环境，为区域医疗应用提供一个支持多租户方式的可共享基础设施，从而为不同机构构造的区域医疗应用提供统一部署与运行支撑，并允许运营方（区域医疗中心）根据实际托管运行应用执行请求规模，实现该运行环境基础设施的动态伸缩及调度优化。

4. 区域医疗业务管控台

区域医疗业务管控台主要从平台运营者角度，在服务及应用管控方面，共同利用 VINCA 托管运行环境和 VINCA 服务社区管理器，实现对共享的信息服务和构造的各类协作应用的监控以及使用情况的统计分析，从而满足区域医疗中心对区域医疗业务管理的需求，如转诊业务绩效评估和传染病分析等；在托管运行环境管控方面，基于 VINCA 托管运行环境的运行环境监控功能，通过扩展或撤销所需的应用执行引擎实现对托管运行环境的优化调度。

在上述区域医疗信息共享及协作平台中，主要涉及以下角色及相关用户：

（1）平台运营者。在区域医疗背景下平台运营者为区域医疗中心，其负责区域医疗信息共享及协作平台。

（2）基础服务提供者。基础服务提供者包括大型医院、社区卫生服务中心、医保部门、120 中心等。他们提供了相关区域医疗协作所涉及的基础信息服务。

（3）应用提供者。应用提供者可以是区域医疗体系中各类医疗机构，它们可以利用平台构造所需的区域医疗应用，如构造转诊应用的区域医疗中心、构造电子健康档案应用的社区卫生机构、构造转诊医保审批应用的医保部门等。

（4）应用用户。应用用户是指平台上托管运行的各类医疗协作应用的最终用户，如门诊医生、医疗研究人员和管理者等。

按照上述方案搭建的区域医疗信息共享及协作平台可以给区域医疗信息化建设乃至区域医疗改革带来以下三点好处：

（1）可以为区域医疗信息化建设中所有涉及跨部门协作的集成应用提供统一的、公共的开发及部署运行支撑，从而降低医疗协作应用构造及运维的成本。

(2) 可以实现对区域医疗协作中共享资源和基础应用的全局性掌控，从而能够解决基于不同部门服务实现的医疗协作应用的问题发现及运维难题，并可以随着平台内容的丰富为区域医疗改革提供有效的决策支持。

(3) 可以逐步形成一个开放的区域医疗信息化创新平台，允许众多区域医疗单位通过自主创新的方式构造更多的医疗协作应用，支持更多新的区域医疗业务和协作模式，最大限度地推动区域医疗发展。

9.5.3 区域医疗信息共享与协作平台搭建及应用实现

本节以一个假定的区域为背景，介绍如何基于VINCA服务集成方法和软件搭建及维护区域医疗信息共享及协作平台，并结合一个虚拟的传染病突发事件应急处理应用的例子给出在该平台基础上进行应用构造的过程。

1. 区域医疗信息共享及协作平台搭建

假定某市某区为了实现社区首诊、双向转诊等区域医疗改革，需要搭建该区的区域医疗信息共享及协作平台。该平台依托该区的区域医疗中心，涉及该区的社区医院、三甲医院、医保部门、急救中心、疾控中心等医疗机构以及政府等诸多相关的公共服务机构。通过对各医疗机构如电子病历、健康档案、转诊预约等区域医疗协作中相关的信息服务的共享与管理，该平台支持社区首诊、双向转诊等区域医疗业务协作应用的构造与统一部署运行。

基于VINCA软件搭建区域医疗信息共享及协作平台，除了要完成VINCA软件的部署和基本配置外，还需要在部署的软件基础上进行以下四个方面的工作。

1) 区域医疗服务社区定制

平台管理员根据区域医疗中涉及的待共享信息和业务协作功能需求定制区域医疗服务社区。除了配置区域医疗服务社区的基本描述信息外，还需要定制以下主要内容：

(1) 导入领域概念。上述假定的区域医疗场景中涉及的动作概念主要有预约、查询、更新、分析、上报和备案等；涉及的实体概念有电子病历、健康档案、转诊申请单和预约结果单等。这些领域概念利用OWL格式统一表示后，可以通过VINCA服务社区管理器提供的领域概念导入功能导入区域医疗服务社区。图9.15给出了区域医疗领域实体概念体系的电子病历片段示意图。

(2) 导入数据标准。在社区首诊、双向转诊等区域医疗业务协作应用中主要涉及电子病历和健康档案等数据，参照卫生部卫生信息标准专业委员会制订的《电子病历基本架构与数据标准》和《健康档案基本架构与数据标准》，可以基于XML格式建立区域医疗服务社区中使用的数据标准，并通过VINCA服务社区管理器提供的数据标准导入功能导入区域医疗服务社区。通过导入的数据标准，

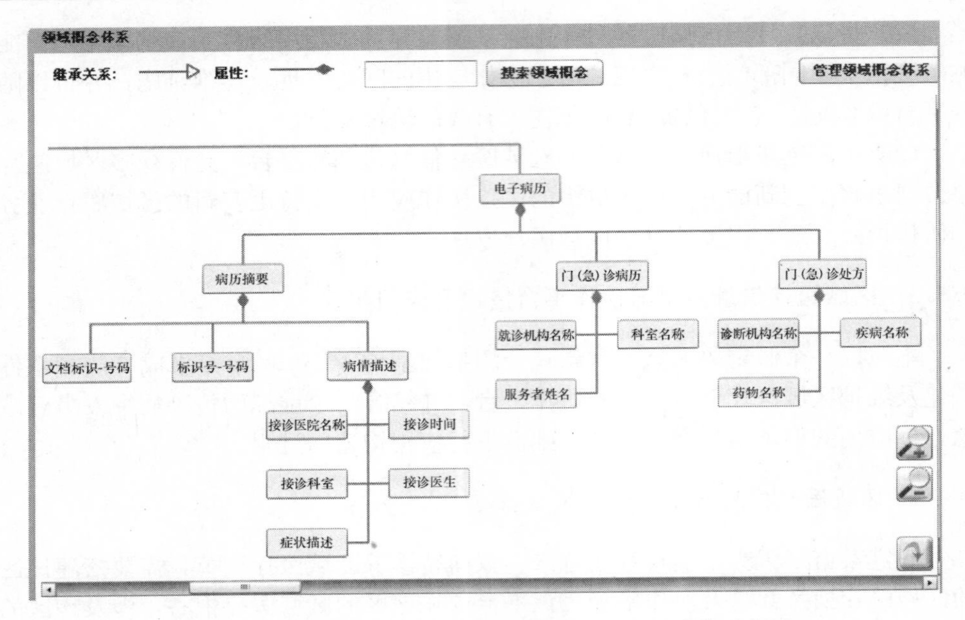

图 9.15　区域医疗领域实体概念体系电子病历片段示意图

可以对上一步导入的领域实体概念的相关数据格式予以规范。

(3) 创建区域医疗业务服务。通过对区域医疗中涉及的如电子病历及健康档案查询与更新、转诊预约、医疗事件上报等各类共性业务功能的分析，可以基于前面导入的领域概念及数据标准创建区域医疗中所需的业务服务，图 9.16 和代码 9.1 分别给出了一个转诊预约业务服务的创建界面及创建后生成的代码示例。

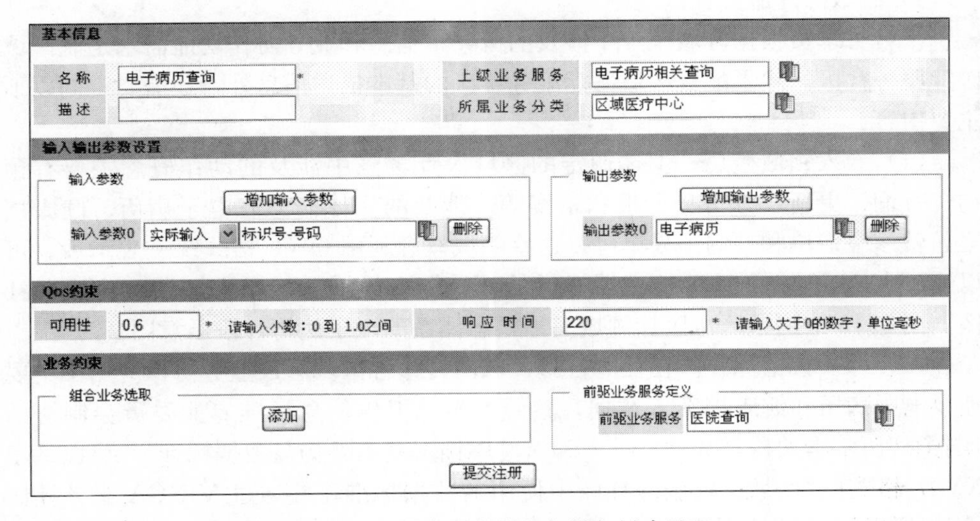

图 9.16　电子病历查询业务服务创建界面

此外，业务服务还可以作为一种业务规范对各医疗机构提供的具体信息服务进行约束。

代码 9.1

```
<?xml version="1.0" encoding="UTF-8"?>
<BusinessService xmlns:xsi="http://www.w3.org/2001/XMLSchema-in-
  stance">
<!--展示层-->
<FuncAbstraction businessServiceName="电子病历查询" descrip-
  tion="提供某患者的电子病历信息" scope="电子病历">
    <Action name="查询"
semantic="http://sigsit.ict.ac.cn/ontology/ActionOntology#
  Query"/>
<Entity name="电子病历"
semantic="http://sigsit.ict.ac.cn/ontology/ConceptOntology#
 EMedicalRecord"/>
</FuncAbstraction>
<!--定制层-->
<BizFeature>
   <CompositeFeature name="病历概要" subFeatureRelation= "and"
featureProperty="required"
semantic="http://sigsit.ict.ac.cn/ontology/ConceptOntology#
 MRProfile">
   <SimpleFeature name="文档标识" featureProperty= "required"
semantic="http://sigsit.ict.ac.cn/ontology/ConceptOntology#ID"/>
   <SimpleFeature name="病情描述" featureProperty= "required"
semantic="http://sigsit.ict.ac.cn/ontology/ConceptOntology#
 Desc"/>
</CompositeFeature>
     <CompositeFeature name="门(急)诊病历" subFeatureRelation
       ="and"
featureProperty="optional"
semantic="http://sigsit.ict.ac.cn/ontology/ConceptOntology#
 ClinicR">
   <SimpleFeature name="就诊机构名称" featureProperty="required"
```

```
semantic="http://sigsit.ict.ac.cn/ontology/ConceptOntology#
 Org"/>
   <SimpleFeature name="诊治医生" featureProperty= "required"
semantic="http://sigsit.ict.ac.cn/ontology/ConceptOntology#
 Doctor"/>
…
</CompositeFeature>
    <CompositeFeature name="门(急)诊处方" subFeatureRelation
      ="and"
featureProperty="required"
semantic="http://sigsit.ict.ac.cn/ontology/ConceptOntology#
 MatchItem">
   <SimpleFeature name="诊断结果" featureProperty= "required"
semantic="http://sigsit.ict.ac.cn/ontology/ConceptOntology#
 Result"/>
   <SimpleFeature name="治疗药物" featureProperty= "required"
semantic="http://sigsit.ict.ac.cn/ontology/ConceptOntology#
 Medicine"/>
…
</CompositeFeature>
</BizFeature>
<!--组合层-->
<SoftSpecification>
<Input name="患者 ID" featureSemantic="患者 ID"/>
<Input name="时间" featureSemantic="时间"/>
<Output name="病历概要" featureSemantic="病历概要"/>
<Output name="门(急)诊病历" featureSemantic="门(急)诊病历"/>
<Output name="门(急)诊处方" featureSemantic="门(急)诊处方"/>
<QoS> <Availability>80%</Availability> </QoS>
<Precondition/>
<Effect/>
<Implementation VirtualizationDocURL=""/>
</SoftSpecification>
</BusinessService>
```

(4) 导入分类体系。为了从多个角度对业务服务进行组织，满足不同的服务管理和查找需求，区域医疗服务社区管理员还可以导入多种分类体系，如组织结构分类体系、业务功能分类体系和医疗科目分类体系等，按照统一标准描述的分类体系导入后可以用来对业务服务进行分类组织。

通过上述步骤就建立了一个满足区域医疗信息共享及协作平台中服务组织和管理要求的区域医疗服务社区。

2) 租户管理

在创建区域医疗服务社区之后，平台管理员可以对区域医疗信息共享及协作平台中涉及的租户进行管理，主要包括两方面工作：

(1) 创建平台租户。如区域医疗中心、社区医院和三甲医院等机构均可以作为平台租户。

(2) 为创建的租户进行平台资源分配。设置租户可占用的系统资源和相互隔离的数据空间，如计算、存储能力和数据库等。

3) 服务发布

在设立平台租户后，各租户可以作为服务提供者将其对外提供的服务在区域医疗服务社区进行发布。服务的发布需要按照前面建立的业务服务规范进行，如某三甲医院要发布其提供的电子病历查询服务，那么其需要按照电子病历查询业务服务要求提供相应的Web服务并注册挂接到电子病历查询业务服务上。

各医疗机构通过服务社区发布的服务最终可以按照不同的分类方法对外提供目录服务，图9.17给出了区域医疗服务社区的服务目录示意图。

4) 服务监控

对于各医疗机构发布的服务可以通过服务编程工具提供的监控功能来查看其可用性、平均响应时间等非功能属性的实时情况，如图9.18所示。同时，在服务编程工具及托管运行环境的配合下，通过记录服务被用来构造应用的信息，当某服务监测到异常状态时，可以及时通知服务提供者处理并可以及时定位该服务会影响到的应用。

基于VINCA软件搭建的区域医疗信息共享及协作平台可以为后续的区域医疗信息化中涉及的各类跨部门协作、应用集成和综合管理等工作带来以下好处：

(1) 在区域医疗信息化基础方面，搭建了一个跨部门的服务集成平台，这个平台是独立于应用的。相对于以前的EAI方式，通过引入带有面向业务及支持一体化管理的服务层，可以帮助实现已有应用功能的复用和新应用的组合构造，满足区域医疗信息化过程中提出的以灵活协作和快速集成为主要特征的各类应用需求。

(2) 在区域医疗信息化综合管理方面，通过建立一体化的区域医疗服务社

区域医疗服务资源社区

欢迎 管理员　2010年1月21日 星期四 16:37:58

社区规范管理 | 服务目录 | 服务监控中心 | 重新登录

业务服务目录

业务功能：医务信息查询、预约、转诊、诊断、系统、其他

服务目录

海淀区医疗中心：区域医疗中心；社区医院（海淀区八里庄社区、海淀区紫竹院社区、海淀区北下关社区、海淀区海淀社区卫、海淀区中关村社区、海淀区燕园社区卫、海淀区清华园社区、人民大学社区卫生）；三甲医院（北京大学第三医院、解放军总医院（30、北京西苑医院、北京大学口腔医院）；其他医院（北京市海淀医院、北京市中西医结合、北京市中关村医院、北京市海淀区妇幼）；医保中心（北京医保中心）

查询

服务名称　版本　服务描述　提供者　起始时间　终止时间　查 询

服务浏览

编号	服务名称	服务提供者	创建日期	版本号	状态	监测记录	分析记录
1	外科转诊预约	海军总医院	09-9-4 16:49:27.000	1	正常		
2	产科转诊预约	海军总医院	09-9-4 16:48:51.000	1	正常		
3	内科转诊预约	海军总医院	09-9-4 16:48:04.000	1	正常		
4	医疗事件读取	海军总医院	09-9-4 16:44:50.000	1	正常		
5	外科转诊预约	北京西苑医院	09-9-4 15:48:53.000	1	正常		
6	产科转诊预约	北京西苑医院	09-9-4 15:46:13.000	1	正常		
7	内科转诊预约	北京西苑医院	09-9-4 15:45:10.000	1	正常		
8	医疗事件读取	北京西苑医院	09-9-4 15:43:32.000	1	正常		
9	转诊备案	区域医疗中心	09-8-30 16:43:29.000	1	正常		
10	病历信息上报	区域医疗中心	09-8-30 16:41:33.000	1	正常		

首页 上页 第1页 下页 末页　跳转 1 页　共52条记录分6页显示，当前显示第 1条到第10条

新 增　浏 览　删 除

上次登录　工作区消息　系统消息　Copyright

图 9.17　区域医疗服务社区服务目录

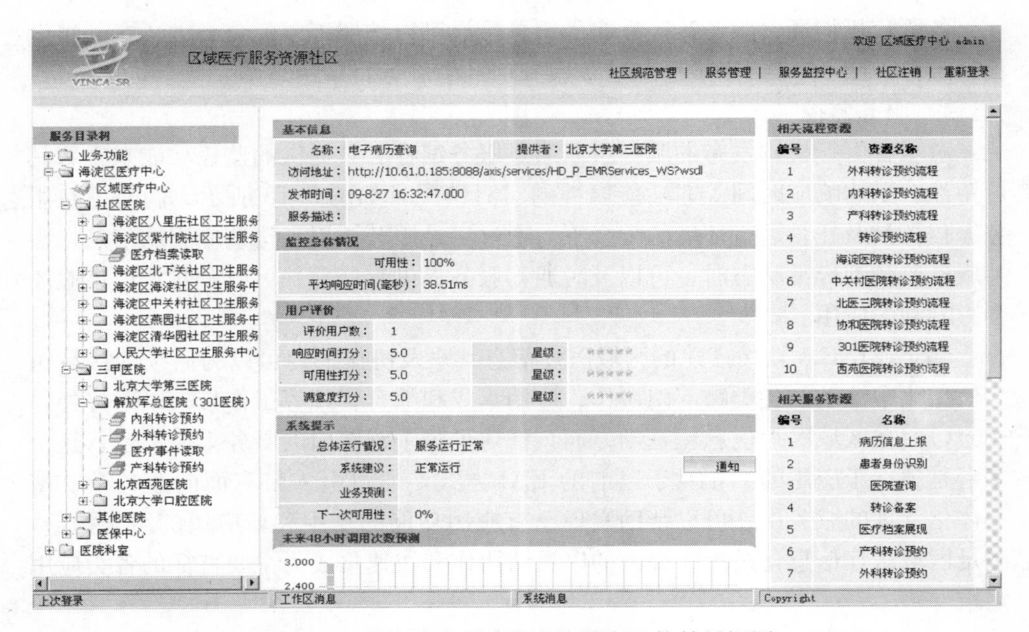

图 9.18　某医院电子病历查询服务监控结果视图

区，可以建立区域医疗中涉及的所有服务的整体视图，并能够从区域医疗中心的角度对各部门提供的服务进行监测和评估，从而解决传统应用集成方法中缺少对待集成系统统一管理以及难以应对复杂的系统管理需求的问题，并且在此基础上还可以对区域医疗信息化应用的运维和发展规划提供有效决策分析支撑。

（3）在各医疗应用系统共享功能的规范化方面，区域医疗服务中心可以基于对业务协作需求的分析，通过建立标准的业务服务，来引导各医院按照统一的要求来规范各自的服务实现与提供，从而避免异构问题的产生并消除对应用构造的不利影响。例如，定义转诊业务服务时，各医院均按照标准来实现各自的转诊服务，从而可以便于实现面向双向转诊的业务应用。

2. 基于区域医疗信息共享及协作平台的应用构造

基于上述区域医疗信息共享及协作平台，各区域医疗机构（平台租户）可以利用 VINCA 服务编程工具提供的基于业务流程的应用构造工具，方便地构造满足各自特定需求的业务应用，如面向社区首诊的电子健康档案实时生成应用、双向转诊应用等。这里，重点以一个突发医疗事件应急应用场景为例来展示面向区域医疗服务中心业务人员应用的即时构造过程及效果。

1）场景描述

区域医疗中心通过对平台内各类医院转诊预约服务某一段时间的监控发现，某类传染病转诊预约服务被频繁调用，根据平台服务监控策略中预定义的规则，将其识别为一次传染病突发事件。在发现该事件后，区域医疗中心需要按照特定的应急处理制度快速构造一个新的转诊应用供所有医院门诊医生使用，以支持按照新的流程对随后发生的此类疾病进行诊治。

该应急处理应用的处理流程主要包括以下几个功能环节：在门诊医生诊断发现该类传染病病例后，首先填写转诊申请单并提出转诊请求，接着根据应急事件处理要求进行传染病病例信息上报，随后系统根据病人情况及各接诊医院实时情况确定转入医院并进行预约，然后通知 120 或 999 服务站进行转诊，最后进行本次医疗事件的备案。其中，转入医院确定环节需要通过查询各指定接诊医院的病床、设备和医护人员的实时情况以及地理位置来实时确定。

上述步骤中涉及的区域医疗信息服务如表 9.1 所示，这些服务均预先在区域医疗服务社区按照统一的业务服务规范注册并发布，表中只给出了部分服务属性信息。

表 9.1 区域医疗信息服务一览表

业务服务名称	服务提供者	类 别	功能接口	QoS 信息
转诊申请服务	区域医疗中心	转诊类	操作名：applyNewHospital 输入：IDNo，description，isIssuranceUser，hospitalName 输出：transferRecord	可用性：100% 响应时间：<0.5s
病例信息上报服务	区域医疗中心	信息上报类	操作名：reportMedicalCase 输入：IDNo，description，hospitalName 输出：无	可用性：>90% 响应时间：<1s
传染病医院查询服务	区域医疗中心	信息查询类	操作名：queryHospitalBasicInfo 输入：area 输出：hospitalList	可用性：>90% 响应时间：<1s
病床及设备查询服务	各指定医院	信息查询类	操作名：queryHospitalCondition 输入：hospitalName 输出：hospitalConditionInfo	可用性：>90% 响应时间：<1s
医护人员查询服务	各指定医院	信息查询类	操作名：queryDoctor 输入：hospitalName 输出：doctorInfo	可用性：>90% 响应时间：<1s
转入医院预约服务	各指定医院	转诊类	操作名：reserveHospital 输入：transferRecord 输出：reserveResult	可用性：100% 响应时间：<1s
转诊备案服务	区域医疗中心	转诊类，信息上报类	操作名：reserveHospital 输入：transferRecord，reserveResult 输出：无	可用性：90% 响应时间：<1s
地图服务	政府公共服务中心	公共服务类	操作名：getHospitalMap 输入：hospitalName 输出：mapInfo	可用性：>80% 响应时间：<5s
通知服务	999 或 120 服务中心	公共服务类	操作名：notify999 输入：location，description 输出：无	可用性：100% 响应时间：<0.5s

2）应用构造

区域医疗中心业务人员可以利用 VINCA 服务编程工具来完成上述应用的构造，具体构造过程如下：

（1）新建转诊应用。点击 VINCA 服务编程工具流程编辑区左侧的“应用视图”，在转诊应用模板上点击右键，从下拉菜单中选择“新建流程实例”，然后在弹出的新建窗口中填写实例名称，点击确定，如图 9.19 所示。

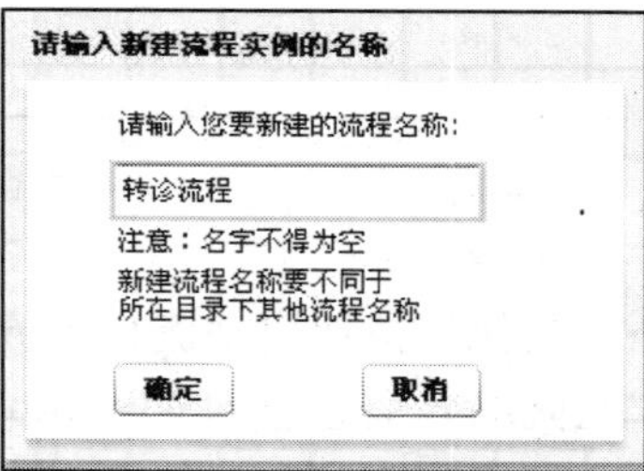

图 9.19　新建应用实例

随后在编辑区将呈现新建实例的流程图，该流程来自于转诊模板中定义的流程结构，即起始节点、“转诊申请”、“转诊备案”以及一个终止节点，如图 9.20 所示。“转诊申请”和“转诊备案”两节点中间断开，表示流程逻辑中包含不确定的部分，可以由区域医疗中心的业务人员根据实际需求来添加。

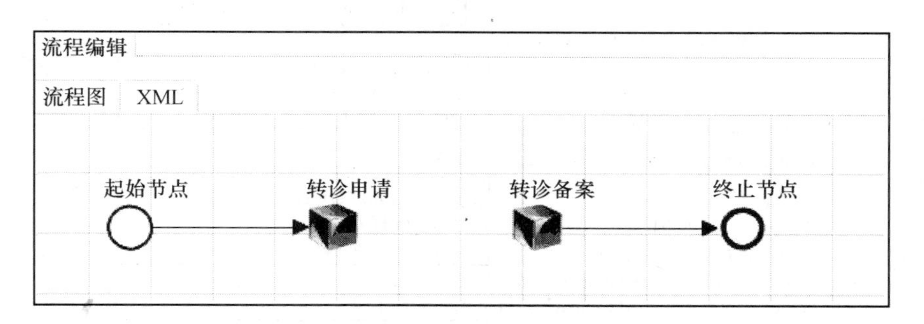

图 9.20　转诊模板

（2）“边构造、边执行”应用。区域医疗中心业务人员配置“转诊申请”服务节点的输入参数后，可以点击工具条上的执行按钮，启动此流程。流程将从起始节点开始执行，并按照流程逻辑依次触发后继节点，直至找不到任何可执行的后继节点时为止。用户在观察已执行部分得到的结果后，可继续构造后继的流程片断，以一种“边构造、边执行”的方式进行业务处理。

区域医疗中心业务人员可按照业务需求，从资源视图或推荐视图中拖拽“病历信息上报”服务放置在“转诊申请”服务后，然后再拖拽“医院综合信息查询 Mashup”服务至“病历信息上报”服务上，系统将自动生成并发结构。此时，流程图如图 9.21 所示。

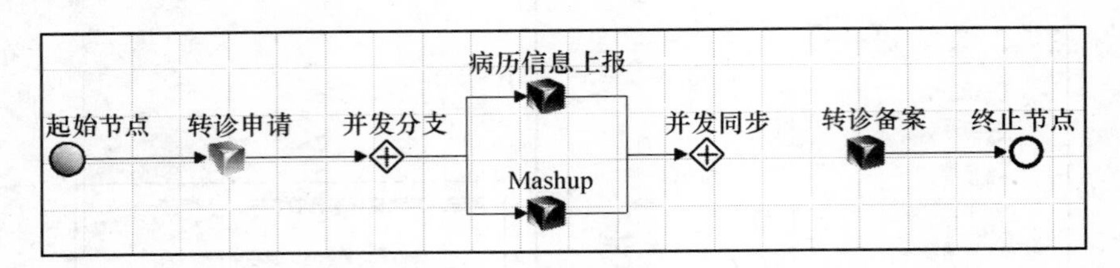

图 9.21　流程轨迹的“边构造、边执行”

重新点击执行按钮启动流程，流程继续执行，将并发调用“病历信息上报”服务和“医院综合信息查询 Mashup”服务。其中“医院综合信息查询 Mashup”服务将依次调用“医院基本信息查询”服务以及指定医院提供的“病床及设备统计信息”服务和“医护人员统计信息”服务，并调用“地图”服务在地图上呈现汇集后的医院信息，如图 9.22 和图 9.23 所示。如果该 Mashup 服务没有进行配置，流程将挂起这个 Mashup 服务。Mashup 的配置过程如下：

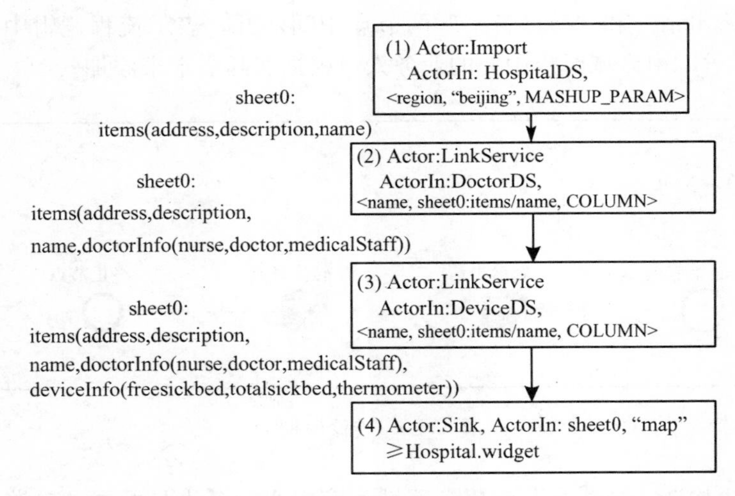

图 9.22　医院综合信息查询的 VINCA Mashup 实现

步骤 1：从服务列表中将“医院基本信息”服务拖拽到 Mashup 编辑区，并设置输入参数“region”的值为“北京”。此时，编辑区自动显示调用“医院基本信息”服务后返回的嵌套表格 sheet0。

步骤 2：以医院名称为参数，请求“医护人员统计信息”服务，获取医院的医护人员统计信息，并以嵌套关系的方式显示于表 sheet0 中。此时，表格 sheet0 的模式包含医护人员子关系模式。

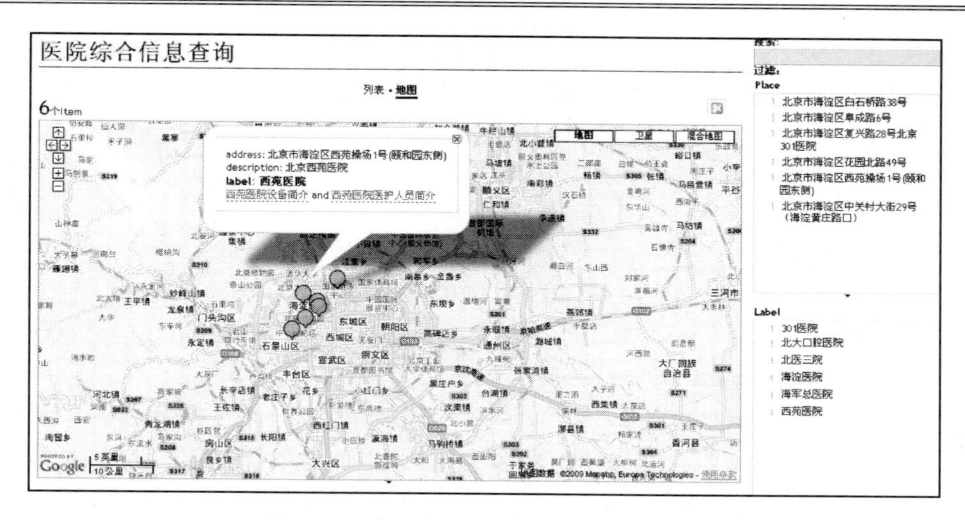

图 9.23　在地图上呈现汇集后的医院信息

步骤 3：以医院名称为参数，请求“设备统计信息”服务，获取医院的设备统计信息，并以嵌套关系的方式显示于表 sheet0 中。此时，表格 sheet0 的模式包含设备子关系模式。至此，已完成异类相关信息资源的关联汇聚。

步骤 4：将表格 sheet0 中的数据以列表或者地图的方式进行显示。

Mashup 服务配置完成后，流程可以自动地恢复执行至并发同步节点结束。业务人员可继续根据“医院综合信息查询 Mashup”服务的输出结果确定转入医院。即以“边构造、边执行”的方式加入“转诊预约”服务和“120 通知”服务，并连接至“转诊备案”节点，完成该流程的构造。

此后再点击执行按钮，流程将调用该医院提供的“转诊预约服务”，最后依次调用“120 通知”服务和“转诊备案”服务，从而完成该应用的执行。整个流程如图 9.24 所示。

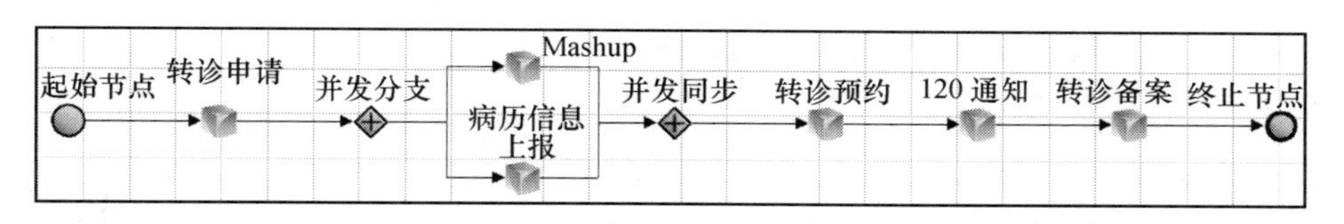

图 9.24　流程整体示意图

构造完成的 VINCA 应用以 BPMN 作为流程图示，以基于 XML 的 VINCA 语言记录并存储，该应用的描述部分摘录如下：

代码 9.2

```
<?xml version="1.0" encoding="UTF-8"? >
<process id="wf2101" label="转诊流程" creator="admin" create-
  Time="2009-10-21 11:24:37">
…
…
   <node id="Name89516" label="Parallel_Fork" type="And_Split"
     x="313.0" y="70.0" status="executed" canModify="true"
     fromTemplate="false"/>
   < node id="Name81222" label="mashup" type="Service" x=
    "445.0" y="20.0" status="executed" mashupId="4716cced-cdd8-
     474e-a187-c5c1f7bfc47c" fromTemplate="false" name="医院信
     息综合查询">
   <inputArray>
     <parameter name="region" value="北京"/>
   </inputArray>
   <outputArray/>
   <script>
   <import ref-service="HospitalDS_ID" ref-datasheet-name=
    "sheet0">
     < mapping param-name="region" style="MASHUP_PARAM" ref-
       mashup-param="region" />
   </import>
   <linkservice ref-column="sheet0:医院基本信息" ref-service=
    "DoctorDS">
     <mapping param-name="hospitalName" style="MOM_TYPE" ref-
       atom="医院基本信息/name" />
   </linkservice>
   <linkservice ref-column="sheet0:医院基本信息" ref-service=
    "DeviceDS">
   <mapping param-name="hospitalName" style="MOM_TYPE" ref-at-
    om="医院基本信息/name" />
     <mapping param-name="hospitalName" style="MOM_TYPE" ref-
       atom="医院基本信息/name" />
   </linkservice>
```

```
  </script>
 </node>
  <node id= "Name28466" label= "病历信息上报" type= "Service" x=
   "445.0" y= "120.0" status= "init" serviceType= "businessSer-
   vice" serviceUrl= "1793529165" fromTemplate= "false">
  <inputArray>
   <parameter name= "居民身份证" fromIcon= "Name56384" fromPa-
    rameter= "居民身份证"/>
   <parameter name= "病情描述" value= "发烧,咳嗽" fromIcon=
    "Name56384" fromParameter= "病情描述"/>
  </inputArray>
  <outputArray>
   <parameter name= "结果" value= "成功"/>
  </outputArray>
 </node>
  <node id= "Name89516Merge" label= "Parallel_Join" type= "And_Join"
   x= "577.0" y= "70.0" status= "init" fromTemplate= "false"/>
…
  <line id= "Line37142" startX= "477.0" startY= "136.0" middleFirstX=
   "527.0" middleFirstY= "136.0" middleSecondX= "527.0" middleSecond
   Y= "86.0" endX= "577.0" endY= "86.0" fromIcon= "Name28466" toIcon= "
   Name89516Merge" visible= "true" fromTemplate= "false"/>
  <line id= "Line86355" startX= "345.0" startY= "86.0" middle-
   FirstX= "395.0" middleFirstY= "86.0" middleSecondX= "395.0"
   middleSecondY= "136.0" endX= "445.0" endY= "136.0" fromI-
   con= "Name89516" toIcon= "Name28466" visible= "true" from-
   Template= "false"/>
  <line id= "Line91459" startX= "477.0" startY= "36.0" middle-
   FirstX= "527.0" middleFirstY= "36.0" middleSecondX= "527.0"
   middleSecondY= "86.0" endX= "577.0" endY= "86.0" fromIcon=
   "Name81222" toIcon= "Name89516Merge" visible= "true" fromTem-
   plate= "false"/>
  <line id= "Line94684" startX= "345.0" startY= "86.0" middle-
   FirstX= "395.0" middleFirstY= "86.0" middleSecondX= "395.0"
   middleSecondY= "36.0" endX= "445.0" endY= "36.0" fromIcon= "
```

```
    Name89516" toIcon= "Name81222" visible= "true" fromTemplate=
    "false"/>
…
…
</process>
```

(3) 应用保存。对于上述新建立的流程实例，用户可以右键单击编辑区或者在导航树中右键单击当前流程轨迹，选择将此流程作为一个新的应用保存下来，并通过调用 VINCA 托管运行环境提供的部署接口来完成该应用在运营平台的部署。这样，各医院门诊遇到类似病例时将会使用该应用按照新的转诊流程进行此类传染病病例的处理。

通过上述应用构造过程可以看出，基于区域医疗信息共享及协作平台可以允许用户面对突发性的应用需求快速完成应用的构造并在平台中部署使用，体现了 VINCA 软件在面向最终用户的服务组合方面的优势。

此外，所有部署到平台上的应用将在 VINCA 托管运行环境的支持下进行执行。应用执行过程中，VINCA 托管运行环境会根据应用所属租户的配置信息以及应用执行请求负载情况来对应用的执行进行动态调度优化，从而为多租户应用的可靠执行提供有效支撑。

9.6 本章小结

本章介绍了作者所在的中国科学院计算技术研究所中德软件集成技术联合实验室近年来研发的 VINCA 互联网服务集成套件，包括体系结构、核心组件的功能设计以及使用方法等内容。VINCA 互联网服务集成套件基于第八章给出的 VINCA 核心技术设计实现，可以为 VINCA 互联网服务集成方法的推广提供软件工具支持。在此基础上，本章还通过一个以区域医疗为背景的应用实例，展示了 VINCA 的使用方法与效果，并重点介绍了基于 VINCA 的区域医疗信息共享与协作平台的设计与实现，同时以一个传染病转诊应用为例给出了在该平台之上构造应用的过程。通过本章的介绍，期望读者能够从软件实现和应用角度对第八章介绍的 VINCA 方法及核心技术有一个更直观的认识。

参考文献

房俊. 2006. 支持最终用户编程的服务虚拟化方法研究. 北京：中国科学院

韩燕波，王洪翠，王建武，等，2006. 一种支持最终用户探索式组合服务的方法. 计算机研究与发展，43(11)：1895～1903

李德毅. 2009. 超出图灵机的云计算. http://www.sciencenet.cn/m/user_content.aspx?id=256726

娄丽军. 2009. ESB案例解析和项目实施经验分享. http://www.ibm.com/developerworks/cn/websphere/library/techarticles/0905_loulj_esb1/

梅宏. 2009. 软件中间件技术现状及发展. 北京：清华大学出版社

王建武. 2007. 面向领域及业务用户的服务模型研究. 北京：中国科学院

王同亿. 1992. 英汉辞海. 北京：国防工业出版社

王紫瑶，南俊杰，段紫辉，等. 2008. SOA核心技术及应用. 北京：电子工业出版社

徐志伟，廖华明，余海燕，等. 2008. 网络计算系统的分类研究. 计算机学报，31(9)：1509～1515

许斌，李娟子，王克宏. 2006. Web服务语义标注方法. 清华大学学报，46(10)：1784～1787

闫淑英. 2009. 最终用户参与的探索式服务编排关键技术研究. 北京：中国科学院

杨少华. 2009. 用户主导的互联网情景应用构造研究. 北京：中国科学院

喻坚，韩燕波. 2006. 面向服务的计算——原理和应用. 北京：清华大学出版社

赵卓峰，韩燕波，喻坚，等. 2004. 一种支持业务用户编程的服务虚拟化技术——VINCA聚合服务机制. 计算机研究与发展，41(12)：2224～2230

中国国家标准化管理委员会. 2007. 信息技术——软件生存周期过程. 北京：中国标准技术出版社

中国计算机学会学术工作委员会. 2005. 中国计算机科学技术发展报告2004. 北京：清华大学出版社

ACM. 2005. The joint task force for computing curricula 2005. http://www.acm.org/education/curric_vols/CC2005-March06Final.pdf

Adams M, Ter H A, Edmond D, et al. 2006. Worklets: A service-oriented implementation of dynamic flexibility in workflows. On the Move to Meaningful Internet Systems 2006: CoopIS, DOA, GADA, and ODBASE, 291～308

Albanesius C. 2009. White House eyes cloud computing with apps. gov. http://www.pcmag.com/article2/0,2817,2352895,00.asp

Albert R, Barab A L. 2002. Statistical mechanics of complex networks. Reviews of Modern Physics, 74(1): 47～97

Alonso G. 2004. Web Services：Concepts，Architectures and Applications. Berlin：Springer Verlag

Anderson C. 2008. The Long Tail：Why the Future of Business is Selling Less of More. New York：Hyperion Books

Apache. 2009. Apache module mod_proxy_balancer. http://httpd. apache. org/docs/2. 2/mod/mod_ proxy_balancer. html

Arvind K，Nikhil R S. 1990. Executing a program on the MIT tagged-token dataflow architecture. IEEE Transactions on Computers，39(3)：318

Baeza-Yates R，Ramakrishnan R. 2008. Data challenges at yahoo//Proceedings of the 11th International Conference on Extending Database Technology：Advances in Database Technology，652～655

Baida Z，Gordijn J，Omelayenko B. 2004. A shared service terminology for online service provisioning//Proceedings of the 6th International Conference on Electronic Commerce，1～10

Barroso L A，Dean J，Holzle U. 2003. Web search for a planet：the google cluster architecture. IEEE Micro，23(2)：22～28

Barroso L A，Holzle U. 2009. The datacenter as a computer：an introduction to the design of warehouse-scale machines. Synthesis Lectures on Computer Architecture，4(1)：1～108

Bass L，Clements P，Kazman R. 2003. Software architecture in practices. Massachusetts：Addison Wesley

Bechhofer S，Van H F，Hendler J，et al. 2004. OWL Web ontology language reference. W3C Recommendation

Beckett D，McBride B. 2004. RDF/XML syntax specification (revised). W3C Recommendation

Benbernou S. 2008. State of the art report，gap analysis of knowledge on principles，techniques and methodologies for monitoring and adaptation of SBAs. http://www. s-cube-network. eu/results/deliverables/wp-jra-1. 2/PO-JRA-1. 2. 1-State-of-the-Art-report-on-principles-techniques-and-methodologies-for-monitoring-and-adaptation. pdf/view? searchterm = PO-JRA-1. 2. 1

Bergman M. 2000. The deep Web：surfacing the hidden value. http://www. completeplanet. com/Tutorials/DeepWeb/index. asp

Berners-Lee T. 1996. The world wide Web-past，present and future. IEEE Computer，29(10)：69～77

Berners-Lee T，Hall W，Hendler J A，et al. 2006. A framework for Web science. Foundations and Trends in Web Science，1(1)：130

Berners-Lee T，Hendler J，Lassila O. 2001. The semantic Web. Scientific American，284(5)：34～43

Birrell A D，Nelson B J. 1984. Implementing remote procedure calls. ACM Transactions on Computer Systems，2(1)：59

Boccaletti S, Latora V, Moreno Y, et al. 2006. Complex networks: structure and dynamics. Physics Reports, 424(4-5): 175～308

BPEL. 2007. Business process execution language for Web services version 1. 1. http://www.ibm.com/developerworks/library/specification/ws-bpel/

Bray M. 2009. Middleware in software technology review. http://www.sei.cmu.edu/str/

Brewer E A. 2000. Towards robust distributed systems//Proceedings of the 19th Annual ACM Symposium on Principles of Distributed Computing, 7～10

Brewer E A. 2001. Lessons from giant-scale services. IEEE Internet Computing, 5(4): 46～55

Brickley D, Guha R V, McBride B. 2004. RDf vocabulary description language 1.0: RDf schema. W3C Recommendation, 10: 1～19

Brit. 2010. British government heads into cloud computing. http://www.pc-site.co.uk/british-government-heads-into-cloud-computing

Brodie M L. 2007. Computer science 2.0: a new world of data management//Proceedings of the 33rd International Conference on Very Large Data Bases, 1161

Cardellini V, Casalicchio E, Colajanni M, et al. 2002. The state of the art in locally distributed Web server systems. ACM Computing Surveys, 34(2): 263～311

Cerf V, Kahn R E. 1974. A protocol for packet network interconnection. IEEE Transactions on Communication Technology, 22(5): 637～648

Chang C H, Kayed M, Girgis M R, et al. 2006. A survey of Web information extraction systems. IEEE Transactions on Knowledge and Data Engineering, 18(10): 1411～1428

Chang F, Dean J, Ghemawat S, et al. 2006. Bigtable: a distributed storage system for structured data//Proceedings of the 7th USENIX Symposium on Operating Systems Design and Implementation, 1～14

Chappell D. 2004. Enterprise Service Bus. California: O'Reilly Media

Chen K, Han Y, Yang D, et al. 2007. An adaptive metadata model for domain-specific service registry. Distributed Computing and Internet Technology, 277～282

Chen Y, Iyer S, Liu X, et al. 2007. Sla decomposition: translating service level objectives to system level thresholds//Proceedings of Fourth International Conference on Autonomic Computing, 3

Chong F, Carraro G. 2006. Architecture strategies for catching the long tail. MSDN Library, Microsoft Corporation

Clarke S. 2009. Computational advancements in end-user technologies: emerging models and frameworks. USA: Information Science Reference

Colby L S. 1990. A recursive algebra for nested relations. Information Systems, 15(5): 567～582

Cooper B F, Ramakrishnan R, Srivastava U, et al. 2008. Pnuts: Yahoo!'s hosted data serving platform//Proceedings of the VLDB Endowment, 1(2): 1277～1288

Copeland G P, Khoshafian S N. 1985. A decomposition storage model//Proceedings of the 1985 ACM SIGMOD International Conference on Management of Data, 268～279

Coulouris G F，Dollimore J，Kindberg T. 2005. Distributed systems：concepts and design. Massachusetts：Addison Wesley

Cox P T，Smedley T J. 1994. Using visual programming to extend the power of spreadsheet//Proceedings of the Workshop on Advanced Visual Interfaces，153～161

Cunningham C，Galindo-Legaria C A，Graefe G. 2004. PIVOT and UNPIVOT：optimization and execution strategies in an RDBMS//Proceedings of the 30th International Conference on Very Large Data Bases，30：988～1009

Cypher A，Halbert D C. 1993. Watch What I Do：Programming by Demonstration. Massachusetts：MIT Press

Daniel F，Matera M，Yu J，et al. 2007. Understanding in integration：a survey of problems，technologies，and opportunities. IEEE Internet Computing，11(3)：59～66

Dean J，Ghemawat S. 2008. Map reduce：simplified data processing on large clusters. Communications of the ACM-Association for Computing Machinery，51(1)：107～114

DeCandia G，Hastorun D，Jampani M，et al. 2007. Dynamo：Amazon's highly available key-value store. ACM SIGOPS Operating Systems Review，41(6)：205～220

Dongen B，Aalst W. 2005. A meta model for process mining data//Proceedings of the CAISE Workshops，309～320

Doyle R P，Chase J S，Asad O M，et al. 2003. Model-based resource provisioning in a Web service utility//Proceedings of the 4th Conference on USENIX Symposium on Internet Technologies and Systems，4：5

Eisenberg M. 1997. End-User Programming Handbook of Human-Computer Interaction. Amsterdam：Elsevier Science

Embley D W，Campbell D M，Jiang Y S，et al. 1999. Conceptual-model-based data extraction from multiple-record Web pages. Data and Knowledge Engineering，31(3)：227～251

Ennals R，Gay D. 2007. User-friendly functional programming for Web mashups//Proceedings of the 12th ACM SIGPLAN International Conference on Functional Programming，223～234

Enquire. 2010. Enquire. http://en.wikipedia.org/wiki/Enquire/

Ferdinand M，Zirpins C，Trastour D. 2004. Lifting xml schema to owl. Web Engineering，3140，354～358

Ferraiolo D，Kuhn D R，Chandramouli R. 2003. Role-Based Access Control. London：Artech House Publishers

Fielding R T. 2000. Architectural styles and the design of network-based software architectures. Irvine：University of California

Fischer G，Girgensohn A. 1990. End-user modifiability in design environments//Proceedings of the SIGCHI Conference on Human Factors in Computing Systems，183～192

FNC. 2009. FNC resolution：definition of "Internet". http://www.itrd.gov/fnc/Internet_res.html

Foster I. 2001. The anatomy of the grid: enabling scalable virtual organizations. Euro-Par 2001 Parallel Processing, 2150: 1～4

Foster I, Zhao Y, Raicu I, et al. 2008. Cloud computing and grid computing 360-degree compared. IEEE Grid Computing Environments, 1～10

Frankel D. 2003. Model Driven Architecture: Applying MDA to Enterprise Computing. New York: Wiley Press

Gartner. 1996. Service oriented architectures, part 1 and 2. http://www. gartner. com/DisplayDocument? id=302868

Gershenfeld N, Krikorian R, Cohen D. 2004. The Internet of things. Scientific American, 291(4): 76～81

Ghemawat S, Gobioff H, Leung S T. 2003. The google file system. ACM SIGOPS Operating Systems Review, 37(5): 29～43

Gilbert S, Lynch N. 2002. Brewer's conjecture and the feasibility of consistent, available, partition-tolerant Web services. ACM SIGACT News, 33(2): 51～59

Google. 2010. Google trends: grid computing. http://www. google. com/trends? q=grid+computing&ctab=0&geo=all&date=all&sort=0

Govern. 2010. Government cloud. http://www. cloudbook. net/directories/government-programs

Grama A Y, Gupta A, Kumar V. 1993. ISO efficiency: measuring the scalability of parallel algorithms and architectures. IEEE Parallel & Distributed Technology: Systems & Technology, 1(3): 12～21

Gray J, Helland P, Shasha D, et al. 1996. The dangers of replication and a solution//Proceedings of the 1996 ACM SIGMOD International Conference on Management of Data, 173～182

Gruber T R. 1993. A translation approach to portable ontology specifications. Knowledge Acquisition, 5(2): 199～220

Guillaume J L, Latapy M. 2005. Bipartite graphs as models of complex networks. Physica A: Statistical Mechanics and its Applications, 371(2): 127～139

Haas H, Brown A. 2004. Web services glossary. http://www. w3. org/TR/ws-gloss/

Hanson J J. 2009. Mashups: Strategies for the Modern Enterprise. Boston: Addison-Wesley

Hellerstein J, Parekh S. 2004. Feedback Control of Computing Systems. New York: Wiley Press

Hennessy J L, Patterson D A, Goldberg D, et al. 2003. Computer Architecture: A Quantitative Approach. Massachusetts: Morgan Kaufmann

Hilliard R. 2000. Recommended practice for architectural description of software-intensive systems. http://standards. ieee. org

Hohpe G, Woolf B. 2003. Enterprise integration patterns: designing, building, and deploying messaging solutions. Boston: Addison-Wesley

Hollingsworth D. 1995. The workflow reference model version 1. 1. Workflow Management Coalition

HP. 2010. HP SOA systinet. https://h10078. www1. hp. com/cda/hpms/display/main/hpms_content. jsp? zn=bto&cp=1-11-130-27^1461_4000_100_

Huhns M N, Singh M P. 2005. Service-oriented computing: key concepts and principles. IEEE Internet Computing, 9(1): 75～81

Hwang K, Xu Z. 1998. Scalable Parallel Computing: Technology, Architecture, Programming. Boston: McGraw-Hill

IBM. 2003. IBM Google announcement on Internet-scale computing. http://www. umass. edu/research/rld/iln/uploads/Cloud%20Computing%20Oct%2003%20Ext. ppt

IBM. 2004. The enterprise service bus, the evolution of messaging. http://www. websphere. org/docs/presentations/IBM_ESB_Story. pdf

IBM. 2009. Business services: components and modules. http://publib. boulder. ibm. com/infocenter/dmndhelp/v6rxmx/index. jsp? topic=/com. ibm. wbit. help. wiring. ui. doc/topics/cwiring. html

IDC. 2008. IDC 发现. http://www. idc. com. cn/about/detail. jsp? id=Mzk5

Jin L, Casati F, Sayal M, et al. 2001. Load balancing in distributed workflow management system//Proceedings of 2001 ACM Symposium on Applied Computing, 522～530

Jogalekar P, Woodside M. 2000. Evaluating the scalability of distributed systems. IEEE Transactions on Parallel and Distributed Systems, 11(6): 589～603

Jones C. 1995. End user programming. Computer, 28(9): 68～70

Jung J Y, Bae J. 2006. Workflow clustering method based on process similarity. Computational Science and Its Applications-ICCSA 2006, 379～389

Keen M, Acharya A, Bishop S, et al. 2004. Patterns: implementing an SOA using an enterprise service bus. http://www. redbooks. ibm. com/abstracts/sg246346. html

Keller A, Ludwig H. 2003. The WSLA framework: specifying and monitoring service level agreements for Web services. Journal of Network and Systems Management, 11(1): 57～81

Kim S M, Rosu M C. 2004. A survey of public Web services. E-Commerce and Web Technologies, 96～105

Kleinrock L. 1961. Information flow in large communication nets. Massachusetts: Massachusetts Institute of Technology

Kleiweg P. 2003. Levenshtein. http://www. let. rug. nl/～kleiweg/lev/levenshtein. html

Klischewski R. 2004. Information integration or process integration? How to achieve interoperability in administration. Lecture Notes in Computer Science, 3183: 57～65

Klusch M, Fries B, Khalid M, et al. 2005. OWLS-MX: hybrid owl-s service matchmaking//Proceedings of the 1st International AAAI Fall Symposium on Agents and the Semantic Web, 77～84

Kongdenfha W, Benatallah B, Saint-Paul R, et al. 2008. Spreadmash: a spreadsheet-based interactive browsing and analysis tool for data services//Proceedings of the 20th International Conference on Advanced Information Systems Engineering, 343～358

Laender A H, Da S A, Golgher P B, et al. 2002. The Debye environment for Web data management. IEEE Internet Computing, 6(4): 60～69

Lakshman A, Malik P. 2009. Cassandra—a decentralized structured storage system//Proceedings of the 3rd ACM SIGOPS International Workshop on Large Scale Distributed Systems and Middleware

Leiner B M, Cerf V G, Clark D D, et al. 1997. The past and future history of the Internet. Communications of the ACM, 40(2): 102～108

Lenzerini M. 2002. Data integration: a theoretical perspective//Proceedings of the 21st ACM SIGMOD-SIGACT-SIGART Symposium on Principles of Database Systems, 3730: 233～246

Licklider J C. 1960. Man-computer symbiosis. IRE Transactions on Human Factors in Electronics, 1(1): 4～11

Licklider J C, Clark W E. 1962. On-line man-computer communication//Proceedings of the Spring Joint Computer Conference, 113～128

Lieberman H, Paterno F, Klann M, et al. 2006. End-user development: an emerging paradigm. End User Development, 1～8

Ludascher B, Altintas I, Berkley C, et al. 2006. Scientific workflow management and the kepler system. Concurrency and Computation, 18(10): 1039～1065

Ludwig H, Dan A, Kearney R. 2004. Cremona: an architecture and library for creation and monitoring of WS-agreements//Proceedings of the 2nd International Conference on Service Oriented Computing, 65～74

Lynch N A. 1996. Distributed Algorithms. California: Morgan Kaufmann

Maheshwaran M, Ali S. 2004. A taxonomy of network computing systems. Computer, 37(10): 115～119

Maier D, Ullman J D. 1983. Maximal objects and the semantics of universal relation databases. ACM Transactions on Database Systems, 8(1): 1～14

Martin D, Burstein M, Hobbs J, et al. 2004. OWLS: semantic markup for Web services. W3C Member Submission

Martin D, Burstein M, McDermott D, et al. 2006. OWLS 1.2 release. http://www.daml.org/services/owl-s/1.2

McCarthy C, Nielsen. 2009. Twitter's growing really, really, really, really fast. http://news.cnet.com/8301-13577_3-10200161-36.html

Murty J. 2008. Programming Amazon Web Services: S3, EC2, SQS, FPS, and SimpleDB. California: O'Reilly Media

Myers B A. 1990. Taxonomies of visual programming and program visualization. Journal of

Visual Languages and Computing, 1(1): 97～123

Myers B A. 1998. A brief history of human-computer interaction technology. Interactions, 5(2): 44～54

Nardi B A, Miller J R. 1990. The Spreadsheet Interface: a Basis for End User Programming. California: Hewlett-Packard Laboratories

Nestler T, Feldmann M, Preu A, et al. 2009. Service composition at the presentation layer using Web service annotations//Proceedings of the 1st International Workshop on Lightweight Integration on the Web, 63～68

Nurmi D, Wolski R, Grzegorczyk C, et al. 2009. The eucalyptus open-source cloud computing system//Proceedings of the 9th IEEE/ACM International Symposium on Cluster Computing and the Grid, 124～131

OASIS. 2005. Security assertion markup language v2. 0. http://docs. oasis-open. org/security/saml/v2. 0

OASIS. 2006. Web services security (WSS) TC. http://www. oasisopen. org

OASIS. 2007. Web services business process execution language version 2. 0. http://www. oasis-open. org/committees/tc_home. php? wg_abbrev=wsbpel

Oinn T, Addis M, Ferris J, et al. 2004. Taverna: a tool for the composition and enactment of bioinformatics workflows. Bioinformatics, 20(17): 3045～3054

Oldham N, Thomas C, Sheth A, et al. 2004. Meteor-s Web service annotation framework with machine learning classification//Proceedings of the 1st International Workshop on Semantic Web Services and Web Process Composition, 137～146

OMG. 2009. Business process modeling notation version 1. 0, http://www. omg. org/bpmn

OMGUML. 2005. Unified modeling language specification. Object Management Group

Palmer N. 2007. A survey of business process initiatives. http://wfmc. org/researchreports/Survey_BPI. pdf

Papazoglou M P, Georgakopoulos D. 2003. Service-oriented computing. Communications of ACM, 46(10): 24～28

Paterno F. 2000. Model-based design of interactive applications. Intelligence, 11(4): 26～38

Pautasso C, Wilde E. 2009. Why is the Web loosely coupled: A multi-faceted metric for service design//Proceedings of the 18th International Conference on World Wide Web, 911～920

Pearson S. 2009. Taking account of privacy when designing cloud computing services//Proceedings of the 2009 ICSE Workshop on Software Engineering Challenges of Cloud Computing, 44～52

Perry D E, Wolf A L. 1992. Foundations for the study of software architecture. ACM SIGSOFT Software Engineering Notes, 17(4): 40～52

Pesic M, Schonenberg H, Van A W. 2007. Declare: full support for loosely-structured processes//Proceedings of the 11th IEEE International Enterprise Distributed Object Computing Conference, 287～298

Peter H, Sims O. 1998. The business component approach//Proceedings of OOPLSA'98, Business Object Workshop IV

Plattner B, Nievergelt J. 1981. Monitoring program execution: a survey. IEEE Computer, 14(11): 76～93

Rajesh S, Arulazi D. 2003. Quality of service for Web services demystification, limitations, and best practices. http://www.developer.com/services/article.php/2027911/Quality-of-Service-for-Web-ServicesmdashDemystification-Limitations-and-Best-Practices.htm

Recordon D, Fitzpatrick B. 2007. Openid authentication 2.0-final. http://openid.net/specs/openid-authentication-2_0.html

Redmond W. 2010. Microsoft unveils new government cloud offerings at eighth annual public sector CIO summit. http://www.microsoft.com/Presspass/press/2010/feb10/02-24CIOSummit-PR.mspx

Richardson L, Ruby S. 2007. Restful Web Service. Sebastopol: O'Reilly

Roman D, Keller U, Lausen H, et al. 2005. Web service modeling ontology. Applied Ontology, 1(1): 77～106

Rosson M B, Carroll J M. 1996. The reuse of uses in smalltalk programming. ACM Transactions on Computer-Human Interaction, 3(3): 219～253

Sacha K. 2007. Middleware architecture with patterns and frameworks. http://sardes.inrialpes.fr/～krakowia/MW-Book/

Sadiq S W, Orlowska M E, Sadiq W. 2005. Specification and validation of process constraints for flexible workflows. Information Systems, 30(5): 349～378

Sahai A, Durante A, Machiraju V. 2002. Towards automated SLA management for Web services. http://www.hpl.hp.com/techreports/2001/HPL-2001-310R1.pdf

Samarati P, De V S. 2001. Access control: policies, models, and mechanisms. Lecture Notes in Computer Science, 2171: 137～196

Schmidt C, Parashar A M. 2004. Peer-to-peer approach to Web service discovery. World Wide Web: Internet and Web Information Systems, 7: 211～229

Schulte R W, Yefim V N. 1996. Service oriented architecture. http://www.gartner.com/DisplayDocument? id=302868

Shneiderman B. 1983. Direct manipulation: a step beyond programming languages. Computer, 16(8): 57～69

SLA. 2009. Service level agreement. http://en.wikipedia.org/wiki/Service_level_agreement

Smith H, Fingar P. 2003. Business Process Management: The Third Wave. Tampa: Meghan-Kiffer Press

Standard D. 2001. Quality management systems-requirements. Mauritius Standards Bureau

Sturm R, Morris W, Jande M. 2000. Foundations of service level management. http://www.itgovernance.co.uk/files/Contents%20Foundations%20of%20Service%20Level%20Management.pdf

Tanenbaum A S, Van S M. 2007. Distributed Systems: Principles and Paradigms. New Jersey: Prentice Hall

Taylor D. 1995. Business Engineering with Object Technology. New York: Wiley Press

Taylor I, Shields M, Wang I, et al. 2005. Visual grid workflow in Triana. Journal of Grid Computing, 3(3): 153～169

Thatte S. 2001. Xlang: Web services for business process design. http://www.gotdotnet.com/team/xml_wsspecs/xlang-c/default.htm

Todd S, Parr F, Conner M H. 2002. A primer for HTTPR. http://www.ibm.com/developerworks/webservices/library/ws-phtt/

Urgaonkar B, Pacifici G, Shenoy P, et al. 2005. An analytical model for multi-tier Internet services and its applications. ACM SIGMETRICS Performance Evaluation Review, 33(1): 291～302

Van A W, Pesic M. 2006. Decserflow: towards a truly declarative service flow language. Web Services and Formal Methods, 1～23

Vannevar B. 1945. As we may think. The Atlantic Monthly, 176(1): 101～108

Verma K, Sivashanmugam K, Sheth A, et al. 2005. METEOR-S WSDI: a scalable P2P infrastructure of registries for semantic publication and discovery of Web services. Information Technology and Management, 6(1): 17～39

Virt. 2008. Virtual infrastructure. http://www-03.ibm.com/services/ca/en/virtual_infra.html

Wang G, Yang S, Han Y. 2009. Mashroom: end-user mashup programming using nested tables//Proceedings of the 18th International Conference on World Wide Web, 861～870

Watts D J, Strogatz S H. 1998. Collective dynamics of 'small-world' networks. Nature, 393(6684): 440～442

Wen J R, Ma W Y. 2007. Web studio: building infrastructure for Web data management//Proceedings of the 2007 ACM SIGMOD International Conference on Management of Data, 875～876

WfMC. 2008. Process definition interface-xml process definition language, version 2, Workflow Management Coalition

Wiesmann M, Pedone F, Schiper A, et al. 2000. Understanding replication in databases and distributed systems//Proceedings of the 20th IEEE International Conference on Distributed Computing Systems, 464～474

Wilde E. 2007. Putting Things to Rest. California: UC Berkeley

Woodrow C, Singh V. 2009. Websphere registry and repository (WSRR) set-up, administration & standards. http://www.labor.state.ny.us/cioshares/pdf/WSRR_SetUp_Admin_&Standards.pdf

WSDL. 2007. Web services description language (WSDL) version 2.0, part 1: core language. http://www.w3.org/TR/wsdl20/

Xu Z, Li W, Liu D, et al. 2003. The GSML tool suite: a supporting environment for user-level programming in grids//Proceedings of the 4th International Conference on Parallel and Distributed Computing, Applications and Technologies, 629～633

Yan S, Han Y, Wang J, et al. 2008. A user-steering exploratory service composition approach//Proceedings of the 2008 IEEE International Conference on Services Computing, 1: 309～316

Yoon S H, Kim D J, Han S Y. 2004. WS-QDL containing static, dynamic, and statistical factors of Web services quality//Proceedings of the IEEE International Conference on Web Services, 808～809

Zeng L, Lei H, Chang H. 2009. Monitoring the QOS for Web services. Service-Oriented Computing-ICSOC 2007, 132～144